KB243714

자바 에브리원 제2판

JAVA FOR EVERYONE second edition

CAY HORSTMANN 지음

유현중, 장은영 옮김

WILEY

JAVA FOR EVERYONE (2/e)

저자 머리말

Preface

이 책은 Java 및 컴퓨터 프로그래밍에 관한 핵심 사항과 효율적 학습에 초점을 맞춘 소개 서이다. 이 책은 학생들의 폭넓은 관심과 기량을 충족시키도록 설계되었으며, 컴퓨터 과학자, 공학자, 그리고 여타 학생들을 위한 첫 프로그래밍 과목에 적합하다. 사전 프로그래 밍 경험이 전혀 필요하지 않으며, 약간의 고등학교 수학 정도만 필요하다. 이 책의 핵심적 특 징은 다음과 같다.

기본을 먼저 제시한다.

이 책은 전통적 방식에 따라 처음에는 제어 구조와 방식들, 절차적 분해, 배열에 대해 강조 한다. 앞장들에서는 객체들이 사용된다. 8장에서 학생들은 자신들의 클래스(class)들을 설 계하고 구현하기 시작한다.

가이드와 데모 예제들로 학생들의 성공적 학습을 돕는다.

초보 프로그래머들이 종종 "어떻게 시작하나요? 이제 뭘 해야 하나요?"라고 묻곤 한다. 물 론, 프로그래밍처럼 복잡한 활동은 요리책 스타일의 설명으로 간략화될 수는 없다. 그렇지 만, 단계적 지도는 자신감을 쌓고, 당면한 작업에 관한 개요를 제공하는 데 엄청난 도움을 준다. '문제 해결하기' 절들은 설계와 계획의 중요성을 강조한다. 'How To' 가이드는 학 생들의 공통적 프로그래밍 작업을 도와준다. 추가 데모 예제는 온라인으로 제공된다.

실습으로 완벽을 기한다.

물론 프로그래밍하는 학생들은 중요한 프로그램들을 구현할 수 있어야 하지만, 우선 해낼 수 있다는 자신감을 먼저 가져야 한다. 이 책은 각 절의 끝에 풍부한 자체 검사들을 포함 하고 있다. 실행하기(Practice It) 표시들은 각 절 후에 시도할 연습문제들을 제공한다. 각 장의 끝에는 매우 다양한 프로그래밍 문제가 있으며, 간단한 연습문제에서부터 실제 응용까지를 망라한다.

시각적 접근법으로 읽는 이에게 동기를 부여하며 쉽게 둘러볼 수 있게 해준다.

사진들이 컴퓨터 개념의 본질과 작용을 설명해주는 시각적 유추를 제공한다. 복잡한 프로그램 연산들을 단계적 그림들로 예를 들어 설명해준다. 문법 상자들 과 보기표들은 다양한, 대표적이며 특별한 경우들을

Visual features help the reader with navigation

간결한 형태로 제공한다. 텍스트로 된 내용에 집중하기 전에 시각 자료들을 훑어보는 것으로 쉽게 '지형'을 파악할 수 있다.

기술적으로 세밀하면서도 본질에 초점을 맞춘다.

백과사전적으로 내용을 담는 것은 초보 프로그래머들에게 도움이 되지 않는다. 그러나, 그 반대, 즉, 축소해서 지나치게 간단한 중요 항목들만 나열하는 것도 마찬가지이다. 이 책에서는 독자가 추가 지식을 받아들일 준비가 되었을 때, 더 훌륭한 실습 또는 언어 특징들로 들어가는 별도의 노트와 함께, 본질적인 내용들이 소화 가능한 정도의 분량으로 제공된다.

이 판에서 새롭게 바뀐 내용

문제 해결 전략

이 판에 추가된 것으로서, 학생들이 프로그래밍 문제들에 대한 솔루션을 고안하고 평가하는 것을 도와줄 수 있는 기술들을 실질적이고 단계적으로 예를 들어 보여준다. 가장 적절한 곳에 도입된 이들 전략은 많은 학생들의 성공을 가로막는 장애물들을 제거한다. 다음과 같은 전략들이 포함되어 있다.

- 알고리듬 설계
- 손으로 먼저 하라(샘플 계산을 손으로 하기)
- 흐름도
- 테스트 사례
- 핸드-트레이싱(Hand-Tracing)
- 스토리보드
- 재사용 가능한 함수들
- 단계적 정제
- 알고리듬 조정하기
- 물체들을 다룸으로써 알고리듬 찾기
- 객체 따라가기(상태와 동작을 확인하면서)
- 객체 데이터의 형태
- 반복적으로 생각하기
- 알고리듬의 동작시간 추정하기

선택적 공학 연습

매 장 끝의 연습문제들이 과학 및 공학 분야 문제들로 보강되었다. 제시된 연습문제들은 과목을 선택한 학생들을 대상으로 실제 분야에서 프로그래밍의 가치를 알 수 있도록 설계되었다.

새롭고 재정비된 주제들

사용자 피드백을 반영하고 주제의 흐름을 개선하도록 모든 장들이 발전적으로 개정되었다. 루프 알고리듬들이 이제는 4장에 뚜렷하게 등장한다. 디버깅이 5장의 자세한 비디오 보기에서 소개된다. 추가 배열 알고리즘은 6장에서 제시되며, 문제풀기 절에 포함된다. 입력/출력에 관련된 것은 7장으로 이동시켰으나, 앞의 두 개의 절에서는 간단한 텍스트 파일을 빨리 처리하는 것에 대해 소개한다. 새로운 보기 표, 사진, 연습문제들을 교재 전반에 걸쳐 나타낸다.

이 책 안으로의 여행(교재의 구성)

그림 1에서는 각 장 사이의 관련성과 주제들이 어떻게 구성되는지를 나타낸다. 이 책의 핵심 내용은 다음과 같다.

1장.   소개

2장.   기본 데이타 유형

3장.   판단

4장.   루프

5장.   메소드

6장.   배열과 배열 리스트

7장.   입력/출력과 예외 처리

이 부분의 장들에서는 전통적인 방식으로 다룬다. 객체는 입력/출력과 문자열을 처리하는 데에만 사용된다.

다음의 세 개의 장들에서는 객체 지향형 프로그래밍과 설계에 대해 다룬다.

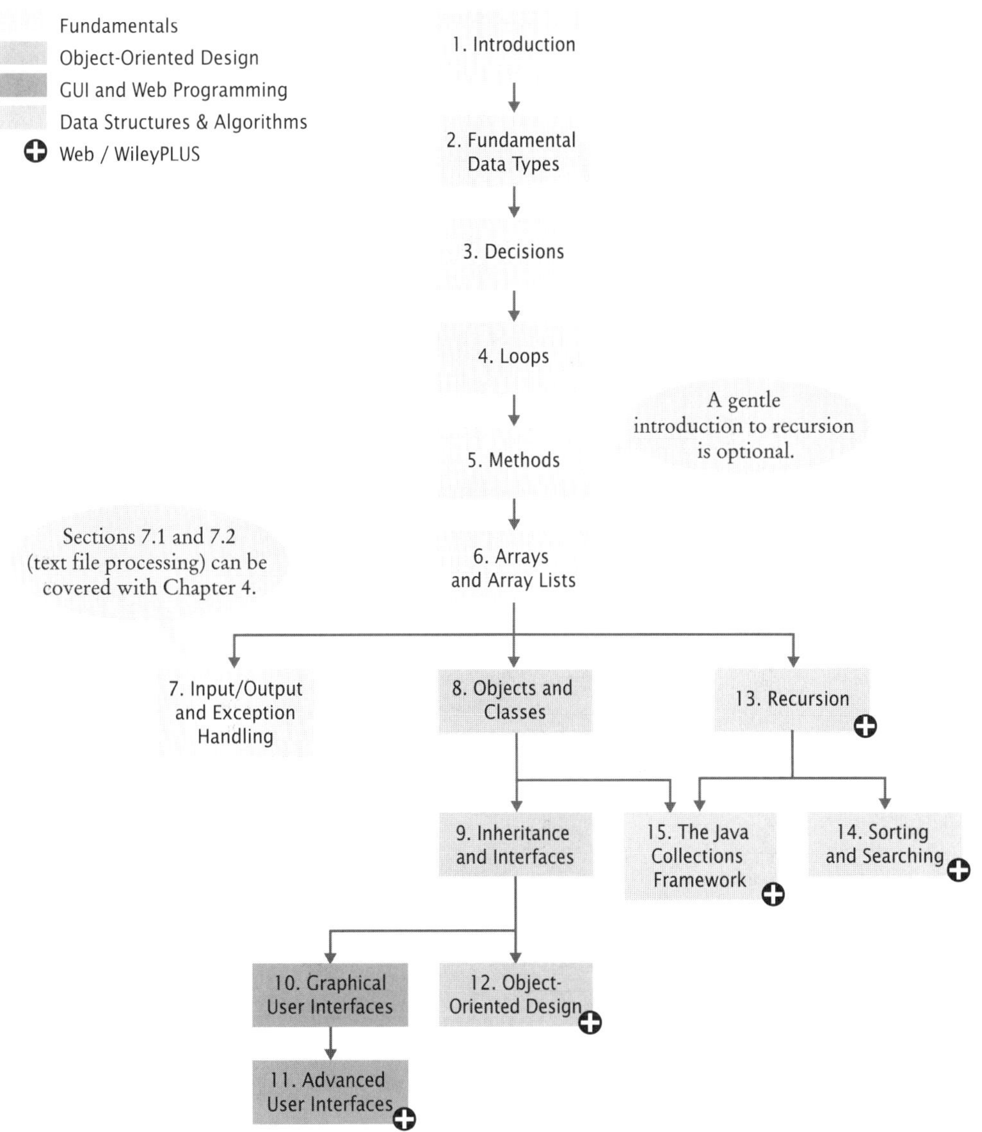

그림 1 장별 연관성

8장. 객체와 클래스

9장. 상속

12장. 객체 지향형 설계(웹에서)

다음의 두 개 장들에서는 사용자 인터페이스에 대해 다룬다.

10장. 그래픽 사용자 인터페이스

11장. 고급 사용자 인터페이스(웹에서).

앞장에서는 버튼이나 텍스트 상자, 간단한 그림들을 만드는 프로그램들을 작성한다. 두 번째 장에서는 레이아웃(layout) 관리와 추가적인 사용자 인터페이스 요소들에 대해 다룬다.

알고리듬과 데이터 구조에 대해 더 깊이 다루는 과정을 지원하기 위해, 추가적으로 세 개의 장이 웹과 WileyPLUS를 통해 전자문서 형태로 제공된다. .

13장. 재귀 ➕

14장. 정렬과 탐색 ➕

15장. 자바 컬렉션 프레임워크(JCF, Java Collections Framework) ➕

부록

앞의 네 개는 책에 있고, 나머지는 웹에 있다.

A. 기본적인 라틴, 라틴-1 유니코드(Unicode)의 서브세트(subset)

B. 자바 연산자 요약

C. 자바 예약어 요약

D. 자바 라이브러리(Library)

E. 자바 문법 요약

F. HTML요약

G. 툴(Tool)의 요약

H. 자바독(Javadoc) 요약

I. 수 체계

J. 비트와 시프트(shift) 연산

K. UML 요약

L. 자바 언어의 코딩 가이드라인

많은 강사들은 모든 과제에 대해 일정한 양식을 지시하는 것이 매우 유익하다는 것을 알게 된다. 그러나 부록 L에서 지시된 형식이 강사의 정서나 지역적 관습에 적합하지 않다면, 전자 자료 형태이므로 수정할 수 있다.

웹자료

이 교재는 종합적인 온라인 자원들과 강력한 WileyPLUS 과정을 통해 보완되며, 온라인 관련 사이트는 www.wiley.com/college/horstmann이고, 다음 내용이 있다.

- 교재의 모든 예제들에 대한 소스 코드.
- 교재의 문제 해결 단계들을 다른 실제 예들에 적용하는 데모 예제.
- 저자가 선택한 단계를 설명하고 문제를 해결하는 작업 과정을 보여주는 비디오 보기들.
- 각 장의 개념을 적용시킨 실습 예제들(강사용 해답 포함).
- 강의 자료 슬라이드(파워포인트 형태).
- 모든 복습과 프로그래밍 연습문제들에 대한 해답(강사용).
- 단순히 용어 정리가 아닌, 기술에 초점을 맞춘 문제 은행(강사용).

WileyPLUS

WileyPLUS는 강사와 학생에게 학습 자원들과 디지털 교재를 온라인에서 종합적으로 제공하는 교육 학습 환경이다. 자세한 내용은 이후의 해당 페이지에서 자세히 설명한다.

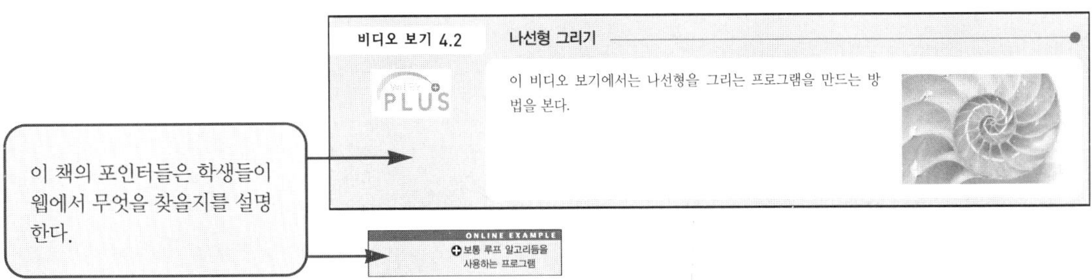

학습 보조물에 대한 안내

이 책에서는 프로그래밍에 관한 핵심 개념과 기본 원리에 초점을 맞추고 이러한 사항을 보강하기 위해, 체계화된 보조 팁과 자세한 설명 요약들로 구성된 교육학적 요소들이 기초적인 사항들을 지원하고 깊이 있게 만든다. 각 장에서는 장별 목표와 풍부한 연습문제를 제공하는 것과 아울러, 시각적 학습자들에 맞춰진 다음과 같은 여러 요소들을 포함한다.

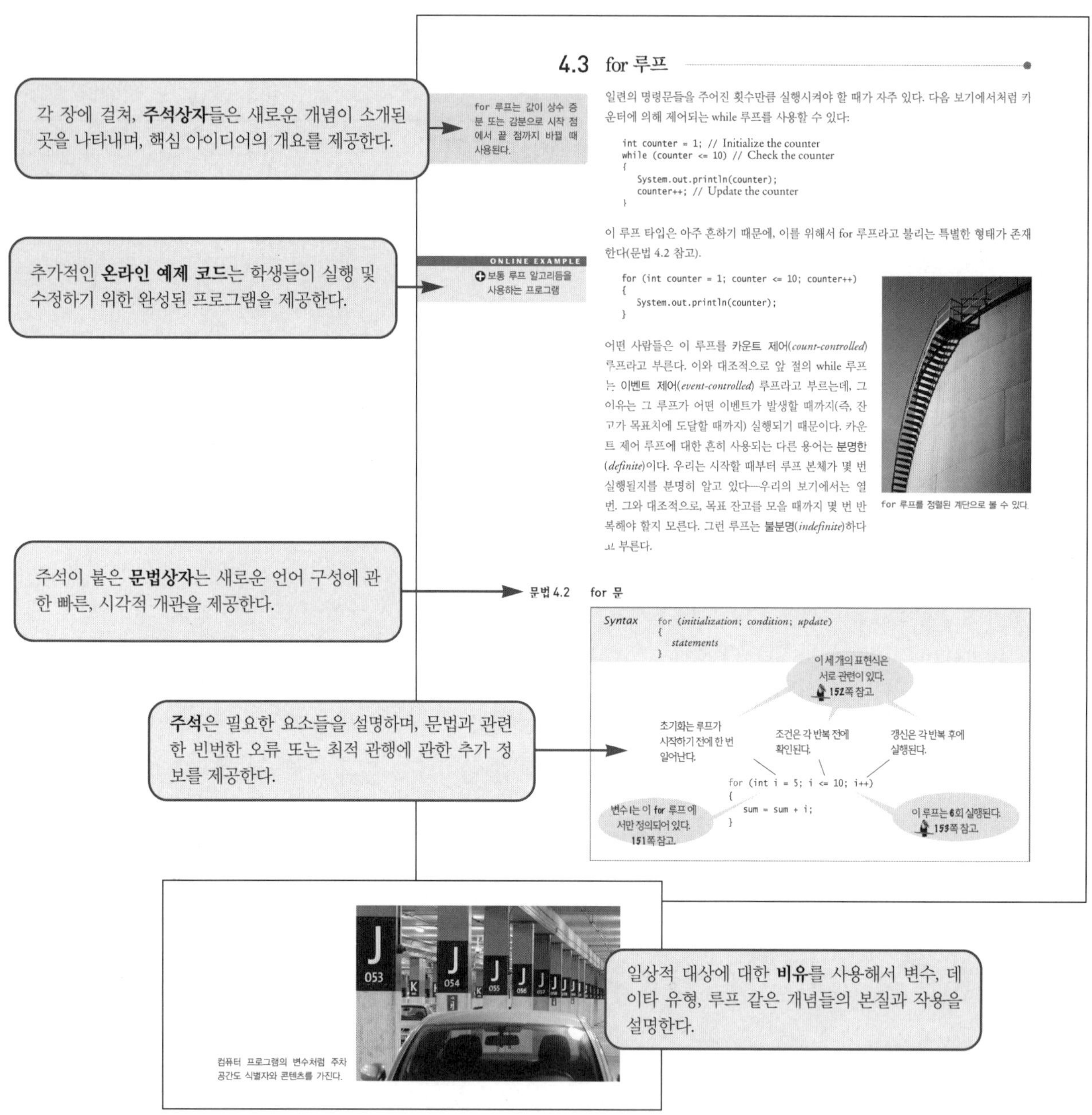

기억하기 좋은 사진들로 비유를 보강해서, 학생들이 개념을 기억하는 데 도움을 준다.

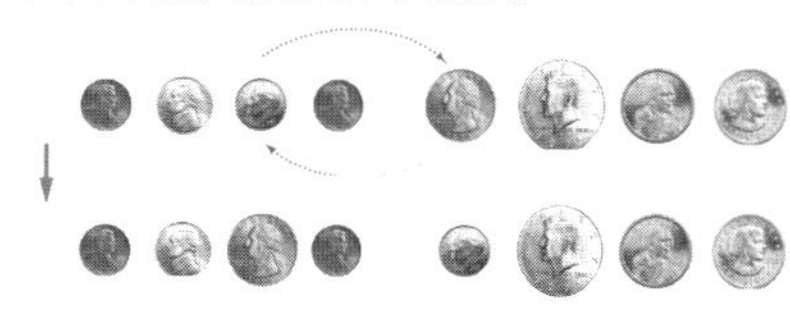

또는 두 개의 동전을 서로 교환할 수 있다(6.3.8절).

배열 원소 교환을 시각화하기

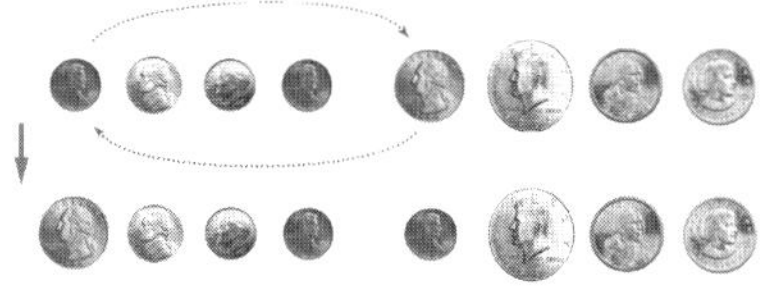

시작해보자—동전 몇 개를 일렬로 늘어놓고 위의 세 연산을 시도해서 감을 익힌다. 그렇게 하는 것이 배열의 전·후반을 교환하는 우리의 문제에 어떻게 도움이 되는가? 맨 앞과 다섯 번째 동전을 서로 자리를 바꾼다. 그러나 우리는 자바 프로그래머이므로 위치 0과 4의 동전들을 교환한다고 표현할 것이다.

문제 해결 절은 보통 연필과 종이 또는 여타 물건들을 이용해서, 아이디어를 생산하고 제안된 솔루션을 평가하기 위한 기술을 가르친다. 이 절들은 학생들을 성공하게 만드는 대부분의 계획 및 문제 풀이가 컴퓨터를 떠나서 일어남을 역설한다.

How To 가이드는 계획과 테스팅을 강조하면서 공통적 프로그래밍 작업을 단계적으로 지도한다. "이제 뭘 하나요?" 같은 초보자의 질문에 답하며, 핵심 개념을 문제-해결 시퀀스에 통합시킨다.

How to 1.1   **수도코드로 알고리듬을 기술하기**

이것은 컴퓨터 프로그램을 개발할 때 중요한 작업들을 수행하기 위한 단계적 절차를 제공해주는 이 책의 여러 'How To' 섹션들 중 맨 처음 것이다.

자바로 프로그램을 작성하기 전에, 알고리듬(특정 문제에 대한 솔루션에 도달하기 위한 방법)을 세워야 한다. 수도코드 알고리듬(영어로 표현된 일련의 정밀한 단계들)을 작성하자.

예를 들어, 다음 문제를 고려하자. 둘 중에 한 차를 사려고 한다. 하나는 연비가 더 좋으나, 더 비싸다. 두 차의 가격과 연비(갤런 당 마일, mpg)를 안다고 하자. 차를 십 년 동안 유지할 계획이다. 휘발유가 갤런 당 $4이고, 1년에 15,000마일을 주행한다고 가정하자. 차 값을 현금으로 지불한 것이므로 융자 비용은 걱정하지 않아도 된다. 어떤 차를 사는 것이 더 유리한가?

데모 예제는 How To의 단계들을 다른 예제에 적용해서, 그들이 다른 프로그래밍 문제에 대한 솔루션을 계획, 구현, 시험하는데 어떻게 이용될 수 있는지를 보여준다.

데모 예제 1.1   **마루에 타일을 깔기 위한 알고리듬을 작성하기**

이 데모 예제는 칼라를 교대로 바꾸며 타일을 깔기 위한 알고리듬을 세우는 방법을 보여준다.

보기 표들은 여러 개의 구체적 예들로 초보자들을 도와준다. 이 표들은 빈번한 오류를 지적하고 그 절의 주제에 대한 또 다른 빠른 참조를 제시한다.

표 2.1 자바의 변수 선언	
변수 선언문	**설명**
`int cans = 6;`	정수 변수를 선언하고 6으로 초기화한다.
`int total = cans + bottles;`	초기값이 상수이어야 할 필요는 없다(물론, cans과 bottles은 미리 선언되어 있어야 한다).
🚫 `bottles = 1;`	**오류:** 타입을 빠뜨렸다. 이 명령문은 기존 변수에 새 값을 할당하는 것이지 선언이 아니다 (2.1.4절 참고).
🚫 `int volume = "2";`	**오류:** 수를 문자열로 초기화할 수 없다.
`int cansPerPack;`	초기화하지 않고 정수 변수를 선언했다. 오류의 원인이 될 수 있다(??쪽의 빈번한 오류 2.1 참고).
`int dollars, cents;`	단일 명령문에 두 정수를 선언한다. 이 책에서는 각 변수를 별도의 명령문으로 선언하겠다.

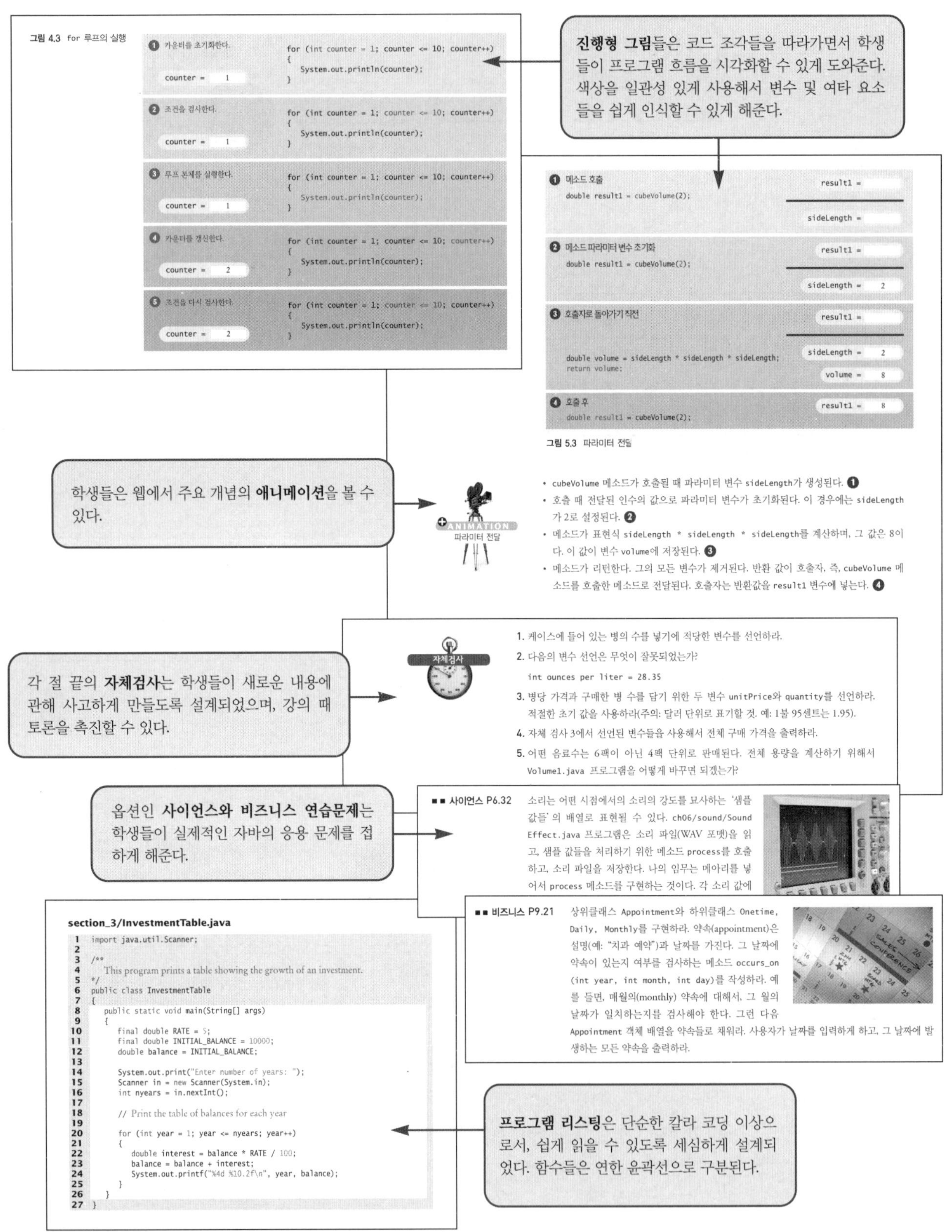

진행형 그림들은 코드 조각들을 따라가면서 학생들이 프로그램 흐름을 시각화할 수 있게 도와준다. 색상을 일관성 있게 사용해서 변수 및 여타 요소들을 쉽게 인식할 수 있게 해준다.

학생들은 웹에서 주요 개념의 **애니메이션**을 볼 수 있다.

- cubeVolume 메소드가 호출될 때 파라미터 변수 sideLength가 생성된다. ①
- 호출 때 전달된 인수의 값으로 파라미터 변수가 초기화된다. 이 경우에는 sideLength가 2로 설정된다. ②
- 메소드가 표현식 sideLength * sideLength * sideLength를 계산하며, 그 값은 8이다. 이 값이 변수 volume에 저장된다. ③
- 메소드가 리턴한다. 그의 모든 변수가 제거된다. 반환 값이 호출자, 즉, cubeVolume 메소드를 호출한 메소드로 전달된다. 호출자는 반환값을 result1 변수에 넣는다. ④

각 절 끝의 **자체검사**는 학생들이 새로운 내용에 관해 사고하게 만들도록 설계되었으며, 강의 때 토론을 촉진할 수 있다.

1. 케이스에 들어 있는 병의 수를 넣기에 적당한 변수를 선언하라.
2. 다음의 변수 선언은 무엇이 잘못되었는가?

   int ounces per liter = 28.35
3. 병당 가격과 구매한 병 수를 담기 위한 두 변수 unitPrice와 quantity를 선언하라. 적절한 초기 값을 사용하라(주의: 달러 단위로 표기할 것. 예: 1불 95센트는 1.95).
4. 자체 검사 3에서 선언된 변수들을 사용해서 전체 구매 가격을 출력하라.
5. 어떤 음료수는 6팩이 아닌 4팩 단위로 판매된다. 전체 용량을 계산하기 위해서 Volume1.java 프로그램을 어떻게 바꾸면 되겠는가?

옵션인 **사이언스와 비즈니스 연습문제**는 학생들이 실제적인 자바의 응용 문제를 접하게 해준다.

■■ 사이언스 P6.32

소리는 어떤 시점에서의 소리의 강도를 묘사하는 '샘플 값들'의 배열로 표현될 수 있다. ch06/sound/SoundEffect.java 프로그램은 소리 파일(WAV 포맷)을 읽고, 샘플 값들을 처리하기 위한 메소드 process를 호출하고, 소리 파일을 저장한다. 나의 임무는 메아리를 넣어서 process 메소드를 구현하는 것이다. 각 소리 값에

■■ 비즈니스 P9.21

상위클래스 Appointment와 하위클래스 Onetime, Daily, Monthly를 구현하라. 약속(appointment)은 설명(예: "치과 예약")과 날짜를 가진다. 그 날짜에 약속이 있는지 여부를 검사하는 메소드 occurs_on (int year, int month, int day)를 작성하라. 예를 들면, 매월의(monthly) 약속에 대해서, 그 월의 날짜가 일치하는지를 검사해야 한다. 그런 다음 Appointment 객체 배열을 약속들로 채워라. 사용자가 날짜를 입력하게 하고, 그 날짜에 발생하는 모든 약속을 출력하라.

section_3/InvestmentTable.java

```java
1  import java.util.Scanner;
2
3  /**
4     This program prints a table showing the growth of an investment.
5  */
6  public class InvestmentTable
7  {
8     public static void main(String[] args)
9     {
10        final double RATE = 5;
11        final double INITIAL_BALANCE = 10000;
12        double balance = INITIAL_BALANCE;
13
14        System.out.print("Enter number of years: ");
15        Scanner in = new Scanner(System.in);
16        int nyears = in.nextInt();
17
18        // Print the table of balances for each year
19
20        for (int year = 1; year <= nyears; year++)
21        {
22           double interest = balance * RATE / 100;
23           balance = balance + interest;
24           System.out.printf("%4d %10.2f\n", year, balance);
25        }
26     }
27  }
```

프로그램 리스팅은 단순한 칼라 코딩 이상으로서, 쉽게 읽을 수 있도록 세심하게 설계되었다. 함수들은 연한 윤곽선으로 구분된다.

빈번한 오류는 발생 원인 및 대책과 함께, 학생들이 흔히 범하는 오류를 기술한다.

빈번한 오류 6.4 길이와 크기

아쉽게도 배열, 배열 리스트, 그리고 문자열의 원소 수를 계산하는 자바 문법은 일관성이 없다.

데이타 타입	원소 수
Array	a.length
Array list	a.size()
String	a.length()

이들을 자주 혼동하는 오류를 범한다. 모든 데이타 타입에 대한 바른 문법을 기억해야 한다.

프로그래밍 팁은 좋은 프로그래밍 습관을 설명하고, 팁과 핸드-트레이싱(hand-tracing) 같은 기술들로 학생들이 더욱 능력을 갖추도록 독려한다.

프로그래밍 팁 3.5 핸드-트레이싱(Hand-Tracing)

프로그램이 제대로 동작하는지를 이해하기 위한 아주 유용한 기술로 핸드-트레이싱이라고 불리는 것이 있다. 프로그램의 동작을 종이 위에 시뮬레이션하는 것이다. 이 방법을 수도코드나 자바 코드와 함께 사용할 수 있다.

인덱스 카드, 칵테일 냅킨, 또는 손에 닿는 아무 종이든 준비한다. 각 변수에 대해 열을 만들고, 프로그램 코드를 준비해 놓는다. 종이 클립 같은 마커를 사용해서 현재 명령문에 표시한다. 마음 속으로 명령문들을 한 번에 하나씩 실행한다. 변수 값이 바뀔 때마다 이전 값을 선을 그어 지우고, 새 값을 그 밑에 쓴다.

예로서, 101쪽의 프로그램 실행 결과로 얻은 데이타를 갖고 세금 프로그램을 추적하자. 15번과 16번 줄에서 tax1과 tax2가 0으로 초기화된다.

핸드-트레이싱은 프로그램이 제대로 동작하는지를 파악하는 것을 도와준다.

```
 8 public static void main(String[] args)
 9 {
10    final double RATE1 = 0.10;
11    final double RATE2 = 0.25;
12    final double RATE1_SINGLE_LIMIT = 32000;
13    final double RATE1_MARRIED_LIMIT = 64000;
14
15    double tax1 = 0;
16    double tax2 = 0;
17
```

tax1	tax2	income	marital status
0	0		

22번과 25번 줄에서, income과 maritalStatus가 입력문에 의해 초기화된다.

```
20    Scanner in = new Scanner(System.in);
21    System.out.print("Please enter your income: ");
22    double income = in.nextDouble();
```

특강은 선택적 주제를 보여주고, 다른 것들에 관한 부가적 설명을 제공한다.

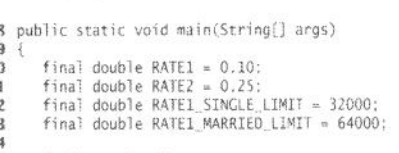

특강 7.2 파일 대화상자

그래픽 사용자 인터페이스 프로그램에서, 프로그램의 사용자가 파일을 선택해야 할 때마다 파일 대화상자(아래 그림에 보인 것 같은)를 사용하는 것이 편리하다. JFileChooser 클래스는 Swing 사용자-인터페이스 툴킷을 위한 파일 대화 상자를 구현한다.

JFileChooser 클래스는 대화 상자의 표시를 세부적으로 조정하는 많은 옵션들을 가지고 있지만, 가장 기본적인 형태는 매우 간단하다: 파일 선택기 객체를 생성한 후, showOpenDialog 또는 showSaveDialog 메소드를 호출한다. 두 메소드는 동일한 대화 상자를 표시하지만, 파일을 선택하기 위한 버튼은 호출한 메소드에 따라, '열기(Open)' 또는 '저장(Save)' 으로 표시된다.

화면에 대화 상자를 좋은 위치에 표시하려면, 대화 상자가 팝업(pop up)될 사용자 인터페이스 컴포넌트를 지정하면 된다. 대화 상자의 팝업 위치가 문제되지 않으면, 단순히 null을 전달하면 된다. showOpenDialog와 showSaveDialog 메소드는 사용자가 파일 선택 시 JFileChooser.APPROVE_OPTION을 반환하고, 사용자가 선택 취소 시 JFileChooser.CANCEL_OPTION을 반환한다. 파일이 선택되면, getSelectedFile 메소드를 호출해서, 파일을 묘사하는 File 객체를 얻는다. 다음은 전체의 예제이다:

```
JFileChooser chooser = new JFileChooser();
Scanner in = null;
if (chooser.showOpenDialog(null) == JFileChooser.APPROVE_OPTION)
{
   File selectedFile = chooser.getSelectedFile();
   in = new Scanner(selectedFile);
   . . .
}
```

ONLINE EXAMPLE

파일 선택기(file chooser)를 사용하는 방법을 보여주는 프로그램

showOpenDialog 메소드로 호출

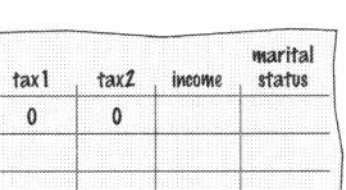

랜덤 팩트는 흥미를 유발하고 ACM/IEEE 커리큘럼 가이드라인의 '역사 및 사회적 맥락' 요건을 충족하기 위해 컴퓨팅에 관한 역사 및 사회적인 정보들을 제공한다.

랜덤 팩트 4.1 최초의 버그

전설에 의하면 최초의 버그는 하버드 대학의 거대한 전기기계 컴퓨터인 Mark II에서 발견되었는데, 진짜 벌레 때문에 일어났다. 릴레이 스위치에 나방이 끼인 것이다.

실제로, 운용자가 나방 옆의 일지에 남긴 쪽지를 보면(그림 참고), '버그'라는 용어가 이미 그 당시에 보편적으로 사용된 것으로 보인다.

선구자격 컴퓨터 과학자인 모리스 윌크스는 "왜 그런지, 무어 공대(Moore School)에 있을 때와 그 후에도, 사람들은 항상 프로그램을 바르게 만드는 데 그다지 어려움이 없을 거라고 추정했다. 나는 내 향후 인생의 많은 부분이 내가 짠 프로그램의 실수를 찾아내는 데 소모될 것이란 것을 깨달은 순간을 기억한다."라고 썼다.

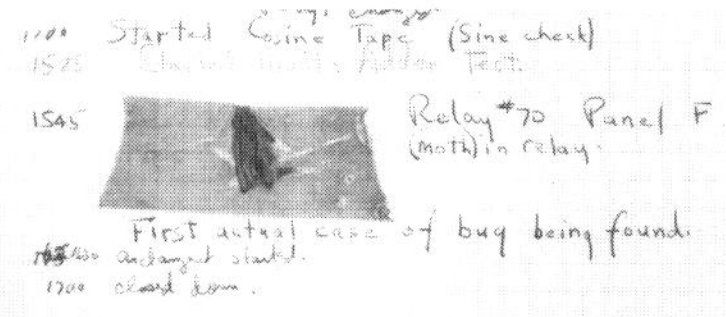

최초의 버그

WileyPLUS

WileyPLUS은 학생 및 강사를 지원하는 온라인 환경이다(등록 및 로그인 필요). 교재와 관련된 WileyPLUS 과정은 인쇄된 교재를 보완할 수 있으며, 모두를 바꿀 수도 있다.

학생용

학생들마다 학습 스타일, 능력, 선행 학습의 수준이 모두 다르고, 개인마다 독특하다. WileyPLUS는 모든 학생들이 각자의 장점을 활용할 수 있도록 해준다.

음성과 영상 표현과 시연에 관련된 문제들이 포함되어 있는 통합된 멀티미디어 자료들은 능동적으로 학습을 촉진시키고, 학생들 각각의 학습 환경에 맞는 다양한 학습 경로를 제공한다.

- 데모 예제들은 또 다른 실제적인 예에 문제 해결 단계를 적용할 수 있다.
- 비디오 보기들은 저자가 택하는 단계를 설명하고 프로그래밍 문제를 해결하는 과정을 나타낸다.
- 주요 개념의 애니메이션들은 일반적으로 강사들이 칠판에서 제시하는 설명들을 학생들에게 역동적으로 재생할 수 있게 한다.

자체 검사는 교재와 관련 부분이 연결된다. 내용을 알 때까지 학생들 스스로 학습과 실습을 조절할 수 있다.

- 연습 퀴즈는 학생들이 집중해야 할 부분을 나타낸다.
- '실행학습'으로 주어지는 실험실 연습은 실험실에서 사용하거나 자율 학습용으로 할당할 수 있다.
- '코드 완성'은 학생들이 짧은 명령어를 채우고 즉각 피드백을 받아 프로그래밍 기술을 숙달할 수 있게 한다.

강사용

WileyPLUS는 관련 사이트에 있는 강사용 자원들을 모두 포함한다. WileyPLUS는 수업시간까지 기다릴 필요 없이 곧 바로 강사들에게 학습에 뒤떨어지는 학생들을 확인하고, 능력에 따라 개입할 수 있는 도구들을 제공한다.

- 예습을 위한 퀴즈 연습, 자기학습용 퀴즈, 추가 연습은 있는 그대로 사용되거나 과정의 필요에 따라 수정될 수 있다.
- 다단계 실습 문제들은 실험실에서 사용될 수도 있고, 추가적인 학생용 실습으로 할당될 수도 있다.

WileyPLUS는 과제 부여 및 채점과 학생들의 학업성취도 평가를 쉽고 자동적으로 처리한다.

- 퀴즈나 테스트를 목적으로 많은 객관식 문제들은 용어를 확인하는 데 그치지 않고, 처리 기술에 초점을 맞춰 개발되었다.
- '코드 완성' 문제도 온라인 퀴즈에 추가될 수 있다.
- 모든 복습 문제와 프로그래밍 훈련에 대한 해답이 제공된다.

WileyPLUS와 함께

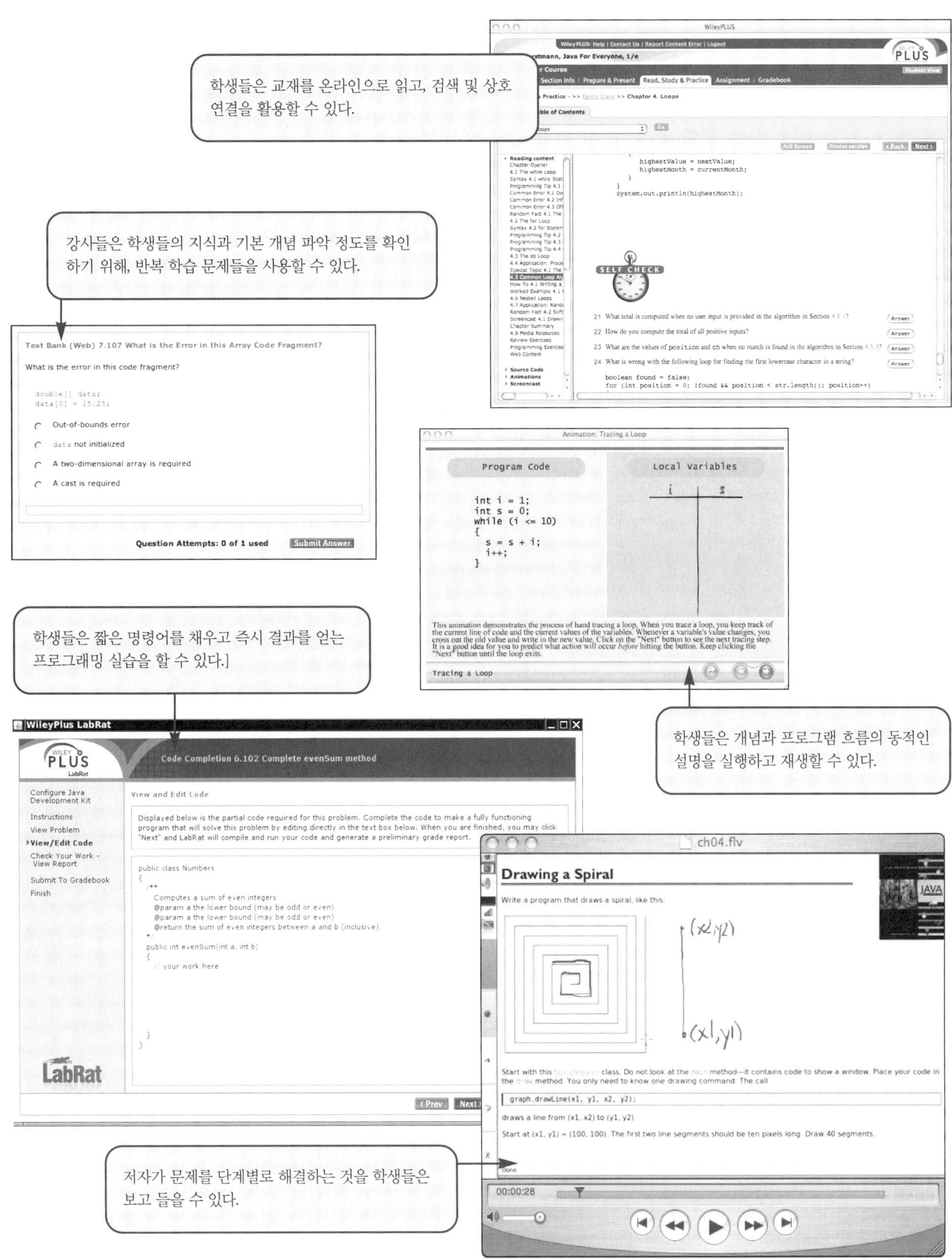

※ 자바 에브리원 제2판에 대한 학생 및 교강사를 위한 자료는 ITC출판사 홈페이지 (www.itcpub.co.kr)를 통하여 구할 수 있다.

감사의 글

본 교재를 출간하는 데 도움을 주신 John Wiley & Sons사의 Beth Lang Golub, Don Fowley, Elizabeth Mills, Thomas Kulesa, Wendy Ashenberg, Lisa Gee, Andre Legaspi, Kevin Holm, John Curley씨에게 그리고 Publishing Services사의 Vickie Piercey 에게 감사를 드린다. 특히 Cindy Johnson씨의 많은 노고와 올바른 판단, 세밀한 부분의 놀라운 집중력에 대해 깊은 감사를 드린다.

훌륭한 솜씨로 보충 자료를 마련해주신 *University of Louisiana*의 Jose Cordova, *University of Wisconsin*의 Monroe, Amitava Karmaker, *Washtenaw Community College*의 Stout, Khaled Mansour, *Florida International University*의 Patricia McDermott-Wells, *University of Kentucky*의 Brent Seales, *Columbia College*의 Donald Smith, 및 *Columbus State University*의 David Woolbright씨의 도움에도 감사드린다. 실무용 연습문제 작성에 수고하신 Jose-Arturo Mora-Soto, Jesica Rivero-Espinosa, 그리고 University of Madrid의 Julio-Angel Cano-Romero씨에게도 감사드린다.

교재 내용을 확인하시고, 원고를 검토하시고, 가치있는 제안을 주시고, 관심이 부족한 부분과 오류를 지적해주신 아래의 여러분들께도 개인적으로 많은 감사를 드린다.

Lynn Aaron, *SUNY Rockland Community College*

Karen Arlien, *Bismarck State College*

Jay Asundi, *University of Texas, Dallas*

Eugene Backlin, *DePaul University*

William C. Barge, *Trine University*

Bruce J. Barton, *Suffolk County Community College*

Sanjiv K. Bhatia, *University of Missouri, St. Louis*

Anna Bieszczad, *California State University, Channel Islands*

Jackie Bird, *Northwestern University*

Eric Bishop, *Northland Pioneer College*

Paul Bladek, *Edmonds Community College*

Paul Logasa Bogen II, *Texas A&M University*

Irene Bruno, *George Mason University*

Paolo Bucci, *Ohio State University*

Joe Burgin, *College of Southern Maryland*

Robert P. Burton, *Brigham Young University*

Leonello Calabresi, *University of Maryland University College*

Martine Ceberio, *University of Texas, El Paso*

Uday Chakraborty, *University of Missouri, St. Louis*

Xuemin Chen, *Texas Southern University*

Haiyan Cheng, *Willamette University*

Chakib Chraibi, *Barry University*

Ta-Tao Chuang, *Gonzaga University*

Vincent Cicirello, *Richard Stockton College*

Mark Clement, *Brigham Young University*

Gerald Cohen, *St. Joseph's College*

Rebecca Crellin, *Community College of Allegheny County*

Leslie Damon, *Vermont Technical College*

Geoffrey D. Decker, *Northern Illinois University*

Khaled Deeb, *Barry University, School of Adult and Continuing Education*

Akshaye Dhawan, *Ursinus College*

Julius Dichter, *University of Bridgeport*

Mike Domaratzki, *University of Manitoba*

Philip Dorin, *Loyola Marymount University*

Anthony J. Dos Reis, *SUNY New Paltz*

Elizabeth Drake, *Santa Fe College*

Tom Duffy, *Norwalk Community College*

Michael Eckmann, *Skidmore College*

Sander Eller, *California State Polytechnic University, Pomona*

Amita Engineer, *Valencia Community College*

Dave Evans, *Pasadena Community College*

James Factor, *Alverno College*

Chris Fietkiewicz, *Case Western Reserve University*

Terrell Foty, *Portland Community College*

Valerie Frear, *Daytona State College*

Ryan Garlick, *University of North Texas*

Aaron Garrett, *Jacksonville State University*

Stephen Gilbert, *Orange Coast College*

Peter van der Goes, *Rose State College*

Billie Goldstein, *Temple University*

Michael Gourley, *University of Central Oklahoma*

Grigoriy Grinberg, *Montgomery College*

Linwu Gu, *Indiana University*

Bruce Haft, *Glendale Community College*

Nancy Harris, *James Madison University*

Allan M. Hart, *Minnesota State University, Mankato*

Ric Heishman, *George Mason University*

Guy Helmer, *Iowa State University*

Katherin Herbert, *Montclair State University*

Rodney Hoffman, *Occidental College*

May Hou, *Norfolk State University*

John Houlihan, *Loyola University*

Andree Jacobson, *University of New Mexico*

Eric Jiang, *University of San Diego*

Christopher M. Johnson, *Guilford College*

Jonathan Kapleau, *New Jersey Institute of Technology*

Amitava Karmaker, *University of Wisconsin, Stout*

Rajkumar Kempaiah, *College of Mount Saint Vincent*

Mugdha Khaladkar, *New Jersey Institute of Technology*

Julie King, *Sullivan University, Lexington*

Samuel Kohn, *Touro College*

April Kontostathis, *Ursinus College*

Ron Krawitz, *DeVry University*

Debbie Lamprecht, *Texas Tech University*

Jian Lin, *Eastern Connecticut State University*

Hunter Lloyd, *Montana State University*

Cheng Luo, *Coppin State University*

Kelvin Lwin, *University of California, Merced*

Frank Malinowski, *Dalton College*

John S. Mallozzi, *Iona College*

Kenneth Martin, *University of North Florida*

Deborah Mathews, *J. Sargeant Reynolds Community College*

Louis Mazzucco, *State University of New York at Cobleskill and Excelsior College*

Drew McDermott, *Yale University*

Hugh McGuire, *Grand Valley State University*

Michael L. Mick, *Purdue University, Calumet*

Jeanne Milostan, *University of California, Merced*

Sandeep Mitra, *SUNY Brockport*

Kenrick Mock, *University of Alaska Anchorage*

Namdar Mogharreban, *Southern Illinois University*

Shamsi Moussavi, *Massbay Community College*

Nannette Napier, *Georgia Gwinnett College*

Tony Tuan Nguyen, *De Anza College*

Michael Ondrasek, *Wright State University*

K. Palaniappan, *University of Missouri*

James Papademas, *Oakton Community College*

Gary Parker, *Connecticut College*

Jody Paul, *Metropolitan State College of Denver*

Mark Pendergast, *Florida Gulf Coast University*

James T. Pepe, *Bentley University*

Jeff Pittges, *Radford University*

Tom Plunkett, *Virginia Tech*

Linda L. Preece, *Southern Illinois University*

Vijay Ramachandran, *Colgate University*

Craig Reinhart, *California Lutheran University*

Jonathan Robinson, *Touro College*

Chaman Lal Sabharwal, *Missouri University of Science & Technology*

Namita Sarawagi, *Rhode Island College*

Ben Schafer, *University of Northern Iowa*

Walter Schilling, *Milwaukee School of Engineering*

Jeffrey Paul Scott, *Blackhawk Technical College*

Amon Seagull, *NOVA Southeastern University*

Linda Seiter, *John Carroll University*

Kevin Seppi, *Brigham Young University*

Ricky J. Sethi, *UCLA, USC ISI, and DeVry University*

Ali Shaykhian, *Florida Institute of Technology*

Lal Shimpi, *Saint Augustine's College*

Victor Shtern, *Boston University*

Rahul Simha, *George Washington University*

Jeff Six, *University of Delaware*

Donald W. Smith, *Columbia College*

Peter Spoerri, *Fairfield University*

David R. Stampf, *Suffolk County Community College*

Peter Stanchev, *Kettering University*

Stu Steiner, *Eastern Washington University*

Robert Strader, *Stephen F. Austin State University*

David Stucki, *Otterbein University*

Jeremy Suing, *University of Nebraska, Lincoln*

Dave Sullivan, *Boston University*

Vaidy Sunderam, *Emory University*

Hong Sung, *University of Central Oklahoma*

Monica Sweat, *Georgia Tech University*

Joseph Szurek, *University of Pittsburgh, Greensburg*

Jack Tan, *University of Wisconsin*

Cynthia Tanner, *West Virginia University*

Russell Tessier, *University of Massachusetts, Amherst*

Krishnaprasad Thirunarayan, *Wright State University*

Megan Thomas, *California State University, Stanislaus*

Timothy Urness, *Drake University*

Eliana Valenzuela-Andrade, *University of Puerto Rico at Arecibo*

Tammy VanDeGrift, *University of Portland*

Philip Ventura, *Broward College*

David R. Vineyard, *Kettering University*

Qi Wang, *Northwest Vista College*

Jonathan Weissman, *Finger Lakes Community College*

Reginald White, *Black Hawk Community College*

Ying Xie, *Kennesaw State University*

Arthur Yanushka, *Christian Brothers University*

Chen Ye, *University of Illinois, Chicago*

Wook-Sung Yoo, *Fairfield University*

Bahram Zartoshty, *California State University, Northridge*

Frank Zeng, *Indiana Wesleyan University*

Hairong Zhao, *Purdue University Calumet*

Stephen Zilora, *Rochester Institute of Technology*

2판 교재를 실험적으로 강의에 사용한 다음 분들에게 특별히 감사드린다.

James Madison University의 Nancy Harris씨와 수강생 여러분

College of DuPage의 Mohammed Morovati씨와 수강생 여러분

Milwaukee School of Engineering의 Chris Taylor씨와 수강생 여러분

1판 교재를 실험적으로 강의에 사용한 다음 분들에게도 특별히 감사드린다.

Wright State University의 Michael Ondrasek씨와 수강생 여러분

George Mason University의 Irene Bruno씨와 수강생 여러분

Sam Houston University의 Cihan Varol씨와 수강생 여러분

Kettering University의 David Vineyard씨와 수강생 여러분

West Virginia University의 Cindy Tanner씨와 수강생 여러분

J. Sargeant Reynolds Community College의 Andrew Juraszek씨와 수강생 여러분

California State Polytechnic University, Pomona의 Daisy Sang씨와 수강생 여러분

University of South Alabama의 Dawn McKinney씨와 수강생 여러분

Fitchburg State College의 Nadimpalli Mahadev씨와 수강생 여러분

Brigham Young University의 Robert Burton씨와 수강생 여러분

James Madison University의 Nancy Harris씨와 수강생 여러분

Ohio State University의 Tim Weale씨, Paolo Bucci씨와 수강생 여러분

역자 머리말

Preface

이 책을 처음 펼쳐 본 순간 풍부한 분량의 연습문제, 그림, 에피소드 등이 매우 인상적이었다. 다양한 연습문제와 직관적 이해를 돕는 그림과 흥미를 유발하는 에피소드 등은 이 책이 단기간에 쓰여진 책이 아님을 느끼게 해주었으며, 이 책을 쓰기 위해 저자가 꾸준하게 투입했을 노력을 엿볼 수 있었다.

Java는 같은 코드로 다양한 플랫폼이나 운영체제에서 실행될 수 있으며, 지속적으로 업그레이드 되고 있는 폭넓은 라이브러리를 갖추고 있고, 웹 애플리케이션 및 스마트폰 앱 프로그래밍에 유리한 등등의 많은 장점으로 인해 가장 널리 사용되고 있는 컴퓨터 프로그래밍 언어들 중 하나이다.

그러나, 대부분의 Java 도서가 지나치게 야심적으로 구성되어 있어, 많은 Java 입문자에게 평생 필요하지 않을 수도 있는 내용들도 제법 비중을 차지하고 있다. 그 반면, 이 책은 자바를 처음 접하는 이들에게 불필요한 내용은 철저하게 배제되어 있으며, 기초를 충실히 다지는 데 초점이 맞춰져 있다. 그 외에도 이 책에는 프로그래밍 관련 에피소드, 오랜 기간의 경험을 통해 터득한 실용적인 팁 등 다양한 내용들이 담겨있다. 특히 수학/물리/기계/전기/전자공학/경제/경영을 망라하는 광범위한 예제와 연습문제를 담고 있으므로, 이 책으로 자바를 공부하는 독자들이 향후 자바를 각자의 분야에 활용할 수 있는 능력을 갖추는 데 도움을 줄 것이다.

공간 제약상 이 책에는 Java와 통합개발환경을 설치하는 과정과 사용 방법 등 예비 단계에 대한 설명은 싣지 못했으나, 이 책의 웹사이트인 Daum의 RobotVision 카페 (http://cafe.daum.net/RobotVision)의 [Java 에브리원] 게시판을 통해 자세한 자료를 제공하고 있다(내려받기에서부터 컴파일하기, 실행시키기, 디버깅하기까지). (참고로, Java는 http://www.oracle.com에서 무료로 받을 수 있다. 자바 프로그래밍을 위한 대표적인 통합개발환경으로는 NetBeans와 Eclipse 등이 있다. NetBeans는 http://www.netbeans.org에서 받거나, 또는 앞의 Oracle 사이트에서 Java와 함께 번들로 받을 수도 있다. Eclipse는 http://www.eclipse.org에서 받을 수 있다. 모두 무료로 받을 수 있다. Android 프로그래밍도 계획하고 있다면, Android SDK가 잘 지원되고 있는 Eclipse가 인기 있음을 참고한다.)

위 카페의 게시판은 카페 가입 신청 후 별도의 승인 절차나 대기 없이 바로 자동으로 이용 권한이 주어진다. 그 밖에도 강의노트 등 이 책과 관련된 다양한 자료들이 지속적으로 올려질 것이므로, 정기적으로 들러서 업데이트된 내용들을 확인한다면 이 책을 더욱 효율적으로 이용하게 될 것이다. Q&A도 운영하니 적극적 활용을 기대한다. 참고로, 원저자인 Horstmann이 운영하는 웹사이트 www.wiley.com/college/horstmann 도 있다.

참고로, 이 책과 구성이 거의 같은 Horstmann의 "C++ 에브리원"과 함께 본다면 역시 중요한 객체지향 언어인 C++를 동시에 익히는 데에도 도움이 될 것이다.

이 책을 이용하는 독자들의 건승을 빈다.

차례

Contents

특징

➕ WileyPLUS와 www.wiley.com/college/horstmann에서 온라인으로 볼 수 있다.

특징

<table>
<tr><td>장</td><td>빈번한 오류</td><td>How to와 데모 예제</td></tr>
</table>

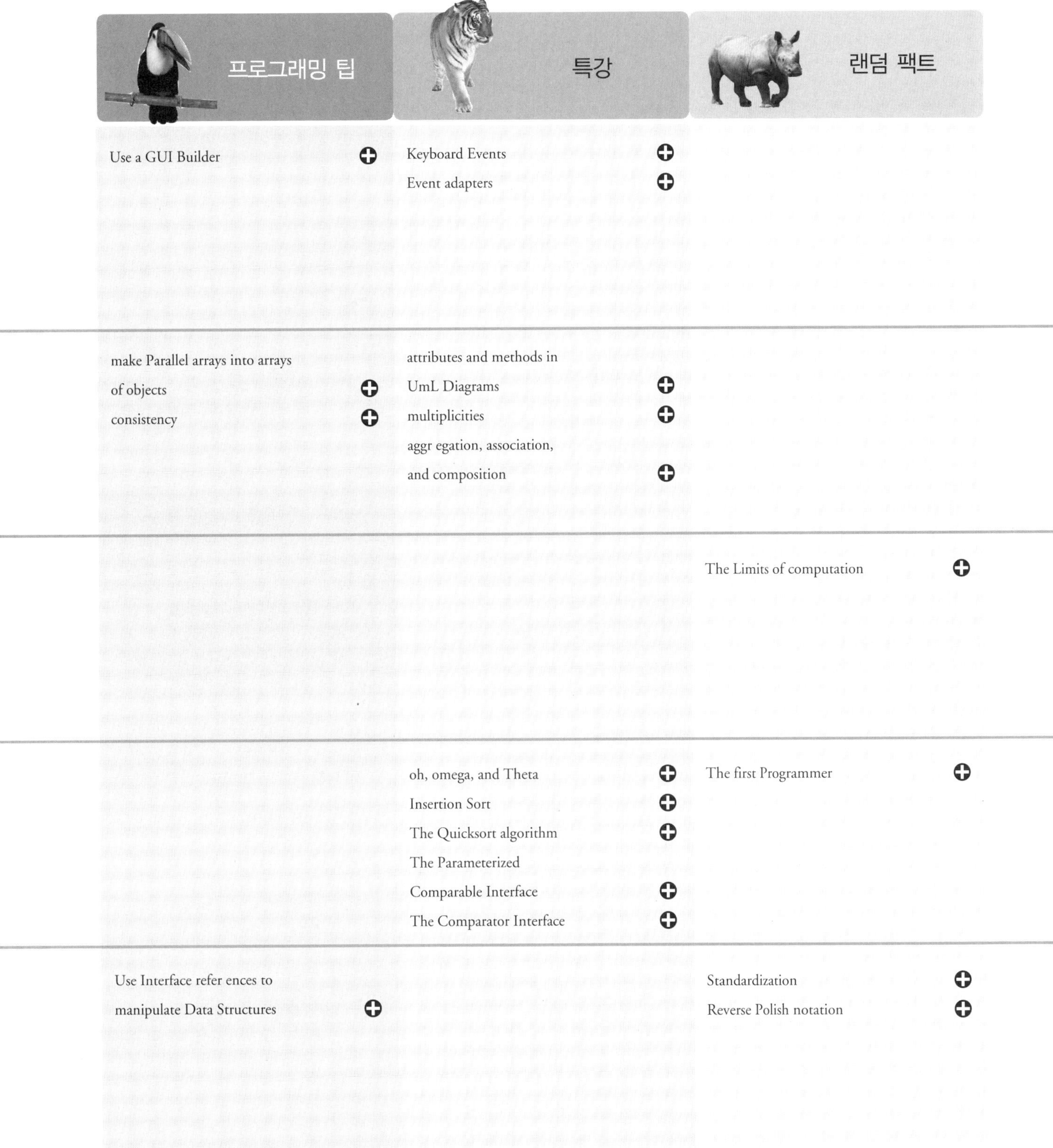
프로그래밍 팁

특강

랜덤 팩트

Use a GUI Builder

Keyboard Events

Event adapters

make Parallel arrays into arrays
of objects

consistency

attributes and methods in
UmL Diagrams

multiplicities

aggr egation, association,
and composition

The Limits of computation

oh, omega, and Theta

Insertion Sort

The Quicksort algorithm

The Parameterized
Comparable Interface

The Comparator Interface

The first Programmer

Use Interface refer ences to

manipulate Data Structures

Standardization

Reverse Polish notation

CHAPTER 01

소개

Introduction

목표

컴퓨터 및 프로그래밍 배우기

첫 자바 프로그램을 컴파일하고 실행시키기

컴파일-타임 오류와 런-타임 오류 인식하기

수도코드로 알고리듬 기술하기

내용

도구를 모으고, 프로젝트를 탐구하고, 그를 공략하기 위한 계획을 세우듯이, 이 장에서는 프로그래밍 학습을 시작하는 데 필요한 기초를 긁어 모은다. 컴퓨터 하드웨어, 소프트웨어, 그리고 프로그래밍 전반에 관한 간략한 소개 후, 첫 자바 프로그램을 작성하고 실행하는 방법을 배울 것이다. 프로그래밍 오류를 분석 및 정정하는 방법과, 프로그램 계획 단계에서 알고리듬(문제를 푸는 방법에 관한 단계적 표현)을 기술하기 위해 수도코드를 사용하는 방법도 배울 것이다.

1.1 컴퓨터 프로그램

직업상 또는 재미로라도 컴퓨터를 사용해봤을 것이다. 많은 사람들이 인터넷 뱅킹 같은 일상적 작업, 또는 기말 리포트를 작성하는 일 등에 컴퓨터를 사용한다. 컴퓨터는 그런 작업에 적합하다. 컴퓨터는 수들의 합을 구하거나 페이지에서 단어를 찾아내는 일 같은 반복적인 잡일에 싫증을 내거나 지치지도 않고 처리할 수 있다.

컴퓨터의 유연성은 매우 놀랍다. 컴퓨터로 수표 책과 잔고를 맞추고, 기말 리포트를 출력하고, 게임을 돌릴 수 있다. 그와 달리, 다른 기계들은 작업 범위가 훨씬 협소하다. 자동차는 주행하고, 토스터는 빵을 굽는다. 컴퓨터는 각각이 컴퓨터로 하여금 특정 작업을 수행하게 만드는 서로 다른 프로그램들을 실행시키기 때문에, 수행할 수 있는 작업의 범위가 넓다.

컴퓨터 자체는 데이타(수, 단어, 사진)를 저장하고, 장비(모니터, 사운드 시스템, 프린터)와 대화하고, 프로그램을 실행하는 기계이다. **컴퓨터 프로그램**은 컴퓨터에게 작업을 수행하는 데 필요한 단계들을 아주 상세하게 말해준다. 물리적인 컴퓨터와 주변장치들을 통틀어서 **하드웨어**라고 부른다. 컴퓨터가 실행하는 프로그램은 **소프트웨어**라고 부른다.

작금의 컴퓨터 프로그램들은 너무 복잡해서, 그들이 진짜 지극히 기본적인 명령들로 구성되어 있다고 믿기 어려울 정도이다. 다음은 대표적인 명령의 예이다.

- 주어진 화면 위치에 붉은 점을 찍어라.
- 두 수를 더하라.
- 만일 이 값이 음수이면, 프로그램을 특정 명령에서 계속하라.

프로그램이 이런 명령들을 무수히 포함하고 있고 또한 컴퓨터가 이들을 매우 빨리 실행시킬 수 있기 때문에 컴퓨터 사용자는 이 대화(interaction)가 매끄러울 것으로 오해한다.

컴퓨터 프로그램을 설계하고 구현하는 행위를 **프로그래밍**이라고 부른다. 이 책에서 컴퓨터를 프로그래밍하는 방법, 즉 컴퓨터가 작업을 실행하게 지시하는 방법을 배울 것이다.

동작과 사운드 효과를 갖춘 컴퓨터 프로그램, 또는 멋진 폰트와 사진을 지원하는 워드 프로세서를 작성하는 것은, 여러 명의 고도로 숙련된 프로그래머들을 필요로 하는 복잡한 작업이다. 우리가 수고할 첫 프로그래밍은 더 일상적인 것이 될 것이다. 이 책에서 배울 개념과 기술들이 중요한 기초를 형성하므로 우리가 만든 첫 프로그램이 우리에게 익숙한 복잡한 소프트웨어에 필적하지 못한다고 해도 실망해선 안 된다. 실제로, 단순한 프로그래밍 작업에서도 엄청난 전율을 느낄 것이다. 우리가 한다면 몇 시간이 걸리는 힘들고 단조로운 일을 컴퓨터가 정확하고 빠르게 수행하는 것을 보고, 프로그램을 약간 바꿔서 즉각적 개선으로 이끌고, 컴퓨터가 우리의 정신적 능력의 일부가 되는 것을 보는 것은 놀라운 경험이 될 것이다.

1. 컴퓨터에서 음악을 재생하려면 무엇이 필요한가?

2. 왜 CD 플레이어는 컴퓨터보다 덜 유연한가?

3. 비디오 게임을 하려면 컴퓨터 사용자가 프로그램에 관해서 무엇을 알아야 하는가?

1.2 컴퓨터 해부

프로그래밍 과정을 이해하기 위해서는 컴퓨터를 구성하는 요소들에 관한 가장 기초적인 것 정도는 이해하고 있어야 한다. 개인용 컴퓨터에 관해 알아 보겠다. 컴퓨터는 클수록 더 빠르고, 크고, 강력한 부품들을 갖고 있지만, 근본적인 설계는 같다.

컴퓨터의 중심에는 **CPU(중앙처리장치)**가 있다(그림 1.1). CPU 칩의 내부 배선은 엄청나게 복잡하다. 예를 들어, 인텔 코어 프로세서(이 책을 쓰고 있을 때 인기 있던 PC용 CPU)에는 트랜지스터라고 불리는 부품이 수억 개가 들어있다.

CPU는 프로그램 제어와 데이타 처리를 담당한다. 즉, CPU는 프로그램 명령들을 찾아내서 실행하고, 덧셈, 뺄셈, 곱셈, 나눗셈 같은 산술 연산들을 수행하고, 외부 메모리나 장치로부터 데이타를 가져오고, 처리된 데이타를 저장장치(스토리지)에 넣는다.

저장장치에는 두 가지가 있다. **주 저장장치**는 메모리 칩(전기가 공급되어야 데이타를 저장할 수 있는 전자회로)들로 구성된다. **보조 저장장치**는 대부분 **하드디스크**(그림 1.2)이며, 느리지만 전기가 없어도 지속되는 저렴한 저장소를 제공한다. 하드 디스크는 자기 물질로 코팅된 회전 플래터와, 플래터의 자기 흐름을 검출하고 바꿀 수 있는 읽기/쓰기 헤드로 구성된다.

컴퓨터는 데이타와 프로그램을 모두 저장한다. 이들은 보조 저장장치에 놓이며, 프로그램이 시작될 때 메모리에 탑재된다. 그러면 프로그램은 메모리의 데이타를 업데이트하고, 수정된 데이타를 다시 보조 저장장치에 기록한다.

컴퓨터는 사용자와 대화하기 위해서 주변 장치를 필요로 한다. 컴퓨터는 디스플레이 화면, 스피커, 프린터 등을 통해 사용자에게 정보(출력이라고 불림)를 전송한다. 사용자는 키보드나 마우스 같은 지시 장치를 통해서 컴퓨터에 정보(입력이라고 불림)를 넣을 수 있다.

어떤 컴퓨터들은 독립적이며, 어떤 컴퓨터들은 네트웍을 통해 서로 연결되어 있다. 네트웍 케이블링을 통해서 컴퓨터는 중앙 저장소로부터 데이타와 프로그램을 읽거나, 다른 컴퓨터로 데이타를 보낼 수 있다.

CPU는 프로그램 제어와 데이타 처리를 담당한다.
저장장치는 메모리와 보조 저장장치를 포함한다.

그림 1.1 CPU

그림 1.2 하드 디스크

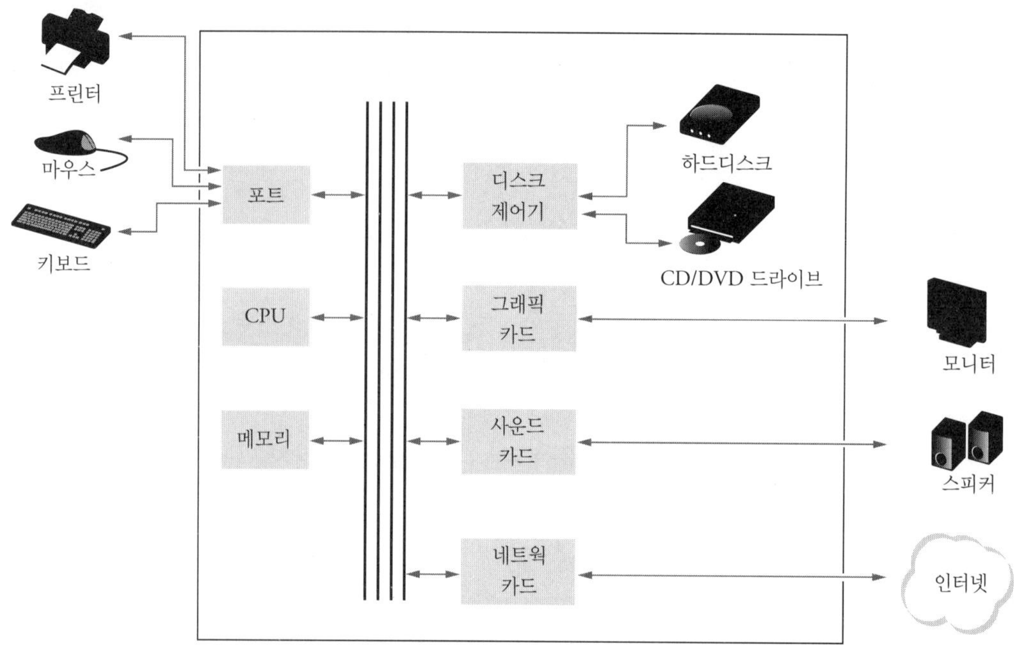

그림 1.3 개인용 컴퓨터의 설계 다이어그램

네트웍으로 연결된 컴퓨터의 사용자는 어떤 데이타가 컴퓨터에 있으며, 어떤 데이타가 네트웍을 통해 전송되는지를 모를 수도 있다.

그림 1.3은 개인용 컴퓨터 구조의 개요를 그림으로 보여준다. 프로그램 명령어와 데이타(텍스트, 숫자, 오디오, 비디오 등)는 하드디스크, 콤팩트 디스크(DVD), 또는 네트웍 어딘가에 저장된다. 프로그램이 시작될 때 메모리로 불려오며, CPU가 읽을 수 있게 된다. CPU는 프로그램을 한 번에 한 명령어씩 읽는다. 이 명령어들의 지시에 따라 컴퓨터는 데이타를 읽고, 수정하고, 메모리나 하드디스크에 다시 쓴다. 어떤 프로그램 명령어들은 CPU가 디스플레이 화면이나 프린터에 점을 찍게 하거나, 스피커를 진동시키기도 한다. 이런 동작들이 여러 번, 매우 빠르게 일어나기 때문에, 사용자에게는 영상이나 소리로 인지된다. 어떤 프로그램 명령어들은 키보드나 마우스로부터 사용자 입력을 읽는다. 프로그램은 이러한 입력들의 특성을 분석해서, 적절한 그 다음 명령을 실행한다.

4. 현재 실행되고 있는 프로그램은 어디에 저장되어 있는가?

5. 컴퓨터의 어디에서 덧셈과 곱셈 같은 산술 연산을 수행하는가?

Practice It   이제 다음 연습문제들에 답할 수 있다: R1.2, R1.3.

1.3 자바 프로그래밍 언어

컴퓨터 프로그램을 작성하려면 CPU가 실행할 수 있는 명령어 시퀀스를 제공해야 한다. 컴퓨터 프로그램은 여러 개의 단순 CPU 명령어들로 구성되며, 그들을 하나씩 명시하는 것은 지루하며 오류가 발생하기 쉽다. 그 때문에, **고수준 프로그래밍** 언어들이 태어났다. 고수준 언어에서는 프로그램이 수행해야 하는 동작들을 명시한다. 컴파일러가 고수준 명

랜덤 팩트 1.1 ENIAC과 컴퓨팅의 여명

ENIAC(electronic numerical Integrator and computer, 에니악)은 최초의 사용 가능했던 전자 컴퓨터이다. 펜실베이니아 대학의 J. Presper Eckert와 John Mauchly가 설계했으며, 1946년에 완성되었는데, 이는 트랜지스터가 발명되기 2년 전이다. 이 컴퓨터는 큰 방에 설치되었으며, 약 18,000개의 진공관이 들어 있는 여러 캐비닛으로 구성되었다(그림 1.4). 하루에 몇 개 꼴로 진공관이 타버렸다. 직원이 카트에 진공관을 가득 싣고 계속 돌면서 교체했다. 이 컴퓨터는 패널의 선들을 연결해서 프로그래밍되었다. 각 전선 설정에 의해 컴퓨터가 특정 문제를 풀었다. 컴퓨터가 다른 문제를 다루려면 전선 플러그를 뽑아서 다른 곳에 꽂아야 했다.

ENIAC 개발은 바람 저항, 초기 속도, 대기 조건 등에 따른 발사체의 탄도를 제공하는 탄도제원표 계산이 필요했던 미 육군이 지원했다. 탄도를 계산하기 위해서는 특정 미분 방정식의 수치해를 찾아내야 한다. 그래서 '수치 적분기'라는 별명이 붙었다. ENIAC 같은

기계가 개발되기 전에는 사람이 이런 작업을 했으며, 1950년대까지 '컴퓨터'라는 단어는 이 사람들을 가리켰다. ENIAC은 후에 미국 인구 조사 데이타의 도표 작성 같은 평화적 목적을 위해 사용되었다.

그림 1.4 ENIAC

령어들을 CPU에게 필요한 더 세세한 명령어들로 번역한다. 여러 가지 프로그래밍 언어들이 서로 다른 목적을 위해 설계되었다.

1991년에 Sun Microsystems의 James Gosling과 Patrick Naughton이 이끈 그룹이, 지능형 TV '셋탑' 박스 같은 가정용 기기에 사용할 'Green'이란 암호명의 프로그래밍 언어를 설계했다. 이 언어는 단순하고, 안정적이며, 서로 다른 프로세서 타입에 사용 가능하도록 설계되었다. 이 기술을 필요로 하는 고객은 아직 없었다.

고슬링은 팀이 1994년에 "우리는 매우 멋진 브라우저를 작성할 수 있었다. 그것은 우리가 했던 기이한 것들(구조 중립적, 실시간, 신뢰성, 안정성) 중 일부를 필요로 하는 클라이언트/서버 메인스트림의 몇 가지 중 하나였다."라는 것을 깨달았다고 회고한다. 자바는 1995년에 SunWorld 전시회에서 **애플릿**(인터넷의 어느 곳에든 올릴 수 있는 자바 코드)을 구동하는 브라우저와 함께, 열성적인 사람들에게 소개되었다. 그림 1.5가 애플릿의 대표적인 예를 보여준다.

그 이후, 자바는 급속도로 성장했다. 가장 비슷한 C++에 비해 사용하기가 쉽기 때문에

자바는 원래 가전 제품을 프로그래밍하기 위해서 설계되었으나, 인터넷 애플릿을 작성하는 데 처음으로 성공적으로 사용되었다.

James Gosling

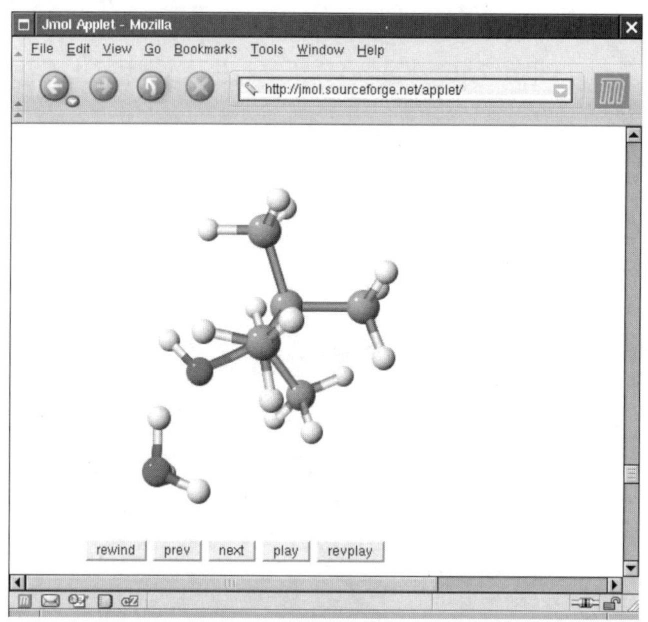

그림 1.5 시각화하기 위한 브라우저 창에서 돌아가는 애플릿 (http://jmol.sourceforge.net/)

프로그래머들에게 선호되고 있다. 또한, 자바는 독점권 운영체제를 바이패스할 수 있는 이식성 프로그램을 작성할 수 있게 해주는 풍부한 **라이브러리**를 보유하고 있다. 이 점은 독점적 운영 체제들에 대해 독립적이기를 원하며, 그들의 벤더들이 격렬한 싸움을 걸어왔던 이들이 갈망하던 특징이다. 자바 라이브러리의 '마이크로 판'과 '기업 판'은 자바 프로그래머들이 스마트 카드 및 쎌폰에서부터 가장 큰 인터넷 서버에 이르는 하드웨어를 타겟으로 삼을 수 있게 해준다.

자바가 인터넷을 위해 설계되었기 때문에, 초보자에게 아주 적합한 두 가지 속성, 즉, 안전성과 이식성을 갖추고 있다.

자바 언어의 안전성 특징은 자바 프로그램이 내 컴퓨터를 공격할지도 모른다는 두려움을 갖지 않고 브라우저에서 자바 프로그램을 돌릴 수 있게 해준다. 부수적 장점으로서, 이 특징들은 또한 이 언어를 더 빨리 배우는 데 도움을 준다. 내가 불안전한 작용을 초래하는 오류를 범하면 정밀한 오류 보고를 받게 된다.

자바의 또 다른 장점은 이식성이다. 같은 자바 프로그램이 수정 없이 윈도우, 유닉스, 리눅스, 매킨토시에서 돌아간다. 이식성을 달성하기 위해서 자바 컴파일러가 자바 프로그램을 직접 CPU 명령들로 번역하지 않는다. 그 대신에, 컴파일된 자바 프로그램이, 실제 CPU를 시뮬레이션하는 프로그램인 자바 **가상기계**를 위한 명령들을 포함한다. 이식성은 초보 학생들에게는 또 하나의 장점이다. 다른 플랫폼을 위한 프로그램 작성 방법을 배울 필요가 없다.

현재 자바는 컴퓨터 과학뿐만 아니라 범용 프로그래밍을 위한 가장 중요한 언어들 중 하나로서 확고히 자리 잡았다. 그러나, 자바가 비록 초보자에게는 유리한 언어이지만, 세 가지 이유 때문에 완벽하지는 않다.

자바가 특별히 학생들을 위해 설계되지는 않았기 때문에, 기본 프로그램을 작성하는 것을 매우 간단하게 해주는 배려가 결여되었다. 자바에는 가장 간단한 프로그램을 작성하는 데조차도 얼마만큼의 기술적 시스템이 필요하다. 이 점은 직업 프로그래머들에게는 문제가 되지 않지만, 초보 학생들에게는 성가신 일일 수 있다. 자바로 프로그래밍하는 방법

<table>
<tr><th colspan="3" align="center">표 1.1 자바 버전</th></tr>
<tr><td>버전</td><td>연도</td><td align="center">추가된 중요 특징</td></tr>
<tr><td>1.0</td><td>1996</td><td></td></tr>
<tr><td>1.1</td><td>1997</td><td align="center">내부 클래스</td></tr>
<tr><td>1.2</td><td>1998</td><td align="center">스윙, 컬렉션 프레임워크</td></tr>
<tr><td>1.3</td><td>2000</td><td align="center">성능 개선</td></tr>
<tr><td>1.4</td><td>2002</td><td align="center">Assertion, XML 지원</td></tr>
<tr><td>5</td><td>2004</td><td align="center">일반 클래스, 개선된 for 루프, auto-boxing, 열거(enumeration), 주석</td></tr>
<tr><td>6</td><td>2006</td><td align="center">라이브러리 개선</td></tr>
<tr><td>7</td><td>2011</td><td align="center">약간의 언어 변경 및 라이브러리 개선</td></tr>
</table>

을 배우면서 때때로 더 자세한 설명은 나중으로 미루고 일단 예비 설명으로 만족하고 넘어가야만 할 때가 있을 것이다.

자바는 이제까지 여러 번 확장되어 왔다(표 1.1). 이 책에서는 자바 버전 5 이상을 보유한 것으로 가정한다.

끝으로, 한 과목으로 자바의 모든 것을 배울 수 없다. 자바 언어 자체는 비교적 간단하지만, 자바는 쓸만한 프로그램을 작성하는 데 필요한 광대한 라이브러리 패키지를 포함하고 있다. 그래픽, UI 설계, 암호 방식, 네트워킹, 사운드, 데이타베이스 저장소 등 여러 가지 용도의 패키지들이 있다. 전문 자바 프로그래머들조차도 모든 패키지의 내용을 알 수 없다—그들은 단지 특정 프로젝트들을 위해 그들이 필요로 하는 것들을 사용할 뿐이다.

이 책을 이용하면서, 여러분은 자바 언어와 주요 패키지들에 관해서 많이 배울 것이다. 이 책의 핵심 목표는 자바의 사소한 사항들을 외우게 하는 게 아니라 프로그래밍에 관해 생각하는 방법을 가르치는 것임을 명심하라.

> 자바는 방대한 라이브러리를 보유하고 있다. 자신의 프로그래밍 프로젝트에 필요한 라이브러리 부분을 배우는 데 초점을 맞춰라.

자체검사

6. 자바 언어의 가장 중요한 두 가지 이점은?

7. 전체 자바 라이브러리를 배우려면 얼마나 걸리나?

Practice It   이제 다음 연습문제에 답할 수 있다: R1.5.

1.4 프로그래밍 환경 익히기

많은 학생들은 프로그래머로서 필요로 하는 도구들이 자신들이 익숙한 소프트웨어와 많이 다름을 알게 된다. 그러므로 내 프로그래밍 환경에 친숙해지도록 시간을 투자해야 한다. 컴퓨터 시스템들 간 차이가 많기 때문에 이 책에서는 따라야 할 단계들의 개요만을 제공할 수 있다. 직접 해보는 실습에 참여하거나, 많이 아는 친구에게 도움을 요청하는 것도 괜찮은 생각이다. 수업에서 사용할 프로그래밍 환경에 익숙해지기 위해 시간을 투자하라.

> 수업에 사용할 프로그래밍 환경에 익숙해지도록 시간을 투자하라.

단계 1   자바 개발 환경을 시작시킨다.

컴퓨터 시스템들은 여기에서 매우 다르다. 많은 컴퓨터들에는 프로그램을 작성하고 시험할 수 있는 **통합개발환경**이 있다. 다른 컴퓨터들에서는 우선 워드프로세서 같은 기능을 하는, C++ 명령어를 입력할 수 있는 편집기를 띄우고, 콘솔 창을 열고 프로그램을 실행시키기 위한 명령을 입력한다. 내 환경에서 시작하는 방법을 알아내야 한다.

단계 2 간단한 프로그램을 작성한다.

새 프로그래밍 언어의 맨 처음 프로그램으로서 전통적인 선택은 간단한 인사 "Hello, World!"를 표시하는 프로그램이다. 우리도 이 전통을 따르자. 자바의 "Hello, World!" 프로그램은 다음과 같다.

```java
public class HelloPrinter
{
   public static void main(String[] args)
   {
      System.out.println("Hello, World!");
   }
}
```

다음 절에서 이 프로그램을 분석하겠다.

어떤 프로그래밍 환경을 사용하든지, 편집기 창에서 프로그램 명령문을 입력하는 것에서 시작한다. 편집기는 자바 프로그램 같은 텍스트를 입력 및 수정하기 위한 프로그램이다.

내 환경에 적합한 단계를 따라서 새 파일을 만들고 HelloPrinter.java라고 부르자(만일 내 환경이 파일 이름 외에 프로젝트 이름도 요구하면, hello를 프로젝트 이름으로 사용하자). 위에 제공된 것과 똑같이 프로그램 명령들을 입력한다. 대안으로, 이 책의 부록 코드에 있는 전자 카피를 찾아서 내 편집기 안에 붙여 넣는다.

이 프로그램을 작성할 때 다양한 기호들에 주의해야 하고, 자바가 대소문자를 구분함을 명심한다. 프로그램 리스팅에 나타난 대로 대소문자를 정확히 입력해야 한다. MAIN 또는 PrintLn이라고 입력하면 안 된다. 주의하지 않으면 문제가 생긴다(16쪽의 빈번한 오류 1.2를 참고한다).

단계 3 프로그램을 실행시킨다.

프로그램을 실행시키는 과정은 프로그래밍 환경에 따라 많이 다르다. 버튼을 클릭하거나 명령 몇 개를 입력해야 할 수도 있다. 이 테스트 프로그램을 실행하면 메시지

```
Hello, World!
```

가 스크린에 나타날 것이다(그림 1.6과 그림 1.7).

컴파일러는 자바 프로그램을 기계 코드로 번역한다. 프로그램을 실행시키기 위해서, 자바 컴파일러가 내 **소스코드**(즉, 내가 작성한 명령들)를 **클래스** 파일들로 번역한다. (클래스 파일은 자바 가상 기계를 위한 명령들을 담고 있다.) 컴파일러가 내 프로그램을 가상 기계 명령들로 번역한 후, 가상 기계가 이들을 실행시킨다. 그림 1.8이 자바 프로그램을 만들고 돌리는 과정을 요약한다. 어떤 프로그래밍 환경에서는 컴파일러와 가상 기계가 프로그래머에게 보이지 않는다—내가 자바 프로

```
Terminal                                                      _ □
File  Edit  View  Terminal  Help
~/JavaForEveryone$ cd ch01/hello/
~/JavaForEveryone/ch01/hello$ javac HelloPrinter.java
~/JavaForEveryone/ch01/hello$ java HelloPrinter
Hello, World!
~/JavaForEveryone/ch01/hello$ ▮
```

그림 1.6 콘솔 창에서 HelloPrinter 프로그램을 돌리기

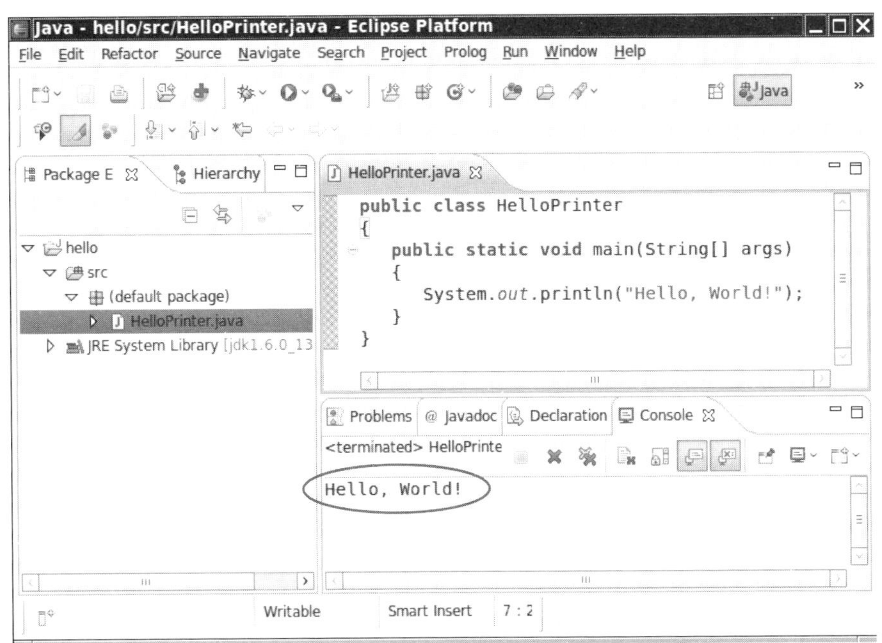

그림 1.7 통합개발환경에서 `HelloPrinter` 프로그램을 돌리기

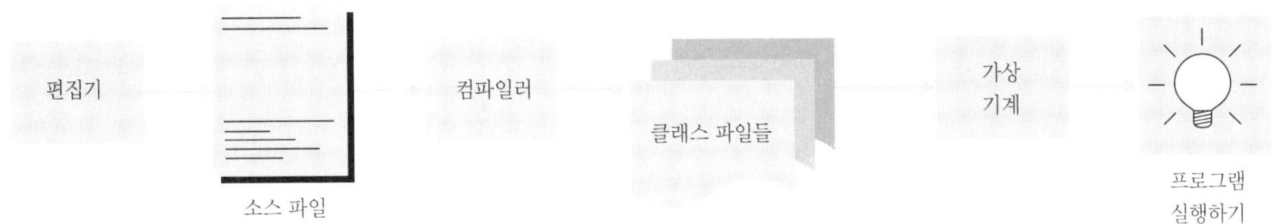

그림 1.8 소스 코드에서부터 프로그램 돌리기까지

그램을 돌릴 것을 요구하면 이들이 자동으로 실행된다. 어떤 환경에서는 컴파일러와 가상 기계를 명시적으로 시작시켜야 한다.

단계 4 작업을 체계화한다.

프로그래머로서 우리는 프로그램을 작성하고, 돌리고, 개선한다. 파일은 폴더 또는 디렉터리에 저장된다. 폴더는 파일 뿐만 아니라 다른 폴더도 포함할 수 있으며, 이 폴더들 또한 다른 파일과 폴더들을 포함할 수 있다(그림 1.9). 이 계층구조는 매우 커져도 되며, 그 가지들에 대해 신경 쓸 필요가 없다.

그러나, 작업을 정돈하려면 폴더를 만들어야 한다. 프로그래밍 과목마다 폴더를 따로 만들면 좋을 것이다. 그 폴더 안에는 프로그램마다 별도의 폴더를 만든다.

어떤 프로그래밍 환경은 폴더를 지정하지 않으면 작성한 프로그램을 디폴트 위치에 넣는다. 그 경우, 거기가 어딘지 알아두어야 한다.

내 파일들이 폴더 계층구조의 어디에 들어가는지 알고 있어야 한다. 이 정보는 채점을 위한 과제 제출과 백업용 복사본을 만드는 데 필수적이다(프로그래밍 팁 1.1 참고).

앞으로 자바 프로그램을 만들고 개선하느라 많은 시간을 보낼 것이다. 실수로 파일이 삭제되기도 하고, 컴퓨터 고장으로 파일을 날리기도 한다. 잃어버린 파일을 좌절하면서 다시 만들게 되지 않으려면 메모리 스틱이나 다른 컴퓨터에 백업용 복사본을 보관하는 습관을 들이도록 한다.

만일의 사태에 대비해서 백업용 복사본을 보관하는 전략을 세운다.

```
📁 ch01
  ▼ 📁 section_4
      📄 HelloPrinter.java
  ▼ 📁 section_5
      📄 PrintTester.java
  ▼ 📁 section_6
      📄 Error1.java
      📄 Error2.java
      📄 Error3.java
📁 ch02
  ▼ 📁 how_to_1
      📄 VendingMachine.java
  ▼ 📁 section_1
      📄 Volume1.java
  ▼ 📁 section_2
      📄 Price.java
  ▼ 📁 section_3
      📄 Volume2.java
  ▼ 📁 section_4
      📄 Tiles.java
  ▼ 📁 section_5
      📄 Initials.java
```

그림 1.9 폴더 계층구조

자체검사

8. HelloPrinter.java 파일은 컴퓨터의 어디에 저장되는가?

9. 프로그래밍 프로젝트를 할 때 데이타 손실을 막기 위해 무엇을 하는가?

Practice It 이제 다음 연습문제에 답할 수 있다: R1.6.

프로그래밍 팁 1.1   **복사본을 보관하라**

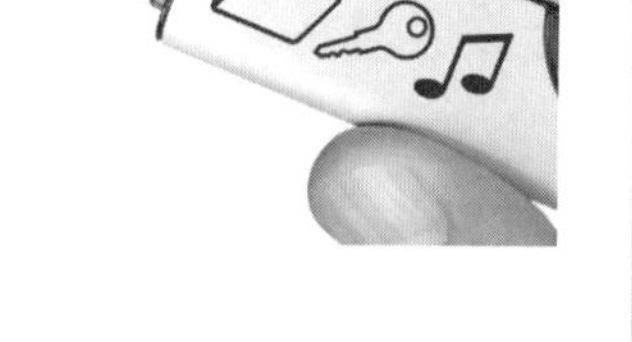

우리는 자바 프로그램을 만들고 개선시키기 위해서 많은 시간을 보낼 것이다. 우연치 않게 파일을 삭제하는 일이 빈번하며, 때로는 컴퓨터 오동작으로 인해 파일이 손상된다. 손상된 파일의 내용을 다시 타이핑해야 하는 것은 우리에게 좌절감을 주며, 시간 낭비이다. 그러므로, 재앙을 겪기 전에 파일을 안전하게 보호하고 또한 그런 습관을 들이는 것은 지극히 중요하다. 메모리 스틱에 파일을 백업하는 것은 쉽고 편리한 저장 방법이다. 점점 더 인기를 끌고 있는 또 다른 백업 형태는 인터넷 파일 저장이다. 지켜야 할 몇 가지 조언을 제시한다.

- **자주 백업한다.** 파일 백업은 몇 초밖에 걸리지 않으며, 그렇게 쉽게 저장할 수 있었을 것을 다시 만들기 위해 많은 시간을 소비해야 하는 일이 발생한다면 자신이 원망스러울 것이다. 매 30분마다 작업을 백업할 것을 권장한다.

- 교대로 백업한다. 하나 이상의 디렉터리에 교대로 백업한다. 즉, 처음에는 첫 디렉터리에 백업하고, 그 다음에는 두 번째 디렉터리에 백업하고, 그 다음에는 세 번째 디렉터리에 한다. 그러고 나서 첫 디렉터리로 돌아간다. 이렇게 하면 항상 세 개의 최근 백업을 보유하게 된다. 만일 가장 최근에 변경한 게 더 나쁘면, 그 이전 버전으로 돌아갈 수 있다.

- 백업 방향에 주의한다. 백업 작업은 파일을 한 공간에서 다른 공간으로 복사하는 것이다. 이것을 바르게 해야 한다 — 즉, 작업 공간에서 백업 공간으로 복사해야 한다. 만일 반대로 하면 새 파일을 구 버전으로 덮어쓰게 된다.

- 가끔씩 백업을 점검한다. 백업들이 있어야 할 곳에 있는지 재확인한다. 필요할 때, 생각한 곳에 있지 않게 되면 그보다 좌절감을 주는 것은 없다.

- 진정한 후 복구한다. 파일을 날려버리고 백업에서 복원해야 할 때, 아마도 불만스럽고 신경질적인 상태가 될 것이다. 시작하기 전에 심호흡을 하고 전체 복구 절차를 생각해본다. 불안정한 상태에서 손상된 파일을 복구하려다 마지막 남은 백업조차 삭제해버리는 일도 흔하다.

재앙을 겪기 전에 작업의 복사본을 보관하는 전략을 개발하라.

비디오 보기 1.1　　**프로그램 컴파일 및 실행**

이 비디오 보기는 간단한 자바 프로그램을 컴파일 및 실행하는 방법을 보여준다.

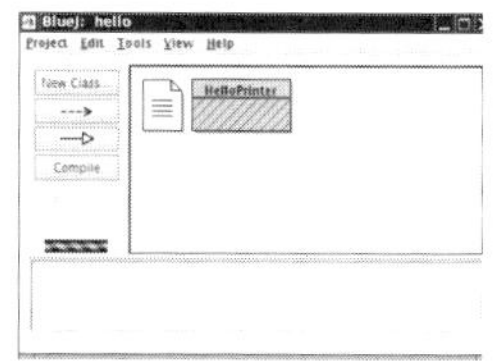

1.5 나의 첫 프로그램을 분석하기

이 절에서는 첫 번째 자바 프로그램을 자세히 분석한다. 소스 코드를 여기에 다시 싣는다.

section_5/HelloPrinter.java

```java
public class HelloPrinter
{
   public static void main(String[] args)
   {
      System.out.println("Hello, World!");
   }
}
```

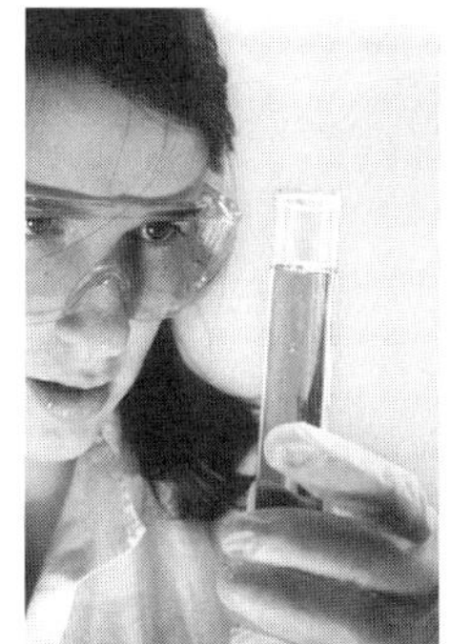

다음 줄

```java
public class HelloPrinter
```

는 HelloPrinter라고 불리는 **클래스**의 선언을 나타낸다.

모든 자바 프로그램은 하나 이상의 클래스로 구성된다. 클래스는 자바 프로그램의 기본 빌딩 블록이다. 클래스에 관한 자세한 설명은 8장에서 나온다.

단어 `public`은 이 클래스를 "누구나(퍼블릭)" 사용할 수 있음을 의미한다. 나중에 `private`이라는 속성이 소개된다.

자바에서는 모든 소스 파일이 기껏해야 하나의 퍼블릭 클래스를 포함할 수 있으며, 퍼

클래스는 자바 프로그램의 기본 빌딩 블록이다.

블릭 클래스의 이름은 그 클래스를 포함하는 파일의 이름과 일치해야 한다. 예를 들면, HelloPrinter 클래스는 HelloPrinter.java란 파일에 담겨야 한다.

다음 구조

```
public static void main(String[] args)
{
    . . .
}
```

는 main이란 **메소드**를 선언한다. 메소드는 특정 작업을 수행하는 방법을 기술하는 프로그래밍 명령들을 포함한다. 모든 자바 애플리케이션에는 main 메소드가 존재해야 한다. 대부분의 자바 프로그램은 main 외의 다른 메소드들도 포함하며, 다른 메소드들을 작성하는 방법은 5장에서 다룰 것이다.

용어 static은 8장에서 자세히 설명되며, String [] args의 의미는 7장에서 다뤄진다. 지금은

```
public class ClassName
{
    public static void main(String[] args)
    {
        . . .
    }
}
```

를 단순히 자바 프로그램을 만드는 데 필요한 '배관 공사'의 일부로 생각하라. 우리의 첫 프로그램은 모든 명령을 클래스의 main 메소드 안에 갖고 있다.

main 메소드에는 **statement**(명령문)라고 불리는 하나 이상의 instruction(명령)들이 있다. 각 명령문은 세미콜론(;)으로 끝난다. 프로그램이 돌아갈 때 main 메소드의 명령문들이 하나씩 실행된다.

우리의 보기 프로그램에서는 main 메소드가 한 명령문만 갖고 있다:

```
System.out.println("Hello, World!");
```

이 명령문은 텍스트 줄, 즉, "Hello, World!"를 출력한다. 이 명령문에서 우리는 이름이 다소 긴(그 이유는 여기서 설명하지는 않겠지만) System.out.println이란 메소드를 호출한다.

문법 1.1   자바 프로그램

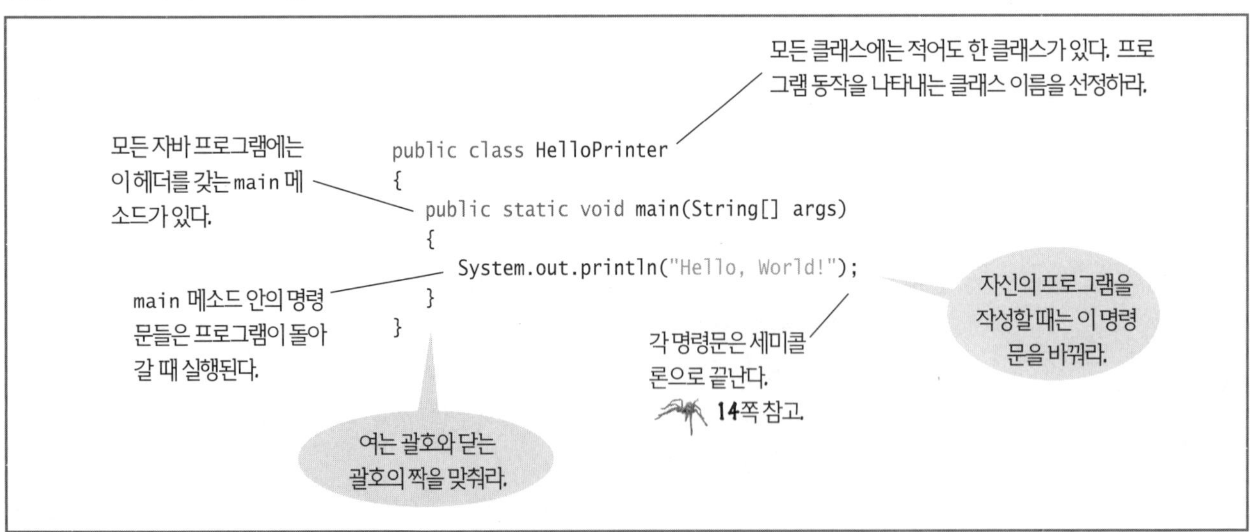

우리는 이 메소드를 구현할 필요가 없다—자바 라이브러리를 작성한 프로그래머들이 우리를 위해서 이미 만들어두었다. 우리는 이 메소드가 단지 그의 의도된 작업, 즉, 값을 인쇄하는 일을 수행하기를 원할 뿐이다.

자바의 메소드를 호출할 때는 다음을 명시해야 한다.

1. 사용할 메소드(이 경우에는 System.out.println).
2. 메소드가 작업 수행에 필요로 하는 값들(이 경우에는 "Hello, World!"). 이러한 값에 대한 기술 용어는 **인자(argument)**이다. 인자는 괄호로 묶인다. 인자가 여럿일 경우 쉼표로 분리한다.

큰따옴표로 묶여 있는 글자 시퀀스

```
"Hello, World!"
```


를 **문자열**이라고 부른다. 문자열 내용을 큰따옴표로 묶음으로써, 보이는 그대로의 "Hello, World!"를 내가 의미한다는 것을 컴파일러가 알 수 있게 된다. 이러한 요구에는 이유가 있다. 단어 *main*을 출력하려 한다고 하자. "main"처럼 큰따옴표로 묶는다면 컴파일러가 main이란 이름의 메소드가 아닌 글자 시퀀스 m a i n을 의미한다는 것을 알 수 있다. 이 규칙은 단순히, 컴파일러가 단순 텍스트를 프로그램 명령으로 해석하려 시도하지 않도록 모든 텍스트 문자열을 큰따옴표로 묶어야 한다는 것이다.

수치 값들도 출력 가능하다. 예를 들면, 명령문

```
System.out.println(3 + 4);
```

는 표현 3 + 4를 계산해서 숫자 7을 표시한다.

System.out.println 메소드는 문자열 또는 수를 인쇄하고, 새 줄을 시작한다. 예를 들면, 명령문 시퀀스

```
System.out.println("Hello");
System.out.println("World!");
```

는 두 줄로 텍스트를 출력한다.

```
Hello
World!
```


새 줄을 시작하지 않고 인쇄하는 데 사용할 수 있는 System.out.print란 메소드도 있다. 예를 들면 두 명령문

```
System.out.print("00");
System.out.println(3 + 4);
```

의 출력은 한 줄이다:

```
007
```

10. helloPrinter 프로그램이 내게 인사하도록 수정하라.
11. helloPrinter 프로그램이 "Hello"를 수직으로 인쇄하게 수정하라.

```
System.out.println(Hello);
```

12. 5번 줄을 다음 명령으로 바꾸면 프로그램이 제대로 동작하겠는가?

```
System.out.print("My lucky number is");
System.out.println(3 + 4 + 5);
```

13. 다음 명령 시퀀스는 무엇을 출력하는가?

```java
System.out.print("My lucky number is");
System.out.println(3 + 4 + 5);
```

14. 다음 명령문들의 출력은?

```java
System.out.println("Hello");
System.out.println("");
System.out.println("World");
```

Practice It   이제 다음 연습문제들을 풀 수 있다: R1.7, R1.8, P1.5, P1.7.

빈번한 오류 1.1   **세미콜론 누락**

자바에서는 모든 명령문이 세미콜론으로 끝나야 한다. 종종 이를 빠뜨리는 일이 일어난다. 그러면 컴파일러가 한 명령문의 끝과 다음 명령문의 시작을 구분하기 위해서 세미콜론을 사용하기 때문에, 컴파일러를 혼란시킨다. 컴파일러는 명령문의 끝을 인식하는 데 줄 끊김이나 닫는 중괄호를 사용하지 않는다. 예를 들어, 컴파일러는

```java
System.out.println("Hello");
System.out.println("World!");
```

를 단일 명령문으로 보고, 다음과 같이 작성한 것으로 간주한다.

```java
System.out.println("Hello") System.out.println("World!");
```

그러면, "Hello" 뒤의 닫는 괄호 다음에 System이란 단어를 컴파일러가 기대하지 않기 때문에, 컴파일러는 이 명령문을 이해하지 못 한다.

해결 방법은 간단하다. 모든 영어 문장 끝에 마침표가 있어야 하듯이, 모든 명령문 끝에 세미콜론이 있는지 살펴보라.

1.6 오류

HelloPrinter 프로그램으로 조금 연습해보자. 다음과 같은 타이핑 오류를 범하면 어떻게 될까?

```java
System.ou.println("Hello, World!");
System.out.println("Hello, Word!");
```

프로게이머들은 컴파일-타임 오류와 런-타임 오류를 잡는 데 많은 시간을 쓴다.

첫 번째 경우에 컴파일러는 불평할 것이다. ou가 무엇을 의미하는지 알 수가 없다고 말할 것이다. 오류 메시지의 정확한 자구는 개발 환경에 따라 다르지만, 대충 "Cannot find symbol ou(ou라는 기호를 찾을 수 없다)" 정도일 것이다. 이것이 **컴파일-타임 오류**이다. 언어 규칙에 의하면 뭔가가 틀렸고, 컴파일러가 그것을 찾아낸 것이다. 이러한 이유로 컴파일-타임 오류를 흔히 **문법 오류**라고 부른다. 오류를 하나라도 발견하면, 컴파일러는 프로그램을 자바 가상 기계 명령으로 번역하지 않으며, 그 결과, 실행할 프로그램이 존재하지 않게 된다. 오류를 바로 잡아서 다시 컴파일해야 한다. 사실상 컴파일러는 매우 까다로워서, 컴파일이 성공하기까지 보통 컴파일-오류 수정 작업을 몇 번 거치게 된다.

컴파일-타임 오류(compile-time error)는 컴파일러에 의해 검출되는 프로그래밍 언어 규칙에 대한 위반이다.

오류를 발견하면 컴파일러는 단순히 정지하고 포기하지는 않는다. 한 번에 모두 수정할 수 있도록, 찾아낼 수 있는 모든 오류를 보고하려 시도한다.

때때로 하나의 오류가 컴파일러를 미궁에 빠지게 한다. 예를 들어, 문자열 주위에 큰따옴표를 빠뜨렸다고 하자. System.out.println(Hello, World!). 컴파일러는 큰따옴표를 빠뜨린 것에 대해 불평하지 않을 것이다. 그 대신에, "Cannot find symbol Hello"라고 보고할 것이다. 안타깝게도 컴파일러는 똑똑하지 않으며, 내가 문자열을 사용하려 한다는 것을 인지하지 못 한다. 문자열을 큰따옴표로 묶어야 한다는 것을 깨닫는 것은 내 몫이다.

두 번째 줄의 오류는 종류가 다르다. 프로그램이 컴파일되고 실행될 것이나, 출력은 틀릴 것이다. 출력은

```
Hello, Word!
```

가 될 것이다. 이것이 **런-타임 오류**이다. 프로그램이 문법적으로 옳고 뭔가를 하지만, 원래 의도한 것을 하지 않는다. 런-타임 오류는 프로그램의 논리적 결함이 원인이므로, 이를 흔히 **논리 오류**(*logic error*)라고 부른다.

이 특정 런-타임 오류는 오류 메시지를 포함하지 않는다. 단순히 틀린 출력을 제공한다. 어떤 런-타임 오류는 너무 심각해서 **예외**(exception, 자바 가상 기계의 오류 메시지의 일종)를 발생시킨다. 예를 들어, 프로그램에 명령문

```
System.out.println(1 / 0);
```

이 있다면, "Division by zero"라는 런-타임 오류 메시지를 받게 될 것이다.

프로그램을 개발하는 동안 오류는 피할 수 없다. 일단 프로그램이 몇 줄 이상만으로 길어지기만 해도 멍청한 실수를 한 번도 범하지 않고 입력한다는 것은 초인적 집중력을 요구할 것이다. 세미콜론이나 따옴표 같은 것들을 예상 이상으로 자주 빼먹게 될 것이나, 이런 문제들은 컴파일러가 찾아줄 것이다.

런-타임 오류는 더 골치 아프다. 컴파일러는 이들을 발견하지 못할 것이며(컴파일러는 문법만 맞다면 어떤 프로그램이든지 기꺼이 번역할 것이다), 결과 프로그램은 뭔가 틀린 것을 할 것이다. 프로그램을 테스트하고 런-타임 오류를 찾아내는 것은 프로그램 작성자의 책임이다.

15. HelloPrinter 자바 프로그램에서 Hello, World! 주위의 " " 문자들을 빠뜨렸다고 하자. 이것은 컴파일-타임 오류 또는 런-타임 오류 중 어느 것에 해당하는가?

16. HelloPinter.java 프로그램에서 println을 printline으로 바꿨다고 하자. 이것은 컴파일-타임 오류 또는 런-타임 오류 중 어느 것에 해당하는가?

17. HelloPinter.java 프로그램에서 main을 hello로 바꿨다고 하자. 이것은 컴파일-타임 오류 또는 런-타임 오류 중 어느 것에 해당하는가?

18. 컴퓨터를 사용할 때 프로그램이 "붕괴(crash)"(느닷없이 중단)되거나 "무반응 상태(hung)"(입력에 반응하지 못함)가 되는 경우를 경험해 봤을 것이다. 이런 것은 컴파일-타임 오류와 런-타임 오류 중 어느 것인가?

19. 컴파일러 오류가 발생하면 프로그램의 런-타임 오류 테스트를 할 수 없는 이유는?

Practice It 이제 다음 연습문제들에 대해 답할 수 있다: R1.9, R1.10, R.11.

단어를 잘못 쓰면 이상한 현상이 발생할 수 있으며, 오류 메시지로는 뭐가 잘못된 것인지 분명하지 않을 때가 있다. 다음은 간단한 철자 오류가 어떻게 문제를 일으킬 수 있는지를 보여주는 좋은 예이다.

```java
public class HelloPrinter
{
    public static void Main(String[] args)
    {
        System.out.println("Hello, World!");
    }
}
```

이 클래스는 Main이라는 메소드를 선언한다. Main이 대문자로 시작하고 자바 언어가 대소문자를 구분하므로, 컴파일러는 이것을 main 함수와 같은 것으로 간주하지 않을 것이다. 대소문자는 완전히 다른 것으로 간주되며, 컴파일러에게 Main은 rain보다 main에 더 가깝지도 않다. 컴파일러는 기꺼이 이 Main 메소드를 컴파일할 것이나, 자바 가상 기계가 컴파일된 파일을 읽으려고 할 때, main 메소드가 없다고 항의하고 프로그램을 실행시키기를 거부할 것이다. 물론, "missing main method"란 메시지가 어디를 봐야 할지 실마리는 제공해줄 것이다.

컴파일러 또는 가상 기계가 잘못 가리키고 있는 것처럼 보이는 오류 메시지가 뜨게 되면, 철자나 대소문자를 확인하는 게 좋다. 만일 기호의 이름을 잘못 쓴다면(예: out 대신에 ou), 컴파일러는 "cannot find symbol ou" 같은 메시지를 내보낼 것이다. 이 오류 메시지는 보통 철자 오류를 범했다는 좋은 단서가 된다.

1.7 문제 해결하기: 알고리듬 설계

곧 자바로 계산과 판단(또는 결정, decision making)을 프로그래밍하는 방법을 배울 것이다. 그러나, 다음 장의 계산 구현 메커니즘을 보기 전에, 문제에 대한 솔루션을 찾는 데 필요한 단계들을 기술하는 방법을 고찰하자.

애인을 찾아주는 온라인서비스를 가입하라고 부추기는 광고를 본 적이 있을 것이다. 그런 것을 어떻게 하는지 생각해보자. 양식을 채워서 보낸다. 다른 사람들도 똑같이 한다. 컴퓨터 프로그램이 그 데이타를 처리한다. 나를 위해서 컴퓨터가 짝을 찾아주는 일을 할 수 있을 것이라고 생각해도 괜찮은가? 컴퓨터가 아니라 남동생이 모든 신청서를 받았다고 하자. 동생에게 뭐라고 지시할 수 있을까? "인라인 스케이팅과 인터넷 검색을 좋아하는 잘 생긴 사람을 찾아라."라고 말할 수는 없다. 빼어난 외모에 관한 객관적 표준이 없을뿐더러, 동생의 의견(또는 디지털 사진을 분석하는 컴퓨터 프로그램의 의견)이 나와 다를 수 있다. 만일 다른 사람에게 문제를 풀기 위한 지침을 기술해서 줄 수 없다면, 컴퓨터가 요술을 부려서 바른 답을 찾을 수 있는 방법 같은 것은 없다. 컴퓨터는 시키는 것만 할 수 있을 뿐이다. 단지 빨리 할 수 있고, 지겨워하거나 지치지 않을 뿐이다.

완벽한 파트너를 찾아내는 것은 컴퓨터가 해결할 수 있는 문제가 아니다.

그러한 이유로, 자동 중매 서비스가 나를 위한 최적의 상대를 찾을 것이라고 보장할 수 없다. 그 대신에 나와 관심사가 같을 가능성이 있는 파트너들을 여럿 소개 받을 것이다. 이 것이 컴퓨터 프로그램이 해결할 수 있는 일이다.

다음의 투자 문제를 생각해보자.

연이율이 5%인 은행계좌에 $10,000을 예금했다고 하자. 원금의 두 배가 되려면 몇 년이 걸리겠는가?

이 문제를 손으로 풀 수 있는가? 물론이다. 잔고를 다음과 같이 계산한다.

연도	이자	잔고
0		10000
1	10000.00 x 0.05 = 500.00	10000.00 + 500.00 = 10500.00
2	10500.00 x 0.05 = 525.00	10500.00 + 525.00 = 11025.00
3	11025.00 x 0.05 = 551.25	11025.00 + 551.25 = 11576.25
4	11576.25 x 0.05 = 578.81	11576.25 + 578.81 = 12155.06

잔고가 적어도 $20,000이 될 때까지 계속한다. 그러면 연도 열의 마지막 숫자가 답이다.

물론 이것을 계산하는 것은 나나 내 동생에게는 아주 지겨운 일이다. 그러나 컴퓨터는 반복적 계산을 빠르고 정확하게 잘 해낸다. 컴퓨터에게 중요한 것은 솔루션을 찾아내기 위한 단계를 기술해주는 것이다. 각 단계는 어림짐작이 필요 없게끔 이해하기 쉽고 명료해야 한다. 즉, 다음과 같이 기술한다.

연도 값 **0**, 이자를 위한 열, 그리고 잔고 **\$10,000**로 시작한다.

연도	이자	잔고
0		10000

잔고가 **\$20,000** 보다 작은 한 다음 단계들을 반복한다.
　　연도 값에 **1**을 더한다.
　　잔고 x **0.05**로 이자를 계산한다(즉, **5%** 이율).
　　이자를 잔고에 더한다.

연도	이자	잔고
0		10000
1	500.00	10500.00
14	942.82	19799.32
⑮	989.96	20789.28

마지막 연도 값을 답으로 보고한다.

물론, 이 단계들은 아직 컴퓨터가 이해할 수 있는 언어로 쓰여있지 않으나, 곧 자바로 표현하는 방법을 배울 것이다. 이 비형식적인 기술을 **수도코드(pseudocode)**라고 부른다.

컴퓨터 프로그램이 아닌 인간이 읽을 것이기 때문에 수도코드에는 엄격한 요건이 없다. 다음은 이 책에서 사용할 수도코드 표현이다.

* 값이 설정 또는 변경되는 방법을 기술하려면 다음과 같은 표현을 사용한다.

수도코드는 문제를 풀기 위한 일련의 단계들을 형식을 갖추지 않고 기술한 것이다.

> total cost = purchase price + operating cost
> Multiply the balance value by 1.05.
> Remove the first and last character from the word.

- 판단과 반복은 다음과 같이 표현할 수 있다.

> If total cost 1 < total cost 2
> While the balance is less than $20,000
> For each picture in the sequence

어느 명령문들이 선택 또는 반복되어야 하는지를 알려주기 위해 들여쓰기를 사용한다.

> For each car
>   operating cost = 10 x annual fuel cost
>   total cost = purchase price + operating cost

이 들여쓰기는 각 자동차에 대해 두 명령이 실행되어야 함을 나타낸다.

- 결과는 다음과 같은 표현으로 나타낸다.

> Choose car1.
> Report the final year value as the answer.

세세한 자구는 중요하지 않다. 중요한 것은 수도코드가

- 모호하지 않고
- 실행 가능하고
- 종료하는(terminating)

일련의 단계들을 표현한다는 것이다.

이 단계 시퀀스는 각 단계에서 무엇을 해야 하는지, 그리고 다음에 어디로 가야 하는지에 관한 정확한 지침들이 있을 때 **모호하지 않다**(*unambiguous*). 어림짐작이나 주관적 판단을 위한 여지는 없다. 각 단계는 실제로 수행될 수 있을 때 **실행가능**(*executable*)하다. 앞으로 연 5%의 고정 이율이 아닌 실질 이율을 사용한다고 말했다면, 그 이율이 얼마가 될지 알 수 있는 사람은 없기 때문에 이 단계는 실행 가능하지 않았을 것이다. 만일 언젠가는 끝난다면 단계 시퀀스는 **종료성**(*terminating*)이다. 이 예에서, 약간만 생각하면 이 시퀀스가 영원히 지속되지 않을 것임을 알 수 있다. 잔고가 적어도 $500씩 반복적으로 올라가므로 언젠가는 $20,000에 도달한다.

알고리듬은 솔루션을 찾기 위한 요리법이다.

모호하지 않고, 실행가능하고, 종료성인 단계 시퀀스를 **알고리듬**이라고 부른다. 투자 문제를 풀기 위한 알고리듬을 찾아냈으므로, 컴퓨터를 프로그램해서 솔루션을 찾아낼 수 있다. 알고리듬을 작성하는 것은 작업을 프로그래밍하기 위한 필수 선행 요건이다. 프로그래밍을 시작하기 전에, 풀고자 하는 작업을 위한 알고리듬을 우선 찾아내고 기술해야 한다 (그림 1.10).

20. 이율이 20%이었다고 하자. 투자액이 두 배로 되는데 얼마나 걸리겠는가?

21. 이동통신회사가 300분 통화까지는 $29.95, 그 후에는 분 당 $0.45 플러스 12.5%의 세금과 수수료를 부과한다고 하자. 주어진 통화량에 대해 매월 부과금을 계산할 알고리듬을 제시하라.

22. 여러 사진들 중 가장 매력적인 사진을 찾기 위한 다음 수도코드를 고려하자.

> Pick the first photo and call it "the best so far".
> For each photo in the sequence
>   If it is more attractive than the "best so far"
>   Discard "the best so far".
>   Call this photo "the best so far".
> The photo called "the best so far" is the most attractive photo in the sequence.

이것은 가장 매력적인 사진을 찾아낼 알고리듬인가?

23. 자체 검사 22의 각 사진에 가격표가 붙어있다고 하자. 가장 비싼 사진을 찾기 위한 알고리듬을 제시하라.

24. 마구 섞여 있는 검정과 하얀 구슬들을 색깔별로 정리하려고 한다고 하자. 다음 알고리듬을 고려하자.

> Repeat until sorted
>   Locate the first black marble that is preceded by a white marble, and switch them.

시퀀스 ○●●○●● 에 대해 이 알고리듬은 무엇을 하는가? 알고리듬이 정지할 때까지 단계들을 상세히 써보라.

25. 색깔 구슬들이 마구 섞여 있다고 하자. 다음 수도코드를 고려하자.

> Repeat until sorted
>   Locate the first marble that is preceded by a marble of a different color, and switch them.

이것은 왜 알고리듬이 아닌가?

그림 1.10 소프트웨어 개발 프로세스

Practice It 이제 다음 연습문제들에 답할 수 있다: R1.15, R1.17, P1.4.

How to 1.1

수도코드로 알고리듬을 기술하기

이것은 컴퓨터 프로그램을 개발할 때 중요한 작업들을 수행하기 위한 단계적 절차를 제공해주는 이 책의 여러 'How To' 섹션들 중 맨 처음 것이다.

자바로 프로그램을 작성하기 전에, 알고리듬(특정 문제에 대한 솔루션에 도달하기 위한 방법)을 세워야 한다. 수도코드 알고리듬(영어로 표현된 일련의 정밀한 단계들)을 작성하자.

예를 들어, 다음 문제를 고려하자. 둘 중에 한 차를 사려고 한다. 하나는 연비가 더 좋으나, 더 비싸다. 두 차의 가격과 연비(갤런 당 마일, mpg)를 안다고 하자. 차를 십 년 동안 유지할 계획이다. 휘발유가 갤런 당 $4이고, 1년에 15,000마일을 주행한다고 가정하자. 차 값을 현금으로 지불할 것이므로 융자 비용은 걱정하지 않아도 된다. 어떤 차를 사는 것이 더 유리한가?

<table>
<tr><td>단계 1</td><td>입력과 출력을 결정한다.</td></tr>
</table>

단계 1   입력과 출력을 결정한다.

이 보기 문제에는 다음과 같은 입력이 있다.

- **purchase price1** 그리고 **fuel efficiency1**, 첫 번째 차의 가격과 연비(mpg 단위)
- **purchase price2** 그리고 **fuel efficiency2**, 두 번째 차의 가격과 연비

단지 어떤 차를 구매하는 것이 더 유리한지 알고 싶다. 이것이 원하는 출력이다.

단계 2   문제를 더 작은 작업들로 나눈다.

각 차에 대해 전체 차량 유지비를 알아내야 한다. 이 계산을 각 차에 대해 별도로 하자. 각 차의 전체 비용을 구하고 나면, 어떤 차가 더 좋은 선택일지 판단할 수 있다.

각 차의 전체 비용은 **purchase price + operating cost**이다.

십 년 동안 사용량과 휘발유 가격이 일정하다고 가정하므로, 유지비(operating cost)가 한 해 동안의 주행 비용에 의해 결정된다.

유지비는 **10 x annual fuel cost(연간 연료 비용)**이다.

연간 연료 비용은 **price per gallon(갤런 당 가격) x annual fuel consumed(연간 연료 소모량)**이다.

연간 연료 소모량은 **annual miles driven(연간 주행 거리) / fuel efficiency(연비)**이다. 예를 들어, 15,000마일 주행하는 데 연비가 15 mpg라면, 1,000갤런을 소모한다.

단계 3   각 세부 작업을 수도코드로 기술한다.

기술할 때, 다른 계산에서 필요로 할 값들은 중간 중간에 계산해두도록 단계를 세운다. 예를 들어, 단계

total cost = purchase price + operating cost

는 **operating cost**를 계산한 후에 적는다.

어떤 차를 구입할지를 판단하기 위한 알고리듬은 다음과 같다.

For each car, compute the total cost as follows:

    annual fuel consumed = annual miles driven / fuel efficiency

    annual fuel cost = price per gallon x annual fuel consumed

    operating cost = 10 x annual fuel cost

    total cost = purchase price + operating cost

If total cost1 < total cost2

    Choose car1.

Else

    Choose car2.

단계 4   문제에 대해 위 수도코드를 테스트한다.

다음의 샘플 값들을 사용할 것이다.

    Car 1: $25,000, 50 miles/gallon

    Car 2: $20,000, 30 miles/gallon

첫 번째 차의 비용은 다음과 같이 계산한다.

    annual fuel consumed = annual miles driven / fuel efficiency = 15000 / 50 = 300

    annual fuel cost = price per gallon x annual fuel consumed = 4 x 300 = 1200

    operating cost = 10 x annual fuel cost = 10 x 1200 = 12000

    total cost = purchase price + operating cost = 25000 + 12000 = 37000

비슷하게, 두 번째 차의 전체 비용은 $40,000이다. 그러므로, 알고리듬의 출력은 car 1을 선택하는 것이다.

마루에 타일을 깔기 위한 알고리듬을 작성하기 ────────────────────────●

이 데모 예제는 칼라를 교대로 바꾸며 타일을 깔기 위한 알고리듬을
세우는 방법을 보여준다.

가계 지출을 분담하기─────────────────────────────────●

이 비디오 보기는 룸메이트들이 가계 지출을 나누는 알고리듬을
개발하는 방법을 보여준다.

요약

'컴퓨터 프로그램'과 프로그래밍을 정의한다.

- 컴퓨터는 매우 기본적인 명령들을 연속해서 빠르게 실행한다.
- 컴퓨터 프로그램은 명령과 판단의 시퀀스이다.
- 프로그래밍은 컴퓨터 프로그램을 설계 및 구현하는 행위이다.

컴퓨터 구성 요소를 설명한다.

- 중앙처리장치(CPU)는 프로그램 제어와 데이타 처리를 수행한다.
- 저장장치에는 메모리와 보조기억장치가 포함된다.

고수준 언어를 기계 코드로 번역하는 과정을 설명한다.

- 원래 자바는 가전 제품을 프로그래밍하기 위해 설계되었으나, 인터넷 애플릿을 작성하
  는데 처음으로 성공적으로 사용되었다.
- 자바는 인터넷 사용자와 학생들 모두를 위해, 안전하고 이식성 있게 설계되었다.
- 자바 프로그램은 가상 기계용 명령들로 배부되며, 그럼으로써 플랫폼-독립적이다.
- 자바의 라이브러리는 광대하다. 자신의 프로그래밍 프로젝트에 필요한 라이브러리들을
  학습하는데 초점을 맞춰라.

자바 프로그래밍 환경을 익힌다.

- 수업을 위해 내가 사용할 프로그래밍 환경에 익숙해질 수 있도록 시간을 투자한다.
- 편집기는 자바 프로그램 같은 텍스트를 입력하고 수정하기 위한 프로그램이다.

➕ WileyPLUS와 www.wiley.com/college/horstmann에서 온라인으로 볼 수 있다.

- 자바는 대소문자를 구별한다. 대소문자 사용에 주의해야 한다.
- 자바 컴파일러는 소스 코드를 자바 가상 기계용 명령들을 담는 클래스 파일들로 번역한다.
- 일이 터진 후에 후회하지 않도록 백업 복사본을 만들 전략을 세운다.

간단한 프로그램의 빌딩 블록들을 기술한다.

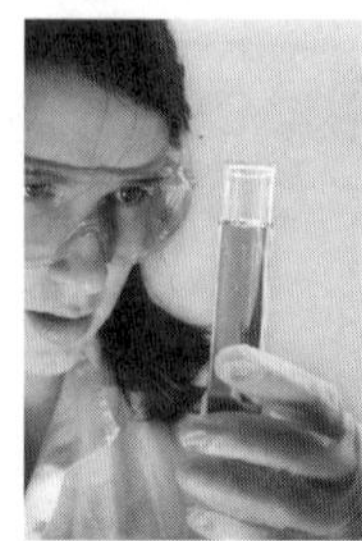

- 클래스는 자바 프로그램의 기본 빌딩 블록이다.
- 모든 자바 애플리케이션은 main 메소드를 갖는 클래스를 포함한다. 애플리케이션을 시작하면, main 메소드의 명령들이 실행된다.
- 각 클래스는 메소드들의 선언을 포함한다. 각 메소드는 일련의 명령들을 포함한다.
- 메소드는 메소드와 그의 인자들을 명시해서 호출된다.
- 문자열은 큰따옴표로 묶이는 글자 시퀀스이다.

프로그램 오류를 컴파일-타임 오류와 런-타임 오류로 분류한다.

- 컴파일-타임 오류는 컴파일러가 찾아낸 프로그래밍 언어 규칙에 대한 위반이다.
- 런-타임 오류는 프로그래머가 의도하지 않은 동작을 프로그램이 하게 만든다.

간단한 알고리듬에 대한 수도코드를 작성한다.

- 수도 코드는 문제를 풀기 위한 일련의 단계들을 형식에 얽매이지 않고 표현한 것이다.
- 문제를 풀기 위한 알고리듬은 모호하지 않고, 실행 가능하며, 종료하는 일련의 단계들이다.

이 장에서 소개된 표준 라이브러리 항목들

```
java.io.PrintStream          java.lang.System
    print                        out
    println
```

복습 연습 문제

- **R1.1** 컴퓨터 프로그램을 사용하는 것과 컴퓨터를 프로그래밍하는 것의 차이를 설명하라.

- **R1.2** 컴퓨터의 어느 부분이 프로그램 코드를 저장할 수 있는가? 사용자 데이타를 저장할 수 있는 것은?

- **R1.3** 컴퓨터의 어느 부분이 사용자에게 정보를 제공해주는가? 사용자 입력을 받아들이는 부분은?

- **■■■ R1.4** 토스터는 단일 기능 장치이지만, 컴퓨터는 여러 가지 작업을 수행하도록 프로그램될 수 있다. 내 이동전화기는 단일 기능 장치인가, 아니면 프로그래밍이 가능한 컴퓨터인가? (이에 대한 답은 이동전화기 모델에 따라 다르다.)

■ **R1.5** 기계 코드에 비해 자바를 사용할 때의 두 가지 이점을 설명하라.

■■ **R1.6** 컴퓨터 또는 노트북에서 다음의 정확한 위치(폴더나 디렉터리 이름)를 찾아보아라.
> **a.** 편집기로 작성한 샘플 파일 HelloPrinter.java
> **b.** 자바 프로그램 론처(launcher) java.exe 또는 java
> **c.** 런-타임 라이브러리를 포함하는 표준 라이브러리 파일 rt.jar.

■■ **R1.7** 다음 프로그램의 출력은?

```
public class Test
{
   public static void main(String[] args)
   {
      System.out.println("39 + 3");
      System.out.println(39 + 3);
   }
}
```

■■ **R1.8** 다음 프로그램의 출력은? 공백에 유의하라.

```
public class Test
{
   public static void main(String[] args)
   {
      System.out.print("Hello");
      System.out.println("World");
   }
}
```

■■ **R1.9** 다음 프로그램의 컴파일-타임 오류는?

```
public class Test
{
   public static void main(String[] args)
   {
      System.out.println("Hello", "World!");
   }
}
```

■■ **R1.10** 컴파일-타임 오류가 있는 세 버전의 `HelloPrinter.java` 프로그램을 작성하라.

■ **R1.11** 문법 오류를 어떻게 찾아내는가? 논리 오류는 어떻게 찾아내는가?

■■ **R1.12** 다음 질문을 해결할 알고리듬을 작성하라. 어떤 은행계좌가 $10,000로 시작한다. 이자는 매달 연 6%의 복리로 계산(월 0.5%)된다. 매월, 대학 경비를 충당하기 위해 $500씩 인출된다. 몇 년 후에 계좌가 고갈되겠는가?

■■■ **R1.13** 연습문제 R1.12의 질문을 고려하자. 사용자가 숫자들($10,000, 6%, $500)을 선택할 수 있었다고 하자. 내가 개발한 알고리듬이 종료하지 않을 값들이 있는가? 만일 그렇다면, 알고리듬이 항상 종료하도록 바꿔라.

■■■ **R1.14** 집에 페인트 칠할 비용을 추산하기 위해서, 도장공은 외부 표면적을 알아야 한다. 이 비용을 계산할 알고리듬을 개발하라. 입력은 집의 폭, 길이, 높이, 그리고 창과 문의 수 및 크기이다(창과 문의 크기는 일정하다고 가정한다).

■■ **R1.15** 통근 때 운전할 것인지, 아니면 기차를 탈 것인지를 결정하려고 한다. 집에서부터 직장까지의 편도 거리를 알고 있으며, 내 차의 연비(갤런 당 마일)도 알고 있다. 그리고 편도 기차 운임도 알고 있다. 휘발유 가격은 갤런 당 $4, 자동차 유지비는 마일 당 5센트라고 가정하자. 어떤 통근 수단이 더 저렴한지 판단하기 위한 알고리듬을 작성하라.

■■ **R1.16** 내 차를 통근과 사적인 용도로 사용하는 비율을 알고 싶다. 집에서부터 직장까지의 편도 거리를 알고 있다. 특정 기간 동안의 거리계의 시작 및 끝 마일리지와 근무일수를 기록했다. 이 문제를 해결할 알고리듬을 작성하라.

■ **R1.17** How to 1.1에서, 자동차들을 비교하기 위해서 휘발유 가격과 연간 사용에 관해 가정을 사용했다. 이상적으로, 이러한 가정들 없이 어떤 차를 구매하는 것이 더 유리한지 알고 싶다. 컴퓨터 프로그램이 이 문제를 풀 수 없는 이유는?

■■■ **R1.18** π의 값은 다음 공식에 의해 계산될 수 있다.

$$\frac{\pi}{4} = 1 - \frac{1}{3} + \frac{1}{5} - \frac{1}{7} + \frac{1}{9} - \cdots$$

π를 계산하는 알고리듬을 작성하라. 이 공식이 무한 급수이며 알고리듬은 유한한 수의 단계 후에 정지해야 하기 때문에, 여섯 유효 숫자 자리까지 계산된 결과를 얻으면 정지해야 한다.

■■ **R1.19** 남동생한테 내 작업을 백업하는 일을 시켰다고 하자. 동생이 임무를 수행하기 위한 자세한 지시사항들을 작성하라. 동생이 얼마나 자주 임무를 수행해야 하는지, 그리고 어떤 파일들을 어떤 폴더에서 어떤 폴더로 복사해야 하는지를 설명하라. 백업이 제대로 됐는지를 동생이 확인하는 방법을 설명하라.

■ **비즈니스 R1.20** 친구들과 함께 고급 식당에 가고, 계산서를 요구할 때 비용과 팁을 서로 분담하기를 원한다고 하자. 각자가 분담해야 할 비용을 계산하는 알고리듬을 작성하라. 프로그램은 계산서 금액, 팁, 전체 비용, 그리고 각자가 지불할 금액을 인쇄해야 한다. 또한 계산서와 팁 각각에 대해 각자가 지불할 금액도 출력해야 한다.

프로그래밍 훈련

■ **P1.1** 인사말(영어가 아니어도 좋음)을 표시하는 프로그램을 작성하라.

■■ **P1.2** 처음 열 개의 양의 정수들의 합 $1 + 2 + \cdots + 10$을 출력하는 프로그램을 작성하라.

■■ **P1.3** 처음 열 개의 양의 정수들의 곱 $1 \times 2 \times \cdots \times 10$을 출력하는 프로그램을 작성하라.(자바의 곱셈을 나타내기 위해 *를 사용하라.)

■■ **P1.4** 초기 잔고는 $1,000, 연 이율은 5%인 계좌의 첫 해, 둘째 해, 셋째 해의 잔고를 출력하는 프로그램을 작성하라.

■ **P1.5** 화면에 다음과 같이 박스 안에 내 이름을 표시하는 프로그램을 작성하라.

┌──────┐
│ Dave │
└──────┘

| – + 같은 글자들을 사용해서 선과 최대한 비슷하게 표시하라.

■■■ **P1.6** 다음과 같이 내 이름을 대문자로 출력하는 프로그램을 작성하라.

```
 *     *   **    ****    ****   *    *
 *     *  *  *   *   *   *   *   *    *
 *******  *  *   ****    ****    *  *
 *     * ******  *   *   *   *    *
 *     * *    *  *   *   *   *    *
```

■■ P1.7 다음과 비슷한(같지는 않은) 얼굴을 출력하는 프로그램을 작성하라.

```
    /////
  +"""""+
 (| o o |)
  |  ^  |
  | '-' |
  +-----+
```

■■ P1.8 피에트 몬드리안의 그림을 모방해서 출력하는 프로그램을 작성하라(그의 그림을 잘 모르면 인터넷을 검색한다). 서로 다른 칼라들에는 @@@ 또는 ::: 같은 연속 글자들을 사용하고, 선을 그리는 데는 - 와 |를 사용하라.

■■ P1.9 다음과 똑같은 집을 출력하는 프로그램을 작성하라.

```
      +
     + +
    +   +
   +-----+
   | .-. |
   | | | |
   +-+-+-+
```

■■■ P1.10 다음과 비슷한(같지는 않은), 인사말을 하는 동물을 출력하는 프로그램을 작성하라.

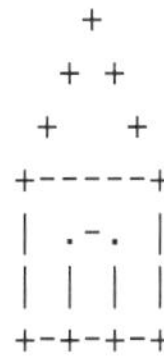
```
 /\_/\      -----
( ' ' )  / Hello \'
(  -  ) <  Junior |
 | | |   \ Coder!/
(_|_)       -----
```

■ P1.11 가장 친한 친구 또는 영화의 이름 등과 같은 세 개의 항목을 세 줄에 따로따로 출력하는 프로그램을 작성하라.

■ P1.12 좋아하는 시를 출력하는 프로그램을 작성하라. 좋아하는 시가 없다면, 인터넷에서 "Emily Dickinson" 또는 "e e cummings"를 찾아 보라.

■■ P1.13 글자 *와 =를 사용해서 미국기를 출력하는 프로그램을 작성하라.

■■ P1.14 다음 프로그램을 입력하고 실행시켜라.

```java
import javax.swing.JOptionPane;

public class DialogViewer
{
   public static void main(String[] args)
   {
      JOptionPane.showMessageDialog(null, "Hello, World!");
   }
}
```

■■ P1.15 다음 프로그램을 입력하고 실행시켜라.

```java
import javax.swing.JOptionPane;

public class DialogViewer
{
   public static void main(String[] args)
   {
      String name = JOptionPane.showInputDialog("What is your name?");
      System.out.println(name);
   }
}
```

■■■ P1.16 프로그래밍 훈련 P1.15의 프로그램을 수정해서 대화가 메시지 "My name is Hal! What would you like me to do?"로 계속되게 하라. 사용자의 입력을 무시하고 다음과 같은 메시지를 표시하라.

I'm sorry, Dave. I'm afraid I can't do that.

사용자가 제공하는 이름으로 Dave를 대체하라.

■■ P1.17 다음 프로그램을 입력하고 실행시켜라.

```java
import java.net.URL;
import javax.swing.ImageIcon;
import javax.swing.JOptionPane;

public class Test
{
   public static void main(String[] args) throws Exception
   {
      URL imageLocation = new URL(
         "http://horstmann.com/java4everyone/duke.gif");
      JOptionPane.showMessageDialog(null, "Hello", "Title",
         JOptionPane.PLAIN_MESSAGE, new ImageIcon(imageLocation));
   }
}
```

그러고 나서, 다른 인사말과 영상을 보여주도록 변경하라.

■ 비즈니스 P1.18 두 열로 구성된 친구들의 생일 목록을 출력하는 프로그램을 작성하라. 첫 열에는 이름을 출력하라; 둘째 열에는 생일을 출력하라.

■ 비즈니스 P1.19 미국에는 연방 판매세가 없어서 각 주가 자체적으로 판매세를 부과한다. 미국의 다섯 개 주의 판매세를 인터넷에서 찾아보고 그들의 세율을 출력하는 프로그램을 작성하라.

```
Sales Tax Rates
---------------
Alaska:       0%
Hawaii:       4%
. . .
```

■ 비즈니스 P1.20 오늘날의 노동 시장에서 두 개 이상의 언어를 구사할 수 있다는 것은 소중한 기술이다. 기본이 되는 기술 중 하나는 인사법을 배우는 것이다. 다음 표의 인사 표현 목록을 출력하는 프로그램을 작성하라; 첫 열에는 영어 인사 표현을 출력하고, 둘째 열에는 다른 언어로 출력하라. 영어 외에 아는 언어가 없으면, 온라인 번역기를 이용하거나 친구에게 물어보아라.

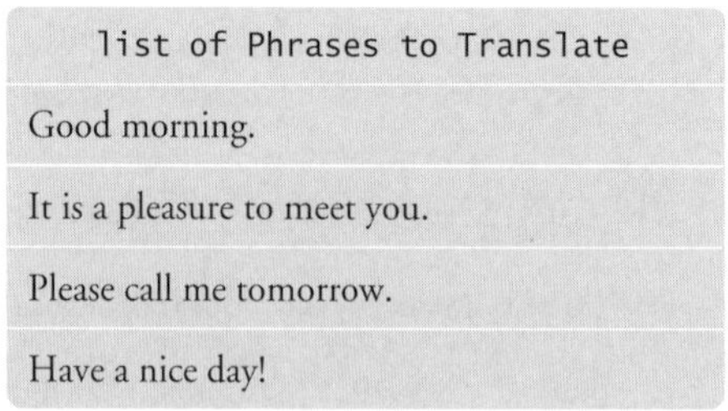

자체 검사 질문에 대한 답

1. CD의 데이타를 읽고, 출력을 스피커와 화면에 내보내는 프로그램.

2. CD 플레이어는 한 가지(음악 CD를 재생)만 할 수 있으며, 프로그램을 실행할 수 없다.

3. 없음.

4. 보통은 하드디스크인 보조기억장치에.

5. 중앙처리장치.

6. 안전성과 이식성.

7. 아무도 라이브러리 전체를 학습할 수 없다—라이브
   러리는 너무 방대하다.

8. 시스템마다 다르다. 대표적인 답으로 `/home/dave/cs1/hello/Hello-Printer.java` 또는 `c:\Users\Dave\Workspace\hello\HelloPrinter.java` 가 가능하다.

9. 파일과 폴더를 백업한다.

10. World를 내 이름(여기서는 Dave)으로 바꿔라:
```
System.out.println("Hello, Dave!");
```

11.
```
System.out.println("H");
System.out.println("e");
System.out.println("l");
System.out.println("l");
System.out.println("o");
```

12. 아니오. 컴파일러는 이름이 Hello인 항목을 찾으려
    할 것이다. Hello를 큰따옴표로 묶어야 한다:
```
System.out.println("Hello");
```

13. 출력은 `My lucky number is12` 이다. is 다음에 공백
    을 넣는 게 좋다.

14.
```
Hello
```
빈줄
```
World
```

15. 컴파일-타임 오류. 컴파일러는 `Hello`와 `World`란 단
    어들의 뜻을 모른다고 불평할 것이다.

16. 컴파일-타임 오류. 컴파일러는 `System.out`에
    `printline`이란 메소드가 없다고 불평할 것이다.

17. 런-타임 오류. 컴파일러가 불평하지 않도록 메소드
    에 `hello`란 이름을 부여하는 것은 적법하다. 그러나,
    프로그램이 실행될 때, 가상 기계는 `main` 메소드를
    찾아야 하는데, 찾지 못 할 것이다.

18. 프로그램에 컴파일 오류가 있으면 클래스 파일이 만
    들어지지 않아서, 돌릴 게 없다.

20. 4년:
```
0  10,000
1  12,000
2  14,400
3  17,280
4  20,736
```

21. 많아야 300분인가?
    a. 만일 그렇다면, 답은 $29.95 × 1.125 = $33.70.
    b. 아니라면,
       1. 차이를 계산한다: (분 수) − 300.
       2. 이 차이를 0.45로 곱한다.
       3. $29.95를 더한다.
       4. 합을 1.125로 곱한다. 이것이 답이다.

22. 아니요. 두 사진 중 어느 것이 더 매력적인지 판단할
    수 있는 객관적인 방법이 존재하지 않기 때문에, **If
    it is more attractive than the best so far** 단계는 실행
    가능하지 않다.

23. **Pick the first photo and call it the most expensive so far.**
    For each photo in the sequence
        If it is more expensive than the most expensive so far
            Discard the most expensive so far.
            Call this photo the most expensive so far.
    The photo called the most expensive so far is the most
        expensive photo in the sequence.

24. 앞에 흰 구슬이 있는 맨 처음 검정 구슬은 회색으로
    표시된다.

    ○◉●○●

    둘의 위치를 서로 바꾸면,

    ●○○●●

    그 다음으로 자리가 바뀔 검정 구슬은

    ●○◉○●

    이므로 다음과 같이 된다.

    ●○●○●

    그 다음 단계들은 다음과 같다.

    ●●○○●

    ●●○●○

    ●●●○○

    이제 이 시퀀스가 정렬되었다.

25. 이 시퀀스는 종료하지 않는다. 입력 를
    고려하자. 처음 두 구슬만 계속 서로 자리가 바뀐다.

CHAPTER 02

기본 데이타 타입

Fundamental Data Types

목표

변수와 상수를 선언 및 초기화하기

정수와 부동 소수점 수의 특성과 한계를 이해하기

주석과 좋은 코드 배치의 중요성을 인식하기

산술 표현과 할당문을 쓰기

입력을 읽어서 처리하고, 그 결과를 표시하는 프로그램을 만들기

자바 문자열 타입을 사용하는 방법을 배우기

내용

수와 문자열(사진의 디스플레이 보드에 있는 것들 같은)은 어떠한 자바 프로그램에서든 중요한 데이타형이다. 이 장에서는 수와 텍스트를 다루는 방법, 그리고 그를 이용해서 유용한 작업을 수행하는 간단한 프로그램을 작성하는 방법을 배운다.

2.1 변수

프로그램이 계산을 수행할 때, 그 값들을 나중에 사용할 수 있도록 저장하기를 원할 것이다. 자바 프로그램에서는 값을 저장하는 데 변수를 사용한다. 이 절에서는 변수를 선언하고 사용하는 방법을 배운다.

변수 사용 예를 보여주기 위해서, 다음 문제를 푸는 프로그램을 개발할 것이다. 소프트 드링크를 캔과 병으로 판다. 어떤 가게에서 12온스 캔 식스팩을 2리터 병 하나의 값과 같은 가격에 팔고 있다. 어떤 걸 사겠는가(12액량 온스는 대략 0.355리터)?

우리는 프로그램에서 팩당 캔의 수와 각 캔의 용량을 위한 변수들을 선언할 것이다. 그러고 나서 식스팩의 용량을 리터로 계산하고, 답을 출력할 것이다.

어느 것이 소다를 더 많이 담고 있는가? 12온스 캔 식스팩 또는 2리터 병?

2.1.1 변수 선언

다음 명령문이 cansPerPack이란 이름의 변수를 선언한다.

```
int cansPerPack = 6;
```

변수는 컴퓨터 프로그램의 한 저장 장소이다. 각 변수는 이름을 가지며 값을 담는다.

변수는 주차장의 주차 공간과 비슷하다. 주차 공간은 식별자(예: "J 053")를 가지며, 자동차를 수용할 수 있다. 변수는 이름(예: cansPerPack)을 가지며, 값(예: 6)을 담을 수 있다.

> 변수는 이름을 갖는 저장 장소이다.

컴퓨터 프로그램의 변수처럼 주차 공간도 식별자와 콘텐츠를 가진다.

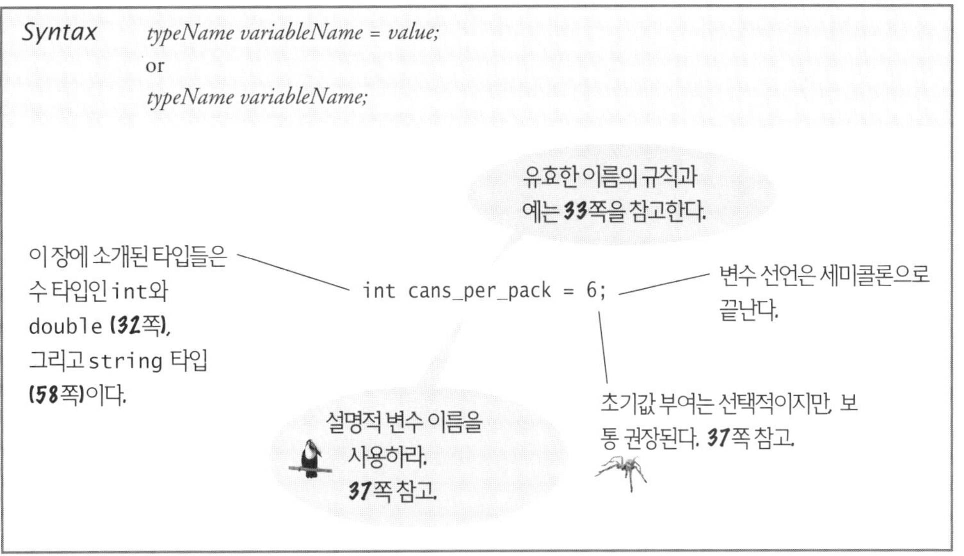

변수를 선언할 때, 보통 초기 값을 지정한다.

변수를 선언할 때, 우리는 대개 **초기화**할 필요가 있다. 즉, 변수에 저장될 값을 지정한다. 다음 변수 선언을 다시 고려하자:

```
int cansPerPack = 6;
```

변수 cansPerPack은 값 6으로 초기화된다.

변수를 선언할 때, 그 값의 타입도 지정한다.

특정 차량 유형(예: 컴팩트 카, 모터싸이클, 전기 자동차)으로 제한된 주차 공간과 같이, 자바의 변수는 특정 **타입**의 데이타를 저장한다. 자바는 다양한 데이타 타입(예: 수, 텍스트 문자열, 파일, 날짜)을 지원한다. 변수를 선언할 때는 항상 타입을 지정해야 한다(문법 2.1 참고).

변수 cansPerPack은 소수 부분이 없는 온전한 수인 **정수**이다. 자바에서는 이 타입을 int라고 부른다(자바의 숫자 타입에 관한 더 자세한 정보는 다음 절을 참고한다).

타입이 변수 이름 앞에 옴을 주목한다:

```
int cansPerPack = 6;
```

변수를 선언 및 초기화하고 나면 그 변수를 사용할 수 있다. 예:

```
int cansPerPack = 6;
System.out.println(cansPerPack);
int cansPerCrate = 4 * cansPerPack;
```

표 2.1이 몇 가지 변수 선언을 보여준다.

각 주차 공간이 특정 운송 수단에 적합하듯이, 각 변수는 특정 타입의 값을 담는다.

<table>
<tr><td colspan="2" align="center">표 2.1 자바의 변수 선언</td></tr>
<tr><td align="center">변수 선언문</td><td align="center">설명</td></tr>
<tr><td><code>int cans = 6;</code></td><td>정수 변수를 선언하고 6으로 초기화한다.</td></tr>
<tr><td><code>int total = cans + bottles;</code></td><td>초기값이 상수이어야 할 필요는 없다(물론, cans과 bottles은 미리 선언되어 있어야 한다).</td></tr>
<tr><td>🚫 <code>bottles = 1;</code></td><td>오류: 타입을 빠뜨렸다. 이 명령문은 기존 변수에 새 값을 할당하는 것이지 선언이 아니다 (2.1.4절 참고).</td></tr>
<tr><td>🚫 <code>int volume = "2";</code></td><td>오류: 수를 문자열로 초기화할 수 없다.</td></tr>
<tr><td><code>int cansPerPack;</code></td><td>초기화하지 않고 정수 변수를 선언했다. 오류의 원인이 될 수 있다(??쪽의 빈번한 오류 2.1 참고).</td></tr>
<tr><td><code>int dollars, cents;</code></td><td>단일 명령문에 두 정수를 선언한다. 이 책에서는 각 변수를 별도의 명령문으로 선언하겠다.</td></tr>
</table>

2.1.2 수 타입들

소수부를 가질 수 없는 수들을 위해 int 타입을 사용한다.

자바에는 몇 가지 수 타입이 있다. 소수부가 없는 정수를 표기하기 위해서 int 타입을 사용한다. 예를 들어, 모든 팩의 캔 수는 정수이어야 한다—캔의 일부를 가질 수 없다. 부동 소수점 수에는 double 타입을 사용한다.

소수부가 필요할 때(예: 0.335)는 **부동 소수점 수(floatingpoint number)**를 사용한다. 자바에서 가장 흔히 사용되는 부동 소수점 수는 double이라고 불린다(그 이유를 알고 싶다면 39쪽의 특강 2.1을 읽는다). 다음은 부동 소수점 변수의 선언이다:

```
double CanVolume = 0.355;
```

부동 소수점 수를 위해 double 타입을 사용한다.

자바 프로그램에서 6이나 0.335 같은 값이 나오면, 그것을 **수 리터럴(number literal)**이라고 부른다. 만일 수 리터럴에 소수점이 있으면, 부동 소수점 수이다; 아니면 정수이다. 표 2.2가 자바에서 정수와 부동 소수점 리터럴들을 쓰는 방법을 보여준다.

	표 2.2 자바의 수 리터럴들	
수	**타입**	**설명**
6	int	정수에는 소수부가 없다.
-6	int	정수는 음수도 가능하다.
0	int	영은 정수이다.
0.5	double	소수부가 있는 수는 double 타입이다.
1.0	double	소수부가 .0인 정수는 double 타입이다.
1E6	double	지수 표기법 수: 1×10^6 또는 1000000. 지수 표기법 수는 항상 double 타입이다.
2.96E-2	double	음수 지수: $2.96 \times 10^{-2} = 2.96/100 = 0.0296$
🚫 100,000		**오류:** 쉼표를 십진 분류자로 사용하지 않는다.
🚫 3 1/2		**오류:** 분수를 사용하지 않는다; 십진 표기법(3.5)을 사용한다.

2.1.3 변수 이름

변수를 선언할 때, 그 용도를 설명해주는 이름을 골라줘야 한다. 예를 들어, cv 같은 간결한 이름보다는 canVolume 같은 설명적인 이름을 사용하는 게 좋다.

자바에는 변수 이름을 위한 몇 가지 간단한 규칙이 있다:

1. 변수 이름은 문자 또는 밑줄 표시(_, underscore) 글자로 시작해야 하며, 나머지 글자들은 문자, 숫자 또는 밑줄 표시이어야 한다(기술적으로, $ 기호도 허용되나, 사용하지 말도록 한다─이것은 도구에 의해 자동으로 생성되는 이름들을 위한 것이다).

2. $ 또는 % 같은 기호는 사용할 수 없다. 빈칸도 이름 중간에 허용되지 않으며, 단어 경계를 표시하기 위해서 cansPerPack에 서와 같이 대문자를 사용할 수 있다[이러한 작명 관례를 중간 의 대문자들이 낙타의 혹과 같이 보인다고 해서 **낙타 표기법** (*camel case*)이라고 부른다].

3. 변수 이름은 **대소문자**가 구분되므로, canVolume과 canvolume은 서로 다른 이름들이다.

4. double 또는 class 같은 **예약어**를 이름으로 사용할 수 없다. 이 단어들은 특별한 자바 의미를 위해 예약되어 있다(자바의 예약어 목록은 부록 C 참고).

자바 프로그래머들의 관례는 변수 이름을 소문자로 시작(예: canVolume)하고, 클래스 이름은 대문자로 시작(예: HelloPrinter)하는 것이다. 그럼으로써 둘을 구분하는 게 쉬워진다. 표 2.3이 자바에서 합법적 또는 불법적인 변수 이름들의 예를 보여준다.

> 관례적으로 변수 이름은 소문자로 시작해야 한다.

2.1.4 할당문

> 할당문은 저장되어 있는 변수 값을 새 값으로 바꾼다.

변수에 새 값을 넣기 위해 **할당문**(**assignment statement**)을 사용한다. 예:

```
cansPerPack = 8;
```

할당문의 좌변은 변수로 구성된다. 우변은 값을 갖는 표현식이다. 이 값이 변수에 저장되는데, 이전 내용을 덮어쓴다.

<table>
<tr><td colspan="2" align="center">표 2.3 자바의 변수 이름</td></tr>
<tr><td align="center">변수 이름</td><td align="center">설명</td></tr>
<tr><td>canVolume1</td><td>변수 이름은 문자, 숫자, 밑줄 표시 글자로 구성된다.</td></tr>
<tr><td>×</td><td>수학에서는 x나 y 같은 짧은 이름을 사용한다. 이것은 자바에서도 적법하나, 프로그램을 이해하기 어렵게 만들 수 있기 때문에 이런 이름은 흔히 쓰이지 않는다(37쪽의 프로그래밍 팁 2.1 참고).</td></tr>
<tr><td>⚠ CanVolume</td><td>주의: 변수 이름은 대소문자 구분된다. 이 변수 이름은 canVolume과 다르며, 또한 변수 이름을 소문자로 시작해야 한다는 관례에도 어긋난다.</td></tr>
<tr><td>🚫 6pack</td><td>오류: 변수 이름은 숫자로 시작할 수 없다.</td></tr>
<tr><td>🚫 canvolume</td><td>오류: 변수 이름은 빈칸을 포함할 수 없다.</td></tr>
<tr><td>🚫 double</td><td>오류: 예약어를 변수 이름으로 사용할 수 없다.</td></tr>
<tr><td>🚫 ltr/fl.oz</td><td>오류: /나 . 같은 기호를 사용할 수 없다.</td></tr>
</table>

변수 선언과 할당문 간에는 중요한 차이가 있다:

```
int cansPerPack = 6;
...
cansPerPack = 8;
```


첫 명령문은 cansPerPack의 선언이다. 타입이 int인 새 변수를 만들고, 그 이름으로 cansPerPack을 부여하고, 그 값을 6으로 초기화하는 명령이다. 두 번째 명령문이 할당문이다. 기존 변수 cansPerPack의 내용을 다른 값으로 바꾸는 명령이다.

기호 =는 좌변과 우변이 같다는 것을 의미하지 않는다. 우변의 표현식이 계산되고, 그 값이 좌변의 변수로 들어간다.

이 할당 연산을 등식을 나타내기 위해 수학에서 사용되는 =와 혼동하지 않기 바란다. 할당 연산자는 무언가를 하라는, 즉 변수에 값을 넣으라는 명령이다. 수학적 등호는 두 값이 같음을 나타낸다.

예를 들어, 자바에서는 다음과 같이 써도 아무 문제가 없다.

```
toztalVolume = totalVolume + 2;
```

이것은 변수 totalVolume에 저장된 값을 확인해서, 2를 더하고, 그 결과를 다시 totalVolume에 넣는다는 의미이다(그림 2.1). 이 명령문의 실행 결과인 totalVolume이 2만큼 증가한다. 예를 들어, 만일 totalVolume이 실행 전에 2.13이었다면, 실행 후에 4.13이 된다. 물론 수학에서 $x = x + 2$라고 쓰는 것은 말이 안 된다. 자신에 2를 더한 것과 같을 수 있는 값은 없다.

문법 2.2   할당

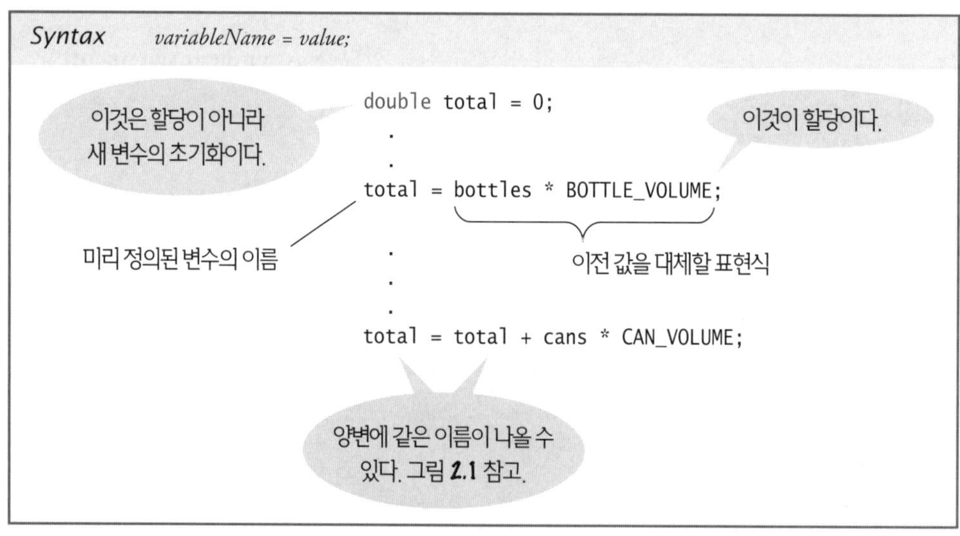

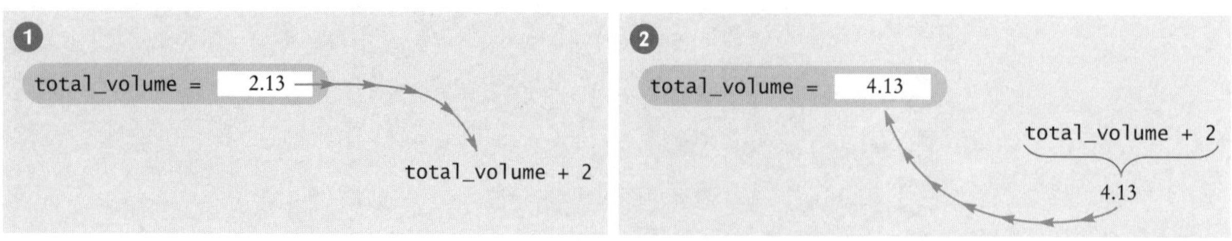

그림 2.1 할당 totalVolume = totalVolume+ 2를 실행하기

2.1.5 상수

예약어 `final`로 선언된 변수는 그 값이 바뀔 수 없다. 상수는 보통 변수들과 시각적으로 구분하기 위해 보통 대문자로 쓴다.

```
final double BOTTLE_VOLUME = 2;
```

수치 값의 의미를 설명하기 위해서 프로그램에 이름이 붙은 상수를 사용하는 것이 좋은 프로그래밍 스타일이다. 예를 들어, 다음 두 명령문을 비교해보자.

```
double totalVolume = bottles * 2;
```

그리고

```
double totalVolume = bottles * BOTTLE_VOLUME;
```

첫 명령문을 읽는 프로그래머는 2라는 숫자의 중요성을 이해하지 못 할 수 있다. 이름이 붙은 상수를 사용하는 두 번째 명령문은 계산을 훨씬 더 명료하게 이해할 수 있게 한다.

문법 2.3 상수 선언

Syntax   final *typeName variableName = expression;*

```
final double CAN_VOLUME = 0.355; // Liters in a 12-ounce can
```

예약어 `final`은 그 값이 변경될 수 없음을 표시한다.

상수에는 대문자를 사용하라.

이 주석은 이 상수 값이 어떻게 결정되었는지를 설명해준다.

2.1.6 주석

프로그램이 점점 복잡해질수록 내 코드를 읽을 사람들을 위한 설명인 **주석(comment)**을 삽입해야 한다. 예를 들면, 다음은 변수 초기화에 사용된 값을 설명한다:

```
const double CAN_VOLUME = 0.355; // Liters in a 12-ounce can
```

이 주석은 독자에게 0.355란 값의 중요성을 설명한다. 컴파일러는 주석을 처리하지 않고, 구획 문자 `//`에서부터 그 줄의 끝까지를 모두 무시한다.

주석을 제공하는 습관을 들이는 게 좋다. 그러면 내 코드를 읽는 이들이 내 의도를 이해하는 데 도움이 된다. 또한, 나 자신도 내 프로그램을 다시 들여다 볼 때 도움이 된다.

짧은 주석을 위해서는 `//`를 사용한다. 주석이 길면 `/*`와 `*/` 구획 기호들 사이에 넣는다. 컴파일러는 이 구획 기호들 및 이들 사이의 모두를 무시한다. 예:

```
/*
There are approximately 0.335 liters in a 12-ounce can because one ounce
equals 0.02957353 liter; see The International Systems of Units (SI) - Conversion
Factors for General Use (NIST Special Publication 1038).
*/
```

끝으로, 프로그램의 목적을 설명하는 주석은 /* 대신에 /**로 시작하라. 소스 파일을 분석하는 도구들이 이 관례를 따른다. 예:

```
/**
```

This program computes the volume (in liters) of a six-pack of soda cans.

```
*/
```

다음 프로그램이 변수, 상수, 할당문의 사용을 보여준다. 이 프로그램은 식스팩의 용량, 그리고 그와 2리터 병의 전체 용량을 출력한다. 캔과 병 용량에 상수를 사용한다. 변수 totalVolume은 캔들의 용량으로 초기화된다. 할당문을 사용해서 병의 용량을 더한다. 프로그램 출력으로부터 알 수 있듯이, 캔 식스팩이 2리터 이상을 담는다.

section_1/Volume1.java

```java
 1  /**
 2      This program computes the volume (in liters) of a six-pack of soda
 3      cans and the total volume of a six-pack and a two-liter bottle.
 4  */
 5  public class Volume1
 6  {
 7     public static void main(String[] args)
 8     {
 9        int cansPerPack = 6;
10        final double CAN_VOLUME = 0.355; // Liters in a 12-ounce can
11        double totalVolume = cansPerPack * CAN_VOLUME;
12
13        System.out.print("A six-pack of 12-ounce cans contains ");
14        System.out.print(totalVolume);
15        System.out.println(" liters.");
16
17        final double BOTTLE_VOLUME = 2; // Two-liter bottle
18
19        totalVolume = totalVolume + BOTTLE_VOLUME;
20
21        System.out.print("A six-pack and a two-liter bottle contain ");
22        System.out.print(totalVolume);
23        System.out.println(" liters.");
24     }
25  }
```

실행 결과

```
A six-pack of 12-ounce cans contains 2.13 liters.
A six-pack and a two-liter bottle contain 4.13 liters.
```

TV 해설자(commentator)가 뉴스를 설명하듯이, 프로그램의 동작을 설명하기 위해 주석(comment)을 사용한다.

1. 케이스에 들어 있는 병의 수를 넣기에 적당한 변수를 선언하라.

2. 다음의 변수 선언은 무엇이 잘못되었는가?

   ```
   int ounces per liter = 28.35
   ```

3. 병당 가격과 구매한 병 수를 담기 위한 두 변수 unitPrice와 quantity를 선언하라.
   적절한 초기 값을 사용하라(주의: 달러 단위로 표기할 것. 예: 1불 95센트는 1.95).

4. 자체 검사 3에서 선언된 변수들을 사용해서 전체 구매 가격을 출력하라.

5. 어떤 음료수는 6팩이 아닌 4팩 단위로 판매된다. 전체 용량을 계산하기 위해서
   Volume1.java 프로그램을 어떻게 바꾸면 되겠는가?

6. 다음 주석은 어디가 잘못되었는가?

   ```
   double can_volume = 0.355; /* Liters in a 12-ounce can //
   ```

7. Volume1.java 프로그램의 cansPerPack 변수의 타입이 int에서 double로 바뀌었다고
하자. 프로그램에 어떤 영향을 주겠는가?

8. Volume1.java 프로그램의 변수 totalVolume은 왜 final로 선언될 수 없는가?

9. 할당을 주차 공간에 비유해서 설명하라.

Practice It   이제 다음 연습문제들에 대해 답할 수 있다: R2.1, R2.2, P2.1.

빈번한 오류 2.1   **선언 또는 초기화 되지 않은 변수 사용하기**

변수를 처음 사용하기 전에 먼저 선언해야 한다. 예를 들어, 다음 명령 시퀀스는 불법이다:

```
double canVolume = 12 * literPerOunce; // ERROR: literPerOunce is not yet declared
double literPerOunce = 0.0296;
```

프로그램의 명령문들은 순서대로 컴파일된다. 컴파일러가 첫 명령문에 도달했을 때,
literPerOunce가 다음 줄에서 선언될 것임을 모르므로 오류를 보고한다. 그에 대한 대책은 각
변수가 사용되기 전에 선언되도록 선언들을 재정리하는 것이다.

관련된 오류는 변수를 초기화 안 된 상태로 놔두는 것이다:

```
int bottles;
int bottleVolume = bottles * 2; // ERROR: bottles is not yet initialized
```

자바 컴파일러는 값이 아직 주어지지 않은 변수를 사용하려 한다고 불평할 것이다. 그에 대한
대책은 사용하기 전에 변수에 값을 할당하는 것이다.

프로그래밍 팁 2.1   **설명적인 변수 이름을 선정하라**

다음과 같이 짧은 변수 이름을 사용하면 타이핑하는 수고를 엄청나게 줄일 수 있을 것이다.

```
double cv = 0.355;
```

하지만 이 선언과 우리가 실제로 사용한 선언을 비교해보자. 어느 것이 읽기에 더 쉬운가? 비교

가 안 된다. 그냥 canVolume을 읽는 것이, cv를 읽고서 이게 "can volume"을 의미한다는 걸 알 아내는 것보다 훨씬 부담이 덜하다.

실제 프로그래밍에서 이것은 프로그램이 여러 사람에 의해 작성될 때 특히 중요하다. cv가 can volume을 나타내지 current velocity를 나타내지 않는다는 게 내게는 분명하겠지만, 몇 년 후에 그 코드를 수정해야 할 다른 이에게도 그렇겠는가? 그 점에 대해서 나조차도 석 달 후 에 내가 그 코드를 들여다 볼 때 cv가 무엇을 의미하는지 기억할 거라는 보장이 있는가?

오버플로우

컴퓨터에서는 수들이 한정된 자릿수로 표현되므로, 임의의 수를 표현하지 못 한다.

int 타입은 **한정된 범위**를 가진다: 이것은 20억을 약간 넘는 수까지 표현할 수 있다. 많은 애플리케이션에서 이것은 문제가 되지 않으나, 세계 인구를 나타내는 데에는 int를 사용할 수 없다.

계산 결과가 s 범위 밖의 값이 되면, 결과는 **오버플로우**이다. 오류는 표시되지 않는다. 그 대 신에, 결과가 잘려서 쓸모 없는 값이 나온다. 예를 들면,

```java
int bottles;
int bottleVolume = bottles * 2; // ERROR: bottles is not yet initialized
```

는 705032704를 표시한다.

이와 같은 상황에서는 double 값으로 바꿔서 해결할 수 있다. 관련 이슈인 반올림 오차 오 류(roundoff error)에 관한 자세한 정보는 빈번한 오류 2.3을 읽도록 하라.

반올림 오차 오류

반올림 오차 오류는 부동 소수점 수로 계산할 때 어쩔 수 없는 현실이다. 손으로 계산할 때 아 마 경험했을 것이다. 1/3을 소수점 아래 두 자리까지 계산하면 0.33을 얻는다. 다시 3을 곱하 면, 1.00이 아닌 0.99를 얻는다.

프로세서 하드웨어에서 숫자는 0과 1만을 사용하는 이진수 체계로 표현된다. 십진수에서처 럼, 이진 숫자가 버려질 때 반올림 오차 오류가 발생한다. 예상치 않던 곳에서 발생할 수도 있 다. 예를 들어보자.

```java
double price = 4.35;
double quantity = 100;
double total = price * quantity; // Should be 100 * 4.35 = 435
System.out.println(total); // Prints 434.99999999999999
```

십진 체계에 1/3에 대한 정확한 표현이 없듯이, 이진 체계에는 4.35에 대한 정확한 표현이 없 다. 컴퓨터가 사용하는 표현이 4.35보다 약간 작기 때문에, 거기에 100을 곱하면 435보다 약간 작은 값이 된다.

반올림 오차 오류를 해결하는 방법은 최근접 정수로 바꾸거나(2.2.5절 참고), 소수점 다음 에 고정된 자릿수로 표시(2.3.2절 참고)하는 것이다.

마법수를 사용하지 말라

마법수는 설명 없이 코드에 등장하는 수치 상수이다. 예:

```
totalVolume = bottles * 2;
```

왜 2인가? 병이 캔보다 용량이 두 배라서? 아니다. 그 이유는 모든 병이 2리터를 담기 때문이다. 코드가 자체 문서화되도록, 이름이 있는 상수를 사용하라:

```
final double BOTTLE_VOLUME = 2;
totalVolume = bottles * BOTTLE_VOLUME;
```

우리는 마법에 의해 작동되는 것처럼 이해하기 쉬운 프로그램을 선호한다

명명된 상수를 사용하는 또 다른 이유가 있다. 상황이 바뀌어서 이제는 병의 용량이 1.5리터라고 하자. 명명된 상수를 사용하면, 하나만 바꾸는 것으로 끝난다. 그러지 않으면, 프로그램에서 모든 2를 찾아내서, 그것이 병의 용량 또는 어떤 다른 것을 의미하는 것인지 고민해야 한다. 몇 페이지 이상의 긴 프로그램에서 이 작업은 아주 지루하고, 오류 발생 가능성이 높다.

가장 타당한 우주 상수조차 언젠가는 변한다. 주 당 7일이 있다고 생각하는가? 화성에 있는 고객은 그런 어리석은 선입견에 대해 매우 못마땅할 것이다. 다음과 같은 상수를 만들라.

```
final int DAYS_PER_WEEK = 7;
```


자바의 수 타입들

자바는 int와 double 타입 외에도 몇 가지 다른 수치 타입을 갖고 있다.

자바는 두 가지 부동 소수점 수를 가진다. float 타입의 저장 공간은 우리가 이 책에서 사용하는 double 타입의 반을 사용하여, 단지 십진 숫자 약 7 자리만을 저장할 수 있다(컴퓨터에서 수들은 숫자로 0과 1을 사용하는 이진수체계로 표현된다). 컴퓨터가 지금보다 훨씬 더 적은 메모리를 갖고 있었던 몇 년 전에, float는 부동 소수점 수 계산을 위한 표준 타입이었으며, 프로그래머들은 더 많은 자릿수가 필요할때만 "배정도(double precision)"의 사치를 부리곤 했다. 현재는 float 타입이 거의 사용되지 않는다.

어쨌든 이 수들은 컴퓨터에서의 내부 표현 이유로 "부동 소수점"이라고 불린다. 숫자 29600, 2.96, 그리고 0.0296을 고려해보자. 이들은 매우 비슷한 방식으로 표현될 수 있다: 즉, 유효 숫자 자리들(296)과 소수점 위치 표시. 값이 10으로 곱해지거나 나뉠 때, 소수점의 위치만 바뀐다; 소수점이 "떠다닌다(float)". 컴퓨터는 베이스 10이 아닌 베이스 2를 사용하지만, 원칙은 같다.

int 타입 외에도 자바는 byte, short, long이란 정수 타입들을 갖고 있다. 이들의 범위를 표 2.4가 보여준다(이들의 낯선 한계들은 컴퓨터가 이진수를 사용한다는 사실의 또 다른 결과인 2의 멱승과 관련된다).

표 2.4 자바의 수 타입		
타입	**설명**	**크기**
int	−2,147,483,648(Integer.MIN_VALUE) … 2,147,483,647 (Integer.MAX_VALUE. 약 20억) 범위의 정수 타입	4 bytes

(계속)

표 2.4 자바의 수 타입

타입	설명	크기
byte	−128 … 127 범위의 8 비트로 구성된 한 바이트를 기술하는 타입	1 byte
short	−32,768 … 32,767 범위의 짧은 정수 타입	2 bytes
long	약 19 자리 십진 숫자의 긴 정수 타입	8 bytes
double	약 15 자리 십진 숫자의, 약 $\pm 10^{308}$ 범위의 배정도 부동소수점 타입	8 bytes
float	십진수 약 7 자리, 약 $\pm 10^{38}$ 범위의 단정도 부동소수점 타입	4 bytes
char	유니코드 인코딩 방식(랜덤 팩트 2.2 참고)의 코드 단위들을 표현하는 글자 타입	2 bytes

특강 2.2

큰 수들

계산에 아주 큰 수를 사용할 필요가 있으면, 큰 수 객체를 사용할 수 있다. 큰 수 객체는 java.math 패키지의 BigInteger와 BigDecimal 클래스들의 객체이다. int나 double 같은 수 타입들과 달리, 큰 수 객체는 본질적으로 크기와 정밀도에 한계가 없다. 그러나, 큰 수 객체를 포함하는 계산은 수 타입을 포함하는 계산에 비해 훨씬 느리다. 더 중요한 사실이 되겠지만, + − * 같은 익숙한 산술 연산자들을 그들과 함께 사용할 수 없다. 그 대신에 add, subtract, multiply라고 불리는 메소드들을 사용해야 한다. 다음은 BigInteger 객체를 생성하는 방법과 multiply 메소드를 호출하는 방법의 예이다:

```java
BigInteger oneHundred = new BigInteger("100");
BigInteger fiftyMillion = new BigInteger("50000000");
System.out.println(oneHundred.multiply(fiftyMillion)); // Prints 5000000000
```

BigDecimal 타입은 반올림 오차 오류 없이 부동소수점 계산을 수행한다. 예:

```java
BigDecimal price = new BigDecimal("4.35");
BigDecimal quantity = new BigDecimal("100");
BigDecimal total = price.multiply(quantity);
System.out.println(total); // Prints 435.00
```

2.2 산수

다음 절들에서는 자바로 계산을 수행하는 방법을 배운다.

2.2.1 산술연산자

자바는 계산기와 똑같은 기본 사칙연산, 즉, 덧셈, 뺄셈, 곱셈, 나눗셈을 지원하나, 곱셈과 나눗셈에 다른 기호를 사용한다.

　곱셈을 나타내기 위해서는 a * b라고 써야 한다. 수학에서와 달리, a b, a·b, 또는 a ×

b라고 쓸 수 없다. 마찬가지로, 나눗셈은 항상 /로 나타내야 하며, ÷ 또는 분수 막대(분수의 수평선)를 사용할 수 없다.

예를 들면, $\frac{a+b}{2}$는 (a + b) / 2가 된다. 변수, 리터럴, 연산자, 그리고 / 또는 메소드 호출들의 결합을 **표현식**(**expression**)이라고 부른다. 예를 들면 (a + b)/2가 표현식이다.

괄호는 산수에서와 같이 사용된다: 표현식의 부분들이 어떤 순서로 계산되어야 하는지를 나타내기 위해 사용된다. 예를 들어, 표현식 (a + b) / 2에서 합 a + b가 먼저 계산된 후, 그 합이 2로 나뉜다. 그와 달리, 다음 표현식

    a + b / 2

에서는 b만 2로 나뉘며, a와 b / 2의 합이 계산된다. 일반적인 산술 표기에서와 같이, 곱셈과 나눗셈은 덧셈과 뺄셈보다 우선 순위가 높다. 예를 들어, a + b / 2에서 + 연산이 더 왼쪽에 등장하지만 /가 먼저 계산된다.

산술 표현식에 정수값과 부동소수점 값을 섞으면 결과는 부동소수점 값이 된다. 예를 들어, 7 + 4.0은 부동소수점 값인 11.0이다.

2.2.2 증감

변수에 1을 더하거나 빼는 일이 너무 빈번해서, 특별한 속기가 존재한다. ++ 연산자는 변수를 증가시킨다(그림 2.2):

    counter++; // 변수 counter에 1을 더한다

비슷하게, -- 연산자는 변수를 감소시킨다:

    counter--; // counter에서 1을 뺀다

2.2.3 정수 나눗셈과 나머지

나눗셈은 적어도 한 수만이라도 부동소수점 수이면 기대대로 연산된다. 즉,

    7.0 / 4.0
    7 / 4.0
    7.0 / 4

등은 모두 1.75이다. 그러나, 만일 모두 정수이면, 나눗셈의 결과는 항상 정수이며, 나머지는 버려진다. 즉,

    7 / 4

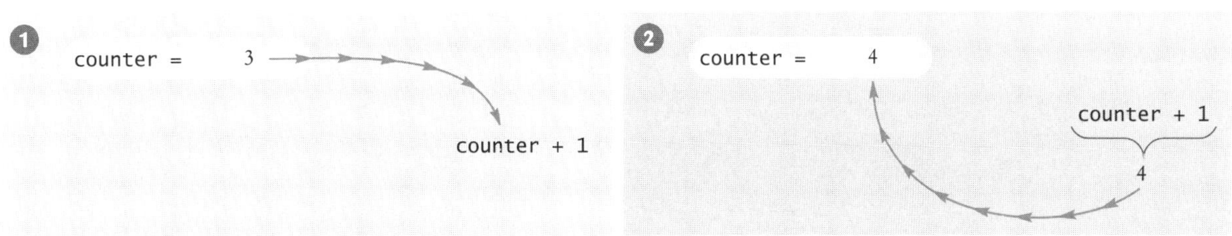

그림 2.2 변수를 증가시키기

의 계산 결과는 7 나누기 4의 몫이 1이고 나머지가 3(이건
버려진다)이므로 1이다. 이로 인해 찾아내기 힘든 프로그
래밍 오류가 발생할 수 있다(빈번한 오류 2.4 참고).

만일 나머지에만 관심이 있다면 % 연산자를 사용하라:

```
7 % 4
```

7을 4로 나누는 정수 나눗셈의 나머지인 3이다. % 기호는
산수에는 비슷한 게 없다. 이 기호가 선택된 이유는 / 와
비슷하게 생겼고, 나머지 연산이 나눗셈과 관련이 있기 때
문이다. 이 연산자를 **모듈러스**[**modulus**, 또는 모듈로
(*modulo*) 또는 모드(*mod*)]라고 부른다. 일부 계산기에서 보
는 퍼센트 연산과는 무관하다.

정수 나눗셈과 % 연산자가 페니로
가득한 돼지 저금통의 달러와 센트
금액을 산출해준다.

다음은 정수 / 및 % 연산들의 전형적인 사용 예이다. 돼지 저금통에 페니(주: 미국 화폐
단위)가 꽤 있다고 하자:

```
int pennies = 1729;
```

이 금액을 달러와 센트로 환산하려고 한다. 달러는 100으로 정수 나눗셈을 해서 얻는다:

```
int dollars = pennies / 100; // dollars는 17이 된다.
```

정수 나눗셈은 나머지를 버린다. 나머지를 구하기 위해 % 연산자를 사용한다:

```
int cents = pennies % 100; // cents를 29로 설정한다.
```

표 2.5가 그 밖의 예를 보여준다.

2.2.4 거듭제곱과 근

자바에는 거듭제곱과 제곱근을 위한 기호가 없다. 이들을 계산하려면 메소드를 호출해야
한다. 어떤 수의 제곱근을 취하려면, Math.sqrt 메소드를 사용한다. 예를 들어, $\sqrt{x}$ 를
Math.sqrt(x)라고 쓴다. x^n 을 계산하려면 Math.pow(x, n)이라고 쓴다.

수학에서는 분수, 지수, 제곱근을 사용해서 식을 간결한 이차원 형태로 배치한다. 자바
에서는 모든 식을 선형으로 배치해야 한다. 예를 들어, 수학 표현식

표 2.5 정수 나눗셈과 나머지

표현식 (n = 1729일 때)	값	설명
n % 10	9	n % 10은 항상 n의 마지막 자리이다.
n / 10	172	이것은 항상 마지막 자리를 뺀 n이다.
n % 10	29	n의 마지막 두 자리.
n / 10.0	172.9	10.0이 부동소수점 수이므로 소수부가 버려지지 않는다.
-n % 10	-9	첫 인자가 음수이므로 나머지도 음수이다.
n % 2	1	n % 2는 n이 짝수이면 0, 홀수이면 1 또는 −1이다.

$$b \times \left(1 + \frac{r}{100}\right)^{n}$$

은

```
b * Math.pow(1 + r / 100, n)
```

이 된다. 그림 2.3은 이러한 표현식을 분석하는 방법을 보여준다. 표 2.6은 그 밖의 수학 메소드들을 보여준다.

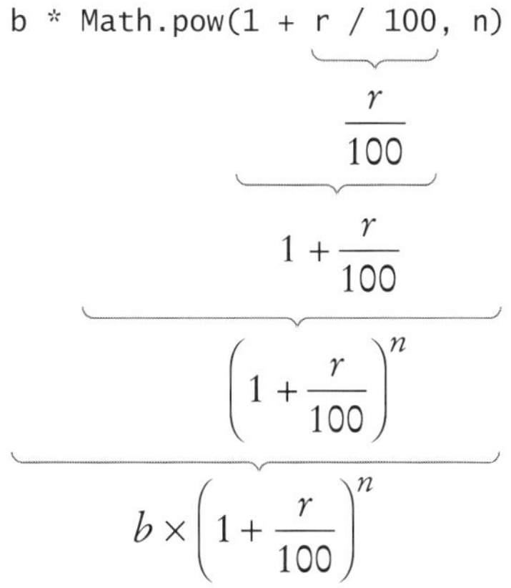

$$b \ * \ Math.pow(1 \ + \ r \ / \ 100, \ n)$$

$$\frac{r}{100}$$

$$1 + \frac{r}{100}$$

$$\left(1 + \frac{r}{100}\right)^{n}$$

$$b \times \left(1 + \frac{r}{100}\right)^{n}$$

그림 2.3 표현식 분석하기

표 2.6 수학 메소드들	
메소드	**반환값**
Math.sqrt(x)	$x(\geq 0)$의 제곱근
Math.pow(x, y)	x^y($x > 0$, 또는 $x = 0$ 그리고 $y > 0$, 또는 $x < 0$ 그리고 y가 정수)
Math.sin(x)	x의 싸인(x의 단위는 라디안(radian))
Math.cos(x)	x의 코싸인
Math.tan(x)	x의 탄젠트
Math.toRadians(x)	x도를 라디안으로 전환(즉, $x \cdot \pi/180$를 반환)
Math.toDegrees(x)	x라디안을 도로 전환(즉, $x \cdot 180/\pi$를 반환)
Math.exp(x)	e^x
Math.log(x)	자연 로그($\ln(x)$, $x > 0$)
Math.log10(x)	십진 로그($\log10\,(x)$, $x > 0$)
Math.round(x)	x의 최근접 정수(long)
Math.abs(x)	절대값 $|x|$
Math.max(x)	x와 y 중 큰 수
Math.min(x)	x와 y 중 작은 수

2.2.5 부동소수점 수를 정수로 바꾸기

때때로 double 타입의 값을 int 타입으로 전환해야 할 때가 있다. 부동소수점 값을 정수에 할당하는 것은 오류이다:

```
doublebalance = total+tax;

int dollars = balance; // Error: Cannot assign double to int
```

컴파일러는 잠재적 위험 때문에 이 할당을 허용하지 않는다:

- 소수부가 소실된다.
- 크기가 너무 클 수 있다. (가장 큰 정수는 약 20억이지만, 부동소수점 수는 훨씬 더 클 수 있다.)

부동소수점 값을 정수로 바꾸기 위해서는 **캐스트(cast**, 강제 형변환) 연산자 (int)를 사용해야 한다. 바꾸길 원하는 표현식 앞에 캐스트 연산자를 쓴다:

> 캐스트(*typeName*)를 사용해서 값을 다른 타입으로 바꾼다.

```
doublebalance = total+ tax;

intdollars = (int) balance;
```

이 (int) 캐스트가 소수부를 버려서 부동소수점 값 balance를 정수로 바꾼다. 예를 들어, balance가 13.75이면 dollars가 13으로 설정된다.

캐스트 연산자를 산술 표현식에 적용할 때는 표현식을 괄호로 묶어야 한다:

```
intdollars = (int) (total+tax);
```

문법 2.4   캐스트

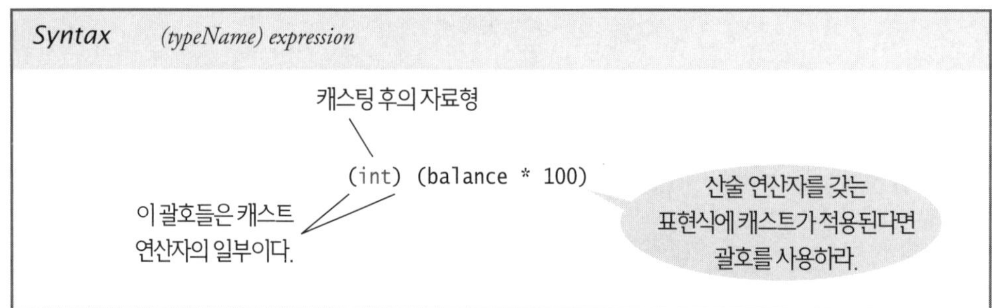

> **ONLINE EXAMPLE**
>
> ➕ 캐스트, 라운딩, % 연산자를 사용하는 프로그램

소수부를 버리는 건 항상 원하는 바는 아니다. 최근접 정수로 반올림하길 원할 때는 Math.round 메소드를 사용하라. 이 메소드는 큰 부동소수점 수가 int에 저장될 수 없기 때문에 long 정수를 반환한다:

```
long rounded = Math.round(balance);
```

balance가 13.75이면 rounded가 14로 설정된다.

결과가 int에 저장될 수 있어서 long을 필요로 하지 않는다는 것을 알고 있다면, 다음과 같이 캐스트를 사용할 수 있다:

```
introunded = (int) Math.round(balance);
```

표 2.7 산술 표현식

수학 표현식	자바 표현식	설명
$\dfrac{x+y}{2}$	(x + y) / 2	이 괄호는 필수적이다; x+y/2는 $x + \dfrac{y}{2}$를 계산한다.
$\dfrac{xy}{2}$	(x * y) / 2	괄호는 필수가 아니다; 우선 순위가 같은 연산자들은 왼쪽에서 오른쪽으로 계산된다.
$\left(1 + \dfrac{r}{100}\right)^{n}$	Math.pow(1 + r / 100, n)	x^n을 계산하려면 Math.pow(x, n)을 사용하라.
$\sqrt{a^2 + b^2}$	Math.pow(a * a + b * b)	a * a가 Math.pow(a, 2) 보다 간단하다.
$\dfrac{i+j+k}{3}$	(i + j + k) / 3.0	i, j, k가 정수이더라도, 분자의 3.0이 부동소수점 나눗셈으로 만든다.
π	Math.PI	Math.PI는 Math 클래스에 선언되어 있는 상수이다.

10. 어떤 은행 계좌에 이자가 1년에 한 번 붙는다. 첫 해에 번 이자를 자바로 계산하는 방법은? double 타입 변수 percent와 balance가 미리 선언되어 있다고 가정하라.

11. 면적이 변수 area에 저장되어 있는 정사각형의 한 변의 길이를 자바로 계산하라.

12. 구의 부피는 $V = \dfrac{4}{3}\pi r^3$로 주어진다. 반경이 double 타입 변수 radius로 주어질 때, 이 부피를 위한 자바 표현식을 써라.

13. 1729 / 10과 1729 % 10의 값은?

14. n이 양수일 때 (n / 10) % 10의 값은?

Practice It   이제 다음 연습문제들에 대해 답할 수 있다: R2.3, R2.5, P2.4, P2.25.

빈번한 오류 2.4   **의도하지 않은 정수 나눗셈** ─────────────────────────────●

애석하게도 자바는 정수와 부동소수점 나눗셈에 같은 기호, 즉 /를 사용한다. 이들은 실제로 아주 다른 연산들이다. 별 생각 없이 적절치 않은 정수 나눗셈을 사용해서 오류를 범하곤 한다. 세 정수의 평균을 계산하는 다음 코드 조각을 고려하자:

```
int score1 = 10;
int score2 = 4;
int score3 = 9;

double average = (score1 + score2 + score3) / 3; // Error
System.out.println("Average score: " + average); // Prints 7.0, not 7.666666666666667
```

뭐가 잘못 되었을까? 물론 score1, score2, score3의 평균은

$$\frac{score1+score2+score3}{3}$$

이다. 그러나, 여기서 /는 수학적 의미의 나누기가 아니다. score1 + score2 + score3와 3이 모두 정수이기 때문에 정수 나눗셈을 나타낸다. 이 점수들의 합이 23이므로, 평균은 정수 나

2.2 산수 45

넛셈 23 나누기 3의 결과인 7로 계산된다. 이 정수 7이 부동소수점 변수 **average**에 들어간다. 해결책은 분자나 분모를 부동소수점 수로 만드는 것이다:

```
doubletotal= score1+ score2+ score3;
doubleaverage= total/ 3;
```

또는

```
double average = (score1+ score2+ score3) / 3.0;
```

빈번한 오류 2.5 　　안 맞는 괄호

다음 표현식을 고려하자.

```
((a + b) * t/ 2* ( 1 - t)
```

어디가 잘못되었는가? 괄호를 세어보라. 세 개의 (와 두 개의)가 있다. 괄호가 균형이 맞지 않는다. 이런 종류의 타이핑 오류는 복잡한 표현식에서 매우 흔하다. 이제 다음 표현식을 보자.

```
(a + b) * t) / (2* ( 1 - t)
```

이 표현식은 세 개의 (와 세 개의)가 있으나, 역시 틀리다. 표현식의 중간

```
(a + b) * t) / (2 * (1 - t)
             ↑
```

에서는 (가 한 개 밖에 없으나)는 두 개가 있다. 이것은 오류이다. 표현식의 중간에서 (의 수는)의 수 이상이어야 하며, 표현식의 끝에서는 두 수가 같아야 한다.

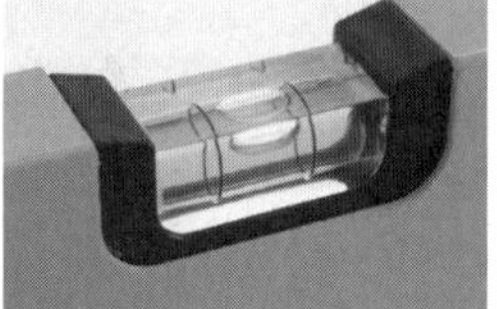

　연필과 종이를 사용하지 않고도 이 카운팅을 쉽게 만들어주는 요령이 있다. 머릿속에 두 카운트를 동시에 저장하는 것은 어렵다. 표현식을 스캔할 때 한 카운트만 저장하라. 첫 번째 여는 괄호에서 1로 시작하고, 여는 괄호를 만날 때마다 1을 더하고, 닫는 괄호를 만날 때마다 1을 뺀다. 표현식을 스캔할 때 이 수들을 크게 소리 내서 말하라. 카운트가 0 밑으로 내려가거나, 끝에서 0이 아니면, 괄호가 짝이 맞지 않는 것이다. 예를 들어, 앞의 표현식을 스캔할 때, 다음과 같이 소리 낼 것이고,

```
(a + b) * t) / (2 * (1 - t)
1       0    -1
```

그리고 오류가 있음을 알게 될 것이다.

프로그래밍 팁 2.3 　　표현식 내 빈칸

```
x1 = (-b + Math.sqrt(b * b - 4 * a * c)) / (2 * a);
```

를 읽는 게

```
x1=(-b+Math.sqrt(b*b-4*a*c))/(2*a);
```

를 읽는 것보다 쉽다. 단순히 모든 연산자 + - * / % =의 주위에 빈칸을 넣어라. 그러나, 단항 마이너스(-b와 같이 한 수량의 부호를 바꾸기 위해 사용되는 -) 다음에는 빈칸을 넣지 마라. 그럼으로써, a - b에서와 같은 이항 마이너스와 쉽게 구분될 수 있다.

　관례적으로 메소드 이름 다음에는 빈칸을 넣지 않는다. 즉, Math.sqrt(x)로 쓰고, Math.sqrt (x)로 쓰지 마라.

할당과 연산의 결합

자바에서는 연산과 할당을 결합할 수 있다. 예를 들어, 명령문

```
total += cans;
```

는

```
total = total + cans;
```

에 대한 단축 표현이다. 비슷하게,

```
total *= 2;
```

는

```
total = total * 2;
```

와 같다. 많은 프로그래머들에게 이 단축 표현은 편리하다. 이 표현이 좋으면 코드에 마음껏 사용하라. 그러나 단순성을 위해 이 책에서는 사용하지 않겠다.

정수 나눗셈 사용하기

주어진 양의 오렌지 소다가 펀치 레서피에 필요하다. 이 비디오 보기에서는 정수 나눗셈을 사용해서 필요한 12-온스 캔의 수를 계산하는 방법을 볼 것이다.

랜덤 팩트 2.1　펜티엄 부동 소수점 버그

1994년에 인텔 사는 그 당시로서는 최강 프로세서인 펜티엄을 발표했다. 인텔의 이전 세대 프로세서들과 달리, 고속 부동 소수점 유닛이 장착되었다. 인텔의 목표는 더 상위급인 공학 워크스테이션용 프로세서 제조사들과 공격적으로 경쟁하는 것이었다.

1994년 여름, 버지니아 소재 린치버그 대학의 토마스 나이슬리 박사는 어떤 소수 시퀀스의 역수의 합을 분석하기 위해서 대규모의 계산을 돌렸다. 그 결과는, 그가 불가피한 반올림 오차를 감안한 후조차도, 그의 이론이 예측했던 것과 항상 달랐다. 그러고 나서 나이슬리 박사는 같은 프로그램이 인텔 라인업에서 펜티엄보다 먼저 나온, 더 느린 486 프로세서에 돌아갈 때는 올바른 결과를 산출함을 발견했다. 그런 일은 있어서는 안 되는 것이다. 부동 소수점 계산의 최적 반올림 작용은 IEEE(Institute for electrical and electronic engineers)에 의해 표준화되어 있었으며, 인텔은 486과 펜티엄 프로세서 모두 IEEE 표준을 충실히 준수한다고 주장했다. 지속적 검사를 통해 나이슬리 박사는

확실히 두 프로세서에서 두 수의 곱셈이 다르게 계산되는 아주 작은 수 집합이 있음을 발견했다. 예를 들어,

$$4,195,835 - [(4,195,835/3,145,727) \times 3,145,727]$$

는 수학적으로 0이고, 486 프로세서에서는 0으로 계산되었다. 그의 펜티엄에서의 결과는 256이었다.

나중에 드러났듯이, 인텔은 별도 테스팅에서 이 버그를 발견하고, 이 문제를 해결한 칩을 생산하고 있었다. 이 버그는 프로세서의 부동 소수점 곱셈 알고리듬의 속도를 높이는 데 사용되는 표의 오류로 인해 야기되었다. 인텔은 이 문제가 대단히 드물다고 밝혔다. 평범한 용도에서 평범한 소비자라면 이 문제를 겪을 확률이 27,000년에 한 번 꼴이라고 주장했다. 인텔에게는 불행이지만, 나이슬리 박사는 평범한 사용자가 아니었다.

이제 인텔은 주체하기 어려운 진짜 문제를 부담하게 되었다. 이미 판매한 모든 펜티엄 프로세서를 교체하는 비용이 적지 않음을 알게 되었다. 인텔은 이미 생산 능력보다 더 많은 칩 주문

✚ WileyPLUS와 www.wiley.com/college/horstmann에서 온라인으로 볼 수 있다.

을 받아놨으며, 그렇잖아도 부족한 칩을 팔지도 못하고 공짜로 바꿔주는 데 쓰기가 특히 억울했을 것이다. 인텔 운영진은 이 문제에 대해 도박을 하기로 결정하고, 처음에는 자신의 작업이 수학 계산에서 완벽한 정밀도를 필요로 한다는 것을 증명할 수 있는 소비자들에게만 프로세서를 교환해주겠다고 제안했다. 당연히 그 제안은 펜티엄 칩에 $700 또는 그 이상의 소매 가격을 지불했으며, 언젠가는 자신의 소득세 프로그램이 틀린 환불액을 산출할 가능성이 있다는 염려를 지속적으로 안고 살고 싶지 않은 수십만 소비자들에게 통하지 않았다. 결국 인텔은 소비자들의 요구에 굴복하고 약 4억 7천 5백만 달러를 들여 모든 결함 칩을 교체해줬다.

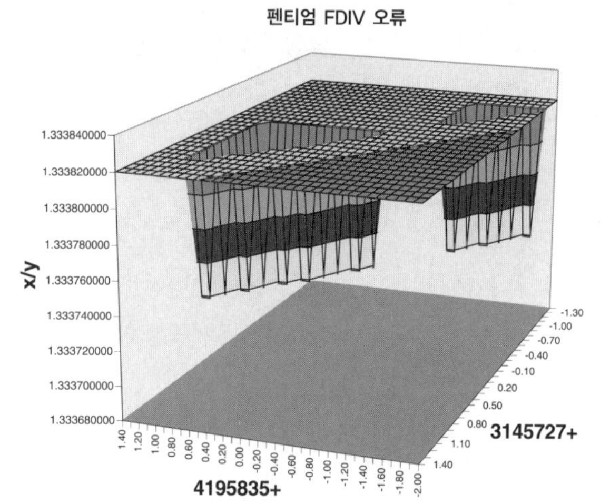

이 그래프는 초기 펜티엄 프로세서가 틀린 결과를 얻은 수 집합을 보여준다.

2.3 입력과 출력

다음 절들에서는 사용자 입력을 읽는 방법과 프로그램이 만드는 출력의 모양을 제어하는 방법을 배운다.

2.3.1 입력 읽기

고정된 값을 사용하는 것보다 프로그램 사용자에게 입력을 요구한다면 프로그램이 더 유연해질 것이다. 예를 들면, 소다 컨테이너의 가격과 수량을 처리하는 프로그램을 고려해보자. 가격과 수량은 변할 수 있다. 프로그램 사용자는 그것들을 입력으로 제공해야 한다.

프로그램이 사용자 입력을 물어볼 때, 우선 사용자에게 어떤 입력이 요구되는지를 알려주는 메시지를 출력해야 한다. 그런 메시지를 **프롬프트(prompt)**라고 부른다.

```
System.out.print("Pleaseenterthenumberofbottles: "); // 프롬프트를 표시한다
```

프롬프트를 표시하려면 println 대신에 print 메소드를 사용한다. 입력이 다음 줄이 아닌, 콜론 다음에 나올 필요가 있다. 또한, 콜론 다음에 빈칸을 넣는 것을 잊지 말라.

출력이 System.out으로 보내지므로 입력을 위해서는 System.in을 사용할 것이라고 생각할 수 있을 것이다. 애석하게도 그건 그렇게 간단하지가 않다. 자바가 처음에 설계될 때 키보드 입력을 읽는데 별로 관심을 두지 않았다. 프로그래머들이 다들 텍스트 필드와 메뉴가 있는 그래픽 사용자 인터페이스를 만들 거라고 봤다. 그래서 System.in에는 최소한의 기능만 부여되었기 때문에 제대로 역할을 하려면 다른 클래스와 결합되어야 한다.

슈퍼마켓 스캐너는 바코드를 읽는다. 자바 스캐너는 숫자와 텍스트를 읽는다.

키보드 입력을 읽으려면 Scanner라는 클래스를 사용한다. 다음 명령으로 Scanner 객체를 얻는다:

```
Scanner in = new Scanner(System.in);
```

객체와 클래스에 관해서는 8장에서 더 배울 것이다. 지금은 키보드 입력을 읽기 원할 때는 단순히 이 명령을 포함시킨다.

Scanner 클래스를 사용할 때, 또 다른 단계를 수행해야 한다: **패키지**에서 이 클래스를 불러온다. 패키지는 비슷한 용도의 클래스들의 집합이다. 자바 라이브러리의 모든 클래스들은 패키지에 들어 있다. System 클래스는 java.lang 패키지에 속한다. Scanner 클래스는 java.util 패키지에 속한다.

java.lang 패키지의 클래스들만이 프로그램에서 자동으로 사용 가능하다. java.util 패키지의 Scanner 클래스를 사용하려면, 프로그램 파일의 상단에 다음 선언을 넣어야 한다:

```
import java.util.Scanner;
```

일단 스캐너를 갖게 되면, 스캐너의 nextInt 메소드를 사용해서 정수 값을 읽는다:

```
System.out.print("Please enter the number of bottles: ");
int bottles = in.nextInt();
```

문법 2.5   입력 명령문

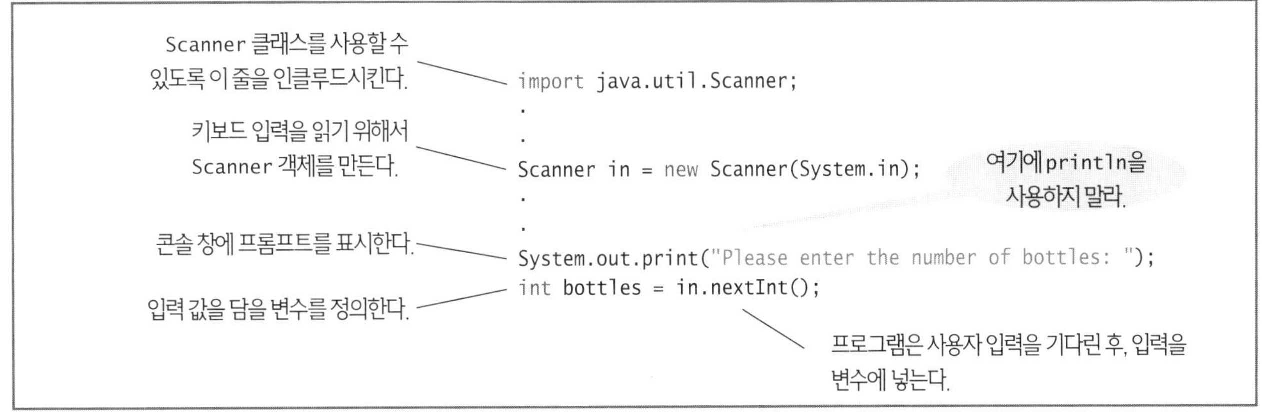

nextInt 메소드가 호출되면 프로그램은 사용자가 수를 입력하고 엔터 키를 누를 때까지 기다린다. 사용자가 입력을 제공하고 나면, 그 수가 bottles 변수에 들어가며 프로그램이 지속된다.

부동소수점 수를 입력하려면 nextDouble 메소드를 사용한다:

```
System.out.print("Enter price: ");
double price = in.nextDouble();
```

2.3.2 포맷이 지정된(formatted) 출력

계산 결과를 출력할 때, 그 모양을 조절하고 싶을 때가 있다. 예를 들어, 금액을 달러와 센트로 출력할 때, 보통 두 유효 숫자 자리로 반올림하기를 원한다. 즉,

```
Price per liter: 1.215962441314554
```

이 아니라

```
Price per liter: 1.22
```

처럼 출력이 나오길 원한다. 다음 명령문은 가격을 소수점 아래에 두 자리를 사용해서 표시한다:

```
    System.out.printf("%.2f", price);
```

필드 폭도 지정 가능하다:

```
    System.out.printf("%10.2f", price);
```

가격이 10 글자로 인쇄된다: 여섯 개의 빈칸 다음에 네 개의 글자 1.22가 나온다.

1 . 2 2

이 %10.2f를 포맷 지정자라고 부른다. 포맷 지정자는 값이 어떻게 포맷되어야 하는지를 묘사한다. 포맷 지정자 끝의 f는 부동소수점 수를 표시한다는 것을 나타낸다. 정수에 대해서는 d, 문자열에 대해서는 s를 사용한다; 표 2.8의 보기를 참고한다.

포맷 문자열은 포맷 지정자와 리터럴 글자들을 포함한다. 포맷 지정자가 아닌 글자들은 모두 그대로 인쇄된다. 예를 들면, 명령

```
    System.out.printf("Price per liter:%10.2f", price);
```

는

```
    Price per liter:      1.22
```

를 출력한다. prinft 메소드를 한 번 호출해서 여러 값을 출력할 수도 있다. 다음이 전형적인 예이다:

```
    System.out.printf("Quantity: %d Total: %10.2f", quantity, total);
```

표 2.8 포맷 지정자 예

포맷 문자열	샘플 출력	설명
"%d"	24	정수에 대해서는 d를 사용한다.
"%5d"	24	필드 폭이 5가 되도록 빈칸이 추가된다.
"Quantity:%5d"	Quantity: 24	포맷 지정자를 제외하고서 포맷 문자열 안의 글자들이 출력에 나타난다.
"%f"	1.21997	부동소수점 수에 대해서는 f를 사용한다.
"%.2f"	1.22	소수점 아래 두 자리를 출력한다.
"%7.2f"	1.22	필드 폭이 7이 되도록 빈칸이 추가된다.
"%s"	Hello	문자열에 대해서는 s를 사용한다.
"%d %.2f"	24 1.22	여러 값을 한 번에 포맷할 수 있다.

Q u a n t i t y :   2 4   T o t a l :   1 7 . 2 9

printf 메소드는 print 메소드와 같이 출력 후 새 줄을 시작하지 않는다. 다음 출력이 새 줄에서 시작하게 하려면 System.out.println()을 호출한다. 대안으로, 2.5.4절에서 포맷 문자열에 새 줄 글자를 넣는 방법을 보여준다.

다음 예제 프로그램은 식스팩의 가격과 각 캔의 용량을 프롬프트로 입력 받고, 온스 당 가격을 출력한다. 이 프로그램은 입력 읽기와 출력 포맷하기에 관해서 방금 배운 내용을 사용한다.

section_3/Volume2.java

```java
1   import java.util.Scanner;
2
3   /**
4      This program prints the price per ounce for a six-pack of cans.
5   */
6   public class Volume2
7   {
8      public static void main(String[] args)
9      {
10        // Read price per pack
11
12        Scanner in = new Scanner(System.in);
13
14        System.out.print("Please enter the price for a six-pack: ");
15        double packPrice = in.nextDouble();
16
17        // Read can volume
18
19        System.out.print("Please enter the volume for each can (in ounces): ");
20        double canVolume = in.nextDouble();
21
22        // Compute pack volume
23
24        final double CANS_PER_PACK = 6;
25        double packVolume = canVolume * CANS_PER_PACK;
26
27        // Compute and print price per ounce
28
29        double pricePerOunce = packPrice / packVolume;
30
31        System.out.printf("Price per ounce: %8.2f", pricePerOunce);
32        System.out.println();
33     }
34  }
```

실행 결과

```
Please enter the price for a six-pack: 2.95
Please enter the volume for each can (in ounces): 12
Price per ounce:     0.04
```

15. 프롬프트를 통해, in이라는 Scanner 변수를 사용해서 사용자의 나이를 읽는 명령문들을 작성하라.

16. 다음 명령 시퀀스는 어디가 잘못 되었는가?

```
System.out.print("Please enter the unit price: ");
double unitPrice = in.nextDouble();
int quantity = in.nextInt();
```

17. 다음 명령 시퀀스에서 문제가 있는 곳은?

```
System.out.print("Please enter the unit price: ");
double unitPrice = in.nextInt();
```

18. 다음 명령 시퀀스에서 문제가 있는 곳은?

```
System.out.print("Please enter the number of cans");
int cans = in.nextInt();
```

19. 다음 명령 시퀀스의 출력은?

```
int volume = 10;
System.out.printf("The volume is %5d", volume);
```

20. printf 메소드를 사용해서 정수 변수 bottles와 cans의 값들을 출력이 다음과 같이 보이도록 출력하라:

```
Bottles:        8
Cans:          24
```

오른쪽의 숫자들은 줄이 맞춰져야 한다.(이 수들의 자릿수가 최대 8이라고 가정해도 좋다).

Practice It 이제 다음 연습문제들에 대해 답할 수 있다: R2.10, P2.6, P2.7.

프로그래밍 팁 2.4 API 문서 사용하기

자바 라이브러리의 클래스와 메소드들은 API 문서에 나와 있다. **API**는 "application programming interface"이다. 컴퓨터 프로그램(또는 애플리케이션)에 자바 클래스를 사용하는 프로그래머는 애플리케이션 프로그래머이다. 그게 바로 우리이다. 라이브러리 클래스(Scanner 같은)를 설계 및 구현하는 프로그래머는 시스템 프로그래머이다.

> API 문서에는 자바 라이브러리의 클래스와 메소드들이 나와 있다.

API 문서는 http://download.oracle.com/javase/7/docs /api에 있다. API 문서에는 자바 라이브러리의 모든 클래스(수천 개)에 관한 설명이 있다. 다행히 초보 프로그래머는 몇 가지에만 관심을 가지면 된다. 특정 클래스에 관해 더 배우려면, 왼쪽 칼럼에서 이름을 클릭하면 된다. 그러면 그 클래스가 속한 패키지와, 지원하는 메소드들을 알 수 있다(그림 2.4). 자세한 설명을 보려면 메소드 링크 위에서 클릭한다.

부록 D에 API 문서의 축약 버전을 실었다.

그림 2.4 표준 자바 라이브러리의 API 문서

How to 2.1

계산 수행하기

많은 프로그램 문제들이 산술 계산을 요구한다. 여기서는 문제 서술을 수도코드, 그리고 궁극적으로는 자바 프로그램으로 바꾸는 방법을 보여준다. 예를 들어, 자판기를 시뮬레이션하는 프로그램을 작성하도록 요청 받았다고 하자. 소비자는 구매할 물건을 고르고 자판기에 지폐를 삽입한다. 자판기는 판매된 물건과 거스름돈을 내놓는다. 모든 물건 값이 25센트의 배 수이고, 자판기가 잔돈을 1달러 동전과 25센트 동전으로 준다고 가정한다. 내가 할 일은 코인별로 몇 개를 내줘야 하는지를 계산하는 것이다.

단계 1   문제를 이해하라: 입력은 무엇인가? 원하는 출력은 무엇인가?

이 문제에는 두 가지 입력이 있다:

- 소비자가 삽입한 지폐의 액면가
- 구매 물품의 가격

원하는 출력이 두 개 있다:

- 자판기가 반환하는 1달러 동전 수
- 자판기가 반환하는 25센트 동전(쿼터) 수

단계 2   예제를 손으로 풀어보라.

이 단계는 매우 중요하다. 만일 손으로 계산해서 답을 찾을 수 없다면, 이 계산을 자동으로 하는 프로그램을 작성할 수 있는 가능성은 희박하다.

소비자가 $2.25짜리 물건을 사고 $5 지폐를 넣었다고 하자. 이 소비자는 거스름돈으로 $2.75 또는 두 개의 1달러 동전과 세 개의 쿼터를 받아야 한다.

우리에게는 쉬운 문제이지만, 자바 프로그램이 똑같은 결과를 도출하게 하려면 어떻게 해야 하는가? 핵심은 달러가 아닌 페니(1센트)로 작업하는 것이다. 소비자가 받을 거스름돈은 275페니이다. 100을 2로 나누면 2가 되고, 이것이 달러의 수이다. 나머지(75)를 25로 나누면 3이 되며, 이것이 쿼터의 수이다.

단계 3   답을 계산하기 위한 수도코드를 작성하라.

앞 단계에서 특정 사례를 다뤘다. 이제 일반화된 방법을 도출해야 한다. 임의의 물건 가격과 지불 금액이 주어졌을 때, 반환할 동전들을 어떻게 계산할 수 있는가? 우선 반환할 거스름돈을 페니로 계산한다:

change due = 100 x bill value - item price in pennies

달러 수를 구하기 위해 100으로 나누고 나머지를 버린다:

dollar coins = change due / 100 (without remainder)

나머지 거스름돈은 두 가지 방법으로 계산될 수 있다. 만일 나머지 연산자에 익숙하다면, 간단하게 다음과 같이 계산하면 된다:

change due = change due % 100

또는 반환할 금액에서 달러 동전 수에 해당하는 페니를 뺀다:

change due = change due - 100 x dollar coins

25로 나눠서 반환할 쿼터 수를 구한다:

quarters = change due / 25

단계 4   필요로 하는 변수와 상수를 선언하고, 각각의 타입을 지정하라.

여기서 우리는 다섯 개의 변수가 필요하다:

- billValue
- itemPrice
- changeDue
- dollarCoins
- quarters

100과 25를 PENNIES_PER_DOLLAR와 PENNIES_PER_QUARTER로 풀어쓰기 위한 상수를 추가하면 어떨까? 그렇게 하면 프로그램을 국제 시장에 내놓기에 더 쉬워질 것이므로, 그러기로 하겠다.

dollarCoins의 계산에 정수 나눗셈이 사용되므로, changeDue와 PENNIES_PER_DOLLAR가 int 타입이어야 한다. 마찬가지로, 나머지 변수들도 정수이다.

단계 5   수도코드를 자바 명령들로 바꿔라.

수도코드 작업을 마쳤으면, 이 단계는 쉬울 것이다. 물론 수학 연산(예: 거듭제곱, 정수 나눗셈)을 자바로 표현하는 방법을 알고 있어야 한다.

```
changeDue = PENNIES_PER_DOLLAR * billValue - itemPrice;
dollarCoins = changeDue / PENNIES_PER_DOLLAR;
changeDue = changeDue % PENNIES_PER_DOLLAR;
quarters = changeDue / PENNIES_PER_QUARTER;
```

 입력과 출력을 제공하라.

계산을 시작하기 전에, 사용자가 지폐 액면가와 물건 가격을 입력하게 한다:

```java
System.out.print("Enter bill value (1 = $1 bill, 5 = $5 bill, etc.): ");
billValue = in.nextInt();
System.out.print("Enter item price in pennies: ");
itemPrice = in.nextInt();
```

계산이 끝났을 때, 그 결과를 표시한다. 더 완벽하게 만들기 위해 `prinft` 메소드를 사용해서 출력을 깔끔하게 줄을 맞춘다:

```java
System.out.printf("Dollar coins: %6d", dollarCoins);
System.out.printf("Quarters:     %6d", quarters);
```

단계 7 `main` 메소드가 있는 클래스를 제공하라.

계산은 클래스에 위치해야 한다. 계산의 목적을 묘사하는 적절한 클래스 이름을 선정하라. 이 보기에서는 `VendingMachine`이라는 이름을 고른다.

클래스 안에 `main` 메소드를 공급하라.

`main` 메소드 안에서, 상수와 변수들을 선언하고(단계 4), 계산을 수행하고(단계 5), 입력과 출력을 제공(단계 6)해야 한다. 분명하게, 우선 입력을 받고, 그리고 나서 계산을 하고, 끝으로 출력을 표시할 것이다. 상수들을 메소드의 시작부에 선언하고, 각 변수는 사용하기 바로 전에 선언한다.

완성 프로그램 `how_to_1/VendingMachine.java`:

```java
import java.util.Scanner;

/**
   This program simulates a vending machine that gives change.
*/
public class VendingMachine
{
   public static void main(String[] args)
   {
      Scanner in = new Scanner(System.in);

      final int PENNIES_PER_DOLLAR = 100;
      final int PENNIES_PER_QUARTER = 25;

      System.out.print("Enter bill value (1 = $1 bill, 5 = $5 bill, etc.): ");
      int billValue = in.nextInt();
      System.out.print("Enter item price in pennies: ");
      int itemPrice = in.nextInt();

      // Compute change due

      int changeDue = PENNIES_PER_DOLLAR * billValue - itemPrice;
```

자판기가 지폐를 받고 동전으로 거스름돈을 준다.

```java
        int dollarCoins = changeDue / PENNIES_PER_DOLLAR;
        changeDue = changeDue % PENNIES_PER_DOLLAR;
        int quarters = changeDue / PENNIES_PER_QUARTER;

        // Print change due

        System.out.printf("Dollar coins: %6d", dollarCoins);
        System.out.println();
        System.out.printf("Quarters:        %6d", quarters);
        System.out.println();
    }
}
```

실행 결과

```
Enter bill value (1 = $1 bill, 5 = $5 bill, etc.): 5
Enter item price in pennies: 225
Dollar coins:        2
Quarters:            3
```

데모 예제 2.1 **우표 가격 계산하기**

이 데모 예제는 우표 자판기를 시뮬레이션하기 위해 산술 함수들을 사용한다.

2.4 문제 해결하기: 먼저 손으로 하라

알고리듬 개발을 위한 아주 중요한 단계는 먼저 손으로 계산하는 것이다. 내 스스로 솔루션을 계산할 수 없다면, 자동으로 계산하는 프로그램을 작성할 수 없을 가능성이 높다.

손 계산의 사용 예를 보여주기 위해서 다음 문제를 고려하자.

한 줄의 흑색과 백색 타일들을 벽을 따라서 놓아야 한다. 미학적인 이유로, 설계자는 처음과 마지막 타일이 흑색일 것을 명시했다.

내가 할 일은 사용할 공간과 타일의 폭이 주어졌을 때, 필요한 타일 수와 양끝의 여백을 계산하는 것이다.

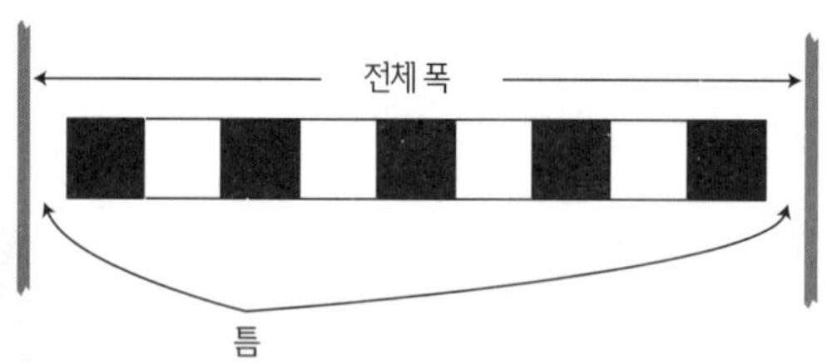

문제를 더 구체적으로 만들기 위해서, 다음 크기들을 가정하자.

- 전체 폭: 100인치
- 타일 폭: 5인치

 WileyPLUS와 www.wiley.com/college/horstmann에서 온라인으로 볼 수 있다.

성급한 답은 이 공간을 20개의 타일로 채우는 것일 테지만, 이 값은 틀린다—마지막 타일이 흰색이 될 것이다.

대신에, 문제를 이렇게 보자: 첫 타일은 항상 흑색이어야 하며, 그 다음부터는 백/흑 쌍으로 추가한다:

첫 타일은 5인치를 차지하므로, 남은 95인치가 이러한 쌍들에 의해 채워져야 한다. 각 쌍은 폭이 10인치이다. 그러므로, 이러한 쌍의 수는 95/10 =9.5이다. 그러나, 타일 쌍을 부분적으로 사용할 수 없기 때문에 소수부는 버려야 한다.

그러므로, 아홉 개의 타일 쌍 또는 18개의 타일을 처음의 흑색 타일과 함께 사용해야 한다. 총 19개의 타일이 필요하다.

이 타일들은 19 × 5 = 95인치를 차지하므로, 전체 틈은 100 − 19 × 5 = 5인치이다. 이 틈은 양 끝에 똑같이 배분되어야 한다. 각 끝의 틈은 (100 − 19 × 5)/2 = 2.5인치이다.

이 계산은 임의의 전체 폭 및 타일 폭 값들을 위한 알고리듬을 마련하기에 충분한 정보를 제공한다.

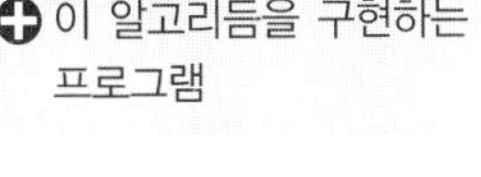

```
number of pairs = integer part of (total width - tile width) / (2 x tile width)
number of tiles = 1 + 2 x number of pairs
gap at each end = (total width - number of tiles x tile width) / 2
```

여기서 볼 수 있듯이, 손 계산에 의해 문제를 이해하게 되어 알고리듬 개발이 쉬워졌다.

21. 타일 수와 여백 폭을 계산하기 위한 수도코드를 자바로 번역하라.

22. 설계자가 다음과 같은 흑색, 회색, 백색 패턴을 지정했다고 하자.

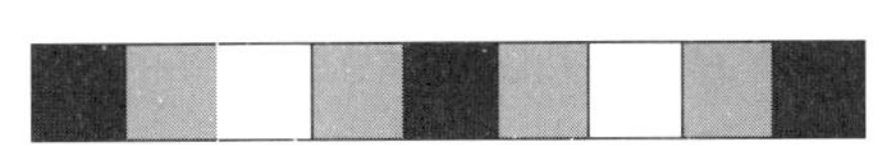

역시, 처음과 마지막 타일은 흑색이어야 한다. 알고리듬을 어떻게 수정해야 하는가?

23. 로봇이 마루에 흑색과 백색 타일들을 번갈아 깔아야 한다. 행과 열의 수가 주어졌다고 할 때, 이 칼라를 만드는 알고리듬을 개발하라(흑색은 0, 백색은 1). 특정 행 및 열의 값으로 시작한 후 일반화하라.

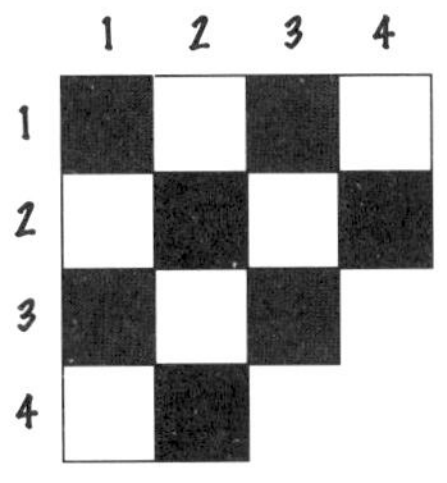

24. 어떤 차에 대해, 첫 해의 수리 및 유지 비용이 $100이고, 10년째에는 $1,500이다. 수리 비용이 매년 똑같이 증가한다고 가정하고, 3년째의 수리 비용을 계산하기 위한 수도코드를 개발하고, **n**년째에 대해서로 일반화하라.

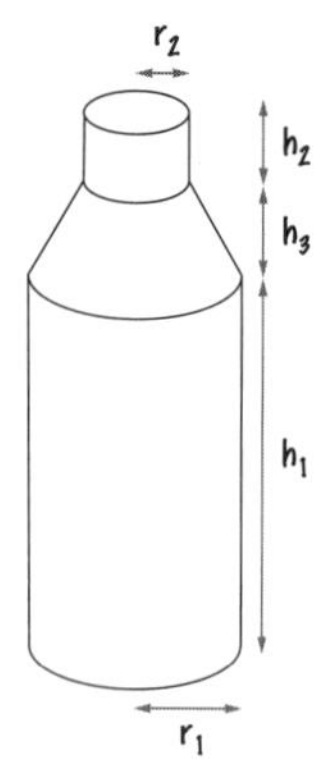

25. 병의 모양이 반경이 r_1과 r_2, 높이가 h_1과 h_2인 두 개의 실린더와, 그들을 연결하는 높이가 h_3인 원뿔 섹션에 의해 근사화된다.

실린더 부피 공식 $V = \pi\, r^2 h$와 원뿔 섹션 부피 공식

$$V = \pi \frac{\left(r_1^2 + r_1 r_2 + r_2^2\right)h}{3}$$

를 이용해서, 병의 용량을 계산하는 수도코드를 개발하라. 용량을 알고 있는 실제 병을 샘플로 사용해서, 수도코드를 손으로 계산해보라.

Practice It   이제 다음 연습문제들에 대해 답할 수 있다: R2.15, R2.17, R2.18.

데모 예제 2.2 

여행 시간 계산하기

이 데모 예제에서는 로봇이 암석 지형에서 물건을 회수하는 데 필요한 시간을 계산하기 위한 손 계산법을 개발한다.

2.5 문자열

문자열은 글자 시퀀스이다.

많은 프로그램들이 수가 아닌 텍스트를 처리한다. 텍스트는 글자, 즉, 문자, 숫자, 구두점, 빈칸 등으로 구성된다. 문자열은 글자 시퀀스이다. 예를 들어, 문자열 "Harry"는 다섯 글자 시퀀스이다.

2.5.1 string 타입

문자열을 저장하는 변수를 선언할 수 있다:

```
String name = "Harry";
```

우리는 문자열 변수(예: 위에 선언된 변수 name)와 문자열 리터럴("Harry" 같이 따옴표로 둘러싸인 글자 시퀀스)을 구분한다. 문자열 변수는 정수를 담을 수 있는 정수 변수처럼, 단순히 문자열을 담을 수 있는 변수이다. 문자열 리터럴은 마치 수 리터럴(예: 2)이 특정 숫자를 나타내는 것처럼, 특정 문자열을 나타낸다.

length 메소드는 문자열에서 문자수를 얻을 수 있다.

문자열의 글자 수를 문자열의 길이라고 부른다. 예를 들면 "Harry"의 길이는 5이다. 문자열의 길이는 length 메소드로 계산할 수 있다:

```
int n = name.length();
```

✚ WileyPLUS와 www.wiley.com/college/horstmann에서 온라인으로 볼 수 있다.

길이가 0인 문자열을 빈 문자열이라고 부른다. 이것은 글자를 포함하지 않으며 ""로 쓴다.

2.5.2 문자열 잇기

"Harry"와 "Morgan" 같은 두 개의 문자열이 주어졌을 때, 그들을 하나의 긴 문자열로 이을 수 있다. 결과는 첫 문자열의 모든 글자와, 그에 이은 두 번째 문자열의 모든 글자들로 구성된다. 자바에서는 두 문자열을 연결하는데 + 연산자를 사용한다. 예:

```
String fName = "Harry";
String lName = "Morgan";
String name = fName + lName;
```

의 결과는 문자열

```
"HarryMorgan"
```

이다. 이름과 성 사이에 여백을 넣고 싶다면? 쉽다:

```
string name = fName + " " + lName;
```

이 명령문은 세 문자열, fName, 문자열 리터럴 " ", 그리고 lName을 잇는다. 결과는

```
"Harry Morgan"
```

이다. + 연산자의 왼쪽 또는 오른쪽의 표현식이 문자열이면, 나머지는 자동으로 문자열로 전환되어 두 문자열이 이어진다.

예를 들어 다음 코드를 보자:

```
String jobTitle = "Agent";
int employeeId = 7;
String bond = jobTitle + employeeId;
```


jobTitle이 문자열이므로 employeeId는 정수 7에서 문자열 "7"로 전환된다. 그리고 나서 두 문자열 "Agent"와 "7"이 이어져서 문자열 "Agent7"을 만든다.

이 이음은 System.out.print 명령의 수를 줄이는데 매우 쓸모가 있다. 예를 들면

```
System.out.print("The total is ");
System.out.println(total);
```

을 한 호출

```
System.out.println("The total is " + total);
```

로 결합할 수 있다. 이 이음 "The total is " + total은 문자열 "The total is"와 그 뒤의 수 total에 대한 문자열로 구성되는 단일 문자열이 된다.

2.5.3 문자열 입력

콘솔로부터 문자열을 읽을 수 있다:

```
System.out.print("Please enter your name: ");
String name = in.next();
```

문자열이 next 메소드로 읽힐 때, 한 단어만 읽힌다. 예를 들어, 사용자가 프롬프트에 대한 응답으로

```
Harry Morgan
```

을 입력했다고 하자. 이 입력은 두 단어로 구성된다. `in.next()` 호출이 문자열 `"Harry"`를 만든다. `in.next()`를 또 호출해서 두 번째 단어를 읽을 수 있다.

2.5.4 이스케입 시퀀스

리터럴 문자열에 따옴표를 포함시키려면 그 앞에 다음과 같이 역빗금 \을 넣는다:

```
"He said \"Hello\""
```

이 역빗금은 문자열에 포함되지 않는다. 이것은 그 다음의 따옴표가 문자열의 일부이며, 문자열의 끝을 표시하지 않는다는 것을 나타낸다. 이 시퀀스 \"를 **이스케입 시퀀스**라고 부른다.

문자열에 역빗금을 포함시키려면 다음과 같이 이스케입 시퀀스 \를 사용한다:

```
"C:\\Temp\\Secret.txt"
```

다른 흔한 형태의 이스케입 시퀀스로는 \n이 있으며, 이것은 `newline` 글자를 나타낸다. 새 줄 글자를 인쇄하면 표시기에 새 줄이 시작된다. 예를 들면 명령

```
System.out.print("*\n**\n***\n");
```

는 다음과 같이 세 줄로 출력한다.

```
*
**
***
```

`System.out.printf`를 사용할 때 우리는 흔히 포맷 문자열의 끝에 새 줄 글자를 추가한다:

```
System.out.printf("Price: %10.2f\n", price);
```

2.5.5 문자열과 글자

문자열은 유니코드 글자(랜덤 팩트 2.2 참고) 시퀀스이다. 자바에서 글자는 `char` 타입의 값이다. 글자들은 수치 값을 가진다. 서유럽 언어들에 사용되는 글자들의 값을 부록 A 에서 확인할 수 있다. 예를 들면, 글자 `'H'`의 값을 찾아보면 실제로는 72라는 수로 인코딩되어 있음을 볼 수 있다.

문자열은 글자 시퀀스이다.

글자 리터럴은 작은 따옴표로 구분되며, 문자열과 혼동하지 않도록 한다.

- `'H'`는 char 타입의 값인 글자이다.
- `"H"`는 String 타입의 값인 단일 글자를 포함하는 문자열이다.

> 문자열 위치는 0에서 시작한다.

`charAt` 메소드는 문자열로부터 한 `char` 값을 반환한다. 문자열 첫 위치가 0으로 레이블링되는 0-기반 인덱스가 사용된다.

```
H a r r y
0 1 2 3 4
```

마지막 글자의 위치 번호(문자열 "Harry"에서 4)는 항상 문자열 길이보다 1만큼 작다.

예를 들면 명령

```
String name = "Harry";
char start = name.charAt(0);
char last = name.charAt(4);
```

는 start를 값 'H', last를 값 'y'로 설정한다.

2.5.6 부문자열

문자열이 있으면, 일부를 substring 메소드에 의해 추출할 수 있다. 메소드 호출

```
str.substring(start, pastEnd)
```

는 문자열 str의, start 위치의 글자에서 시작해서 pastEnd 위치 바로 전까지의 모든 글자를 포함하는 글자들로 구성되는 문자열을 반환한다. 예:

```
String greeting = "Hello, World!";
String sub = greeting.substring(0, 5); // sub is "Hello"
```

이 substring 연산이 문자열 greeting으로부터 취해진 처음 다섯 글자로 구성된 문자열을 만든다.

```
H e l l o ,   W o r l d !
0 1 2 3 4 5 6 7 8 9 10 11 12
```

부문자열 "World"를 추출하는 방법을 알아보자. 글자를 1이 아니라 0에서부터 세기 시작하라. W의 위치 번호는 7이다. 원하지 않는 첫 글자인 !의 위치는 12이다. 그러므로, 적합한 부문자열 명령은

```
String sub2 = greeting.substring(7, 12);
```

```
                    5
H e l l o ,   W o r l d !
0 1 2 3 4 5 6 7 8 9 10 11 12
```

이다. 원하는 첫 글자의 위치와 원하지 않는 첫 글자의 위치를 지정해야 하는 것이 이상하게 생각될 것이다. 이 설정 방식에는 한 가지 장점이 있다. 부문자열의 길이를 쉽게 계산할 수 있다: pastEnd − start. 예를 들면 문자열 "World"의 길이는 12 − 7 = 5이다.

substring 메소드를 호출할 때 만일 끝 위치를 생략하면, 시작 위치에서부터 문자열 끝까지의 모든 글자들이 복사된다. 예를 들면,

```
String tail = greeting.substring(7); // Copies all characters from position 7 on
```

은 tail을 문자열 "World!"로 설정한다.

다음은 이 개념을 적용한 간단한 프로그램이다. 이 프로그램은 나의 이름과 내게 중요한 이의 이름을 물어본다. 그리고 나서 이니셜들을 출력한다.

연산 first.substring(0, 1)은 first의 시작에서 취한 한 글자로 구성된 문자열을 만든다. 이 프로그램은 second에 대해서도 똑같은 작업을 한다. 그런 다음, 결과인 한 글자짜리 문자열들을 문자열 리터럴 "&"로 연결해서 길이가 3인 문자열 initials를 만든다 (그림 2.5).

```
first =  R o d o l f o
         0 1 2 3 4 5 6

second = S a l l y
         0 1 2 3 4


initials = R & S
           0 1 2
```

그림 2.5 initials 문자열 만들기

이니셜은 각 이름의 첫 글자로 만든다.

section_5/Initials.java

```java
 1  import java.util.Scanner;
 2
 3  /**
 4      This program prints a pair of initials.
 5  */
 6  public class Initials
 7  {
 8      public static void main(String[] args)
 9      {
10          Scanner in = new Scanner(System.in);
11
12          // Get the names of the couple
13
14          System.out.print("Enter your first name: ");
15          String first = in.next();
16          System.out.print("Enter your significant other's first name: ");
17          String second = in.next();
18
19          // Compute and display the inscription
20
21          String initials = first.substring(0, 1)
22              + "&" + second.substring(0, 1);
23          System.out.println(initials);
24      }
25  }
```

실행 결과

```
Enter your first name: Rodolfo
Enter your significant other's first name: Sally
R&S
```

표 2.8 문자열 연산

명령문	결과	설명
`string str = "Ja";` `str = str + "va";`	str이 "Java"로 설정된다	문자열에 적용되는 +는 이음을 나타낸다.
`System.out.println("Please"` `    + " enter your name: ");`	Please enter your name: 을 인쇄한다.	한 줄을 넘는 문자열을 이음을 사용해서 나눈다.
`team = 49 + "ers"`	team이 "49ers"로 설정된다.	"ers"가 문자열이므로 49가 문자열로 전환된다.

`String first = in.next();`
`String last = in.next();`
`(사용자입력: Harry Morgan)`
	first는 "Harry", last는
	"Morgan"을 담는다.
		next 메소드는 다음 단어를
		문자열 변수에 넣는다.

`String greeting = "H & S";` `int n = greeting.length();`	n이 5로 설정된다.	각 빈칸은 하나의 글자로서 카운트된다.
`String str = "Sally";` `char ch = str.charAt(1);`	ch가 'a'로 설정된다.	이것은 String이 아닌 char 값이다.
`String str = "Sally";` `String str2 = str.substring(1, 4);`	str2가 "all"로 설정된다	위치 1에서 시작해서 위치 4 앞에서 끝나는 부문자열을 추출한다.
`String str = "Sally";` `String str2 = str.substring(1);`	str2가 "ally"로 설정된다	끝 위치를 생략하면, 그 위치에서부터 문자열 끝까지의 모든 글자가 포함된다.
`String str = "Sally";` `String str2 = str.substring(1, 2);`	str2가 "a"로 설정된다.	길이가 1인 String을 추출한다; str.charAt(1)과 비교하라.
`String last = str.substring(` `    str.length() - 1);`	last가 str의 끝 글자를 포함하는 문자열로 설정된다.	마지막 글자의 위치는 str.length() - 1이다.

26. 문자열 "Java Program"의 길이는?

27. 다음 문자열 변수를 고려하자.

```
string str = "Java Program";
```

부문자열 "gram"을 반환하도록 substring 메소드를 호출하라.

28. 문자열 잇기를 이용해서 자체 검사 27의 문자열 변수 str을 "Java Programming"으로 바꿔라.

29. 다음 명령 시퀀스의 출력은?

```
String str = "Harry";
int n = str.length();
String mystery = str.substring(0, 1) + str.substring(n - 1, n);
System.out.println(mystery);
```

30. "John Q. Public" 형태의 이름을 읽기 위한 입력 명령문을 작성하라.

Practice It   이제 다음 연습문제들에 대해 답할 수 있다: R2.7, R2.11, P2.15, P2.23.

이 장에서는 수와 문자열을 읽고, 처리하고, 인쇄하는 방법을 배웠다. 이 작업들의 다수는 다양한 메소드 호출을 포함한다. 이들 메소드 호출 간의 문법 차이를 느꼈을 것이다. 예를 들면, num이란 수의 제곱근을 계산하기 위해서는 Math.sqrt(num)을 호출하나, 문자열 str의 길이를 계산하기 위해서는 str.length()를 호출한다. 이 절은 이들 차이의 배경 이유를 설명한다.

　　자바 언어는 기본형의 값과 객체 값 간의 차이를 구분한다. 수와 글자들, 그리고 3장에서 볼 값들인 false와 true는 기본형이다. 다른 모든 값들은 객체이다. 객체의 예:

- "Hello" 같은 문자열
- in을 호출해서 얻는 Scanner 객체 – new Scanner(System.in)
- System.in과 System.out

　　자바에서 모든 객체는 클래스에 속한다. 예:

- 모든 문자열은 String 클래스의 객체이다
- 스캐너 객체는 Scanner 클래스에 속한다.
- System.out은 PrintStream 클래스의 객체이다. (이를 아는 것은 API 문서에서 유효한 메소드들을 찾는데 도움이 된다; 53쪽의 프로그래밍 팁 2.4를 참고한다.)

클래스는 그의 객체들과 함께 사용할 수 있는 메소드들을 선언한다. 다음은 객체에 대해 호출되는 메소드들의 예이다:

```
"Hello".substring(0, 1)
in.nextDouble()
System.out.println("Hello")
```

메소드는 점 표기에 의해 **호출된다**: 객체 다음에는 메소드의 이름이, 그 다음에는 소괄호에 묶인 파라미터들이 붙는다:

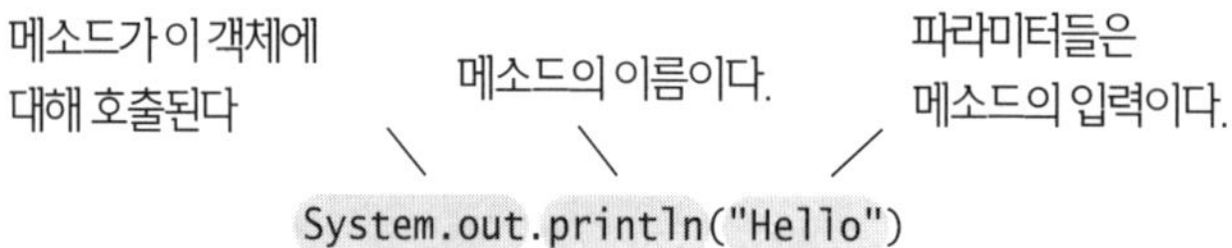

수에 대해서 메소드를 호출할 수는 없다. 예를 들면, 호출 2.sqrt()는 에러이다.

　　자바에서 클래스는 객체에 대해 호출되지 않는 메소드를 선언할 수 있다. 그런 메소드를 정적 메소드라고 부른다.(용어 "정적(static)"은 C와 C++ 프로그래밍 언어들에서 온 역사적 유물이다. 이 단어의 통상적 뜻과는 무관하다.) 예를 들어, Math 클래스는 정적 메소드 sqrt를 선언한다. 우리는 이 메소드를 클래스 이름과 메소드, 그리고 수치 입력의 이름에 의해 호출한다: Math.sqrt(2).

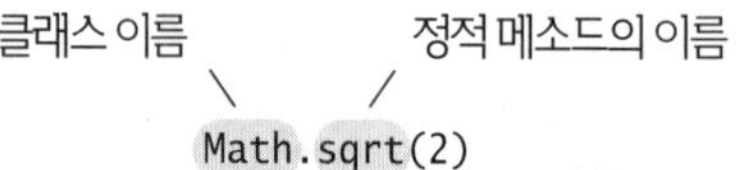

　　그 반면, 객체에 대해 호출되는 메소드를 인스턴스 메소드라고 부른다. 경험상, 수를 다룰 때는 정적 메소드를 사용한다. 문자열을 처리하거나 입/출력을 수행할 때는 인스턴스 메소드를 사용한다. 정적 메소드와 인스턴스 메소드 간의 차이에 관해서는 8장에서 자세히 배운다.

입.출력을 위해 대화상자를 사용하기

대부분의 프로그램 사용자들은 콘솔 창을 다소 구식으로 여긴다. 가장 간단한 대안은 각 입력에 대해 별도의 팝업 창을 만드는 것이다.

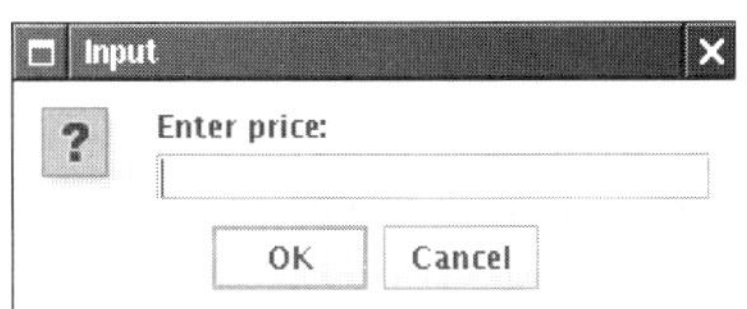

입력 대화상자

JOptionPane 클래스의 정적 메소드 showInputDialog를 호출하고, 사용자로부터 입력을 받기 위한 문자열을 제공하라. 예:

```
String input = JOptionPane.showInputDialog("Enter price:");
```

이 메소드는 String 객체를 반환한다. 물론 종종 숫자 입력이 필요하다. 문자열을 수로 바꾸기 위해서는 Integer.parseInt와 Double.parseDouble 메소드들을 사용한다:

```
double price = Double.parseDouble(input);
```

대화상자에 출력을 표시할 수도 있다:

```
JOptionPane.showMessageDialog(null,"Price: " + price);
```


➕ 입·출력을 위해 옵션 창(pane)을 사용하는 완성 프로그램.

지구상 거리 계산하기

이 비디오 보기에서는 지구상의 임의의 두 점 간의 거리를 계산하는 프로그램을 작성하는 방법을 본다.

랜덤 팩트 2.2   세계 알파벳과 유니코드

영어 알파벳은 매우 간단하다: 대·소문자 *a*부터 *z*. 다른 유럽 언어들에는 액센트 마크와 특수 글자들이 있다. 예를 들면, 독일어에는 세 개의, 소위 우믈라우트 글자들인 ä, ö, ü 그리고 이중–*s* 글자 ß가 있다. 이들은 없어도 되는 장식용이 아니다; 이 글자들을 단 몇 번이라도 사용하지 않고는 독일어 텍스트를 한 페이지도 작성할 수 없다. 독어 키보드에는 이 글자들을 위한 키들이 있다.

많은 나라들이 로마 문자를 전혀 사용하지 않는다. 몇 가지만

➕ WileyPLUS와 www.wiley.com/college/horstmann에서 온라인으로 볼 수 있다.

독일어 키보드 배치

예로 들지만, 러시아어, 그리스어, 아랍어, 타이어는 전혀 다른 모양을 갖고 있다. 설상가상으로, 히브리어와 아랍어는 오른쪽에서 왼쪽으로 쓴다. 이 알파벳들 각각에는 영어 알파벳만큼의 글자가 있다.

중국어와 일본어는 한자를 사용한다. 각 글자는 뜻이나 사물을 나타낸다. 단어들은 이러한 표의문자들의 조합으로 구성된다. 70,000개가 넘는 표의문자가 알려져 있다.

1988년도에 시작해서, 하드웨어 및 소프트웨어 제작자들의 컨솔시엄이 기본적으로 전 세계의 모든 문자를 인코딩할 수 있는, **유니코드**라고 불리는 통일된 인코딩 방식을 개발했다. 초기 유니코드 버전에는 각 글자에 16 비트를 사용했다. 자바의 char 타입이 이 인코딩에 해당한다.

이제는 유니코드가 21 비트 코드이다. 100,000개가 넘는 글자들에 대해 코드가 부여되어 있다. 이집트 상형문자 같은 멸종 언어들을 위한 코드를 추가하려는 계획도 있다. 애석하게도 이는 자바의 char 값이 유니코드 글자와 항상 일치하지는 않음을 의미한다. 중국어나 고대 이집트어 같은 언어들의 일부 글자들은 두 개의 char 값을 사용한다.

히브리어, 아랍어, 영어

중국어 스크립트

요약

적절한 이름과 타입으로 변수를 선언한다.

- 변수는 이름을 갖는 저장 장소이다.
- 변수를 선언할 때는 보통 초기 값을 지정한다.
- 변수를 선언할 때는 그 값의 타입도 지정한다.
- 소수부를 가질 수 없는 숫자를 위해서는 int 타입을 사용한다.
- 부동 소수점 수를 위해서는 double 타입을 사용한다.
- 관례적으로 변수 이름은 소문자로 시작한다.
- 할당문은 변수에 저장되어 있는 값을 새 값으로 바꾼다.
- 할당 연산자 =는 수학 등호가 아니다.

- final로 선언된 변수의 값은 바꿀 수 없다.
- 내 코드를 읽을 사람을 위해 주석을 사용해서 설명을 추가한다. 컴파일러는 주석을 무시한다.

자바로 산술 표현식을 작성한다.

- 정수와 부동소수점 값을 산술 표현식에 섞어쓰면 부동소수점 값이 나온다.
- ++ 연산자는 변수에 1을 더하고; -- 연산자는 1을 뺀다.
- 만일 /의 두 피연산자가 정수이면, 나머지는 버려진다.
- % 연산자는 정수 나눗셈의 나머지를 계산한다.
- 자바 라이브러리는 Math.sqrt(제곱근)와 Math.pow(거듭제곱) 같은 다양한 수학 함수들을 선언하고 있다.
- 어떤 값을 다른 타입으로 바꾸기 위해서 캐스트(*typeName*)을 사용한다.

사용자 입력을 읽어 들이고 포맷이 지정된 출력을 인쇄하는 프로그램을 작성한다.

- 자바 클래스들은 패키지에 그룹지어져 있다. 패키지의 클래스를 사용하려면 import 명령을 사용한다.
- 콘솔 창에서 키보드 입력을 읽기 위해 Sanner 클래스를 사용한다.
- printf 메소드를 사용해서 값들이 어떻게 포맷되어야 하는지를 지정한다.

- API(Application Programming Interface) 문서에는 자바 라이브러리의 클래스들과 메소드들이 열거되어 있다.

알고리듬을 개발할 때 손 계산을 수행한다.

- 대표적 경우에 대한 손 계산에 사용할 구체적 값을 고른다.

문자열을 처리하는 프로그램을 작성한다.

- 문자열은 글자 시퀀스이다.
- length 메소드는 문자열의 글자 수를 제공한다.

- 문자열들을 잇기 위해 + 연산자를 사용한다; 즉, 이어 붙여서 더 긴 문자열을 만든다.
- + 연산자의 인자들 중 하나가 문자열이면 나머지 인자도 문자열과 바뀐다.
- Scanner 클래스의 next 메소드를 사용해서 한 단어를 포함하는 문자열을 읽는다.
- 문자열 위치는 0에서부터 시작해서 센다.
- substring 함수를 사용해서 문자열의 일부를 추출한다.

이 장에서 소개된 표준 라이브러리 항목들

java.io.PrintStream	max	java.math.BigDecimal
printf	min	add
java.lang.Double	pow	multiply
parseDouble	round	subtract
java.lang.Integer	sin	java.math.BigInteger
MAX_VALUE	sqrt	add
MIN_VALUE	tan	multiply
parseInt	toDegrees	subtract
java.lang.Math	toRadians	java.util.Scanner
PI	java.lang.String	next
abs	charAt	nextDouble
cos	length	nextInt
exp	substring	javax.swing.JOptionPane
log	java.lang.System	showInputDialog
log10	in	showMessageDialog

복습 연습 문제

■ **R2.1** 다음 명령 시퀀스 후의 mystery의 값은?

```java
int mystery = 1;
mystery = 1 - 2 * mystery;
mystery = mystery + 1;
```

■ **R2.2** 다음 명령 시퀀스에서 틀린 점은?

```java
int mystery = 1;
mystery = mystery + 1;
int mystery = 1 - 2 * mystery;
```

■■ **R2.3** 다음 수학 공식을 자바로 작성하라.

$$s = s_0 + v_0 t + \frac{1}{2} g t^2$$

$$G = 4\pi^2 \frac{a^3}{p^2(m_1 + m_2)}$$

$$FV = PV \cdot \left(1 + \frac{INT}{100}\right)^{YRS}$$

$$c = \sqrt{a^2 + b^2 - 2ab\cos\gamma}$$

■■ **R2.4** 다음 자바 표현들을 수학 표기로 써라.

a. `dm = m * (Math.sqrt(1 + v / c) / Math.sqrt(1 - v / c) - 1);`

b. `volume = Math.PI * r * r * h;`

c. `volume = 4 * Math.PI * Math.pow(r, 3) / 3;`

d. `z = Math.sqrt(x * x + y * y);`

■■ **R2.5** 다음 표현식들의 값은? 각 줄에서 다음을 가정한다.

```java
double x = 2.5;
double y = -1.5;
```

```
int m = 18;
int n = 4;
```

a. x + n * y - (x + n) * y

c. m / n + m % n

c. 5 * x - n / 5

d. 1 - (1 - (1 - (1 - (1 - n))))

■ R2.6   다음 표현식들의 값은? n은 17, m은 18로 가정한다.

a. n / 10 + n % 10

b. n % 2 + m % 2

c. (m + n) / 2

d. (m + n) / 2.0

■■ R2.7   다음 표현식들의 값은? 각 줄에서 다음을 가정한다.

```
String s = "Hello";
String t = "World";
```

a. s.length() + t.length()

b. s.substring(1, 2)

c. s.substring(s.length() / 2, s.length())

d. s + t

e. t + s

■ R2.8   다음 프로그램에서 최소 다섯 개의 컴파일-타임 오류를 찾아내라.

```java
public class HasErrors
{
   public static void main();
   {
      System.out.print(Please enter two numbers:)
      x = in.readDouble;
      y = in.readDouble;
      System.out.printline("The sum is " + x + y);
   }
}
```

■■ R2.9   다음 프로그램에서 세 개의 런-타임 오류를 찾아내라.

```java
public class HasErrors
{
   public static void main(String[] args)
   {
      int x = 0;
      int y = 0;
      Scanner in = new Scanner("System.in");
      System.out.print("Please enter an integer:");
      x = in.readInt();
      System.out.print("Please enter another integer: ");
      x = in.readInt();
      System.out.println("The sum is " + x + y);
   }
}
```

■ R2.10   다음 코드 조각을 고려한다.

```java
double purchase = 19.93;
double payment = 20.00;
double change = payment - purchase;
System.out.println(change);
```

이 코드 조각은 거스름돈을 0.07000000000000028로 출력한다. 그 이유를 설명하라. 사용자가 혼동하지 않도록 이 코드의 개선 방안을 제시하라.

■ **R2.11** 2, 2.0, '2', "2", "2.0"의 차이를 설명하라.

■ **R2.12** 다음 프로그램 조각들이 각각 무엇을 계산하는지 설명하라.

    a.
```
x = 2;
y = x + x;
```
    b.
```
s = "2";
t = s + s;
```

■■ **R2.13** 단어를 읽고, 첫 글자, 마지막 글자, 그리고 중간에 있는 글자들을 출력하는 프로그램을 위한 수도코드를 작성하라. 예를 들어, 만일 입력이 Harry이면, 프로그램은 Hyarr을 출력한다.

■■ **R2.14** 이름을 읽고(예: Harold James Morgan) 각 이름의 이니셜 글자들로 구성된 모노그램(예: HJM)을 출력하는 프로그램을 위한 수도코드를 작성하라.

■■■ **R2.15** 수의 처음과 마지막 자리를 계산하는 프로그램을 위한 수도코드를 작성하라. 예를 들어, 입력이 23456이면, 프로그램은 2와 6을 출력해야 한다. 힌트: %, Math.log10.

■ **R2.16** How to 2.1의 프로그램이 잔돈을 25센트, 10센트, 5센트로 주도록 수도코드를 수정하라. 가격이 5센트의 배수라고 가정해도 된다. 수도코드를 개발하기 위해서, 먼저 몇 개의 특정 값들을 사용하라.

■■ **R2.17** 칵테일 셰이커가 세 개의 원뿔 섹션으로 구성되어 있다.

실제 반경 및 높이 값들을 사용해서 전체 용량을 계산하라. 자체 검사 25에서 주어진 공식을 사용한다. 그런 후, 임의의 크기에 대해 동작하는 알고리듬을 개발하라.

■■■ **R2.18** 파이 한 조각을 아래 그림과 같이 자른다. 그림에서 c는 선분 길이(현 길이)이고 h는 조각의 높이이다.

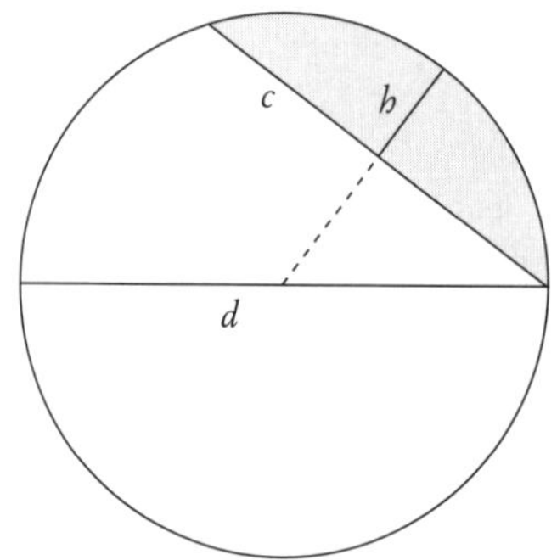

면적 계산을 위한 근사화 공식이 있다: $A \approx \frac{2}{3}ch + \frac{h^3}{2c}$

그러나, 파이의 직경 d는 대개 잘 알려져 있는 반면에, h는 측정하기가 쉽지 않다. 파이의 직경이 12인치이고 조각의 현 길이가 10인치일 때의 면적을 계산하라. 임의의 직경과 현 길이에 대해 면적을 계산할 수 있는 알고리듬을 만들라.

■■ **R2.19** 다음 수도코드는 요일 숫자(0 = Sunday, 1 = Monday, 기타 등등)가 주어졌을 때, 요일 이름을 얻는 방법을 기술한다.

    Declare a string called names containing "SunMonTueWedThuFriSat".
    Compute the starting position as 3 x the day number.
    Extract the substring of names at the starting position with length 3.

요일 숫자 4를 사용해서 이 수도코드를 검사하라. 그림 2.5와 비슷한, 계산될 문자열의 다이어그램을 그려라.

■■■ **R2.20** 다음 수도코드는 단어의 두 글자의 위치를 서로 바꾸는 방법을 기술한다.

> We are given a string str and two positions i and j. (i comes before j)
> Set first to the substring from the start of the string to the last positic
> Set middle to the substring from positions i + 1 to j - 1.
> Set last to the substring from position j + 1 to the end of the string.
> Concatenate the following five strings: first, the string containing just
>   middle, the string containing just the character at position i, and la:

문자열 "Gateway"와 위치 2와 4를 사용해서 이 수도코드를 검사하라. 그림 2.5와 비슷한, 계산될 문자열의 다이어그램을 그려라.

■■ **R2.21** 문자열의 첫 글자는 어떻게 얻는가? 첫 글자나 마지막 글자를 제거하는 방법은?

■■■ **R2.22** 다음 값들을 출력하는 프로그램을 작성하라.

```
3 * 1000 * 1000 * 1000
3.0 * 1000 * 1000 * 1000
```

결과에 관해 설명하라.

■ **R2.23** 이 장에는 프로그램을 읽고 보수하는 것을 쉽게 만들기 위한 변수와 상수에 관한 몇 가지 추천 사항들이 있다. 이 추천 사항들을 간략히 요약하라.

프로그래밍 훈련

■ **P2.1** 편지 크기(8.5 × 11 inches) 종이의 크기를 밀리미터 단위로 출력하는 프로그램을 작성하라. 인치당 25.4 mm이다. 상수와 주석을 사용하라.

■ **P2.2** 편지 크기(8.5 × 11 inches) 종이의 둘레와 대각선 길이를 계산 및 출력하는 프로그램을 작성하라.

■ **P2.3** 숫자 하나를 읽고, 제곱, 세 제곱, 네 제곱을 표시하는 프로그램을 작성하라. 단, 네 제곱에만 `Math.pow` 메소드를 사용한다.

■■ **P2.4** 사용자가 두 개의 정수를 입력하게 하고, 다음을 출력하는 프로그램을 작성하라.

- 합
- 차이
- 곱
- 평균
- 거리(차이의 절대값)
- 최대(둘 중 큰 것)
- 최소(둘 중 작은 것)

힌트: `max`와 `min` 메소드들은 `Math` 클래스에 선언되어 있다.

■■ **P2.5** 수들의 줄이 맞도록 프로그래밍 훈련 P2.4의 출력을 개선하라.

```
Sum:               45
Difference:        -5
Product:           500
Average:           22.50
```

```
Distance:       5
Maximum:        25
Minimum:        20
```

■■ **P2.6** 사용자가 미터 단위로 측정값을 입력하게 하고, 그를 마일, 피트, 인치로 바꾸는 프로그램을 작성하라.

■ **P2.7** 사용자로부터 반경을 입력 받고, 다음을 출력하는 프로그램을 작성하라.
- 원의 면적 및 둘레
- 구의 부피 및 표면적

■■ **P2.8** 사용자에게 직사각형의 변의 길이들을 묻고, 다음을 출력하는 프로그램을 작성하라.
- 직경의 면적과 둘레
- 대각선 길이(피타고라스 정리를 이용한다)

■ **P2.9** How to 2.1에서 논의된 프로그램을 개선해서 지폐 외에도 쿼터를 입력으로 받을 수 있게 하라.

■■■ **P2.10** 하이브리드카를 구매할지 여부를 판단하는 것을 도와줄 프로그램을 작성하라. 프로그램의 입력은 다음과 같다:
- 새 차 가격
- 연간 예상 주행 거리
- 예상 휘발유 가격
- 연비(갤런 당 마일 단위로)
- 5년 후 예상 매도 가격

5년 동안 이 차를 보유할 때의 전체 비용을 계산하라(계산을 단순화하기 위해 융자 비용은 고려하지 않는다). 신형과 중고 하이브리드 그리고 비교 대상 자동차의 시세를 웹에서 찾아보아라. 오늘 휘발유 가격과 연간 15,000 마일을 사용해서 프로그램을 두 번 돌린다. 수도코드와 실행 결과를 포함시켜라.

■■■ **P2.11** 사용자가 다음을 입력하게 하는 프로그램을 작성하라.
- 탱크의 휘발유 갤런 량
- 갤런당 마일 연비
- 갤런당 휘발유 가격

그런 후 100마일당 비용과 탱크에 있는 휘발유로 주행할 수 있는 거리를 출력하라.

■ **P2.12** 파일 이름과 확장자. 사용자가 드라이브 문자(C), 경로(\Windows\System), 파일 이름(Readme), 확장자(txt)를 입력하게 하는 프로그램을 작성하라. 그런 후, 전체 파일 이름 C:\Windows\System\Readme.txt를 출력하라(만일 UNIX나 Macintosh를 사용하고 있으면, 드라이브 이름을 생략하고, 디렉터리를 구분하는데 \ 대신에 /을 사용하라.)

■■■ **P2.13** 사용자로부터 1,000과 999,999 사이의 수를 읽어 들이는 프로그램을 작성하라. 단, 사용자는 입력에 쉼표를 사용한다. 그런 후, 쉼표를 빼고 수를 출력하라. 다음은 보기 대화이다. 사용자 입력은 회색으로 표시되어 있다.

```
Please enter an integer between 1,000 and 999,999: 23,456
23456
```

힌트: 입력을 문자열로 읽는다. 문자열의 길이를 계산한다. n개의 글자를 포함한다고 하자.

그런 후, 처음 $n-4$개의 글자와 마지막 세 글자로 구성된 부문자열을 추출한다.

■■ P2.14 1,000에서 999,999 사이의 수를 사용자로부터 받고 천 단위로 구분하는 쉼표를 사용해서 찍는 프로그램을 작성하라. 다음은 샘플 대화이다; 사용자 입력을 회색으로 나타냈다.

```
Please enter an integer between 1000 and 999999: 23456
23,456
```

■ P2.15 격자를 출력하기. 틱-택-토(tic-tac-toe) 게임을 위한 다음의 격자를 출력하는 프로그램을 작성하라.

```
+--+--+--+
|  |  |  |
+--+--+--+
|  |  |  |
+--+--+--+
|  |  |  |
+--+--+--+
```

물론, 단순하게 다음 형태의 일곱 개의 명령문을 쓸 수 있을 것이다.

```
System.out.println("+--+--+--+");
```

그렇지만 좀 더 지능적으로 해보자. 두 종류의 패턴을 저장하는 문자열 변수들을 선언하라. 머리 빗 모양 패턴 그리고 맨 아래 줄. 머리 빗을 세 번, 아래 줄을 한 번 출력한다.

■■ P2.16 정수를 읽어 들여서 개별 자리로 분리하는 프로그램을 작성하라. 예를 들어, 입력 16384 는 다음과 같이 표시된다.

```
1 6 3 8 4
```

입력의 자릿수가 다섯을 넘지 않으며, 음수가 아니라고 가정한다.

■■ P2.17 두 시각을 군대식으로 읽고(예: 0900, 1730), 두 시각 사이의 시간 및 분 수를 출력하는 프로그램을 작성하라. 다음은 실행 결과 견본이다. 사용자 입력은 회색으로 표시되어 있다.

```
Please enter the first time: 0900
Please enter the second time: 1730
8 hours 30 minutes
```

첫 번째 시각이 두 번째 시각보다 더 늦는 경우도 다룰 수 있으면 가산점이 있다:

```
Please enter the first time: 1730
Please enter the second time: 0900
15 hours 30 minutes
```

■■■ P2.18 큰 글자 찍기. 큰 글자 H를 다음과 같이 만들 수 있다.

```
*   *
*   *
*****
*   *
*   *
```

이것은 다음과 같은 문자열 리터럴로 선언될 수 있다.

```
final string LETTER_H = "*   *\n*   *\n*****\n*   *\n*   *\n";
```

(\n 이스케이프 시퀀스는 그 다음 글자들이 새 줄에 출력되게 만드는 "newline" 글자를 나타낸다.) 글자 E, L, O에 대해서도 반복하라. 그리고 나서, 다음 메시지를 큰 글자들로 출력하라.

```
H
E
L
L
O
```

■■ P2.19 숫자 1, 2, 3, …, 12를 해당 월 이름 January, February, March, …, December으로 바꾸는 프로그램을 작성하라. 힌트: 아주 긴 문자열 "January February March ..."을 만들되, 모든 이름의 길이가 같도록 빈칸을 추가하라. 그런 다음, substring을 사용해서 원하는 월 이름을 추출한다.

■■ P2.20 다음의 크리스마스 트리를 출력하는 프로그램을 작성하라.

```
       /\'
      / \'
     /   \'
    /     \'
    --------
      "   "
      "   "
      "   "
```

이스케이프 시퀀스를 사용하는 것을 잊지 말라.

■■ P2.21 부활절 주일은 봄의 첫 보름달 이후 첫 일요일이다. 그 날짜를 계산하기 위해서 1800년도에 수학자 Carl Friedrich Gauss가 발명한 다음 알고리듬을 사용할 수 있다:

1. Let y be the year (such as 1800 or 2001).
2. Divide y by 19 and call the remainder a. Ignore the quotient.
3. Divide y by 100 to get a quotient b and a remainder c.
4. Divide b by 4 to get a quotient d and a remainder e.
5. Divide 8 * b + 13 by 25 to get a quotient g. Ignore the remainder.
6. Divide 19 * a + b - d - g + 15 by 30 to get a remainder h. Ignore the quotient.
7. Divide c by 4 to get a quotient j and a remainder k.
8. Divide a + 11 * h by 319 to get a quotient m. Ignore the remainder.
9. Divide 2 * e + 2 * j - k - h + m + 32 by 7 to get a remainder r. Ignore the quotient.
10. Divide h - m + r + 90 by 25 to get a quotient n. Ignore the remainder.
11. Divide h - m + r + n + 19 by 32 to get a remainder p. Ignore the quoti

그러면 부활절은 n월 p일이 된다. 예를 들어 y가 2001이면:

```
a = 6          h = 18         n = 4
b = 20, c = 1  j = 0, k = 1   p = 15
d = 5, e = 0   m = 0
g = 6          r = 6
```

그러므로 2001년도의 부활절 주일은 4월 15일이다. 사용자로부터 년도를 입력 받아서 부활절 주일의 월, 일을 출력하는 프로그램을 작성하라.

■■ 비즈니스 P2.22 비즈니스 P2.22 다음 수도코드는 주문된 책들의 총가격과 수량으로부터 서점에서 주문 비용을 계산하는 방법을 기술한다.

Read the total book price and the number of books.
Compute the tax (7.5 percent of the total book price).
Compute the shipping charge ($2 per book).

The price of the order is the sum of the total book price, the tax, and the shipping charge.
Print the price of the order.

이 수도 코드를 자바 프로그램으로 번역하라.

■■ 비즈니스 P2.23   다음 수도코드는 10자리 전화번호를 포함하는 문자열(예: "4155551212")을 괄호와 줄 기호를 포함하는 더 읽기 쉬운 문자열(예: "(415)555-1212")로 바꾸는 방법을 기술한다.

Take the substring consisting of the first three characters and surround it with "(" and ") ". This is the area code.
Concatenate the area code, the substring consisting of the next three characters, a hyphen, and the substring consisting of the last four characters. This is the formatted number.

이 수도코드를 전화 번호를 문자열 변수에 읽어 들이고, 포맷된 번호를 계산해서 출력하는 자바 프로그램으로 번역하라.

■■ 비즈니스 P2.24   다음 수도코드는 부동소수점 값으로 주어진 가격에서 달러와 센트를 추출하는 방법을 기술한다. 예를 들어, 가격이 2.95이면 달러와 센트 값이 2와 95가 된다.

Assign the price to an integer variable dollars.
Multiply the difference price - dollars by 100 and add 0.5.
Assign the result to an integer variable cents.

이 수도코드를 자바 프로그램으로 번역하라. 가격을 읽고 달러와 센트를 출력하라. 입력 2.95와 4.35에 대해 프로그램을 테스트하라.

■■ 비즈니스 P2.25   거스름돈 주기. 점원에게 거스름돈을 주는 방법을 알려주는 프로그램을 구현하라. 이 프로그램에는 두 개의 입력이 있다: 고객이 지불할 금액과 고객으로부터 받은 금액. 고객이 돌려 받아야 할 달러, 쿼터(25센트 동전), 다임(10센트 동전), 니켈(5센트 동전), 페니 수를 표시하라. 반올림 오류를 피하기 위해, 프로그램 사용자는 두 금액을 페니로 제공해야 한다(예: 2.74 대신에 274).

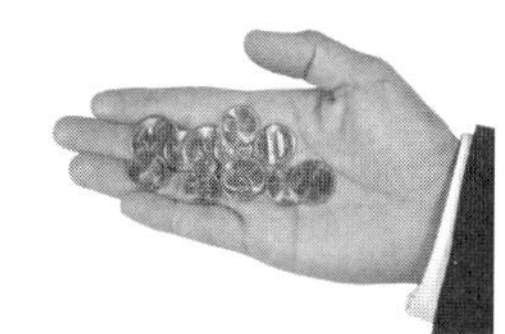

■ 비즈니스 P2.26   내게 어떤 온라인 은행이 예상고객에게 그의 예금이 어떻게 불어날 것인지를 보여주는 프로그램을 만들어 달라고 했다. 프로그램은 초기 예금액과 연이율을 읽어야 한다. 이자는 매달 복리로 계산된다. 3개월 후의 잔고를 출력하라. 다음은 샘플 실행 결과이다:

```
Initial balance: 1000
Annual interest rate in percent: 6.0
After first month:    1005.00
After second month:   1010.03
After third month:    1015.08
```

■ 비즈니스 P2.27   어떤 비디오 클럽이 멤버의 영화 대여 횟수와 새 멤버 소개 횟수를 근거로 우수 멤버를 선정해서 할인으로 보답하려고 한다. 할인은 백분율이며, 대여 횟수 및 소개 횟수의 합과 같으나, 75 퍼센트를 넘을 수 없다. (힌트: Math.min.) 할인액을 계산하기 위한 프로그램 DiscountCalculator를 작성하라. 다음은 샘플 실행 결과이다:

```
Enter the number of movie rentals: 56
Enter the number of members referred to the video club: 3
The discount is equal to:     59.00 percent.
```

■ 사이언스 P2.28   다음 회로를 고려하자.

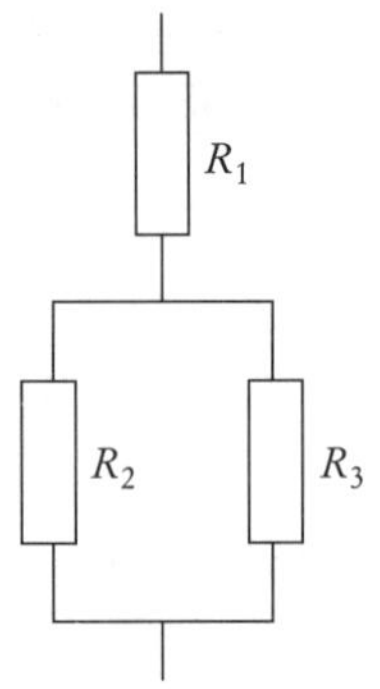

세 저항의 저항 값을 읽고 Ohm의 법칙을 이용해서 전체 저항을 계산하는 프로그램을 작성하라.

■■ **사이언스 P2.29** 이슬점 온도 T_d를 다음 식에 의해 상대 습도 RH와 실온 T로부터 (대략적으로) 계산할 수 있다.

$$T_d = \frac{b \cdot f(T, RH)}{a - f(T, RH)}$$

$$f(T, RH) = \frac{a \cdot T}{b + T} + \ln(RH)$$

여기서 $a = 17.27$ $b = 237.7°C$이다.

상대 습도(0에서 1 사이)와 온도(섭씨)를 읽고 이슬점 값을 출력하는 프로그램을 작성하라. 자연 로그 계산에 자바 메소드 log를 사용하라.

■■■ **사이언스 P2.30** 아래에 보인 파이프 클립 온도 센서는 파이프의 액체의 온도를 측정하기 위해 직접 구리 파이프에 물려질 수 있는 견고한 센서이다.

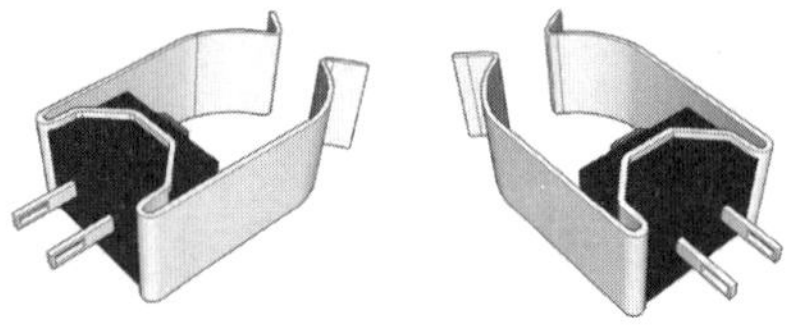

각 센서는 서미스터라고 불리는 장치를 포함하고 있다. 서미스터는 다음 식으로 기술되는 온도-종속적 저항 특성을 갖는 반도체 장치이다.

$$R = R_0\, e^{\beta\left(\frac{1}{T} - \frac{1}{T_0}\right)}$$

여기서 R은 온도 $T(°K)$에서의 저항(Ω)이며, R_0는 온도 T_0에서의 저항이다. β는 서미스터 제작에 사용된 물질에 따른 상수이다. 서미스터는 R_0, T_0, β 값을 제공해서 규정된다.

이 파이프 클립 온도 센서 제작에 사용된 서미스터는 $T_0 = 85°C$에서 $R_0 = 1075\ \Omega$이며 $\beta = 3969\ °K$이다(β의 단위가 $°K$임에 유의한다. $°K$ 단위 온도는 $°C$ 단위 온도에 273을 더해서 구한다). $°C$ 단위의 액체 온도는 다음 식에 의해 Ω 단위의 저항으로부터 계산된다.

$$T = \frac{\beta T_0}{T_0 \ln\left(\dfrac{R}{R_0}\right) + \beta} - 273$$

사용자로부터 서미스터 저항 R을 읽고, 액체 온도를 °C로 제공하는 메시지를 출력하는 자바 프로그램을 작성하라.

■■■ **사이언스 P2.31** 아래의 회로는 전력 회사와 한 고객 간의 연결의 중요한 측면을 보여준다. 고객은 세 개의 파라미터 V_t, P, pf로 표현된다. V_t는 벽 아웃렛에 꽂았을 때 측정되는 전압이다. 고객의 가전 제품이 정상적으로 작동하기 위해서는 안정적인 V_t 값이 필요하다. 그래서, 전력 회사는 V_t 값 조절에 신경을 많이 쓴다. P는 고객이 사용한 전력량을 나타내며, 고객의 전기 요금을 계산할 때

의 주요 요소이다. 역률 pf는 생소하다(역률은 각도의 코싸인으로 계산되므로, 그 값은 항상 0과 1 사이이다). 이 문제에서는 역률의 의미를 조사하기 위한 자바 프로그램을 작성해야 한다.

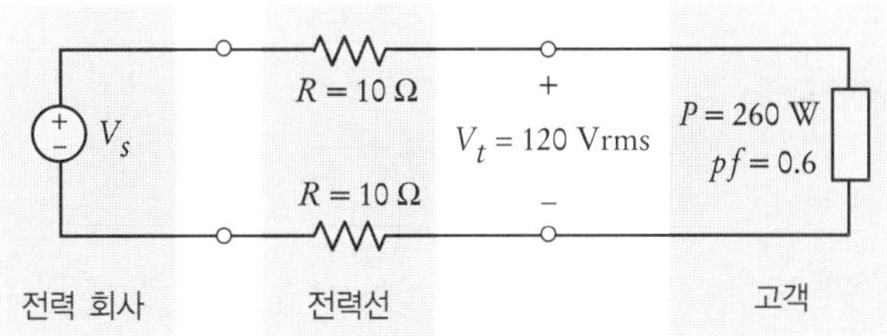

그림에서, 전선을 다소 극단적으로 단순화해서 Ohm 단위의 저항으로 나타냈다. 전력 회사는 AC 전압원으로 표현되었다. 고객에게 전압 V_t의 전력 P를 제공하는 데 필요한 소스 전압 V_s를 다음 공식에 의해 계산할 수 있다.

$$V_s = \sqrt{\left(V_t + \frac{2RP}{V_t}\right)^2 + \left(\frac{2RP}{pf\,V_t}\right)^2 \left(1 - pf^2\right)}$$

(V_s의 단위는 Vrms이다.) 이 공식은 V_s의 값이 pf의 값에 따라 달라짐을 나타낸다. 사용자로부터 역률을 입력 받고, 위 그림에 보인 P, R, V_t의 값을 사용해서 해당 V_s의 값을 제공하는 메시지를 출력하는 프로그램을 작성하라.

■■■ **사이언스 P2.32** 안테나에 연결된 다음 튜닝 회로를 고려하자. 이 그림에서 C는 커패시턴스 범위가 $C_{\min}$에서 $C_{\max}$인 가변 커패시터이다.

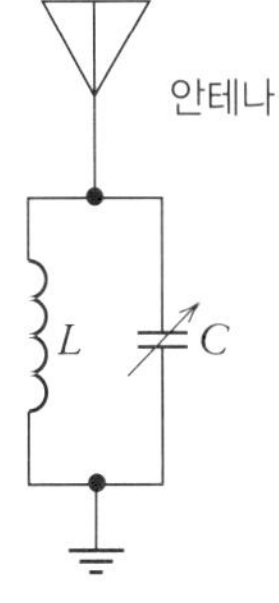

튜닝 회로는 주파수 $f = \dfrac{2\pi}{\sqrt{LC}}$를 선택한다. 주어진 주파수에 대해 이 회로를 설계하기

위해서, $C = \sqrt{C_{min}C_{max}}$ 를 취하고, f와 C로부터 필요한 인덕턴스 L을 계산한다. 이제 회로는 $f_{min} = \dfrac{2\pi}{\sqrt{LC_{max}}}$ 에서 $f_{max} = \dfrac{2\pi}{\sqrt{LC_{min}}}$ 범위의 임의의 주파수에 튜닝될 수 있다.

C_{min}과 C_{max}의 값이 주어진 가변 커패시터를 사용해서, 주어진 주파수에 대한 튜닝 회로를 설계하는 프로그램을 작성하라(전형적인 입력은 f= 16.7 MHz, C_{min} = 14 pF, C_{max} = 365 pF이다). 프로그램은 f(Hz), C_{min}과 C_{max}(F)를 읽어들이고, 필요한 인덕턴스 값과 커패시턴스를 조절해서 회로가 튜닝될 수 있는 주파수 범위를 출력한다.

- **사이언스 P2.33** r미터 떨어져 있고, 전하가 Q_1과 Q_2 쿨롱(Coulomb)인 두 전하 입자 간의 전기력(electric force)은 쿨롱 힘의 법칙에 의해 $F = \dfrac{Q_1 Q_2}{4\pi\varepsilon r^2}$ Newton이다. 여기서 ε = 8.854 10^{-12} Farads/meter이다. 전하 입자 쌍에 대한 힘을 사용자 입력 Q_1 쿨롱, Q_2 쿨롱, r 미터에 기반해서 계산하고, 전기력을 계산해서 표시하라.

자체 검사 질문에 대한 답

1. 한 가지 가능한 답은
```
int bottlesPerCase = 8;
```
이다. 다른 변수 이름이나 다른 초기화 값을 사용해도 되지만, 변수 타입은 int라야 한다.

2. 세 가지 오류가 있다.
   - 변수 이름에 빈칸을 넣을 수 없다.
   - 소수점 수를 담을 것이므로 변수 타입이 double이라야 한다.
   - 명령문 끝에 세미콜론을 빠트렸다.

3. ```
double unitPrice = 1.95;
int quantity = 2;
```

4. ```
System.out.print("Totalprice:");
System.out.println(unitPrice * quantity);
```

5. cansPerPack의 선언을 다음과 같이 바꾼다.
```
int cansPerPack = 4;
```

6. /*로 시작하는 주석을 닫기 위해서 구획 문자 */를 사용해야 한다.
```
double canVolume = 0.355;
    /* Liters in a 12-ounce can */
```

7. 프로그램이 컴파일을 통과하고, 같은 결과를 출력할 것이다. 그러나, 프로그램을 읽는 사람은 캔을 쪼개서 다루고 있는 것 같아 혼동스러울 것이다.

8. 그 값이 할당문에 의해 바뀐다.

9. 주차 공간에서 한 차가 다른 차에 의해 교체될 때 할당이 발생한다.

10. ```
double interest = balance * percent / 100;
```

11. ```
double sideLength = Math.sqrt(area);
```

12. ```
4 * PI * Math.pow(radius, 3) / 3, 또는
(4.0 / 3) * PI * Math.pow(radius, 3). 그러나,
(4 / 3) * PI * Math.pow(radius, 3)은 아님.
```

13. 172와 9

14. n의 마지막에서 두 번째 자리이다. 예를 들어, n이 1729이면 n / 10은 172이며, (n / 10) % 10은 2이다.

15. ```
System.out.print("How old are you? ");
int age = in.nextInt();
```

16. 프로그램 사용자에게 수량을 입력하라고 알려주기 위한 프롬프트가 없다.

17. 두 번째 명령이 nextDouble이 아닌 nextInt를 호출한다. 만일 사용자가 가격을 1.95와 같이 입력한다면, 프로그램은 "input mismatch exception"으로 종료될 것이다.

18. 프롬프트의 끝에 콜론과 빈칸이 없다. 다이얼로그는 다음과 같을 것이다:
```
Please enter the number of cans6
```

19. The total volume is   10

    is와 10 사이에 빈칸이 네 개가 있다. 하나는 포맷 문자열로부터 왔고(s와 % 사이의 빈칸), 나머지 세 개는 필드 폭을 5로 맞추기 위해 10 앞에 삽입됐다.

20. 간단한 방법:

```
System.out.printf("Bottles: %8d\n", bottles);
System.out.printf("Cans:    %8d\n", cans);
```

    Cans: 다음에 삽입된 공간에 주의한다. 다른 방법으로, 문자열용 포맷 지정자를 사용할 수 있다. 모든 출력을 한 명령문에 넣을 수도 있다:

```
System.out.printf("%-9s%8d\n%-9s%8d\n",
"Bottles: ", bottles, "Cans:", cans);
```

21.
```
int pairs = (totalWidth - tileWidth)
   / (2 * tileWidth);
int tiles = 1 + 2 * pairs;
double gap = (totalWidth -
   tiles * tileWidth) / 2.0;
```

    pairs를 int로 선언해야 한다.

22. 이제는 맨 처음의 흑색 타일 다음에 네 개의 타일 그룹(회/백/회/흑)들이 놓인다. 그러므로, 알고리듬은 이제 다음과 같이 된다.

    number of groups = integer part of (total width - tile width) /
    (4 x tile width)
    number of tiles = 1 + 4 x number of groups

    틈에 대한 공식은 바뀌지 않는다.

23. 분명히 답은 행과 열 수가 짝수인지 또는 홀수인지에 따라 다르므로, 먼저 2로 나눈 후 나머지를 취하자. 그리고 나면, 모든 예상 답들을 열거할 수 있다:

Row % 2	Column % 2	Color
0	0	0
0	1	1
1	0	1
1	1	0

    표의 처음 세 항목에서, 칼라는 단순히 나머지들의 합이다. 네 번째 항목에서 합이 2가 될 것이나, 우리는 0을 원한다. 나머지 연산을 한 번 더 추가하면 그렇게 된다:

    color = ((row % 2) + (column % 2)) % 2

24. 9년 후에 수리 비용은 $1,400만큼 증가한다. 그러므로 연간 증가는 $1,400 / 9 ≈ $156이다. 3년째의 수리비는 $100 + 2 × $156 = $412가 될 것이다. n년째의 수리비는 $100 + n × $156이다. 그러나, 반올림 오차의 누적을 피하려면 $156을 산출한 원래 식을 사용하는 게 좋다. 즉,

    Repair cost in year n = 100 + n x 1400 / 9

25. 수도코드는 식으로부터 쉽게 나온다:

    bottom volume = π x r_1^2 x h_1
    top volume = π x r_2^2 x h_2
    middle volume = π x (r_1^2 + r_1 x r_2 + r_2^2) x h_3 / 3
    total volume = bottom volume + top volume + middle volume

    전형적인 와인 병을 측정하면
    $r_1 = 3.6$, $r_2 = 1.2$, $h_1 = 15$, $h_2 = 7$, $h3 = 6$
    (단위는 모두 센티미터)이다. 그러므로
    아래 부분 용량 = 610.73
    위 부분 용량 = 31.67
    중간 부분 용량 = 135.72
    전체 용량 = 778.12
    이다. 실제 용량이 750 ml이며, 이것은 우리의 계산이 옳다고 믿을 수 있기에 충분할 정도로 계산 결과에 가깝다.

26. 길이는 12이다. 빈칸도 글자로 센다.

27. `str.substring(8, 12)` or `str.substring(8)`

28. `str = str + "ming";`

29. `Hy`

30.
```
String first = in.next();
String middle = in.next();
String last = in.next();
```

CHAPTER 03

판단

Decisions

컴퓨터 프로그램의 기본적 특징은 판단을 내리는 능력이다. 스위치 설정에 따라 트랙을 바꾸는 기차처럼, 프로그램은 입력 및 기타 환경들에 따라 다른 동작을 취할 수 있다.

이 장에서는 간단하거나 복잡한 판단을 프로그래밍하는 방법을 배운다. 배운 내용은 사용자 입력을 검사하는 데 적용될 것이다.

3.1 if 문

if 문은 판단을 구현하기 위해 사용된다(문법 3.1 참고). 조건이 충족될 때, 어떤 명령문 집합이 실행된다. 아니면, 다른 명령문 집합이 실행된다.

다음은 if 문을 사용하는 예이다: 많은 나라들에서 숫자 13은 불행한 것으로 간주된다. 건물주는 미신을 믿는 세입자를 불쾌하기 만들기보다는 13층을 생략한다. 12층 다음에 바로 14층이다. 물론 13층은 비어 있는 상태로 남아 있거나, 음모론자들이 믿는 것처럼, 비밀방과 연구 랩이 들어서지도 않는다. 그냥 14층으로 불린다. 건물 승강기를 제어하는 컴퓨터는 이 점을 보상해서 14층 이상의 모든 층 수를 조정해야 한다.

이 프로세스를 자바로 시뮬레이션하자. 원하는 층을 사용자가 입력하게 하고, 실제 층을 계산한다. 입력이 14 이상일 때, 실제 층을 얻기 위해 입력을 감소시켜야 한다. 예를 들어, 사용자가 20을 입력했다면, 프로그램은 실제 층을 19로 계산한다. 아니면, 입력된 층 숫자를 그대로 사용한다:

승강기 패널은 13층을 "생략"한다. 이 층이 실제로 사라진 건 아니다—승강기를 제어하는 컴퓨터는 14층 이상의 층 숫자를 조정한다.

```java
int actualFloor;

if (floor > 13)
{
   actualFloor = floor - 1;
}
else
{
   actualFloor = floor;
}
```

그림 3.1의 흐름도가 이 분기 동작을 보여준다.

이 예에서, if 문의 각 분기는 한 명령문만을 포함하나, 원하면 얼마든지 추가할 수 있다. 때때로 else 분기에서 아무 하는 일이 없을 때도 있다. 그 경우, 다음 예에서와 같이 완전히 빼버릴 수 있다:

그림 3.1 if 문의 흐름도   **그림 3.2** else 분기가 없는 if 문의 흐름도

```java
int actualFloor = floor;

if (floor > 13)
{
   actualFloor--;
} // No else needed
```

흐름도는 그림 3.2를 참고한다.

if 문은 길의 분기점과 같다. 판단에 따라 프로그램의 다른 부분이 실행된다.

다음 프로그램은 if 문을 사용한다. 이 프로그램은 원하는 층을 물어보고, 실제 층을 출력한다.

section_1/ElevatorSimulation.java

```java
 1  import java.util.Scanner;
 2
 3  /**
 4     This program simulates an elevator panel that skips the 13th floor.
 5  */
 6  public class ElevatorSimulation
 7  {
 8     public static void main(String[] args)
 9     {
```

```java
10        Scanner in = new Scanner(System.in);
11        System.out.print("Floor: ");
12        int floor = in.nextInt();
13
14        // Adjust floor if necessary
15
16        int actualFloor;
17        if (floor > 13)
18        {
19           actualFloor = floor - 1;
20        }
21        else
22        {
23           actualFloor = floor;
24        }
25
26        System.out.println("The elevator will travel to the actual floor "
27           + actualFloor);
28     }
29  }
```

실행 결과

```
Floor: 20
The elevator will travel to the actual floor 19
```

문법 3.1   if 문

<table>
<tr><td>Syntax</td><td>if (condition)
{
    statements
}</td><td>if (condition) { statements$_1$ }
else { statements$_2$ }</td></tr>
</table>

자체검사

1. 어떤 아시아 국가에서는 숫자 14가 불행한 것으로 여겨진다. 일부 건물주들은 13층과 14층을 모두 빼버리는 방법을 택한다. 그런 건물을 다루기 위해서 샘플 프로그램을 수정하라.

2. 할인 가격을 계산하기 위한 다음 if 문을 고려하자:

```java
if (originalPrice > 100)
{
   discountedPrice = originalPrice - 20;
```

```
    }
    else
    {
        discountedPrice = originalPrice - 10;
    }
```

원래 가격이 95, 100, 또는 105일 때 할인 가격은 각각 얼마인가?

3. 다음 if 문을 자체 검사 2의 if 문과 비교하라:

```
if (originalPrice < 100)
{
    discountedPrice = originalPrice - 10;
}
else
{
    discountedPrice = originalPrice - 20;
}
```

두 명령문이 항상 같은 값을 산출하겠는가? 아니라면, 언제 달라지는가?

4. 할인 가격을 계산하기 위한 다음 명령문들을 고려하자:

```
discountedPrice = originalPrice;
if (originalPrice > 100)
{
    discountedPrice = originalPrice - 10;
}
```

원래 가격이 95, 100, 또는 105일 때 할인 가격은 각각 얼마인가?

5. 변수 fuelAmount와 fuelCapacity는 실제 연료량과 차량 연료 탱크의 크기를 저장한다. 만일 탱크에 10% 아래로 남아 있으면, 상황 등이 적색을 띠어야 하며, 아니면 녹색을 띠어야 한다. 이 프로세스를 "red" 또는 "green"을 출력해서 시뮬레이션하라.

Practice It 이제 다음 연습문제들에 대해 답할 수 있다: R3.5, R3.6, P3.31.

중괄호 배치

컴파일러는 괄호의 위치에 신경 쓰지 않는다. 이 책에서는 {와 }의 간단한 줄 맞추기 규칙을 따른다:

```
if (floor > 13)
{
    floor--;
}
```

이 스타일은 짝 괄호를 찾기 쉽게 해준다. 프로그래머에 따라서는 여는 중괄호를 if와 같은 줄에 놓기도 한다:

```
if (floor > 13) {
    floor--;
}
```

코드의 줄을 맞춰주면 프로그램을 읽기가 쉬워진다.

이 스타일은 괄호의 짝을 맞추기에 더 어렵지만 코드 줄을 절약해서, 스크롤하지 않고도 화면에서 더 많은 코드를 볼 수 있게 해준다. 두 스타일 모두 열렬한 옹호자들이 있다.

중요한 것은 한 프로그래밍 프로젝트에서 어떤 배치 스타일을 골랐다면 일관성을 유지하는 것이다. 어떤 스타일을 고를 것인가는 개인 취향 또는 따라야 하는 코딩 스타일 가이드에 따라 달라진다.

항상 중괄호를 사용하라

if 문의 분기에 명령문이 하나만 있을 때는 중괄호를 사용할 필요가 없다. 예를 들어, 다음 표현이 허용된다:

```
if (floor > 13)
    floor--;
```

그렇지만, 항상 중괄호를 사용하는 게 좋다:

```
if (floor > 13)
{
    floor--;
}
```

중괄호는 코드를 읽기 쉽게 해준다. 또한 if 문 안에 명령문을 추가할 때 괄호를 추가하는 것에 대해 걱정할 필요가 없게 해주기 때문에, 빈번한 오류 3.1에서와 같은 오류를 범할 가능성을 줄여준다.

if 조건 다음의 세미콜론

다음 코드 조각에는 당혹스런 오류가 있다:

```
if (floor > 13) ; // ERROR
{
    floor--;
}
```

if 조건 다음에 세미콜론이 없어야 한다. 컴파일러는 이 명령문을 다음과 같이 해석한다. 만일 floor가 13보다 크다면, 세미콜론만으로 표시된, 즉, 무위(do-nothing) 명령을 실행한다. 중괄호 안의 명령은 더 이상 if 문의 일부가 아니며, 항상 실행된다. 즉, floor의 값이 13을 넘지 않더라도, 하나 감소된다.

탭

블록 구조 코드는 내포문들이 하나 이상의 레벨로 들여쓰기 되는 특징이 있다:

```
public class ElevatorSimulation
{
|   public static void main(String[] args)
|   {
|   |   int floor;
|   |   . . .
|   |   if (floor > 13)
|   |   {
|   |   |   floor--;
|   |   }
|   |   . . .
|   }
|   |   |   |
0   1   2   3   들여쓰기 레벨
```

커서를 맨 왼쪽 열에서 원하는 들여쓰기 레벨로 이동시키려면? 무난한 방법은 원하는 만큼 스페이스 바를 두드리는 것이다. 그러나, 대부분의 프로그래머들은 Tab 키를 대신 사용한다. 탭은 커서를 다음 들여쓰기 레벨로 이동시킨다. 어떤 이들은 탭을 자동으로 삽입하는 옵션을 사용하기도 한다.

Tab 키 대신에 탭 문자를 사용하기도 하는데, 이것은 별로 좋지 않다. 탭 문자는 파일을 다른 사람이나 프린터에 보낼 때 문제를 일으킬 수 있다. 탭 문자의 폭이 통일되지 않았으며, 탭을 몽땅 무시해버리는 소프트웨어도 있다. 따라서, 파일에 탭 대신에 빈칸을 사용해서 저장하는 게 좋다. 대부분의 편집기들에는 탭을 빈칸으로 자동 변환하는 설정이 있다. 자신의 개발 환경의 문서에서 이 유용한 설정을 활성화시키는 방법을 찾아보자.

특강 3.1 · 조건 연산자

자바에는 다음 형태의 조건 연산자가 있다:

> *condition* ? *value1* : *value2*

이 표현의 값은 테스트를 통과하면 value1, 아니면 value2이다. 예를 들어, 실제 층 수를 다음과 같이 계산할 수 있다.

```
actualFloor = floor > 13 ? floor - 1 : floor;
```

이것은 다음과 등가이다.

```
if (floor > 13) { actualFloor = floor - 1; } else { actualFloor = floor; }
```

조건 연산자는 값이 기대되는 곳이면 어디든 사용 가능하다. 예:

```
System.out.println("Actual floor: " + (floor > 13 ? floor - 1 : floor));
```

이 책에서는 조건 연산자를 사용하지 않으나, 조건 연산자는 편리한 구성체로서 많은 자바 프로그램에서 볼 수 있다.

프로그래밍 팁 3.4 · 분기 안 중복을 피하기

각 분기 안에 코드를 중복시키지 않았는지 주의한다. 만일 그랬다면, if 문 바깥으로 옮겨라. 다음은 중복의 예이다.

```
if (floor > 13)
{
   actualFloor = floor - 1;
   System.out.println("Actual floor: " + actualFloor);
}
else
{
   actualFloor = floor;
   System.out.println("Actual floor: " + actualFloor);
}
```

위 출력문은 두 분기에서 똑같다. 오류는 없다—이 프로그램은 제대로 돌아간다. 그러나, 다음과 같이 중복문을 이동시켜서 프로그램을 간략화할 수 있다.

```
if (floor > 13)
{
   actualFloor = floor - 1;
}
else
{
   actualFloor = floor;
```

```
    }
    System.out.println("Actual floor: " + actualFloor);
```

중복을 제거하는 것은 프로그램이 오랫동안 관리될 때 특히 중요하다. 같은 작용을 하는 두 명령이 있다고 할 때, 프로그래머가 하나만 수정하고 다른 것은 수정하지 않는 경우가 왕왕 있다.

3.2 수와 문자열 비교

모든 if 문은 조건을 포함한다. 많은 경우, 조건에는 두 값의 비교가 포함된다. 예를 들어, 앞 예제에서는 floor > 13을 테스트했다. 이 비교 >를 **관계 연산자(relational operator)**라고 부른다. 자바에는 여섯 개의 관계 연산자가 있다(표 3.1).

볼 수 있듯이, 단 두 개의 자바 관계 연산자(> 와 <)만이 수학 표기와 일치한다. 컴퓨터 키보드에 ≥, ≤, 또는 ≠ 키는 없으나, >=, <=, != 연산자들이 비슷하게 생겼기 때문에 기억하기는 쉽다.

자바에서는 관계 연산자를 사용해서 한 값이 다른 값보다 큰지 여부를 검사한다.

== 연산자는 대부분의 자바 초보자들에게 처음에는 혼동된다. 자바에서 =는 이미 할당이라는 의미를 갖고 있다. == 연산자는 등가성 검사를 나타낸다:

```
floor = 13;  // floor에 13을 할당

if (floor == 13)  // floor가 13과 같은지를 테스트
```

테스트 안에서는 ==를 사용하고 테스트 밖에서는 =를 사용한다는 것을 기억하라.

표 3.1 관계 연산자

자바	수학 표기	설명
>	>	초과
>=	≥	이상
<	<	미만
<=	≤	이하
==	=	같음
!=	≠	다름

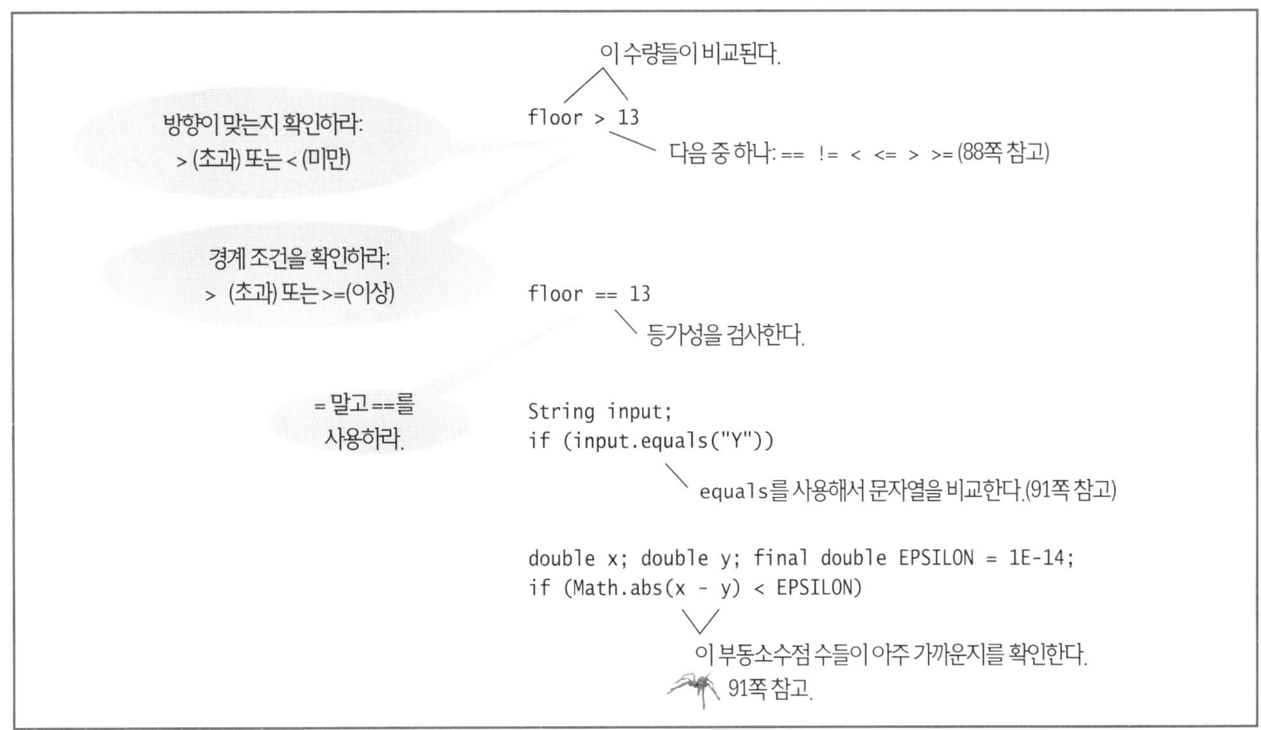

표 3.1의 관계 연산자들은 산술 연산자에 비해 우선 순위가 낮다. 즉, 우리는 산술 표현식을 관계 연산자의 아무 쪽에든 괄호 없이 쓸 수 있다. 예를 들어, 표현식

```
floor - 1 < 13
```

에서 < 연산자의 양쪽(floor - 1과 13)이 계산된 후 그 결과가 비교된다. 부록 B가 자바 연산자들과 그들의 우선순위 표를 보여준다.

두 문자열이 같은지를 비교할 때는 equals라는 메서드를 사용해야 한다:

```
if (string1.equals(string2)) . . .
```

문자열 비교에 == 연산자를 사용해서는 안 된다. 비교

```
if (string1 == string2) // Not useful
```

문자열 비교에 == 연산자를 사용하지 말라. 그 대신에 equals 메소드를 사용하라.

는 엉뚱한 의미를 가진다. 이것은 두 문자열이 같은 장소에 저장되어 있는지를 테스트한다. 다른 장소의 문자열들이 같은 내용을 가질 수 있으므로, 이 테스트는 실제 프로그래밍에서 의미가 없다; 91쪽의 빈번한 오류 3.3을 참고하라.

표 3.2는 자바에서 값들을 비교하는 방법을 요약한다.

표 3.2 관계 연산자 예

표현식	값	설명
3 <= 4	true	3은 4보다 작다; <=는 "이하"를 검사한다.
🚫 3 =< 4	오류	"이하" 연산자는 =<이 아니라 <=이다. "미만" 기호가 앞에 온다.

(계속)

표 3.2 관계 연산자 예		
표현식	**값**	**설명**
`3 > 4`	`false`	`>`는 `<=`의 반대이다.
`4 < 4`	`false`	좌변은 우변보다 확실히 작아야 한다.
`4 <= 4`	`true`	양변이 같다; `<=`는 "이하"를 검사한다.
`3 == 5 - 2`	`true`	`==`는 등가성을 검사한다.
`3 != 5 - 1`	`true`	`!=`는 이가성를 검사한다. 3이 5-1이 아님은 참이다.
🚫 `3 = 6 / 2`	`오류`	등가성 검사에는 `==`를 사용한다.
`1.0 / 3.0 == 0.333333333`	`false`	이 값들이 서로 아주 비슷하지만, 정확하게 같지는 않다. 91쪽의 빈번한 오류 3.2 참고.
🚫 `"10" > 5`	`오류`	문자열을 수와 비교할 수 없다.
`"Tomato".substring(0, 3).equals("Tom")`	`true`	두 문자열의 내용이 같은지를 확인할 때는 항상 `equals` 메소드를 사용하라.
`"Tomato".substring(0, 3) == ("Tom")`	`false`	문자열 비교에 `==`를 사용하지 말라; 이것은 문자열들이 같은 장소에 저장되어 있는지를 검사한다. 91쪽의 빈번한 오류 3.3을 참고한다.

6. a가 3, b가 4일 때, 다음 중 어느 조건이 참인가?

   a. `a + 1 <= b`

   b. `a + 1 >= b`

   c. `a + 1 != b`

7. 다음 조건의 반대를 제시하라.

   ```
   floor > 13
   ```

8. 다음 명령에서 틀린 곳은?

   ```
   if (scoreA = scoreB)
   {
      System.out.println("Tie");
   }
   ```

9. 사용자가 Y를 입력했는지를 검사하기 위한 조건을 다음 `if` 문에 추가하라.

   ```
   System.out.println("Enter Y to quit.");
   String input = in.next();
   if (. . .)
   {
      System.out.println("Goodbye.");
   }
   ```

10. 문자열 `str`이 빈 문자열이 아님을 검사하는 방법은?

Practice It   이제 다음 연습문제들에 대해 답할 수 있다: R3.4, R3.7, P3.18.

부동 소수점 수의 정확한 비교

부동소수점 수의 정밀도는 유한하며, 계산 시 반올림 오차가 발생할 수 있다. 부동 소수점 수들을 비교할 때는 이 필연적인 반올림을 감안해야 한다. 예를 들어, 다음 코드는 2의 제곱근을 제곱한다. 이상적으로는 답이 2라야 할 것이다:

```
double r = Math.sqrt(2.0);
if (r * r == 2.0)
{
    System.out.println("Math.sqrt(2.0) squared is 2.0");
}
else
{
    System.out.println("Math.sqrt(2.0) squared is not 2.0 but "
        + r * r);
}
```

부동소수점 수들을 비교할 때는 한정된 정밀도를 감안하라.

이 프로그램의 출력은 다음과 같다.

```
Math.sqrt(2) squared is not 2.0 but 2.00000000000000044
```

부동 소수점 수들을 정확하게 비교하는 것은 대부분의 경우에 타당하지 않다. 그 대신에 그들이 충분히 가까운지를 테스트해야 한다. 즉, 그들의 차의 크기가 어떤 문턱치보다 작아야 한다. 수학적으로는, 아주 작은 수 ε에 대해 x와 y가 다음과 같을 때 충분히 가깝다고 한다.

$$|x - y| < \varepsilon$$

ε은 그리스 문자 엡실론으로서, 매우 작은 수량을 나타낼 때 사용된다. double 수들을 비교할 때는 보통 10^{-14}로 설정한다:

```
final double EPSILON = 1E-14;
double r = Math.sqrt(2.0);
if (Math.abs(r * r - 2.0) < EPSILON)
{
    System.out.println("Math.sqrt(2.0) squared is approximately 2.0");
}
```


문자열 비교에 ==를 사용하기

다음

```
if (nickname == "Rob")
```

와 같이 쓰면, 이 테스트는 변수 nickname이 문자열 리터럴 "Rob"과 같은 장소를 가리킬 때만 성공한다. 이 테스트는 문자열 변수가 같은 문자열 리터럴로 초기화 되었다면 통과할 것이다:

```
String nickname = "Rob";
. . .
if (nickname == "Rob") // Test is true
```

그러나, 글자 R o b를 갖는 문자열이 다른 방식으로 만들어진다면 이 테스트는 실패할 것이다:

```
String name = "Robert";
String nickname = name.substring(0, 3);
. . .
if (nickname == "Rob") // Test is false
```

이 경우, substring 메서드는 다른 메모리 위치의 문자열을 만든다. 두 문자열이 같은 내용을 갖지만 이 비교는 실패한다.

문자열 비교에 절대로 == 연산자를 사용해서는 안 된다. 두 문자열의 내용이 같은지를 확인할 때는 항상 equals를 사용하라.

특강 3.2 · 사전식 문자열 순서

두 문자열이 서로 같지 않을 때에도 둘 간의 관계를 알고 싶을 때가 있다. compareTo 메서드는 문자열을 "사전식" 순서로 비교한다. 이 순서는 사전에 단어들이 정렬된 순서와 매우 비슷하다. 만일

```
string1.compareTo(string2) < 0
```

이라면, 사전에서 문자열 string1이 문자열 string2 보다 앞에 나온다. 예를 들면, string1이 "Harry", string2가 "Hello"일 때가 그렇다. 만일

```
string1.compareTo(string2) > 0
```

이라면 사전적 순서로 string1은 string2 보다 늦게 나온다.

끝으로 만일

```
string1.compareTo(string2) == 0
```

이라면 string1과 string2는 같다.

사전에서의 순서(the ordering in a dictionary)와 자바의 사전식 순서(lexicographic ordering) 간에는 몇 가지 기술적 차이가 있다. 자바에서는

사전에서 두 용어 중 어느 것이 앞에 오는지 보려면, 둘이 서로 달라지는 첫 글자를 찾아라.

> compareTo 메소드는 문자열을 사전식 순서로 비교한다.

- 모든 대문자는 소문자 보다 앞선다. 예를 들면, "Z"가 "a"보다 앞선다.
- 빈칸 글자는 모든 인쇄 가능 글자보다 앞에 나온다.
- 숫자는 문자보다 앞에 나온다.
- 구두점들의 순서에 관해서는 부록 A를 보라.

두 문자열을 비교할 때, 우리는 두 단어의 첫 글자들을 비교하고, 그 다음에는 두 번째 글자, 기타 등등으로, 두 문자열 중 하나가 끝나거나 일치하지 않는 글자 쌍이 나타날 때까지 계속한다.

만일 둘 중 하나가 끝나면, 더 긴 문자열이 "더 큰" 것으로 간주된다. 예를 들어, "car"와 "cart"를 비교해보자. 처음 세 글자는 일치하고, 그리고 첫 문자열이 끝난다. 그러므로, "car"는 사전식 순서에서 "cart"보다 먼저 나온다.

불일치를 만나는 순간 "더 큰" 글자를 포함하는 문자열이 "더 큰" 것으로 간주된다. 예를 들어, "cat"과 "cart"를 비교하자. 처음 두 글자는 일치한다. t가 r보다 나중에 나오므로, 사전식 순서로는 문자열 "cat"이 "cart"보다 나중에 나온다.

이 How To는 if 문을 구현하는 과정을 안내한다. 다음 보기 문제를 갖고 단계별로 설명하겠다.

학교 도서관이 매년 10월 24일에 Kilobyte Day 세일을 하고, 모든 컴퓨터 액세서리 구매에 대해, 그 가격이 $128 미만이면 8%, 그 이상이면 16% 할인해준다. 점원에게 원래 가격을 묻고, 할인된 가격을 출력하는 프로그램을 작성하라.

단계 1   분기 조건에 대해 판단한다.

이 샘플 문제에서는 조건에 대한 분명한 선택은

original price < 128?

이다. 이거면 되겠고, 이 조건을 우리의 솔루션에 사용하겠다. 그러나, 그 반대의 조건, 즉, 원래 가격이 적어도 $128인가?를 선택해도 똑같이 맞는 솔루션을 얻을 것이다. 할인율이 언제 더 높아지는지를 알고 싶은 구매자의 입장에서 고른다면 이 조건을 더 선호할 것이다.

할인은 보통 비싼 상품에 대해 더 높다. 이러한 판단을 구현하기 위해 if 문을 사용하라.

단계 2   조건이 참일 때 수행될 작업에 대한 수도코드를 마련한다.

이 단계에서는 '긍정' 분기에서 취해지는 동작(들)을 나열한다. 세부 사항은 문제에 따라 달라진다. 메시지를 출력하거나, 값을 계산하거나, 또는 프로그램을 빠져나오길 원할 수도 있을 것이다. 이 보기에서는 8% 할인율을 적용해야 한다:

discounted price = 0.92 x original price

단계 3   조건이 참이 아닌 때 수행될 작업(만일 있다면)을 위한 수도코드를 마련한다.

단계 1의 조건이 충족되지 않는 경우에 무엇을 하기를 원하는가? 때로는 아무것도 안 하길 원한다. 그 경우에는 else 분기가 없는 if 문을 사용한다. 이 보기에서는 가격이 $128 미만인지의 조건이 테스트 되었다. 이 조건이 참이 아닌 경우, 가격은 적어도 $128이므로, 더 높은 16% 할인율이 적용된다:

discounted price = 0.84 x original price

단계 4   관계 연산자를 다시 확인한다.

우선, 테스트가 바른 방향으로 진행하는지 확인한다. >와 <를 많이들 혼동한다. 그 다음에는, < 연산자를 사용해야 하는지, 또는 사촌격인 <= 연산자를 사용해야 하는지 따져본다. 원래 가격이 딱 $128이라면 어떻게 되겠는가? 문제를 자세히 읽어보면 원래 가격이 $128 미만이면 더 낮은 할인율이 적용되고, 적어도 $128이면 더 높은 할인율이 적용됨을 알 수 있다. 따라서 $128은 조건을 충족하지 않으며, 우리는 <= 아닌 <를 사용해야 한다.

단계 5   중복을 제거한다.

두 분기에 공통적인 동작들을 확인하고, 그들을 바깥으로 옮긴다(87쪽의 프로그래밍 팁 3.4 참고).

이 보기에서는 다음 형태의 명령문이 두 개가 있다.

discounted price = ___ x original price

그들은 할인율만 다르다. 분기에서는 할인율만 설정하고 계산은 나중에 하는 게 좋다:

```
If original price < 128
    discount rate = 0.92
Else
    discount rate = 0.84
discounted price = discount rate x original price
```

단계 6 모든 분기를 테스트한다.

두 가지 테스트 경우를 만든다. 하나는 `if` 문의 조건을 충족시키는 것이고, 다른 하나는 그러지 않는 것. 각 경우에 어떤 일이 일어나는지 스스로에게 물어보아라. 그런 후 수도코드를 따라서 각각을 점검한다.

이 보기에서, 원래 가격이 \$100과 \$200인 두 가지 시나리오를 고찰하자. 우리는 처음 가격이 \$8 할인되고, 두 번째 가격은 \$32 할인될 것으로 예상한다.

원래 가격이 100일 때, 조건 100 < 128이 참이며, 다음을 얻는다.

```
discount rate = 0.92
discounted price = 0.92 x 100 = 92
```

원래 가격이 200일 때, 조건 100 < 128이 거짓이며, 다음을 얻는다.

```
discount rate = 0.84
discounted price = 0.84 x 200 = 168
```

두 경우 모두에서 예상했던 답을 얻었다.

단계 7 `if` 문을 자바로 조립한다.

다음의 골격

```
if ()
{
}
else
{
}
```

을 타이핑하고, 84쪽의 문법 3.1에 보인 것 같이 채운다. 필요하지 않으면 else 분기를 생략한다.

이 보기에서, 완성된 명령문은 다음과 같다:

```
if (originalPrice < 128)
{
   discountRate = 0.92;
}
else
{
   discountRate = 0.84;
}
discountedPrice = discountRate * originalPrice;
```

데모 예제 3.1	중간에서 추출하기

➕ 이 데모 예제는 문자열의 중간 글자, 또는 문자열 길이가 짝수라면 중간의 두 글자를 추출하는 방법을 보여준다.

➕ WileyPLUS와 www.wiley.com/college/horstmann에서 온라인으로 볼 수 있다.

판단을 내리는 것은 컴퓨터 프로그램의 필수적인 역할이다. 공항에서 수하물을 분류하는 것을 돕는 컴퓨터 시스템이 대표적인 예이다. 이 시스템은 수하물 식별 코드를 스캔한 후에, 분류해서 해당 컨베이어 벨트로 보낸다. 그런 후, 인간 오퍼레이터가 트럭에 싣는다. 덴버 시가 낡고 혼잡한 시설을 교체하기 위해서 거대한 공항을 지었을 때, 수하물 시스템 계약자는 한 가지를 더했다. 새 시스템은 인간 오퍼레이터를 로봇 카트로 교체하도록 설계되었다. 아쉽게도 이 시스템은 실패했다. 수하물이 트랙으로 떨어져서 카트를 멈추는 등의 문제에 시달렸다. 소프트웨어 결함도 좌절시키는 건 마찬가지였다. 카트가 필요한 곳은 다른 곳인데, 엉뚱한 곳에 쓸데 없이 모아지고는 했다.

1993년에 공항을 열기로 계획되었으나, 수하물 시스템이 기능을 제대로 하지 않아, 계약자가 문제를 해결하기 위해 노력하는 동안, 1년이 넘게 지연되었다. 계약자는 끝내 해내지 못했고, 결국 수동 시스템이 설치되었다. 이 지연으로 인해 시와 항공사들은 수십억 달러의 비용을 부담하게 되었으며, 한때 가장 잘 나가던 수하물 시스템 판매회사였던 계약자는 파산하고 말았다. 더 작은 규모로 시도된 적이 없었던 기술에 기반해서 큰 시스템을 구축하는 것은 확실히 매우 위험하다. 로봇과 그를 제어하는 소프트웨어가 시간이 지남에 따라 점점 나아지면, 언젠가는 수하물 처리의 대부분을 맡게 될 것이다. 그렇지만, 점진적으로 진행될 것이다.

덴버 공항은 원래 수하물을 운반하는 완전 자동 시스템을 갖추고, 인간 오퍼레이터를 로봇 카트로 교체했었다. 불행하게도, 그 시스템은 기능을 하지 못했고, 공항을 열기 전에 분해되었다.

3.3 다지 선다

다중 if 문을 결합해서 복잡한 판단을 구현할 수 있다.

3.1절에서는 if 문으로 두 갈래 분기를 프로그래밍하는 방법을 봤다. 많은 경우에, 셋 이상의 경우가 존재한다. 이 절에서는 다지 선다형 판단을 구현하는 방법을 배울 것이다. 예를 들어, 리히터 스케일로 측정된, 지진의 영향을 표시하는 프로그램을 고려하자(표 3.3).

샌프란시스코의 베이 브리지를 훼손시키고 많은 건물을 파괴한 1989년의 Loma Prieta 지진은 리히터 스케일로 7.1로 측정되었다.

표 3.3 리히터 스케일

값	영향
8	대부분의 구조물이 무너진다
7	많은 건물이 파괴된다
6	많은 건물이 심각하게 훼손되고, 일부는 무너진다
4.5	허술하게 지어진 건물들이 훼손된다

리히터 스케일은 지진 강도의 척도이다. 이 스케일의 각 스텝, 예를 들어 6.0에서 7.0은 지진 강도가 10배 증가함을 뜻한다.

이 경우에는 다섯 개의 분기가 있다: 네 가지 파손 각각에 하나씩, 그리고 파손이 없는 경우에 대해 하나. 그림 3.3이 이 다중-분기 명령에 대한 흐름도를 보여준다.

다지 선다를 구현하기 위해서 다음과 같이 여러 개의 if 문을 사용한다:

```java
if (richter >= 8.0)
{
    System.out.println("Most structures fall");
}
else if (richter >= 7.0)
{
    System.out.println("Many buildings destroyed");
}
else if (richter >= 6.0)
{
    System.out.println("Many buildings considerably damaged, some collapse");
}
else if (richter >= 4.5)
{
    System.out.println("Damage to poorly constructed buildings");
}
else
{
    System.out.println("No destruction of buildings");
}
```

그림 3.3 다지 선다

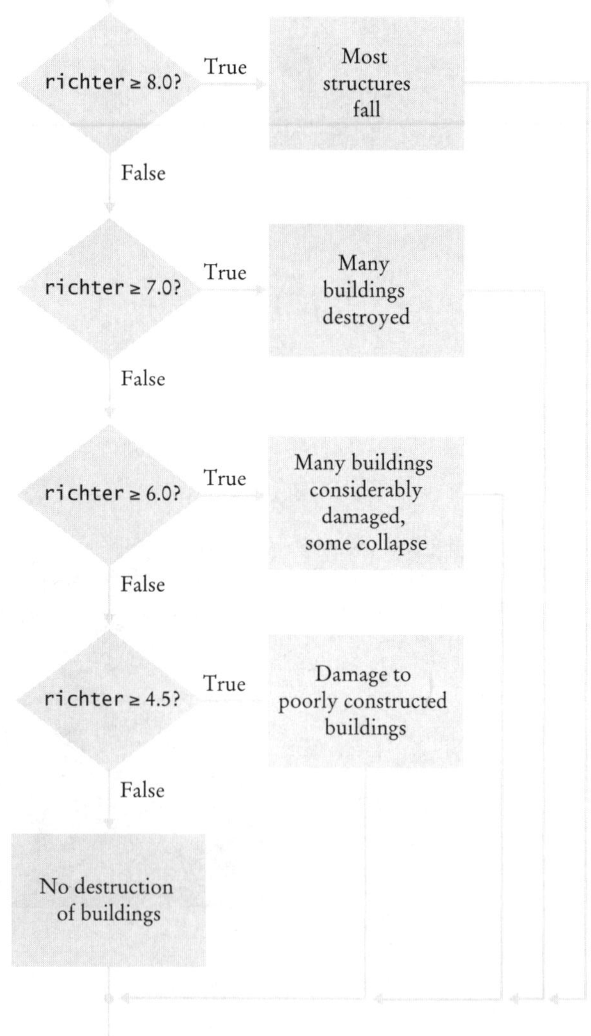

WileyPLUS와 www.wiley.com/college/horstmann에서 온라인으로 볼 수 있다.

네 개의 테스트 중 하나가 성공하면 바로 그 효과가 표시되고, 더 이상 테스트가 시도되지 않는다. 만일 네 가지 경우 중 하나도 적용되지 않으면, 맨 끝의 else 절이 적용되어 디폴트 메시지가 출력된다.

여기서는 조건들을 정렬해서 우선 가장 큰 컷오프에 대해 테스트해야 한다. 테스트 순서를 거꾸로 바꿨다고 가정해보자:

```java
if (richter >= 4.5) // Tests in wrong order
{
    System.out.println("Damage to poorly constructed buildings");
}
else if (richter >= 6.0)
{
    System.out.println("Many buildings considerably damaged, some collapse");
}
else if (richter >= 7.0)
{
    System.out.println("Many buildings destroyed");
}
else if (richter >= 8.0)
{
    System.out.println("Most structures fall");
}
```


이것은 제대로 기능하지 않는다. 리히터의 값이 7.1이라고 해보자. 이 값은 적어도 4.5이므로, 첫 경우를 충족한다. 나머지 테스트들은 전혀 시도되지 않을 것이다.

그에 대한 대책은 더 특정적인 조건들을 먼저 테스트하는 것이다. 여기서는 richter >= 8.0 조건이 richter >= 7.0 조건보다 더 특정적이며, richter >= 4.5 조건은 이들 두 조건보다 더 일반적(즉, 더 많은 값들로 만족됨)이다.

이 보기에서, 단순히 여러 개의 독립적인 if 문들이 아니라, if/else if/else 시퀀스를 사용한 사실도 역시 중요하다. 다음의 독립적인 테스트 시퀀스를 고려해보자.

```java
if (richter >= 8.0) // Didn't use else
{
    System.out.println("Most structures fall");
}
if (richter >= 7.0)
{
    System.out.println("Many buildings destroyed");
}
if (richter >= 6.0)
{
    System.out.println("Many buildings considerably damaged, some collapse");
}
if (richter >= 4.5)
{
    System.out.println("Damage to poorly constructed buildings");
}
```


이 선택 대상들은 서로 배타적이지 않다. 만일 리히터가 7.1이면, 끝의 세 테스트가 모두 충족되어서, 세 개의 메시지가 출력된다.

11. 어떤 게임 프로그램에서, 플레이어 A와 B의 점수가 변수 scoreA와 scoreB에 저장된다. 더 높은 점수의 플레이어가 이긴다고 가정하고, "A won", "B won" 또는 "Game tied"를 출력하는 if/else if/else 시퀀스를 작성하라.

12. x가 양, 음, 0일 때에 대해서 s를 각각 1, −1, 0으로 설정하는 세 개의 분기를 갖는 조건문을 작성하라.

13. 자체 검사 12에서의 임무를 두 개의 분기만으로 해내려면?

14. 초보자들은 때때로 다음과 같은 명령문들을 쓴다.

```
if (price > 100)
{
   discountedPrice = price - 20;
}
else if (price <= 100)
{
   discountedPrice = price - 10;
}
```

이 코드를 개선하는 방법을 설명하라.

15. 사용자가 지진 프로그램에 -1을 입력했다고 하자. 무엇이 출력되는가?

16. 지진 프로그램이 사용자가 음수를 입력했는지를 검사하게 만들고 싶다고 하자. if 문의 어디에, 어떤 분기를 추가하겠는가?

Practice It   이제 다음 연습문제들에 대해 답할 수 있다: R3.22, P3.9, P3.34.

특강 3.3

switch 문

어떤 값을 몇 개의 선택 대상들과 비교하는 if/else if/else 시퀀스를 switch 문으로 구현할 수 있다. 예:

```
int digit = . . .;
switch (digit)
{
   case 1: digitName = "one"; break;
   case 2: digitName = "two"; break;
   case 3: digitName = "three"; break;
   case 4: digitName = "four"; break;
   case 5: digitName = "five"; break;
   case 6: digitName = "six"; break;
   case 7: digitName = "seven"; break;
   case 8: digitName = "eight"; break;
   case 9: digitName = "nine"; break;
   default: digitName = ""; break;
}
```

switch 문은 정해진 대안 집합 안에서 선택할 수 있게 해준다.

는 다음을 간략화한 것이다.

```
int digit = . . .;
if (digit == 1) { digitName = "one"; }
else if (digit == 2) { digitName = "two"; }
else if (digit == 3) { digitName = "three"; }
else if (digit == 4) { digitName = "four"; }
else if (digit == 5) { digitName = "five"; }
else if (digit == 6) { digitName = "six"; }
else if (digit == 7) { digitName = "seven"; }
else if (digit == 8) { digitName = "eight"; }
else if (digit == 9) { digitName = "nine"; }
else { digitName = ""; }
```

별로 줄어들지는 않았지만, 한 가지 장점은 있다―모든 분기가 같은 값, 즉, digit를 테스트한다는 것이 분명하다.

switch 문은 편협한 상황들에 대해서만 적용될 수 있다. case 부의 값들이 상수이어야 한다. 이들은 정수나 문자가 가능하다. 자바 7에서는 문자열도 허용된다. 부동소수점 값에 대해서는 분기를 위해 switch 문을 사용할 수 없다.

switch의 모든 분기는 break 명령에 의해 끝나야 한다. 만일 break를 빠뜨리면, break를 만나거나 switch의 끝에 도달할 때까지 그 밑의 분기로 들어가서 계속 실행한다. 실제로는 이러한 관통이 유용한 경우는 드물며, 자주 오류의 원인이 된다. 우연히 break 문을 빼먹어도, 컴파일이 되어 의도하지 않은 코드가 실행된다. 많은 프로그래머들이 switch 문을 다소 위험하게 여겨서 if 문을 선호한다.

자신의 코드에서 switch 문을 사용할 지는 각자 알아서 한다. 어쨌든 다른 프로그래머의 코드에서 보게 되면 이해할 수 있어야 하니, 읽을 줄은 알아야 한다.

3.4 내포 분기

다른 if 문 안에 if 문을 넣어야 할 때가 있다. 그러한 배치를 내포된 명령문 집합이라고 부른다. 다음은 전형적인 예이다.

미국에서는 납세자의 결혼 여부에 따라서 세율이 다르게 적용된다. 독신과 기혼 납세자들을 위해 다른 세금 스케줄들이 존재한다. 기혼 납세자들은 그들의 소득을 합한 합계에 대해 세금을 납부한다. 표 3.4는 세율 계산 표로서, 2008 과세 연도에 발효된 간소화 소득 세율표를 사용하고 있다. 각 '등급'에 대해 다른 세율이 적용된다. 이 소득 세율표에서 첫 등급의 소득에는 10%의 세금이 붙으며, 둘째 번 등급의 소득에는 25%의 세금이 붙는다. 각 등급의 소득 한계는 혼인 여부에 따라 다르다.

표 3.4 연방 소득 세율표		
만일 독신이고 과세 소득이	**아래 금액 초과분에 대해**	**세금은**
$32,000 이하이면	10%	$0
$32,000 초과이면	$3,200 + 25%	$32,000
만일 기혼이고 과세 소득이	**세금은**	**아래 금액 초과분에 대해**
$64,000 이하이면	10%	$0
$64,000 초과이면	$6,400 + 25%	$64,000

이제 결혼 여부와 소득 금액이 주어졌을 때 납부할 세액을 계산하라. 핵심은 두 개의 판단 레벨이 있다는 것이다. 우선 결혼 여부에서 분기해야 한다. 그런 다음, 각 결혼 상태에 대해, 소득 레벨에 따라 또 분기해야 한다.

이 2-레벨 판단 과정은 이 절 끝의 프로그램에서 두 레벨의 if 문들에 반영된다(흐름도는 그림 3.4 참고). 이론적으로, 내포는 두 레벨보다 더 깊어질 수 있다. 세 레벨 판단 과정(맨 먼저는 주, 그 다음에는 결혼 여부, 그 다음에는 소득 수준)은 세 개의 내포 레벨을 필요로 한다.

소득세 계산은 여러 레벨의 판단을 요구한다.

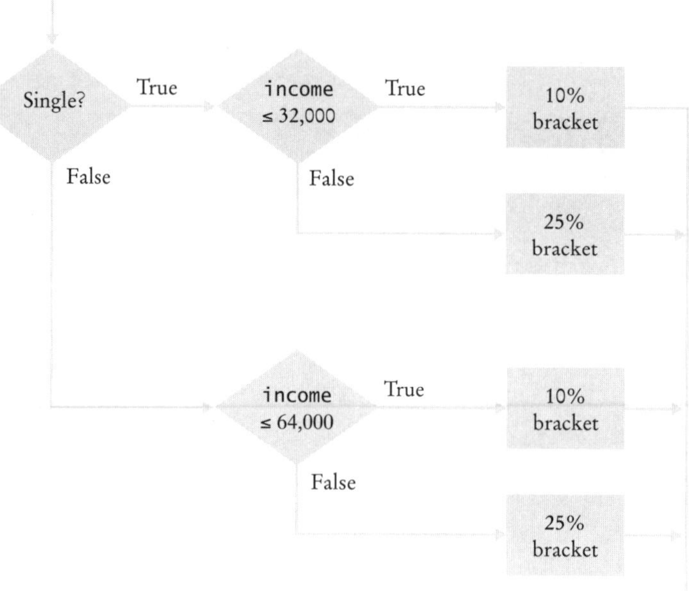

그림 3.4 소득세 계산

section_4/TaxCalculator.java

```java
import java.util.Scanner;

/**
   This program computes income taxes, using a simplified tax schedule.
*/
public class TaxCalculator
{
   public static void main(String[] args)
   {
      final double RATE1 = 0.10;
      final double RATE2 = 0.25;
      final double RATE1_SINGLE_LIMIT = 32000;
      final double RATE1_MARRIED_LIMIT = 64000;

      double tax1 = 0;
      double tax2 = 0;

      // Read income and marital status

      Scanner in = new Scanner(System.in);
```

```java
21        System.out.print("Please enter your income: ");
22        double income = in.nextDouble();
23
24        System.out.print("Please enter s for single, m for married: ");
25        String maritalStatus = in.next();
26
27        // Compute taxes due
28
29        if (maritalStatus.equals("s"))
30        {
31           if (income <= RATE1_SINGLE_LIMIT)
32           {
33              tax1 = RATE1 * income;
34           }
35           else
36           {
37              tax1 = RATE1 * RATE1_SINGLE_LIMIT;
38              tax2 = RATE2 * (income - RATE1_SINGLE_LIMIT);
39           }
40        }
41        else
42        {
43           if (income <= RATE1_MARRIED_LIMIT)
44           {
45              tax1 = RATE1 * income;
46           }
47           else
48           {
49              tax1 = RATE1 * RATE1_MARRIED_LIMIT;
50              tax2 = RATE2 * (income - RATE1_MARRIED_LIMIT);
51           }
52        }
53
54        double totalTax = tax1 + tax2;
55
56        System.out.println("The tax is $" + totalTax);
57     }
58 }
```

실행 결과

```
Please enter your income: 80000
Please enter s for single, m for married: m
The tax is $10400
```

17. 독신 납세자가 $32,000의 소득에 대해 내는 세금은 얼마인가?

18. 첫 내포 if 문이

```
if (income <= RATE1_SINGLE_LIMIT)
```

에서

```
if (income < RATE1_SINGLE_LIMIT)
```

으로 바뀌면 금액이 바뀌는가?

19. Harry와 Sally가 각각 연간 $40,000을 번다고 하자. 이들이 결혼한다면 세금이 절약 되겠는가?

20. 사용자가 혼인 여부(즉, s 또는 m)에 대해 올바른 값을 입력했는지를 검사하려면 TaxCalculator.java를 어떻게 수정하면 되는가?

21. 어떤 사람들은 소득이 높을수록 더 높은 세율을 적용하는 것에 대해, 열심히 일한 대

가로 급여가 올랐을 때, 세금을 공제하고 나면 수령액이 줄어든다고 주장하며 반대한
다. 이 주장의 허점은 무엇인가?

Practice It   이제 다음 연습문제들에 대해 답할 수 있다: R3.9, R3.21, P3.18, P3.21.

    핸드-트레이싱(Hand-Tracing)

프로그램이 제대로 동작하는지를 이해하기 위한 아주 유용한 기
술로 핸드-트레이싱이라고 불리는 것이 있다. 프로그램의 동작을
종이 위에 시뮬레이션하는 것이다. 이 방법을 수도코드나 자바 코
드와 함께 사용할 수 있다.

인덱스 카드, 칵테일 냅킨, 또는 손에 닿는 아무 종이든 준비한
다. 각 변수에 대해 열을 만들고, 프로그램 코드를 준비해 놓는다.
종이 클립 같은 마커를 사용해서 현재 명령문에 표시한다. 마음 속
으로 명령문들을 한 번에 하나씩 실행한다. 변수 값이 바뀔 때마다
이전 값을 선을 그어 지우고, 새 값을 그 밑에 쓴다.

예로서, 101쪽의 프로그램 실행 결과로 얻은 데이타를 갖고
세금 프로그램을 추적하자. 15번과 16번 줄에서 tax1과 tax2가 0
으로 초기화된다.

핸드-트레이싱은 프로그램이 제대로 동작하는지를 파악하는 것을 도와준다.

```
 8  public static void main(String[] args)
 9  {
10     final double RATE1 = 0.10;
11     final double RATE2 = 0.25;
12     final double RATE1_SINGLE_LIMIT = 32000;
13     final double RATE1_MARRIED_LIMIT = 64000;
14
15     double tax1 = 0;
16     double tax2 = 0;
17
```

tax1	tax2	income	marital status
0	0		

22번과 25번 줄에서, income과 maritalStatus가 입력문에 의해 초기화된다.

```
20     Scanner in = new Scanner(System.in);
21     System.out.print("Please enter your income: ");
22     double income = in.nextDouble();
23
24     System.out.print("Please enter s for single, m for married: ");
25     String maritalStatus = in.next();
```

maritalStatus가 "s"가 아니므로, 바깥 if 문의 else 분기(41번 줄)로 이동한다.

```
29     if (maritalStatus.equals("s"))
30     {
31        if (income <= RATE1_SINGLE_LIMIT)
32        {
33           tax1 = RATE1 * income;
34        }
35        else
36        {
37           tax1 = RATE1 * RATE1_SINGLE_LIMIT;
38           tax2 = RATE2 * (income - RATE1_SINGLE_LIMIT);
39        }
40     }
41     else
42     {
```

tax1	tax2	income	marital status
0	0	80000	m

Income은 <= 64000이 아니므로, 안쪽 if 문의 else 분기(47번 줄)로 이동한다.

```
43        if (income <= RATE1_MARRIED_LIMIT)
44        {
45           tax1 = RATE1 * income;
46        }
47        else
48        {
49           tax1 = RATE1 * RATE1_MARRIED_LIMIT;
50           tax2 = RATE2 * (income - RATE1_MARRIED_LIMIT);
51        }
```

tax1과 tax2의 값들이 갱신된다.

```
48        {
49           tax1 = RATE1 * RATE1_MARRIED_LIMIT;
50           tax2 = RATE2 * (income - RATE1_MARRIED_LIMIT);
51        }
52     }
53
```

tax1	tax2	income	marital status
~~0~~	~~0~~	80000	m
6400	4000		

그들의 합 totalTax가 계산 및 출력된다. 그러고 나서
프로그램이 끝난다.

```
54     double totalTax = tax1 + tax2;
55
56     System.out.println("The tax is $" + totalTax);
57 }
```

tax1	tax2	income	marital status	total tax
~~0~~	~~0~~	80000	m	
6400	4000			10400

이 프로그램 추적이 예상 출력($10,400)을 보여주
므로, 이 테스트 사례가 제대로 동작한다는 것을 성
공적으로 입증했다.

대롱거리는 else 문제

if 문이 다른 if 문 안에 놓일 때, 다음 오류가 발생할 수 있다.

```
double shippingCharge = 5.00; // $5 inside continental U.S.
if (country.equals("USA"))
   if (state.equals("HI"))
      shippingCharge = 10.00; // Hawaii is more expensive
else // Pitfall!
   shippingCharge = 20.00; // As are foreign shipments
```

들여쓰기 레벨이 마치 else가 country.equals("USA") 테스트와 묶이는 것으로 보이게 한다.
불행하게도, 그것은 사실이 아니다. 컴파일러는 모든 들여쓰기를 무시하며, else를 그 앞의 if
와 짝 지워준다. 즉, 이 코드는 실제로는 다음과 같다.

```
double shippingCharge = 5.00; // $5 inside continental U.S.
if (country.equals("USA"))
   if (state.equals("HI"))
      shippingCharge = 10.00; // Hawaii is more expensive
   else // Pitfall!
      shippingCharge = 20.00; // As are foreign shipments
```

이것은 원하는 게 아니다. 우리는 else를 처음의 if와 묶기를 원한다.

이 모호한 else를 대롱거리는(dangling) else라고 부른다. 86쪽의 프로그래밍 팁 3.2에서
권고했듯이, 항상 중괄호를 사용함으로써 이 함정을 피할 수 있다:

```
double shippingCharge = 5.00; // $5 inside continental U.S.
if (country.equals("USA"))
{
   if (state.equals("HI"))
   {
      shippingCharge = 10.00; // Hawaii is more expensive
   }
}
else
{
   shippingCharge = 20.00; // As are foreign shipments
}
```

열거형(enumeration types)

대부분의 프로그램에서 우리는 유한한 수의 값들 중 하나를 저장할 수 있는 변수를 사용한다. 예를 들면 세금 반환 클래스에서 `maritalstatus` 변수는 값 "s"와 "m" 중 하나를 저장한다. 만일 프로그래밍 실수로 인해 `maritalStatus` 변수가 다른 값(예: "d", "w")으로 설정된다면, 프로그래밍 로직은 무효한 결과를 산출할 것이다.

간단한 프로그램에서는 이런 게 별로 중요한 문제가 아닐 수 있다. 그러나 시간이 경과하면서 프로그램이 점점 커지고, 더 많은 경우들이 추가됨에 따라(예: "기혼이지만 따로 신고" 상태) 오류가 끼어 들 수 있다. 자바 5.0 버전이 그에 대한 대책—**열거형**—을 제공한다. 열거형은 유한한 값들의 집합을 가진다. 예:

```java
public enum FilingStatus { SINGLE, MARRIED, MARRIED_FILING_SEPARATELY }
```

임의의 개수의 값들을 가질 수도 있으나, 그들을 모두 이 `enum` 선언에 넣어야 한다.

열거형 변수를 선언할 수 있다:

```java
FilingStatus status = FilingStatus.SINGLE;
```

만일 2나 "S" 같이 `FilingStatus`가 아닌 값을 할당하려고 시도한다면, 컴파일러가 오류로 처리한다.

열거형 값들을 비교하려면 `==` 연산자를 사용한다. 예:

```java
if (status == FilingStatus.SINGLE) . . .
```

다음과 같이 `enum` 선언은 프로그램을 구현하는 클래스의 안에 넣는다.

```java
public class TaxReturn
{
    public enum FilingStatus { SINGLE, MARRIED, MARRIED_FILING_SEPARATELY }

    public static void main(String[] args)
    {
        . . .
    }
}
```

영단어의 복수형을 계산하기

apple의 복수형은 apples이지만, cherry의 복수형은 cherries이다. 이 비디오 보기에서는 영단어의 복수형을 계산하는 알고리듬을 개발한다.

3.5 문제 해결하기: 흐름도

흐름도는 작업, 입력/출력, 판단을 위한 요소들로 구성된다.

이 장에서 이미 흐름도(flowchart)의 예를 본 적이 있다. 흐름도는 문제를 해결하는 데 필요한 판단과 작업의 구조를 보여준다. 복잡한 문제를 풀어야 할 때는, 제어의 흐름을 시각

➕ WileyPLUS와 www.wiley.com/college/horstmann에서 온라인으로 볼 수 있다.

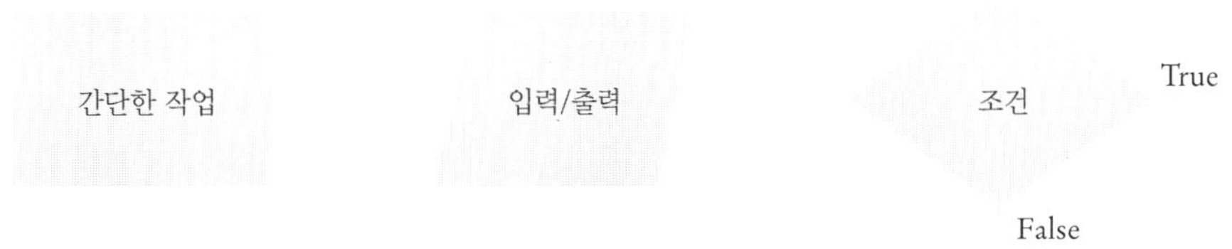

그림 3.5 흐름도 요소들

화하기 위해 흐름도를 그리는 게 좋다.

그림 3.5가 기본적인 흐름도 요소들을 보여준다.

기본 개념은 매우 간단하다. 실행되는 순서로 작업 및 입력/출력 상자들을 연결한다. 판단을 내려야 할 때는 두 개의 결과(outcome)를 갖는 다이아몬드를 그린다(그림 3.6).

각 분기는 작업들, 그리고 추가적인 판단들을 포함할 수 있다. 한 값에 대한 선택이 여럿 있다면, 그림 3.7에서와 같이 배치한다.

흐름도를 그릴 때 명심해야 할 한 가지 이슈가 있다. 제어되지 않은 분기와 합류는 프로그램의 흐름을 얽힌 그물 같은 지저분한 '스파게티 코드'로 만든다.

스파게티 코드를 피하는 간단한 룰이 있다: 화살표를 다른 분기 안으로 향하게 하지 말라.

이 룰을 이해하기 위해서 다음 보기를 고려하자: 미국 내에서는 운송비가 $5인데, 단, 하와이와 알래스카는 $10이다. 해외 운송료도 $10이다.

> 판단의 각 분기가 작업들, 그리고 또 다른 판단들을 포함할 수 있다.

> 화살표를 다른 분기 안으로 향하게 하지 말라.

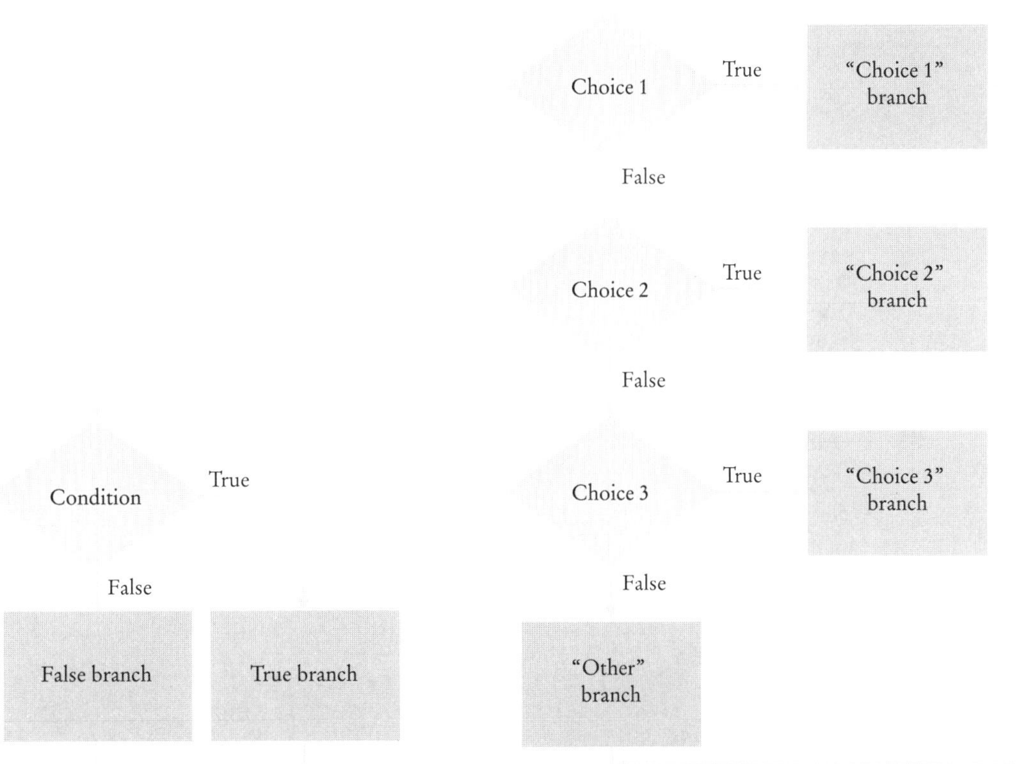

그림 3.6 출력이 둘인 흐름도   그림 3.7 다중 선택을 갖는 흐름도

다음과 같은 흐름도로 시작할 수 있을 것이다.

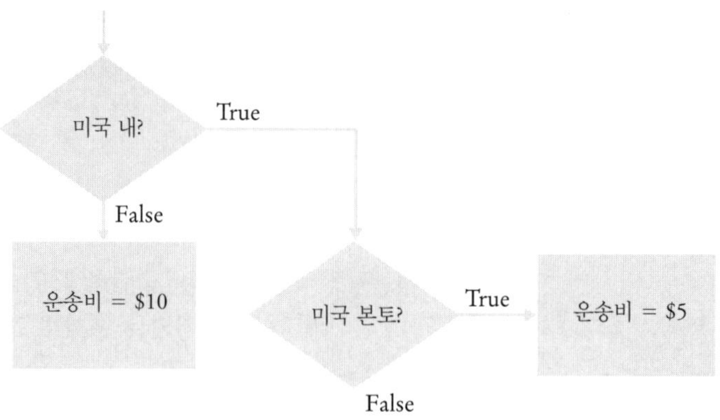

이제는 "운송비 = $10"이란 작업을 재사용해보고 싶을 것이다:

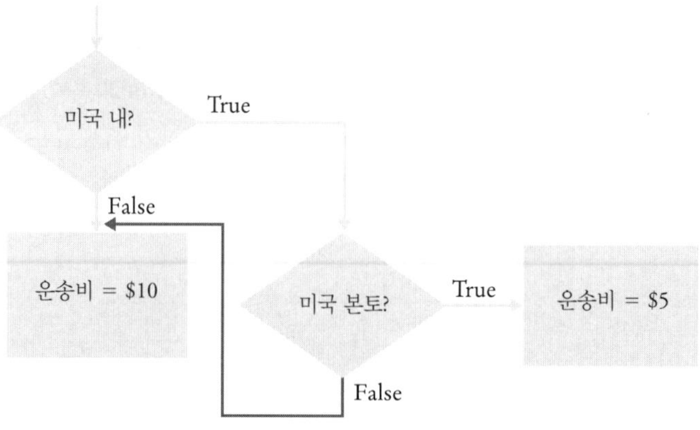

이렇게 하지 말라. 진한 화살표가 다른 분기 안으로 향해 있다. 그 대신에 다음과 같이 운송비를 $10로 설정하는 작업을 하나 더 추가하자.

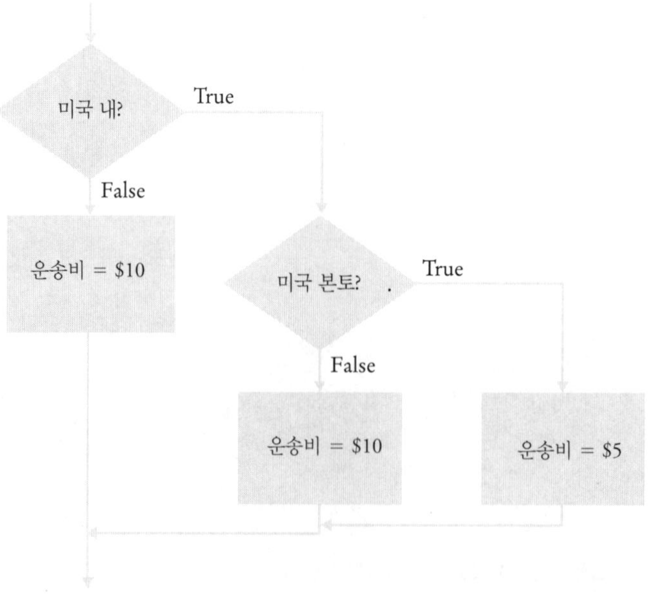

이 설계가 스파게티 코드를 피할 뿐만 아니라, 더 낫다. 향후, 해외 운송료가 알래스카와 하와이 운송료와 달라질 수도 있을 것이다.

흐름도는 알고리듬의 흐름을 직관적으로 이해할 수 있게 해준다. 그러나, 디테일을 추가하면 흐름도가 급속히 커진다. 그때는 흐름도에서 수도코드로 바꾸는 게 좋다.

스파게티 코드에는 경로가 너무 많아서 이해하기가 불가능하다.

자체검사

22. 값 temp를 읽어서 0 미만이면 "Frozen"을 출력하는 프로그램을 위한 흐름도를 그려라.

23. 오른쪽 흐름도는 무엇이 잘못 되었는가?

24. 자체 검사 23의 흐름도를 고쳐라.

25. x의 값을 읽는 프로그램을 위한 흐름도를 그려라. 만일 0 미만이면, "Error"를 출력하라. 아니면, 그의 제곱근을 출력하라.

26. Temp의 값을 읽는 프로그램을 위한 흐름도를 그려라. 그 값이 0 미만이면, "Ice"를 출력하라. 만일 100을 초과하면, "Steam"을 출력하라. 아니면, "Liquid"를 출력하라.

Practice It   이제 다음 연습문제들에 대해 답할 수 있다: R3.12, R3.13, R3.14.

3.6 문제 해결하기: 테스트 케이스

3.4절의 세금 계산 프로그램을 테스트하는 방법을 고찰하자. 물론 혼인 상태와 소득 수준의 모든 가능한 입력을 시도할 수는 없다. 그렇게 할 수 있다고 하더라도, 그걸 모두 시도할 필요가 없다. 만일 프로그램이 주어진 등급에서 하나 또는 두 개의 세액을 옳게 계산한다면, 모든 세액이 옳게 계산될 거라고 믿을 대의명분이 선다.

모든 판단 점들에 대한 완벽한 보장을 목표로 하고 싶다. 다음은 포괄적인 테스트 케이스 집합을 얻기 위한 방안이다.

프로그램의 각 분기는 테스트 케이스로 커버되어야 한다.

- 혼인 상태에는 두 가지가 가능하며, 각 상태에 대해 두 가지 과세 등급이 있어서, 총 네 개의 테스트 케이스가 나온다.
- 두 등급 사이의 **경계**에 있는 소득 같은 약간의 경계 조건들과 무소득을 테스트한다.
- 오류 검사를 맡았다면(3.8절에서 설명), 음수 소득 같은 무효 입력도 검사한다.

테스트 케이스와 예상 출력의 목록을 만든다:

테스트 케이스	예상 출력	주석
30,000 s	3,000	10% bracket
72,000 s	13,200	3,200 + 25% of 40,000
50,000 m	5,000	10% bracket

104,000 m	16,400	6,400 + 25% of 40,000
32,000 s	3,200	boundary case
0	0	boundary case

테스트 케이스 집합을 생성할 때, 프로그램의 흐름도를 갖고 있으면 도움이 된다(3.5절 참고). 하나의 테스트 케이스를 갖는 각 분기를 검사한다. 각 판단의 경계 케이스들에 대한 테스트 케이스들을 포함시킨다. 예를 들면, 어떤 판단이 입력이 100 미만인지 여부를 검사한다면, 입력을 100으로 해서 테스트한다.

코딩을 시작하기 전에, 항상 테스트 케이스들을 설계하는 게 좋다. 테스트 케이스들에 대한 확인을 통해서, 구현하려는 알고리듬을 더 잘 이해하게 된다.

27. 83쪽의 그림 3.1을 가이드로 이용해서, 3.1절의 `ElevatorSimulation.java` 프로그램을 위한 테스트 케이스 집합을 설계하기 위해 3.6절에 기술된 과정을 따르라.

28. 93쪽의 How to 3.1의 알고리듬에 대한 경계 테스트 케이스는 어떤 것인가? 예상 출력은 얼마인가?

29. 96쪽의 그림 3.3을 가이드로 이용해서, 3.3절의 `EarchquakeStrength.java` 프로그램을 위한 테스트 케이스 집합을 설계하기 위해서, 3.6절에 기술된 과정을 따르라.

30. x와 y 위치(단위는 cm)를 반환하는 센서를 갖춘 의료 로봇 프로그램의 일부를 설계한다고 하자. 센서 위치가 원 내부, 원 외부, 경계상(구체적으로 경계로부터의 거리가 1 mm 미만)에 있는지 여부를 확인해야 한다. 원의 중심은 (0, 0), 반경은 2 cm로 가정한다. 테스트 케이스 집합을 제공하라.

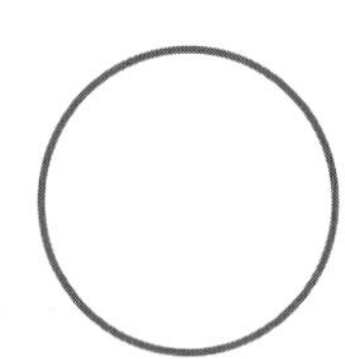

Practice It   이제 이 장의 끝에 있는 다음 연습문제들에 대해 답할 수 있다: R3.15, R3.16.

예상치 않은 문제를 위한 시간을 예비해서 시간표를 짜라

상용 소프트웨어는 예정보다 늦게 나오는 것으로 악명이 높다. 예를 들어, 마이크로소프트는 윈도우즈 비스타 운영체제를 처음에는 2003년에, 그 다음에는 2005년에, 그 다음에는 2006년 3월에 내놓을 거라고 약속했다. 실제 배포된 건 2007년 1월이었다. 처음 약속들은 현실성이 없었다고 본다. 마이크로소프트는 잠재 구매자들이 제품이 곧 나올 거라고 기대하게 만드는 데 관심이 있었다. 만일 실제 판매 시기를 미리 알았다면, 구매자들은 그 사이에 다른 제품으로 바꿨을 것이다. 그렇지만, 부인할 여지가 없이, 마이크로소프트는 해결하려 노력했던 작업이 얼마나 복잡한지를 미리 계산하지 않았다.

마이크로소프트는 자기네 제품을 늦게 납품할 수 있을지라도, 우리는 그렇지 못하다. 학생 또는 프로그래머로서, 우리는 시간을 현명하게 관리해야 하며, 과제를 늦지 않게 마쳐야 한다. 간단한 프로그래밍 연습문제라면 마감일 전날 밤에 할 수도 있을 것이지만, 그 두 배 정도 힘들 것으로 보이는 과제는 더 많은 문제가 발생할 수 있기 때문에, 네 배 정도 시간이 많이 걸린다. 따라서 프로그래밍 프로젝트를 시작할 때는 항상 시간표를 짜야 한다.

우선, 현실적으로 다음 작업에 시간이 얼마나 걸릴지를 예측하라.

• 프로그램 로직 설계

- 테스트 케이스 개발
- 프로그램 입력 및 문법 오류 해결
- 프로그램 테스트 및 디버깅

예를 들어, 소득세 프로그램을 위해 설계에는 한 시간, 테스트 케이스 개발에는 30분, 데이타 입력과 문법 오류 해결에는 한 시간, 테스트와 디버깅에 한 시간 걸릴 것으로 예상할 수 있을 것이다. 총 3.5시간이다. 이 프로젝트를 매일 두 시간씩 작업한다면, 거의 이틀이 걸릴 것이다.

프로그래밍 작업을 위한 스케줄을 세워서 늦지 않게 완성하라.

그리고, 실수할 수 있다는 것을 감안하자. 컴퓨터가 고장이 날 수도 있다. 컴퓨터 시스템 문제로 궁지에 빠질 수도 있다(이건 특히 초보자에게 심각하게 염려된다. 단지 문제 해결을 위한 마법 명령을 아는 누군가를 찾아내는 것만도 시간이 걸리기 때문에, 사소한 문제에 하루 정도를 날리는 건 아주 흔하다). 경험상, 예상 시간보다 두 배를 잡아라. 즉, 마감일 이틀 전이 아니라, 나흘 전에 시작하라. 만일 아무 실수도 안 한다면, 대단하다; 프로그램을 이틀 일찍 마친 것이다. 불가피한 문제가 발생할 때, 곤혹과 실패로부터 보호해줄 대비 시간을 갖게 되는 것이다.

특강 3.5 로깅

때로는 프로그램을 돌리면서 어디에서 시간이 지체되는지 모를 때가 있다. 프로그램 흐름을 인쇄해서 확인하기 위해서 다음과 같은 추적 메시지를 프로그램에 넣을 수 있다:

```java
if (status == SINGLE)
{
   System.out.println("status is SINGLE");
   . . .
}
```

그러나, 추적 메시지 목적으로 System.out.println을 사용하면 문제가 있다. 프로그램 테스트를 마치고 나면 추적 메시지를 만든 모든 인쇄 명령문들을 제거해야 한다. 그런데 다른 오류가 발견되면 다시 인쇄 명령문들을 집어 넣어야 한다.

이러한 문제를 피하려면 추적 메시지들을 프로그램에서 제거하지 않고도 끌 수 있게 해주는 Logger 클래스를 사용해야 한다.

System.out에 직접 출력하는 대신에, Logger.getGlobal() 호출에 의해 반환된 전역 로거 객체를 사용하라. (자바 7 이전에서는 전역 로거를 Logger.getLogger("global")로 얻었음.) 그리고 나서 info 메서드를 호출하라:

```java
Logger.getGlobal().info("status is SINGLE");
```

디폴트로, 메시지가 출력된다. 그러나, 프로그램의 main 메소드 시작부에서

로깅 메시지는 테스팅이 완료되면 비활성화될 수 있다.

```java
Logger.getGlobal().setLevel(Level.OFF);
```

를 호출하면, 모든 로그 메시지 출력이 억제된다. info 메시지 로깅을 다시 켜려면 이 레벨을 Level.INFO로 설정하라. 그렇게 해서, 프로그램이 제대로 동작할 때는 로그 메시지들을 끄고, 에러가 또 발견되면 다시 켤 수 있다. 즉, Logger.getGlobal().info를 사용한다는 것은 System.out.println과 같으나, 단, 로깅을 쉽게 활성화 및 비활성화시킬 수 있다.

Logger 클래스는 산업-강도의 로깅을 위한 다양한 옵션을 갖고 있다. 원하는 대로 로깅을 다루기를 원한다면 API 문서를 참고하라.

부울 타입 boolean은 참과 거짓의 두 값을 가진다.

부울 변수는 up(참) 또는 down(거짓)일 수 있기 때문에 깃발(flag)이라고 불리기도 한다.

자바에는 조건들을 결합하는 두 개의 부울 연산자가 있다: &&(and)와 ||(or).

때로는 프로그램의 어떤 부분에서 논리 조건을 계산하고, 그걸 다른 곳에서 사용할 때가 있다. 참이나 거짓일 수 있는 조건을 저장하기 위해서는 부울 변수를 사용한다. 부울 변수는 논리 분야의 개척자인 수학자 George Boole(1815~1864)의 이름을 따서 지어졌다.

자바에서 boolean 데이타 타입은 true와 false로 표기하는 딱 두 가지 값을 가질 수 있다. 이 값들은 문자열이나 정수가 아니다; 부울 변수만을 위한 특별한 값들이다.

다음은 부울 변수를 선언한다:

```
bool failed = true;
```

이 값을 프로그램에서 나중에 판단을 내리기 위해 사용할 수 있다:

```
if (failed) // failed가 true로 설정되어 있을 때만 실행된다
{
    . . .
}
```

복잡한 판단을 내리기 위해서, 부울 값들을 결합해야 할 때가 있다. 부울 조건들을 결합하는 연산자를 **부울 연산자(Boolean operator)**라고 부른다. 자바에서 && 연산자(and라고 불림)는 두 조건이 모두 참일 때 true를 내준다. ||연산자(or라고 불림)는 조건들 중 적어도 하나가 참이면 true를 결과로 제공한다.

온도 값을 처리하는 프로그램을 작성하고, 주어진 온도가 액체 상태(물)에 해당하는지를 테스트하려고 한다고 하자(해수면에서 물은 섭씨 0도에서 얼고, 100도에서 끓는다). 물은 온도가 0을 초과하고, 100 미만이면 액체이다:

```
if (temp > 0 && temp < 100) { System.out.println("Liquid"); }
```

이 테스트의 조건은 && 연산자로 결합되는 두 부분으로 구성된다. 각 부분은 참이나 거짓일 수 있는 부울 값이다. 결합된 표현식은 두 표현이 모두 참이라야 참이다. 만일 둘 중 하나라도 거짓이면, 결과도 거짓이다(그림 3.8).

부울 연산자 &&와 ||는 관계 연산자보다 우선 순위가 낮다. 그래서 관계 표현식은 부울 연산자의 어느 쪽에든 괄호를 사용하지 않고 쓸 수 있다. 예를 들어, 표현식

```
temp > 0 && temp < 100
```

에서 temp > 0과 temp < 100이 먼저 계산된다. 그런 다음, && 연산자가 그 결과들을 결합한다. 부록 B가 자바 연산자들과 그들의 우선 순위의 표를 보여준다.

A	B	A && B	A	B	A || B	A	!A
true	true	true	true	true	true	true	false
true	false	false	true	false	true	false	true
false	true	false	false	true	true		
false	false	false	false	false	false		

그림 3.8 부울 진리표

아이슬란드의 이 간헐온천에서는 얼음과 물과 증기를 볼 수 있다.

조건을 뒤집으려면 !(*not*) 연산자를 사용하라.

반대로, 주어진 온도에서 물이 액체가 아닌지를 검사해보자. 이것은 온도가 기껏해야 0 또는 적어도 100인 경우이다. ||(*or*) 연산자를 사용해서 표현을 결합하라:

```java
if (temp <= 0 || temp >= 100) { System.out.println("Not liquid"); }
```

그림 3.9가 이 보기의 흐름도를 보여준다.

not 부울 연산자를 사용해서 조건을 뒤집어야 할 때도 있다. ! 연산자는 단일 조건을 취하고, 그 조건이 거짓이면 참으로 평가하고, 참이면 거짓으로 평가한다. 아래 보기에서는 부울 변수 frozen이 false이면 출력이 발생한다:

```java
if (frozen) { System.out.println("Not frozen"); }
```

표 3.5는 부울 연산자를 평가하는 추가적인 예들을 보여준다.

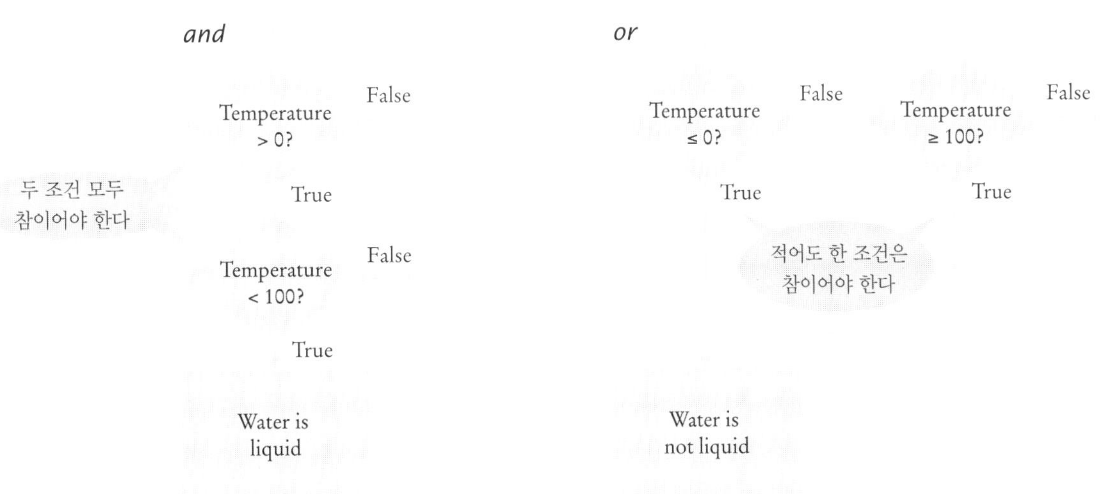

그림 3.9 *and*와 *or* 결합을 위한 흐름도

표현식	값	설명
`0 < 200 && 200 < 100`	`false`	첫 조건만이 참이다.
`0 < 200 || 200 < 100`	`true`	첫 조건이 참이다.
`0 < 200 || 100 < 200`	`true`	`||`는 "-아니면-(either-or-)"에 대한 테스트가 아니다. 두 조건 모두 참이면, 결과는 참이다.
`0 < x && x < 100 || x == -1`	`(0 < x && x < 100)` `|| x == -1`	`&&` 연산자가 `||` 연산자보다 우선 순위가 높다(부록 B 참고).
🚫 `0 < x < 100`	**Error**	**오류**: 이 표현식은 x가 0과 100 사이에 있는지를 테스트하지 않는다. 표현 `0 < x`는 부울 값이다. 부울 값을 정수 100과 비교할 수 없다.
🚫 `x && y > 0`	**Error**	**오류**: 이 표현은 x와 y가 양인지를 테스트하지 않는다. `&&`의 좌변은 정수 x이며, 우변의 `y > 0`은 부울 값이다. `&&`를 정수 인수와 함께 사용할 수 없다.
`!(0 < 200)`	`false`	`0 < 200`이 참이므로, 그의 부정은 거짓이다.
`frozen == true`	`frozen`	부울 변수를 true와 비교할 필요가 없다.
`frozen == false`	`!frozen`	false와 비교하는 것보다 `!`를 사용하는 게 더 명확하다.

31. x와 y가 정수라고 하자. 둘 다 0인지를 어떻게 테스트하겠는가?

32. 적어도 하나가 0인지를 어떻게 테스트하겠는가?

33. 딱 하나만 0인지를 어떻게 테스트하겠는가?

34. `!!frozen`의 값은?

35. 문자열 `"false"`/`"true"` 또는 정수 0/1 대신에 `boolean` 타입을 사용하는 이점은 무엇인가?

Practice It 이제 다음 연습문제들에 대해 답할 수 있다: R3.29, P3.25, P3.27.

여러 관계 연산자를 결합하기

다음 표현을 고려하자.

```java
if (0 <= temp <= 100) // 오류
```

이것은 수학의 0 ≤ temp ≤ 100 처럼 보이나, 자바에서는 컴파일-타임 오류이다.

이 조건을 분해해보자. 앞 부분의 0 <= temp는 결과가 참 또는 거짓인 테스트이다 이 테스트의 결과(true 또는 false)가 100과 비교되고 있다. 이것은 말이 안 된다. true가 100보다 크냐고, 아니면 작으냐고? 진리 값을 부동소수점 수와 비교 가능하냐고? 자바에서는 아니다. 자바 컴파일러는 이러한 명령문을 거부한다.

그 대신에 &&를 사용해서 두 개의 독립적인 테스트를 결합하라:

```java
if (0 <= temp && temp <= 100) ...
```

또 다른 빈번한 오류는, 마찬가지로 입력이 1 또는 2인지를 검사하려고

```java
if (input == 1 || 2) . . . // 오류
```

라고 쓰는 것이다. 역시 자바 컴파일러는 이러한 구조도 오류로 처리한다. || 연산자를 수에 적용할 수 없다. 두 개의 부울 표현식을 쓰고 || 연산자로 결합해야 한다:

```java
(input == 1 || input == 2) . . .
```


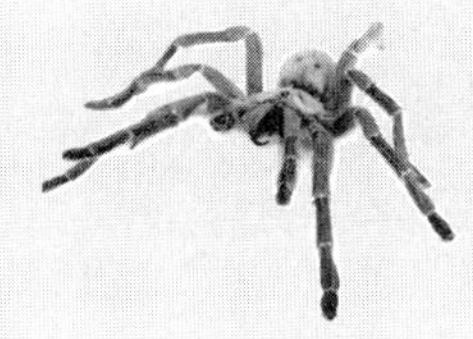

&&와 || 조건의 혼동

*and*와 *or* 조건을 혼동하는 오류는 놀라울 정도로 빈번하다. 적어도 0(이상)이면서(*and*) 기껏해야 100(이하)인 값은 0과 100 사이(between)에 놓인다. 만일 0 미만 또는(*or*) 100을 초과한다면, 이 범위 밖에 놓인다. 황금률은 존재하지 않는다. 단지 조심해야 할 뿐이다.

보통 *and*나 *or*가 명확하게 진술되며, 그러면 구현에 어려움이 없다. 그러나, 때때로 자구 표현이 그만큼 분명하지 않다. 기호를 사용한 목록에서는 개별 조건들이 잘 분리되어 있지만, 그들이 어떻게 결합되어야 하는지에 대해서는 거의 표시되어 있지 않다. 소득세 신고서를 제출하기 위한 다음 지침들을 고찰하라. 다음 사항들 중 적어도 하나가 참이면, 독신 소득세 세율을 신청할 수 있다:

- 결혼한 적이 없다.
- 과세 연도의 마지막 날에 합법적으로 별거 또는 이혼했다.
- 배우자가 사망했으며 재혼하지 않았다.

위 조건들 중 어느 하나라도 참이면 이 테스트를 통과하므로, 위 조건들을 or로 결합해야 한다. 그와 달리, 다음의 다섯 조건 모두 참이면 더 유리한 기혼 자격 합산 신고서 제출을 이용할 수 있다:

- 배우자가 사망한 지 2년 이상 경과하지 않았으며, 재혼하지 않았다.
- 피부양자 청구권이 있는 자녀가 있다.
- 그 자녀는 과세 연도 내내 자신과 동거했다.
- 이 자녀를 위해 가사 비용의 반이 넘게 지불했다.
- 배우자 사망 연도에 배우자와 함께 부부 소득세 합산 신고서를 제출했다.

이 테스트를 통과하려면 위 조건들이 모두 참이어야 하므로, 이들을 and로 결합해야 한다.

부울 연산자의 단락-회로 평가

&&와 || 연산자는 단락회로 평가에 의해 계산된다. 즉, 논리 표현들이 왼쪽에서 오른쪽으로 평가되며, 진리 값이 결정되는 순간 평가가 중단된다. &&가 계산될 때 첫 조건이 `false`이면, 두 번째 조건은 결과에 영향을 미치지 못하므로 계산되지 않는다.

&&와 || 연산자는 단락-회로 평가에 의해 평가된다: 진리 값이 결정되는 순간, 나머지 조건들은 평가되지 않는다.

예를 들어, 다음 표현을 고찰하자.

```
quantity > 0 && price / quantity < 10
```

`quantity`의 값이 0이라고 하자. 그러면 `quantity > 0` 테스트를 실패하며, 두 번째 테스트는 시도되지 않는다. 0으로 나누는 게 불법이므로 오히려 다행이다.

마찬가지로, || 표현식의 첫 조건이 참일 때, 전체 결과가 참이 되므로, 나머지는 계산되지 않는다.

이 과정을 단락-회로 평가(*short-circuit evaluation*)라고 부른다.

단락회로에서 전기는 최소 저항 경로를 따라 흐른다. 마찬가지로 단락회로 평가는 부울 표현식의 결과를 계산하는 가장 빠른 경로를 택한다.

드 모건 법칙(De Morgan's Law)

인간은 일반적으로 *not* 연산자와 결합된 *and/or* 표현식이 있는 논리 조건을 이해하는 데 어려움을 느낀다. 영국의 논리학자 Augustus De Morgan(1806~1871)의 이름을 딴 드 모건 법칙은 이러한 부울 표현을 단순화하는 데 사용될 수 있다.

미 대륙을 벗어나는 경우에 더 높은 운송비를 적용하려 한다고 하자:

```
if (!(country.equals("USA") && !state.equals("AK") && !state.equals("HI")))
{
    shippingCharge = 20.00;
}
```

이 테스트는 약간 복잡하며, 논리를 조심스럽게 검토해야 한다. 국가가 USA라는 게 참이 아니며, 주가 알래스카가 아니며, 주가 하와이가 아닐 때, 비용은 $20이다. 뭐라고? 이 코드가 헷갈리지 않는다면 거짓말이다.

컴퓨터는 문제 없지만, 코드 작성과 보수는 인간 프로그래머가 한다. 그러므로, 이런 조건을 단순화하는 방법을 알면 좋다.

드 모건 법칙에는 두 가지 형태가 있다. *and* 표현을 부정하는 것, 그리고 *or* 표현을 부정하는 것:

드 모건 법칙은 &&와 || 조건을 부정하는 방법을 알려준다.

```
!(A && B)     is the same as     !A || !B
!(A || B)     is the same as     !A && !B
```

특히 *not*을 안으로 이동시키면서 *and*와 *or* 연산자들이 반전된다는 사실에 주목하라. 예를 들어, "the state is Alaska *or* it is Hawaii" 의 부정

```
!(state.equals("AK") || state.equals("HI"))
```

는 "the state is not Alaska *and* it is not Hawaii", 즉

```
!state.equals("AK") && !state.equals("HI")
```

이다. 이제 위 법칙을 운송비 계산에 적용하라:

```
!(country.equals("USA")
    && !state.equals("AK")
    && !state.equals("HI"))
```

는 다음과 등가이다:

```
!country.equals("USA")
    || !!state.equals("AK")
    || !!state.equals("HI"))
```

! 두 개가 서로 상쇄되므로, 결과는 더 간단한 테스트가 된다:

```
!country.equals("USA")
    || state.equals("AK")
    || state.equals("HI")
```

즉, 목적지가 미국 바깥 또는 알래스카 또는 하와이일 때 더 높은 운송료가 적용된다.

and 또는 *or* 표현식의 부정이 있는 조건을 단순화하려면, 일반적으로 드 모건 법칙을 적용해서 부정을 가장 안쪽 레벨로 이동시키는 게 좋다.

3.8 응용: 입력 확인

품질 제어 직원처럼 우리도 사용자 입력을 처리하기 전에, 먼저 옳은지 확인할 필요가 있다.

if 문의 중요한 응용 중 하나는 **입력 확인**(*input validation*)이다. 프로그램이 사용자 입력을 받을 때마다, 계산에 사용자-공급 값을 사용하기 전에 그 값이 유효한지를 확인할 필요가 있다.

우리의 승강기 시뮬레이션 프로그램을 고려해보자. 승강기 패널에 1~20(13은 제외)까지 레이블링된 버튼들이 있다고 가정하자. 다음은 부당한 입력들이다:

- 13
- 0 또는 음수
- 20보다 큰 수
- 숫자가 아닌 입력(예: five)

우리는 각 경우에 오류 메시지를 내보내고 프로그램을 빠져 나오기를 원할 것이다.

13이라는 입력을 막는 것은 간단하다:

```
if (floor == 13)
{
    System.out.println("Error: There is no thirteenth floor.");
}
```

다음은 사용자가 유효 범위 밖의 숫자를 입력하지 않게 하는 방법이다:

```
if (floor <= 0 || floor > 20)
{
    System.out.println("Error: The floor must be between 1 and 20.");
}
```

그렇지만, 유효 정수가 아닌 입력을 다루는 것은 더 심각한 문제이다. 명령

```
floor = in.nextInt();
```

이 실행될 때, 사용자가 정수가 아닌(예: five) 입력을 타이핑하면, 정수 변수 floor가 설정되지 않는다. 대신, 런-타임 예외가 발생하고 프로그램이 종료된다. 이 문제를 피하기 위

해서는 우선 다음 입력이 정수인지를 검사하는 hasNextInt 메소드를 호출해야 한다. 이 메소드가 true를 반환하면 nextInt를 안전하게 호출할 수 있다. 그러지 않으면 오류 메시지를 출력하고 프로그램을 빠져나온다.

```java
if (in.hasNextInt())
{
   int floor = in.nextInt();
   Process the input value
}
else
{
   System.out.println("Error: Not an integer.");
}
```

다음은 입력 확인을 갖춘 완성된 승강기 프로그램이다.

section_8/ElevatorSimulation2.java

```java
1   import java.util.Scanner;
2
3   /**
4      This program simulates an elevator panel that skips the 13th floor, checking for
5      input errors.
6   */
7   public class ElevatorSimulation2
8   {
9      public static void main(String[] args)
10     {
11        Scanner in = new Scanner(System.in);
12        System.out.print("Floor: ");
13        if (in.hasNextInt())
14        {
15           // Now we know that the user entered an integer
16
17           int floor = in.nextInt();
18
19           if (floor == 13)
20           {
21              System.out.println("Error: There is no thirteenth floor.");
22           }
23           else if (floor <= 0 || floor > 20)
24           {
25              System.out.println("Error: The floor must be between 1 and 20.");
26           }
27           else
28           {
29              // Now we know that the input is valid
30
31              int actualFloor = floor;
32              if (floor > 13)
33              {
34                 actualFloor = floor - 1;
35              }
36
37              System.out.println("The elevator will travel to the actual floor "
38                 + actualFloor);
39           }
40        }
41        else
42        {
43           System.out.println("Error: Not an integer.");
44        }
45     }
46  }
```

실행 결과

```
Floor: 13
Error: There is no thirteenth floor.
```

36. ElevatorSimulation2 프로그램에서 입력이 각각 다음과 같을 때 출력은?

  a. 100?

  b. −1?

  c. 20?

  d. thirteen?

37. 복잡한 조건이 있는 단일 `if` 문이 있도록 ElevatorSimulation2 프로그램을 재작성해야 한다:

```java
if (. . .)
{
    System.out.println("Error: Invalid floor number");
}
```

조건은 무엇인가?

38. 셜록 홈즈 소설 "서섹스 뱀파이어의 모험(The Adventure of the Sussex Vampire)"에서, 아무나 흉내 낼 수 없는 이 탐정이 다음과 같은 말을 중얼거린다: "마틸다 브릭스는 젊은 여자의 이름이 아니었어. 왓슨 … 그건 말이지, 수마트라의 커다란 쥐와 관련된 배의 이름이야. 세상이 아직 준비하지 못한 이야기라고." 백 년이 넘게 지난 후에 인도네시아의 또 다른 지역인 서뉴기니에서 거대 쥐가 발견되었다.

쥐의 무게를 처리하는 프로그램을 작성하는 일을 맡았다고 하자. 프로그램은 다음 명령들을 포함한다.

```java
System.out.print("Enter weight in kg: ");
double weight = in.nextDouble();
```

어떤 입력 검사를 제공해야 하는가?

입력을 처리할 때, 너무 큰 값은 거부하고자 한다. 그러나 얼마나 커야 너무 큰 건가? 서뉴기니에서 발견된 거대 쥐들은 도시 쥐의 약 다섯 배 크기이다.

39. 다음 테스트 프로그램을 돌리고, 프롬프트에서 입력으로 2와 three를 제공하라. 어떤 일이 일어나는가? 이유는?

```java
import java.util.Scanner
public class Test
{
    public static void main(String[] args)
    {
        Scanner in = new Scanner(System.in);
        System.out.print("Enter an integer: ");
        int m = in.nextInt();
        System.out.print("Enter another integer: ");
        int n = in.nextInt();
        System.out.println(m + " " + n);
    }
}
```

비디오 보기 3.2 | 유전자 코드 ———————————————————

이 비디오 보기를 보면 유전자 코드를 위한 "디코더 링"을 만드는 방법을 알게 된다.

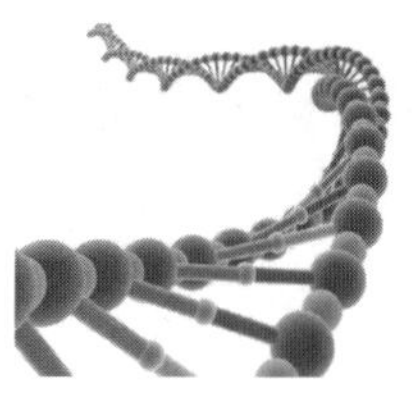

랜덤 팩트 3.2 인공 지능

세금 준비 패키지 같은 복잡한 컴퓨터 프로그램을 사용할 때, 사용자는 일부 지능을 컴퓨터 덕으로 돌리게 마련이다. 컴퓨터가 분별 있는 질문을 하고, 우리에게는 부담스러운 정신적 도전인 계산을 해준다. 어쨌든, 세금을 계산하는 게 쉽다면, 컴퓨터가 대신하게 할 필요도 없다.

그러나, 프로그래머로서 우리는 지능처럼 보이는 이 모든 것이 환상임을 알고 있다. 인간 프로그래머들이 가능한 모든 시나리오에 대해 소프트웨어에게 신중히 '지시'했으며, 소프트웨어는 단순히 그 안에 프로그래밍 되어 있는 동작과 판단을 재생한다.

어떤 의미에서 진정으로 지능적인 컴퓨터 프로그램을 작성하는 게 가능한가? 컴퓨터 사용의 초창기부터, 인간 두뇌가 단순히 어마어마한 컴퓨터일 뿐이며, 그래서 인간 사고의 일부 프로세스를 흉내 내도록 컴퓨터를 프로그래밍하는 게 당연히 실현 가능할 것이라는 인식이 있었다. **인공 지능** 분야의 진지한 연구는 1950년대 중반에 시작되었으며, 20년 동안은 어느 정도 인상적인 성공을 이뤄냈다. 주지할만한 지적 능력을 필요로 할 것으로 보이는 활동인 장기를 두는 프로그램은 최고수 인간만을 빼고는 모두 물리칠 정도로 좋아졌다. 1975년에 이미 Mycin으로 불린 **전문가-시스템** 프로그램이 수막염 진단에서 평균적인 의사들보다 낫다는 명성을 얻었다.

그러나, 심각한 차질도 있었다. 1982년부터 1992년까지 일본 정부는 400억 엔이 넘는 자금으로 **5세대 프로젝트**로 알려진 거대 연구 프로젝트를 착수했다. 목표는 전문가 시스템 소프트웨어의 성능을 훨씬 개선하는 하드웨어와 소프트웨어를 개발하는 것이었다. 프로젝트 착수 시, 다른 나라들에서는 일본 컴퓨터 산업이 이 분야에서 이론의 여지가 없는 리더가 될 것이라는 두려움이 일었다. 그러나, 최종 결과는 실망스러웠으며, 인공 지능 응용을 시장으로 끌어낸 게 거의 없었다.

착수 당시부터, AI 집단의 공식 목표 중 하나는 한 언어를 다른 언어로, 예를 들면 영어를 러시아어로 번역할 수 있는 소프트웨어를 만드는 것이었다. 이 일은 무지하게 복잡한 것으로 확인되었다. 인간 언어는 처음 생각했던 것보다 훨씬 더 미묘하고 인간 경험과 엮여있는 것으로 보인다. 오늘날 워드프로세싱 프로그램에 딸려있는 문법–검사 툴조차 유용한 툴이라기보다는 오히려 속임수이며, 문법 분석은 문장 분석의 첫 단계일 뿐이다.

1984년도에 Douglas Lenat이 시작한 CYC(encyclopedia에서 왔음) 프로젝트는 인간의 말과 글의 밑에 깔려 있는 묵시적 가정들을 성문화하려 시도한다. 팀 멤버들은 뉴스 기사를 분석하기 시작했고, 언급되지 않은 어떤 사실이 실지로 문장을 이해하기 위해서 필요한지를 자신들에게 물었다. 예를 들면, 'last fall she enrolled in Michigan state'라는 문장을 보자. 독자는 자동적으로 'fall'이 이 문맥에서는 떨어진다는 것과 무관하며 계절을 가리킨다는 것을 알아챈다. Michigan 주가 있지만, 여기서의 Michigan은 대학을 나타낸다. 당초 컴퓨터 프로그램은 이런 지식이 없다. CYC 프로젝트의 목표는 필수적인 사실(즉, ① 사람들은 대학에 등록한다. ② Michigan은 주이다. ③ 많은 주들이 X State University, 또는 줄여서 X State란 이름의 대학을 갖고 있다. ④ 대부분의 사람들은 가을에 대학에

2007 DARPA Urban Challenge의 우승자

➕ WileyPLUS와 www.wiley.com/college/horstmann에서 온라인으로 볼 수 있다.

등록한다.)을 추출하고 저장하는 것이다. 1995년까지 이 프로젝트는 약 100,000개의 상식 개념들 및 그들과 관련된 지식에 관한 약 백만 개의 사실들을 성문화했다. 이 거대한 데이타량조차도 쓸모 있는 응용을 위해서는 충분하지 않다.

최근 들어 인공 지능 기술이 상당히 진전했다. 가장 믿기 어려운 예들 중 하나는 DARPA(Defense Advanced Research Projects Agency)가 주최한 자동 차량을 위한 'grand challenges' 시리즈의 결과이다. 경쟁자들은 인간 운전자나 원격 조종이 없이 장애물 코스를 완주해야 하는 컴퓨터-제어 차량을 출품하도록 초청되었다. 2004년도의 첫 행사 때는 출전자들 중 아무도 완주하지 못했다. 2005년도에는 다섯 차량이 모하비 사막의 험한 212 km 코스를 완주했다. 스탠포드의 스탠리가 1등으로 들어왔으며, 평균 속도는 30 km/h이었다. 2007년도에 DARPA는 버려진 공군 기지를 "도심" 환경으로 꾸며서 경주 장소를 옮겼다. 차량들은 캘리포니아 교통 법규를 따라서 서로 반응할 수 있어야 했다. 스탠포드의 세바스찬 스런이 설명했듯이, "마지막 Grand Challenge에서는 뭐가 됐든 피해서 운전해야 했기 때문에, 그게 바위인지 또는 덤불인지는 전혀 중요하지 않았다. 현재의 도전 과제는 환경을 감지하는 것에서 환경을 이해하는 것으로 옮겨가는 것이다".

요약

판단을 구현하기 위해 if 문을 사용한다.

- if 문은 처리되는 데이타의 특성에 따라 프로그램이 다른 동작을 수행할 수 있게 해준다.

수와 객체의 비교를 구현한다.

- 수를 비교하기 위해서 관계 연산자(< <= > >= == !=)를 사용한다.
- 문자열 비교에 == 연산자를 사용하지 않는다. 그 대신에 `equals` 메소드를 사용한다.
- `compareTo` 메소드는 문자열을 사전 순서로 비교한다.

여러 개의 if 문을 필요로 하는 복잡한 판단을 구현한다.

- 복잡한 판단을 구현하기 위해서 여러 개의 if 문을 결합할 수 있다.
- 여러 개의 if 문을 사용할 때는 구체적인 조건들 다음에 일반적인 조건들을 테스트한다.

그 분기가 또 다른 판단을 요구하는 판단을 구현한다.

- 다른 판단문의 분기 안에 포함되어 있는 판단문은 내포되어 있다고 한다.
- 내포 판단은 두 개의 판단 레벨을 갖는 문제에 필요하다.

- 흐름도는 작업용, 입력/출력용, 판단용 요소들로 구성된다.
- 판단의 각 분기는 작업, 그리고 더 깊은 판단을 포함할 수 있다.
- 화살표가 다른 분기 안으로 향하게 하지 말라.

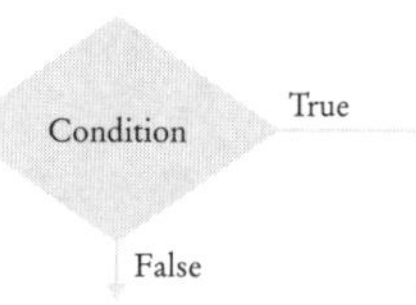

- 프로그램의 각 분기는 테스트 케이스에 의해 커버되어야 한다.
- 프로그램을 구현하기 전에 테스트 케이스를 설계하는 게 좋다.
- 테스팅이 완료될 때 메시지 로깅을 비활성화시킬 수 있다.

- 부울 타입 boolean은 false와 true의 두 값을 가진다.
- 자바는 조건을 결합하는 두 개의 부울 연산자를 갖고 있다: &&(*and*) 그리고 ||(*or*).
- 조건을 반전시키려면 !(*not*) 연산자를 사용한다.
- &&와 || 연산자들은 단락-회로 평가를 사용해서 계산된다. 진리 값이 결정되면, 나머지 조건들은 평가되지 않는다.
- 드 모건 법칙은 &&와 || 조건들을 부정하는 방법을 알려준다.

- 그 다음 입력이 수인지를 확인하기 위해서 hasNextInt 또는 hasNextDouble 메소드를 호출한다.

이 장에서 소개된 표준 라이브러리 항목들

```
java.lang.String               java.util.logging.Level
    equals                         INFO
    compareTo                      OFF
java.util.Scanner              java.util.logging.Logger
    hasNextDouble                  getGlobal
    hasNextInt                     info
                                   setLevel
```

복습 연습 문제

■ **R3.1** if 문 다음의 각 변수의 값은?

a.
```java
int n = 1; int k = 2; int r = n;
if (k < n) { r = k; }
```

b.
```java
int n = 1; int k = 2; int r;
if (n < k) { r = k; }
else { r = k + n; }
```

c.
```java
int n = 1; int k = 2; int r = k;
if (r < k) { n = r; }
else { k = n; }
```

```
d. int n = 1; int k = 2; int r = 3;
   if (r < n + k) { r = 2 * n; }
   else { k = 2 * r; }
```

■■ **R3.2** 둘 사이의 차이는 무엇인가?

```
s = 0;
if (x > 0) { s++; }
if (y > 0) { s++; }
```

그리고

```
s = 0;
if (x > 0) { s++; }
if (y > 0) { s++; }
```

■■ **R3.3** 다음 if 문들의 오류를 찾아라.

a. `if x > 0 then System.out.print(x);`

b. `if (1 + x > Math.pow(x, Math.sqrt(2)) { y = y + x; }`

c. `if (x = 1) { y++; }`

d.
```
x = in.nextInt();
if (in.hasNextInt())
{
   sum = sum + x;
}
else
{
   System.out.println("Bad input for x");
}
```

e.
```
String letterGrade = "F";
if (grade >= 90) { letterGrade = "A"; }
if (grade >= 80) { letterGrade = "B"; }
if (grade >= 70) { letterGrade = "C"; }
if (grade >= 60) { letterGrade = "D"; }
```

■ **R3.4** 다음 코드 조각들의 출력은?

a.
```
int n = 1;
int m = -1;
if (n < -m) { System.out.print(n); }
else { System.out.print(m); }
```

b.
```
int n = 1;
int m = -1;
if (-n >= m) { System.out.print(n); }
else { System.out.print(m); }
```

c.
```
double x = 0;
double y = 1;
if (Math.abs(x - y) < 1) { System.out.print(x); }
else { System.out.print(y); }
```

d.
```
double x = Math.sqrt(2);
double y = 2;
if (x * x == y) { System.out.print(x); }
else { System.out.print(y); }
```

■■ **R3.5** x와 y가 double 타입 변수라고 하자. x가 양이면 y를 x로 설정하고, 아니면 0으로 설정하는 코드 조각을 작성하라.

■■ **R3.6** x와 y가 double 타입 변수라고 하자. Math.abs함수를 호출하지 않고 y를 x의 절대값으로 설정하는 코드 조각을 작성하라. if 문을 사용하라.

■■ **R3.7** 정수를 비교하는 것보다 부동 소수점 수를 비교하는 게 더 어려운 이유를 설명하라. 정수 n이 10과 같은지, 그리고 부동 소수점 수 x가 대략 10과 같은지를 검사하는 자바 코드를 작성하라.

- **R3.8** 연산자 =와 ==를 혼동하기 쉽다. 명령문

  ```
  if (floor = 13)
  ```

  를 포함하는 테스트 프로그램을 작성해보라. 어떤 오류 메시지가 뜨는가? 명령문

  ```
  count == 0;
  ```

  을 포함하는 테스트 프로그램을 작성해보라. 이 프로그램을 컴파일할 때 컴파일러가 어떻게 처리하는가?

- ■■ **R3.9** 장기판의 각 정사각형을 문자와 숫자로 나타낼 수 있다. 아래 보기에서는 g5:

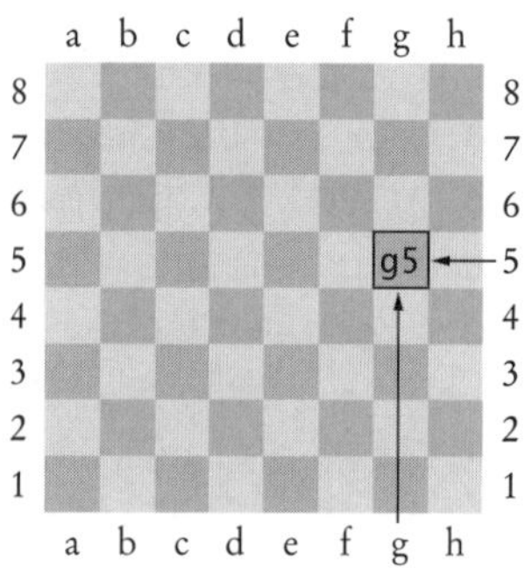

  다음 수도코드는 주어진 문자와 숫자의 정사각형이 어두운지(흑색) 또는 밝은지(백색)를 판단하는 알고리듬을 기술한다.

  ```
  If the letter is an a, c, e, or g
      If the number is odd
          color = "black"
      Else
          color = "white"
  Else
      If the number is even
          color = "black"
      Else
          color = "white"
  ```

  프로그래밍 팁 3.5의 절차를 사용해서, 입력 g5로 이 수도코드를 추적하라.

- ■■ **R3.10** 연습문제 R3.9의 알고리듬에 대해 모든 분기를 커버하는 네 개의 테스트 경우를 제시하라.

- ■■ **R3.11** 스케줄 프로그램에서, 두 약속이 겹치는지를 검사하려고 한다. 단순화를 위해서, 약속은 정시에 시작하며, 군용 시각(0~24시)을 사용한다. 다음 수도코드는 시작 시각 **start1**과 종료 시각 **end1**인 약속과 시작 시각 **start2**와 종료 시각 **end2**인 약속이 겹치는지를 판단하는 알고리듬을 기술한다.

  ```
  If start1 > start2
      s = start1
  Else
      s = start2
  If end1 < end2
      e = end1
  Else
      e = end2
  If s < e
      The appointments overlap.
  Else
      The appointments don`t overlap.
  ```

10에서 12까지의 약속과 11에서 13까지의 약속으로 이 알고리듬을 추적하고, 그 다음에는 10에서 11까지의 약속과 12에서 13까지의 약속으로 따라가보라.

- ■ **R3.12** 연습문제 R3.11의 알고리듬에 대한 흐름도를 그려라.

- ■ **R3.13** 연습문제 P3.17의 알고리듬에 대한 흐름도를 그려라.

- ■ **R3.14** 연습문제 P3.18의 알고리듬에 대한 흐름도를 그려라.

- ■■ **R3.15** 연습문제 R3.11의 알고리듬을 위한 테스트 경우들을 만들라.

- ■■ **R3.16** 연습문제 P3.18의 알고리듬을 위한 테스트 경우들을 만들라.

- ■■ **R3.17** 사용자에게서 월과 일을 입력 받고, 다음 네 개의 휴일 중 하나에 해당하는지를 출력하는 프로그램을 위한 수도코드를 작성하라.
    - New Year's Day (January 1)
    - Independence Day (July 4)
    - Veterans Day (November 11)
    - Christmas Day (December 25)

- ■■ **R3.18** 다음 표에 따라서 퀴즈 성적을 매기는 프로그램을 위한 수도코드를 작성하라.

점수	성적
90–100	A
80–89	B
70–79	C
60–69	D
< 60	F

- ■■ **R3.19** 자바의 문자열의 사전식 순서가 사전 또는 전화번호부의 단어 순서와 어떻게 다른지를 설명하라. 힌트: IBM, `wiley.com`, Century 21, While-U-Wait 같은 문자열들을 사용.

- ■■ **R3.20** 다음 문자열 쌍들에서, 사전식 순서로는 어느 것이 먼저 나오는가?
    - a. `"Tom"`, `"Jerry"`
    - b. `"Tom"`, `"Tomato"`
    - c. `"church"`, `"Churchill"`
    - d. `"car manufacturer"`, `"carburetor"`
    - e. `"Harry"`, `"hairy"`
    - f. `"Java"`, `" Car"`
    - g. `"Tom"`, `"Tom"`
    - h. `"Car"`, `"Carl"`
    - i. `"car"`, `"bar"`

- ■ **R3.21** `if/else if/else` 시퀀스와 내포된 `if` 문들 간의 차이를 설명하라. 각각에 대한 예를 제시하라.

- ■■ **R3.22** 테스트 순서가 중요하지 않은 `if/else if/else` 시퀀스의 예를 제시하라. 테스트 순서가 문제가 되는 예를 제시하라.

- ■ **R3.23** 3.3절의 조건이 >= 연산자 대신 < 연산자를 사용하도록 재작성하라.

- ■■ **R3.24** 연습문제 P3.22의 세금 프로그램을 위한 테스트 경우들을 제공하라. 예상 결과를 손으로 계산하라.

■ **R3.25** 다음 표현을 사용해서, 대롱거리는 else 문제를 보여주는 자바 코드 예를 만들라. GPA가 적어도 1.5(이상)이지만 2 미만인 학생은 관찰 대상이다. 1.5 아래인 학생은 낙제이다.

■■■ **R3.26** 부울 입력 p, q, r의 모든 조합에 대한 부울 표현식들의 진리 값들을 찾아내서 다음 진리표를 완성시켜라.

p	q	r	(p && q) || !r	!(p && (q || !r))
false	false	false		
false	false	true		
false	true	false		
. . .				
5 more combinations				
. . .				

■■■ **R3.27** 참 또는 거짓? A && B는 임의의 부울 조건 A와 B에 대해 B && A와 같다.

■ **R3.28** 많은 탐색 엔진의 "고급 탐색" 기능은 "(cats OR dogs) AND NOT pets" 같은 복잡한 질의에 대해 부울 연산자를 사용할 수 있게 해준다. 이 탐색 연산자들을 자바의 부울 연산자들과 비교하라.

■■ **R3.29** b의 값은 false이고, x의 값은 0이라고 하자. 다음 각 표현식의 값은?

a. b && x == 0
b. b \|\| x == 0
c. !b && x == 0
d. !b \|\| x == 0
e. b && x != 0
f. b \|\| x != 0
g. !b && x != 0
h. !b \|\| x != 0

■■ **R3.30** 다음 표현을 단순화하라. 여기서 b는 boolean 타입의 변수이다.

a. b == true
b. b == false
c. b != true
d. b != false

■■■ **R3.31** 다음 명령들을 단순화하라. 여기서 b는 boolean 타입의 변수이며, n은 int 타입 변수이다.

a. if (n == 0) { b = true; } else { b = false; }
   (힌트: n==0의 값은?)
b. if (n == 0) { b = false; } else { b = true; }
c. b = false; if (n > 1) { if (n < 2) { b = true;
d. if (n < 1) { b = true; } else { b = n > 2; }

■ **R3.32** 다음 프로그램은 어디가 잘못 되었는가?

```java
System.out.print("Enter the number of quarters: ");
int quarters = in.nextInt();
if (in.hasNextInt())
{
    total = total + quarters * 0.25;
    System.out.println("Total: " + total);
```

```
    }
    else
    {
        System.out.println("Input error.");
    }
```

프로그래밍 훈련

- ■ **P3.1**   정수를 읽고 음수, 0, 또는 양수인지를 출력하는 프로그램을 작성하라.

- ■■ **P3.2**   부동소수점 수를 읽고 그 값이 0이면 "zero"를 출력하는 프로그램을 작성하라. 그 외에는 "positive" 또는 "negative"를 출력하라. 절대 값이 1보다 작으면 "small", 1,000,000을 넘으면 "large"를 추가하라.

- ■■ **P3.3**   정수를 입력 받고, 그 수가 ≥ 10, ≥ 100 등인지를 검사해서 자릿수를 출력하는 프로그램을 작성하라(모든 정수가 백억보다 작다고 가정한다). 만일 음수이면 우선 −1을 곱하라.

- ■■ **P3.4**   세 개의 숫자를 입력 받고, 그들이 모두 같으면 "all the same", 모두 다르면 "all different", 그 외이면 "neither"를 출력하는 프로그램을 작성하라.

- ■■ **P3.5**   세 개의 숫자를 입력 받고, 그들이 오름차순이면 "increasing", 내림차순이면 "decreasing", 그 외이면 "neither"를 출력하는 프로그램을 작성하라. 여기서 "increasing"은 지금 값이 앞의 값 보다 큰 "strictly increasing"을 의미한다. 3 4 4 시퀀스는 increasing으로 간주되지 않는다.

- ■■ **P3.6**   프로그래밍 훈련 P3.5를 반복하되, 수들을 입력 받기 전에, 사용자에게 increasing/decreasing이 "strict(엄밀)"한지 또는 "lenient(관대)"한지를 물어보아라. 관대한 모드에서는 시퀀스 3 4 4가 increasing이며, 시퀀스 4 4 4는 increasing이기도 하고 decreasing이기도 하다.

- ■■ **P3.7**   세 개의 정수를 읽어서 만일 그들이 오름차순이나 내림차순으로 정렬되어 있다면 "in order", 아니면 "not in order"를 출력하는 프로그램을 작성하라. 예:

```
1 2 5   in order
1 5 2   not in order
5 2 1   in order
1 2 2   in order
```

- ■■ **P3.8**   네 개의 정수를 읽어서 입력이 두 개의 일치하는 쌍(오름차순이든 내림차순이든)으로 구성되어 있으면 "two pairs", 아니면 "not two pairs"를 출력하는 프로그램을 작성하라. 예:

```
1 2 2 1   two pairs
1 2 2 3   not two pairs
2 2 2 2   two pairs
```

- ■ **P3.9**   온도 값과 섭씨의 C 또는 화씨의 F를 읽는 프로그램을 작성하라. 해수면 높이일 때, 주어진 온도에서 물이 액체, 고체, 또는 기체인지를 출력하라.

- ■ **P3.10**   물의 비등점은 고도가 300미터(또는 1,000피트) 높아질 때마다 섭씨 1도씩 떨어진다. 프로그래밍 훈련 P3.9의 프로그램을 사용자가 고도를 미터나 피트로 제공할 수 있게 개선하라.

- ■ **P3.11**   프로그래밍 훈련 P3.10에 오류 처리를 추가하라. 만일 사용자가 수를 입력해야 할 때 다른 것을 입력하거나, 고도에 틀린 단위를 제공하면, 오류 메시지를 출력하고 프로그램을 끝내라.

- ■■ **P3.12**   문자 성적을 숫자 성적으로 바꾸는 프로그램을 작성하라. 문자 성적은 A, B, C, D, F이며

+나 −를 뒤에 붙여도 된다. 이들의 숫자 값은 4, 3, 2, 1, 0이다. F+나 F−는 없다. +는 수 값을 0.3만큼 증가시키며, −는 그만큼 감소시킨다. 그러나 A+의 값은 4.0이다.

```
Enter a letter grade: B-
The numeric value is 2.7.
```

■■ P3.13 0과 4 사이의 수를 최근접 문자 성적으로 바꾸는 프로그램을 작성하라. 예를 들면, 수 2.8(몇 가지 성적의 평균일 수 있다)은 B−로 바뀐다. 두 문자 성적의 중간이면 더 나은 성적을 부여한다; 예를 들어 2.85는 B가 된다.

■■ P3.14 다음 약칭 표기법으로 카드를 묘사하는 사용자 입력을 받는 프로그램을 작성하라.

A	Ace
2 ... 10	Card value
J	Jack
Q	Queen
K	King
D	Diamonds
H	Hearts
S	Spades
C	Clubs

프로그램이 카드를 자세히 묘사해서 출력해야 한다. 예:

```
Enter the card notation: QS
Queen of Spades
```

■■ P3.15 세 개의 부동소수점수를 읽어서 최대값을 출력하는 프로그램을 작성하라. 예:

```
Please enter three numbers: 4 9 2.5
The largest number is 9.
```

■■ P3.16 세 개의 문자열을 읽어서 사전 순서로 정렬하는 프로그램을 작성하라. 예:

```
Enter three strings: Charlie Able Baker
Able
Baker
Charlie
```

■■ P3.17 각각이 시(0~23 범위의 군대 시)와 분으로 주어진 두 시점을 비교할 때, 다음 수도코드는 어느 것이 앞서는지를 판단한다.

```
If hour1 < hour2
    time1 comes first.
Else if hour1 and hour2 are the same
    If minute1 < minute2
        time1 comes first.
    Else if minute1 and minute2 are the same
        time1 and time2 are the same.
    Else
        time2 comes first.
Else
    time2 comes first.
```

사용자에게 두 시점을 입력하게 하고, 빠른 시각과 나중 시각을 순서대로 출력하는 프로그램을 작성하라.

■■ P3.18 다음 알고리듬은 주어진 월, 일에 대해 계절(봄, 여름, 가을, 겨울)을 산출한다.

사용자가 월과 일을 입력하게 하고, 이 알고리듬에 의해 계산되는 계절을 출력하는 프로그램을 작성하라.

■■ **P3.19** 두 개의 부동 소수점 수를 입력 받고, 그들이 두 소수 자리까지 같은지를 검사하는 프로그램을 작성하라. 다음은 두 샘플 실행 결과이다.

```
Enter two floating-point numbers: 2.0 1.99998
They are the same up to two decimal places.
Enter two floating-point numbers: 2.0 1.98999
They are different.
```

■■■ **P3.20** 사용자 생일의 월과 일을 입력 받아서, 별점을 출력하는 프로그램을 작성하라. 프로그래머들을 위한 점을 다음과 같이 만들라.

```
Please enter your birthday (month and day): 6 16
Gemini are experts at figuring out the behavior of complicated programs.
You feel where bugs are coming from and then stay one step ahead. Tonight,
your style wins approval from a tough critic.
```

각 점은 별자리의 이름을 포함해야 한다(각 별자리 이름과 날짜 범위는 인터넷상의 수없이 많은 사이트에서 찾아낼 수 있을 것이다).

■■ **P3.21** 1913년의 원래 U.S. 소득세는 아주 간단했다:

- 처음 $50,000까지는 1%.
- $50,000 넘어 $70,000까지는 2%.
- $70,000 넘어 $100,000까지는 3%.
- $100,000 넘어 $250,000까지는 4%.
- $250,000 넘어 $500,000까지는 5%.
- $500,000 넘으면 6%.

독신 또는 기혼 납세자들에 대한 별도 소득세율표가 존재하지 않았다. 이 소득세율표에 따라 소득세를 계산하는 프로그램을 작성하라.

■■■ **P3.22** 다음 소득세율표에 따라 세금을 계산하는 프로그램을 작성하라.

If your status is Single and if the taxable income is over	but not over	the tax is	of the amount over
$0	$8,000	10%	$0
$8,000	$32,000	$800 + 15%	$8,000
$32,000		$4,400 + 25%	$32,000

(계속)

If your status is Married and if the taxable income is over	but not over	the tax is	of the amount over
$0	$16,000	10%	$0
$16,000	$64,000	$1,600 + 15%	$16,000
$64,000		$8,800 + 25%	$64,000

■■■ **P3.23** TaxCalculator.java 프로그램은 2008 U.S. 소득 세율표의 단순화된 버전을 사용한다. 미혼과 기혼 모두에 대해 금년도 과세 등급 및 세율을 찾아보고, 실제 소득세를 계산하는 프로그램을 구현하라.

■■■ **P3.24** 단위 환산. 사용자에게 어떤 단위(fl. oz, gal, oz, lb, in, ft, mi)를 어떤 단위(ml, l, g, kg, mm, cm, m, km)로 환산하기를 원하는지 물어보는 단위 환산 프로그램을 작성하라. 호환성이 없는 환산(예: gal → km)은 거부하라. 환산할 값을 묻고, 결과를 출력하라.

```
Convert from? gal
Convert to? ml
Value? 2.5
2.5 gal = 9462.5 ml
```

■ **P3.25** 알파벳 중 하나를 사용자에게서 받는 프로그램을 작성하라. 사용자 입력에 따라 Vowel 또는 Consonant를 출력하라. 사용자 입력이 문자(a~z 또는 A~Z)가 아니거나, 길이 > 1인 문자열이면, 오류 메시지를 출력하라.

■■■ **P3.26** 로마 숫자. 양의 정수를 로마 숫자 체계로 바꾸는 프로그램을 작성하라. 로마 수 체계의 숫자들은 다음과 같다.

I	1
V	5
X	10
L	50
C	100
D	500
M	1,000

다음 규칙에 의해 수들이 만들어진다.

a. 3,999까지의 수만 표현된다.

b. 십진 체계에서와 같이, 천, 백, 십, 일 자리가 분리 표현된다.

c. 1~9의 숫자는 다음으로 표현된다.

I	1
II	2
III	3
IV	4
V	5
VI	6
VII	7
VIII	8
IX	9

보다시피, V나 X 앞의 I은 그 값에서 뺄셈되며, 연속해서 네 개 이상의 I을 사용할 수 없다.

    d. 십과 백 자리는 글자 I, V, X 대신에 각각 X, L, C와 C, D, M이 사용되는 것 외에는 똑같이 표현된다.

프로그램은 입력(예: 1978)을 받아서 로마 수(예: MCMLXXVIII)로 환산해야 한다.

■■ P3.27 사용자에게 월을 입력(1월은 1, 2월은 2, …)하게 하고, 그 달의 날짜 수를 출력하는 프로그램을 작성하라. 2월에 대해서는 "28 or 29 days"를 출력하라.

```
Enter a month: 5
30 days
```

각 달에 대해 분리된 `if/else` 분기를 사용하지 말고, 부울 연산자를 사용하라.

■■■ P3.28 366일이 있는 해를 윤년이라고 부른다. 지구가 태양의 주위를 365.25일에 한 번씩 돌기 때문에 달력을 태양에 동기를 맞추기 위해 윤년이 필요하다. 실제로는 365.25라는 수는 완벽하지 않으며, 1582년 이후의 모든 날짜에는 그레고리력 교정이 적용된다. 보통 4로 나뉘는 연도는 윤년이다(예: 1996). 그러나 100으로 나뉘는 연도는 윤년이 아니나(예: 100). 그러나, 400으로 나뉘는 연도는 윤년이다(예: 2000). 사용자에게 연도를 묻고 윤년인지를 계산하는 프로그램을 작성하라. if 문 하나와 부울 연산자들을 사용하라.

■■■ P3.29 불어 국가명은 e로 끝나면 여성이고, 아니면 남성이다. 그러나, 다음은 e로 끝나지만 남성이다:

- le Belize
- le Cambodge
- le Mexique
- le Mozambique
- le Zaïre
- le Zimbabwe

불어 국가명을 입력 받고 남성에는 관사 le(예: le Canada), 여성에는 la(예: la Belgique)를 붙이는 프로그램을 작성하라. 그러나 국가명이 모음으로 시작하면 l' Afghanistan과 같이 l'를 사용하라. 다음의 복수 국가명들에는 les를 사용하라:

- les Etats-Unis
- les Pays-Bas

■■■■ 비즈니스 P3.30 은행 거래(transaction)를 시뮬레이션하는 프로그램을 작성하라. 두 가지 은행 계좌가 있다: 당좌예금(checking(수표를 사용하는 계좌))과 저축예금(savings). 우선, 은행 계좌의 초기 잔고를 물어보고, 마이너스 잔고는 거부한다. 그 다음, 거래를 물어본다. 옵션에는 입금(deposit), 인출(withdrawal), 이체(transfer)가 있다. 그 다음, 계좌를 물어본다. 옵션은 당좌예금과 저축예금이다. 그 다음, 금액을 물어본다. 잔고를 초과하는 인출은 거부한다. 끝으로, 두 계좌의 잔고(balance)를 출력한다.

■■ 비즈니스 P3.31 직원의 이름과 임금을 읽어 들이는 프로그램을 작성하라. 여기서 임금은 $9.25 같은 시급을 나타낸다. 그 다음, 지난 주에 직원이 몇 시간 일했는지 질문하라. 한 시간 미만의 소수점 시간도 받아들여라. 급료를 계산하라. 초과 근무(주 당 40시간 초과)는 기본급의 150%를 지급 받는다. 직원의 급료를 출력하라.

■■ **비즈니스 P3.32**

은행 카드로 ATM기를 사용할 때 계좌에 액세스하기 위해서 PIN이 필요하다. PIN을 입력할 때 세 번 이상 틀리면 ATM 기계가 카드를 막을 것이다. 사용자의 PIN이 "1234"라고 가정하고, 사용자에게 PIN을 네 번 이상 묻지 않으며, 다음과 같이 동작하는 프로그램을 작성하라:

- 만일 사용자가 옳은 번호를 입력하면 "Your PIN is correct"라는 메시지를 출력하고 프로그램을 끝낸다.
- 만일 사용자가 틀린 번호를 입력하면 "Your PIN is incorrect"라는 메시지를 출력하고, 만일 PIN을 세 번 미만 물어 봤다면 다시 물어본다.
- 만일 사용자가 틀린 번호를 세 번 입력하면, "Your bank card is blocked"라는 메시지를 출력하고 프로그램을 끝낸다.

■ **비즈니스 P3.33**

식당에 갈 때 팁을 계산하는 것은 어렵지 않다. 그런데 내 식당에서는 고객이 받은 서비스에 맞는 팁을 제시하고자 한다. 고객의 만족도에 따라 팁을 다음과 같이 계산하는 프로그램을 작성하라:

- 고객의 만족도를 다음 등급으로 나누어 묻는다: 1 = 완전 만족; 2 = 만족; 3 = 불만족.
- 만일 고객이 완전히 만족했다면 20%의 팁을 계산한다.
- 만일 고객이 만족했다면 15%의 팁을 계산한다.
- 만일 고객이 불만족이라면 10%의 팁을 계산한다.
- 만족도와 팁을 달러와 센트 단위로 출력한다.

■ **비즈니스 P3.34**

슈퍼마켓에서는 고객이 식료품에 쓴 금액에 의거해서 쿠폰을 지급한다. 예를 들어, $50을 지불한다면 그의 8%에 해당하는 쿠폰을 받는다. 다음 표는 지불 금액에 따라 쿠폰을 계산하는데 사용되는 백분율을 보여준다. 구입한 식료품에 따라서 고객이 받을 수 있는 쿠폰의 가격을 계산 및 출력하는 프로그램을 작성하라. 다음은 샘플 실행 결과이다:

```
Please enter the cost of your groceries: 14
You win a discount coupon of $ 1.12. (8% of your purchase)
```

Money Spent	Coupon Percentage
Less than $10	No coupon
From $10 to $60	8%
More than $60 to $150	10%
More than $150 to $210	12%
More than $210	14%

■ **사이언스 P3.35**

파장 값을 사용자에게서 받고 해당 전자기 스펙트럼 부분의 명칭(표 참고)을 출력하는 프로그램을 작성하라.

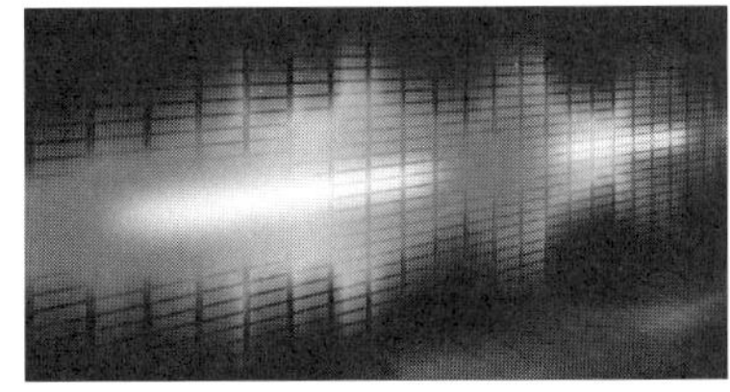

전자기 스펙트럼		
타입	**파장(m)**	**주파수(Hz)**
라디오 파	$> 10^{-1}$	$< 3 \times 10^9$
마이크로웨이브	$10^{-3} \sim 10^{-1}$	$3 \times 10^9 \sim 3 \times 10^{11}$
적외선	$7 \times 10^{-7} \sim 10^{-3}$	$3 \times 10^{11} \sim 4 \times 10^{14}$
가시 광선	$4 \times 10^{-7} \sim 7 \times 10^{-7}$	$4 \times 10^{14} \sim 7.5 \times 10^{14}$
자외선	$10^{-8} \sim 4 \times 10^{-7}$	$7.5 \times 10^{14} \sim 3 \times 10^{16}$
X-선	$10^{-11} \sim 10^{-8}$	$3 \times 10^{16} \sim 3 \times 10^{19}$
감마선	$< 10^{-11}$	$> 3 \times 10^{19}$

■ **사이언스 P3.36** 주파수를 입력 받도록 프로그램을 수정해서 연습문제 P3.35를 반복하라.

■■ **사이언스 P3.37** 먼저 사용자에게 입력이 파장인지 주파수인지를 묻도록 프로그램을 수정해서 사이언스 P3.35를 반복하라.

■■■ **사이언스 P3.38** 미니밴에 슬라이딩 도어가 두 개 있다. 각 도어는 대쉬보드 스위치, 도어의 내부 핸들, 도어의 외부 핸들 중 하나로 열릴 수 있다. 그러나, 유아 잠금(lock) 스위치가 작동 중이면 내부 핸들은 작동하지 않는다. 슬라이딩 도어가 열리려면, 기어 쉬프트가 주차(park) 위치에 있어야 하며, 마스터 풀림 (unlock) 스위치가 작동된(activated) 상태이어야 한다(이 책 의 저자는 바로 이런 차의 참을성 있는 오너이다).

내가 할 일은 이 차량의 제어 소프트웨어의 일부를 시뮬레이션하는 것이다. 입력은 다음 순서의 스위치들과 기어 쉬프트의 값 시퀀스이다.

- 좌/우 슬라이딩 도어, 유아 잠금, 마스터 풀림 대시보드 스위치들(0은 off, 1은 작동)
- 좌/우 슬라이딩 도어의 내부/외부 핸들(0 또는 1)
- 기어 쉬프트 설정(P N D 1 2 3 R 중 하나)

전형적인 입력 중 하나는 0 0 0 1 0 1 0 0 P이다.

상황에 맞추어 "left door opens" 그리고/또는 "right door opens"를 출력하라. 만일 열린 도어가 없으면 "both doors stay closed"를 출력하라.

■ **사이언스 P3.39** dB(데시벨) 단위의 소리 레벨 L은 다음 식으로 계산된다.

$$L = 20 \log_{10}(p/p_0)$$

여기서 p는 소리의 압력[단위는 Pa(Pascal, 파스칼)], p_0는 20×10^{-6} Pa인 기준 소리 압력 (이때 L은 0 dB)이다. 다음 표는 특정 소리 레벨들에 관한 묘사를 제공한다.

한계 고통	130 dB
청각 손상 가능	120 dB
1 m에서의 잭 해머	100 dB
10 m에서의 혼잡한 도로 교통	90 dB

일반적 대화	60 dB
조용한 도서관	30 dB
가벼운 잎사귀의 바스락거림	0 db

값과 단위를 dB나 Pa로 읽고, 위의 목록으로부터 가장 가까운 묘사를 출력하는 프로그램을 작성하라.

■■ **사이언스 P3.40** 아래의 전기 회로는 방의 기체 온도를 측정하기 위해 설계되었다.

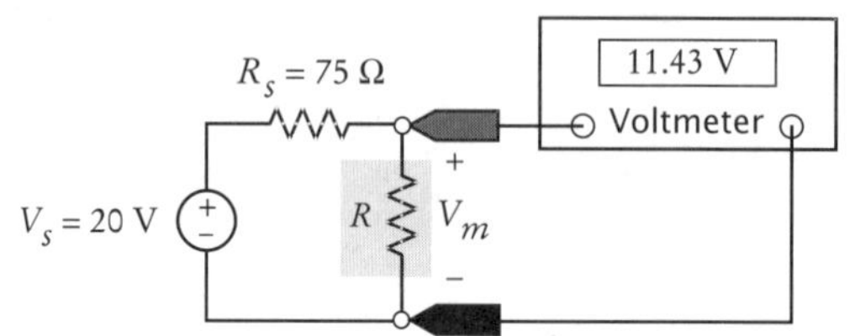

저항 R은 방의 온도 센서를 나타낸다. Ω 단위의 저항 R은 °C 단위의 온도 T와 다음 식에 의해 관련된다.

$$R = R_0 + kT$$

이 장치에서 $R_0 = 100\,\Omega$ 그리고 $k = 0.5$라고 가정한다. 볼트미터는 센서에 걸린 전압 V_m의 값을 표시한다. 이 전압 V_m은 다음 식에 의해 기체의 온도 T를 나타낸다.

$$T = \frac{R}{k} - \frac{R_0}{k} = \frac{R_s}{k}\frac{V_m}{V_s - V_m} - \frac{R_0}{k}$$

볼트미터 전압이 범위 $V_{\min} = 12$볼트 $\leq V_m \leq V_{\max} = 18$볼트로 한정된다고 하자. V_m의 값을 입력 받아서 12~18 사이인지를 확인하는 프로그램을 작성하라. 프로그램은 V_m이 12~18 사이일 때 기체 온도를 섭씨로 반환하고, 그렇지 않을 때는 오류 메시지를 반환해야 한다.

■■■ **사이언스 P3.41**  서리로 인한 작물 피해는 농부들이 당면하는 여러 위험 요소 중 하나이다. 아래 그림은 서리를 경보하도록 설계된 간단한 경보 회로를 보여준다. 이 경보 회로는 서미스터라고 불리는 장치를 사용해서 온도가 빙점 이하로 떨어질 때 버저 소리를 낸다. 서미스터는 다음 식에 의해 표현되는 온도 종속적 저항 특성을 갖는 반도체 부품이다.

$$R = R_0 e^{\beta\left(\frac{1}{T} - \frac{1}{T_0}\right)}$$

여기서 R은 °K 단위의 온도 T에서의 Ω 단위의 저항이고, R_0는 °K 단위의 온도 T_0에서의 Ω 단위의 저항이다. β는 서미스터 제조에 사용되는 물질에 따른 상수이다.

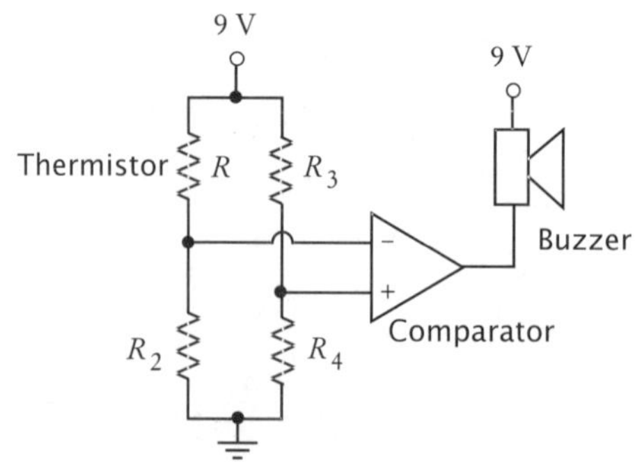

이 회로는

$$\frac{R_2}{R + R_2} < \frac{R_4}{R_3 + R_4}$$

일 때 경보를 내도록 설계되어 있다. 이 경보 회로에 사용된 서미스터는 $T_0 = 40\ ℃$에서 $R_0 = 33,192\ \Omega$이며, $\beta = 3,310\ ℃$K이다(β의 단위가 $℃$K 임을 주의한다. $℃$K 단위 온도는 $℃$ 단위 온도에 273°를 더해서 얻어진다). 저항 R_2, R_3, R_4는 156.3 kΩ = 156,300 Ω이다. 사용자에게서 $℉$ 단위 온도를 입력 받고, 그 온도에서 경보가 울릴지 여부를 나타내는 메시지를 출력하는 프로그램을 작성하라.

■ 사이언스 P3.42 $m = 2$ kg의 질량이 길이 $r = 3$ m인 줄의 끝에 달려 있다. 이 질량이 고속으로 빙빙 돌아간다. 이 줄은 최대 $T = 60$ Newton의 장력을 견딜 수 있다. 회전 속도를 입력 받고, 그 속도가 줄을 끊어지게 할 것인지를 판단하는 프로그램을 작성하라. 힌트: $T = mv^2/r$.

■ 사이언스 P3.43   질량 m이 $r = 3$ m인 줄의 끝에 달려 있다. 이 줄은 1, 10, 20, 40 m/s의 속도로만 돌려질 수 있다. 이 줄은 최대 $T = 60$ Newton의 장력을 견딜 수 있다. 사용자가 질량 m의 값을 입력하면, 줄이 끊어지지 않고 돌릴 수 있는 최대 속도를 계산하는 프로그램을 작성하라. 힌트: $T = mv^2/r$.

■■ 사이언스 P3.44   보통 사람은 지구를 이탈한다는 공포를 느끼지 않고 7 mph의 속도로 지면으로부터 점프할 수 있다. 그러나, 우주 비행사가 핼리 혜성에 서서 이 속도로 점프한다면, 다시 내려올까? 사용자가 핼리 혜성 표면으로부터의 점프 속도(mph 단위)를 입력하고, 뛰는 사람이 표면으로 다시 돌아올지 여부를 계산할 수 있는 프로그램을 만들라. 만일 돌아오지 못한다면, 프로그램은 뛰는 사람이 표면  으로 돌아오게 하기 위해서는 혜성의 질량이 얼마나 더 커야 하는지를 계산해야 한다.

힌트: 탈출 속도는 $v_{\text{escape}} = \sqrt{2\dfrac{GM}{R}}$ 이며, 여기서 $G = 6.67 \times 10^{-11}\,N\,m^2/\text{kg}^2$은 중력 상수, $M = 1.3 \times 10^{22}$ kg은 핼리 혜성의 질량, $R = 1.153 \times 10^6$ m는 혜성의 반경이다.

자체 검사 질문에 대한 답

1. if 문을 다음과 같이 바꾼다.
```
if (floor > 14)
{
   actualFloor = floor - 2;
}
```

2. 85. 90. 85.

3. 유일한 차이는 originalPrice가 100일 때이다. 자체 검사 2의 명령문은 discountedPrice를 90으로 설정하나, 이것은 80으로 설정한다.

4. 95. 100. 95.

5.
```
if (fuelAmount < 0.10 * fuelCapacity)
{
   System.out.println("red");
}
else
{
   System.out.println("green");
}
```

6. (a)와 (b)가 참. (c)는 거짓.

7. `floor <= 13`

8. 값 비교에는 =이 아니라 ==를 사용해야 한다.

9. `input.equals("Y")`

10. `str.equals("")` 또는 `str.length() == 0`

11.
```
if (scoreA > scoreB)
{
   System.out.println("A won");
}
else if (scoreA < scoreB)
{
   System.out.println("B won");
}
else
{
   System.out.println("Game tied");
}
```

12.
```
if (x > 0) { s = 1; }
else if (x < 0) { s = -1; }
else { s = 0; }
```

13. 우선 s를 다음의 세 값 중 하나로 설정할 수 있을 것이다:
```
s = 0;
if (x > 0) { s = 1; }
else if (x < 0) { s = -1; }
```

14. `if (price <= 100)`를 생략하면(else만 남기고), else 분기가 유일한 대안임이 명확해진다.

15. No destruction of buildings.

16. 마지막 `else` 앞에 분기를 추가한다:
```
else if (richter < 0)
{
   System.out.println("Error: Negative input");
}
```

17. 3200.

18. 아니다. 그러면 계산은 $0.10 \times 32000 + 0.25 \times (32000 - 32000)$이 된다.

19. 아니다. 그들의 세금은 각각 $5,200이며, 그들이 결혼한다면 $10,400을 내야 한다. 실질적으로, 높은 과세 등급의 납세자들(우리 프로그램이 모델링하지 않은)은 결혼하면 더 높은 세금을 내며, 이는 결혼 페널티(맞벌이 부부에 불리한 세제)로 알려져 있는 현상이다.

20. 41번 줄의 `else`를
```
else if (maritalStatus.equals("m"))
```
으로 바꾸고, 47번 줄 뒤에 다음의 분기를 추가한다:
```
else
{
   System.out.println(
   "Error: marital status should be s or m.");
}
```

21. 더 높은 세율은 더 높은 과세 등급에 적용된다. 당신이 독신이고 $31,900을 번다고 하자. $200 급여 인상을 받으려 노력해야 하는가? 물론이다: 처음 $100의 90%, 그 다음 $100의 75%를 갖게 된다.

22.
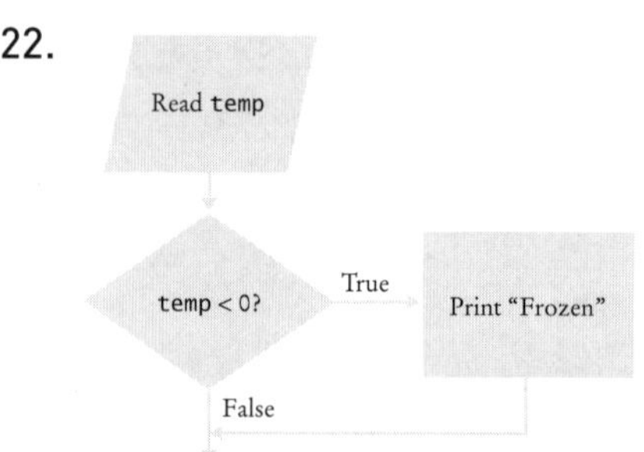

23. 첫 판단으로부터의 "참" 화살표가 두 번째 판단의 "참" 분기로 들어가고 있어서 스파게티 코드를 만들고 있다.

24. 다음은 한 솔루션이다. 3.7절에서 더 품격 있는 솔루션을 얻기 위해 조건들을 결합하는 방법을 배울 것이다.

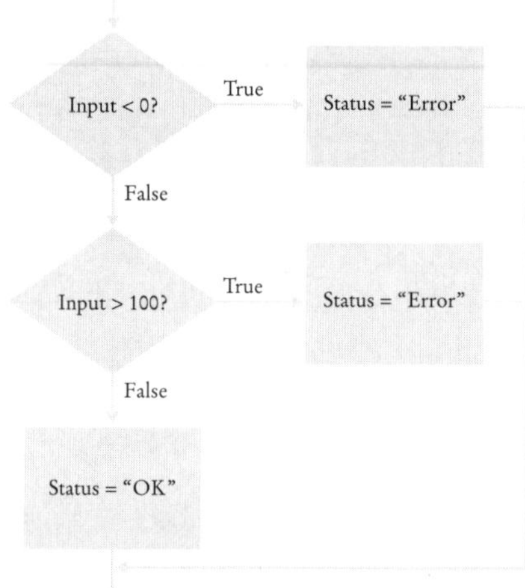

25.
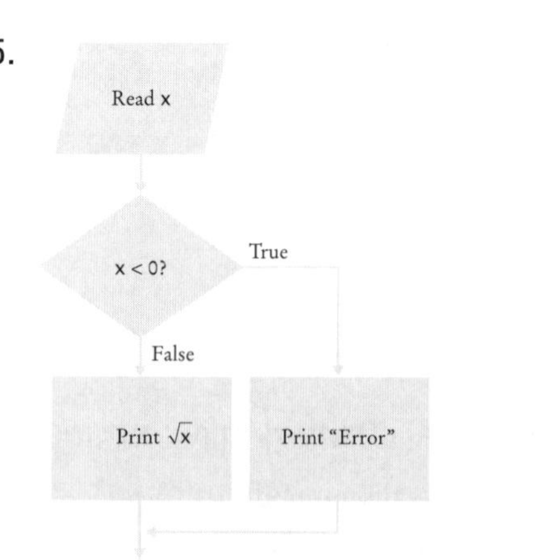

26.

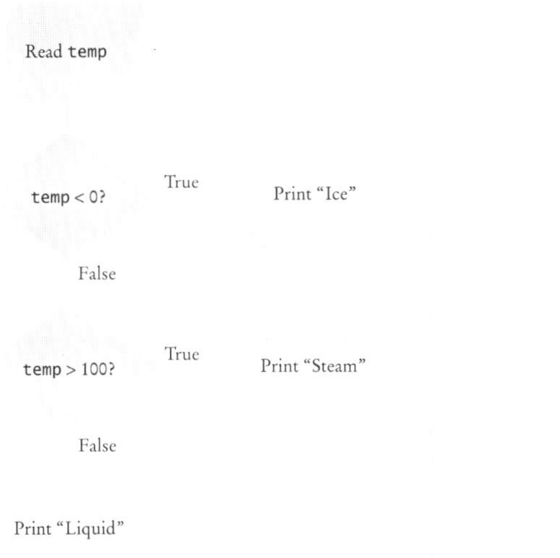

27.

테스트 케이스	예상 출력	주석
12	12	13층보다 아래
14	13	13층보다 위
13	?	규격이 분명치 않다—이 프로그램의 오류 처리가 있는 버전은 **3.8**절을 보라.

28. 경계 테스트 케이스는 가격이 \$128이다. 가격이 적어도 \$128이면 더 큰 할인이 적용된다고 문제에서 기술하고 있으므로, 16% 할인이 적용되어야 한다. 따라서 예상 출력은 \$107.52이다.

29.

테스트 케이스	예상 출력	주석
9	대부분의 구조물이 무너진다	
7.5	많은 빌딩들이 파괴된다	
6.5	많은 빌딩들이 상당히 파괴된다	
5	엉성하게 설계된 빌딩들이 손상된다	
3	파괴 발생 없음	
8.0	대부분의 구조물이 무너진다	경계 케이스. 이 프로그램에서는 지진 작용이 점진적으로 변하기 때문에, 경계 케이스들이 덜 중요하다.
-1		규격이 분명하지 않다—이 프로그램의 오류 핸들링을 갖춘 버전은 자체 검사 **16**을 보라.

30.

테스트 케이스	예상 출력	주석
12	12	13층보다 아래
(0.5, 0.5)	내부	
(4, 2)	외부	
(0, 2)	경계상	정확하게 경계상에 있는
(1.414, 1.414)	경계상	경계에 가까운
(0, 1.9)	내부	경계로부터 **1mm** 미만이 아닌
(0, 2.1)	외부	경계로부터 **1mm** 미만이 아닌

31. `x == 0 && y == 0`

32. `x == 0 || y == 0`

33. `(x == 0 && y != 0) || (y == 0 && x != 0)`

34. `frozen`의 값과 같다.

35. 다른 값이 존재하지 않음이 보장된다. 문자열이나 정수를 사용하면, `"maybe"` 또는 −1 같은 값이 계산에 들어가지 않는다는 것을 검사할 필요가 있을 것이다.

36.
(a) 오류: `floor`는 1과 20 사이이어야 한다.
(b) 오류: 0는 1과 20 사이이어야 한다.
(c) 승강기는 실제로는 19층으로 이동할 것이다.
(d) 오류: 정수가 아니다.

37. `floor == 13 || floor <= 0 || floor > 20`

38. `oh my` 같은 입력을 넣지 않았음을 확인하기 위해 `in.hasNextDouble()`로 검사한다. 쥐의 무게는 양수이므로 `weight <= 0`으로 검사한다. 거대 쥐가 얼마나 컸을지는 모르지만, 뉴기니 쥐는 2 kg을 넘지 않았다. 보통 곰쥐(house rat, 또는 rattus rattus)는 0.2 kg까지 나가므로, 무게 > 10 kg이면 분명히 입력 오류이었을 것이며, 아마도 그램과 킬로그램을 혼동했을 것이다. 따라서, 보충할 검사는

```java
if (in.hasNextDouble())
{
   double weight = in.nextDouble();
   if (weight < 0)
   {
      System.out.println(
         "Error: Weight cannot be negative.");
   }
   else if (weight > 10)
   {
      System.out.println(
         "Error: Weight > 10 kg.");
```

```
  {
     System.out.println(
        "Error: Weight > 10 kg.");
  }
  else
  {
     Process valid weight.
  }
}
else
}
   System.out.print("Error: Not a number");
}
```

39. 두 번째 입력은 실패하며 프로그램은 아무것도 출력
하지 않고 종료한다.

CHAPTER 04

루프

Loops

루프에서는 특정 목표가 도달될 때까지 프로그램의 일부가 거듭 반복된다. 루프는 반복되는 단계들이 필요한 계산과 여러 데이타 항목으로 구성된 입력을 처리할 때 중요하다. 이 장에서는 자바의 루프 명령문과 입력을 처리하고 실세계 활동을 시뮬레이션하는 프로그램을 작성하는 기법을 배운다.

4.1 while 루프

이 절에서는 어떤 목표에 도달할 때까지 명령들을 반복적으로 실행하는 **루프 명령문**에 관해서 배운다.

1장의 투자 문제를 다시 기억해보자. 연 5% 이자가 붙는 은행 계좌에 $10,000을 저금한다. 은행 잔고가 투자금의 두 배가 되려면 몇 년이 걸리는가?

붙은 이자에 또 이자가 붙으므로, 은행 잔고는 지수적으로 증가한다.

1장에서 이 문제를 위해 다음 알고리듬을 개발했다:

Start with a year value of 0, a column for the interest, and a balance of $10,000.

year	interest	balance
0		$10,000

Repeat the following steps while the balance is less than $20,000.
    Add 1 to the year value.
    Compute the interest as balance x 0.05 (i.e., 5 percent interest).
    Add the interest to the balance.
Report the final year value as the answer.

우리는 자바에서 변수를 선언하고 갱신하는 방법을 이제는 알고 있다. 아직 모르는 것은 "Repeat steps while the balance is less than $20,000"를 수행하는 방법이다.

자바에서 while 문이 그런 반복을 구현한다(문법 4.1 참고). 그 모양은 다음과 같다.

```
while (condition)
{
    statements
}
```

조건이 참인 한 while 문 안의 명령들을 계속 실행한다. 이 명령들을 while 문의 **본체**

루프는 어떤 조건이 참인 한, 코드 블록을 반복해서 실행한다.

입자 가속기에서 원자 구성 입자는 루프-모양 터널을 여러 번 횡단하면서, 물리 실험에 필요한 속도를 얻는다. 마찬가지로, 컴퓨터 과학에서는 루프의 명령문들이 어떤 조건이 참인 한 실행된다.

(**body**)라고 부른다. 우리의 경우에 연도 카운터를 증가시키고, 잔고가 목표 잔고인 $20,000보다 작은 한 이자를 추가하고자 한다:

```
while (balance < TARGET)
{
    year++;
    double interest = balance * RATE / 100;
    balance = balance + interest;
}
```

while 문은 **루프**의 한 예이다. 흐름도를 그려보면, 실행의 흐름이 조건이 테스트된 곳으로 다시 돌아온다(그림 4.1).

루프 본체 안에 변수를 선언하면, 그 변수는 루프의 각 반복마다 생성되고, 각 반복의 끝에서 제거된다. 예를 들어, 다음 루프의 interest 변수를 고려하자:

```
while (balance < TARGET)
{
    year++;
    double interest = balance * RATE / 100;
    balance = balance + interest;
} // 여기서는 interest가 더 이상 선언되어 있지 않다.
```


그와 반대로, balance와 years 변수들은 루프 본체의 바깥에서 선언되었다. 그렇게 하면 같은 변수가 루프의 모든 반복에 대해 사용된다.

문법 4.1   while 문

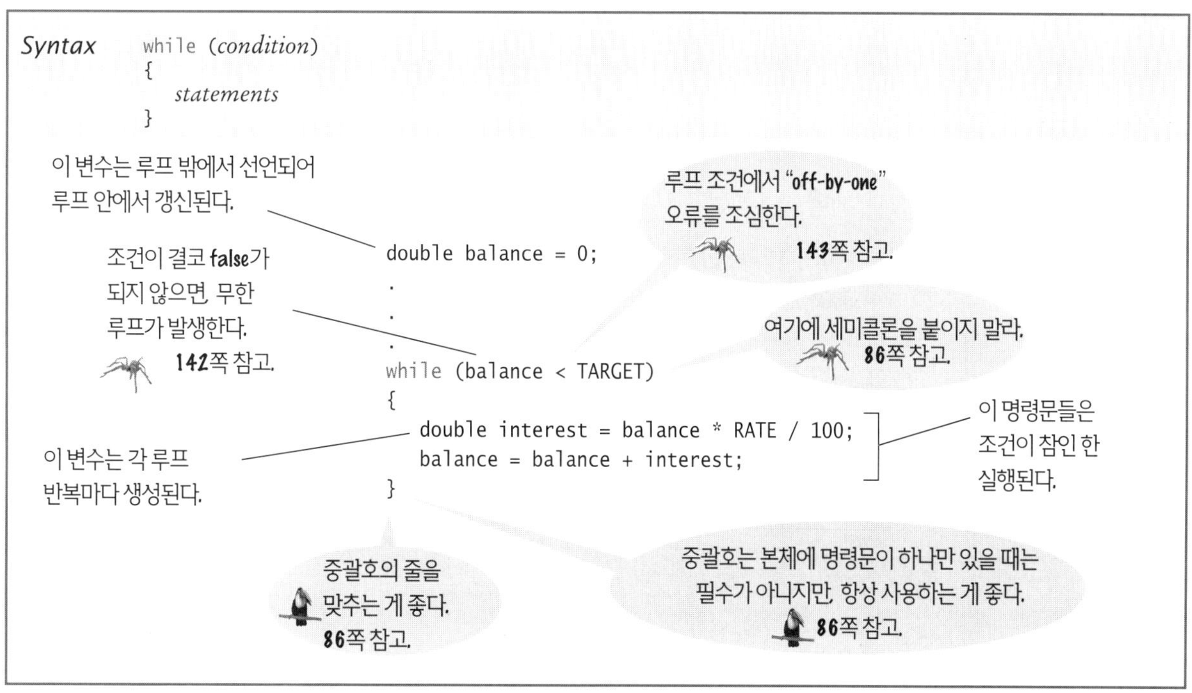

그림 4.2
`DoubleInvestment`
루프의 실행

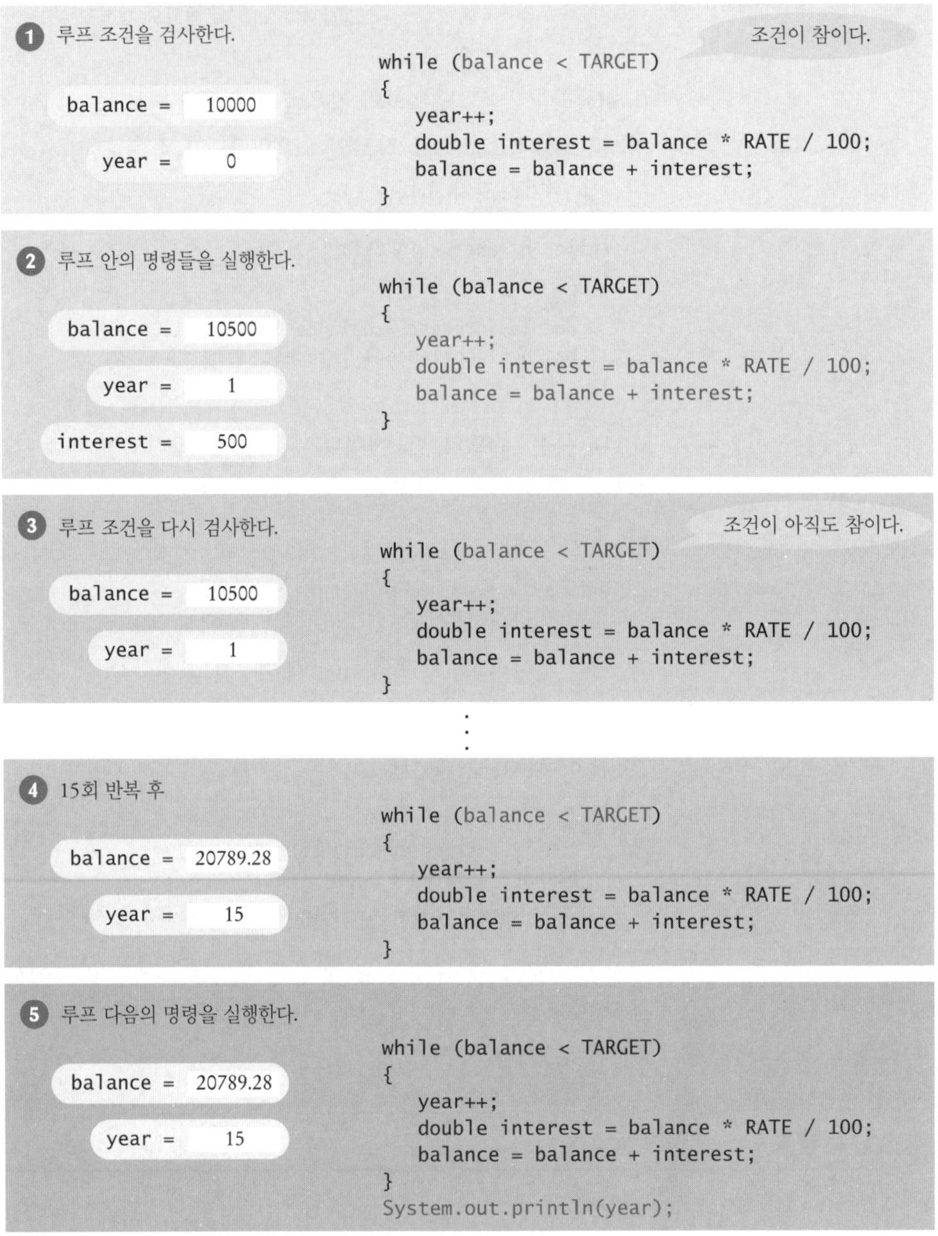

다음은 투자 문제를 푸는 프로그램이다. 그림 4.2가 프로그램의 실행을 보여준다.

section_1/DoubleInvestment.java

```
/**
   This program computes the time required to double an investment.
*/
public class DoubleInvestment
{
   public static void main(String[] args)
   {
      final double RATE = 5;
      final double INITIAL_BALANCE = 10000;
      final double TARGET = 2 * INITIAL_BALANCE;

      double balance = INITIAL_BALANCE;
      int year = 0;

```

```java
15          // Count the years required for the investment to double
16
17       while (balance < TARGET)
18       {
19          year++;
20          double interest = balance * RATE / 100;
21          balance = balance + interest;
22       }
23
24       System.out.println("The investment doubled after "
25          + year + " years.");
26    }
27 }
```

실행 결과

```
The investment doubled after 15 years.
```

1. 투자액이 세 배가 되려면 몇 년 걸리는가? 프로그램을 수정해서 돌려 보라.

2. 이율이 연 10%라면, 투자액이 두 배가 되는데 몇 년 걸리는가? 프로그램을 수정해서 돌려 보라.

3. 매해 잔고가 출력되도록 프로그램을 수정하라. 어떻게 했는가?

4. while 루프의 조건이

   ```java
   while (balance <= TARGET)
   ```

   가 되도록 프로그램을 바꿨다고 하자. 프로그램에 어떤 영향을 주는가? 그 이유는?

5. 다음 루프의 출력은?

   ```java
   int n = 1;
   while (n < 100)
   {
      n = 2 * n;
      System.out.print(n + " ");
   }
   ```

Practice It 이제 다음 연습문제들에 대해 답할 수 있다: R4.1, R4.5, P4.14.

빈번한 오류 4.1

"이제 도달했나요?"라고 묻지 말라

어떤 반복적인 것을 할 때, 우리 대부분은 언제 끝나는지 알고 싶어 한다. 예를 들어, "적어도 $20,000을 마련하고 싶어"라고 생각하면서, 루프 조건을

```java
balance >= TARGET
```

으로 설정할 수 있다. 그러나 while 루프는 그 반대로 생각한다: 내가 얼마나 지속할 수 있지? 올바른 루프 조건은

```java
while (balance < TARGET)
```

이다. 즉, "잔고가 목표보다 낮은 한 지속해라."

루프 조건을 쓸 때는 "이제 도달했나요"라고 쓰지 말라. 조건은 루프가 얼마나 지속될 것인지를 결정한다.

표 4.1 while 루프 예

루프	출력	설명

`i = 0; sum = 0;`
`while (sum < 10)`
`{`
`    i++; sum = sum + i;`
`    Print i and sum;`
`}`
	1 1
	2 3
	3 6
	4 10
		sum이 10일 때, 루프 조건이 false이며, 루프가 끝난다.

`i = 0; sum = 0;`
`while (sum < 10)`
`{`
`    i++; sum = sum - i;`
`    Print i and sum;`
`}`
	1 -1
	2 -3
	3 -6
	4 -10
	. . .
		sum이 10에 도달하지 못하므로, 이것은 "무한 루프"이다(142쪽의 빈번한 오류 4.2 참고).

`i = 0; sum = 0;`
`while (sum < 0)`
`{`
`    i++; sum = sum - i;`
`    Print i and sum;`
`}`
	(출력 없음)	sum < 0은 조건이 처음 검사될 때 false이며, 루프는 전혀 실행되지 않는다.

`i = 0; sum = 0;`
`while (sum >= 10)`
`{`
`    i++; sum = sum + i;`
`    Print i and sum;`
`}`
	(출력 없음)	아마 프로그래머가 "sum이 적어도 10이면 중지"할 것으로 생각했나 보다. 그런데, 루프 조건은 루프가 끝날 때가 아니라 실행될 때를 제어한다(141쪽의 빈번한 오류 4.1 참고)

`i = 0; sum = 0;`
`while (sum < 10) ;`
`{`
`    i++; sum = sum + i;`
`    Print i and sum;`
`}`
	(출력이 없으며, 프로그램은 종료되지 않음)	{ 앞의 세미콜론에 주의한다. 이 루프의 본체가 비어 있다.
		이 루프는 sum < 10 인지를 검사하고, 본체에서 아무것도 하지 않으면서 영원히 돈다.

무한 루프

아주 성가신 루프 오류가 **무한 루프**, 즉, 영원히 돌며, 프로그램을 죽이거나 컴퓨터를 재시작해야만 정지될 수 있는 루프이다. 프로그램에 출력 명령이 있다면, 스크린에는 수많은 출력이 휙휙 지나갈 것이다. 아니면, 프로그램이 아무것도 안 하며 그냥 거기에 그대로 머물러 있는 것처럼 보인다. 어떤 시스템에서는 걸려 있는(hanging) 프로그램을 Ctrl + C 를 눌러서 종료시킬 수 있다. 또 어떤 시스템에서는 프로그램이 돌고 있는 창을 닫을 수 있다.

무한 루프의 공통 원인은 루프를 제어하는 변수를 갱신하는 것을 잊는 것이다:

트레드 밀에서 정지할 수 없는 이 햄스터처럼, 무한 루프는 끝나지 않는다.

```java
int year = 1;
while (year <= 20)
{
   double interest = balance * RATE / 100;
   balance = balance + interest;
}
```

위에서 프로그래머가 루프에 year++ 명령을 넣는 것을 까먹었다. 결과적으로, year가 항상 1에 머물러 있으며, 루프는 종료되지 않는다.

또 다른 공통 원인은 카운터를 감소시켜야 하는데 실수로 증가시키는 것이다(또는 그 반대). 다음 예를 보자:

```java
int year = 20;
while (year > 0)
{
   double interest = balance * RATE / 100;
   balance = balance + interest;
   year++;
}
```

변수 year가 감소되었어야 했는데 증가되었다. 카운터를 증가시키는 일이 감소시키는 일보다 훨씬 더 흔해서, 손가락이 자동으로 ++를 누르기 때문에 이런 오류가 빈번히 발생한다. 그 결과, year가 항상 0보다 커서 루프가 종료되지 않는다(실제로는 year가 마침내 표현 가능한 최대 정수를 넘어서면서 음 값으로 바뀐다. 그러면 루프가 끝난다—물론 완전히 틀린 결과다).

빈번한 오류 4.3 Off-by-one 오류

투자액이 두 배가 되는데 필요한 연수를 계산하는 걸 고려하자:

```java
int year = 0;
while (balance < TARGET)
{
   year++;
   balance = balance * (1 + RATE / 100);
}
System.out.println("The investment doubled after "
   + year + " years.");
```

year가 0과 1 중 어디에서 시작해야 하는가? balance < TARGET 또는 balance <= TARGET 중 어느 것에 대해 테스트를 해야 하는가? 이런 표현식들에서 하나(1)를 빠뜨리기(off) 쉽다.

어떤 이는 **off-by-one 오류**를 프로그램이 제대로 동작할 때까지 +1 또는 -1을 랜덤하게 삽입해서 해결하려 든다—끔찍한 계획이다. 다양한 모든 가능성에 대해 컴파일하고 테스트하는 것은 시간이 오래 걸릴 수 있다. 적은 양의 정신적 노력을 소모하는 것이 진짜로 시간을 절약하는 것이다.

다행히, off-by-one 오류는 쉽게 피할 수 있다. 단순히 두어 개의 테스트 케이스들을 검토하고, 그 테스트 케이스들로부터의 정보를 사용해서 판단을 위한 근거를 찾아내면 된다.

year가 0과 1 중 어디에서 시작해야 하겠는가? 간단한 값들을 사용해서 시나리오를 검토해보자: 초기 잔고는 $100, 이율은 50%. year 1 후에는 잔고가 $150이고, year 2 후에는 $225 또는 $200을 초과한다. 따라서, 투자액은 2년 후에는 두 배가 된다. 루프는 year가 매회 증가하면서 두 번 실행되었다. 따라서 year는 1이 아니라 0에서 시작해야 한다.

> 루프를 프로그래밍할 때 off-by-one 오류가 흔하게 일어난다. 이러한 오류를 막으려면 간단한 테스트 케이스들로 검토하라.

year	balance
0	$100
1	$150
2	$225

다시 말해서, 변수 balance는 그 해의 끝이 지난 후의 잔고를 나타낸다. 처음에 balance에는 year 1 후가 아닌 year 0 후의 잔고가 들어 있다.

그 다음, < 또는 <= 중 어느 것을 비교 테스트에 사용해야 하겠는가? 이것은 잔고가 초기 잔고의 딱 두 배가 되는 게 드물기 때문에, 찾아내기가 더 어렵다. 이런 일이 일어나는 경우가 하나 있다. 즉, 이율이 100%일 때이다. 루프가 한 번 실행된다. 이때 year는 1이고, balance는 정확히 2 * INITIAL_BALANCE이다. 1년 후에 투자액이 두 배가 되었는가? 그렇다. 그러므로, 루프는 다시 실행되지 말아야 한다. 만일 테스트 조건이 balance < TARGET이라면, 루프는 정지한다. 테스트 조건이 balance <= TARGET이었다면, 루프는 한 번 더 실행했을 것이다.

다시 말해서, 잔고가 아직 두 배가 되지 않은 한 이자를 계속 더한다.

랜덤 팩트 4.1 최초의 버그

전설에 의하면 최초의 버그는 하버드 대학의 거대한 전기기계 컴퓨터인 Mark II에서 발견되었는데, 진짜 벌레 때문에 일어났다. 릴레이 스위치에 나방이 끼인 것이다.

실제로, 운용자가 나방 옆의 일지에 남긴 쪽지를 보면(그림 참고), '버그'라는 용어가 이미 그 당시에 보편적으로 사용된 것으로 보인다.

선구자격 컴퓨터 과학자인 모리스 윌크스는 "왜 그런지, 무어 공대(Moore School)에 있을 때와 그 후에도, 사람들은 항상 프로그램을 바르게 만드는 데 그다지 어려움이 없을 거라고 추정했다. 나는 내 향후 인생의 많은 부분이 내가 짠 프로그램의 실수를 찾아내는 데 소모될 것이란 것을 깨달은 순간을 기억한다."라고 썼다.

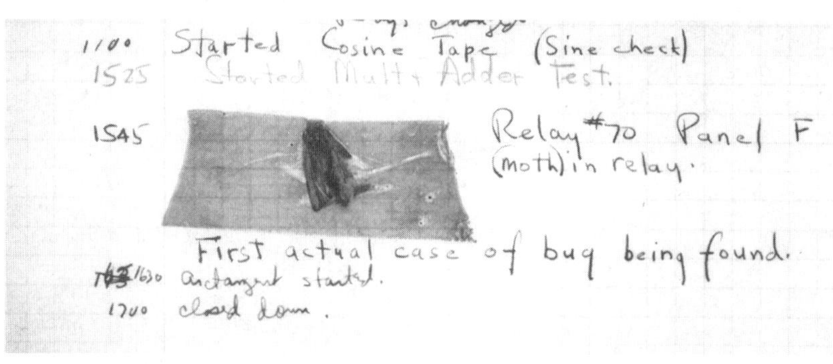

최초의 버그

4.2 문제 해결하기: 핸드-트레이싱

프로그래밍 팁 3.5에서 핸드-트레이싱 방법을 배웠다. 코드나 수도코드를 핸드-트레이스 할 때는 종이에 변수들의 이름을 적고, 직접 코드의 각 단계를 실행하고, 변수들을 갱신한다.

코드가 종이에 적혀 있거나 인쇄되어 있으면 가장 좋다. 종이 클립 같은 마커를 사용해서 현재 줄을 표시한다. 변수가 바뀔 때마다, 이전 값을 긋고, 새 값을 그 밑에 적는다. 프로그램이 출력을 산출할 때, 다른 열에 그 출력도 적는다.

다음 보기를 보자. 표시되는 값은 얼마이겠는가?

핸드-트레이스는 명령문들을 하나씩 확인하면서 변수들의 값을 추적하는, 코드 실행의 시뮬레이션이다.

```java
int n = 1729;
int sum = 0;
while (n > 0)
{
   int digit = n % 10;
   sum = sum + digit;
   n = n / 10;
}
System.out.println(sum);
```

세 개의 변수가 있다: n, sum, digit.

n	sum	digit

처음 두 변수는 루프로 들어가기 전에 1729와 0으로 초기화된다.

```java
int n = 1729;
int sum = 0;
while (n > 0)
{
   int digit = n % 10;
   sum = sum + digit;
   n = n / 10;
}
System.out.println(sum);
```

n	sum	digit
1729	0	

n이 0 보다 크므로, 루프로 들어간다. 변수 digit가 9(1729를 10으로 나눈 나머지)로 설정된다. 변수 sum은 0 + 9 = 9로 설정된다.

```java
int n = 1729;
int sum = 0;
while (n > 0)
{
   int digit = n % 10;
   sum = sum + digit;
   n = n / 10;
}
System.out.println(sum);
```

n	sum	digit
1729	~~0~~	
	9	9

끝으로, n이 172가 된다(나눗셈 1729/10의 나머지는 두 수가 정수이므로 버려짐을 기억하라).

이전 값들을 긋고, 새 값들을 그 밑에 적는다.

```java
int n = 1729;
int sum = 0;
while (n > 0)
{
   int digit = n % 10;
   sum = sum + digit;
   n = n / 10;
}
System.out.println(sum);
```

n	sum	digit
~~1729~~	~~0~~	
172	9	9

이제 루프 조건을 다시 검사한다.

```java
int n = 1729;
int sum = 0;
while (n > 0)
{
   int digit = n % 10;
   sum = sum + digit;
   n = n / 10;
}
System.out.println(sum);
```

n이 여전히 0보다 크므로, 루프를 반복한다. 이제 digit가 2가 되고, sum은 9 + 2 = 11로 설정되며, n은 17이 된다.

n	sum	digit
1729	0	
172	9	9
17	11	2

루프를 다시 반복하면 digit가 7, sum이 11 + 7 = 18, n이 1이 된다.

n	sum	digit
1729	0	
172	9	9
17	11	2
1	18	7

루프를 마지막으로 한 번 더 돈다. 이제 digit는 1, sum은 19, n은 0이 된다.

n	sum	digit
1729	0	
172	9	9
17	11	2
1	18	7
0	19	1

```java
int n = 1729;
int sum = 0;
while (n > 0)
{
   int digit = n % 10;
   sum = sum + digit;
   n = n / 10;
}
System.out.println(sum);
```


조건 n > 0은 이제 거짓이다. 루프 다음의 명령에서 계속한다.

```java
int n = 1729;
int sum = 0;
while (n > 0)
{
   int digit = n % 10;
   sum = sum + digit;
   n = n / 10;
}
System.out.println(sum);
```

n	sum	digit	output
1729	0		
172	9	9	
17	11	2	
1	18	7	
0	19	1	19

이 명령문은 출력문이다. 출력되는 값은 sum의 값 19이다.

물론, 코드를 그냥 돌려서 같은 결과를 얻을 수 있다. 그러나, 핸드-트레이스는 단순히 코드를 실행시켰을 때 얻지 못하는 통찰력을 제공한다. 각 반복에서 무슨 일이 일어나는지 다시 한 번 보자:

- n의 끝 숫자를 추출한다.
- 그 숫자를 sum에 더한다.
- n에서 그 숫자를 떼어버린다.

핸드-트레이스는 생소한 알고리듬이 어떻게 동작하는지를 이해하는 데 도움이 된다.

달리 표현하면, 이 루프는 n의 숫자들의 합을 산출한다. 이제 이 보기에서의 값뿐만 아니라 임의의 n의 값에 대해 이 루프가 어떤 일을 하는지 알게 되었다(왜 각 자리 숫자의 합을 구하려 할까? 이런 종류의 연산은 신용카드 번호 및 여타 ID 번호의 유효성을 검사하는 데 유용하다. 연습문제 P4.32 참고).

핸드-트레이스는 코드나 수도코드의 오류를 보여줄 것이다.

핸드-트레이스는 바르게 동작하는 코드를 이해하는 데 도움을 줄뿐만 아니라, 코드의 오류를 찾아내기 위한 강력한 기술이기도 하다. 프로그램이 예상치 않은 방향으로 동작할 때는 종이를 꺼내서 코드를 직접 따라가면서 변수들의 값을 추적하라.

핸드-트레이스 하는 데 동작하는 프로그램이 필요한 것은 아니다. 수도코드를 핸드-트레이스 할 수도 있다. 사실상, 실제 코드로 번역하는 수고를 하기 전에, 수도코드를 핸드-트레이스가 제대로 동작할지를 확인하는 것은 아주 좋은 생각이다.

6. n의 값과 출력을 표시하면서 다음 코드를 핸드-트레이스하라.

```java
int n = 5;
while (n >= 0)
{
    n--;
    System.out.print(n);
}
```

7. n의 값과 출력을 표시하면서 다음 코드를 핸드-트레이스하라. 어떤 잠재적 오류를 찾아냈는가?

```java
int n = 1;
while (n <= 3)
{
    System.out.print(n + ", ");
    n++;
}
```

8. a가 2, n이 4라고 가정하고, 다음 코드를 핸드-트레이스하라. 그런 후, 임의의 a 및 n 값들에 대해 이 코드가 무엇을 하는지를 설명하라.

```java
int r = 1;
int i = 1;
while (i <= n)
{
    r = r * a;
    i++;
}
```

9. 다음 코드를 핸드-트레이스하라.

```java
int n = 1;
while (n != 50)
{
    System.out.println(n);
    n = n + 10;
}
```

10. 다음 수도코드는 수 n의 자리 수를 세도록 의도되었다.

```
count = 1
temp = n
while (temp > 10)
    Increment count.
    Divide temp by 10.0.
```

n = 123과 n = 100에 대해 이 수도코드를 추적하라. 어떤 오류를 발견했는가?

Practice It   이제 다음 연습문제들에 대해 답할 수 있다: R4.3, R4.6.

4.3 for 루프

일련의 명령문들을 주어진 횟수만큼 실행시켜야 할 때가 자주 있다. 다음 보기에서처럼 카운터에 의해 제어되는 while 루프를 사용할 수 있다:

```
int counter = 1;  // Initialize the counter
while (counter <= 10) // Check the counter
{
   System.out.println(counter);
   counter++; // Update the counter
}
```

이 루프 타입은 아주 흔하기 때문에, 이를 위해서 for 루프라고 불리는 특별한 형태가 존재한다(문법 4.2 참고).

```
for (int counter = 1; counter <= 10; counter++)
{
   System.out.println(counter);
}
```

어떤 사람들은 이 루프를 **카운트 제어**(*count-controlled*) 루프라고 부른다. 이와 대조적으로 앞 절의 while 루프는 **이벤트 제어**(*event-controlled*) 루프라고 부르는데, 그 이유는 그 루프가 어떤 이벤트가 발생할 때까지(즉, 잔고가 목표치에 도달할 때까지) 실행되기 때문이다. 카운트 제어 루프에 대한 흔히 사용되는 다른 용어는 **분명한**(*definite*)이다. 우리는 시작할 때부터 루프 본체가 몇 번 실행될지를 분명히 알고 있다—우리의 보기에서는 열 번. 그와 대조적으로, 목표 잔고를 모을 때까지 몇 번 반복해야 할지 모른다. 그런 루프는 **불분명**(*indefinite*)하다고 부른다.

for 루프를 정렬된 계단으로 볼 수 있다.

for 루프는 초기화, 조건, 갱신 표현을 모두 깔끔하게 묶는다. 그러나, 이 표현식들이 한꺼번에 실행되지 않는다는 것을 알고 있어야 한다(그림 4.3).

- 초기화는 루프에 들어가기 전에 한 번 실행된다. ❶
- 조건은 각 반복 전에 검사된다. ❷ ❺
- 갱신은 각 반복 후에 실행된다. ❹

❶ 카운터를 초기화한다.

counter =   1

```
for (int counter = 1; counter <= 10; counter++)
{
    System.out.println(counter);
}
```

❷ 조건을 검사한다.

counter =   1

```
for (int counter = 1; counter <= 10; counter++)
{
    System.out.println(counter);
}
```

❸ 루프 본체를 실행한다.

counter =   1

```
for (int counter = 1; counter <= 10; counter++)
{
    System.out.println(counter);
}
```

❹ 카운터를 갱신한다.

counter =   2

```
for (int counter = 1; counter <= 10; counter++)
{
    System.out.println(counter);
}
```

❺ 조건을 다시 검사한다.

counter =   2

```
for (int counter = 1; counter <= 10; counter++)
{
    System.out.println(counter);
}
```

for 루프는 카운트 업 대신에 카운트 다운도 가능하다:

```
for (int counter = 10; counter >= 0; counter--) . . .
```

증분 또는 감분의 크기가 꼭 1일 필요는 없다:

```
for (int counter = 0; counter <= 10; counter = counter + 2)
```

다른 변형에 대해서는 표 4.2를 참고한다.

표 4.2 for 루프 예

루프	i의 값	설명
`for (i = 0; i <= 5; i++)`	0 1 2 3 4 5	이 for 루프는 6회 실행된다. (153쪽의 프로그래밍 팁 4.3 참고.)
`for (i = 5; i >= 0; i--)`	5 4 3 2 1 0	i--를 사용해서 값을 감소시킨다.
`for (i = 0; i < 9; i = i + 2)`	0 2 4 6 8	스텝 크기가 2이면 i = i + 2를 사용한다.
`for (i = 0; i != 9; i = i + 2)`	0 2 4 6 8 10 12 14 (무한 루프)	이 문제를 피하려면 != 대신에 < 또는 <=를 사용할 수 있다.
`for (i = 1; i <= 20; i = i * 2)`	1 2 4 8 16	매 단계마다 두 배로 하는 등, i를 변경하는 규칙은 임의로 정할 수 있다.
`for (i = 0; i < str.length(); i++)`	0 1 2 … 문자열 str의 마지막 유효 인덱스까지	루프 본체에서 str.charAt(i) 표현을 사용해서 i번째 글자를 얻는다.

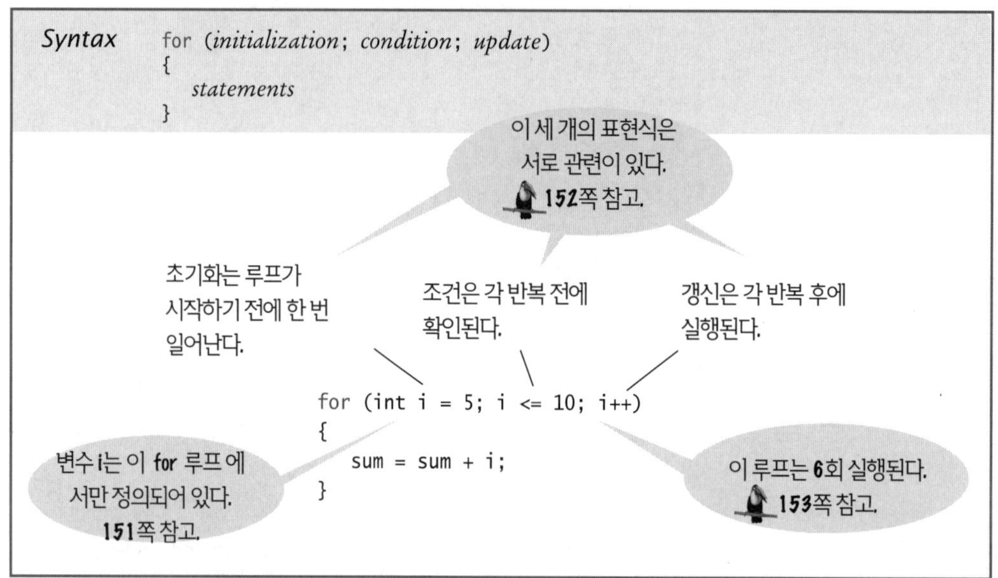

이제까지 우리는 항상 counter 변수를 루프 초기화에서 선언했다:

```
for (int counter = 1; counter <= 10; counter++)
{
    . . .
}
// counter no longer declared here
```

그런 변수는 루프가 반복하는 동안 내내 선언되어 있으나, 그 루프 다음에서는 사용할 수 없다. 이 카운터 변수를 루프 전에 선언한다면 루프 다음에서도 계속 사용할 수 있다:

```
int counter;
for (counter = 1; counter <= 10; counter++)
{
    . . .
}
// counter still declared here
```

다음은 for 루프의 전형적인 사용 예이다. 다음 표에 보인 것과 같이 저축 계좌의 잔고를 몇 해에 거쳐 출력하려고 한다:

Year	Balance
1	10500.00
2	11025.00
3	11576.25
4	12155.06
5	12762.82

변수 year가 1에서 시작해서 목표에 도달할 때까지 상수 증분으로 바뀌므로, for 루프 패턴을 적용한다:

```
for (int year = 1; year <= nyear
{
    Update balance.
    Print year and balance.
}
```

다음은 완성된 프로그램이다. 그림 4.4가 해당 흐름
도를 보여준다.

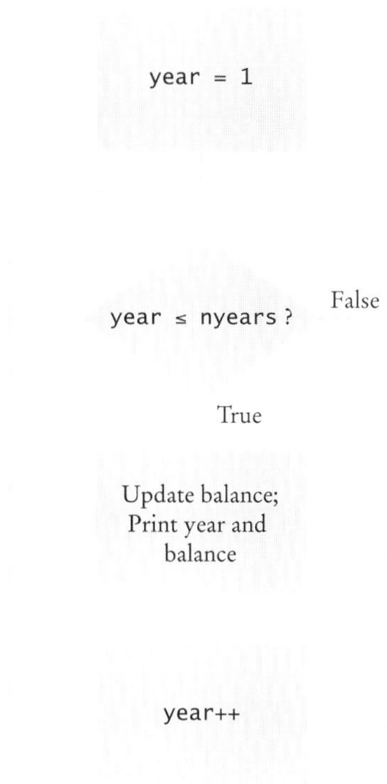

그림 4.4 for 루프의 흐름도

section_3/InvestmentTable.java

```java
 1  import java.util.Scanner;
 2
 3  /**
 4     This program prints a table showing the growth of an investment.
 5  */
 6  public class InvestmentTable
 7  {
 8     public static void main(String[] args)
 9     {
10        final double RATE = 5;
11        final double INITIAL_BALANCE = 10000;
12        double balance = INITIAL_BALANCE;
13
14        System.out.print("Enter number of years: ");
15        Scanner in = new Scanner(System.in);
16        int nyears = in.nextInt();
17
18        // Print the table of balances for each year
19
20        for (int year = 1; year <= nyears; year++)
21        {
22           double interest = balance * RATE / 100;
23           balance = balance + interest;
24           System.out.printf("%4d %10.2f\n", year, balance);
25        }
26     }
27  }
```

```
Enter number of years: 10
    1   10500.00
    2   11025.00
    3   11576.25
    4   12155.06
    5   12762.82
    6   13400.96
    7   14071.00
    8   14774.55
    9   15513.28
   10   16288.95
```

for 루프의 또 다른 대표적 용도는 문자열 내 모든 글자를 섭렵하는 것이다:

```java
for (int i = 0; i < str.length(); i++)
{
    char ch = str.charAt(i);
    Process ch
}
```

카운터 변수 i가 0에서 시작하며, i가 문자열의 길이에 도달하면 루프가 종료됨을 주목한다. 예를 들어서 만일 str의 길이가 5이면, i는 값 0, 1, 2, 3, 4를 취한다. 이들이 이 문자열의 유효 위치들이다.

11. InvestmentTable.java 프로그램의 for 루프를 while 루프로 작성하라.

12. 다음 루프는 몇 개의 수를 출력하는가?

```java
for (int n = 10; n >= 0; n--)
{
    System.out.println(n);
}
```

13. 10~20 사이의 모든 짝수를 출력하는 for 루프를 작성하라.

14. 1부터 n까지의 정수들의 합을 계산하는 for 루프를 작성하라.

15. 투자액이 두 배가 될 때까지 모든 잔고를 출력하려면 InvestmentTable.java의 for 루프를 어떻게 변경하면 되는가?

Practice It 이제 다음 연습문제들에 대해 답할 수 있다: R4.4, R4.10, P4.8, P4.13.

프로그래밍 팁 4.1 | **의도된 목적으로만 for 루프를 사용하라**

for 루프는 특정 형태의 루프에 대한 표현 양식이다. 한 값이 시작부터 끝까지 상수 증감으로 바뀐다.

컴파일러는 초기화, 조건, 갱신 표현식들이 서로 관련되는지 검사하지 않는다. 예를 들어, 다음의 루프도 허용된다.

```java
// 혼동되는, 무관한 표현들

for (System.out.print("Inputs: "); in.hasNextDouble(); sum = sum + x)
{
    x = in.nextDouble();
}
```

그러나, 이런 for 루프를 읽는 프로그래머는 예상과 맞지 않기 때문에 헷갈리게 된다. for 표현 양식을 따르지 않는 반복에 대해서는 while 루프를 사용하라. 또한 for 루프 본체에서 루프 카운터를 갱신하지 않도록 주의해야 한다. 다음 예를 보자:

```java
for (int counter = 1; counter <= 100; counter++)
{
   if (counter % 10 == 0) // Skip values that are divisible by 10
   {
      counter++; // Bad style—you should not update the counter in a for loop
   }
   System.out.println(counter);
}
```

카운터를 for 루프 안에서 갱신하면, 루프 반복 끝에서 카운터가 다시 갱신되므로 혼동을 일으킨다. 어떤 루프 반복에서는 counter가 한 번 증가되고, 어떤 반복에서는 두 번 증가된다. 이렇게 만들면 for 루프를 보는 프로그래머를 혼란스럽게 한다.

만일 내가 이 상황에 있다면, for 루프를 while 루프로 바꾸거나, 이 "생략" 동작을 다른 방식으로 구현할 수 있다. 예:

```java
for (int counter = 1; counter <= 100; counter++)
{
   if (counter % 10 != 0) // Skip values that are divisible by 10
   {
      System.out.println(counter);
   }
}
```


작업에 맞춰 루프 한계를 선정하라

1에서 10까지의 줄 번호를 출력하려고 한다고 하자. 물론, for 루프

```java
for (int i = 1; i <= 10; i++)
```

를 사용하려 할 것이다. i의 값은 관계식 $1 \le i \le 10$에 의해 제한된다. 양쪽 한계에 ≤가 있으므로, 이 한계들은 **대칭적**이라고 불린다.

문자열의 글자들을 섭렵할 때는 다음 한계를 사용하는 게 더 자연스럽다:

```java
for (int i = 0; i <= str.length() - 1; i++)
```

이 루프에서 i는 문자열의 모든 유효 위치를 섭렵한다. i번째 글자에 str.charAt(i)로 접근할 수 있다. i의 값이 ≤는 왼쪽에 있고, <는 오른쪽에 있는 $0 \le i <$ str.length()에 의해 제한된다. str.length()가 유효 위치가 아니므로 이게 적절하다. 이런 한계들은 **비대칭적**이라고 불린다.

이 경우 대칭 한계를 사용하는 것은 좋은 생각이 아니다:

```java
for (int i = 0; i <= str.length() - 1; i++) // Use < instead
```

비대칭 형태가 더 이해하기 쉽다.

반복 횟수 세기

반복의 올바른 상한과 하한을 찾아내는 것은 헷갈린다. 0에서 시작해야 할지, 아니면 1에서 시작해야 할지? 종료 조건으로 <= 또는 < 중 어느 것을 사용해야 하는지?

반복 횟수를 세는 것은 루프를 더 잘 이해하기 위한 매우 유용한 방법이다. 카운팅은 비대칭 한계를 갖는 루프에 대해 더 쉽다. 다음 루프는 b − a번 실행된다.

```java
for (int i = a; i < b; i++)
```

예를 들어, 문자열의 글자들을 섭렵하는 루프

```java
for (int i = 0; i < str.length(); i++)
```

는 `str.length()` 회 실행된다. 문자열에 `str.length()`개의 글자가 있으므로 타당하다.

대칭적 한계를 갖는 루프

```java
for (int i = a; i <= b; i++)
```

는 b - a + 1번 실행된다. 이 "+1" 때문에 오류가 많이 발생한다.

예를 들어,

```java
for (int i = 0; i <= 10; i++)
```

는 11회 실행된다. 아마도 그게 우리가 원하는 것일 수도 있다. 그렇지 않다면, 1에서 시작하거나 < 10을 사용하라.

이 "+1" 오류를 시각화하는 한 방법은 울타리를 생각하는 것이다. 각 섹션은 왼쪽에 말뚝이 한 개 있으며, 마지막 섹션에는 오른쪽에 마지막 말뚝이 있다. 마지막 값을 세는 것을 잊어먹는 것을 흔히 '울타리 말뚝 오류' 라고 부른다.

네 개의 구간이 있는 울타리에는 말뚝이 몇 개 필요할까? 이런 문제에서 "off by one(하나 빠뜨리기)"이 쉽게 일어난다.

4.4 do 루프

때때로 루프 본체를 적어도 한 번 실행하고, 그 후에 루프 테스트를 해야 할 때가 있다. do 루프가 이 목적에 맞다:

```java
do
{
    statements
}
while (condition);
```

do 루프의 본체가 먼저 실행되고, 조건이 검사된다.

루프 본체를 완료한 후에 조건이 검사되므로 어떤 이는 이런 루프를 **포스트-테스트**(*post-test*) **루프**라고 부른다. 그와 대조적으로 while과 for 루프는 **프리-테스트**(*pre-test*) 루프이다. 이들 루프 타입에서는 루프 본체에 들어가기 전에 조건이 검사된다.

do 루프의 대표적인 예는 입력 확인이다. 사용자에게 < 100인 어떤 값을 요구한다고 하자. 만일 사용자가 주의하지 않고 더 큰 값을 입력한다면, 올바른 값일 때까지 다시 요구한다. 물론, 사용자가 입력하기 전까지는 그 값을 검사할 수 없다. 이것은 do 루프에 딱 맞다(그림 4.5):

```java
int value;
do
{
    System.out.print("Enter an integer < 100: ");
    value = in.nextInt();
}
while (value >= 100);
```

16. 적어도 0, 커봐야 100인 입력을 검사하려 한다고 하자. 이 검사를 위해서 do 루프를 수정하라.

17. while 루프를 사용해서 입력 검사 do 루프를 다시 작성하라. 내 답의 단점은 무엇인가?

18. 자바에 do 루프가 없다고 하자. 모든 do 루프를 while 루프로 바꿔서 재작성할 수 있는가?

19. 정수들을 읽어서 그들의 합을 계산하는 do 루프를 작성하라. 0을 읽으면 중단하라.

20. 정수들을 읽어서 그들의 합을 계산하는 do 루프를 작성하라. 0을 읽거나, 또는 같은 값을 두 번 연속 읽으면 중단하라. 예를 들어, 만일 입력이 1 2 3 4 4이면, 합은 14이고 루프는 정지한다.

Practice It 이제 다음 연습문제들에 대해 답할 수 있다: R4.9, R4.16, R4.17.

그림 4.5 do 루프의 흐름도

프로그래밍 팁 4.4 **루프의 흐름도**

3.5절에서 프로그램의 제어 흐름을 시각화하기 위해 흐름도를 사용하는 방법을 배웠다. 흐름도에 포함시킬 수 있는 루프 유형에는 두 가지가 있다. 그들은 자바의 while 루프와 do 루프에 해당한다. 그들은 조건의 위치가 루프 본체 위치(앞 또는 뒤)에 의해 다르다.

3.5절에서 언급했듯이 흐름도에 '스파게티 코드'를 원하지 않는다. 루프에 대해 이것은 루프 본체 안으로 향하는 화살표를 원하지 않는 것을 의미한다.

4.5 응용: 센티널 값 처리하기

이 절에서는 입력 값들의 시퀀스를 읽고 처리하는 루프를 작성하는 방법을 배운다.

입력 시퀀스를 읽을 때는 항상 시퀀스의 끝을 나타내는 어떤 방법이 필요하다. 때로는 운이 좋아서 입력 값에 0이 없을 수 있다. 그러면 사용자에게 숫자들을 계속 입력하게 할 수 있고, 시퀀스를 종료하기 위해 0을 입력하게 할 수도 있을 것이다. 만일 0은 허용되지만 음수는 허용되지 않는다면, 종료를 나타내기 위해 −1을 사용할 수 있다. 실제 입력은 아니나 종료를 위한 신호의 역할을 하는 그런 값을 센티널이라고 부른다.

급여 평균을 계산하는 프로그램에 이 기법을 적용해보자. 견본 프로그램에서 −1을 센티널로 사용하겠다. 직원은 분명히 음수 값의 급여를 받고 일하지는 않을 것이나, 공짜로 일하겠다는 지원자는 있을 수 있다.

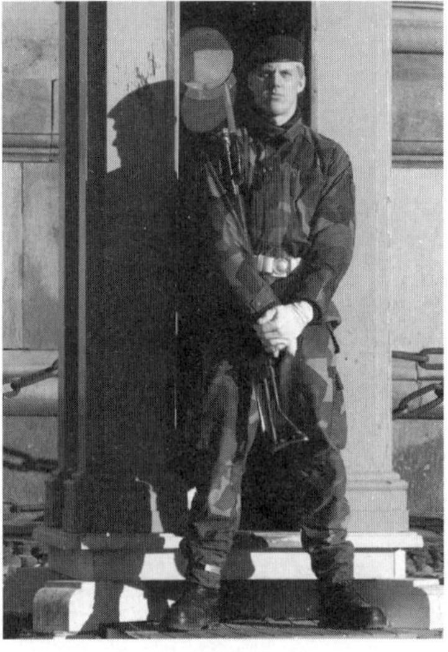

군에서 센티널(보초병)은 국경 또는 통행로를 지킨다. 컴퓨터 과학에서 센티널 값은 입력 시퀀스의 끝 또는 입력 시퀀스 간 경계를 나타낸다.

루프 안에서 입력을 읽는다. 만일 입력이 −1이 아니라면, 처리한다. 평균을 계산하기 위해서, 모든 급여의 합계와 입력 수가 필요하다.

```java
salary = in.nextDouble();
if (salary != -1)


{
   sum = sum + salary;
   count++;
}
```

센티널 값이 검출되지 않는 한, 루프에 머문다.

```java
while (salary != -1)
{
   . . .
}
```

딱 한 가지 문제가 있다: 루프에 처음 들어갈 때, 읽어 놓은 데이타 값이 없다. salary를 센티널이 아닌 어떤 값으로 초기화하는 것을 잊지 않도록 한다:

```java
double salary = 0;
// Any value other than –1 will do
```

루프가 종료된 후 평균을 계산해서 출력한다. 다음은 완성된 프로그램이다:

section_5/SentinelDemo.java

```java
1  import java.util.Scanner;
2
3  /**
4     This program prints the average of salary values that are terminated with a sentinel.
5  */
```

```java
 6  public class SentinelDemo
 7  {
 8     public static void main(String[] args)
 9     {
10        double sum = 0;
11        int count = 0;
12        double salary = 0;
13        System.out.print("Enter salaries, -1 to finish: ");
14        Scanner in = new Scanner(System.in);
15
16        // Process data until the sentinel is entered
17
18        while (salary != -1)
19        {
20           salary = in.nextDouble();
21           if (salary != -1)
22           {
23              sum = sum + salary;
24              count++;
25           }
26        }
27
28        // Compute and print the average
29
30        if (count > 0)
31        {
32           double average = sum / count;
33           System.out.println("Average salary: " + average);
34        }
35        else
36        {
37           System.out.println("No data");
38        }
39     }
40  }
```

실행 결과

```
Enter salaries, -1 to finish: 10 10 40 -1
Average salary: 20
```

어떤 프로그래머들은 입력 변수를 센티널이 아닌 값으로 초기화하는 "트릭"을 좋아하지 않는다. 다른 방법은 부울 변수를 사용하는 것이다:


```java
System.out.print("Enter salaries, -1 to finish: ");
boolean done = false;
while (!done)
{
   value = in.nextDouble();
   if (value == -1)
   {
      done = true;
   }
   else
   {
      Process value.
   }
}
```

159쪽의 특강 4.2는 그런 루프를 빠져나오는 대체 메커니즘을 보여준다.

이제 임의의 수(양수, 음수, 또는 0)를 입력으로 받을 수 있는 경우를 고려해보자. 그런 경우에는 수가 아닌 센티널(예: 문자 Q)을 사용해야 한다. 3.8절에서 봤듯이 조건

```java
in.hasNextDouble()
```

은 그 다음 입력이 부동소수점 수가 아니면 false이다. 그러므로, 다음 루프로 일련의 입력 들을 읽고 처리할 수 있다:

```java
System.out.print("Enter values, Q to quit: ");
while (in.hasNextDouble())
{
   value = in.nextDouble();
   Process value.
}
```

21. 값 입력을 위한 프롬프트에서 사용자가 바로 −1을 입력해버리면 SentinelDemo.java 는 무엇을 출력하겠는가?

22. SentinelDemo.java에 다음 형태의 검사가 두 개 있는 이유는?

```java
salary != -1
```

23. SentinelDemo.java의 변수 salary의 선언이 아래와 같이 바뀐다면 어떻게 되겠는가?

```java
double salary = -1;
```

24. 이 절의 마지막 보기에서 사용자에게 "Enter values, Q to quit."를 프롬프트한다. 사용 자가 다른 문자를 입력하면 어떻게 되겠는가?

25. 값 시퀀스를 읽기 위한 다음 루프에서 잘못된 점은?

```java
System.out.print("Enter values, Q to quit: ");
do
{
   double value = in.nextDouble();
   sum = sum + value;
   count++;
}
while (in.hasNextDouble());
```

Practice It 이제 다음 연습문제들에 대해 답할 수 있다: R4.13, P4.27, P4.28.

| 특강 4.1 | 루프-반 문제와 break 문 |

센티널 값에 도달할 때까지 입력을 처리하는 다음 루프를 고려하자:

```java
boolean done = false;
while (!done)
{
   double value = in.nextDouble();
   if (value == -1)
   {
      done = true;
   }
   else
   {
      Process value.
   }
}
```

루프 종료를 위한 실제 테스트는 루프의 맨 위가 아닌 중간에 있다. 그러면 종료해야 할지 여부를 알게 되기 전에 루프의 반을 지나야 하기 때문에 이것을 **루프-반(loop-and-a-half)** 문제라고 부른다.

대안으로서, 예약어인 break를 사용할 수 있다:

```java
while (true)
{
    double value = in.nextDouble();
    if (value == -1) { break; }
    Process value.
}
```

break 문은 루프 조건에 관계 없이, 둘러싼 루프를 깨고 나온다. break 문을 만나게 되면 루프가 종료되고, 루프 다음의 명령이 실행된다.

루프-반 경우에, break 문은 이로울 수 있다. 그러나, 언제 안전하고, 언제 피해야 하는지에 관한 분명한 규칙을 정하기는 어렵다. 이 책에서는 break를 사용하지 않는다.

입력과 출력의 전향(redirection)

입력 시퀀스의 평균 값을 계산하는 SentinelDemo 프로그램을 고려하자. 그런 프로그램을 사용할 때는, 미리 그 값들을 파일에 갖고 있을 가능성이 많으며, 그걸 모두 다시 타이핑해서 입력하는 것은 딱한 일이다. 운영체제의 명령줄 인터페이스는, 마치 파일의 모든 글자들이 실제로 사용자에 의해 타이핑 되어 있는 것처럼, 파일을 프로그램의 입력에 연결시키는 방법을 제공한다. 다음과 같이 타이핑하면 프로그램이 실행되나, 이제는 키보드로부터 입력을 기대하지 않는다.

> 파일로부터 입력을 읽기 위해 입력 전향을 사용하라. 프로그램 출력을 파일에 넣기 위해 출력 전향을 사용하라.

```
java SentinelDemo < numbers.txt
```

모든 입력 명령들은 numbers.txt 파일로부터 입력을 가져온다. 이 프로세스를 **입력 전향**(*input redirection*)이라고 부른다.

입력 전향은 프로그램을 테스트하기 위한 훌륭한 도구이다. 프로그램을 개발하고 버그를 고칠 때, 프로그램을 돌릴 때마다 같은 입력을 매번 타이핑하는 것은 피곤한 일이다. 몇 분만 투자해서 입력을 파일에 넣고, 전향을 사용하자.

출력 전향도 가능하다. 이 프로그램에서는 그다지 쓸모가 있지는 않다. 다음 명령

```
java SentinelDemo < numbers.txt > output.txt
```

을 실행하면, 파일 output.txt는 다음과 같이 입력 프롬프트와 출력을 포함한다.

```
Enter salaries, -1 to finish: Enter salaries, -1 to finish:
Enter salaries, -1 to finish: Enter salaries, -1 to finish:
Average salary: 15
```

출력을 전향시키는 것은 출력을 많이 만드는 프로그램에서는 분명히 유용하다. 출력을 포함하는 파일을 포맷 또는 출력할 수 있다.

비디오 보기 4.1   **쎌 폰 플랜을 평가하기**

이 비디오 보기에서는 실제 사용 데이타에 근거해서 쎌 폰 플랜의 비용을 계산하는 프로그램을 설계하는 방법을 배운다.

4.6 문제 해결하기: 스토리보드

사용자와 상호작용하는 프로그램을 설계할 때는 그 상호작용을 위한 계획을 세워야 한다: 사용자가 어떤 정보를 어떤 순서로 제공하는지? 어떤 정보를 어떤 포맷으로 프로그램이 표시할 것인지? 오류가 있을 때는 어떤 일이 발생하는지? 언제 프로그램이 정지하는지?

이 계획 수립은 액션 시퀀스를 계획하기 위해 스토리보드가 사용되는 영화나 컴퓨터 게임의 개발과 유사하다. 스토리보드는 각 단계의 스케치를 보여주는 패널들로 구성된다. 주해는 어떤 일이 일어나는지를 설명하며, 특별한 상황들을 나타낸다. 스토리보드는 소프트웨어 개발에도 이용된다—그림 6.6 참고.

스토리보드 제작은 프로그램을 설계하기 시작할 때 큰 도움이 된다. 프로그램 사용자가 원하는 답을 계산하기 위해서 어떤 정보를 필요로 하는지 자신에게 물어볼 필요가 있다. 그 답을 표현하는 방법을 정해야 한다. 이것들은 답을 계산하기 위한 알고리듬을 설계하기 전에 해결해야 할 중요한 고려 사항들이다.

간단한 예를 보자. "한 핀트는 몇 테이블 스푼인가?" 또는 "30 센티미터는 몇 인치인가?" 같은 질문에 대해 사용자를 도와줄 프로그램을 작성하고 싶다.

스토리보드는 액션 시퀀스의 각 단계를 위한 주해가 달린 스케치들로 구성된다.

스토리보드를 개발하는 것은 프로그램에 필요한 입력과 출력을 이해하는 데 도움이 된다.

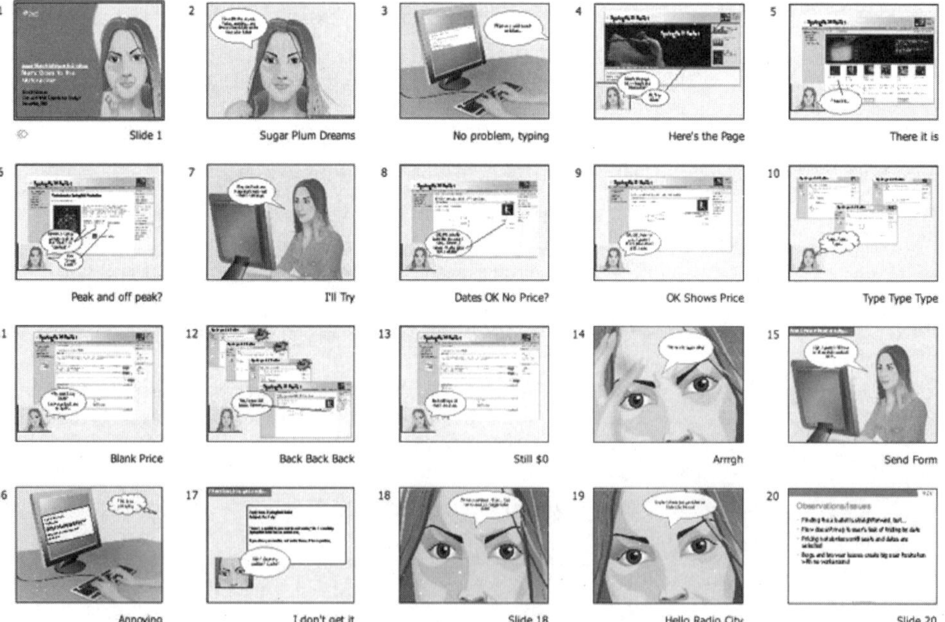

그림 4.6 웹 앱 설계를 위한 스토리보드

➕ WileyPLUS와 www.wiley.com/college/horstmann에서 온라인으로 볼 수 있다.

어떤 정보를 사용자가 제공하는가?

* 전환할 양과 단위
* 전환 단위

만일 둘 이상의 수량이 있다면? 사용자는 인치로 전환될 전체 센티미터 값들의 표를 가질 수 있을 것이다.

만일 사용자가 옹스트롬(ångström) 같이 프로그램이 어떻게 다뤄야 할지 모르는 단위들을 입력한다면?

만일 인치를 갤런으로 전환하라는 것 같은 불가능한 전환을 사용자가 요구한다면?

스토리보드 패널로 시작하자. 사용자 입력을 다른 칼라로 쓰는 게 좋다(칼라 펜이 없으면 밑줄을 친다).

```
Converting a Sequence of Values

What unit do you want to convert from? cm
What unit do you want to convert to? in
Enter values, terminated by zero  ──────── 여러 값의 전환을 가능하게 한다.
30
30 cm = 11.81 in ───────
100                         └── 포맷은 무엇이 전환되었는지를 명확하게 해준다.
100 cm = 39.37 in
0
What unit do you want to convert from?
```

이 스토리보드는 잠정적 헷갈림을 어떻게 다루는지를 보여준다. 30 센티미터가 몇 인치인지 알고 싶은 사용자가 첫 번째 프롬프트를 부주의하게 읽고 인치를 명시할 수도 있다. 그러나, 출력이 '30 in = 76.2 cm' 이라서, 사용자가 이 문제를 깨닫게 한다.

이 스토리보드는 또한 문제를 제기한다. 'cm' 와 ' in' 이 유효한 단위라는 것을 사용자가 어떻게 알 수 있겠는가? 사용자가 틀린 단위를 입력하면 어떻게 되는가? 오류 처리를 보여주는 다른 스토리보드를 만들어보자.

```
Handling Unknown Units (needs improvement)

What unit do you want to convert from? cm
What unit do you want to convert to? inches
Sorry, unknown unit.
What unit do you want to convert to? inch
Sorry, unknown unit.
What unit do you want to convert to? grrr
```

부담을 덜어주기 위해서, 사용자가 공급할 수 있는 단위를 나열해주는 게 좋다.

```
From unit (in, ft, mi, mm, cm, m, km, oz, lb, g, kg, tsp, tbsp, pint, gal): cm
To unit: in ───────
              └── 단위들을 다시 나열할 필요는 없다.
```

모든 단위 이름들을 위한 공간을 마련하기 위해서 더 짧은 프롬프트로 바꿨다. 연습문제 R4.21은 다른 대안을 탐구한다.

아직 다루지 않은 문제가 또 있다. 사용자는 어떻게 이 프로그램을 정지시키는가? 첫 번째 스토리보드는 프로그램이 영원히 돌아갈 것 같다.

입력 시퀀스를 종료하는 센티널을 본 다음에 사용자에게 물어볼 수 있다.

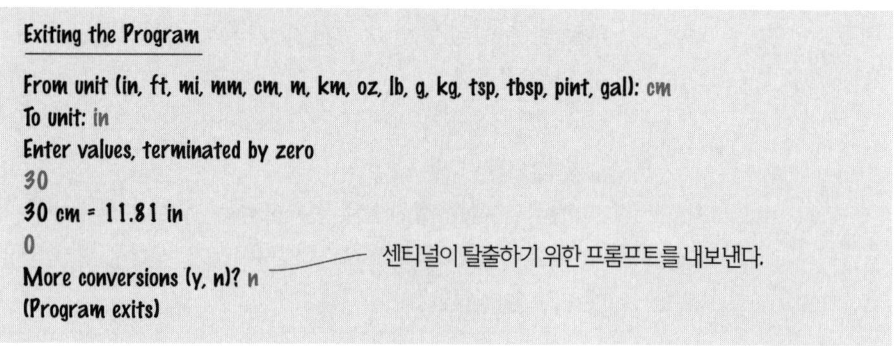

센티널이 탈출하기 위한 프롬프트를 내보낸다.

이 사례 탐구에서 볼 수 있듯이 스토리보드는 동작하는 프로그램을 개발하는 데 필수불가결하다. 프로그램을 구조화하기 위해서 사용자 상호작용의 흐름을 알 필요가 있다.

26. 시험 점수들을 읽고 평균 점수를 출력하는 프로그램을 위한 스토리보드 패널을 제공하라. 이 프로그램은 점수 집합을 하나만 처리하면 된다. 오류 처리는 걱정하지 않아도 된다.

27. 구글은 단위 전환을 위한 단순한 인터페이스를 제공한다. 그냥 질문을 입력하면 답을 얻는다.

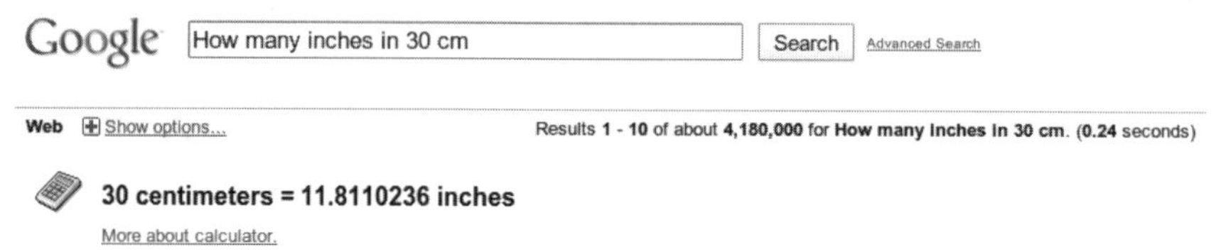

같은 인터페이스를 위한 스토리보드를 자바 프로그램으로 만들라. 모든 게 잘 돌아가는 시나리오를 보여주고, 두 종류의 오류 처리를 보여줘라.

28. 자체 검사 26의 프로그램을 변경하는 것을 고려하자. 평균을 계산하기 전에 최저 점수를 누락시키려고 한다고 하자. 사용자가 한 점수만을 제공하는 상황에 대한 스토리보드를 제공하라.

29. 다음 스토리보드를 자바로 구현할 때 어떤 문제가 있는가?

-1이 프로그램을 탈출하기 위한 센티널로 사용된다

30. 두 이자율에 대해 주어진 햇수 동안 투자액 $10,000이 불어난 것을 비교하는 프로그
램을 위한 스토리보드를 만들어라.

Practice It   이제 다음 연습문제들에 대해 답할 수 있다: R4.21, R4.22, R4.23.

4.7 공통 루프 알고리듬

다음 절들에서는 루프로 구현되는 가장 공통적인 알고리듬 몇 개에 대해서 검토한다. 루프
설계 때 그들을 시작 점으로 사용할 수 있다.

4.7.1 합과 평균 값

평균을 계산하려면 합과 값의 갯수를 저장해야 한다.

입력의 합을 계산하는 것은 매우 흔한 작업이다. 각 입력 값이 더해지는 변수인 러닝 토털
(*running total*)을 보유하라. 물론 이 합계(total)는 0으로 초기화되어야 한다:

```java
double total = 0;
while (in.hasNextDouble())
{
   double input = in.nextDouble();
   total = total + input;
}
```

total 변수가 루프의 바깥에 선언되어 있음을 주목한다. 우리는 이 루프가 한 변수를 갱신
하기를 바란다. input 변수는 루프 안에 선언되어 있다. 각 입력에 대해 별도의 변수가 생
성되며, 각각의 루프 반복 끝에서 제거된다.

평균을 계산하기 위해서는 몇 개의 값을 갖고 있는지 세고, 그 수로 나눠라. 이 카운트
가 0이 아닌지 꼭 확인하라:

```java
double total = 0;
int count = 0;
while (in.hasNextDouble())

{
   double input = in.nextDouble();
   total = total + input;
   count++;
}
double average = 0;
if (count > 0)
{
   average = total / count;
}
```

4.7.2 일치하는 것을 세기

조건을 충족하는 값들을 세려면, 모든 값을 검사하고 일치할 때마다 카운터를 증가시킨다.

몇 개의 값이 특정 조건을 충족하는지 알아야 할 때가 있다. 예를 들어, 문자열에 빈칸이
몇 개 있는지 세고 싶다. 0으로 초기화되고, 일치할 때마다 증가되는 변수인 카운터를 보유
하자:

```java
int spaces = 0;
for (int i = 0; i < str.length(); i++)
{
   char ch = str.charAt(i);
   if (ch == ' ')
   {
      spaces++;
   }
}
```

예를 들어, str이 "My Fair Lady"이라면 spaces는 두 번(i가 2일 때와 7일 때) 증가된다.

변수 spaces가 루프 바깥에서 선언되었음을 주목한다. 우리는 이 루프가 한 변수만 갱신하기를 원한다. 변수 ch는 루프 안에서 선언된다. 각 반복마다 별도의 변수가 생성되며, 각 루프 반복 끝에서 제거된다.

이 루프는 입력을 스캔하는 데 사용될 수도 있다. 다음 루프는 텍스트를 한 번에 한 단어씩 읽어서, 최대 세 글자를 갖는 단어들의 수를 센다:

```java
int shortWords = 0;
while (in.hasNext())
{
   String input = in.next();
   if (input.length() <= 3)
   {
      shortWords++;
   }
}
```

일치하는 횟수를 세는 루프에서, 카운터는 일치하는 게 발견될 때마다 증가된다.

4.7.3 첫 번째 일치하는 것 찾기

어떤 조건을 충족하는 값들을 셀 때는 모든 값들을 들여다봐야 한다. 그러나, 하나만 찾아도 된다면, 조건이 충족되면 바로 정지할 수 있다.

다음은 문자열에서 첫 번째 빈칸을 찾는 루프이다. 문자열의 모든 요소들을 방문하지 않으므로, while 루프가 for 루프보다 더 적합하다:

```java
boolean found = false;
char ch = '?';
int position = 0;
while (!found && position < str.length())
{
   ch = str.charAt(position);
   if (ch == ' ') { found = true; }
   else { position++; }
}
```

만일 일치하는 게 발견되었으면, found가 true이며, ch는 일치하는 첫 번째 글자이며, position은 처음 일치한 것의 인덱스이다. 만일 이 루프가 일치하는 것을 찾지 못하면, found는 루프가 끝난 후에도 false로 남아 있다.

루프가 끝난 후에도 입력을 사용해야 할 수도 있어서 변수 ch가 while 루프의 바깥에 선언되어 있음을 주목하라. 만일 루프 본체 안에서 선언되었다면, 루프의 바깥에서는 사용하지 못한다.

가장 큰 값을 찾으려면, 그때까지 발견된 최대값보다 더 큰 값이 발견될 때마다 최대값을 갱신한다.

검색할 때 우리는 일치하는 게 전부 발견될 때까지 모든 품목을 자세히 살핀다.

4.7.4 일치하는 게 발견될 때까지 프롬프트 내보내기

앞의 보기에서 우리는 조건과 일치하는 글자를 찾기 위해 문자열을 검색했다. 같은 프로세스를 사용자 입력에도 적용할 수 있다. 사용자에게 < 100 인 양수를 입력하라고 요구한다고 하자. 사용자가 올바른 입력을 제공할 때까지 계속 요구한다:

```java
boolean valid = false;
double input = 0;
while (!valid)
{
    System.out.print("Please enter a positive value < 100: ");
    input = in.nextDouble();
    if (0 < input && input < 100) { valid = true; }
    else { System.out.println("Invalid input."); }
}
```

루프가 끝난 후에도 입력을 사용해야 할 수 있어서 변수 input이 while 루프의 바깥에 선언되어 있음을 주목한다.

4.7.5 최대값 및 최소값

최대값을 찾으려면 더 큰 값이 나올 때마다 이제까지 본 가장 큰 값을 갱신한다.

시퀀스의 최대값을 찾으려면, 이제까지 발견된 최대값을 저장하는 변수를 보유하고, 그를 더 큰 값이 발견되면 갱신한다.

```java
double largest = in.nextDouble();
while (in.hasNextDouble())
{
    double input = in.nextDouble();
    if (input > largest)
    {
        largest = input;
    }
}
```

이 알고리듬은 적어도 하나의 입력을 필요로 한다.

가장 작은 값을 찾기 위해서는 단순히 이 비교를 반대로 하면 된다:

```java
double smallest = in.nextDouble();
while (in.hasNextDouble())
{
   double input = in.nextDouble();
   if (input < smallest)
   {
      smallest = input;
   }
}
```

가장 큰 버스 승객의 키를 찾으려면, 이제까지의 최대값을 기억하고, 더 큰 값이 발견될 때마다 그를 갱신한다.

4.7.6 인접 값을 비교하기

루프에서 값 시퀀스를 처리할 때, 방금 나왔던 값과 비교해야 할 때가 있다. 예를 들어, 입력 시퀀스에 인접한 중복 값들(예: 1 7 2 9 9 4 9)이 포함되어 있는지 검사하려 한다고 하자.

지금 도전에 직면해 있다. 값을 읽기 위한 전형적인 루프를 고려하자:

```java
double input;
while (in.hasNextDouble())
{
   input = in.nextDouble();
   . . .
}
```

인접 값들을 비교할 때는 이전 값을 변수에 저장한다.

현재 입력을 이전 입력과 어떻게 하면 비교할 수 있는가? 항상 input은 이전 입력을 덮어쓰기 한 현재 입력을 담고 있다.

그 답은 다음과 같이 이전 입력을 저장하는 것이다:

```java
double input = 0;
while (in.hasNextDouble())
{
   double previous = input;
   input = in.nextDouble();
   if (input == previous)
   {
      System.out.println("Duplicate input");
   }
}
```

한 가지 문제가 남아 있다. 루프에 처음 들어갈 때, input이 아직 읽히지 않았다. 이 문제는 루프 바깥에서 초기 입력 작업을 해서 해결할 수 있다:

```java
double input = in.nextDouble();
while (in.hasNextDouble())
{
   double previous = input;
   input = in.nextDouble();
   if (input == previous)
   {
      System.out.println("Duplicate input");
   }
}
```

자체검사

31. 4.7.1절의 알고리듬에서 사용자 입력이 제공되지 않을 때, 합계가 얼마로 계산되는가?

32. 모든 양(positive)의 입력들의 합계는 어떻게 계산하는가?

33. 4.7.3절의 알고리듬에서 일치하는 게 발견되지 않을 때, position과 ch의 값은 얼마인가?

34. 문자열의 첫 빈칸(space)의 위치를 찾기 위한 다음 루프에서 잘못된 곳은?

```java
boolean found = false;
for (int position = 0; !found && position < str.length(); position++)
{
   char ch = str.charAt(position);
   if (ch == ' ') { found = true; }
}
```

35. 문자열의 마지막 빈칸의 위치를 찾는 방법은?

36. 입력이 전혀 제공되지 않을 때, 4.7.5절의 알고리듬에는 어떤 일이 일어나는가? 그런 문제는 어떻게 극복할 수 있나?

Practice It 이제 다음 연습문제들에 대해 답할 수 있다: P4.5, P4.9, P4.10.

How to 4.1

루프 작성하기

이 How To는 루프 문을 구현하는 과정을 안내한다. 다음의 예제 문제를 통해 그 단계를 보여주겠다.

12개의 온도 값(각각의 달마다 하나)을 읽어서 가장 기온이 높은 달을 숫자로 표시하자.

예를 들어, http://worldclimate. com에 따르면 데스 밸리(Death Valley)의 평균 최고 기온은(월 순으로), 섭씨

18.2 22.6 26.4 31.1 36.6 42.2 45.7 44.5 40.2 33.1 24.2 17.6

이다. 이 경우, 기온이 가장 높은 달은 7월이며, 프로그램은 7을 표시해야 한다.

단계 1 루프 안에서 할 일을 결정한다.

모든 루프는 다음과 같은, 모종의 반복적인 일을 한다.

- 다른 항목을 더 읽기.

- 값(예: 은행 잔고, 합계)을 갱신하기.
- 카운터 증가시키기.

만일 루프 안에 무엇이 들어가야 할지 모르겠다면, 손으로 문제를 푼다고 할 때 따를 단계들을 적는 것부터 시작하자. 예를 들어, 온도 읽기 문제에 대해 다음과 같이 쓸 수 있다.

> **Read first value.**
> **Read second value.**
> **If second value is higher than the first, set highest temperature to that value, highest month to 2.**
> **Read next value.**
> **If value is higher than the first and second, set highest temperature to that value, highest month to 3.**
> **Read next value.**
> **If value is higher than the highest temperature seen so far, set highest temperature to that value,**
>   **highest month to 4.**
>   **. . .**

이제 이 단계들을 살펴보고, 이들을 루프 본체 안에 놓여질 수 있는 일련의 **균등한** 동작들로 축소하라. 첫 번째 동작은 쉽다:

> **Read next value.**

그 다음 동작은 까다롭다. 우리의 설명에서, 우리는 'higher than the first(첫 번째보다 높은)', 'higher than the first and second(첫 번째와 두 번째보다 높은)', 'higher than the highest temperature seen so far(이제까지 관찰된 최고 온도보다 더 높은)' 이란 테스트들을 사용했다. 모든 반복에서 쓸 수 있는 하나의 테스트를 정할 필요가 있다. 마지막 표현이 가장 일반적이다.

마찬가지로, 최고 월을 설정하는 방법을 찾아내야 한다. 1부터 12까지 변하는 현재 월을 저장하는 변수가 필요하다. 그리고 나면 두 번째 루프 동작을 표현할 수 있다:

> **If value is higher than the highest temperature, set highest temperatu**
>   **highest month to current month.**

모두 합치면, 루프는

> **Repeat**
>   **Read next value.**
>   **If value is higher than the highest temperature,**
>
>   **set highest temperature to that value,**
>   **set highest month to current month.**
>   **Increment current month.**

단계 2   루프 조건을 명시한다.

루프에서 달성하고자 하는 목표가 무엇인가? 대표적인 예는,

- 카운터가 최종 값에 도달했는가?
- 최종 입력 값을 읽었는가?
- 주어진 문턱치에 도달한 값이 있는가?

우리의 예제에서 우리는 단순히 현재 월이 12에 도달하기를 원한다.

단계 3   루프 유형을 결정한다.

우리는 두 가지 주요 루프 유형을 구분한다. 카운트-제어 루프는 정해진 횟수만큼 실행된다. 이벤트-제어 루프에서는 반복 횟수가 미리 알려져 있지 않다—이 루프는 어떤 이벤트가 발생할 때까지 실행된다. 카운트-제어 루프는 for 문으로 구현될 수 있다. 다른 루프들에 대해서는 루프 조건을 고려하자. 루프를 종료시킬 때를 알 수 있기 전에, 루프 본체 전체를 한 번 반복할 필요가 있는가? 그 경우, do 루프를 선택하자. 아니면 while 루프를 사용하자.

때때로 루프를 종료하기 위한 조건이 루프 본체의 중간에서 바뀐다. 그 경우 루프를 빠져 나갈 준비가 되었을 때를 규정하는 부울 변수를 사용할 수 있다. 다음 패턴을 따른다:

```
boolean done = false;
while (!done)
{
    Do some work.
    If all work has been completed
    {
        done = true;
    }
    else
    {
     Do more work.
    }
}
```

이러한 변수를 깃발이라고 부른다.

요약하면,

- 루프 반복 횟수를 미리 안다면 for 루프를 사용하라.
- 루프 본체가 적어도 한 번 실행되어야 한다면 do 루프를 사용하라.
- 아니면 while 루프를 사용하라.

우리의 예제에서는 12개의 온도 값을 읽는다. 그러므로, 우리는 for 루프를 선택한다.

단계 4   루프에 처음 들어가기 위한 변수들을 설정한다.

루프에서 사용되고 갱신되는 모든 변수들을 나열하고, 그들을 어떻게 초기화할 것인지 결정하자. 보통, 카운터는 0 또는 1로, 합계는 0으로 초기화된다.

우리 예제의 변수들은,

```
current month
highest value
highest month
```

최고 온도 값을 설정할 때는 주의할 필요가 있다. 단순히 0으로 설정할 수 없다. 우리 프로그램은, 모두 마이너스 값일 남극 대륙의 온도 값들에 대해서도 동작해야 한다.

한 가지 좋은 방법은 최고 온도 값을 맨 처음 입력 값에 설정하는 것이다. 물론, 그러면 현재 월은 2에서 시작하고, 11개의 값만 더 읽으면 된다는 것을 잊지 말아야 한다.

최고 달도 1로 초기화한다. 어떤 호주 도시에서는 1월 보다 따뜻한 달이 없을 수도 있다.

단계 5   루프가 끝난 후 결과를 처리한다.

많은 경우에, 원하는 결과가 단순히 루프 본체에서 갱신된 변수이다. 예를 들어, 우리의 기온 프로그램에서, 결과는 최고 달이다. 때때로, 루프는 최종 결과에 기여하는 값들을 계산한다. 예를 들어, 온도를 평균해야 한다고 하자. 그러면, 루프는 평균이 아니라 합을 계산해야 한다. 루프가 끝나면 평균을 계산할 준비가 되어 있다. 합을 입력의 개수로 나누라.

다음은 완성된 루프이다:

```
Read first value; store as highest value.
highest month = 1
For current month from 2 to 12
    Read next value.
    If value is higher than the highest value
        Set highest value to that value.
        Set highest month to current month.
```

단계 6   전형적인 예를 갖고 루프를 추적한다.

루프 코드를 4.2절에 기술한 것 같이 핸드-트레이스 할 때 너무 복잡하지 않은 보기 값들을 고른다

—대부분의 빈번한 오류들을 검사하는 데는 루프를 3~5회 실행하는 것으로 충분하다. 맨 처음과 맨 마지막에 루프에 들어갈 때는 주의를 기울이자.

때때로, 추적을 실현 가능하게 만들기 위해서 약간 수정하고 싶을 때가 있다. 예를 들어, 투자액 더블링 문제를 핸드-트레이스 할 때, 5% 이자보다는 20% 이자를 사용하라. 기온 루프를 핸드-트레이스 할 때는 12개 대신에 4개의 데이타 값을 사용하라.

데이타가 22.6 36.6 44.5 24.2라고 하자. 시뮬레이션은 다음과 같이 진행된다.

current month	current value	highest month	highest value
		~~1~~	~~22.6~~
~~2~~	~~36.6~~	~~2~~	~~36.6~~
~~3~~	~~44.5~~	3	44.5
4	24.2		

이 추적은 **highest month**와 **highest value**가 적절히 설정되었음을 보여준다.

단계 7 루프를 자바로 구현한다.

우리의 예제를 위한 루프는 다음과 같다. 연습문제 P4.4에서 이 프로그램을 완성시킨다.

```java
double highestValue;
highestValue = in.nextDouble();
int highestMonth = 1;
for (int currentMonth = 2; currentMonth <= 12; currentMo
{
    double nextValue = in.nextDouble();
    if (nextValue > highestValue)
    {
        highestValue = nextValue;
        highestMonth = currentMonth;
    }
}
System.out.println(highestMonth);
```

데모 예제 4.1 **신용카드 처리**

이 데모 예제는 신용카드 번호에서 빈칸을 제거하기 위해 루프를 사용한다.

➕ WileyPLUS와 www.wiley.com/college/horstmann에서 온라인으로 볼 수 있다.

4.8 내포 루프

3.4절에서 두 개의 if 문을 어떻게 내포시키는지 보았다. 비슷하게, 복잡한 반복들도 **내포 루프**[1] (다른 루프 안의 루프)를 필요로 할 때가 있다. 표를 처리할 때, 내포 루프가 자연스럽게 등장한다. 바깥 루프는 표의 모든 행에 대해 반복한다. 안쪽 루프는 현재 행의 열들을 처리한다.

---

1) 일반적으로 nested loop를 내포(된) 루프로 번역하나, 이 책에서는 nest의 원래 뜻이며 충분히 직관적인 "둥지"라는 표현도 같이 사용한다.

루프의 본체가 다른 루프를 포함할 때, 루프가 둥지를 틀었다고 한다. 내포 루프(nested loop. 또는 둥지 루프)의 대표적 용도는 행과 열이 있는 표를 출력하는 것이다.

이 절에서는 표를 출력하는 방법을 배운다. 간결성을 위해, 단순히 우측의 표에 있는 것 같은 거듭제곱 x^n을 출력하겠다.

다음은 이 표를 출력하기 위한 수도코드이다:

x^1	x^2	x^3	x^4
1	1	1	1
2	4	8	16
3	9	27	81
...	...	...	...
10	100	1000	10000

```
Print table header.
For x from 1 to 10
    Print table row.
    Print new line.
```

표의 한 행을 어떻게 출력하는가? 각 지수에 대해 값을 출력해야 한다. 이는 두 번째 루프를 필요로 한다:

```
For n from 1 to 4
    Print xⁿ.
```

이 루프는 앞 루프의 안에 놓여야 한다. 안쪽 루프가 바깥 루프 안에 둥지를 튼다고 말한다.

디지털 시계의 시와 분 표시가 내포 루프의 예이다. 시는 12번 루프를 돌고, 매 시에 대해 분은 60번 루프를 돈다.

바깥 루프에는 10개의 행이 있다. 각 x에 대해서, 프로그램은 안쪽 루프의 네 개의 열들을 출력한다(그림 4.7). 따라서, 모두 $10 \times 4 = 40$개 값이 출력된다.

다음은 전체 프로그램이다. 표의 헤더를 출력하는 데도 루프를 사용함을 주목한다. 그러나, 그 루프들은 둥지 틀지 않았다.

그림 4.7 내포 루프의 흐름도

section_8/PowerTable.java

```java
1  /**
2     This program prints a table of powers of x.
3  */
4  public class PowerTable
5  {
6     public static void main(String[] args)
7     {
8        final int NMAX = 4;
9        final double XMAX = 10;
10
11       // Print table header
12
13       for (int n = 1; n <= NMAX; n++)
14       {
15          System.out.printf("%10d", n);
16       }
17       System.out.println();
18       for (int n = 1; n <= NMAX; n++)
19       {
20          System.out.printf("%10s", "x ");
21       }
22       System.out.println();
23
24       // Print table body
25
26       for (double x = 1; x <= XMAX; x++)
27       {
28          // Print table row
29
30          for (int n = 1; n <= NMAX; n++)
31          {
32             System.out.printf("%10.0f", Math.pow(x, n));
33          }
34          System.out.println();
35       }
36    }
37 }
```

실행 결과

```
        1         2         3         4
        x         x         x         x

        1         1         1         1
        2         4         8        16
        3         9        27        81
        4        16        64       256
        5        25       125       625
        6        36       216      1296
        7        49       343      2401
        8        64       512      4096
        9        81       729      6561
       10       100      1000     10000
```

37. 안쪽 루프에는 `System.out.println()`이 없는데 바깥 루프에는 있는 이유는?

38. x^0부터 x^5까지 모든 거듭제곱을 표시하려면 프로그램을 어떻게 수정하면 되는가?

39. 위 자체 검사 38대로 바꾼다면, 몇 개의 값이 표시되는가?

40. 다음의 내포 루프는 무엇을 표시하는가?

```java
for (int i = 0; i < 3; i++)
{
   for (int j = 0; j < 4; j++)
   {
      System.out.print(i + j);
   }
   System.out.println();
}
```

41. 다음의 대괄호 패턴을 만드는 내포 루프를 작성하라.

```
[][][][]
[][][][]
[][][][]
```

Practice It 이제 다음 연습문제들에 대해 답할 수 있다: R4.27, P4.19, P4.21.

데모 예제 4.2 **영상의 화소 다루기**

이 데모 예제는 영상의 화소를 다루기 위해 내포 루프를 사용하는 방법을 보여준다. 바깥 루프는 영상의 행들을 훑으며, 안쪽 루프는 각 행의 각 화소에 접근한다.

표 4.3 내포 루프 예

내포 루프	출력	설명

<pre>for (i = 1; i <= 3; i++)
{
   for (j = 1; j <= 4; j++) { Print "*" }
   System.out.println();
}</pre>
	****
	****
	****
		별표를 4개씩, 3개 행을 출력한다.

<pre>for (i = 1; i <= 4; i++)
{
   for (j = 1; j <= 3; j++) { Print "*" }
   System.out.println();
}</pre>
	***
	***
	***
	***
		별표를 3개씩, 4개 행을 출력한다.

<pre>for (i = 1; i <= 4; i++)
{
   for (j = 1; j <= i; j++) { Print "*" }
   System.out.println();
}</pre>
	*
	**
	***
	****
		각각의 길이가 1, 2, 3, 4인 4개 행을 출력한다.

<pre>for (i = 1; i <= 3; i++)
{
   for (j = 1; j <= 5; j++)
   {
      if (j % 2 == 0) { Print "*" }
      else { Print "-" }
   }
   System.out.println();
}</pre>
	-*-*-
	-*-*-
	-*-*-
		짝수 열에는 별표, 홀수 열에는 즐을 출력한다.

WileyPLUS와 www.wiley.com/college/horstmann에서 온라인으로 볼 수 있다.

```java
for (i = 1; i <= 3; i++)
{
   for (j = 1; j <= 5; j++)
   {
      if (i % 2 == j % 2) { Print "*" }
      else { Print " " }
   }
   System.out.println();
}
```

```
* * *
 * *
* * *
```

장기판 패턴을 출력한다.

4.9 응용: 랜덤 수와 시뮬레이션

시뮬레이션 프로그램은 컴퓨터를 사용해서 실세계(또는 가상 세계)의 액티비티처럼 보이게
만든다. 시뮬레이션은 기후 변화 예측, 교통 분석, 주식 선정, 그리고 과학과 사업의 여러
응용 분야에서 사용된다.

많은 시뮬레이션에서 시스템의 상태를 수정하고 변화를 관찰하기 위해 하나 이상의 루
프가 사용된다. 다음 절들에서 예들을 보게 될 것이다.

4.9.1 랜덤 넘버 생성하기

실세계의 많은 이벤트들을 완벽한 정확도로 예측하기는 어려우나, 때때로 우리는 평균적
인 움직임(average behavior)은 제법 잘 알 수 있다. 예를 들어, 어떤 가게는 경험에 의해 고
객들이 5분에 한 명 꼴로 온다는 것을 안다. 물론, 이것은 평균이다—고객들은 5분 간격으
로 오지 않는다. 고객 내방을 정확하게 모델링 하기 위해서 이 랜덤한 변화를 참작하기를
원한다. 그러면, 컴퓨터에서 그런 시뮬레이션을 어떻게 돌릴 수 있을 것인가?

자바 라이브러리에는 완전히 랜덤해 보이는 수들을 만드는 랜덤 넘버 생성기가 있다.
`Math.random()`을 호출하면 ≥ 0 그리고 < 1 인 랜덤한 부동소수점 수가 만들어진다.
`Math.random()`을 다시 호출하면 다른 수를 얻을 수 있다.

다음 프로그램은 `Math.random()` 함수를 열 번 호출한다.

section_9_1/RandomDemo.java

```java
/**
    This program prints ten random numbers between 0 and 1.
*/
public class RandomDemo
{
   public static void main(String[] args)
   {
      for (int i = 1; i <= 10; i++)
      {
         double r = Math.random();
         System.out.println(r);
      }
   }
}
```

실행 결과

```
0.6513550469421886
```

```
0.920193662882893
0.6904776061289993
0.8862828776788884
0.7730177555323139
0.3020238718668635
0.0028504531690907164
0.9099983981705169
0.1151636530517488
0.1592258808929058
```

실제로는 이 수들은 완벽하게 랜덤하지는 않다. 이들은 아주 오랫동안 반복되지 않는 수 시퀀스들에서 뽑힌다. 이 시퀀스들은 실제로는 매우 단순한 공식으로부터 계산된다. 이들은 단지 랜덤 넘버들처럼 보일 뿐이다(연습 문제 P4.25 참고). 그런 이유로 흔히 이들을 **수도랜덤** 넘버라고 부른다.

4.9.2 주사위 던지기 시뮬레이션

실제 응용에서는 랜덤 넘버 생성기로부터의 출력을 다른 범위로 변환할 필요가 있다. 예를 들어, 주사위 던지기를 시뮬레이션하려면 1에서 6 사이의 랜덤 정수들이 필요하다.

다음은 두 경계 a와 b 사이의 랜덤 정수들을 계산하기 위한 일반적인 방법이다. 153쪽의 프로그래밍 팁 4.3으로부터 알 듯이, 경계를 포함해서, a와 b 사이에는 b - a + 1개의 값이 있다. 먼저

```
(int) (Math.random() * (b - a + 1))
```

를 계산해서 0과 b - a 사이의 랜덤 정수를 얻고 나서 a를 더해서 a와 b 사이의 랜덤 값을 만든다:

```
int r = (int) (Math.random() * (b - a + 1)) + a;
```

다음은 주사위 쌍 던지기를 시뮬레이션하는 프로그램이다.

section_9_2/Dice.java

```java
1  /**
2     This program simulates tosses of a pair of dice.
3  */
4  public class Dice
5  {
6     public static void main(String[] args)
7     {
8        for (int i = 1; i <= 10; i++)
9        {
10          // Generate two random numbers between 1 and 6
11
12          int d1 = (int) (Math.random() * 6) + 1;
13          int d2 = (int) (Math.random() * 6) + 1;
14          System.out.println(d1 + " " + d2);
15       }
16       System.out.println();
17    }
18 }
```

```
5 1
2 1
1 2
5 1
1 2
6 4
4 4
6 1
6 3
5 2
```

4.9.3 몬테 카를로 방법

몬테 카를로(Monte Carlo) 방법은 정확하게 풀릴 수 없는 문제에 대한 근사해를 찾아내기 위한 기발한 방법이다(이 방법의 이름은 몬테 카를로의 유명한 카지노 이름을 따서 붙여졌다). 다음은 전형적인 예이다. π를 계산하는 것은 어려우나, 다음의 시뮬레이션에 의해 아주 잘 근사화할 수 있다.

반경이 1인 원을 둘러싸는 정사각형에 다트를 던지는 것을 시뮬레이션한다. 이것은 쉽다: −1과 1 사이의 랜덤한 x와 y좌표들을 생성한다.

만일 생성된 점이 원 안에 놓이면, 히트로 센다. 이것은 $x^2 + y^2 \leq 1$인 경우이다. 우리가 던지는 게 완전히 랜덤하기 때문에, 우리는 히트/시도 비가 원과 정사각형의 면적 비, 즉 $\pi/4$와 대략 같다고 기대한다. 그러므로, π에 대한 우리의 추정은 4 × 히트/시도이다. 이 방법은 단순한 산수만을 사용해서 π에 대한 추정을 산출한다.

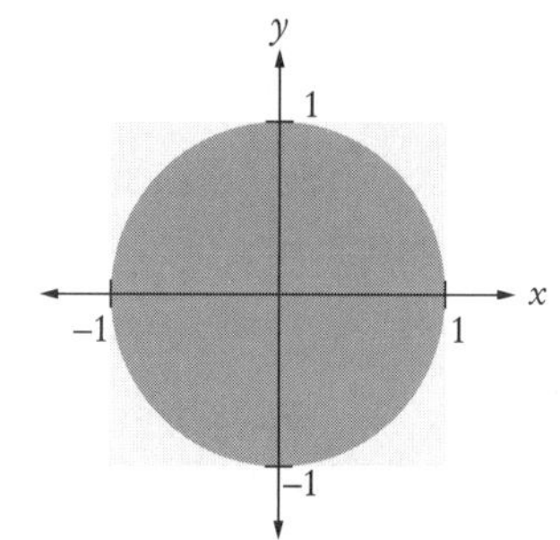

−1과 1 사이의 랜덤한 부동 소수점 값을 만들기 위해서는

```
double r = Math.random(); // 0 ≤ r < 1
double x = -1 + 2 * r; //−1 ≤ x < 1
```

을 계산하라. r이 0(포함)에서 1(비포함)까지 변함에 따라 x는 −1 + 2 × 0 = −1(포함)에서 −1 + 2 × 1 = 1(비포함)까지 변한다. 우리의 응용에서는 x가 1에 도달하는지는 중요하지 않다. 식 $x = 1$을 만족하는 점들은 면적이 0인 선에 놓인다.

다음은 이 시뮬레이션을 수행하는 프로그램이다.

section_9_3/MonteCarlo.java

```
1  /**
2      This program computes an estimate of pi by simulating dart throws onto a square.
3  */
4  public class MonteCarlo
5  {
```

```java
 6    public static void main(String[] args)
 7    {
 8       final int TRIES = 10000;
 9
10       int hits = 0;
11       for (int i = 1; i <= TRIES; i++)
12       {
13          // Generate two random numbers between -1 and 1
14
15          double r = Math.random();
16          double x = -1 + 2 * r; // Between -1 and 1
17          r = Math.random();
18          double y = -1 + 2 * r;
19
20          // Check whether the point lies in the unit circle
21
22          if (x * x + y * y <= 1) { hits++; }
23       }
24
25       /*
26          The ratio hits / tries is approximately the same as the ratio
27          circle area / square area = pi / 4
28       */
29
30       double piEstimate = 4.0 * hits / TRIES;
31       System.out.println("Estimate for pi: " + piEstimate);
32    }
33 }
```

실행 결과

```
Estimate for pi: 3.1504
```

42. Math.random() 메소드를 이용해서 동전 던지기를 시뮬레이션하는 방법은?

43. 랜덤 플레잉 카드 뽑기는 어떻게 시뮬레이션하는가?

44. Dice.java의 루프 본체는 왜 Math.random()을 두 번 호출하는가?

45. 많은 게임에서 주사위 쌍을 던지고 2와 12 사이의 값을 얻는다. 다음 주사위 쌍 던지기 시뮬레이션에서 잘못된 점은 무엇인가?

```java
int sum = (int) (Math.random() * 11) + 2;
```

46. ≥ 0 그리고 < 100 인 랜덤 부동 소수점 수는 어떻게 생성하는가?

Practice It 이제 다음 연습문제들에 대해 답할 수 있다: R4.28, P4.7, P4.24.

특강 4.3 **도형 그리기**

자바에서는 그림 4.8에 있는 것 같은 단순한 드로잉이 쉽다. 이러한 패턴을 그리는 프로그램을 작성함으로써 우리는 루프 프로그래밍을 연습할 수 있다. 우리가 드로잉 코드를 넣어야 할 프로그램 아웃라인이 제시될 것이다. 그 프로그램 아웃라인은 우리의 드로잉을 담는 창을 표시하는 데 필요한 코드도 포함될 것이다. 10장에서 자세히 설명될 것이므로 지금 그 코드를 살펴볼 필요는 없다.

드로잉 명령들은 draw 메소드 안에 들어간다:

```java
public class TwoRowsOfSquares
{
    public static void draw(Graphics g)
    {
        Drawing instructions
    }
    . . .
}
```

그림 4.8 두 행의 정사각형들

창이 나타날 때 draw 메소드가 호출되며, 드로잉 명령들이 실행된다.

draw 메소드는 Graphics 타입의 객체를 받는다. Graphics 객체는 도형을 그리기 위한 메소드들을 갖고 있다. 또한 드로잉 연산들을 위해 사용되는 칼라도 기억한다. Graphics 객체를 값을 출력하는 대신에 도형을 그리는 System.out이라고 생각할 수 있다.

표 4.4가 Graphics 클래스의 유용한 메소드들을 보여준다.

표 4.4 Graphics 메소드들

메소드	결과	설명
g.drawRect(x, y, width, height)		(x, y)는 좌상단 모서리이다.
g.drawOval(x, y, width, height)		(x, y)는 타원에 대한 바운딩 박스의 좌상단 모서리이다. 원을 그리려면 폭과 높이에 같은 값을 사용하라.
g.fillRect(x, y, width, height)		직사각형의 내부가 채워진다.
g.fillOval(x, y, width, height)		타원의 내부가 채워진다.
g.drawLine(x1, y1, x2, y2)		(x1, y1)과 (x2, y2)는 끝점이다.
g.drawString("Message", x, y)	Message	(x, y)는 베이스포인트이다.
g.setColor(color)	이제부터 그리기 또는 채우기 메소드들이 이 칼라를 사용하게 된다.	Color.RED, Color.GREEN, Color.BLUE 등을 사용하라. (미리 정의된 칼라들의 목록이 표 10.1에 있다.)

다음의 프로그램은 그림 4.8에 보인 정사각형들을 그린다. 원하는 드로잉을 만들려면 이 프로그램을 복사해서 수정하라. draw 메소드의 드로잉 태스크들을 바꿔라. 클래스 이름을 바꿔라(예: TwoRowsOfSquares 대신에 Spiral).

special_topic_3/TwoRowsOfSquares.java

```java
import java.awt.Color;
import java.awt.Graphics;
import javax.swing.JFrame;
import javax.swing.JComponent;

/**
    This program draws two rows of squares.
*/
public class TwoRowsOfSquares
{
   public static void draw(Graphics g)
   {
      final int width = 20;
      g.setColor(Color.BLUE);

      // Top row. Note that the top left corner of the drawing has coordinates (0, 0)
      int x = 0;
      int y = 0;
      for (int i = 0; i < 10; i++)
      {
         g.fillRect(x, y, width, width);
         x = x + 2 * width;
      }
      // Second row, offset from the first one
      x = width;
      y = width;
      for (int i = 0; i < 10; i++)
      {
         g.fillRect(x, y, width, width);
         x = x + 2 * width;
      }
   }

   public static void main(String[] args)
   {
      // Do not look at the code in the main method
      // Your code will go into the draw method above

      JFrame frame = new JFrame();

      final int FRAME_WIDTH = 400;
      final int FRAME_HEIGHT = 400;

      frame.setSize(FRAME_WIDTH, FRAME_HEIGHT);
      frame.setDefaultCloseOperation(JFrame.EXIT_ON_CLOSE);

      JComponent component = new JComponent()
      {
         public void paintComponent(Graphics graph)
         {
            draw(graph);
         }
      };

      frame.add(component);
      frame.setVisible(true);
   }
}
```

이 비디오 보기에서는 나선형을 그리는 프로그램을 만드는 방법을 본다.

랜덤 팩트 4.2　소프트웨어 해적 행위

이 책을 읽으면서 우리는 컴퓨터 프로그램을 작성할 것이며, 아주 작은 프로그램을 짜는 데도 얼마나 많은 노력이 필요한지를 직접 체험하게 될 것이다. 금융 앱이나 컴퓨터 게임 같은 실제 소프트웨어 상품을 작성하는 것은 많은 시간과 돈을 필요로 한다. 노력 이상의 돈을 벌만한 타당한 가능성이 없다면 그런 시간과 돈을 쓰려고 할 사람은 거의 없을 것이며, 기업은 더 그렇다. (사실은, 사용자가 더 정교한 유료 버전으로 업그레이드하기 위해 지불할 것이라는 기대에 소프트웨어를 공짜로 뿌리는 회사들도 있다. 또 어떤 회사들은 사용자가 파일을 읽고 사용하게 해주는 소프트웨어는 공짜로 뿌리나, 그런 파일을 만드는 데 필요한 소프트웨어는 판매한다. 끝으로, 열정 때문에, 공짜로 복사해도 되는 프로그램을 자발적으로 만드는 개인도 있다.)

소프트웨어를 팔 때, 기업은 고객의 정직성에 의존해야 한다. 부도덕한 개인에 의해 컴퓨터 프로그램은 쉽게 무단 복제된다. 이것은 대부분의 국가에서 불법이다. 대부분의 정부는 새로운 상품의 개발을 장려하기 위해 저작권법과 특허 같은 법적 보호를 규정한다. 해적 행위가 만연한 국가들에는 외제 소프트웨어가 저가로 풍부하게 공급되고 있으나, 고유 글씨체의 워드 프로세서나 자국 세법에 맞춘 금융 프로그램 같은 자국민을 위한 양질의 소프트웨어를 설계하려는 자국 기업은 없어진다.

대규모 소프트웨어 시장이 처음 등장했을 때, 판매사들은 해적 행위로 인해 입은 금전적 피해 때문에 격분했다. 그들은 합법적인 소유자들만이 소프트웨어를 사용할 수 있게 하기 위한, **동글**(소프트웨어를 돌리기 전에 프린터 포트에 부착해야 하는 장치) 등의 다양한 방책을 동원해서 맞서려 노력했다. 합법적 사용자들은 이

대책을 싫어했다. 그들은 소프트웨어를 위해 지불했으나, 자기 컴퓨터에 여러 개의 동글이 튀어나와 있어야 하는 불편함을 겪어야 했다. 미국에서는 시장 압력에 의해 대부분의 판매사들이 그런 복사 방지 방법을 포기했으나, 아직도 많은 국가에 남아 있다.

소프트웨어를 무단 복제하기가 아주 쉽고 저렴하며, 발각될 가능성은 매우 낮기 때문에, 나 스스로 도덕적으로 선택해야 한다. 만일 내가 정말 갖고 싶은 패키지가 내 예산으로 구입하기에 너무 비싸다면, 훔칠 것인가, 아니면 정직하게 살고 더 저렴한 상품으로 만족할 것인가?

물론 해적 행위는 소프트웨어에 국한되지 않는다. 똑같은 문제가 다른 디지털 상품들에 대해서도 발생하고 있다. 노래나 영화를 무료로 복사한 걸 얻은 적이 있을 것이다. 또는 내가 돈을 내고 산 노래를 듣지 못하게 만드는 뮤직 플레이어에 부착된 복사 방지 장치 때문에 화가 난 적도 있을 것이다. 인정하건대, 적어도 소프트웨어 패키지를 설계하고 구현하는 데 들이는 노력과 비교할 때, 음반사가 자신들이 별로 노력을 들인 것도 없어 보이는 것에 대해 높은 요금을 책정한 합주단에 대해 연민을 갖기가 어려울 수도 있다. 그럼에도 불구하고, 예술가들과 작가들이 그들의 노력에 대해 어떤 보상을 받는 것은 정당하기만 하다. 정직한 고객들에게는 큰 부담을 주지 않고, 예술가, 작가, 프로그래머들에게는 합당하게 지불하는 방법은 아직까지 해결되지 않은 문제이며, 많은 컴퓨터 과학자들이 이 문제를 연구하고 있다.

요약

루프에서의 실행 흐름을 설명한다.

- 루프는 조건이 참인 한, 명령들을 반복적으로 실행한다.
- Off-by-one 오류는 루프를 프로그래밍할 때 흔한 오류이다. 이러한 오류를 피하려면 간단한 테스트 케이스들을 고려한다.

➕ WileyPLUS와 www.wiley.com/college/horstmann에서 온라인으로 볼 수 있다.

프로그램의 동작을 분석하기 위해서 핸드-트레이싱 기법을 이용한다.

- 핸드-트레이싱은 명령들을 짚어 나가고, 변수 값들을 추적하는 코드 실행 시뮬레이션이다.
- 핸드-트레이싱은 생소한 알고리듬이 어떻게 동작하는지를 이해하는 데 도움을 줄 수 있다.
- 핸드-트레이싱은 코드나 수도코드의 오류를 밝혀낼 수 있다.

카운트-제어 루프를 구현하기 위해 for 루프를 사용한다.

- for 루프는 어떤 값이 시작 점에서부터 끝 점까지 상수 증분 또는 감분으로 바뀔 때 사용된다.

while 루프와 do 루프 중에서 선택한다.

- do 루프는 루프 본체가 적어도 한 번 실행되어야 할 때 적합하다.

입력 데이타 시퀀스를 읽는 루프를 구현한다.

- 센티널 값은 데이타 집합의 끝을 나타내나, 데이타의 일부는 아니다.
- 루프를 제어하기 위해 부울 변수를 사용할 수 있다. 루프로 들어가기 전에 이 변수를 true로 설정하고, 루프를 떠날 때 false로 설정한다.
- 파일로부터 입력을 읽으려면 입력 전향을 사용한다. 파일에 프로그램 출력을 캡처해서 넣으려면 출력 전향을 사용한다.

사용자 상호작용을 계획하기 위해서 스토리보드 기법을 사용한다.

- 스토리보드는 액션 시퀀스의 각 단계를 위한, 설명이 붙은 스케치들로 구성된다.
- 스토리보드를 개발하면 프로그램에 필요한 입력과 출력들을 이해하는 데 도움이 된다.

가장 보편적인 루프 알고리듬을 안다.

- 평균을 계산하려면, 합계와 값의 수를 기록한다.
- 조건을 충족하는 값들을 세려면, 모든 값을 검사해서 부합할 때마다 카운터를 증가시킨다.
- 찾는 게 목표일 때는, 찾으면 루프를 빠져 나온다.
- 최대값을 찾아내려면, 이제까지 본 최대값보다 더 큰 값을 만나게 될 때 최대값을 갱신한다.
- 인접 입력들을 비교하려면, 이전 입력을 변수에 저장한다.

다중 반복 레벨을 구현하려면 내포 루프를 사용한다.

- 루프의 본체가 다른 루프를 포함할 때, 루프가 둥지를 튼 것이다. 내포 루프의 대표적 용도는 행과 열이 있는 표를 출력하는 것이다.

시뮬레이션의 구현에 루프를 적용한다.

- 시뮬레이션에서, 액티비티를 시뮬레이션하기 위해 컴퓨터를 이용한다. 랜덤 넘버 생성기를 호출해서 랜덤성을 얻을 수 있다.

이 장에서 소개된 표준 라이브러리 항목들

```
java.awt.Color

java.awt.Graphics
    drawLine
    drawOval
    drawRect
    drawString
    setColor
```

```
java.lang.Math
    random
```

복습 연습 문제

- **R4.1** 다음을 출력하는 `while` 루프를 작성하라.

  a. n 보다 작은 모든 제곱들. 예: 만일 n이 100이면, 0 1 4 9 16 25 36 49 64 81를 출력한다.

  b. 10으로 나뉘며 n보다 작은 모든 양수. 예: n이 100이면, 10 20 30 40 50 60 70 80 90를 출력한다.

  c. n보다 작은 모든 2의 거듭제곱들. 예: n이 100이면 1 2 4 8 16 32 64를 출력한다.

- **R4.2** 다음을 계산하는 루프들을 작성하라.

  a. 2와 100(포함) 사이의 짝수들의 합.

  b. 1과 100(포함) 사이의 모든 제곱들의 합.

  c. a와 b(포함) 사이의 모든 홀수들의 합.

  d. n의 모든 홀수 숫자들의 합. (예: n이 32677이면 이 합은 3 + 7 + 7 = 17.)

- **R4.3** 다음 루프들에 대한 추적 표를 작성하라.

  a.
  ```
  int i = 0; int j = 10; int n = 0;
  while (i < j) { i++; j--; n++; }
  ```

  b.
  ```
  int i = 0; int j = 0; int n = 0;
  while (i < 10) { i++; n = n + i + j; j++; }
  ```

  c.
  ```
  int i = 10; int j = 0; int n = 0;
  while (i > 0) { i--; j++; n = n + i - j; }
  ```

  d.
  ```
  int i = 0; int j = 10; int n = 0;
  while (i != j) { i = i + 2; j = j - 2; n++; }
  ```

- **R4.4** 다음 루프들의 출력은?

  a. `for (int i = 1; i < 10; i++) { System.out.print(i + " "); }`

  b. `for (int i = 1; i < 10; i += 2) { System.out.print(i + " "); }`

  c. `for (int i = 10; i > 1; i--) { System.out.print(i + " "); }`

  d. `for (int i = 0; i < 10; i++) { System.out.print(i + " "); }`

  e. `for (int i = 1; i < 10; i = i * 2) { System.out.print(i + " "); }`

  f. `for (int i = 1; i < 10; i++) { if (i % 2 == 0) { System.out.print(i + " "); } }`

- **R4.5** 무한 루프란 무엇인가? 내 컴퓨터에서는 무한 루프를 도는 프로그램을 어떻게 종료시킬 수 있는가?

- **R4.6** 입력 값들을 4 7 –2 –5 0으로 가정하고, 연습문제 P4.9의 수도코드에 대한 프로그램 추적을 써라.

- ■■ **R4.7** "off-by-one" 오류란 무엇인가? 자신의 프로그래밍 경험에서 겪은 예를 제시하라.

- **R4.8** 센티널 값이란? 수치 센티널 값을 사용하기에 적합한 때를 결정하기 위한 간단한 룰을 제시하라.

- **R4.9** 자바는 어떤 루프 문들을 지원하는가? 각 루프 타입을 사용할 때를 결정하기 위한 간단한 룰을 제시하라.

- **R4.10** 다음 루프들은 몇 번 도는가? 단, i가 루프 본체 안에서 바뀌지 않는다고 가정한다.

  a. `for (int i = 1; i <= 10; i++) . . .`

  b. `for (int i = 0; i < 10; i++) . . .`

  c. `for (int i = 10; i > 0; i--) . . .`

  d. `for (int i = -10; i <= 10; i++) . . .`

  e. `for (int i = 10; i >= 0; i++) . . .`

  f. `for (int i = -10; i <= 10; i = i + 2) . . .`

  g. `for (int i = -10; i <= 10; i = i + 3) . . .`

- ■■ **R4.11** 다음과 같은 달력을 출력하는 프로그램의 수도코드를 작성하라.

```
Su  M  T  W Th  F Sa
          1  2  3  4
 5  6  7  8  9 10 11
12 13 14 15 16 17 18
19 20 21 22 23 24 25
26 27 28 29 30 31
```

- **R4.12** 다음과 같은 섭씨/화씨 전환 표를 출력하는 프로그램의 수도코드를 작성하라.

```
Celsius | Fahrenheit
--------+-----------
      0 |         32
     10 |         50
     20 |         68
    . . .        . . .
    100 |        212
```

- **R4.13** 학생의 이름과 성, 시험 성적들, –1인 센티널로 구성된 학생 기록을 읽는 프로그램을 위한 수도코드를 작성하라. 이 프로그램은 학생의 평균 점수를 출력해야 한다. 그리고 나서, 다

음 견본 입력에 대한 추적 표를 제공하라:

```
Harry Morgan 94 71 86 95 -1
```

■■ **R4.14** 학생들의 성적을 읽고 각 학생의 총점을 출력하는 프로그램의 수도 코드를 작성하라. 각 레코드는 학생의 이름과 성, 시험 점수, 센티널(156쪽 참고)인 −1으로 구성된다. 이 시퀀스는 단어 END로 종료된다. 다음은 보기 시퀀스이다.

```
Harry Morgan 94 71 86 95 -1
Sally Lin 99 98 100 95 90 -1
END
```

이 견본 입력에 대한 추적 표를 제공하라.

■ **R4.15** 다음의 for 루프를 while 루프로 재작성하라.

```
int s = 0;
for (int i = 1; i <= 10; i++)
{
   s = s + i;
}
```

■ **R4.16** 다음의 do 루프를 while 루프로 재작성하라.

```
int n = in.nextInt();
double x = 0;
double s;
do
{
   s = 1.0 / (1 + n * n);
   n++;
   x = x + s;
}
while (s > 0.01);
```

■ **R4.17** 다음 루프들의 추적 표를 제공하라.

```
a. int s = 1;
   int n = 1;
   while (s < 10) { s = s + n; }
   n++;
```

```
b. int s = 1;
   for (int n = 1; n < 5; n++) { s = s + n; }
```

```
c. int s = 1;
   int n = 1;
   do
   {
      s = s + n;
      n++;
   }
   while (s < 10 * n);
```

■ **R4.18** 다음 루프들은 무엇을 출력하는가? 컴퓨터를 사용하지 말고, 코드를 추적해서 답을 찾아내라.

```
a. int s = 1;
   for (int n = 1; n <= 5; n++)
   {
      s = s + n;
      System.out.print(s + " ");
   }
```

```java
b. int s = 1;
   for (int n = 1; s <= 10; System.out.print(s + " "))
   {
      n = n + 2;
      s = s + n;
   }
```

```java
c. int s = 1;
   int n;
   for (n = 1; n <= 5; n++)
   {
      s = s + n;
      n++;
   }
   System.out.print(s + " " + n);
```

- **R4.19** 다음 프로그램 조각들은 무엇을 출력하는가? 컴퓨터를 사용하지 말고, 코드를 추적해서 답을 찾아내라.

```java
a. int n = 1;
   for (int i = 2; i < 5; i++) { n = n + i; }
   System.out.print(n);
```

```java
b. int i;
   double n = 1 / 2;
   for (i = 2; i <= 5; i++) { n = n + 1.0 / i; }
   System.out.print(i);
```

```java
c. double x = 1;
   double y = 1;
   int i = 0;
   do
   {
      y = y / 2;
      x = x + y;
      i++;
   }
   while (x < 1.8);
   System.out.print(i);
```

```java
d. double x = 1;
   double y = 1;
   int i = 0;
   while (y >= 1.5)

   {
      x = x / 2;
      y = x + y;
      i++;
   }
   System.out.print(i);
```

- ■■ **R4.20** 대칭적 한계들이 더 자연스러운 for 루프의 예를 제시하라. 비대칭적 한계들이 더 자연스러운 for 루프의 예를 제시하라.

- ■ **R4.21** 사용자가 비호환적인 단들을 입력하는 시나리오를 보여주는 160쪽의 4.6절의 전환 프로그램을 위한 스토리보드 패널을 추가하라.

- ■ **R4.22** 4.6절에서 사용자에게 모든 유효 단위들을 프롬프트에서 보여주기로 했다. 만일 프로그램이 훨씬 더 많은 단위들을 지원한다면, 이 접근법은 못쓴다. 대안적 접근법을 예시하는 스토리보드 패널을 제공하라. 만일 사용자가 미지의 단위를 입력하면, 알고 있는 모든 단위들의 목록이 표시된다.

- **R4.23** 4.6절의 스토리보드를 바꿔서 단위 전환(convert unit), 프로그램 도움말(program help), 프로그램 중단(quit) 중 어느 것을 원하는지를 사용자에게 묻는 메뉴를 지원하게 하라. 이 메뉴는 프로그램 시작부에, 값 시퀀스가 전환되었을 때, 그리고 오류가 표시될 때 표시되어야 한다.

- **R4.24** 4.6절에서 기술된 단위 전환을 수행하는 프로그램을 위한 흐름도를 그려라.

- **R4.25** 4.7.5절에서 최대 및 최소 입력을 찾는 코드는 최대값과 최소값 변수들을 한 입력 값으로 초기화한다. 그들을 0으로 초기화할 수 없는 이유는?

- **R4.26** 내포 루프란 무엇인가? 내포 루프가 사용되는 전형적인 예를 제시하라.

- **R4.27** 다음의 내포 루프

```java
for (int i = 1; i <= height; i++)
{
   for (int j = 1; j <= width; j++) { System.out.print("*"); }
   System.out.println();
}
```

는 다음과 같이 주어진 폭과 높이의 직사각형을 그린다.

```
****
****
****
```

같은 직사각형을 그리는 단일 for 루프를 작성하라.

- **R4.28** 아이들에게 시계를 보는 방법을 가르치는 교육 게임을 설계한다고 하자. 시와 분을 위한 랜덤 값들을 어떻게 만들 것인가? 완전한 프로그램을 작성하라.

- **R4.29** 여행 시뮬레이션에서, 해리는 3개 주에 거주하는 친구들 중 한 명을 방문할 것이다. 캘리포니아에 열 명, 네바다에 세 명, 유타에 두 명이 있다. 각 주의 친구 수에 비례하는 확률을 가지는, 목적지 주를 나타내는 1과 3 사이의 랜덤 넘버를 어떻게 만드는가?

프로그래밍 훈련

- **P4.1** 다음을 계산하는 루프를 갖는 프로그램을 작성하라.
   - **a.** 2~100 사이의 모든 짝수의 합
   - **b.** 1~100의 모든 제곱의 합
   - **c.** 20부터 220까지의 모든 거듭 제곱
   - **d.** a~b의 모든 홀수의 합. 여기서 a와 b는 입력이다.
   - **e.** 입력의 모든 홀수 숫자의 합(예: 입력이 32677이면, 합은 3 + 7 + 7 = 17.)

- **P4.2** 정수 입력 시퀀스를 읽고 다음을 출력하는 프로그램을 작성하라.
   - **a.** 입력의 최소 및 최대.
   - **b.** 짝수와 홀수 입력 수.
   - **c.** 누적 합계. 예: 입력이 1 7 2 9이면, 프로그램은 1 8 10 19를 출력해야 한다.
   - **d.** 반복된 같은 수들. 예: 입력이 1 3 3 4 5 5 6 6 6 2이면, 프로그램은 3 5 6을 출력해야 한다.

■■ **P4.3** 입력 한 줄을 문자열로 읽고 다음을 출력하는 프로그램을 작성하라.

> **a.** 문자열의 대문자만.
> **b.** 문자열의 매 두 번째 글자.
> **c.** 모든 모음이 밑줄로 교체된 문자열.
> **d.** 문자열의 모음 수.
> **e.** 문자열의 모든 모음들의 위치.

■■ **P4.4** 167쪽의 How To 4.1의 프로그램을 완성시켜라. 12개의 온도 값을 읽어서 최고 기온을 갖는 월을 출력해야 한다.

■■ **P4.5** 부동 소수점 값들을 읽는 프로그램을 작성하라. 사용자가 값들을 입력하게 하고, 다음을 출력하라.

> • 값들의 평균
> • 값들의 최소값
> • 값들의 최대값
> • 범위, 즉, 최소값과 최대값의 차이

물론, 이 값들을 위한 프롬프트는 한 번만 표시해도 된다.

■ **P4.6** 입력에서 최소값을 찾아내기 위한 다음 수도코드를 자바 프로그램으로 번역하라.

```
Set a Boolean variable "first" to true.
While another value has been read successfully
    If first is true
```

■■■ **P4.7** 문자열의 글자들을 랜덤하게 치환하기 위한 다음 수도코드를 자바 프로그램으로 번역하라.

```
Read a word.
Repeat word.length() times
    Pick a random position i in the word, but not the last position.
    Pick a random position j > i in the word.
    Swap the letters at positions j and i.
Print the word.
```

글자를 바꾸기 위해서 다음과 같이 부문자열을 만든다:

```
first    i    middle    j    last
```

그런 다음, 문자열을 다음으로 교체한다.

```
first + word.charAt(j) + middle + word.charAt(i) + last
```

■ **P4.8** 단어를 읽고 단어의 각 문자를 별도의 줄에 출력하는 프로그램을 작성하라. 예를 들어, 사용자가 입력 "Harry"를 제공하면, 프로그램은 다음과 같이 출력한다.

```
H
a
r
r
y
```

■■ **P4.9** 단어를 읽고 역순으로 출력하는 프로그램을 작성하라. 예를 들어, 사용자가 입력 "Harry"를 제공하면, 프로그램은 다음과 같이 출력한다.

```
yrraH
```

- ■ **P4.10** 단어를 읽고 단어의 모음 수를 출력하는 프로그램을 작성하라. 이 연습문제를 위해, a e i o u y가 모음이라고 가정한다. 예를 들어, 사용자가 입력 "Harry"를 제공하면, 프로그램은 2 vowels를 출력한다.

- ■■■ **P4.11** 단어를 읽고 단어의 음절(syllable) 수를 출력하는 프로그램을 작성하라. 이 연습문제를 위해, 음절이 다음과 같이 정의된다고 가정한다: 단어의 마지막 e를 제외한, 인접한 모음 a e i o u y의 각 시퀀스가 음절이다. 그러나, 알고리듬이 산출한 갯수가 0이면, 1로 바꾼다. 예:

단어	음절
Harry	2
hairy	2
hare	1
the	1

- ■■■ **P4.12** 단어를 읽고 모든 부문자열을 출력하는 프로그램을 작성하라. 단, 길이 순으로 정렬한다. 예를 들어, 사용자가 입력 "rum"을 제공하면, 프로그램은 다음과 같이 출력한다.

  ```
  r
  u
  m
  ru
  um
  rum
  ```

- ■ **P4.13** 2^0부터 2^{20}까지의 모든 2의 거듭제곱들을 출력하는 프로그램을 작성하라.

- ■■ **P4.14** 수를 읽고 그의 이진 숫자들을 출력하는 프로그램을 작성하라. 나머지인 number % 2를 출력하고, number를 number / 2로 대체한다. number가 0이 될 때까지 계속한다. 예를 들어, 사용자가 입력 13을 제공하면, 출력은 다음과 같아야 한다.

  ```
  1
  0
  1
  1
  ```

- ■■ **P4.15** 평균과 표준편차. 일련의 부동 소수점 데이타 값들을 읽는 프로그램을 작성하라. 이 데이타 집합의 끝을 받기 위한 적절한 메커니즘을 선정한다. 값들을 모두 읽었을 때, 값들의 수, 평균, 표준편차를 출력하라. 데이타 집합 $\{x_1, \ldots, x_n\}$의 평균은 $\bar{x} = \sum x_i / n$ 이다. 여기서 $\sum x_i = x_1 + \ldots + x_n$ 는 입력 값들의 합이다. 표준 편차는

  $$s = \sqrt{\frac{\sum (x_i - \bar{x})^2}{n - 1}}$$

  이다. 그러나, 이 공식은 이 작업에 적합하지 않다. 프로그램이 $\bar{x}$를 계산할 무렵에는 개별 x_i들은 이미 없어진 지 오래이다. 이 값들을 저장하는 방법을 알게 될 때까지는, 수치적으로 덜 안정한 공식

  $$s = \sqrt{\frac{\sum x_i^2 - \frac{1}{n}\left(\sum x_i\right)^2}{n - 1}}$$

  을 사용하라. 이 수량은 입력 값들을 처리하면서, 개수, 합, 제곱들의 합을 계속 파악하고 있으면 계산할 수 있다.

■■ P4.16 피보나치 수열은 시퀀스

$$f_1 = 1$$
$$f_2 = 1$$
$$f_n = f_{n-1} + f_{n-2}$$

피보나치 수는 토끼 개체수의증가를 기술한다.

에 의해 정의된다.

이를 다음과 같이 바꾼다.

```
fold1 = 1;
fold2 = 1;
fnew = fold1 + fold2;
```

그런 후, 더 이상 필요하지 않은 fold2를 버리고, fold2를 fold1으로 설정하고, fold1을 fnew로 설정한다. 적절히 반복한다.

사용자로부터 정수 n을 받도록 프롬프트를 표시하고 n번째 피보나치 수를 출력하는 프로그램을 위 알고리듬을 이용해서 구현하라.

■■■ P4.17 정수의 인수 분해. 사용자에게서 정수를 입력 받고, 그의 모든 인수를 출력하는 프로그램을 작성하라. 예를 들어, 사용자가 150을 입력했을 때, 프로그램은 다음을 출력해야 한다.

```
2
3
5
5
```

■■■ P4.18 소수. 사용자가 정수를 입력하게 하고, 그 정수까지의 모든 소수를 출력하는 프로그램을 작성하라. 예를 들어, 사용자가 20을 입력했을 때, 프로그램은 다음을 출력해야 한다.

```
2
3
5
7
11
13
17
19
```

소수는 1과 자신 외로는 나뉘지 않는 수임을 기억한다.

■ P4.19 다음과 같이 곱셈표를 출력하는 프로그램을 작성하라.

```
1   2   3   4   5   6   7   8   9  10
2   4   6   8  10  12  14  16  18  20
3   6   9  12  15  18  21  24  27  30

  . . .
10  20  30  40  50  60  70  80  90 100
```

■■ P4.20 정수를 읽어서, 별표를 사용해서 채워진 정사각형과 빈 정사각형을 표시하는 프로그램을 작성하라. 예를 들어, 변의 길이가 5이면, 프로그램은 다음을 출력해야 한다.

```
***** *****
***** *   *
***** *   *
***** *   *
***** *****
```

■■ **P4.21** 정수를 읽고, 별표를 사용해서 주어진 변 길이의 채워진 다이아몬드를 표시하는 프로그램을 작성하라. 예를 들어, 변 길이가 4이면 프로그램은 다음과 같이 표시해야 한다.

```
   *
  ***
 *****
*******
 *****
  ***
   *
```

■■■ **P4.22** 님 게임(*The game of Nim*). 이것은 다양한 변종이 있는 유명한 게임이다. 다음 변종은 재미있는 승리 전략을 갖고 있다. 두 플레이어가 자갈 더미에서 번갈아 자갈을 꺼낸다. 각자의 차례에서 플레이어는 몇 개의 자갈을 가져갈 것인지 선택한다. 플레이어는 최소 하나, 최대 전체의 반까지 가져가야 한다. 그 다음은 다른 플레이어 차례이다. 마지막 자갈을 가져가는 플레이어가 진다.

컴퓨터가 사람을 상대로 플레이하는 프로그램을 작성하라. 더미의 초기 크기를 나타내기 위해 10과 100 사이의 랜덤 정수를 생성한다. 사람 또는 컴퓨터 중 누가 선을 잡을지를 결정하기 위해 0과 1 사이의 랜덤 정수를 생성한다. 컴퓨터가 스마트하게 플레이할지 또는 멍청하게 할지 여부를 결정하기 위해서 0과 1 사이의 랜덤 정수를 생성한다. 멍청한 모드에서 컴퓨터는 단순히 자기 차례가 올 때마다 랜덤한 적법한 값(1과 $n/2$ 사이)을 취한다. 스마트 모드에서 컴퓨터는 더미의 크기가 2의 거듭제곱 빼기 1, 즉, 3, 7, 15, 31, 또는 63이 되기에 충분할만큼 자갈을 가져간다. 이것은 현재 더미 크기가 2의 거듭제곱 빼기 1일 때를 제외하고는 항상 합법적인 수(move)이다. 이 경우, 컴퓨터는 랜덤한 합법적 수(move)를 둔다.

더미 크기가 15, 31, 또는 63이 아닌 한, 컴퓨터가 선을 잡게 되면, 컴퓨터는 스마트 모드에서는 결코 지지 않을 것이다. 물론, 승리 전략을 아는 인간 플레이어가 선을 잡으면 컴퓨터를 이길 수 있다.

■■ **P4.23** 주정뱅이 걸음. 어떤 주정뱅이가 사거리에서 랜덤하게 방향을 고르고, 비틀거리며 다음 교차로까지 가서, 다시 그 짓을 반복한다. 평균적으로 이 주정뱅이가 오락가락 하다 보면 그다지 멀리 가지 못할 것으로 생각할 수 있겠으나, 실제로는 그렇지 않다.

위치들을 정수 쌍 (x, y)로 표시한다. $(0, 0)$에서 시작해서, 100개의 교차로에 대해 이 주정뱅이의 걸음을 구현하고, 끝 위치를 출력하라.

■■ **P4.24** 몬티 홀의 역설(*Monty Hall Paradox*). Marilyn vos Savant(매릴린 보스 새번트)가 어떤 잘 팔리는 잡지에 다음 문제(대략 몬티 홀이 사회를 보는 게임 쇼에 근거하는)를 기술했다. "게임 쇼에 나갔는데, 세 개의 문을 선택해야 한다고 하자. 한 문의 뒤에는 자동차가 있고, 다른 문들 뒤에는 염소가 있다. 내가 예를 들어 문 1을 선택하고(문은 열리지 않음), 문 뒤에 있는 게 무엇인지 알고 있는 사회자가 염소가 있는, 예를 들어 문 3을 연다. 그리고 사회자가 내게 "문 2를 선택하고 싶나요?"라고 묻는다. 바꿔 선택하는 게 유리하겠는가? Ms. vos Savant는 그게 유리하다는 것을 증명했으나, 수학 교수들을 포함해서 그녀의 독자들 중 많은 이들이 동의하지 않았다. 다른 문이 열렸다고 해서 확률이 바뀌지는 않는다는 것이다.

나의 임무는 이 게임 쇼를 시뮬레이션하는 것이다. 각 반복마다, 차를 놓을 문의 번호를 1과 3 사이에서 랜덤하게 고른다. 참가자가 랜덤하게 문을 고르게 한다. 게임 쇼 사회자가 염소가 있는 문(플레이어가 고른 문 말고)을 랜덤하게 고르게 한다. 플레이어가 사회자가 선택한 문으로 바꿔서 이긴다면 전략 1의 카운터를 증가시키고, 참가자가 원래 문을 고집해서 이긴다면 전략 2의 카운터를 증가시킨다. 1000번 반복하고 두 카운터를 출력하라.

■ **P4.25** 간단한 랜덤 생성기는 공식

$$r_{\text{new}} = \left(a \cdot r_{\text{old}} + b\right)\% m$$

과 r_{old}를 r_{new}로 설정해서 얻어진다. 오버플로잉 결과를 int 타입으로 절삭하는 것은 나머지를 계산하는 것과 같으므로, 만일 m이 2^{32}로 선택되면

$$r_{\text{new}} = a \cdot r_{\text{old}} + b$$

를 계산할 수 있다.

사용자에게 r_{old}를 위한 씨앗 값을 입력할 것을 요구하는 프로그램을 작성하라. (그러한 값을 흔히 씨드(seed)라고 부른다.) 그런 후, a = 32310901과 b = 1729를 사용해서 이 공식에 의해 생성되는 처음 100개의 랜덤 정수들을 출력하라.

■■ **P4.26** 뷔퐁 바늘 실험(*Buffon Needle Experiment*). 다음 실험은 프랑스 박물학자 Comte Georges-Louis Leclerc de Buffon (1707~1788)이 고안했다. 길이가 1인치인 바늘이 2인치 간격으로 줄이 그어져 있는 종이 위에 떨어졌다. 만일 바늘이 줄 위에 떨어진다면, 히트로 간주해서 센다(그림 4.9 참고). 뷔퐁은 **시도/히트** 비가 π에 접근한다는 것을 발견했다.

그림 4.9 뷔퐁 바늘 실험

뷔퐁 바늘 실험을 위해 두 개의 랜덤 넘버를 생성해야 한다: 하나는 시작 위치에 해당하고, 다른 하나는 x-축을 기준으로 한 바늘의 각도에 해당한다. 그런 후, 바늘을 격자 선에 닿았는지를 테스트해야 한다.

바늘의 하단 점을 만든다. 그 점의 x-좌표는 상관없으며, y-좌표인 y_{low}를 0과 2 사이의 랜덤 넘버로 가정해도 된다. 바늘과 x-축 사이의 각도 α는 0도와 180도(π radian) 사이의 임의의 값을 가질 수 있다. 바늘의 위 끝의 y-좌표는,

$$y_{\text{high}} = y_{\text{low}} + \sin\alpha$$

이다. 이 바늘은 그림 4.10이 보여주듯이 y_{high}가 적어도 2이면 히트이다. 10,000번 시도 후 중단하고, **시도/히트** 비를 출력하라. (이 프로그램은 ?의 값을 계산하는 데 적합하지 않다. 각도 계산에 π가 필요하다.)

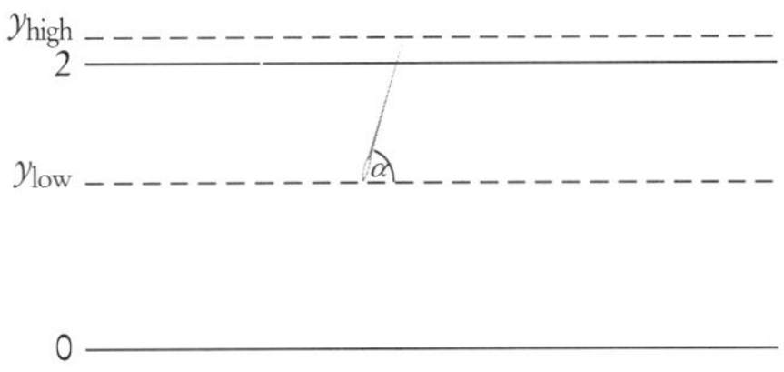

그림 4.10 뷔퐁 바늘 실험에서의 히트

■■ 비즈니스 P4.27 통화 환산. 먼저 사용자가 1 달러에 대한 일본 엔의 당일 환율을 입력하게 하고, U.S. 달러 값들을 읽어서 각각을 엔으로 환산하는 프로그램을 작성하라. 센티널로 0을 사용하라.

■■ 비즈니스 P4.28 먼저 사용자가 1 달러에 대한 일본 엔의 당일 환율을 입력하게 하고, U.S. 달러 값들을 읽어서 각각을 엔으로 환산하는 프로그램을 작성하라. 달러 입력의 끝을 표시하기 위한 센티널 값으로 0을 사용하자. 그런 다음, 프로그램은 엔 값들을 읽고 그들을 달러로 환산한다. 두 번째 시퀀스는 다른 0 값에 의해 종료된다.

■■ 비즈니스 P4.29 회사는 어떤 목표 가격을 넘으면 팔려고 하는 주식을 갖고 있다. 목표 가격을 읽고 현재 주식 가격이 적어도 목표 가격이 될 때까지 현재 가격을 읽는 프로그램을 작성하라. 프로그램은 표준 입력으로부터 일련의 double 값들을 읽기 위해 Scanner를 사용해야 한다. 일단 이 최소치에 도달하면, 프로그램은 주식 가격이 목표 가격을 넘는다고 보고해야 한다.

■■ 비즈니스 P4.30 한정된 시네마 티켓을 미리 팔기 위한 애플리케이션을 작성하라. 각 구매자는 4개까지 티켓을 살 수 있다. 티켓을 100개까지 팔 수 있다. 사용자에게 필요한 티켓 수를 입력 받도록 프롬프트하고, 그러고 나서 남은 티켓 수를 표시하는 TicketSeller라고 불리는 프로그램을 구현하라. 티켓이 모두 팔릴 때까지 반복하고, 구매자 수를 표시하라.

■■ 비즈니스 P4.31 굴 식당에 한 번에 들어갈 수 있는 고객 수를 관리해야 한다. 아무 때든 식당을 나갈 수는 있으나, 식당 안의 사람 수가 100명을 넘길 그룹은 들어갈 수 없다. 도착하거나 떠나는 그룹들의 규모를 읽는 프로그램을 작성하라. 떠나는 그룹에 대해서는 음수를 사용하라. 각 입력 후에, 현재 고객 수를 표시하라. 식당이 꽉 차는 순간 식당이 만원이라고 보고하고 프로그램을 빠져 나가라.

■■■ 비즈니스 P4.32 신용카드 번호 검사. 신용카드 번호의 마지막 자리는 검사 자리(*check digit*)로서, 한 숫자 오류 또는 두 숫자를 바꾸는 것 같은 사본 오류를 방지한다. 다음 방법은 실제 신용카드 번호를 확인하는 데 사용되지만, 단순화를 위해 16자리 대신에 8자리 번호에 대해 기술하겠다.

- 맨 오른쪽 자리에서 시작해서, 한 자리씩 걸러서 숫자의 합을 만든다. 예를 들어, 신용카드 번호가 4358 9795이면, 합 5 + 7 + 8 + 3 = 23을 만든다.
- 앞 단계에서 포함되지 않은 숫자들 각각을 두 배로 만든다. 결과 수들의 모든 숫자를 더한다. 예를 들어, 위에 주어진 수에 대해, 숫자들을 두 배로 만드는데, 마지막에서 두 번째에서 시작하면, 18 18 10 8을 얻는다. 이 값들의 모든 숫자를 더하면 1 + 8 + 1 + 8 + 1 + 0 + 8 = 27이 나온다.
- 앞의 두 단계의 합을 더한다. 만일 결과의 마지막 숫자가 0이면, 그 수는 유효하다. 우리의 경우, 23 + 27 = 50이므로 이 숫자는 유효하다.

이 알고리듬을 구현하는 프로그램을 작성하라. 사용자는 8-자리 수를 제공해야 하며, 나는 그 수가 유효한지 여부를 출력해야 한다. 만일 유효하지 않다면, 그 수를 유효하게 만들 검사 자리의 값을 출력해야 한다.

 포식자–피식자 시뮬레이션에서, 다음 공식들을 사용해서 포식자와 피식자의 수를 계산한다.

$$prey_{n+1} = prey_n \times \left(1 + A - B \times pred_n\right)$$
$$pred_{n+1} = pred_n \times \left(1 - C + D \times prey_n\right)$$

이때, A는 피식자의 출생이 자연사를 넘는 비율이며, B는 포식률(predation rate)이며, C는 먹이가 없을 때 포식자 사망 수가 출생 수를 초과하는 비율이며, D는 먹이가 있을 때의 포식자 증가를 나타낸다.

이 비율들, 초기 개체수들, 그리고 주기 수를 사용자가 입력하는 프로그램을 작성하라. 그런 후, 주어진 주기 수에 대해 개체수들을 출력하라. 입력으로 $A = 0.1$, $B = C = 0.01$, $D = 0.00002$, 피식자와 포식자의 초기 개체수는 각각 1,000과 20을 시도하라.

 발사체 비행. 포탄이 초기 속도 v_0로 하늘로 똑바로 쏘아졌다고 하자. 미적분학 책을 보면 t초 후에 포탄의 위치는 라고 기술되어 있을 것이다. 여기서 $g = 9.81$ m/s^{2}는 지구의 중력이다.

왜 그렇게 명백하게 위험한 실험을 하려는지를 언급하는 미적분학 책이 없으므로, 우리가 컴퓨터로 안전하게 해보겠다.

사실상, 우리는 미적분학 책의 정리를 시뮬레이션으로 확인할 것이다. 시뮬레이션에서 우리는 포탄이 아주 짧은 시간 구간인 Δt 동안 어떻게 이동하는지를 고찰할 것이다. 짧은 시간 구간 동안에는, 속도 v는 거의 일정하며, 포탄이 이동하는 거리를 $\Delta s = v\Delta t$로 계산할 수 있다. 프로그램에서 우리는 단순하게

```
const double DELTA_T = 0.01;
```

으로 놓으며, 위치를

```
s = s + v * DELTA_T;
```

에 의해 갱신한다. 속도는 일정하게 바뀐다—사실은 지구의 중력 때문에 감소된다. 짧은 시간 간격 동안, $\Delta v = -g\Delta t$이며, 속도를 다음과 같이 지속적으로 갱신해야 한다.

```
v = v - g * DELTA_T;
```

다음 반복에서는 거리를 갱신하기 위해 새로운 속도가 사용된다.

이제 포탄이 지구로 떨어질 때까지 시뮬레이션을 돌린다. 초기 속도를 입력으로 받는다 (100 m/s가 좋다). 위치와 속도를 초당 100번 갱신한다. 위치 출력은 1초에 한 번씩만 한다. 또한 비교를 위해 정확한 공식 $s(t) = -\frac{1}{2}gt^2 + v_0t$ 으로 계산한 값도 출력한다.

주: 정확한 공식이 있는데 이 시뮬레이션을 하는 이유가 뭔지 궁금할 것이다. 그런데, 미적분학 책에 나오는 이 공식은 정확하지 않다. 사실상, 중력은 포탄이 지표로부터 멀어질수

록 약해진다. 이 때문에 실제 움직임에 대한 정확한 공식을 만드는 게 불가능하다. 그렇지만, 컴퓨터 시뮬레이션은 가변적인 중력을 적용하도록 간단하게 확장될 수 있다. 포탄에 대해서는 미적분학 책의 공식이 충분히 정확하지만, 탄도 미사일 같은 높은 고도로 나는 물체를 위한 정확한 탄도 계산에는 컴퓨터가 필요하다.

■■■ **사이언스 P4.35** 배의 선체의 간단한 모델은 다음 식으로 주어진다.

$$|y| = \frac{B}{2}\left[1 - \left(\frac{2x}{L}\right)^2\right]\left[1 - \left(\frac{z}{T}\right)^2\right]$$

여기서 B는 빔, L은 길이, T는 만재흘수(draft)이다.
(주: 선체가 우현부터 좌현까지 대칭이므로 각 x와 z에 대해 두 개의 y 값이 있다.)

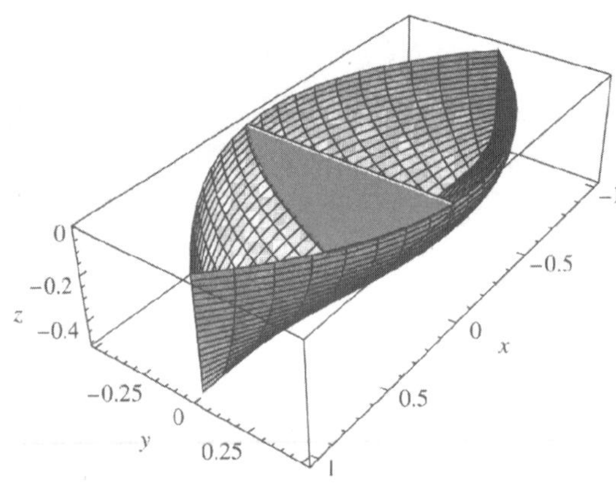

점 x에서의 단면적을 항해 용어로 '섹션'이라고 부른다. 이를 계산하기 위해 z가 0부터 $-T$까지 각각의 크기가 T/n인 n개의 증분으로 변하게 하자. 각 z 값에 대해 y의 값을 계산하라. 그리고 사다리꼴 조각의 면적들을 합하라. 오른쪽이 그 조각들이며, 여기서는 $n = 4$이다.

B, L, T, x, n 값들을 읽고 x에서의 단면적을 출력하는 프로그램을 작성하라.

■ **사이언스 P4.36** 방사성 물질의 방사성 붕괴를 공식 $A = A_0 e^{-t(\log 2/h)}$ 로 모델링할 수 있다. 여기서 A는 시각 t에서의 물질의 량이며, A_0는 시각 0에서의 량이며, h는 반감기이다.
테크네튬-99는 뇌 영상 촬영에 사용되는 방사성 동위 원소이다. 그의 반감기는 6시간이다. 내 프로그램은 투여 후 24시간 동안, 매 시간마다 환자 몸 안의 상대량 A/A0 를 표시해야 한다.

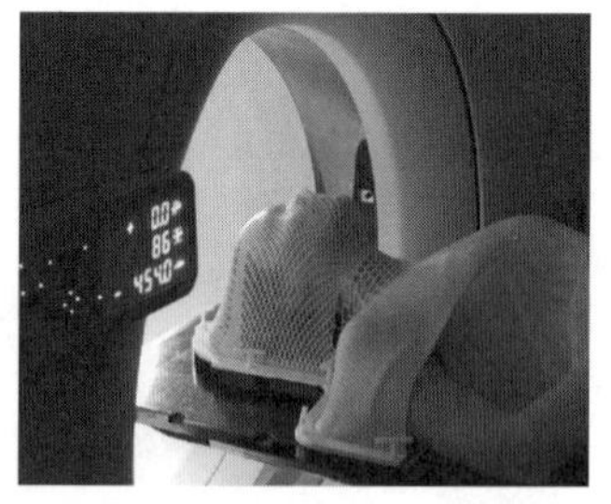

■■■ **사이언스 P4.37** 다음 사진은 '트랜스포머'라고 불리는 전기 장치를 보여준다. 트랜스포머는 흔히 페라이트 자심 주위에 와이어 코일을 감아서 만든다. 아래 그림은 휴대폰이나 음악 플레이어 같은 다양한 오디오 장치들에서 볼 수 있는 상황을 예로 보여준다. 이 회로에서 트랜스포머는 스피커를 오디오 증폭기의 출력으로 연결하는 데 사용된다.

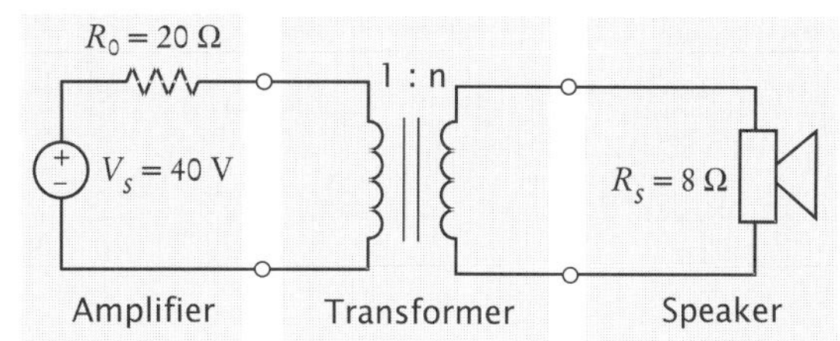

트랜스포머를 나타내는 데 사용된 기호는 두 개의 와이어 코일을 암시하려는 것이다. 이 트랜스포머의 파라미터 n을 트랜스포머의 '권선비'라고 부른다[코일을 형성하기 위해서 와이어를 코어 주위에 감은 횟수를 코일의 감김수(number of turns)라고 부른다. 권선비(turns ratio)는 문자 그대로 두 와이어 코어의 감김수들의 비(ratio)이다].

회로를 설계할 때, 우리는 주로 스피커에 전달되는 전력 값에 관심을 둔다—이 전력이 우리가 듣고자 하는 소리를 스피커가 만들게 한다. 트랜스포머를 사용하지 않고 스피커를 직접 증폭기에 연결한다고 하자. 증폭기의 전력의 일부가 스피커에 도달할 것이다. 나머지 전력은 증폭기 자체에서 손실될 것이다. 이 트랜스포머는 스피커에 증폭기 전력을 더 많이 전달하기 위해서 회로에 삽입된다.

스피커에 전달되는 전력 Ps는 다음 공식에 의해 계산된다.

$$P_s = R_s \left(\frac{nV_s}{n^2 R_0 + R_s} \right)^2$$

위 회로를 모델링하고, 권선비를 0.01의 증분으로 0.01에서 2까지 변화시키는 자바 프로그램을 작성하고, 스피커에 전달되는 전력을 최대화하는 권선비의 값을 계산하라.

- **그래픽 P4.38** 다음의 얼굴을 그리는 프로그램을 작성하라.

- **그래픽 P4.39** 흑과 백의 정사각형 64개가 번갈아 있는 서양 장기판을 표시하는 그래픽 애플리케이션을 작성하라.

- **그래픽 P4.40** 다음의 나선형을 그리는 그래픽 애플리케이션을 작성하라.

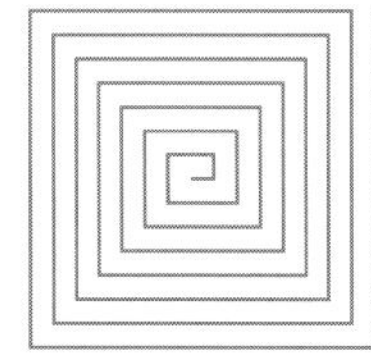

- ■ **그래픽 P4.41** 자바 그래픽 라이브러리로 곡선 그래프를 그리는 것은 쉽고 재미있다. 단순히 점 $(x, f(x))$와 점 $(x + d, f(x + d))$를 잇는 100개의 선분을 그려라. 여기서 x는 x_{min}부터 x_{max}까지이며, $d = (x_{max} - x_{min})/100$이다.
곡선 $f(x) = 0.00005x^3 - 0.03x^2 + 4x + 200$를 그려라. 여기서 x의 범위는 0부터 400까지이다.

■■■ **그래픽 P4.42** 극 좌표에서의 공식이 $r = \cos(2\theta)$인 "4 잎사귀 장미"의 그림을 그려라. θ는 100 단계로 0부터 2π까지라고 하자. 매 번, r을 계산하고, 다음 공식을 이용해서 극좌표들로부터 (x, y) 좌표들을 계산하라.

$$x = r \cdot \cos(\theta),\ y = r \cdot \sin(\theta)$$

자체 검사 질문에 대한 답

1. 23년.

2. 7년.

3. while 루프의 마지막 명령으로

   ```
   System.out.println(balance)
   ```

   를 추가한다.

4. 프로그램은 똑 같은 출력을 인쇄한다. 그 이유는 14년 후의 잔고가 $20,000보다 약간 적으며, 15년 후에는 $20,000을 약간 넘기 때문이다.

5. 2 4 8 16 32 64 128

   값 128이 100 보다 크지만 출력됨을 주목한다.

6.
n	output
5	
4	4
3	3
2	2
1	1
0	0
-1	-1

7.
n	output
1	1,
2	1, 2,
3	1, 2, 3,
4	

   맨 끝 값 뒤에 쉼표가 있다. 보통, 쉼표는 값 사이에만 있다.

8.
a	n	r	i
2	4	1	1
		2	2
		4	3
		8	4
		16	5

   이 코드는 a^n을 계산한다.

9.
n	output
1	1
11	11
21	21
31	31
41	41
51	51
61	61
...	

   이것은 무한 루프이다. n이 결코 50과 같아지지 않는다.

10.
count	temp
1	123
2	12.3
3	1.23

   이것은 올바른 답을 산출한다. 수 123에는 3개의 숫자가 있다.

count	temp
1	100
2	10.0

   이것은 틀린 답을 산출한다. 수 100에도 3개의 숫자가 있다. 루프 조건이 다음이었어야 했다.

   while (temp >= 10)

11.
   ```
   int year = 1;
   while (year <= nyears)
   {
      double interest = balance * RATE / 100;
      balance = balance + interest;
      System.out.printf("%4d %10.2f\n",
         year, balance);
      year++;
   }
   ```

12. 11개: 10 9 8 7 6 5 4 3 2 1 0

13.
   ```
   for (int i = 10; i <= 20; i = i + 2)
   {
      System.out.println(i);
   }
   ```

14.
   ```
   int sum = 0;
   for (int i = 1; i <= n; i++)
   {
      sum = sum + i;
   }
   ```

15.
   ```
   for (int year = 1;
      balance <= 2 * INITIAL_BALANCE; year++)
   ```

   그러나, 루프 조건이 year 변수와 관계가 없으므로, 이 경우에는 for 루프를 사용하지 않는 게 좋다. while 루프가 더 좋다.

16.
```
do
{
    System.out.print(
        "Enter a value between 0 and
    value = in.nextInt();
}
while (value < 0 || value > 100);
```

17.
```
int value = 100;
while (value >= 100)
{
    System.out.print("Enter a value
    value = in.nextInt();
}
```

여기서, 루프에 적어도 한 번은 진입하게 만들기 위해 변수 value가 인위적인 값으로 초기화되어야 했다.

18. 그렇다. do 루프

```
do { body } while (condition);
```

는 다음 while 루프와 동등하다:

```
boolean first = true;
while (first || condition)
{
    body;
    first = false;
}
```

19.
```
int x;
int sum = 0;
do
{
    x = in.nextInt();
    sum = sum + x;
}
while (x != 0);
```

20.
```
int x = 0;
int previous;
do
{
    previous = x;
    x = in.nextInt();
    sum = sum + x;
}
while (x != 0 && previous != x);
```

21. No data

22. 처음 검사는 센티널이 읽힌 후 루프를 종료한다. 두 번째 검사는 센티널이 입력 값으로 처리되지 않게 한다.

23. while 루프에 들어가지 못한다. 사용자는 입력할 기회가 주어지지 않을 것이다. count가 0으로 남아 있으므로 프로그램은 "No data"를 출력할 것이다.

24. nextDouble 메소드도 false를 반환한다. 더 정확한 프롬프트는 다음과 같아야 한다: "Enter values, a key other than a digit to quit." 그러나, 이것 또한 프로

그램 사용자가 이제는 어떤 키를 선택해야 할지 고민해야 하기 때문에 더 혼동을 줄 수 있다.

25. in.nextDouble()에 대한 첫 번째 호출은, 사용자가 수치 입력을 제공하지 않으면 실패할 것이다.

26. 평균 계산하기

```
Enter scores, Q to quit: 90 80 90 100 80 Q
The average is 88
(Program exits)
```

27. 간단한 전환

```
Your conversion question: How many in are 30 cm
30 cm = 11.81 in
(Program exits)
```

한 값만 전환될 수 있다.
다른 질문을 위해 프로그램을 다시 돌린다.

미지의 단위

```
Your conversion question: How many inches are 30 cm?
Unknown unit: inches
Known units are in, ft, mi, mm, cm, m, km, oz, lb, g, kg, tsp, tbsp, pint, gal
(Program exits)
```

프로그램은 질문 신택스를 이해하지 못 한다.

```
Your conversion question: What is an ångström?
Please formulate your question as "How many (unit) are (value) (unit)?"
(Program exits)
```

28. 한 점수로는 충분하지 않다.

```
Enter scores, Q to quit: 90 Q
Error: At least two scores are required.
(Program exits)
```

29. 이제까지 우리가 다룬 자바 기법들로는 이 인터페이스를 구현하는 게 불가능하다. 첫 번째 입력 집합이 끝나는 때를 프로그램이 알 도리가 없다(value = in.nextDouble()로 수들을 읽을 때, 그들을 한 줄 또는 여러 줄에 나열할지는 자신이 선택할 일이다).

30. 두 이율을 비교하기

```
First interest rate in percent: 5
Second interest rate in percent: 10
Years: 5
Year      5%        10%
0    10000.00   10000.00
1    10500.00   11000.00
2    11025.00   12100.00
3    11576.25   13310.00
4    12155.06   14641.00
5    12762.82   16105.10
```

이행은 1이 첫해의 끝을 의미한다는 것을 명확히 해준다.

31. 합계는 0이다.

32.
```java
double total = 0;
while (in.hasNextDouble())
{
    double input = in.nextDouble();
    if (input > 0) { total = total + input; }
}
```

33. position은 str.length()이며 ch는 초기 값 '?'에서 변하지 않는다. ch가 어떤 값으로 초기화 되어야 함을 주목한다―그렇지 않으면 컴파일러는 초기화되지 않은 변수라고 불평할 것이다.

34. 일치하는 게 발견될 때 이 루프는 멈출 것이다. 그러나, position과 ch가 모두 루프 바깥에 정의되어 있지 않으므로 그 값을 액세스할 수 없다.

35. 루프를 문자열의 끝에서 시작한다.
```java
boolean found = false;
int i = str.length() - 1;
while (!found && i >= 0)
{
    char ch = str.charAt(i);
    if (ch == ' ') { found = true; }
    else { i--; }
}
```

36. in.nextDouble()에 대한 초기 호출이 실패하고, 프로그램을 종료시킨다. 한 가지 해법은 모든 입력을 루프 안에서 하고, 루프에 처음 진입했는지를 검사하는 부울 변수를 도입하는 것이다.
```java
double input = 0;
boolean first = true;
while (in.hasNextDouble())
{
    double previous = input;
    input = in.nextDouble();
    if (first) { first = false; }
    else if (input == previous)
    {
        System.out.println("Duplicate input");
    }
}
```

37. 안쪽 루프의 모든 값이 같은 줄에 표시되어야 한다.

38. 줄 13, 18, 30을 for (int n = 0; n <= NMAX; n++)으로 바꾼다. NMAX를 5로 바꾼다.

39. 60: 바깥 루프는 10회 실행되고, 안쪽 루프는 6회 실행된다.

40.
```
0123
1234
2345
```

41.
```java
for (int i = 1; i <= 3; i++)
{
    for (int j = 1; j <= 4; j++)
    {
        System.out.print("[]");
    }
    System.out.println();
}
```

42. (int) (Math.random() * 2)를 계산하고, 앞면에 대해서는 0, 뒷면에 대해서는 1을 사용하거나, 또는 그 반대를 사용한다.

43. (int) (Math.random() * 4)를 계산하고, 숫자 0 .. . 3을 네 가지의 무늬와 연관시킨다. 그런 다음, (int) (Math.random() * 13)을 계산하고, 숫자 0 . . . 12를 Jack, Ace, 2 ... 10, Queen, King과 연관시킨다.

44. 각 주사위에 대해 한 번씩 호출해야 한다. 같은 값을 두 번 출력한다면 주사위 던지기는 독립적이지 않다.

45. 이 호출은 2와 12 사이의 값을 제공할 것이나, 모든 값들이 같은 확률을 가진다. 주사위 쌍을 던질 때, 7은 2가 나올 가능성보다 여섯 배 높다. 올바른 공식은 다음과 같다.
```java
int sum = (int) (Math.random() * 6) + (int)
(Math.random() * 6) + 2;
```

46. Math.random() * 100.0

CHAPTER 05

메소드

Methods

목표

메소드를 구현할 수 있기

파라미터 전달 개념을 익히기

복잡한 작업을 더 간단한 작업들로 분해하는 전략을 개발하기

변수의 스코프를 판단할 수 있기

재귀적으로 생각하는 법을 배우기(선택 사항)

내용

메소드는 여러 단계로 구성되어 있는 계산을 이해 및 재사용하기 쉬운 형태로 포장한다(왼쪽 영상에 있는 사람은 '에스프레소 두 컵을 만들라'는 메소드를 실행 중이다). 이 장에서는 메소드를 설계하고 구현하는 방법을 배운다. 단계적 정제 과정을 이용해서 복잡한 작업을 협력 메소드들의 집합들로 나눌 수 있다.

5.1 블랙박스로서의 메소드

메소드는 이름이 있는 명령 시퀀스이다. 우리는 이미 몇 개의 메소드를 보았다. 예를 들어, 2장에서 소개된 Math.pow 메소드는 거듭제곱 x^n를 계산하기 위한 명령들을 포함한다. 또한, 모든 자바 프로그램은 main이라고 부르는 메소드를 갖는다.

우리는 메소드 안의 명령들을 실행시키기 위해 메소드를 호출한다. 예를 들어, 다음 프로그램 조각을 고려하자.

```java
public static void main(String[] args)
{
    double result = Math.pow(2, 3);
    . . .
}
```

표현 Math.pow(2, 3)을 사용해서 main은 Math.pow 메소드를 **호출**하고, 2^3을 계산할 것을 요청한다. 메소드 Math.pow의 명령들이 실행되고 결과를 계산한다. Math.pow 메소드는 그 결과를 main에 반환하며, main 메소드는 실행을 재개한다(그림 5.1).

다른 메소드가 Math.pow 메소드를 호출할 때, 그 메소드는 호출 Math.pow(2, 3)에 있는 값들인 2와 3 같은 '입력'들을 제공한다. 이 표현들을 메소드의 **인수**(**argument**, 또는 인자)라고 부른다. 이들이 꼭 인간 사용자가 제공하는 입력이어야 할 필요는 없다. 이들은

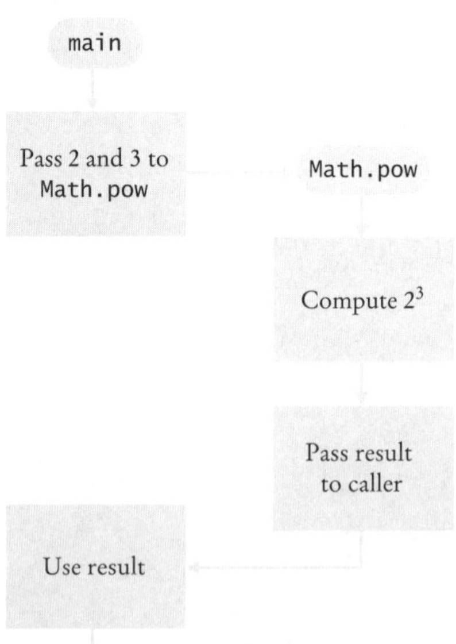

그림 5.1 메소드 호출 때의 실행 흐름

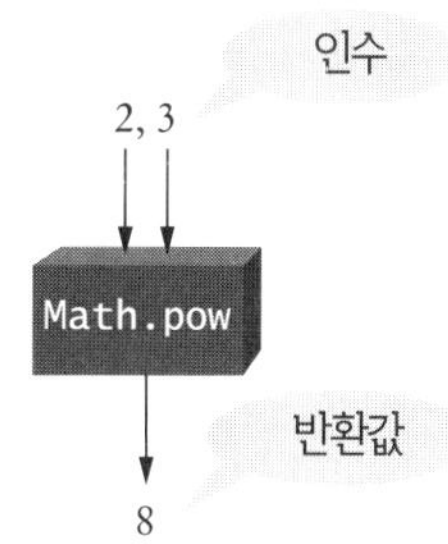

그림 5.2 블랙박스로서의 Math.pow 메소드

단순히 메소드가 결과를 계산하기 위한 값들이다. 메소드 Math.pow가 계산하는 '출력'을 **반환 값**이라고 부른다.

메소드는 여러 개의 인수를 가질 수 있으나, 반환 값은 하나만 가질 수 있다. 인수가 없는 메소드도 존재한다. Math.random 메소드가 그 예로서, 랜덤 수를 생성하는데 인수를 필요로 하지 않는다.

메소드의 반환 값은 호출 메소드로 반환되며, 거기서 그 메소드 호출을 포함하는 명령에 따라 처리된다. 예를 들어, 내 프로그램이 다음 명령을 포함한다고 하자.

```java
double result = Math.pow(2, 3);
```

메소드 Math.pow가 결과를 반환할 때, 반환 값이 변수 result에 저장된다. 이 값을 표시하길 원한다면, System.out. print(result) 같은 명령문을 추가해야 한다.

지금 Math.pow 메소드가 어떻게 그 임무를 수행하는지 궁금할 것이다. 예를 들어, Math.pow가 2^3이 8임을 어떻게 계산하는가? 곱셈 $2 \times 2 \times 2$를 해서? 로그를 취해서? 다행히도, 메소드의 사용자로서 우리는 메소드가 어떻게 구현되어 있는지를 알 필요가 없다. 우리는 단지 메소드의 **명세**(*specification*)만 알면 된다: 인수 x와 y를 제공하면, 이 메소드가 xy를 반환한다. 엔지니어들은 명세는 제공되나 구현이 알려져 있지 않은 장치를 블랙 박스라고 부른다. 그림 5.2에서와 같이 Math.pow를 블랙 박스로 생각할 수 있다.

내 자신의 메소드를 설계할 때, 다른 프로그래머들에게 그 메소드가 블랙 박스로 보이도록 만들고 싶을 것이다. 다른 프로그래머들은 내 메소드를 사용할 때 그 안에서 어떤 일이 일어나는지 알고 싶어하지 않는다. 나 혼자서 작업하는 프로그램일지라도, 각 메소드를 블랙 박스로 만드는 것이 좋다: 그러면 기억해야 할 디테일이 줄어든다.

1. 메소드 호출 Math.pow(3, 2)를 고려하자. 인수와 반환 값은 얼마인가?

2. 메소드 호출 Math.pow(Math.pow(2, 2), 2)의 반환 값은 얼마인가?

3. 자바 표준 라이브러리의 Math.ceil 메소드는 다음과 같이 기술되어 있다: 하나의

온도조절장치는 대개 흰색이지만, "블랙 박스"로 생각할 수 있다. 입력은 원하는 온도, 출력은 히터나 에어컨디셔너에 대한 신호이다.

double 타입 인수 a를 받아서 $\geq a$인 최소 정수를 double 값으로 반환한다. Math.ceil (2.3)의 반환 값은 얼마인가?

4. Math.ceil 메소드가 어떻게 구현되어 있는지를 몰라도, 자체 검사 3에 대한 답을 계산하는 것이 가능하다. Math.ceil 메소드의 이러한 면을 엔지니어링 용어를 사용해서 기술하라.

Practice It 이제 다음 연습문제들에 대해 답할 수 있다: R5.3, R5.6.

5.2 메소드 구현하기

이 절에서는 주어진 명세로부터 메소드를 구현하는 방법을 배운다. 아주 간단한 보기를 사용할 것이다: 변 길이가 주어진 정육면체의 부피를 계산하는 메소드.

cubeVolume 메소드는 주어진 변 길이를 이용해서 정육면체의 부피를 계산한다.

이 메소드를 작성할 때, 다음을 해야 한다:

- 메소드의 이름(cubeVolume)을 고르고,
- 각 인수를 위한 변수를 선언한다(double sideLength). 이 변수들을 **파라미터 변수**라고 부른다.
- 반환 값의 타입(double)을 명시한다.
- public static이라는 수식어를 추가한다. 이 수식어들에 대해서는 8장에서 설명한다. 지금은 단순히 이들을 메소드에 추가한다.

이 모든 정보를 합쳐서 메소드 선언의 첫 줄을 만든다:

```
double volume = sideLength * sideLength * sideLength;
```

이 줄을 메소드의 **헤더**라고 부른다. 그 다음, 메소드의 본체를 완성한다. 본체는 변수 선언과 메소드가 호출될 때 실행되는 명령문들을 포함한다.

변 길이가 s인 정육면체의 부피는 $s \times s \times s$이다. 그러나, 더 명료하게 하기 위해서 이 파라미터 변수를 s 대신에 sideLength라고 불렀으므로, sideLength * sideLength * sideLength를 계산해야 한다.

이 값을 volume이란 변수에 저장할 것이다:

```
double volume = sideLength * sideLength * sideLength;
```

이 메소드의 결과를 반환하기 위해서 return 문을 사용한다:

```
return volume;
```

메소드의 본체는 중괄호로 묶인다. 다음은 완성된 메소드다:

```java
public static double cubeVolume(double sideLength)
{
   double volume = sideLength * sideLength * sideLength;
   return volume;
}
```

이 메소드를 사용해보자. 메소드 cubeVolume을 두 번 호출하는 main 메소드를 제공하겠다.

```java
public static void main(String[] args)
{
   double result1 = cubeVolume(2);
   double result2 = cubeVolume(10);
   System.out.println("A cube with side length 2 has volume " + result1);
   System.out.println("A cube with side length 10 has volume " + result2);
}
```

메소드가 서로 다른 인자들로 호출될 때, 메소드는 다른 결과를 반환한다. 호출 cubeVolume(2)를 고려하자. 인자 2는 sideLength 파라미터 변수에 대응한다. 그러므로, 이 호출에서 sideLength는 2이다. 이 메소드는 sideLength * sideLength * sideLength, 또 는 2 * 2 * 2를 계산한다. 호출 때의 인수가 10인 경우에는 10 * 10 * 10을 계산한다.

이제 두 메소드를 테스트 프로그램으로 합치자. 두 메소드가 같은 클래스에 있음을 주 목한다. 또한, cubeVolume 메소드의 동작을 설명하는 주석을 주목한다(프로그래밍 팁 5.1 이 주석의 포맷을 설명한다).

문법 5.1　정적 메소드 선언

Syntax　　public static *returnType methodName(parameterType parameterName, . . .)*
　　　　　{
　　　　　method body
　　　　　}

반환값의 타입　　　　　파라미터 변수의 타입
메소드의 이름　　　　　파라미터 변수의 이름

```java
public static double cubeVolume(double sideLength)
{
   double volume = sideLength * sideLength * sideLength;
   return volume;
}
```

메소드 본체로서
메소드가 호출될때
실행된다.

return 문은 메소드에서
나가며 결과를 반환한다.

section_2/Cubes.java

```java
1  /**
2       This program computes the volumes of two cubes.
3  */
4  public class Cubes
5  {
6      public static void main(String[] args)
7      {
8         double result1 = cubeVolume(2);
9         double result2 = cubeVolume(10);
10        System.out.println("A cube with side length 2 has volume " + result1);
11        System.out.println("A cube with side length 10 has volume " + result2);
12     }
13
14     /**
15         Computes the volume of a cube.
16         @param sideLength the side length of the cube
17         @return the volume
18     */
19     public static double cubeVolume(double sideLength)
20     {
21        double volume = sideLength * sideLength * sideLength;
22        return volume;
23     }
24  }
```

실행 결과

```
A cube with side length 2 has volume 8
A cube with side length 10 has volume 1000
```

5. cubeVolume(3)의 값은 얼마인가?

6. cubeVolume(cubeVolume(2))의 값은 얼마인가?

7. Math.pow 메소드를 호출해서 cubeVolume의 본체를 다시 구현하라.

8. 주어진 변 길이의 정사각형의 면적을 계산하는 메소드 squareArea를 정의하라.

9. 다음 메소드를 고려한다:

```java
public static int mystery(int x, int y)
{
   double result = (x + y) / (y - x);
   return result;
}
```

mystery(2, 3) 호출의 결과는 얼마인가?

Practice It   이제 다음 연습문제들에 대해 답할 수 있다: R5.1, R5.2, P5.5, P5.22.

프로그래밍 팁 2.1   메소드 주석 ———————————————————————

메소드를 작성할 때는 동작에 대해 **주석**을 달아야 한다. 주석은 컴파일러가 아닌, 읽는 사람을 위한 것이다. 자바 언어는 다음과 같이 **javadoc** 관례라고 부르는 메소드 주석을 위한 표준 배치를 제공한다:

```java
/**
    Computes the volume of a cube.
    @param sideLength the side length of the cube
```

```java
    @return the volume
*/
public static double cubeVolume(double sideLength)
{
    double volume = sideLength * sideLength * sideLength;
    return volume;
}
```


주석이 /**와 */ 구분자로 둘러 싸여있다. 이 주석의 첫 줄은 메소드의 목적을 설명한다. 각 @param 줄은 파라미터 변수를 설명하며, @return 줄은 반환 값을 설명한다.

메소드 주석이 구현(메소드가 작업을 어떻게 수행하는지)보다는 디자인(메소드가 무엇을 하는지)을 문서화함을 주목한다. 이 주석은 다른 프로그래머들이 그 메소드를 '블랙 박스'로 사용할 수 있게 해준다.

5.3 파라미터 전달

이 절에서는 메소드에 인수들을 전달하는 메커니즘을 들여다본다. 메소드가 호출될 때, 그의 **파라미터 변수들**이 생성된다(파라미터 변수 대신에 자주 사용되는 용어는 **형식**(formal) **파라미터**이다). 메소드 호출 때, **인수**라고 불리는 표현이 각 파라미터 변수에 공급된다(이 표현에 대한 자주 사용되는 다른 용어는 **실제 파라미터**이다). 각 파라미터 변수는 해당 인수의 값으로 초기화된다.

그림 5.3에 예시한 메소드 호출을 고찰하자:

```java
double result1 = cubeVolume(2);
```

- cubeVolume 메소드가 호출될 때 파라미터 변수 sideLength가 생성된다. **❶**
- 호출 때 전달된 인수의 값으로 파라미터 변수가 초기화된다. 이 경우에는 sideLength 가 2로 설정된다. **❷**
- 메소드가 표현식 sideLength * sideLength * sideLength를 계산하며, 그 값은 8이다. 이 값이 변수 volume에 저장된다. **❸**
- 메소드가 리턴한다. 그의 모든 변수가 제거된다. 반환 값이 호출자, 즉, cubeVolume 메소드를 호출한 메소드로 전달된다. 호출자는 반환값을 result1 변수에 넣는다. **❹**

과일 파이 요리법에 아무 과일 종류나 사용하게 되어 있을 수 있다. 이때의 "과일"이 파라미터 변수이다. 사과와 체리가 인수의 예이다.

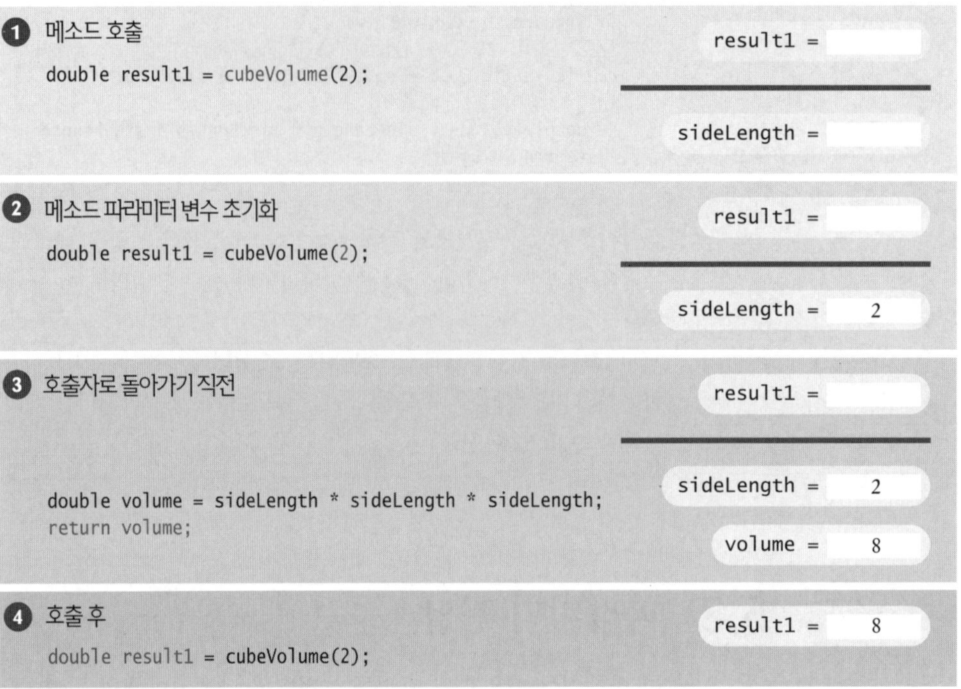

그림 5.3 파라미터 전달

이제 이어진 호출 cubeVolume(10)에서 어떤 일이 일어나는지 고찰해보자. 새로운 파라미터 변수가 생성된다(앞의 파라미터 변수는 cubeVolume의 첫 호출 때 제거되었음을 기억하라). 이것은 10으로 초기화되고, 과정이 반복된다. 이 두 번째 호출이 완료된 후, 그의 변수들은 다시 제거된다.

10. 다음 프로그램은 무엇을 출력하는가? 답을 구하기 위해 그림 5.3과 같은 다이어그램을 사용하라.

```java
public static double mystery(int x, int y)
{
    double z = x + y;
    z = z / 2.0;
    return z;
}
public static void main(String[] args)
{
    int a = 5;
    int b = 7;
    System.out.println(mystery(a, b));
}
```

11. 다음 프로그램은 무엇을 출력하는가? 그림 5.3과 같은 다이어그램을 사용해서 답을 찾아내라.

```java
public static int mystery(int x)
{
    int y = x * x;
    return y;
}
public static void main(String[] args)
{
    int a = 4;
    System.out.println(mystery(a + 1));
}
```

12. 다음 프로그램은 무엇을 출력하는가? 그림 5.3과 같은 다이어그램을 사용해서 답을 찾 아내라.

```java
public static int mystery(int n)
{
   n++;
   n++;
   return n;
}
public static void main(String[] args)
{
   int a = 5;
   System.out.println(mystery(a));
}
```

Practice It   이제 다음 연습문제들에 대해 답할 수 있다: R5.5, R5.14, P5.8

프로그래밍 팁 5.2

파라미터 변수는 수정하지 말라

자바에서 파라미터 변수는 여타 변수와 같다. 메소드의 본체에서 파라미터 변수들의 값을 바꿀 수 있다. 예:

```java
public static int totalCents(int dollars, int cents)
{
   cents = dollars * 100 + cents; // Modifies parameter variable
   return cents;
}
```

그러나, 많은 프로그래머들이 이렇게 하는 것을 혼란스럽다고 생각한다(빈번한 오류 5.1 참고). 이러한 혼동을 피하려면 단순히 별개의 변수를 도입하라:

```java
public static int totalCents(int dollars, int cents)
{
   int result = dollars * 100 + cents;
   return result;
}
```

빈번한 오류 5.1

인자를 수정하려 시도하기

다음 메소드는 흔한 오류, 즉, 인자를 수정하려는 시도를 포함한다:

```java
public static int addTax(double price, double rate)
{
   double tax = price * rate / 100;
   price = price + tax; // Has no effect outside the method

   return tax;
}
```

이제 다음 호출을 고려하자:

```java
double total = 10;
addTax(total, 7.5); // Does not modify total
```

addTax 메소드가 호출될 때, price가 10으로 설정된다. 그리고 나서 price가 10.75로 바뀐다. 메소드가 리턴할 때, 그의 모든 파라미터 변수들은 제거된다. 그들에 할당된 값들은 단순히 모두 잊혀진다. total이 바뀌지 않음에 유의한다. 자바에서 메소드는 인수로 전달된 변수의 내용을 절대로 바꿀 수 없다.

5.4 반환 값

메소드의 결과를 지정하기 위해 return 문을 사용한다. 앞의 보기들에서 각 return 문은 변수를 반환했다. 그러나, return 문은 어떠한 표현식의 값이라도 반환할 수 있다. 변수에 반환 값을 저장하고 그 변수를 반환하는 대신에, 그 변수를 쓰지 않고 더 복잡한 표현식을 반환하는 것도 가능하다:

```java
public static double cubeVolume(double sideLength)
{
    return sideLength * sideLength * sideLength;
}
```

return 문이 처리될 때, 메소드는 즉각 종료한다. 초반에 예외적인 경우들을 처리할 때 이 동작이 편리하다고 여기는 프로그래머들도 있다:

```java
public static double cubeVolume(double sideLength)
{
    if (sideLength < 0) { return 0; }
    // Handle the regular case
    . . .
}
```

만일 메소드가 음 값의 sideLength로 호출된다면, 메소드는 0을 반환하며, 이 메소드의 나머지는 실행되지 않는다(그림 5.4).

메소드의 모든 분기가 값을 반환해야 한다. 다음의 틀린 메소드를 고찰하자:

```java
public static double cubeVolume(double sideLength)
{
    if (sideLength >= 0)
    {
        return sideLength * sideLength * sideLength;
    } // Error—no return value if sideLength < 0
}
```

컴파일러는 이것을 오류로 보고한다. 바른 구현은 다음과 같다.

```java
public static double cubeVolume(double sideLength)
{
    if (sideLength >= 0)
    {
        return sideLength * sideLength * sideLength;
    }
```

그림 5.4 return 문에 의해 메소드에서 즉각 나간다.

```java
        else
        {
            return 0;
        }
    }
```

많은 프로그래머들이 메소드에 여러 개의 반환문을 사용하는 것을 좋아하지 않는다. 메소드 결과를 메소드의 마지막 명령문에서 반환하는 변수에 저장해서 복수 반환문을 피할 수 있다:

```java
public static double cubeVolume(double sideLength)
{
    double volume;
    if (sideLength >= 0)
    {
        volume = sideLength * sideLength * sideLength;
    }
    else
    {
        volume = 0;
    }
    return volume;
}
```

여러 개의 반환문이 있는 메소드를 보여주는 프로그램

13. cubeVolume의 본체를 다음으로 바꿨다고 하자:

```java
if (sideLength <= 0) { return 0; }
return sideLength * sideLength * sideLength;
```

이 메소드는 이 절에서 기술된 메소드와 어떻게 다른가?

14. 다음 메소드가 하는 일은?

```java
public static boolean mystery (int n)
{
    if (n % 2 == 0) { return true };
    else { return false; }
}
```

15. return 문을 하나만 사용하도록 자체 검사 14의 mystery 메소드를 구현하라.

Practice It 이제 다음 연습문제들에 대해 답할 수 있다: R5.13, P5.20.

빈번한 오류 5.2   **반환 값을 빠트리기**

메소드에 값을 반환하는 분기와 그러지 않는 분기가 있으면 컴파일-타임 오류가 발생한다. 다음 보기를 고찰하자:

```java
public static int sign(double number)
{
    if (number < 0) { return -1; }
    if (number > 0) { return 1; }
    // 오류: number가 0이면 반환 값이 없다.

}
```

이 메소드는 수의 부호를 계산한다: 음수에 대해서는 −1, 양수에 대해서는 +1. 그런데, 만일 인수가 0이면, 값을 반환하지 않는다. 이에 대한 대책은 return 0; 명령문을 메소드의 끝에 추가하는 것이다.

메소드는 같은 프로그램이나 다른 프로그램들에서 다른 인자로 여러 번 사용될 수 있는 계산이다. 어떤 계산이 두 번 이상 필요하다면, 그를 메소드로 바꿔라.

이 과정을 예시하기 위해서, 내가 이집트 피라미드를 연구하는 고고학자를 도와주고 있다고 하자. 내가 맡은 일은 피라미드의 높이와 베이스 길이가 주어졌을 때, 피라미드의 용적을 계산하는 메소드를 작성하는 것이다.

단계 1　메소드가 해야 할 일을 기술한다.

간단한 영어 설명을 제공한다. 예를 들면, 'Compute the volume of a pyramid whose base is a square(베이스가 정사각형인 피라미드의 용적을 계산한다).'

단계 2　메소드의 '입력' 들을 결정한다.

바뀔 수 있는 모든 파라미터들의 목록을 작성한다. 초보자는 지나치게 특정적인 메소드를 구현하는 경향이 있다. 예를 들면, 이집트 피라미드들 중 가장 큰 기자(Giza) 피라미드의 높이는 146미터, 베이스 길이는 230미터임을 우리가 알고 있을 수도 있다. 그러나, 원래 문제가 이 거대 피라미드에 관한 질문이었다고 하더라도, 이 수들을 계산에 사용하지 말라. 임의의 피라미드의 용적을 계산하는 메소드를 작성하는 것이 더 어렵지도 않고 훨씬 더 쓸모가 있다.

재사용 가능성이 있는 계산은 메소드로 바꿔라.

이 경우, 파라미터는 피라미드의 높이와 베이스 길이이다. 지금 나는 이 메소드를 기술하기에 충분한 정보를 갖고 있다:

```
/**
    Computes the volume of a pyramid whose base is a square.
    @param height  the height of the pyramid
    @param baseLength  the length of one side of the pyramid's base
    @return the volume of the pyramid
*/
```

단계 3　파라미터 변수들과 반환 값의 타입을 결정한다.

높이와 베이스 길이는 모두 부동 소수점 수일 수 있다. 그러므로, 두 파라미터 변수들을 위해 `double` 타입을 선택하겠다. 계산된 용적도 부동 소수점 수라서, 반환형도 `double`이 된다. 그러므로, 이 메소드는 다음과 같이 선언될 것이다.

```
public static double pyramidVolume(double height, double baseLength)
```

단계 4　원하는 결과를 얻기 위한 수도코드를 작성한다.

대부분의 경우, 메소드는 원하는 답을 찾기 위해 몇 단계를 수행해야 한다. 수학 공식, 분기, 또는 루프를 사용해야 할 수도 있다. 메소드를 수도코드로 표현하라.

인터넷 검색을 통해 피라미드의 용적이 다음과 같이 계산된다는 것을 찾아냈다:

volume = 1/3 x height x base area

베이스가 정사각형이므로, 다음 공식을 얻는다:

base area = base length x base length

이들 두 공식을 사용해서, 인수들로부터 용적을 계산할 수 있다.

단계 5 메소드 본체를 구현한다.

우리의 보기에서 메소드 본체는 아주 단순하다. 결과를 반환하기 위한 return 문의 사용을 주목한다.

```java
public static double pyramidVolume(double height, double baseLength)
{
   double baseArea = baseLength * baseLength;
   return height * baseArea / 3;
}
```

단계 6 메소드를 테스트한다.

메소드를 구현한 후에, 메소드를 따로 테스트한다. 그러한 테스트를 **유닛 테스트**라고 부른다. 테스트 케이스들을 손으로 해결해보고, 이 메소드가 올바른 결과를 산출하는지를 확인하라. 예를 들어, 높이가 9, 베이스 길이가 10인 피라미드에 대해, 우리는 용적이 1/3 × 9 × 100 = 300이라고 기대한다. 높이가 0이라면, 용적이 0이라고 기대한다.

```java
public static void main(String[] args)
{
   System.out.println("Volume: " + pyramidVolume(9, 10));
   System.out.println("Expected: 300");
   System.out.println("Volume: " + pyramidVolume(0, 10));
   System.out.println("Expected: 0");
}
```

출력이 이 메소드가 기대한대로 계산했음을 확인시켜준다:

```
Volume: 300
Expected: 300
Volume: 0
Expected: 0
```

데모 예제 5.1 **랜덤 패스워드 생성하기**

이 데모 예제는 적어도 하나의 숫자와 하나의 특수 문자를 포함하는 주어진 길이의 패스워드를 생성하는 메소드를 만든다.

5.5 반환 값이 없는 메소드

메소드가 값을 반환하지 않음을 나타내기 위해서는 void 반환형을 사용하라.

때로는 값을 산출하는 명령 시퀀스를 수행할 필요가 있다. 그러한 명령 시퀀스가 여러 번 나타난다면, 메소드로 포장하기를 원할 것이다. 자바에서는 반환 값이 없음을 표시하기 위해서 void 반환형을 사용한다.

다음은 대표적인 예이다: 내 임무는 상자에 다음과 같은 문자열을 인쇄하는 것이다.

```
-------
!Hello!
-------
```

void 메소드는 값을 반환하지 않으나, 출력을 만들 수는 있다.

➕ WileyPLUS와 www.wiley.com/college/horstmann에서 온라인으로 볼 수 있다.

그러나, 다른 문자열이 `Hello`를 대체할 수 있다. 이 작업을 위한 메소드는 다음과 같이 선언될 수 있다.

```java
public static void boxString(String contents)
```

이제 이 임무를 해결하기 위한 일반적인 방법을 공식화해서 정석대로 이 메소드의 본체를 개발한다.

문자 -를 $n+2$회 포함하는 줄을 출력한다. 여기서 n은 문자열의 길이이다.

좌우가 !로 둘러싸인 문자열을 포함하는 줄을 출력한다.

문자 -를 $n+2$회 포함하는 줄을 하나 더 출력한다.

이 메소드의 구현은 다음과 같다.

```java
/**
    Prints a string in a box.
    @param contents  the string to enclose in a box
*/
public static void boxString(String contents)
{
    int n = contents.length();
    for (int i = 0; i < n + 2; i++) { System.out.print("-"); }
    System.out.println();
    System.out.println("!" + contents + "!");
    for (int i = 0; i < n + 2; i++) { System.out.print("-"); }
    System.out.println();
}
```


이 메소드가 아무런 값도 계산하지 않음을 주목한다. 이 메소드는 어떤 동작들을 수행한 후 호출자로 돌아간다.

반환 값이 없으므로, 표현식에 `boxString`을 사용할 수 없다. 즉, 다음과 같이 호출할 수는 있으나,

```java
boxString("Hello");
```

다음과 같이 호출할 수는 없다.

```java
result = boxString("Hello"); // 오류: boxString은 결과를 반환하지 않는다.
```

끝에 닿기 전에 `void` 메소드로부터 돌아가기를 원하면, 값이 없는 `return` 문을 사용한다. 예:

```java
public static void boxString(String contents)
{
    int n = contents.length();
    if (n == 0)
    {
        return; // Return immediately
    }
    . . .
}
```

16. `boxString` 메소드를 사용해서 다음의 출력을 만들라.

```
-------
!Hello!
-------
-------
!World!
-------
```

17. 다음 명령문은 무엇이 잘못되었는가?

```java
System.out.print(boxString("Hello"));
```

18. 문자열과 세 개의 느낌표로 끝나는 줄을 출력하는 메소드 shout를 구현하라. 예를 들어, shout("Hello")는 Hello!!!를 출력해야 한다. 이 메소드는 반환 값이 없다.

19. 다음과 같이 상자로 둘러쌀 문자열 양쪽에 빈칸을 두도록 boxString 메소드를 수정하라.

```
-------
!Hello!
-------
```

20. boxString 메소드는 '-' 글자를 두 줄을 출력하는 코드를 포함하고 있다. 이 코드를 별도의 메소드 printLine에 옮기고, 이 메소드를 사용해서 boxString을 간단화하라. 두 메소드 모두의 코드를 제시하라

Practice It   이제 다음 연습문제들에 대해 답할 수 있다: R5.4, P5.25.

5.6 문제 해결하기: 재사용 가능한 메소드 ⎯⎯⎯⎯⎯⎯●

자바 표준 라이브러리의 여러 메소드를 사용해봤다. 이 메소드들은 프로그래머들이 다시 만들 필요가 없도록 자바 플랫폼의 일부로 제공되었다. 물론 자바 라이브러리는 필요한 모든 것을 커버하지 않는다. 다수의 문제에 사용될 수 있는 내 자신의 메소드들을 설계한다면, 역시 시간을 절약할 수 있을 것이다.

같은 프로그램에서, 또는 별개의 프로그램들에서, 거의 같은 코드 또는 수도코드를 여러 번 작성할 때는 메소드를 도입하는 것을 고려하라. 다음은 코드 중복의 대표적 예이다.

```java
int hours;
do
{
   System.out.print("Enter a value between 0 and 23: ");
   hours = in.nextInt();
}
while (hours < 0 || hours > 23);
int minutes;
do
{
   System.out.print("Enter a value between 0 and 59: ");
   minutes = in.nextInt();
}
while (minutes < 0 || minutes > 59);
```

이 프로그램 조각은 두 변수를 읽고, 그들이 특정 범위 내에 있는지 확인한다. 공통되는 동작을 메소드로 빼내는 것은 쉽다:

```java
/**
   Prompts a user to enter a value up to a given maximum until the user
   provides a valid input.
   @param high the largest allowable input
   @return the value provided by the user (between 0 and high, inclusive)
*/
public static int readIntUpTo(int high)
{
```

```java
        int input;
        Scanner in = new Scanner(System.in);
        do
        {
            System.out.print("Enter a value between 0 and " + high + ": ");
            input = in.nextInt();
        }
        while (input < 0 || input > high);
        return input;
    }
```

그런 다음, 이 메소드를 두 번 사용한다:

```java
int hours = readIntUpTo(23);
int minutes = readIntUpTo(59);
```

루프의 중복을 제거했다. 이제는 루프가 메소드 내에서 한 번만 일어난다.

이 메소드는 정수 값을 읽어야 하는 다른 프로그램들에서도 재사용될 수 있음을 주목한다. 그렇지만, 최저 값이 꼭 0이 아닐 수도 있다는 가능성을 고려해야 한다.

다음은 더 나은 대안이다.


```java
/**
    Prompts a user to enter a value within a given range until the user
    provides a valid input.
    @param low the smallest allowable input
    @param high the largest allowable input
    @return the value provided by the user (between low and high, inclusive)
*/
public static int readIntBetween(int low, int high)
{
    int input;
    Scanner in = new Scanner(System.in);
    do
    {
        System.out.print("Enter a value between " + low + " and " + high +
        input = in.nextInt();
    }
    while (input < low || input > high);
    return input;
}
```


한 프로그램에서

```java
int hours = read_int_between(0, 23);
```

으로 호출하고, 다른 프로그램에서

```java
int month = read_int_between(1, 12);
```

같은 작업을 여러 번 수행할 때는
메소드를 사용한다.

로 호출할 수 있다. 일반적으로, 우리는 메소드가 재사용될 때 바뀌는 값에 대해 파라미터 변수를 제공하기를 원할 것이다.

21. 다음 명령문들을 고려하자.

```
int totalPennies = (int) Math.round(100 * total) % 100;
int taxPennies = (int) Math.round(100 * (total * taxRate)) % 100;
```

코드 중복을 줄이기 위해 메소드를 도입하라.

22. 페이지의 좌측 또는 우측에 페이지 번호를 출력하는 다음 메소드를 고려하자.

```
if (page % 2 == 0) { System.out.println(page); }
else { System.out.println("                              " + page);
```

if 문의 조건을 이해하기 쉽게 만들기 위해 반환형이 boolean인 메소드를 도입하라.

23. 초기 잔고가 $10,000이고 이율이 5%인 계좌에 대한 복리를 계산하는 다음 메소드를 고려하자.

```
public static double balance(int years) { return 10000 * Math.pow(1.05, years);
```

이 메소드의 재사용성을 어떻게 하면 더 높일 수 있겠는가?

24. 다음 주석은 다음 루프가 하는 일을 설명한다. 메소드를 대신 사용하라.

```
// Counts the number of spaces
int spaces = 0;
for (int i = 0; i < input.length(); i++)
{
    if (input.charAt(i) == ' ') { spaces++; }
}
```

25. 자체검사 24에서 빈칸을 세는 메소드를 구현해야 했다. 임의의 글자를 셀 수 있도록 일반화시켜라. 왜 이것을 하기를 원할 거라고 생각하는가?

Practice It   이제 다음 연습문제들에 대해 답할 수 있다: R5.7, P5.21.

5.7 문제 해결하기: 단계적 정제

단계적 정제 과정을 이용해서, 복잡한 작업들을 더 단순한 작업들로 분해하라.

문제 해결을 위한 가장 강력한 전략 중 하나가 **단계적 정제** 과정이다. 어려운 문제를 해결하기 위해서는 더 간단한 작업들로 나눈다. 그리고, 어떻게 풀어야 할지를 아는 작업들만 남을 때까지 계속해서 더 간단한 작업들로 나눈다.

이제 일상생활의 문제에 이 과정을 적용해 보자. 아침에 일어나면 단순히 커피를 마셔야 한다. 어떻게 커피를 얻나(**get coffee**)? 엄마나 친구 등 누군가에게 좀 갖다 달라고 시킬 수 있는지 살핀다. 그게 안 되면, 직접 준비해야 한다(**make coffee**). 커피를 어떻게 준비하는가? 만일 인스턴트 커피가 있다면, 인스턴트 커

생산 과정은 일련의 조립 단계들로 나뉜다.

그림 5.5 커피 준비 솔루션의 흐름도

피를 준비한다(**make instant coffee**). 인스턴트 커피를 어떻게 준비하는가? 단순히 물을 끓이고(**boil water**), 끓은 물에 인스턴트 커피를 섞는다. 물은 어떻게 끓이는가? 마이크로웨이브가 있으면, 컵에 물을 붓고, 마이크로웨이브에 넣고 3분간 가열한다. 아니면, 주전자에 물을 붓고 스토브에 올려 놓고 물이 끓을 때까지 가열한다. 한편, 인스턴트 커피가 없다면, 커피를 내려야 한다(**brew coffee**). 어떻게 커피를 내리는가? 커피 메이커에 물을 붓고, 필터를 넣고, 커피를 갈고(**grind coffee**), 이 커피를 필터에 넣고, 커피 메이커를 켠다. 어떻게 커피를 가는가? 커피 원두를 커피 분쇄기에 넣고 버튼을 60초 간 누른다.

그림 5.5가 커피-준비 솔루션의 흐름도를 보여준다. 정제는 확장된 상자들로 표시되어 있다. 자바에서는 정제를 메소드로 구현한다. 예를 들어, `brewCoffee` 메소드는 `grindCoffee`를 호출하고, `brewCoffee`는 `makeCoffee` 메소드에서 호출된다.

단계적 정제 과정을 프로그래밍 문제에 적용해보자. 수표를 발행할 때 관례적으로 수표 금액을 숫자("$274.15")와 텍스트 문자열("two hundred seventy four dollars and 15 cents") 모두로 쓴다. 그렇게 하면 금액 앞에 자리 몇 개를 더 하고 싶은 수령인의 유혹을 줄인다.

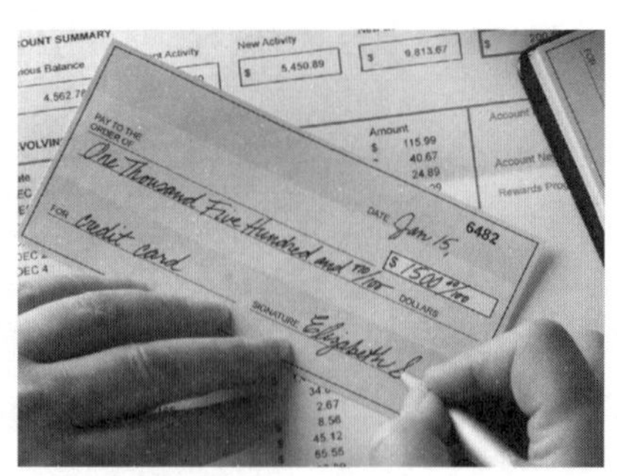

인간에게 이것은 특별히 어렵지 않으나, 컴퓨터는 이것을 어떻게 할 수 있겠는가? 274를 "two hundred seventy four"로 바꾸는 내장 메소드는 존재하지 않는다. 이 메소드를 우리가 프로그래밍해야 한다. 다음은 우리가 작성하려고 하는 메소드를 기술한 것이다.

```
/**
    Turns a number into its English name.
    @param number  a positive integer < 1,000
    @return  the name of number (e.g., "two hundred seventy four")
*/
public static String intName(int number)
```


이 메소드는 어떻게 임무를 수행할 수 있는가? 우선 간단한 경우부터 고려해보자. 만일 숫자가 1과 9 사이이면, "one" ... "nine"을 계산해야 한다. 사실상, 백 단위(two hundred)에 대해 같은 계산이 또 필요하다. 어떤 게 한 번 이상 필요하다면 그 것을 메소드로 바꾸는 게 좋다. 전체 메소드를 쓰기 보다는 주석만을 쓴다:

```
/**
    Turns a digit into its English name.
    @param digit  an integer between 1 and 9
    @return  the name of digit ("one" ... "nine")
*/
public static String digitName(int digit)
```


10에서 19 사이의 수들은 특수한 경우이다. 이들을 문자열 "eleven", "twelve", "thirteen" 등으로 전환하는 별도의 메소드 teenName을 갖추자:

```
/**
    Turns a number between 10 and 19 into its English name.
    @param number  an integer between 10 and 19
    @return  the name of the number ("ten" ... "nineteen")
*/
public static String teenName(int number)
```

그 다음으로, 20에서 99 사이의 수라고 하자. 이 수들의 이름은 "seventy four" 같이 두 부분으로 구성된다. 우리는 앞 부분인 "twenty", "thirty", 등을 만드는 방법이 필요하다. 우리는 또 다시 이 계산을 별도의 메소드에 넣을 것이다:

```
/**
    Gives the name of the tens part of a number between 20 and 99.
    @param number  an integer between 20 and 99
    @return  the name of the tens part of the number ("twenty" ... "ninety")
*/
public static String tensName(int number)
```

이제 intName 메소드의 수도코드를 작성하자. 만일 수가 100에서 999 사이라면 한 숫자와 단어 "hundred"를 보여준다(예: "two hundred"). 그런 다음에 백 자리를 제거한다 — 예를 들면 274를 74로 줄인다. 그 다음, 나머지 부분이 20 이상, 99 이하라고 하자. 만일 이 수가 10으로 딱 나눠지면 tensName을 사용하고, 그것으로 끝이다. 그렇지 않으면, 십 자리는 tensName으로 인쇄하고(예: "seventy"), 이 십 자리를 제거한다. 즉, 74를 4로 축소시킨다. 별도의 분기에서는 10과 19 사이의 수들을 처리한다. 마지막으로, 있다면, 남은 한 자리를 인쇄한다(예: "four").

```
part = number (The part that still needs to be converted)
name = "" (The name of the number)

If part >= 100
    name = name of hundreds in part + " hundred"
    Remove hundreds from part.
```

```
If part >= 20
    Append tensName(part) to name.

    Remove tens from part.
Else if part >= 10
    Append teenName(part) to name.
    part = 0

If (part > 0)
    Append digitName(part) to name.
```

수도코드를 자바로 번역하는 일은 간단하다. 그 결과를 이 절의 끝에 있는 소스 리스팅에서 볼 수 있다.

디테일한 작업의 많은 부분을 수행하기 위해서 도우미 메소드들에 어떻게 의존하는지를 주목한다. 단계적 정제 과정을 사용하면서, 이제 이들 도우미 함수들을 고려해야 한다.

digitName 메소드에서 시작해보자. 이 메소드를 구현하는 것은 매우 간단해서 수도코드가 필요하지 않을 정도이다. 단순히 아홉 개의 분기가 있는 if 문을 사용한다:

```java
public static String digitName(int digit)
{
    if (digit == 1) { return "one" };
    if (digit == 2) { return "two" };
    . . .
}
```

teenName과 tensName 메소드들은 비슷하다.

이로써 단계적 정제 과정을 결론 맺는다. 다음은 전체 프로그램이다:

section_7/IntegerName.java

```java
import java.util.Scanner;

/**
   This program turns an integer into its English name.
*/
public class IntegerName
{
   public static void main(String[] args)
   {
      Scanner in = new Scanner(System.in);
      System.out.print("Please enter a positive integer < 1000: ");
      int input = in.nextInt();
      System.out.println(intName(input));
   }

   /**
      Turns a number into its English name.
      @param number a positive integer < 1,000
      @return the name of the number (e.g. "two hundred seventy four")
   */
   public static String intName(int number)
   {
      int part = number; // The part that still needs to be converted
      String name = ""; // The name of the number

      if (part >= 100)
      {
         name = digitName(part / 100) + " hundred";
         part = part % 100;
      }
```

```java
31
32         if (part >= 20)
33         {
34            name = name + " " + tensName(part);
35            part = part % 10;
36         }
37         else if (part >= 10)
38         {
39            name = name + " " + teenName(part);
40            part = 0;
41         }
42
43         if (part > 0)
44         {
45            name = name + " " + digitName(part);
46         }
47
48         return name;
49      }
50
51      /**
52         Turns a digit into its English name.
53         @param digit an integer between 1 and 9
54         @return the name of digit ("one" . . . "nine")
55      */
56      public static String digitName(int digit)
57      {
58         if (digit == 1) { return "one"; }
59         if (digit == 2) { return "two"; }
60         if (digit == 3) { return "three"; }
61         if (digit == 4) { return "four"; }
62         if (digit == 5) { return "five"; }
63         if (digit == 6) { return "six"; }
64         if (digit == 7) { return "seven"; }
65         if (digit == 8) { return "eight"; }
66         if (digit == 9) { return "nine"; }
67         return "";
68      }
69
70      /**
71         Turns a number between 10 and 19 into its English name.
72         @param number an integer between 10 and 19
73         @return the name of the given number ("ten" . . . "nineteen")
74      */
75      public static String teenName(int number)
76      {
77         if (number == 10) { return "ten"; }
78         if (number == 11) { return "eleven"; }
79         if (number == 12) { return "twelve"; }
80         if (number == 13) { return "thirteen"; }
81         if (number == 14) { return "fourteen"; }
82         if (number == 15) { return "fifteen"; }
83         if (number == 16) { return "sixteen"; }
84         if (number == 17) { return "seventeen"; }
85         if (number == 18) { return "eighteen"; }
86         if (number == 19) { return "nineteen"; }
87         return "";
88      }
89
90      /**
91         Gives the name of the tens part of a number between 20 and 99.
92         @param number an integer between 20 and 99
93         @return the name of the tens part of the number ("twenty" . . . "ninety")
94      */
95      public static String tensName(int number)
96      {
97         if (number >= 90) { return "ninety"; }
98         if (number >= 80) { return "eighty"; }
```

```
 99        if (number >= 70) { return "seventy"; }
100        if (number >= 60) { return "sixty"; }
101        if (number >= 50) { return "fifty"; }
102        if (number >= 40) { return "forty"; }
103        if (number >= 30) { return "thirty"; }
104        if (number >= 20) { return "twenty"; }
105        return "";
106     }
107  }
```

실행 결과

```
Please enter a positive integer < 1000: 729
seven hundred twenty nine
```

26. 메소드 intName이 인수를 9999까지 처리할 수 있도록 개선시킬 수 있는 방법을 설명하라.

27. 40번 줄에서 part = 0으로 설정하는 이유는?

28. intName(0)을 호출할 때 어떤 일이 일어나는가? 이 경우를 바르게 처리할 수 있으려면 intName 메소드를 어떻게 바꿔야 하는가?

29. 프로그래밍 팁 5.4에 기술된 것 같이 메소드 호출 intName(72)를 추적하라.

30. 단계적 정제 과정을 이용해서 다음 표를 출력하는 작업을 더 간단한 작업들로 나눠라.

```
+-----+-----------+
|  i  | i * i * i |
+-----+-----------+
|  1  |         1 |
|  2  |         8 |
|  . . .          |
|  20 |      8000 |
+-----+-----------+
```

Practice It   이제 다음 연습문제들에 대해 답할 수 있다: R5.12, P5.11, P5.24.

프로그래밍 팁 5.3   **메소드를 짧게 유지하라**

메소드를 작성하는 데는 어떤 비용이 든다. 메소드를 설계하고, 코딩하고, 테스트해야 한다. 메소드는 문서화 되어야 한다. 메소드가 특정 상황에 묶여 있기보다는 재사용 가능하게 만들기 위해 노력을 투자해야 한다. 이러한 비용을 피하려고, 코드를 별도의 메소드들로 나누려고 수고하기보다는 그저 모든 코드를 한곳에 몰아 넣으려는 유혹을 항상 느낀다. 경험 없는 프로그래머들이 몇 백 줄이나 되는 메소드를 만드는 것을 자주 볼 수 있다.

경험상, 자신의 개발 환경에서 코드가 한 스크린에 표시되지 않는 메소드는 나눠져야 한다.

프로그래밍 팁 5.4   **메소드 추적하기**

복잡한 메소드를 설계할 때는 자신의 프로그램을 컴퓨터에 넘기기 전에 수동으로 추적하는 것이 좋다.

인덱스 카드 같은 종이를 준비하고, 살펴보고자 하는 메소드 호출을 적는다. 다음과 같이 메소드 이름, 파라미터 변수들의 이름 및 값을 적는다.

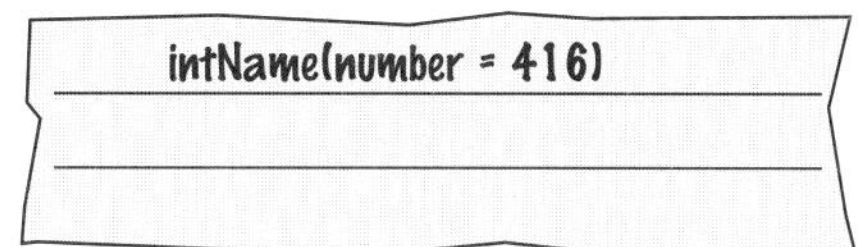

그런 다음, 메소드 변수들의 이름과 초기 값을 적는다. 코드를 살펴면서(walkthrough) 그들을 업데이트할 것이므로, 그들을 표에 적는다.

테스트 part >= 100을 시작한다. part / 100은 4이고 part % 100은 16이다. digitName(4)가 "four"가 된다는 것은 쉽게 알 수 있다(digitName이 복잡하면, 이 메소드 호출을 계산하기 위해서 다른 종이에 시작한다. 이런 식으로 여러 장을 쌓는 일이 흔히 있다).

이제 name이 name + " " + digitName(part / 100) + " hundred", 즉, "four hundred"로 바뀌었고, part는 part % 100, 또는 16으로 바뀌었다.

이제 분기 part >= 10에 들어간다. teenName(16)은 sixteen이므로, 변수들은 이제 다음 값을 가진다.

이제 40번 줄에서 part를 0으로 설정한 이유가 확실해졌다. 그러지 않았다면, 그 다음 분기로 들어가서, 결과는 "four hundred sixteen six"가 되었을 것이다. 코드를 추적하는 것은 메소드의 미묘한 면을 이해하기 위한 효과적인 방법이다.

스터브

큰 프로그램을 작성할 때는 모든 메소드들을 동시에 구현 및 테스트하는 것이 항상 가능하지는 않다. 한 메소드를 테스트하는데 그 메소드는 다른 메소드를 호출하고, 또 그 메소드는 아직 구현되어 있지 않은 경우들이 흔하다. 그런 경우, 임시로 그 메소드를 스터브(stub)로 교체할 수 있다. 스터브는 다른 메소드를 테스트하기에 충분한, 간단한 값을 반환하는 메소드다. 다음은 스터브 메소드들의 예이다.

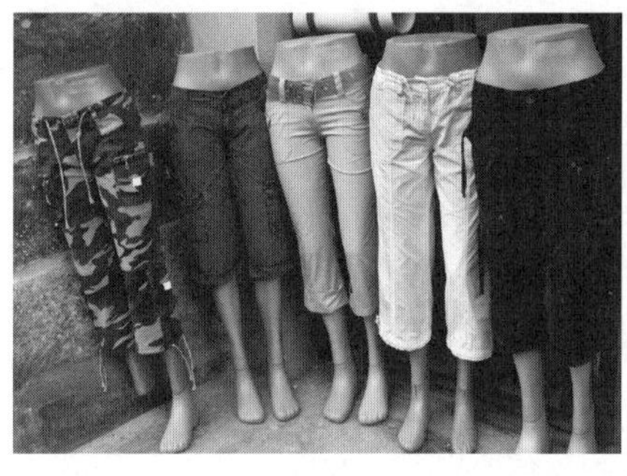

스터브는 테스팅에 사용될 수 있는 불완전한 메소드다.

```java
/**
    Turns a digit into its English name.
    @param digit an integer between 1 and 9
    @return the name of digit ("one" . . . nine")
*/
public static String digitName(int digit)
{
    return "mumble";
}

/**
    Gives the name of the tens part of a number between 20 and 99.
    @param number an integer between 20 and 99
    @return the tens name of the number ("twenty" . . . "ninety")
*/
public static String tensName(int number)
{
    return "mumblety";
}
```

이 스터브들을 `intName` 메소드와 결합해서 인수를 274로 테스트하면, 결과로 `"mumble hundred mumblety mumble"`을 얻을 것이며, 이는 `intName`의 기본 로직이 바르게 동작한다는 것을 의미한다.

학점 계산하기

이 데모 예제는 단계적 정제를 이용해서 어떤 과목의 문자 성적들을 평균 성적으로 전환하는 문제를 푼다.

5.8 변수 스코프와 전역 변수

프로그램이 점점 커지고 그리고 더 변수가 많아짐에 따라, 프로그램의 다른 부분에서 정의된 변수에 접근할 수 없다든가, 또는 두 변수의 정의가 서로 충돌을 일으킨다든가 하는 문제가 발생하곤 한다. 이런 문제들을 해결하려면 변수 스코프의 개념을 파악해야 한다.

✚ WileyPLUS와 www.wiley.com/college/horstmann에서 온라인으로 볼 수 있다.

변수의 스코프는 그 변수에 접근할 수 있는 프로그램 영역이다. 예를 들면, 메소드의
파라미터 변수의 스코프는 그 메소드 전체이다. 다음 코드 조각에서 파라미터 변수
sideLength의 스코프는 cubeVolume 메소드 전체이며, main 메소드는 아니다.

```java
public static void main(String[] args)
{
    System.out.println(cubeVolume(10));
}

public static double cubeVolume(double sideLength)
{
    return sideLength * sideLength * sideLength;
}
```

메소드 안에서 정의된 변수를 **지역 변수**라고 부른다. 지역 변수가 어떤 블록 안에서 선언
되면, 그의 스코프는 선언 위치에서부터 그 블록의 끝까지이다. 예로서, 아래의 코드 조각
에서 square 변수의 스코프를 강조 표시해 놓았다.

```java
public static void main(String[] args)
{
    int sum = 0;
    for (int i = 1; i <= 10; i++)
    {
        int square = i * i;
        sum = sum + square;
    }
    System.out.println(sum);
}
```

for 문에서 선언된 변수의 스코프는 그 for 문 반복 블록의 끝까지이다:

```java
public static void main(String[] args)
{
    int sum = 0;
    for (int i = 1; i <= 10; i++)
    {
        sum = sum + i * i;
    }
    System.out.println(sum);
}
```

다음은 스코프 문제의 보기이다. 다음 코드는 컴파일 되지 않을 것이다:

```java
public static void main(String[] args)
{
    double sideLength = 10;
    int result = cubeVolume();
    System.out.println(result);
}

public static double cubeVolume()
{
    return sideLength * sideLength * sideLength; // ERROR
}
```

변수 sideLength의 스코프에 주의하라. cubeVolume 메소드가 이 변수를 읽으려고 시도하
는데, 읽을 수 없다—sideLength의 스코프는 main 메소드 바깥으로 확장되지 않는다. 이에
대한 대책은 5.2절에서 했듯이 인수로 전달하는 것이다.

한 프로그램에서 같은 변수 이름을 여러 번 사용하는 게 가능하다. 다음 보기의 result
변수를 보자:

서로 다른 도시들에 "Main Street"라는 이름의 거리가 존재할 수 있는 것과 마찬가지로, 자바 프로그램도 같은 이름의 변수를 여러 개 가질 수 있다.

```java
public static void main(String[] args)
{
   int result = square(3) + square(4);
   System.out.println(result);
}

public static int square(int n)
{
   int result = n * n;
   return result;
}
```


각각의 result 변수는 별개의 메소드에 선언되어 있으며, 그들의 스코프는 겹치지 않는다. 스코프가 겹치지 않는 한, 한 메소드 안에서도 같은 이름의 변수가 여러 개 존재할 수 있다:

```java
public static void main(String[] args)
{
   int sum = 0;
   for (int i = 1; i <= 10; i++)
   {
      sum = sum + i;
   }

   for (int i = 1; i <= 10; i++)
   {
      sum = sum + i * i;
   }
   System.out.println(sum);
}
```

스코프가 겹치면 한 메소드에서 이름이 같은 변수를 두 개 이상 선언할 수 없다. 예를 들어, 다음은 위법이다:

```java
public static int sumOfSquares(int n)
{
   int sum = 0;
   for (int i = 1; i <= n; i++)
   {
      int n = i * i; // ERROR
      sum = sum + n;
   }
   return sum;
}
```

지역 변수 n의 스코프가 파라미터 변수 n의 스코프 안에 들어 있다. 이 경우, 하나는 다른 이름으로 바꿔야 한다.

다음 견본 프로그램을 고찰하자.

```
 1  public class Sample
 2  {
 3     public static void main(String[] args)
 4     {
 5        int x = 4;
 6        x = mystery(x + 1);
 7        System.out.println(s);
 8     }
 9
10     public static int mystery(int x)
11     {
12        int s = 0;
13        for (int i = 0; i < x; x++)
14        {
15           int x = i + 1;
16           s = s + x;
17        }
18        return s;
19     }
20  }
```

31. 어느 줄들이 13번 줄에 선언된 변수 i의 스코프 안에 있는가?

32. 어느 줄들이 10번 줄에 선언된 파라미터 변수 x의 스코프 안에 있는가?

33. 이 프로그램은 이름이 같으나 스코프가 겹치지 않는 두 개의 지역 변수를 선언한다. 어느 것들인가?

34. `mystery` 메소드에는 스코프 오류가 있다. 어떻게 하면 바로 잡는가?

35. `main` 메소드에는 스코프 오류가 있다. 어떤 것이며, 그리고 어떻게 하면 바로 잡는가?

Practice It 이제 다음 연습문제들에 대해 답할 수 있다: R5.9, R5.10.

비디오 보기 5.1 **디버깅**

이 비디오 보기에서는 디버거를 사용해서 프로그램의 오류를 찾아내는 방법을 배운다.

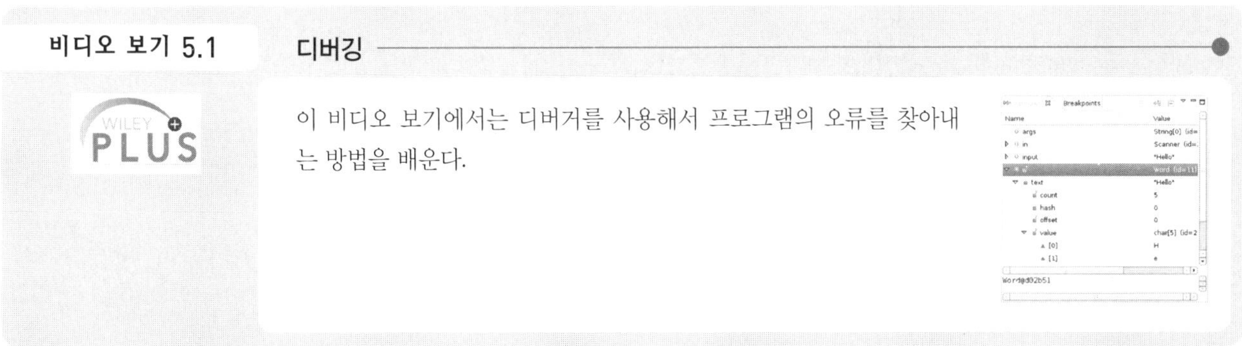

5.9 재귀 메소드(선택 사항)

재귀 메소드는 자신을 호출하는 메소드다. 처음에는 이상하게 들릴 수 있다. 온 집을 청소해야 하는 고된 일을 맡았다고 하자. 스스로에게 "한 방을 골라서 청소하고, 그 다음에 다른 방들을 청소하겠다"고 말할 것이다. 바꿔 말하면, 대청소 작업은 더 간단해진 입력을 갖고 그 자신을 호출한다. 궁극적으로 모든 방이 청소될 것이다.

➕ WileyPLUS와 www.wiley.com/college/horstmann에서 온라인으로 볼 수 있다.

집 청소 하는 것은 되풀이 해서(재귀적으로) 해결될 수
있다: 한 방을 청소하고 나서 나머지를 청소한다.

자바에서 재귀 메소드가 같은 원리를 이용한다. 다음은 대표적인 예이다. 다음과 같은
삼각형 패턴을 출력하려고 한다.

```
[]
[][]
[][][]
[][][][]
```

구체적으로, 우리의 임무는 메소드

```
public static void printTriangle(int sideLength)
```

를 준비하는 것이다. 위에 주어진 삼각형은 printTriangle(4)를 호출해서 출력된다. 재귀
호출이 어떻게 도움이 되는지 알아보기 위해서, 변의 길이가 4인 삼각형이, 변의 길이가 3
인 삼각형으로부터 어떻게 얻어질 수 있는지 고찰하자.

```
[]
[][]
[][][]
[][][][]
```

Print the triangle with side length 3.
Print a line with four [].

더 일반적으로, 다음은 임의의 변 길이에 대한 자바 명령들이다:

```java
public static void printTriangle(int sideLength)
{
   printTriangle(sideLength - 1);
   for (int i = 0; i < sideLength; i++)
   {
      System.out.print("[]");
   }
   System.out.println();
}
```


이 개념에 대해서는 딱 한 가지 문제가 있다. 변의 길이가 1일 때, 우리는 printTriangle(0),
printTriangle(-1) 등을 호출하기를 원하지 않는다. 솔루션은 단순히 이것을 특수한 경
우로 다뤄서, sideLength가 1 보다 작을 때는 아무것도 출력하지 않는 것이다:

```java
public static void printTriangle(int sideLength)
{
   if (sideLength < 1) { return; }
   printTriangle(sideLength - 1);
   for (int i = 0; i < sideLength; i++)
   {
      System.out.print("[]");
   }
   System.out.println();
}
```

printTable 메소드를 한번 더 보고, 얼마나 괜찮은지를 주목하라. 변 길이가 0이면, 아무 것도 출력될 필요가 없다. 그 다음 부분도 역시 괜찮다. 더 작은 삼각형을 출력하고, 그게 왜 동작하는지는 생각하지 말자. 그러고 나서 [] 한 줄을 출력한다. 분명히 결과는 원하는 크기의 삼각형이다.

재귀가 성공적이게 만들기 위한 두 가지 핵심 요건이 있다:

- 모든 재귀 호출은 어떤 방식으로든 작업을 단순화시켜야 한다.
- 가장 간단한 작업들을 직접 다루기 위한 특별한 경우들이 있어야 한다.

printTriangle 메소드는 점점 더 작은 변 길이로 자신을 호출한다. 궁극적으로 변 길이는 0이 되며, 메소드는 자신을 호출하기를 멈춘다.

이 러시아 인형 세트가 재귀 메소드의 호출 패턴을 닮았다.

변 길이가 4인 삼각형을 출력할 때 다음과 같은 일이 일어난다.

- printTriangle(4) 호출이 printTriangle(3)을 호출한다.
  - printTriangle(3) 호출이 printTriangle(2)를 호출한다.
    - printTriangle(2) 호출이 printTriangle(1)을 호출한다.
      - printTriangle(1) 호출이 printTriangle(0)을 호출한다.
        - printTriangle(0) 호출이 아무것도 하지 않고 되돌아간다.
      - printTriangle(1) 호출이 []를 출력한다.
    - printTriangle(2) 호출이 [][]를 출력한다.
  - printTriangle(3) 호출이 [][][]를 출력한다.
- printTriangle(4) 호출이 [][][][]를 출력한다.

재귀 메소드의 호출 패턴은 복잡해 보이며, 재귀 메소드의 성공적 설계에 대한 핵심은 그 것에 대해 생각하지 않는 것이다.

재귀가 삼각형 모양들을 출력하는 데 꼭 필요하지는 않다. 다음과 같은 둥지 루프를 사용할 수 있다.

```java
public static void printTriangle(int sideLength)
{
   for (int i = 0; i < sideLength; i++)
   {
      for (int j = 0; j < i; j++)
      {
         System.out.print("[]");
      }
      System.out.println();
   }
}
```

그러나, 이 루프 쌍은 다소 난해하다. 사람들은 대부분 재귀 해법을 이해하기 더 쉬워한다.

36. printTriangle 메소드를 다음과 같이 약간 변형했다.

```java
public static void printTriangle(int sideLength)
{
   if (sideLength < 1) { return; }
   for (int i = 0; i < sideLength; i++)
   {
      System.out.print("[]");
   }
   System.out.println();
   printTriangle(sideLength - 1);
}
```

printTriangle(4)의 결과는?

37. 다음 재귀 메소드를 고려하자.

```java
public static int mystery(int n)
{
   if (n <= 0) { return 0; }
   return n + mystery(n - 1);
}
```

mystery(4)는?

38. 다음 재귀 메소드를 고려하자.

```java
public static int mystery(int n)
{
   if (n <= 0) { return 0; }
   return mystery(n / 2) + 1;
}
```

mystery(20)는?

39. n개의 상자 모양 []를 한 줄에 출력하는 재귀 메소드를 작성하라.

40. 5.7절의 intName 메소드는 < 1,000인 인수를 받았다. 재귀 호출을 이용해서 이 범위를 999,999로 확장하라. 예를 들면, 입력 12,345는 "twelve thousand three hundred forty five"를 반환해야 한다.

Practice It   이제 다음 연습문제들에 대해 답할 수 있다: R5.16, P5.16, P5.18.

문제를 재귀적으로 풀려면 루프로 프로그래밍해서 해결하려는 것과는 다른 사고방식이 필요하다. 사실은, 내가 실제로 약간 게으르거나 게으른 척하고 다른 이들이 일의 대부분을 하게 한다면 도움이 된다. 복잡한 문제를 풀어야 한다면, '어떤 누군가'가 대부분의 힘든 일을 하고, 더 간단한 모든 입력들에 대한 문제를 풀 것인 양 행동하라. 그러고 나면 나는 어떻게 하면 더 간단한 입력들에 대한 솔루션들을 전체 문제에 대한 솔루션으로 바꿀 수 있는지를 알아내기만 하면 된다.

재귀적 사고 과정을 예시하기 위해서, 수의 각 숫자의 합을 계산하는 4.2절의 문제를 고려하자. 우리는 정수 n의 숫자들의 합을 계산하는 메소드 digitSum을 설계하기를 원한다.

예를 들면, digitSum(1729) = 1 + 7 + 2 + 9 = 19이다.

단계 1 입력을 그들 자신이 문제에 대한 입력들일 수 있는 부분들로 나눈다.

마음 속으로는, 해결하고자 하는 작업에 대한 특정 입력 또는 입력들을 준비하고, 어떻게 하면 입력을 단순화할 수 있을지를 생각한다. 같은 작업에 의해 해결될 수 있으며, 그 솔루션이 원래 작업과 관련된 단순화를 찾아라.

> 재귀적 솔루션을 찾기 위한 핵심은 입력을 같은 문제에 대한 더 간단한 입력으로 축소하는 것이다.

숫자 합산 문제에서, n = 1729 같은 입력을 간소화할 수 있는 방법을 고찰하자. 1을 빼면 도움이 될까? 어쨌든 digitSum(1729) = digitSum(1728) + 1이다. 그러나 n = 1000을 고려하자. digitSum(1000)과 digitSum(999) 사이에는 확실한 관계가 없어 보인다.

훨씬 더 유력한 아이디어는 마지막 숫자를 제거하는 것이다. 즉, n / 10 = 172를 계산한다. 172의 숫자 합은 1729의 숫자 합과 직접 관련된다.

단계 2 더 간단한 입력들에 대한 솔루션들을 원래 문제에 대한 솔루션으로 합체한다.

마음 속으로는, 단계 1에서 발견한 더 간단한 입력들에 대한 솔루션들을 고찰한다. 그 솔루션들이 어떻게 얻어지는가는 걱정하지 말라. 단순히 그 솔루션들이 순조롭게 얻어진다는 믿음을 가져라. 그냥 스스로에게 이렇게 말하라: 더 간단한 입력들이 존재하므로, 누군가가 나를 위해 문제를 풀 것이다.

숫자 합 작업의 경우에, digitSum(172)를 안다면 digitSum(1729)를 어떻게 얻을 수 있는지를 자신에게 물어보자. 단순히 마지막 숫자(9)를 더하고, 그러면 끝난다. 마지막 숫자는 어떻게 얻는가? 나머지 n % 10으로써이다. 값 digitSum(n)은 그러므로

> 재귀적 솔루션을 설계할 때, 다중 둥지 호출에 대해 걱정하지 말라. 단순히 문제를 약간 더 간단한 문제로 축소하는 데 초점을 맞춰라.

```
digitSum(n / 10) + n % 10
```

로써 얻어질 수 있다. digitSum(n / 10)이 어떻게 계산되는지 걱정하지 말라. 입력이 더 작아지므로, 그냥 그렇게 된다.

단계 3 가장 간단한 입력들에 대한 솔루션들을 찾아낸다.

재귀적 계산은 그 입력들을 계속해서 단순화한다. 재귀가 정지하는 것을 보장하려면, 가장 간단한 입력들을 분리해서 다뤄야 한다. 그들을 위한 특별한 솔루션들을 찾아내라. 그것은 일반적으로 아주 쉽다.

digitSum 테스트에 대한 가장 간단한 입력들을 검토하자.

• 한 자리 수

• 0

한 자리 수는 그 수 자신의 숫자 합이므로, n < 10일 때 재귀를 중단할 수 있으며, 그러한 경우 n을 반환한다. 또는, 내가 원한다면 더 게을러질 수도 있다. 만일 n이 한 자리이면, `digitSum(n/10)` + n % 10은 `digitSum(0)` + n과 같다. n이 0일 때는 재귀를 종료할 수 있다.

단계 4 간단한 경우들과 축소 단계를 결합해서 솔루션을 구현한다.

이제 솔루션을 구현할 준비가 되었다. 단계 3에서 고려한 간단한 입력들에 대한 분리된 경우들을 만들라. 만일 입력이 가장 간단한 경우들 중 하나가 아니면, 단계 2에서 발견한 로직을 구현한다.

다음은 완성된 `digitSum` 메소드이다.


```java
public static int digitSum(int n)
{
   if (n == 0) { return 0; } //
   return digitSum(n / 10) + n % 10; //
}
```

랜덤 팩트 5.1 개인용 컴퓨터의 폭발적 성장

1971년에 인텔 사의 엔지니어인 Marcian E. "Ted" Hoff는 전자계산기 제작 회사를 위해 칩을 개발하고 있었다. 그는 계산기의 키 및 표시 장치와 인터페이스하기 위해 프로그래밍될 수 있는 **범용 칩**을 개발하는 것이, 다른 주문 설계를 또 하는 것보다 나을 것임을 깨달았다. 그래서 **마이크로프로세서**가 태어났다. 그 당시에는 주로 계산기, 세탁기 등에 적용되었다. 진실한 의미의 중앙 처리 장치가 단일 칩으로서 컴퓨터 산업에 사용되기까지에는 몇 년이 걸렸다.

호비스트들이 맨 먼저 관심을 보였다. 1974년에 최초 컴퓨터 키트인 Altair 8800이 MITS Electronics에 의해 $350에 등장했다. 이 키트는 마이크로프로세서, 회로 기판, 아주 작은 메모리, 토글 스위치들, 표시 전구들로 구성되었다. 구매자들은 납땜하고 조립해야 했으며, 토글 스위치들을 이용해서 기계어로 프로그래밍했다. 크게 히트 치지는 못했다.

맨 처음 빅 히트는 Apple II였다. 이것은 키보드, 모니터, 플로피 디스크 드라이브가 있는 진짜 컴퓨터였다. 처음 등장했을 때 그것은 사용자들이 Space Invaders를 플레이하고, 원시적 부기 프로그램을 돌릴 수 있으며, 사용자가 BASIC으로 프로그래밍할 수 있는 $3000짜리 기계였다. 오리지널 Apple II는 소문자를 지원하지 않았기 때문에 워드프로세싱에는 쓸모가 없었다. 1979년에 새로운 스프레드쉬트 프로그램인 VisiCalc의 등장으로 새로운 전기를 맞이하게 된다. 스프레드쉬트에서 경리 데이타와 그들의 관계들을 행와 열로 구성된 그리드(그림 참고)에 입력한다. 그런 후, 데이타 일부를 변경하고 다른 것들이 어떻게 변하는지를 실시간으로 관찰한다. 예를 들어, 제조 공장에서 작은 장치들을 다르게 섞으면 비용과 이윤에 어떤 영향을 끼치는지를 알 수 있다. 컴퓨터를 이해하며, 전산 센터로부터 데이타 처리 결과를 몇 시간 또는 며칠을 기다려야 하는데 지친 회사의 중간 관리자는 VisiCalc와 그를 돌리는 데 필요한 컴퓨터를 바로 사버렸다. 그들에게 컴퓨터는 스프레드쉬트 기계였다.

그 다음 빅 히트는 IBM 개인용 컴퓨터였다. 지금은 PC로 불린다. 이것은 인텔의 16-비트 프로세서인 8086을 사용한 최초의, 널리 사용된 개인용 컴퓨터였다. 8086의 후예들이 현재도 개인용 컴퓨터에 사용되고 있다. PC의 성공은 공학적 돌파구가 아닌, **복제**하기 쉬웠다는 사실에 기반했다. IBM은 제

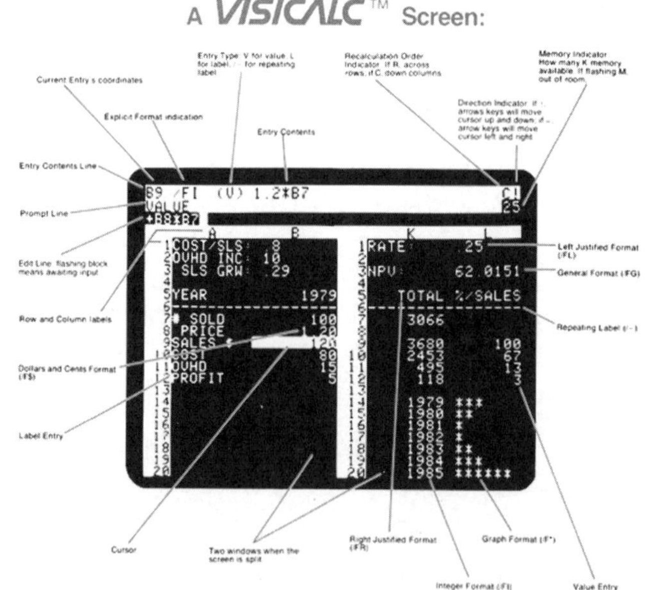

Apple II에서 실행되고 있는 VisiCalc 스프레드쉬트

3자가 플러그인 카드를 개발하는 것을 장려하기 위해 컴퓨터의 사양을 공개했다. 아마도 IBM은 그들의 컴퓨터와 기능적으로 동등한 버전들이 다른 회사들에 의해 재현될 것이라고 예견하지 못 했을 것이나, 다양한 PC 클론 판매 회사들이 등장했으며, 결국 IBM은 개인용 컴퓨터 판매를 중단했다.

IBM은 그들의 PC를 위한 **운영 체제**(사용자와 컴퓨터 간 상호 작용을 체계화하고, 응용 프로그램을 돌리고, 디스크 스토리지 및 다른 리소스들을 관리하는 소프트웨어)를 만든 적이 없다. 대신에 IBM은 고객들에게 세 가지 운영 체제를 옵션으로 제시했다. 대부분의 고객들은 운영 체제를 아주 중요하게 여겼다. 그들은 그 당시 존재한 몇 안 되는 애플리케이션들의 대부분을 돌릴 수 있는 체제를 선택했다. 그게 Microsoft의 DOS(disk operating system)였다. Microsoft는 같은 운영 체제를 다른 하드웨어 판매 회사들에게 사용하게 허가했으며, 소프트웨어 회사들에게는 DOS 애플리케이션을 작성하도록 권유하였다. 그 결과, PC 호환 기계들을 위한 무지하게 많은 유용한 애플리케이션

프로그램들이 나오게 되었다.

PC 애플리케이션들은 확실히 유용했으나, 배우기가 쉽지 않았다. 모든 판매회사는 서로 다른 **사용자 인터페이스**(키 조합, 메뉴 옵션, 그리고 사용자가 소프트웨어 패키지의 효과적 사용을 숙달하는 데 필요한 설정들)를 개발했다. 애플리케이션 간 데이타 교환은, 각 프로그램이 서로 다른 데이타 포맷을 사용했기 때문에, 어려웠다. Apple Macintosh가 1984년에 그 모든 것을 바꿔버렸다. 매킨토시의 설계자들은 컴퓨터와의 직관적 사용자 인터페이스를 지원하고 소프트웨어 개발자들이 그것을 고수하게 할 비전을 갖고 있었다. Microsoft와 PC 호환 제조사들을 따라잡는 데 수년이 걸렸다.

대부분 개인용 컴퓨터들은 온라인 소스 정보 접근, 엔터테인먼트, 워드프로세싱, 가계부 정리에 사용된다. 일부 분석가들은 개인용 컴퓨터가 TV 및 케이블 네트와 합쳐져서 오락 및 정보 기기로 합체될 것으로 본다.

<table>
<tr><td>비디오 보기 5.2</td><td>완전 정렬된 텍스트</td></tr>
</table>

인쇄 책자(이것과 같은)에서는 문단의 마지막 줄 외에는 모두 길이가 같다. 이 비디오 보기에서는 이 효과를 얻는 방법을 배운다.

요약

메소드, 인수, 반환 값의 개념을 이해한다.

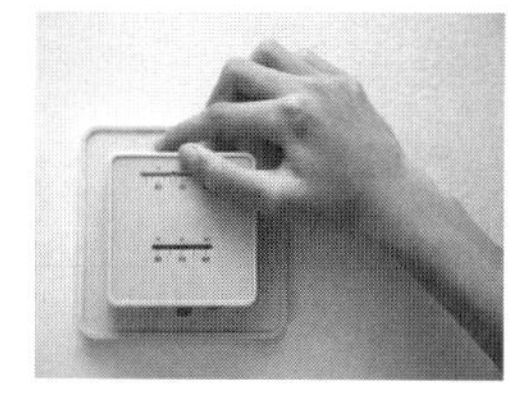

- 메소드는 이름이 붙은 명령 시퀀스이다.
- 인수는 메소드가 호출될 때 공급된다.
- 반환 값은 메소드가 계산한 결과이다.

메소드를 구현할 수 있다.

- 메소드를 선언할 때, 메소드의 이름, 각 인수에 대한 변수, 결과 자료형을 제공한다.
- 메소드 주석은 메소드의 용도, 파라미터 변수들과 반환 값의 의미, 특별한 요건 등을 설명한다.

➕ WileyPLUS와 www.wiley.com/college/horstmann에서 온라인으로 볼 수 있다.

파라미터 전달 과정을 설명한다.

- 파라미터 변수들은 메소드 호출 때 공급된 인수들을 담는다.

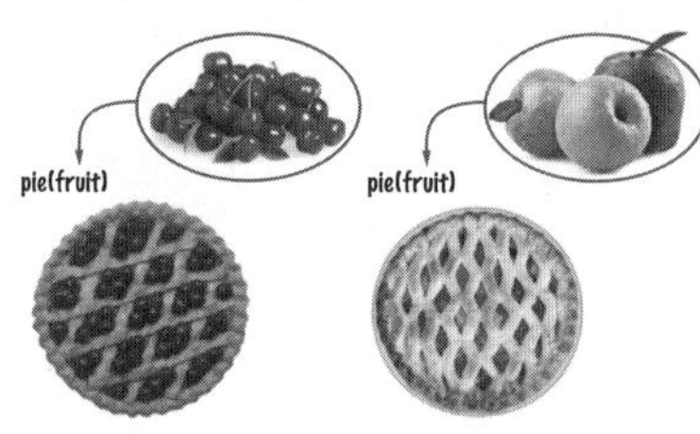

메소드로부터의 값의 반환 과정을 설명한다.

- 반환 문은 메소드 호출을 종료하며 메소드 결과를 제공한다.
- 재사용 가능성이 있는 계산은 메소드로 바꾼다.

반환 값이 없는 메소드를 설계 및 구현한다.

- 메소드가 값을 반환하지 않음을 표시하기 위해 void 반환형을 사용한다.

여러 문제들에 재사용 가능한 메소드를 개발한다.

- 메소드를 정의해서 중복된 코드나 수도코드를 제거한다.
- 메소드를 재사용 가능하게 설계한다. 메소드가 재사용될 때 바뀔 수 있는 값들에 대해서는 파라미터 변수를 공급한다.

단계적 정제 설계 원리를 적용한다.

- 단계적 정제 과정을 사용해서 복잡한 작업을 더 간단한 작업들로 분해한다.
- 메소드가 필요하다는 것을 알게 될 때, 파라미터 변수들과 반환 값에 대한 설명을 작성한다.
- 메소드는 작업을 수행하기 위해 더 단순한 메소드들을 필요로 할 수도 있다.

프로그램의 변수들의 스코프를 결정한다.

- 변수의 스코프는 그것이 보이는 프로그램 부분이다.
- 스코프가 겹치지 않는 한둘 이상의 지역 또는 파라미터 변수들이 같은 이름을 가질 수 있다.

재귀 메소드 호출을 이해하고 간단한 재귀 메소드를 구현한다.

- 재귀적 계산은 같은 문제의 솔루션을 더 간단한 입력에 대해 사용해서 문제를 푼다.
- 재귀가 종료하기 위해서는 가장 간단한 입력들에 대한 특별한 경우들이 있어야 한다.
- 재귀적 솔루션을 찾아내기 위한 핵심은 입력을 같은 문제에 대한 더 간단한 입력으로 축소하는 것이다.
- 재귀적 솔루션을 설계할 때 다중 둥지 호출을 걱정하지 말라. 단순히 문제를 약간 더 간단한 문제로 축소하는 데 초점을 맞춰라.

- **R5.1**   5.2절의 Cubes.java 프로그램의 줄들은 main의 첫 줄에서 시작해서 어떤 순서로 실행되는가?

- **R5.2**   다음 설명과 같은 메소드들의 메소드 헤더를 쓰시오.
  - **a.** 두 정수 중 큰 것을 찾기
  - **b.** 세 개의 부동소수점 수들 중 가장 작은 것을 찾기
  - **c.** 어떤 정수가 소수인지를 확인하고, 만일 그렇다면 true를 반환하며, 아니면 false를 반환하기
  - **d.** 문자열이 다른 문자열 안에 포함되어 있는지를 검사하기
  - **e.** 초기 잔고, 연이율, 이자를 받은 햇수가 주어졌을 때 계좌 잔고를 계산하기
  - **f.** 초기 잔고와 연이율이 주어졌을 때, 주어진 햇수 후의 계좌 잔고를 계산하기
  - **g.** 연도와 월이 주어졌을 때 달력을 출력하기
  - **h.** 연, 월, 일이 주어졌을 때 요일을 계산하기("Monday"같이 문자열로)
  - **i.** 1과 n 사이의 랜덤 정수를 만들기

- **R5.3**   자바 라이브러리에 있는 다음과 같은 메소드들의 예를 제시하라.
  - **a.** 하나의 double 인자와 double 반환 값을 갖는 메소드
  - **b.** 두 개의 double 인자와 double 반환 값을 갖는 메소드
  - **c.** 하나의 String 인자와 double 반환 값을 갖는 메소드
  - **d.** 인자가 없고 반환 값이 double인 메소드

- **R5.4**   참 또는 거짓?
  - **a.** 메소드는 딱 하나의 return 문을 가진다.
  - **b.** 메소드는 적어도 하나의 return 문을 가진다.
  - **c.** 메소드는 최대 한 개의 return 문을 가진다.
  - **d.** 반환 값이 void인 메소드에는 절대로 return 문이 없다.
  - **e.** return 문을 실행할 때, 메소드를 즉각 빠져나간다.
  - **f.** 반환 값이 void인 메소드는 반드시 결과를 인쇄해야 한다.
  - **g.** 파라미터 변수가 없는 메소드는 항상 같은 값을 반환한다.

- ■■ **R5.5**   다음 메소드들을 고려하자.

```
public static double f(double x) { return g(x) + Math.sqrt(h(x)); }
public static double g(double x) { return 4 * h(x); }
public static double h(double x) { return x * x + k(x) - 1; }
public static double k(double x) { return 2 * (x + 1); }
```

  프로그램을 컴파일 및 실행시키지 않고, 다음 메소드 호출들의 결과를 계산하라.
  - **a.** double x1 = f(2);
  - **b.** double x2 = g(h(2));
  - **c.** double x3 = k(g(2) + h(2));
  - **d.** double x4 = f(0) + f(1) + f(2);

- **R5.6**   인자와 반환 값은 서로 어떻게 다른가? 메소드 호출은 인자를 몇 개나 가질 수 있는가? 반환 값은 몇 개가 있을 수 있는가?

■■ R5.7 통화 가치로 부동 소수점 수($ 기호와 소수점 아래 두 자리를 갖는)를 출력하는 메소드를 설계하라.

> **a.** 프로그램 `ch02/section_3/Volume2.java`와 `ch04/section_3/Investment Table.java`가 이 메소드를 사용하려면 어떻게 바뀌어야 하는가?
>
> **b.** 이 프로그램들이 유로 같은 다른 통화를 표시하려면 어떻게 수정되어야 하는가?

■■ **비즈니스** R5.8 1-800-FLOWERS와 같이 문자가 있는 전화번호를 실제 전화번호로 번역하는 메소드를 위한 수도코드를 작성하라. 표준 전화번호판 문자를 사용하라.

■■ R5.9 다음 프로그램에 있는 스코프 오류를 기술하고, 수정 방법을 설명하라.

```java
public class Conversation
{
   public static void main(String[] args)
   {
      Scanner in = new Scanner(System.in);
      System.out.print("What is your first name? ");
      String input = in.next();
      System.out.println("Hello, " + input);
      System.out.print("How old are you? ");
      int input = in.nextInt();
      input++;
      System.out.println("Next year, you will be " + input);
   }
}
```

■■ R5.10 다음 프로그램의 각 변수에 대해 스코프를 나타내어라. 그리고, 실제로 프로그램을 돌리지 말고, 무엇을 출력하는지를 계산하라.

```java
1    public class Sample
2    {
3       public static void main(String[] args)
4       {
5          int i = 10;
6          int b = g(i);
7          System.out.println(b + i);
8       }
9
10      public static int f(int i)
11      {
12         int n = 0;
13         while (n * n <= i) { n++; }
14         return n - 1;
15      }
16
17      public static int g(int a)
18      {
19         int b = 0;
20         for (int n = 0; n < a; n++)
21         {
22            int i = f(n);
```

```
23              b = b + i;
24          }
25          return b;
26      }
27  }
```

■■ **R5.11** 단계적 정제 과정을 이용해서 스크램블드 에그를 만드는 과정을 기술하라. 냉장고에 달걀이 없는 경우도 포함시켜라.

■ **R5.12** 다음 인수들에 대해 `intName` 메소드의 추적을 수행하라.

    a. 5

    b. 12

    c. 21

    d. 301

    e. 324

    f. 0

    g. -2

■■ **R5.13** 다음 메소드를 고려하자.

```java
public static int f(int a)
{
    if (a < 0) { return -1; }
    int n = a;
    while (n > 0)
    {
        if (n % 2 == 0) // n is even
        {
            n = n / 2;
        }
        else if (n == 1) { return 1; }
        else { n = 3 * n + 1; }
    }
    return 0;
}
```

계산 f(-1), f(0), f(1), f(2), f(10), f(100)에 대한 추적을 수행하라.

■■■ **R5.14** 두 정수 값을 교환하기 위한 다음의 메소드를 고찰하자.

```java
public static void falseSwap(int a, int b)
{
    int temp = a;
    a = b;
    b = temp;
}

public static void main(String[] args)
{
    int x = 3;
    int y = 4;
    falseSwap(x, y);
    System.out.println(x + " " + y);
}
```

위의 메소드가 x와 y의 내용을 교환하지 않는 이유는?

■■■ **R5.15** 주어진 문자열의 모든 부문자열(substring)을 출력하기 위한 재귀 메소드에 대한 수도코드를 제시하라. 예를 들어, 문자열 "rum"의 부문자열은 "rum" 자신, "ru", "um", "r", "u", "m", 그리고 빈 문자열이다. 문자열의 모든 글자가 다르다고 가정해도 좋다.

■■■ **R5.16** 문자열의 모든 글자를 정렬하는 재귀 메소드를 위한 수도코드를 제시하라. 예를 들어, 문자열 "goodbye"는 "bdegooy"가 될 것이다.

프로그래밍 훈련

■ **P5.1** 다음 메소드들을 작성하고, 그들을 테스트하기 위한 프로그램을 제공하라.

    a. 인수들 중 가장 작은 값을 반환하는 `double smallest(double x, double y, double z)`

    b. 인수들의 평균을 반환하는 `double average(double x, double y, double z)`

■■ **P5.2** 다음 메소드들을 작성하고 그들을 테스트하는 프로그램을 제공하라.

    a. 인수들이 모두 같으면 참을 반환하는 `boolean allTheSame(double x, double y, double z)`

    b. 수들이 모두 다르면 참을 반환하는 `boolean allDifferent(double x, double y, double z)`

    c. 인수들이 오름차순으로 정렬되어 있으면 참을 반환하는 `boolean sorted(double x, double y, double z)`

■■ **P5.3** 다음 메소드들을 작성하라.

    a. 인수의 첫 째 자리를 반환하는 `int firstDigit(int n)`

    b. 인수의 끝 자리를 반환하는 `int lastDigit(int n)`

    c. 인수의 자릿수를 반환하는 `int digits(int n)`

예를 들어, `firstDigit(1729)`는 1, `lastDigit(1729)`는 9, `digits(1729)`는 4이다. 작성한 메소드들을 테스트할 프로그램을 제공하라.

■ **P5.4** str의 길이가 홀수이면 str의 중간 글자, 짝수이면 중간의 두 글자를 포함하는 문자열을 반환하는 메소드

```
public static String middle(String str)
```

을 작성하라. 예를 들어, `middle("middle")`은 `"dd"`를 반환한다.

■ **P5.5** str이 n 번 반복된 문자열을 반환하는 메소드

```
public static String repeat(string str, int n)
```

을 작성하라. 예를 들어, `repeat("ho", 3)`는`"hohoho"`를 반환한다.

■■ **P5.6** 문자열 str의 모든 모음의 수를 반환하는 메소드

```
int countVowels(String str)
```

을 작성하라. 모음은 a, e, i, o, u, 그리고 이들의 대문자 형태이다.

■■ **P5.7** 문자열 str의 단어 수를 반환하는 메소드

```
public static int countWords(String str)
```

를 작성하라. 단어는 빈칸에 의해 구분된다. 예를 들어, `countWords("Mary had a little lamb")`는 5를 반환해야 한다.

■■ **P5.8** 단어의 첫 글자와 끝 글자가 바뀌지 않는다면, 대부분의 사람들이 단어의 두 글자가 서로 뒤바뀐 단어들이 있는 텍스트를 쉽게 읽어낼 수 있다는 것은 잘 알려져 있는 현상이다. 예:

I dn' ot gvie a dman for a man taht can olny sepll a wrod one way(Mrak Taiwn).

주어진 단어를 첫 글자와 끝 글자가 아닌, 랜덤하게 선택된 두 글자를 서로 뒤바꾸는 메소드 String scramble(String word)를 작성하라. 그런 다음 단어들을 읽고 뒤죽박죽이 된 단어들을 출력하는 프로그램을 작성하라.

■ **P5.9** 반경이 r인 구, 바닥 반경이 r이고 높이가 h인 원기둥, 바닥 반경이 r이고 높이가 h인 원뿔의 부피와 표면적을 계산하는 다음 메소드들을 작성하라:

```
public static double sphereVolume(double r)

public static double sphereSurface(double r)

public static double cylinderVolume(double r, double h)

public static double cylinderSurface(double r, double h)

public static double coneVolume(double r, double h)

public static double coneSurface(double r, double h)
```

그런 다음, 사용자에게서 r과 h의 값들을 입력 받고, 위의 여섯 메소드를 호출하고, 그 결과들을 출력하는 프로그램을 작성하라.

■■ **P5.10** 프롬프트 문자열과 빈칸을 표시하고, 부동 소수점 수를 읽어 들여서 반환하는 메소드

```
public static double readDouble(String prompt)
```

를 작성하라. 대표적인 용도는 다음과 같다.

```
salary = readDouble("Please enter your salary:");
percentageRaise = readDouble("What percentage raise would you like?");
```

■■ **P5.11** intName 메소드가 1,000,000,000 미만인 값들에 대해 바르게 동작하도록 개선하라.

■■ **P5.12** intName 메소드가 0 이하의 값들에 대해 바르게 동작하도록 개선하라.

주의: 개선된 메소드가 20를 "twenty zero"로 출력하지 않게 하라.

■■■ **P5.13** 일부 값들(예: 20)에 대해 intName 메소드는 앞에 빈칸이 있는 문자열(" twenty")을 반환한다. 이 결함을 고쳐서 빈칸이 꼭 필요한 곳에만 삽입되게 만들라. 힌트: 두 가지 방법으로 이를 달성할 수 있다. 절대로 앞에 빈칸이 삽입되지 않게 하거나, 아니면, 반환하기 전에 결과에서 맨 앞 빈칸을 삭제한다.

■■■ **P5.14** "ten minutes past two", "half past three", "a quarter to four", "five o'clock" 등과 같이 시각을 영어로 반환하는 메소드 String getTimeName(int hours, int minutes)를 작성하라. hours는 1에서 12 사이로 가정하라.

■■ **P5.15** 문자열의 역순을 계산하는 재귀 메소드

```
public static string reverse(string str)
```

을 작성하라. 예를 들어, reverse("flow")는 "wolf"를 반환해야 한다. 힌트: 두 번째 글자에서 시작하는 부문자열을 반전시키고, 첫 글자를 끝에 추가한다. 예를 들면, "flow"를 반전시키기 위해서 우선 "low"를 "wol"로 반전시키고, 끝에 "f"를 추가한다

■■ **P5.16** str이 반전되어도 똑 같은 단어인 회문인 경우 true를 반환하는 재귀 메소드

```
public static boolean isPalindrome(String str)
```

을 작성하라. 회문의 예에는 "deed", "rotor", "aibohphobia" 등이 있다. 힌트: 첫 글자와 끝 글자가 일치하고, 나머지도 회문인 단어가 회문이다.

■■ **P5.17** 재귀를 이용해서 match가 str에 포함되어 있는지를 검사하는 메소드 `public static boolean find (String str, String match)`를 구현하라:

```
boolean b = find("Mississippi", "sip"); // b를 true로 설정한다
```

힌트: str이 match로 시작하면 끝난 것이다. 아니라면, 첫 글자를 제거해서 얻은 문자열을 고려한다.

■ **P5.18** 정수 n의 숫자 수를 계산하기 위해서 재귀를 이용하라. 힌트: 만일 n < 10이면, 한 숫자를 가진다. 아니면, n/10보다 숫자를 하나 더 가진다.

■ **P5.19** 재귀를 이용해서 a^n을 계산하라. 여기서 n은 양의 정수이다. 힌트: 만일 n이 1이면, $a^n = a$ 이다. 아니면, $a^n = (a^{n/2})^2$. $a^n = a \times a^{n-1}$.

■■ **P5.20** 윤년. 어떤 해가 윤년, 즉, 366일이 있는 해인지를 검사하는 메소드

```
public static boolean leapYear(int year)
```

를 작성하라. 프로그래밍 훈련 P3.28이 윤년인지를 검사하는 방법을 설명한다. 이 연습문제에서 결과가 확인되면 바로 반환하기 위해 다중 if 문들과 반환 문들을 사용하라.

■■ **P5.21** 프로그래밍 훈련 P3.26에서는 주어진 수를 로마 숫자로 표현하는 프로그램을 작성했다. 그때는 중복 코드를 제거하는 방법을 몰랐으며, 그래서 결과 프로그램이 다소 길었다. 다음 메소드를 구현 및 이용해서 그 프로그램을 재작성하라.

```
public static String romanDigit(int n, String one, String five, String ten)
```

이 메소드는 one, five, ten 값들에 명기된 문자열들을 이용해서 한 숫자를 번역한다. 이 메소드를 다음과 같이 호출할 것이다.

```
romanOnes = romanDigit(n % 10, "I", "V", "X");
n = n / 10;
romanTens = romanDigit(n % 10, "X", "L", "C");
. . .
```

■■ **비즈니스 P5.22** 주어진 초기 잔고와 이율에 대해, 주어진 햇수만큼 지난 후의 은행계좌 잔고를 계산하는 메소드를 작성하라. 이자는 해마다 복리로 계산된다고 가정하라.

■■ **비즈니스 P5.23** 결정을 내려야 할 때마다 사용자에게 입력을 요구하면서, 커피를 만들기 위한 명령 (instruction)을 출력하는 프로그램을 작성하라. 각 작업을 메소드로 분해하라. 예:

```
public static void brewCoffee()
{
   System.out.println("Add water to the coffee maker.");
   System.out.println("Put a filter in the coffee maker.");
   grindCoffee();
   System.out.println("Put the coffee in the filter.");
   . . .
}
```

■■ 비즈니스 P5.24 급료 지불 수표를 출력하는 프로그램을 작성하라. 프로그램 사용자에게 직원 이름, 시급료, 근무 시간 수를 질문한다. 시간 수가 40을 초과하면, 40을 초과하는 시간들에 대해 "50% 초과 근무 수당", 즉 시급료의 150%를 지급 받는다. 수표 모양은 아래의 그림과 비슷하다. 지급인과 은행 이름은 가공의 이름을 사용하라. 반드시 단계적 정제를 사용하고, 솔루션을 몇 개의 메소드에 나눠라. 수표의 달러 금액을 출력하는 데는 `intName` 메소드를 사용하라.

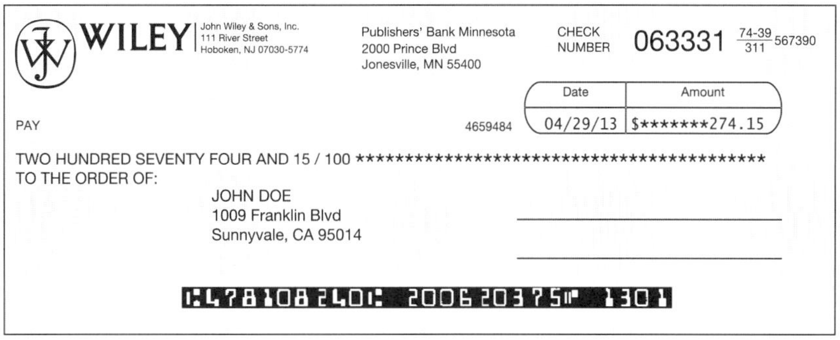

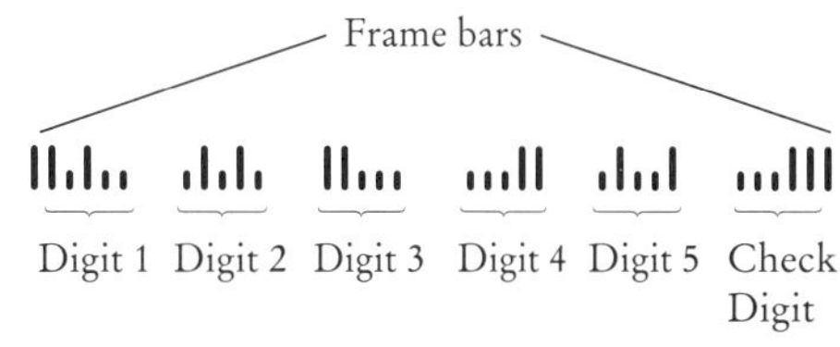

■■ 비즈니스 P5.25 우편 바코드. 신속한 우편물 분류를 위해서 USPS(United States Postal Service)는 우편물을 대량으로 발송하는 회사들에게 우편 번호를 나타내는 바코드(그림 5.6)를 사용할 것을 권장한다.

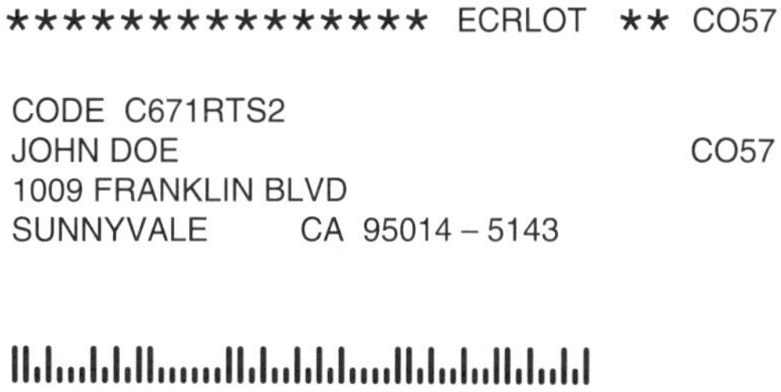

그림 5.6 우편 바코드

다섯 자리 우편 번호의 인코딩 방식을 그림 5.7이 보여준다. 양쪽 끝에는 가장 긴 프레임 막대가 있다. 다섯 개의 인코딩된 디지트들이 나오고, 다음과 같이 계산되는 검사 디지트가 나온다. 모든 디지트를 더하고, 그 합이 10의 배수가 되도록 검사 디지트를 선정한다. 예를 들어, 우편번호 95014는 합이 19이므로, 이 합을 20으로 만들려면 검사 디지트는 1이다.

그림 5.7 다섯 자리 바코드의 인코딩

우편 번호의 각 디지트와 검사 디지트는 다음 표에 의해 인코딩된다. 이 표에서 0은 짧은 막대, 1은 긴 막대를 나타낸다.

디지트	막대 1 (가중치 7)	막대 2 (가중치 4)	막대 3 (가중치 2)	막대 4 (가중치 1)	막대 5 (가중치 0)
1	0	0	0	1	1
2	0	0	1	0	1
3	0	0	1	1	0
4	0	1	0	0	1
5	0	1	0	1	0
6	0	1	1	0	0
7	1	0	0	0	1
8	1	0	0	1	0
9	1	0	1	0	0
0	1	1	0	0	0

열 가중치 7, 4, 2, 1, 0를 사용해서 바코드로부터 디지트가 쉽게 계산될 수 있다. 예를 들어, 01100은 $0 \times 7 + 1 \times 4 + 1 \times 2 + 0 \times 1 \times 0 \times 0 = 6$이다. 유일한 예외는 0이며, 가중치 공식에 의해 11이 된다.

사용자에게 우편번호를 묻고 바코드를 출력하는 프로그램을 작성하라. 짧은 막대에는 :, 긴 막대에는 |를 사용하라. 예를 들면, 95014는 다음과 같이 된다.

||:|:::|:|:|:||:::::::||:|::|:::|||

다음 메소드들을 제공하라.

```
public static void printDigit(int d)
public static void printBarCode(int zipCode)
```

■■■ 비즈니스 P5.26   바코드(:는 짧은 막대, |는 긴 막대를 나타낸다)를 읽어 들여서 그에 대한 우편번호를 출력하는 프로그램을 작성하라. 바코드가 틀리면 오류 메시지를 출력하라.

■■ 비즈니스 P5.27   MCMLXXVIII 같은 로마 숫자를 십진 표현으로 바꾸는 프로그램을 작성하라. 힌트: 먼저 로마 숫자를 십진수로 바꾸는 메소드를 작성하라. 그리고 나서 다음 알고리듬을 이용하라.

```
total = 0
While the roman number string is not empty
    If value(first character) is at least value(second character), or the string has length 1
        Add value(first character) to total.
        Remove the character.
    Else
        Add the difference value(second character) - value(first character) to total.
        Remove both characters.
```

■■ 비즈니스 P5.28   비정부 기관에서 가난한 가정을 위한 대출 금액을 계산하기 위한 프로그램이 필요로 한다. 공식은 다음과 같다.

- 가계 소득이 $30,000에서 $40,000 사이이며, 자녀가 적어도 셋인 가정이면, 자녀 당 $1,000이다.
- 가계 소득이 $20,000에서 $30,000 사이이며, 자녀가 적어도 둘인 가정이면, 자녀 당 $1,500이다.
- 가계 소득이 $20,000미만이면, 자녀 당 $2,000이다.

이 계산을 위한 메소드를 구현하라. 각 신청자에 대해 가계 소득과 자녀 수를 물어보고, 메소드가 반환하는 금액을 출력하는 프로그램을 작성하라. 입력의 센티널 값으로 -1을 사용하라.

■■ 비즈니스 P5.29 SNS 서비스에서 사용자는 친구들이 있으며, 친구들은 다른 친구들이 있고, 기타 등등. 우리는 주어진 친구 관계 수를 따라 얼마나 많은 사람들과 닿을 수 있는지를 알아내고 싶다. 이 수를 친구들에 대해서는 1, 친구들의 친구들에 대해서는 2, 기타 등등인 "촌수(degree of separation)"라고 부른다. 실제 소셜네트웍으로부터 데이타를 받을 수 없으므로, 단순히 사용자 당 평균 친구 수를 사용하기로 한다. 재귀 메소드

```
public static double reachablePeople(…)
```

를 작성하라. 이 메소드를, 원하는 촌수와 평균을 사용자에게서 받기 위해 프롬프트를 표시하고, 닿을 수 있는 사람 수를 출력하는 프로그램에 사용하라. 이 수에는 오리지널 사용자가 포함되어야 한다.

■■ 비즈니스 P5.30 우리 정보의 상당량이 온라인에 저장되어 있을 때는 안전한 패스워드를 사용하는 것이 매우 중요하다. 다음 규칙들을 따라서 새 패스워드의 유효성을 검사하는 프로그램을 작성하라:

- 패스워드의 길이는 최소 8 글자이어야 한다.
- 패스워드에는 적어도 하나의 대문자와 소문자가 있어야 한다.
- 패스워드에는 숫자가 적어도 하나 있어야 한다.

패스워드를 물어보고, 확인을 위해 재입력을 요구하는 프로그램을 작성하라. 만일 이 패스워드들이 일치하지 않거나 위 규칙들에 어긋난다면 다시 반복하라. 프로그램에는 패스워드가 유효한지를 검사하는 메소드가 있어야 한다.

■■■ 사이언스 P5.31 0과 100 사이의 온도 값을 표시하는 제어판용 소자를 설계하려고 한다. 이 소자의 칼라는 청색(온도가 0일 때)에서 적색(온도가 100일 때)까지 연속적으로 변해야 한다. 주어진 온도에 대한 칼라 값을 반환하는 메소드 public static int colorForValue(double temperature)를 작성하라. 칼라는 각각이 0과 255 사이인 red/green/blue 값들로 인코딩된다. 세 칼라가 다음 공식에 의해 하나의 정수로 결합된다.

```
color = 65536 × red + 256 × green + blue
```

중간 칼라들 각각은 완전 포화되어야 한다; 즉, 청색에서 청록색, 녹색, 황색을 거쳐 적색에 이르는 경로를 따라서 칼라 큐브의 바깥 면에 있어야 한다.

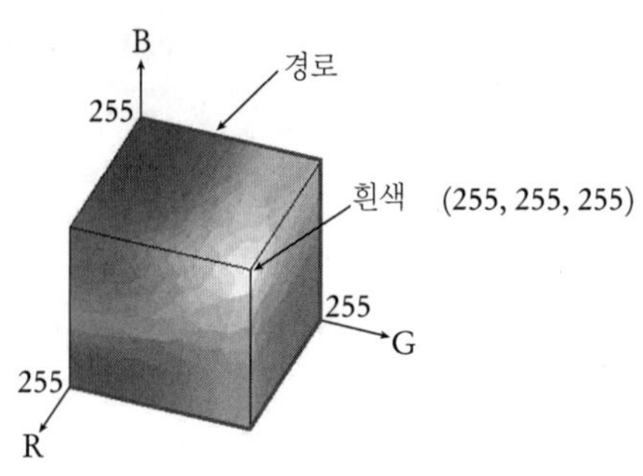

사이 값들을 위한 보간 방법을 알아야 한다. 일반적으로 입력 x가 a에서 b로 변할 때 출력 y가 c에서 d로 변해야 한다면, y를 다음과 같이 계산한다:

$$z = (x - a) / (b - a)$$

$$y = d\,z + c\,(1 - z)$$

만일 온도가 0과 25 사이라면, (red, green, blue) 성분들이 (0, 0, 255)와 (0, 255, 255)인 청색과 청록색 사이에서 보간하라. 온도가 25와 50 사이라면, (0, 255, 255)와 녹색인 (0, 255, 0) 사이에서 보간하라. 나머지 두 개의 경로 선분들에 대해서도 똑같이 하라.

각 칼라 성분을 독립적으로 보간하고, 이 보간된 칼라들을 단일 정수로 결합해야 한다. 이 작업을 해결하기 위해 반드시 적절한 도우미 메소드들을 사용하라.

■■ **사이언스 P5.32** 영화관에서 관객이 스크린의 그림을 보는 각도 θ는 스크린으로부터 관객의 거리 x에 따라 달라진다. 아래 그림에 보인 크기의 영화관에 대해, 주어진 거리에 대한 각도를 계산하는 메소드를 작성하라.

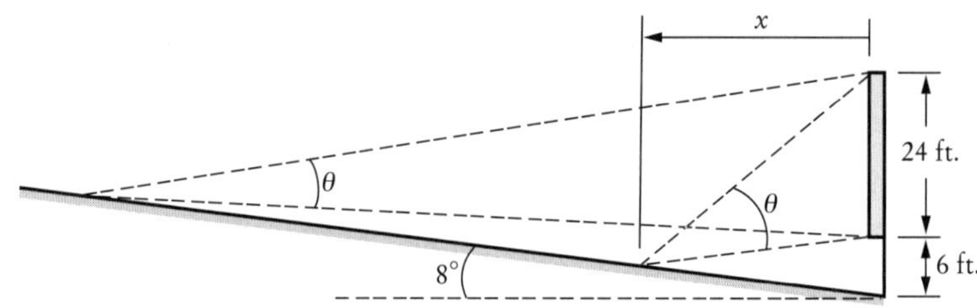

그 다음, 임의의 규모의 극장에 대한 더 일반적인 메소드를 제공하라.

■■ **사이언스 P5.33** 곡률 반경이 R_1과 R_2인 표면을 갖는, 두께가 d인 렌즈의 유효 초점 길이 f는 다음과 같이 주어진다.

$$\frac{1}{f} = (n - 1)\left[\frac{1}{R_1} - \frac{1}{R_2} + \frac{(n-1)d}{nR_1R_2} \right]$$

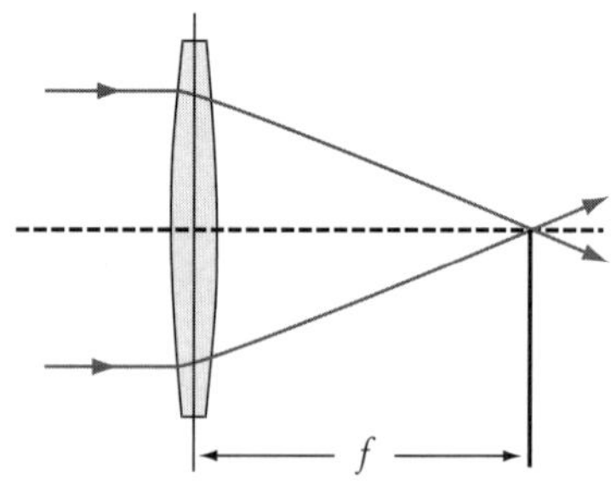

여기서 n은 렌즈 매체의 굴절률이다. 나머지 파라미터들에 의해 f를 계산하는 메소드를 작성하라.

■■ **사이언스 P5.34** 원뿔대처럼 생긴 실험실 용기가 있다:
다음 공식들을 이용해서 부피와 표면적을 계산하기 위한 메소드들을 작성하라.

$$V = \frac{1}{3}\pi h\left(R_1^2 + R_2^2 + R_1R_2 \right)$$

$$S = \pi\left(R_1 + R_2 \right)\sqrt{\left(R_2 - R_1 \right)^2 + h^2} + \pi R_1^2$$

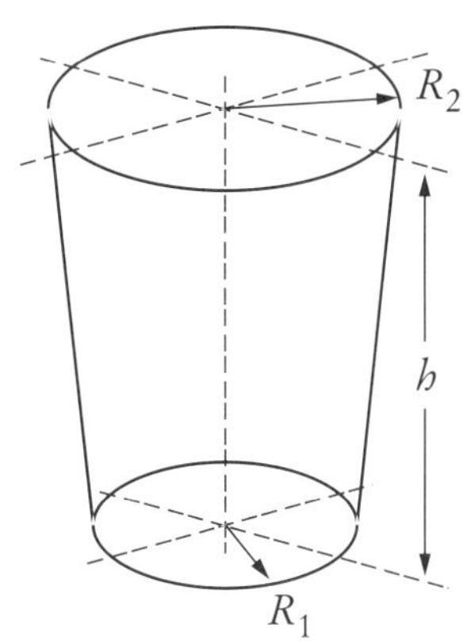

■■ **사이언스 P5.35** 그림과 같은 전선은 절연체를 씌운 원통형 전도체이다. 전선의 저항은 다음 공식으로 주어진다.

$$R = \frac{\rho L}{A} = \frac{4\rho L}{\pi d^2}$$

여기서 ρ는 전도체의 고유 저항이며, L, A, d 는 각각 전선의 길이, 단면적, 지름이다. 구리의 고유 저항은 1.678×10^{-8} Ωm이다. 전선 지름은 보통, 정수 n인 AWG (American wire gauge)로 규정된다. AWG n 전선의 지름은 다음 공식으로 주어진다:

$$d = 0.127 \times 92^{\frac{36-n}{39}} \text{ mm}$$

전선 치수를 받아서 해당 전선 지름을 반환하는 메소드

```
public static double diameter(int wireGauge)
```

를 작성하라. 구리 전선 토막의 길이와 치수를 받아서, 그 전선의 저항을 반환하는 또 다른 메소드

```
double copperWireResistance(double length, int wireGauge)
```

를 작성하라. 알루미늄의 고유 저항은 2.82×10^{-8} Ωm이다. 알루미늄 전선 토막의 길이 및 치수를 받아서, 그 전선의 저항을 반환하는 또 세 번째 메소드

```
double aluminumWireResistance(double length, int wireGauge)
```

를 작성하라.

이 메소드들을 테스트하는 프로그램을 작성하라.

■■ **사이언스 P5.36** 자동차 주행저항은 다음 식으로 주어진다:

$$F_D = \frac{1}{2}\rho v^2 A C_D$$

여기서 ρ는 공기 밀도(1.23 kg/m³), v는 m/s 단위의 속도, A는 자동차의 투영 면적(2.5 m²), C_D는 항력 계수(0.2)이다.

이러한 주행저항을 극복하는 데 필요한 와트 단위의 전력량, 그리고 필요한 등가 마력은 Hp = P / 746이다. 자동차의 속도를 입력 받아서, 그에 따른 주행저항을 극복하는 데 필요한 와트 및 마력 단위의 힘을 계산하는 프로그램을 작성하라. 주: 1 mph = 0.447 m/s.

1. 인수는 3과 2이다. 반환 값은 9이다.

2. 안쪽의 `Math.pow` 호출은 $2^2 = 4$를 반환한다. 그러므로, 바깥 호출은 $4^2 = 16$을 반환한다.

3. 3.0

4. 이 메소드의 사용자들은 이 메소드를 블랙 박스로 다룰 수 있다.

5. 27

6. $8 \times 8 \times 8 = 512$

7.
```java
double volume = Math.pow(sideLength, 3);
return volume;
```

8.
```java
public static double squareArea(
    double sideLength)
{
    double area = sideLength * sideLength;
    return area;
}
```

9. `(2 + 3) / (3 - 2) = 5`

10. `mystery` 메소드가 호출될 때, x는 5, y는 7로 설정되며, z는 12.0이 된다. 그리고 나서, z가 6.0으로 바뀌고, 이 값이 반환 및 출력된다.

11. 이 메소드가 호출될 때, x가 5로 설정된다. 그런 다음 y가 25가 되고, 이 값이 반환되어 출력된다.

12. 이 메소드가 호출될 때, n이 5로 설정된다. 그런 다음 n이 두 번 증가되어 7이 된다. 이 값이 반환되어 출력된다.

13. 똑 같이 동작한다: 만일 `sideLength`가 0이면, $0 \times 0 \times 0$을 계산하는 대신에 0을 바로 반환한다.

14. n이 짝수이면 `true`를 반환한다; n이 홀수이면 `false`.

15.
```java
public static boolean mystery(int n)
{
    return n % 2 == 0;
}
```

16.
```java
boxString("Hello");
boxString("World");
```

17. `boxString` 메소드는 값을 반환하지 않는다. 따라서, `print` 메소드 호출에서 사용할 수 없다.

18.
```java
public static void shout(String message)
{
    System.out.println(message ++ "!!!");
}
```

19.
```java
public static void boxString(String contents)
{
    int n = contents.length();
    for (int i = 0; i < n + 4; i++)
    {
        System.out.print("-");
    }
    System.out.println();
    System.out.println("! " + contents + " !")
    for (int i = 0; i < n + 4; i++)
    {
        System.out.print("-");
    }
    System.out.println()
}
```

20.
```java
public static void printLine(int count)
{
    for (int i = 0; i < count; i++)
    {
        System.out.print("-");
    }
    System.out.println();
}
public static void boxString(String contents)
{
    int n = contents.length();
    printLine(n + 2);
    System.out.println("!" + contents + "!");
    printLine(n + 2);
}
```

21.
```java
int totalPennies = getPennies(total);
int taxPennies = getPennies(total * taxRate);
```
여기서 이 메소드는 다음과 같이 정의된다.
```java
/**
    @param amount an amount in dollars and cents
    @return the number of pennies in the amount
*/
public static int getPennies(double amount)
{
    return (int) Math.round(100 * amount) % 100;
}
```

22.
```java
if (isEven(page)) . . .
```
여기서 이 메소드는 다음과 같이 정의된다.
```java
public static boolean isEven(int n)
{
    return n % 2 == 0;
}
```

23. 파라미터 변수를 추가해서 초기 잔고와 이율을 다음 메소드에 전달할 수 있게 만든다:

```java
public static double balance(
    double initialBalance, double rate,
    int years)
{
    return initialBalance * pow(
        1 + rate / 100, years);
}
```

24. `int spaces = countSpaces(input);`

여기서 이 메소드는 다음과 같이 정의된다.

```java
/**
    @param str any string
    @return the number of spaces in str
*/
public static int countSpaces(String str)
{
    int count = 0;
    for (int i = 0; i < str.length(); i++)
    {
        if (str.charAt(i) == ' ')
        {
            count++;
        }
    }
    return count;
}
```

25. 빈칸을 다른 글자로 교체하는 것은 아주 쉽다:

```java
/**
    @param str any string
    @param ch  a character whose occurrences
        should be counted
    @return the number of times that ch occurs
        in str
*/
public static int count(String str, char ch)
{
    int count = 0;
    for (int i = 0; i < str.length(); i++)
    {
        if (str.charAt(i) == ch) { count++; }
    }
    return count;
}
```

이것은 다른 글자들을 세고 싶을 때도 유용하다. 예를 들어, `count(input, ",")`는 입력에 있는 쉼표의 수를 센다.

26. 28번 줄을 다음과 같이 바꾼다.

```java
name = name + digitName(part / 100)
    + " hundred";
```

25번 줄에 다음을 추가한다.

```java
if (part >= 1000)
{
    name = digitName(part / 1000) + "thousand ";
    part = part % 1000;
}
```

18번 줄에서 주석의 1000을 10000으로 바꾼다.

27. "teens" 경우에, 이미 마지막 디지트를 이름의 일부로 갖고 있다.

28. 아무것도 출력되지 않는다. 이 경우를 다룰 한 방법은 다음 명령을 23번 줄 앞에 삽입하는 것이다.

```java
if (number == 0) { return "zero"; }
```

29. 대략적 추적은 다음과 같다:

intName(number = 72)	
part	name
~~72~~	~~" seventy"~~
2	" seventy two"

문자열이 빈칸으로 시작하는 것을 유의한다. 연습문제 P5.13이 이를 제거하도록 주문한다.

30. 한 가지 가능한 솔루션은 다음과 같다. 작업 **print table**을 **print header**와 **print body**로 나눈다. 작업 **print header**는 **print separator**를 호출하고, 헤더 쎌들을 출력하고, **print separator**를 다시 호출한다. 작업 **print body**는 반복적으로 **print row**를 호출하고, 그러고 나서 **print separator**를 호출한다.

31. 줄 14-17.

32. 줄 11-19.

33. 5번과 15번 줄에 정의된 변수 x.

34. 15번에 선언된 지역 변수 x의 이름을 바꾸거나, 또는 10번 줄에 선언된 파라미터 변수 x의 이름을 바꾼다.

35. main 메소드는 mystery 메소드의 지역 변수 s를 액세스(access)한다. main 메소드가 리턴하기 전에 s의 마지막 값을 출력하려 했다고 가정한다면, 자신의 지역 변수 x에 저장되어 있는 반환 값을 출력해야 한다.

36. [][][][]
[][][]
[][]
[]

37. $4 + 3 + 2 + 1 + 0 = 10$

38. mystery(10) + 1 = mystery(5) + 2 = mystery(2) + 3
    = mystery(1) + 4 = mystery(0) + 5 = 5

39. [] 한 개를 출력하고, 그러고 나서 n - 1개를 출력하면 된다.

```java
public static void printBoxes(int n)
{
   if (n == 0) { return; }
   System.out.print("[]");
   printBoxes(n - 1);
}
```

40. 단순히 메소드의 앞 부분에 다음을 추가한다.

```java
if (part >= 1000)
{
   return intName(part / 1000) + " thousand "
      + intName(part % 1000);
}
```

CHAPTER 06

배열과 배열 리스트

Arrays and Array Lists

목표

배열과 배열 리스트를 이용해서 원소들을 모으기

배열과 배열 리스트를 훑기 위해 개선된 for 루프를 사용하기

배열과 배열 리스트를 처리하기 위한 공통적 알고리듬을 배우기

2차원 배열을 다루기

내용

여러 값을 모아야 하는 프로그램들이 많이 있다. 자바에서는 이를 위해 배열과 배열 리스트를 사용한다.

배열이 더 간결한 문법을 가지는 반면, 배열 리스트는 스스로 필요한 크기로 조절될 수 있다. 이 장에서는 배열, 배열 리스트 그리고 그들을 처리하기 위한 공통 알고리듬들을 배울 것이다.

6.1 배열

배열 데이타 타입을 소개하면서 이 장을 시작한다. 배열은 여러 값들을 모으기 위한 자바의 기본 메커니즘이다. 다음 절들에서는 배열을 선언하는 방법과 배열 원소에 접근하는 방법을 배운다.

6.1.1 배열을 선언하고 사용하기

다음과 같이 가장 큰 값을 표시하면서, 값 시퀀스를 읽고 출력하는 프로그램을 작성한다고 하자.

```
32
54
67.5
29
35
80
115 <= largest value
44.5
100
65
```

값들을 모두 보기 전까지는 어느 값을 가장 큰 값으로 표시해야 할지 모른다. 마지막 값이 가장 큰 값일 수도 있다. 그러므로, 프로그램은 출력할 수 있기 전에 우선 모든 값을 저장해야 한다.

단순히 각 값을 개별 변수에 저장해도 되겠는가? 만일 열 개의 값들이 존재한다면, 열 개의 변수들 value1, value2, value3, . . . , value10에 저장할 수 있을 것이다. 그러나, 그러한 변수 시퀀스는 실용적이지 않다. 각 변수에 대해 한 번씩, 적지 않은 분량의 코드를 열 번 써야 할 수도 있다. 자바에서는 같은 타입의 값 시퀀스를 저장할 때 **배열**을 사용하면 훨씬 좋다.

다음과 같이 double 타입의 10개의 값들을 저장할 수 있는 배열을 만든다:

```
new double[10]
```

원소 수(여기서는 10)을 배열의 길이라고 부른다.

new 연산자가 배열을 생성한다. 나중에 사용할 수 있기 위해서는 이 배열을 변수에 저장해야 할 것이다.

배열 변수의 타입은 저장될 원소들의 타입이며 []가 붙는다. 이 보기에서는 원소 타입이 double이기 때문에 타입이 double[]이다.

타입이 double[]인 배열 변수의 선언은 다음과 같이 한다(그림 6.1):

배열은 같은 타입의 값 시퀀스를 모은다.

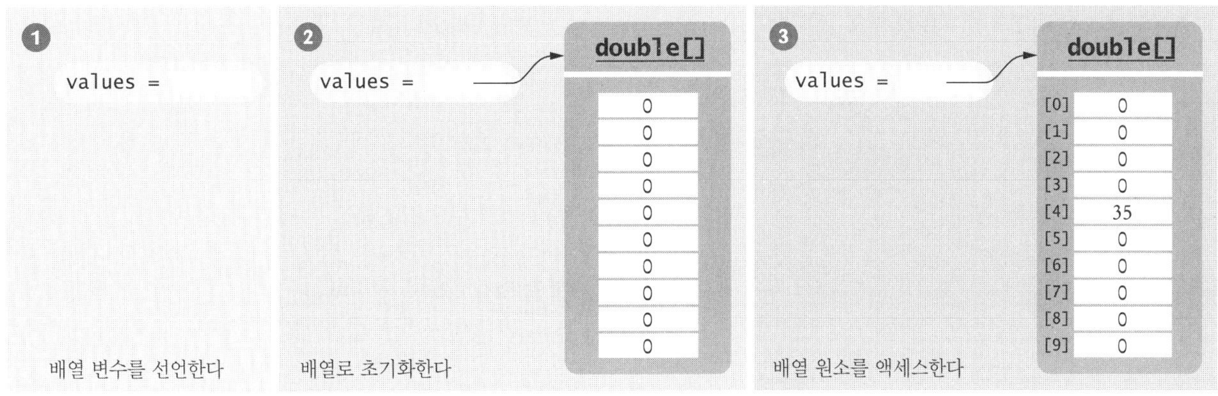

그림 6.1 크기가 10인 배열

```
double[] values;   ❶
```

배열 변수는 선언할 때 초기화 되지 않은 상태이다. 이 변수를 배열로 초기화해야 한다:

```
double[] values = new double[10];   ❷
```

이제 values는 10개의 수들의 배열로 초기화된다. 디폴트로, 이 배열의 각 수는 0이다.

배열을 선언할 때, 초기 값들을 지정할 수 있다. 예:

```
double[] moreValues = { 32, 54, 67.5, 29, 35, 80, 115, 44.5, 100, 65 };
```

초기 값들을 공급할 때는 new 연산자를 사용하지 않는다. 컴파일러가 초기 값들을 세어서 배열의 길이를 계산한다.

배열에 있는 어떤 값을 액세스하려면 어느 "슬롯"을 사용하기를 원하는지 지정해야 한다. 이때 [] 연산자를 사용하면 된다:

> 배열의 개별 원소들은 정수 인덱스 i에 의해 액세스되며, *array*[i]의 표기를 사용한다.

```
values[4] = 35;   ❸
```

이제 values의 4번 슬롯이 35로 채워진다(그림 6.1). 이 "슬롯 번호"를 인덱스라고 부른다. 배열의 각 슬롯은 한 원소를 담는다.

> 배열 원소는 여느 변수처럼 사용될 수 있다.

Values가 double 값들의 배열이므로 각 원소 values[i]는 여느 double 타입 변수와 마찬가지로 사용될 수 있다. 예를 들어 인덱스가 4인 원소를 다음 명령으로 표시할 수 있다:

```
System.out.println(values[4]);
```

여기서 잠깐 자바 배열을 자세히 들여다 보자. 그림 6.1을 자세히 보면, 우리가 values[4]를 바꿨을 때 다섯 번째 원소가 채워졌음을 알 수 있다. 자바에서는 배열 원소들의 번호가 0부터 시작한다. 즉, values 배열의 적법한 원소들은 아래와 같다.

정수 나눗셈과 % 연산자가 페니로 가득한 돼지 저금통의 달러와 센트 금액을 산출해준다.

```
values[0], 첫 번째 원소
values[1], 두 번째 원소
values[2], 세 번째 원소
values[3], 네 번째 원소
```

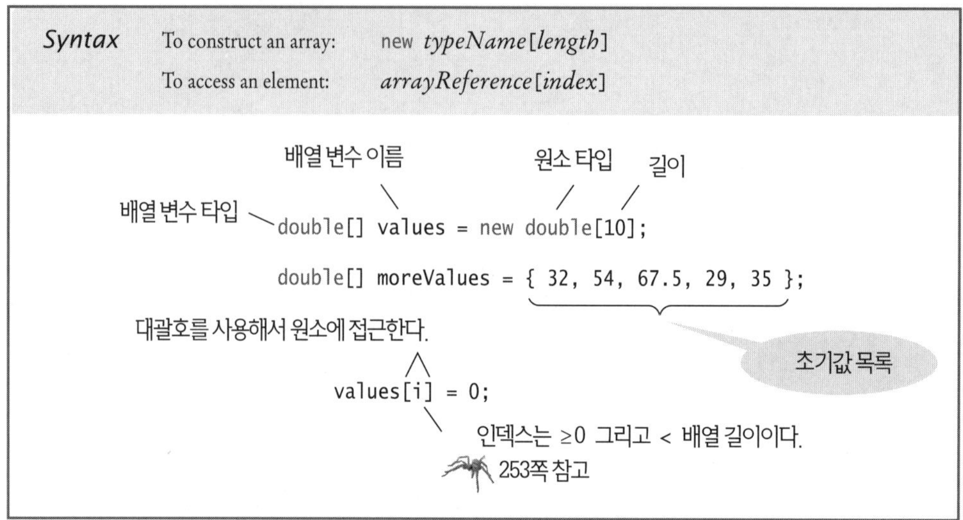

values[4], 다섯 번째 원소

...

values[9], 열 번째 원소

즉, 아래의 선언은 원소가 열 개인 배열을 만든다.

```
double[] values = new double[10];
```

이 배열에서 인덱스는 0에서 9 사이의 정수이다.

인덱스가 유효 범위 안에 들도록 주의해야 한다. 배열에 존재하지 않는 원소에 접근하려는 시도는 심각한 오류를 야기한다. 예를 들어, values에 20개의 원소가 있을 때 values[20]에 접근할 수 없다.

유효 인덱스 범위 내에 있지 않은 원소에 접근하려는 시도를 **경계 오류(bounds error)**라고 부른다. 컴파일러는 이런 오류를 잡아내지 못 한다. 경계 오류가 런 타임에 발생하면 런-타임 예외를 일으킨다.

다음은 아주 흔한 경계 오류이다.

```
double[] values = new double[10];
values[10] = value;
```

원소가 10개인 values에는 values[10]이 존재하지 않는다? 인덱스의 범위는 0에서 9까지이다.

경계 오류를 피하려면, 배열의 원소 수를 알아야 할 것이다. values.length 표현이 values 배열의 길이를 제공한다. length 다음에 소괄호가 없음을 주의한다.

다음 코드는 인덱스 변수 i가 적법한 범위 내에 있을 때만 배열에 접근하게 해준다.

```
if (0 <= i && i < values.length) { values[i] = value; }
```

배열에는 중요한 한계가 있다: 길이가 고정되어 있다. 원소가 열 개인 배열로 시작했는데 나중에 원소를 더 추가해야 한다면, 배열을 새로 만들고 기존 배열의 모든 원소들을 새 배열에 복사해야 한다. 이 과정은 6.3.9절에서 자세히 설명한다.

배열의 모든 원소를 방문하려면 인덱스용 변수를 사용한다. values가 열 개의 원소를

`int [] number = new int [10];`	10개의 정수들의 배열. 모든 원소들은 0으로 초기화된다.
`final int LENGTH = 10;` `int [] numbers = new int [LENGTH]`	"마법수" 대신에 이름이 있는 상수를 사용하는 게 좋다.
`int length = in.nextInt();` `double [] data = new bouble[length];`	길이는 상수일 필요가 없다.
`int [] squares = { 0, 1, 4, 9, 16 } ;`	초기 값이 있는 다섯 개의 정수들의 배열
`String[] friends = { "Emily", "Bob", "Cindy" }`	세 개의 문자열들의 배열
🚫 `double[] data = new int[10];`	**오류**: double[] 변수를 int[] 타입 배열로 초기화할 수 없다.

가지며, 정수 변수 i가 0, 1, 2, . . . , 9로 설정된다고 하자. 그러면 `values[i]` 표현은 각 원소를 차례로 제공한다. 예를 들면, 다음 루프가 `values` 배열의 모든 원소를 표시한다.

```
for (int i = 0; i < 10; i++)
{
    System.out.println(values[i]);
}
```

`values[10]`에 해당하는 원소가 없으므로 루프 조건에서 인덱스가 10보다 작음을 주목한다.

6.1.2 배열 참조

그림 6.1을 자세히 보면 `values` 변수가 아무 숫자도 저장하지 않음을 알 수 있을 것이다. 그 대신에 배열은 다른 곳에 저장되고, `values` 변수는 배열에 대한 참조를 저장한다(참조란 메모리에서의 배열의 위치를 의미한다). 배열의 원소를 액세스할 때 자바가 배열 참조를 사용한다는 사실에 신경 쓸 필요는 없다. 이것은 배열 참조를 복사할 때만 중요하다.

배열 변수를 다른 데에 복사할 때 두 변수가 같은 배열을 가리킨다(그림 6.2):

```
int[] scores = { 10, 9, 7, 4, 5 };
int[] values = scores; // 배열 참조 복사하기
```

> 배열 참조는 배열의 위치를 나타낸다. 참조를 복사하면 같은 배열에 대한 두 번째 참조가 생긴다.

이 배열은 이 변수들 중 아무것에 의해서든 수정 가능하다:

```
scores[3] = 10;
System.out.println(values[3]); // Prints 10
```

배열의 **내용**을 복사하는 방법은 6.3.9절에서 보여준다.

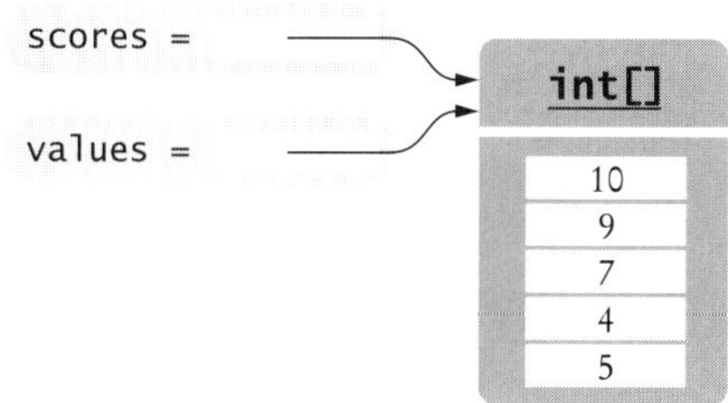

그림 6.2 같은 배열을 참조하는 두 배열 변수들

6.1.3 부분적으로 채워진 배열

부분적으로 채워진 배열을 다룰 때는 얼마나 차 있는지를 기억하고 있어야 한다.

배열은 런 타임 때 크기를 바꾸지 못한다. 이 사실은 몇 개의 원소를 필요로 할지를 미리 알지 못할 때 문제가 된다. 그럴 경우, 저장할 필요가 있는 최대 원소 수를 잘 예측해야 한다. 예를 들어, 어떤 때는 10개를 넘게 저장하겠지만 결코 100개를 넘지는 않을 거라고 판단할 수 있다:

```java
final int LENGTH = 100;
double[] values = new double[LENGTH];
```

대부분의 실행 때, 배열의 일부만이 실제 원소들에 의해 점유될 것이다. 그런 배열을 **부분적으로 채워진 배열**이라고 부른다. 몇 개의 원소가 실제로 사용되는지를 세는 짝 변수(*companion variable*)가 필요하다. 그림 6.3에서는 짝 변수 이름이 currentSize이다.

다음의 루프는 입력을 모아서 values라는 배열을 채운다.

```java
int currentSize = 0;
Scanner in = new Scanner(System.in);
while (in.hasNextDouble())
{
   if (currentSize < values.length)
   {
      values[currentSize] = in.nextDouble();
      currentSize++;
   }
}
```

부분적으로 채워진 배열을 다룰 때는 현재 크기를 위한 짝 변수를 사용한다.

이 루프가 끝났을 때, currentSize는 배열의 실제 원소 수를 포함한다. 짝 변수인 currentSize가 배열 길이에 도달하면, 입력 받기를 중단해야 한다.

```java
for (int i = 0; i < currentSize; i++)
{
   System.out.println(values[i]);
}
```

수집된 배열 원소들을 처리할 때에도, 배열 길이가 아닌 짝 변수를 사용한다. 다음 루프는 부분적으로 채워진 배열을 출력한다.


```java
for (int i = 0; i < currentSize; i++)
{
   System.out.println(values[i]);
}
```


그림 6.3 부분적으로 채워진 배열

1. 맨 처음 다섯 개의 소수를 담는 정수 배열을 선언하라.

2. 배열 primes가 자체검사 1에서 기술된 바와 같이 초기화되었다고 가정하자. 다음 루프를 실행하고 나면 어떻게 바뀌겠는가?

```
for (int i = 0; i < 2; i++)
{
    primes[4 - i] = primes[i];
}
```

3. 배열 primes가 자체검사 1에서 기술된 바와 같이 초기화되었다고 가정하자. 다음 루프를 실행하고 나면 어떻게 바뀌겠는가?

```
for (int i = 0; i < 5; i++)
{
    primes[i]++;
}
```

4. 다음과 같은 선언이 주어졌을 때, 배열 values의 최저 및 최고 유효 인덱스 원소들에 10을 넣기 위한 명령문들을 작성하라.

```
int[] values = new int[10];
```

5. 10개의 String 형 원소들을 담을 수 있는 words라는 배열을 선언하라.

6. 두 개의 문자열 "Yes"와 "No"를 담는 배열을 선언하라.

7. 4.7.5절의 최대값을 찾는 알고리듬과 비슷한 알고리듬으로, 배열의 입력들을 저장하지 않고도 248쪽에 있는 출력을 만들 수 있겠는가?

Practice It   이제 다음 연습문제들에 대해 답할 수 있다: R6.1, R6.2, R6.6, P6.1.

빈번한 오류 6.1

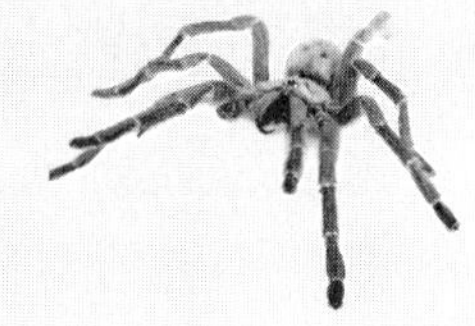

경계 오류

아마도 배열을 사용할 때의 가장 흔한 오류는 존재하지 않는 원소에 대한 접근 시도일 것이다.

```
double[] values = new double[10];
values[10] = 5.4;
```

   // 오류—values는 10개의 원소를 가지며, 첨자는 0부터 9까지이다.

프로그램이 경계 바깥 첨자로 배열에 접근해도 컴파일러 오류 메시지가 나오지 않는다. 그 대신에 프로그램은 런 타임 때 예외를 발생시킬 것이다.

빈번한 오류 6.2

초기화되지 않은 배열

실제 배열이 아닌, 배열 변수에 할당하는 오류가 흔히 발생한다.

```
double[] values;
values[0] = 29.95; // 오류—초기화되지 않은 values
```

자바 컴파일러는 이 오류를 잡아낼 것이다. 대책은 변수를 배열로 초기화하는 것이다:

```
double[] values = new double[10];
```

배열은 같은 의미를 갖는 값들을 저장하기 위한 것이다. 예를 들어, 시험 점수는 배열에 아주 적합하다:

```java
int[] scores = new int[NUMBER_OF_SCORES];
```

그러나 개인의 나이, 은행 잔고, 신발 크기를 0, 1, 2 위치에 저장하는 배열

```java
int[] personalData = new int[3];
```

은 나쁜 설계이다. 어느 데이타 값이 배열의 어느 위치에 저장되어 있는지를 프로그래머가 기억해야 한다면 피곤해질 것이다. 이런 경우에는 세 개의 변수를 따로따로 사용하는 게 훨씬 낫다.

랜덤 팩트 6.1   초창기 인터넷 웜

1988년 11월, 코넬대의 학생 로버트 모리스가 소위 바이러스 프로그램을 퍼뜨려서, 미국 전역의 약 6,000대의 컴퓨터를 감염시켰다. 수만 대의 컴퓨터 사용자들이 그들의 이메일을 읽을 수 없거나 컴퓨터를 사용할 수 없게 되었다. 모든 주요 대학과 많은 하이테크 회사들이 피해를 입었다(그때는 인터넷이 지금보다 훨씬 작았다).

그 공격에 사용된 바이러스 종을 **웜**(worm, 벌레)이라고 부른다. 이 웜 프로그램은 인터넷의 한 컴퓨터에서 다음 컴퓨터로 살금살금 이동한다. 이 웜은 네트웰 상의 특정 컴퓨터에 계좌를 갖고 있는 사용자에 대한 정보를 찾아내기 위한, 유닉스 운영체제의 한 프로그램인 핑거(finger)에 연결을 시도했다. 유닉스의 여느 프로그램들과 마찬가지로, 핑거도 C 언어로 작성되어 있다. 핑거 프로그램은 사용자 이름을 저장하려고 결코 아무도 512자보다 긴 입력을 사용하지 않을 것이라고 가정하고, 길이가 512인 배열을 할당했다. 불행하게도, C는 배열 인덱스가 배열 길이보다 작은지를 검사하지 않는다. 너무 큰 인덱스를 사용해서 배열에 쓰면, 다른 객체에 속하는 메모리 위치에 덮어 쓰게 된다. 어떤 핑거 프로그램 버전에서는 프로그래머가 게을러서 입력 글자들을 저장하는 배열이 입력을 받기에 충분히 큰지를 검사하지 않았다. 그래서 이 웜 프로그램은 의도적으로 512자 배열에 536 바이트를 썼다. 초과 24바이트는 반환 주소를 덮어썼을 것이고, 공격자는 그게 입력 버퍼 바로 다음에 저장되어 있다는 것을 알고 있었다. 그 메소드가 끝났을 때, 호출자에게로 돌아가지 못하고 웜이 제공한 코드로 갔다("버퍼 오버런"공격 그림 참고). 그 코드는 핑거와 같은 상위 사용자 권한을 갖고 실행되었으므로, 원격 시스템에 대해 웜의 입장이 허용되었다. 핑거를 작성한 프로그래머가 도덕심이 있었다면 이러한 공격은 가능하지 않았을 것이다.

C에서처럼, 자바에서 모든 프로그래머는 배열 경계를 넘지 않도록 각별히 유의해야 한다. 그러나, 자바에서는 이 오류가 런-타임 예외를 일으키며, 배열 밖의 메모리를 오염시키지 않는다. 이는 자바의 안전 대책(safety feature)들 중 하나이다.

바이러스 제작자가 수천 대의 컴퓨터에 침입해서 무력화시키는 반사회적 행위를 계획하기 위해 여러 주를 소비해서 얻는 게 무엇일지 당연히 궁금하다. 침입은 제작자에 의해 철저히 의도된 것이나, 컴퓨터의 무력화는 지속적인 재감염으로 야기되는 버그였다. 모리스는 보호 관찰 3년, 사회 봉사 400시간, 벌금 $10,000을 선고 받았다.

근래에는, 컴퓨터 공격이 격렬해졌으며 동기는 더 악랄해졌다. 바이러스가 컴퓨터를 무력화시키는 대신에 경리 정보를 훔치거나, 공격한 컴퓨터로 하여금 스팸 이메일을 보내는 데 악용하기도 한다. 슬프게도, 엉성하게 작성되어 버퍼 오버런(buffer overrun) 오류에 취약한 프로그램들 때문에 그러한 공격들이 아직도 가능하다.

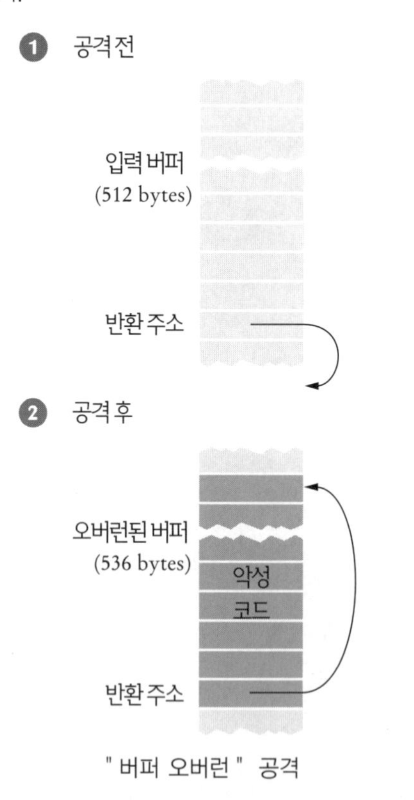

<table>
<tr><td>

개량형 for 루프를 사용해서 배열의 모든 원소를 방문할 수 있다.

</td><td>

배열의 모든 원소를 방문해야 할 때가 있다. 개량형 for 루프가 이 과정을 특히 프로그래밍하기 쉽게 만들어 준다.

다음은 values라는 이름의 배열의 모든 원소들의 합을 계산하기 위해 개량형 for 루프를 사용하는 방법을 보여준다:

```java
double[] values = . . .;
double total = 0;
for (double element : values)
{
    total = total + element;
}
```

이 루프 본체는 values 배열의 각 원소에 대해 실행된다. 루프의 각 반복이 시작될 때 다음 원소가 변수 element에 할당된다. 그러고 나서 루프 본체가 실행된다. 이 루프를 "values의 각 element에 대해"라고 읽는다.

이 루프는 다음의 for 루프와 명시적 인덱스 변수에 대응한다:

```java
for (int i = 0; i < values.length; i++)
{
    double element = values[i];
    total = total + element;
}
```

개량형 for 루프와 기본 for 루프 간의 차이에 주목하라. 개량형 for 루프에서 원소 변수에 values[0], values[1] 등등이 할당된다. 기본 for 루프에서는 인덱스 변수 i에 0, 1 등이 할당된다.

</td></tr>
<tr><td>

루프 본체에서 인덱스 값이 필요하지 않다면 개량형 for 루프를 사용하라.

</td><td>

개량형 for 루프가 모음의 처음부터 끝까지의 원소들을 얻는 것이라는 아주 구체적인 목적을 가짐을 명심하라. 모든 배열 알고리듬에 적합하진 않다. 특히, 개량형 for 루프는 배열 내용의 변경을 허용하지 않는다. 다음 루프는 배열을 0으로 채우지 않는다:

```java
for (double element : values)
{
    element = 0;  // 오류: 이 할당은 배열 원소를 변경하지 않는다.
}
```

루프가 실행될 때 변수 element는 values[0]로 설정된다. 그러고 나서 element는 0으로 설정되고, 그러고 나서 values[1]으로 설정되고, 그러고 나서 0으로 설정되고, 기타 등등이다. values 배열은 변경되지 않는다. 대책은 간단

</td></tr>
<tr><td>

</td><td>

하다: 기본 for 루프를 사용하라:

```java
for (int i = 0; i < values.length; i++)
{
    values[i] = 0; // OK
}
```

</td></tr>
</table>

개량형 for 루프는 집합의 모든 원소들을 훑기 위한 편리한 메커니즘이다.

```
Syntax      for (typeName variable : collection)
            {
                statements
            }
```

이 변수는 루프가 반복될 때마다 설정된다.
이것은 루프 내에서만 정의된다.

배열

```
for (double element : values)
{
    sum = sum + element;
}
```

이 명령문들은 각 원소에 대해 실행된다.

이 변수는 인덱스가 아니라 원소를 담는다.

8. 다음 개량형 for 루프가 하는 일은?

```
int counter = 0;
for (double element : values)
{
    if (element == 0) { counter++; }
}
```

9. 배열 values의 모든 원소를 출력하는 개량형 for 루프를 작성하라.

10. factors라는 이름의 double[] 배열의 모든 원소를 곱하는 개량형 for 루프를 작성하라. 결과는 product란 이름의 변수에 누적시켜라.

11. 개량형 for 루프가 다음의 기본 for 루프에 대해 적합한 간단한 방법이 아닌 이유는?

```
for (int i = 0; i < values.length; i++) { values[i] = i * i; }
```

Practice It   이제 다음의 연습문제들에 대해 답할 수 있다: R6.7, R6.8, R6.9.

6.3 공통적 배열 알고리듬

다음 절들에서는 배열을 다루기 위한 가장 공통적인 알고리듬들을 다룬다. 일부 채워진 배열을 사용할 때는 values.length를 배열의 현재 크기를 나타내는 짝 변수로 교체하는 것을 잊지 말도록 한다.

6.3.1 채우기

다음 루프는 배열을 제곱(0, 1, 4, 9, 16, . . .)으로 채운다. 인덱스가 0인 원소는 0^2, 인덱스가 1인 원소는 1^2, 기타 등등이다.

```
for (int i = 0; i < values.length; i++)
{
    values[i] = i * i;
}
```

이미 4.7.1절에서 이 알고리듬을 봤다. 배열에서 값들을 찾아낸다면 코드가 훨씬 더 단순해진다:

```java
double total = 0;
for (double element : values)
{
   total = total + element;
}
double average = 0;
if (values.length > 0) { average = total / values.length; }
```

6.3.3 최대 및 최소

이미 본 가장 큰 원소를 위한 변수를 관리하는 4.7.5절의 알고리듬을 사용하자. 다음은 그 알고리듬을 배열용으로 구현한 것이다:

```java
double largest = values[0];
for (int i = 1; i < values.length; i++)
{
   if (values[i] > largest)
   {
      largest = values[i];
   }
}
```

`largest`를 `values[0]`으로 초기화하기 때문에 루프가 1에서 시작하는 것에 주의한다.

가장 작은 원소를 계산하기 위해서는 비교를 반대로 한다.

이 알고리듬들은 배열에 적어도 한 개의 원소를 필요로 한다.

6.3.4 원소 분리자

원소들을 분리할 때 첫 원소 앞에는 분리자를 넣지 말라.

배열의 원소들을 표시할 때, 우리는 보통 다음과 같이 쉼표나 수직선을 사용해서 분리한다:

```
32 | 54 | 67.5 | 29 | 35
```

분리자의 수가 분리 대상보다 한 개 적다는 사실을 주목한다. 다음과 같이 시퀀스의 첫 원소(인덱스가 0)를 뺀 각 원소 앞에 분리자를 찍는다:

```java
for (int i = 0; i < values.length; i++)
{
   if (i > 0)
   {
      System.out.print(" | ");
   }
   System.out.print(values[i]);
}
```

쉼표 분리자를 원한다면, `Arrays.toString` 메소드를 사용할 수 있다. 표현

```java
Arrays.toString(values)
```

는 배열 `values`의 내용을 기술하는 문자열을 다음 형태로 반환한다:

```
[32, 54, 67.5, 29, 35]
```

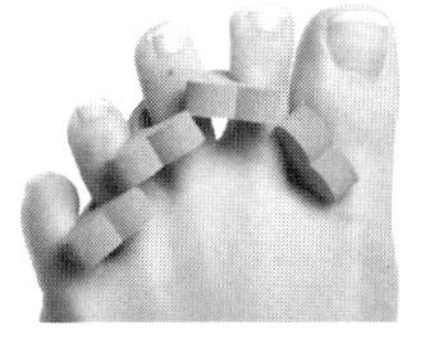

다섯 원소를 출력하려면 네 개의 분리자가 필요하다.

원소들이 대괄호로 둘러싸이며, 쉼표에 의해 분리된다. 이 메소드는 디버깅에 편리하다:

```java
System.out.println("values=" + Arrays.toString(values));
```

6.3.5 선형 탐색

특정 원소를 검색하기 위해서 원소들을 방문하고, 찾는 것이 발견되면 정지한다.

특정 원소를 교체 또는 제거하기 위해 그 원소의 위치를 찾아야 할 때가 있다. 매치되는 것을 발견하거나 배열의 끝에 도달할 때까지 원소들을 방문한다. 여기에서는 배열에서 값이 100인 맨 처음 원소의 위치를 검색한다:

```java
int searchedValue = 100;
int pos = 0;
boolean found = false;
while (pos < values.length && !found)
{
   if (values[pos] == searchedValue)
   {
      found = true;
   }
   else
   {
      pos++;
   }
}
if (found) { System.out.println("Found at position: " + pos); }
else { System.out.println("Not found"); }
```

선형 탐색은 찾는 것이 발견될 때까지 원소들을 순서대로 검색한다.

원소들을 순서대로 검사하기 때문에 이 알고리듬을 **선형 탐색** 또는 순차적 탐색이라고 부른다. 배열이 정렬되어 있다면, 더 효율적인 이진 탐색 알고리듬(265쪽의 특강 6.2 참고)을 사용할 수 있다.

6.3.6 원소 제거하기

인덱스가 pos인 원소를 values 배열로부터 제거하려고 한다고 하자. 6.1.3절의 설명에서와 같이, 배열의 원소 수를 추적하기 위한 짝 변수가 필요하다. 이 보기에서는 currentSize라고 부르는 짝 변수를 이용한다.

만일 배열의 원소들이 정렬되어 있지 않다면, 제거될 원소를 배열의 마지막 원소로 덮어쓰고, currentSize 변수를 감소시킨다(그림 6.4)

```java
values[pos] = values[currentSize - 1];
currentSize--;
```

이 상황은 원소들의 순서가 문제가 되는 경우에는 더 복잡해진다. 그런 경우, 제거될 원소 다음에 있는 원소들을 하나 더 낮은 인덱스로 이동시키고, 배열의 크기를 담고 있는 변수를 감소시켜야 한다(그림 6.5):

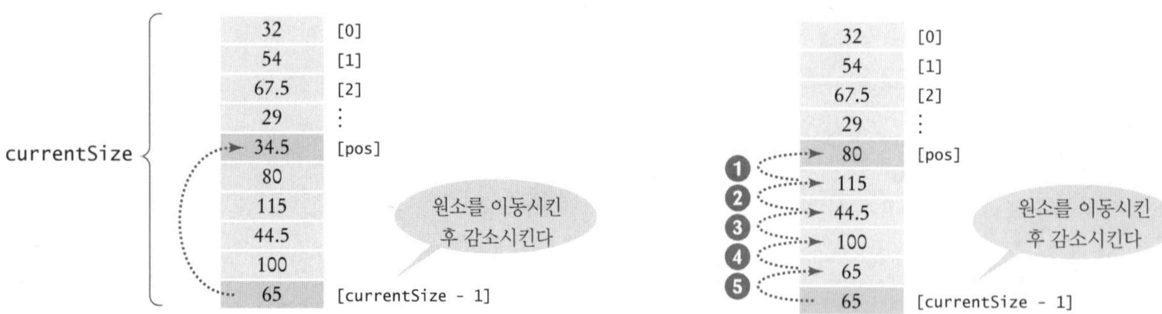

그림 6.4 정렬되지 않은 배열의 원소를 제거하기

그림 6.5 정렬된 배열의 원소를 제거하기

```java
for (int i = pos + 1; i < currentSize; i++)
{
   values[i - 1] = values[i];
}
currentSize--;
```

6.3.7 원소 삽입하기

이 절에서는 원소를 배열에 삽입하는 방법을 본다. 6.1.3절에서 설명했듯이, 배열 크기를 추적하기 위한 짝 변수가 필요하다.

원소들의 순서가 문제 되지 않으면, 새 원소를 단순히 맨 끝에 삽입하고, 크기를 추적하는 변수를 증가시키면 된다.

```java
if (currentSize < values.length)
{
   currentSize++;
   values[currentSize - 1] = newElement;
}
```

배열 중간의 특정 위치에 원소를 삽입하는 것은 더 복잡하다. 우선, 삽입 위치 위의 모든 원소들을 하나 더 높은 인덱스로 옮긴다. 그런 다음, 새 원소를 삽입한다(그림 6.7).

원소를 삽입하기 전에 마지막 원소부터 시작해서, 원소들을 배열의 끝 쪽으로 이동시킨다.

이동 순서를 주목한다: 원소를 제거할 때는 배열의 끝에 도달할 때까지, 우선 그 다음 원소부터 하나씩 더 낮은 인덱스로 옮긴다. 원소를 삽입할 때는 배열의 끝에서부터 시작해서 삽입 위치에 도달할 때까지, 원소들을 하나씩 더 높은 인덱스로 옮긴다.

```java
if (currentSize < values.length)
{
   currentSize++;
   for (int i = currentSize - 1; i > pos; i--)
   {
      values[i] = values[i - 1];
   }
   values[pos] = newElement;
}
```

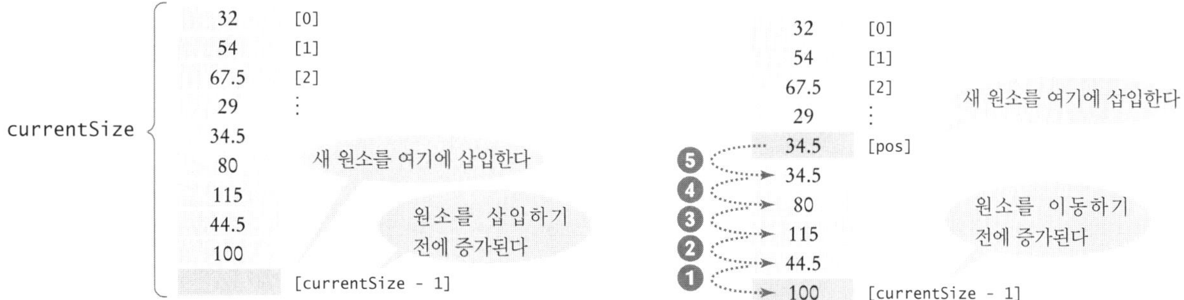

그림 6.6 정렬되지 않은 배열에 원소를 삽입하기

그림 6.7 정렬된 배열에 원소를 삽입하기

6.3.8 원소 교환하기

배열의 원소들을 교환(swap)해야 할 때가 있다. 예를 들어, 정렬되지 않은 배열의 원소들을 반복적으로 교환해서 배열을 정렬(sort)시킬 수 있다.

배열 values의 위치 i와 j에 있는 원소들을 교환하는 작업을 고려하자. values[j]를 values[i]에 넣으려 한다. 그러나 values[i]에 지금 저장되어 있는 값을 덮어 쓰게 되므로, 우선 저장해야 한다:

```
double temp = values[i];
values[i] = values[j];
```


이제 values[j]를 저장된 값으로 설정할 수 있다:

```
values[j] = temp;
```

그림 6.8이 이 과정을 보여준다.

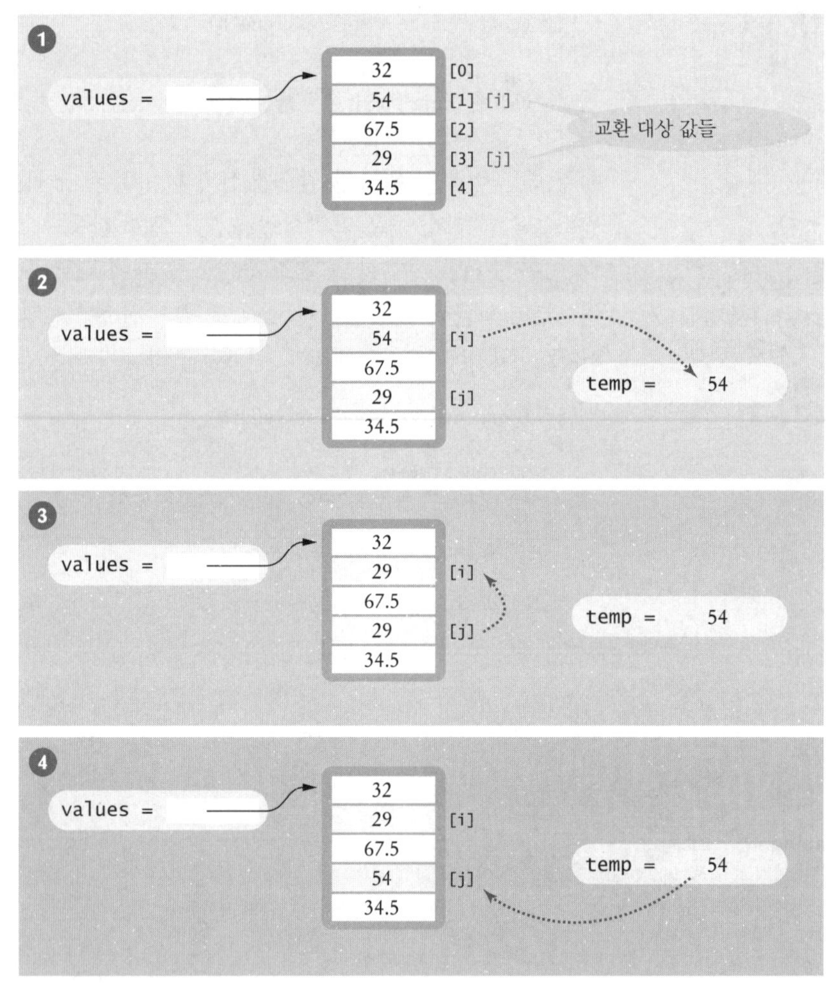

그림 6.8 배열 원소 교환하기

6.3.9 배열 복사하기

배열 변수 자체는 배열 원소를 담고 있지 않다. 배열 변수는 실제 배열에 대한 참조를 담고 있다. 참조를 복사하면, 같은 배열에 대한 또 다른 참조를 얻게 된다(그림 6.9):

```
double[] values = new double[6];
. . . // 배열을 채운다
```

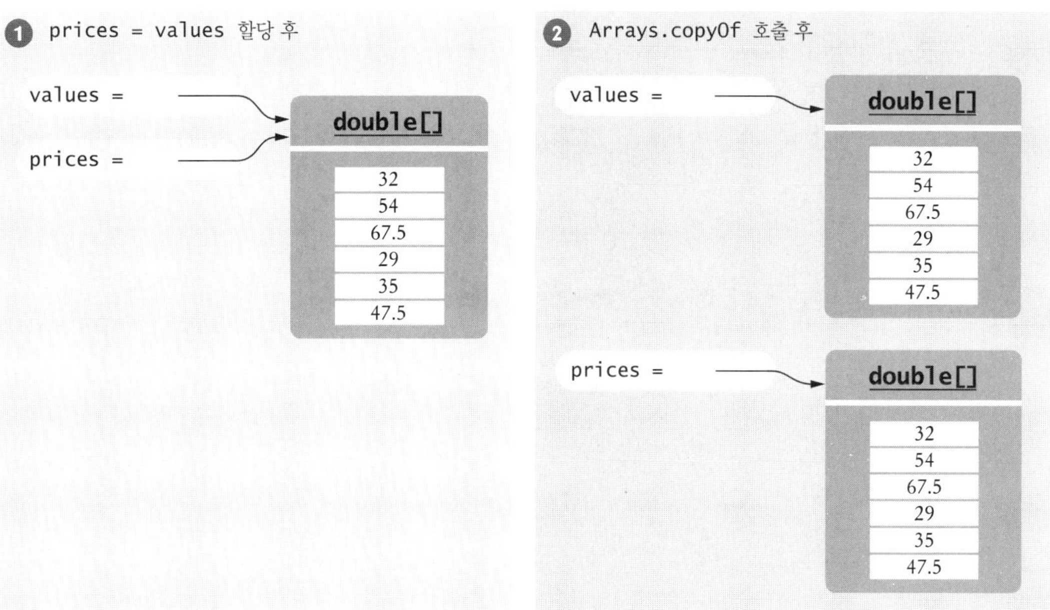

그림 6.9 배열 참조 복사 대 배열 복사

```
double[] prices = values;  ❶
```

실제 배열을 복사하려면 Arrays.copyOf 메소드를 호출한다(그림 6.9에서와 같이):

```
double[] prices = Arrays.copyOf(values, values.length);  ❷
```

Arrays.copyOf(values, n) 호출은 길이가 n인 배열을 할당하고, values의 처음 n 개의 원소들(또는 n > values.length이면 전체 values배열)을 거기에 복사하고, 새 배열을 반환한다.

Array 클래스를 사용하려면 프로그램의 맨 위에 다음 명령문을 추가해야 한다:

```
import java.util.Arrays;
```

Arrays.copyOf의 다른 용도는 공간이 부족한 배열을 키우는 것이다. 다음 명령문들은 배열의 길이를 두 배로 만드는 효과가 있다(그림 6.10):

```
double[] newValues = Arrays.copyOf(values, 2 * values.length);  ❶
values = newValues;  ❷
```

copyOf 메소드는 Java 6에서 추가 되었다. Java 5를 사용하고 있다면

```
double[] newValues = Arrays.copyOf(values, n)
```

를

```
double[] newValues = new double[n];
for (int i = 0; i < n && i < values.length; i++)
{
   newValues[i] = values[i];
}
```

로 교체하라.

배열의 원소들을 새 배열에 복사하려면, Arrays.copyOf 메소드를 사용한다.

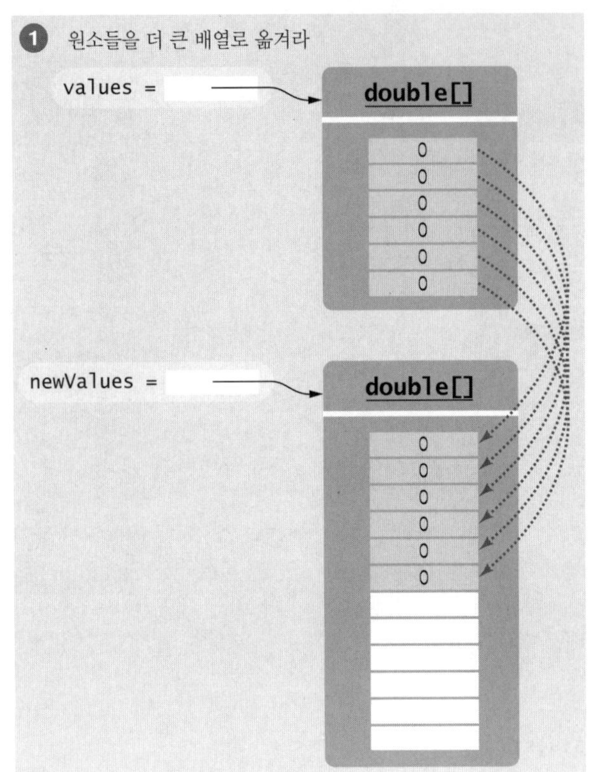

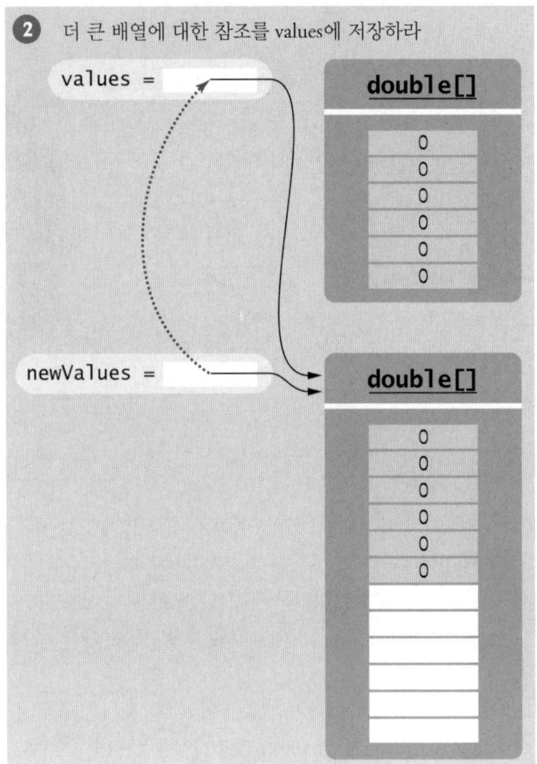

그림 6.10 배열 키우기

6.3.10 입력 읽기

사용자가 몇 개의 입력 값을 공급할지를 알고 있다면, 그들을 배열에 넣는 일은 간단하다:

```java
double[] inputs = new double[NUMBER_OF_INPUTS];
for (i = 0; i < inputs.length; i++)
{
    inputs[i] = in.nextDouble();
}
```

그러나, 이 기법은 임의의 개수의 입력을 읽어야 할 때는 통하지 않는다. 그런 경우에는 입력의 끝에 도달할 때까지 배열에 값들을 추가한다:

```java
int currentSize = 0;
while (in.hasNextDouble() && currentSize < inputs.lei
{
    inputs[currentSize] = in.nextDouble();
    currentSize++;
}
```

이제 inputs는 부분적으로 채워진 배열이며, 그의 짝 변수인 currentSize는 입력 개수로 설정되어 있다.

그런데, 이 루프는 배열에 들어가지 않는 입력들을 아무런 경고도 없이 버린다. 더 나은 접근법은 모든 입력을 담을 수 있도록 배열을 키우는 것이다.

```java
double[] inputs = new double[INITIAL_SIZE];
int currentSize = 0;
while (in.hasNextDouble())
{
    // Grow the array if it has been completely filled
    if (currentSize >= inputs.length)
```

```java
      {
         inputs = Arrays.copyOf(inputs, 2 * inputs.length); // Grow the inputs array
      }

      inputs[currentSize] = in.nextDouble();
      currentSize++;
   }
```

그런 다음, 잉여(채워지지 않은) 원소들을 버릴 수 있다:

```java
inputs = Arrays.copyOf(inputs, currentSize);
```

다음 프로그램이 위 알고리듬들을 이용해서, 이 장을 시작할 때 제시된, 입력 시퀀스의 최대값을 표시하는 문제를 해결한다.

section_3/LargestInArray.java

```java
 1  import java.util.Scanner;
 2
 3  /**
 4     This program reads a sequence of values and prints them, marking the largest value.
 5  */
 6  public class LargestInArray
 7  {
 8     public static void main(String[] args)
 9     {
10        final int LENGTH = 100;
11        double[] values = new double[LENGTH];
12        int currentSize = 0;
13
14        // Read inputs
15
16        System.out.println("Please enter values, Q to quit:");
17        Scanner in = new Scanner(System.in);
18        while (in.hasNextDouble() && currentSize < values.length)
19        {
20           values[currentSize] = in.nextDouble();
21           currentSize++;
22        }
23
24        // Find the largest value
25
26        double largest = values[0];
27        for (int i = 1; i < currentSize; i++)
28        {
29           if (values[i] > largest)
30           {
31              largest = values[i];
32           }
33        }
34
35        // Print all values, marking the largest
36
37        for (int i = 0; i < currentSize; i++)
38        {
39           System.out.print(values[i]);
40           if (values[i] == largest)
41           {
42              System.out.print(" <== largest value");
43           }
44           System.out.println();
45        }
46     }
47  }
```

```
Please enter values, Q to quit:
34.5 80 115 44.5 Q
34.5
80
115 <== largest value
44.5
```

12. 입력이 다음과 같을 때 largest.InArray 프로그램의 출력은?

    20 10 20 Q

13. 배열의 0인 원소 수를 세는 루프를 작성하라.

14. 배열의 최대 값을 찾는 알고리듬을 고려하자. largest와 i를 다음과 같이 0으로 초기화하지 않는 이유는?

```java
double largest = 0;
for (int i = 0; i < values.length; i++)
{
   if (values[i] > largest)
   {
      largest = values[i];
   }
}
```

15. 분리자들을 인쇄할 때, 맨 앞 원소 앞의 분리자를 생략했었다. 마지막 원소를 제외하고, 각 원소 다음에 분리자가 인쇄되도록 루프를 재작성하라.

16. 분리자를 사용해서 배열을 인쇄하기 위한 다음 명령문들의 문제점은?

```java
System.out.print(values[0]);
for (int i = 1; i < values.length; i++)
{
   System.out.print(", " + values[i]);
}
```

17. 매치(일치하는 것)의 위치를 검색할 때, for 루프 말고 while 루프를 사용했었다. 다음과 같이 for 루프를 사용할 때의 문제점은?

```java
for (pos = 0; pos < values.length && !found; pos++)
{
   if (values[pos] > 100)
   {
      found = true;
   }
}
```

18. 배열에 원소를 삽입할 때, 배열의 끝에서 시작해서 원소들을 더 큰 인덱스 값으로 옮겼었다. 다음과 같이 삽입 위치에서 시작하면 안 되는 이유는?

```java
for (int i = pos; i < currentSize - 1; i++)
{
   values[i + 1] = values[i];
}
```

Practice It　　이제 다음 연습문제들에 대해 답할 수 있다: R6.17, R6.20, P6.15.

데이타 집합의 크기를 과소 평가하기

의심할 여지가 없어 보이는 프로그램에 사용자가 들이 부을 입력 데이타 량을 프로그래머들은 종종 과소 평가한다. 파일에서 텍스트를 찾는 프로그램을 작성한다고 하자. 우리는 각 줄을 문자열에 저장하고, 문자열 배열을 유지한다. 이 배열을 얼마나 크게 만들 것인가? 아무도 이 프로그램에 100줄이 넘는 입력을 사용하지는 않을 것이다. 정말로 그런가? '이상한 나라의 앨리스' 나 '전쟁과 평화' 의 전문(인터넷에서 구할 수 있다)을 입력하기란 매우 쉽다. 갑자기 우리의 프로그램이 수만 또는 수십만 줄을 감당해야 한다. 우리는 대규모 입력을 허용하든가, 아니면 과도한 입력은 정중하게 거절해야 한다.

자바 라이브러리로 정렬하기

배열을 효율적으로 정렬하는 것은 간단한 작업이 아니다. 14장에서 효율적인 정렬 알고리듬을 구현하는 방법을 배울 것이다. 다행히 자바 라이브러리가 효율적인 sort 메소드를 제공한다.

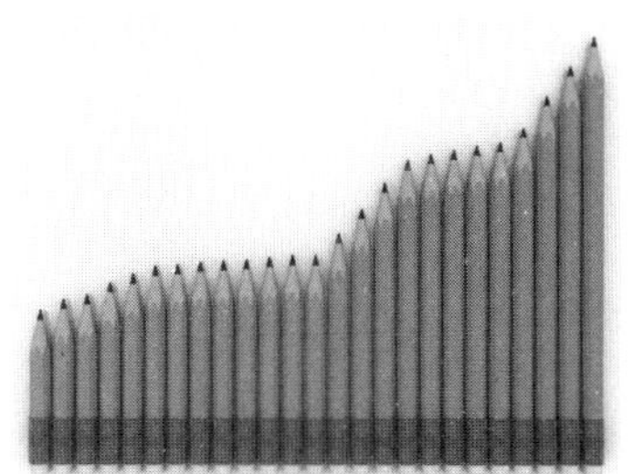

배열 values를 정렬하려면

```
Arrays.sort(values);
```

를 호출한다. 만일 배열이 부분적으로 채워져 있다면,

```
Arrays.sort(values, 0, currentSize);
```

를 호출한다.

이진 탐색

배열이 정렬되어 있을 때, 6.3.5절의 선형 탐색보다 훨씬 더 빠른 탐색 알고리듬이 있다.
다음의 정렬된 배열 values를 고려하자.

```
[0] [1] [2] [3] [4] [5] [6] [7]
 1   5   8   9  12  17  20  32
```

15란 수가 이 배열에 있는지를 알고 싶다. 이 수가 배열의 전반 또는 후반부에 있는지를 확인해서 탐색 범위를 좁히자. values 배열의 전반부의 마지막 점인 values[3]가 9로서, 우리가 찾는 수보다 작다. 따라서, 매치를 찾기 위해 배열의 후반부, 즉, 시퀀스

```
[0] [1] [2] [3] [4] [5] [6] [7]
 1   5   8   9  12  17  20  32
```

에서 찾아야 한다. 이제 이 시퀀스의 전반부의 마지막 원소는 17이다; 따라서, 이 수는 시퀀스

```
[0] [1] [2] [3] [4] [5] [6] [7]
 1   5   8   9  12  17  20  32
```

안에 있어야 한다. 아주 짧은 이 시퀀스의 전반부의 마지막 원소는 12로서, 찾는 수보다 작으므로, 후반부를 들여다봐야 한다:

```
[0] [1] [2] [3] [4] [5] [6] [7]
 1   5   8   9  12  17  20  32
```

15 ≠ 17이므로 아직 매치를 찾지 못했으며, 이 시퀀스는 더 이상 나뉠 수 없다. 만일 15를 이 시퀀스에 삽입하기를 원한다면, values[5]의 바로 앞에 삽입해야 한다.

각 단계에서 탐색 범위를 반으로 자르므로, 이 탐색을 **이진 탐색(binary search)**이라고 부른다. 이렇게 반으로 잘라서 해결되는 이유는 이 배열이 정렬되어 있기 때문이다. 자바로 구현하면 다음과 같다.

```java
boolean found = false;
int low = 0;
int high = values.length - 1;
int pos = 0;
while (low <= high && !found)
{
   pos = (low + high) / 2; // Midpoint of the subsequence
   if (values[pos] == searchedNumber) { found = true; }
   else if (values[pos] < searchedNumber) { low = pos + 1; } // Look in second half
   else { high = pos - 1; } // Look in first half
}
if (found) { System.out.println("Found at position " + pos); }
else { System.out.println("Not found. Insert before position " + pos); }
```

6.4 메소드에 배열 사용하기

이 절에서는 배열을 처리하는 메소드를 작성하는 방법을 알아본다.

배열 인자를 갖는 메소드를 정의할 때는 배열을 위한 파라미터 변수를 제공한다. 예를 들어, 다음 메소드는 부동 소수점 수들의 배열의 합을 계산한다:

```java
public static double sum(double[] values)
{
   double total = 0;
   for (double element : values)
   {
      total = total + element;
   }
   return total;
}
```

이 메소드는 배열 원소들을 방문하지만, 변경하지는 않는다. 배열의 원소들을 변경하는 것은 물론 가능하다. 다음 메소드는 배열의 모든 원소들을 주어진 계수로 곱한다:

```java
public static void multiply(double[] values, double factor)
{
   for (int i = 0; i < values.length; i++)
   {
      values[i] = values[i] * factor;
   }
}
```

그림 6.11은 메소드 호출

```java
multiply(scores, 10);
```

을 추적한다. 다음 단계들을 주목한다:

- 파라미터 변수들인 values와 factor가 생성된다. ❶
- 파라미터 변수들이 호출 때 전달된 인자들로 초기화 된다. 이 경우에 values는 scores로 설정되며 factor는 10으로 설정된다. values와 scores가 같은 배열에 대한 참조임을 주목한다. ❷

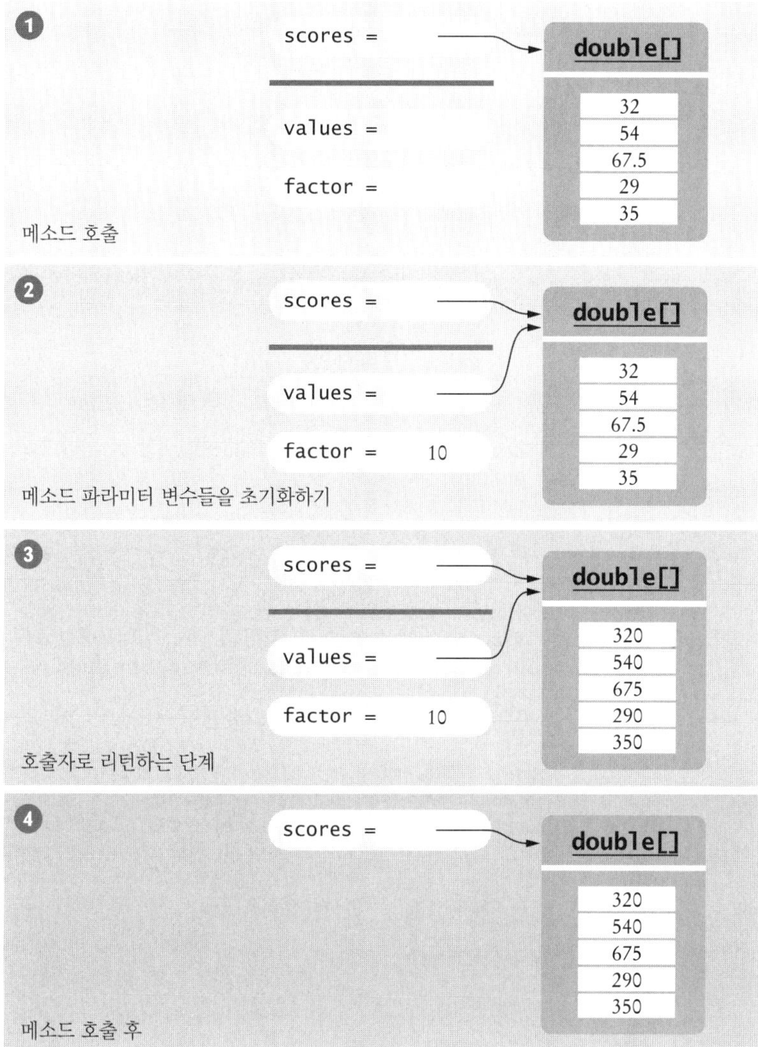

그림 6.11 `multiply` 메소드의 호출을 추적하기

- 메소드가 모든 배열 원소들을 10으로 곱한다. ❸
- 메소드가 리턴한다. 메소드의 파라미터 변수들이 제거된다. 그러나 `scores`는 여전히 원소들이 수정된 배열을 가리킨다. ❹

메소드는 배열을 반환할 수 있다. 단순히 메소드에서 결과를 만들고, 그를 반환한다. 이 보기에서 `squares` 메소드가 0^2 부터 $(n-1)^2$까지의 제곱 배열을 반환한다:

```java
public static int[] squares(int n)
{
   int[] result = new int[n];
   for (int i = 0; i < n; i++)
   {
      result[i] = i * i;
   }
   return result;
}
```

다음 보기 프로그램은 표준 입력으로부터 값들을 읽고, 10으로 곱하고, 그 결과를 역순으로 출력한다. 이 프로그램은 세 개의 메소드를 사용한다:

- `readInputs` 메소드는 6.3.10절의 알고리듬을 이용해서 배열을 반환한다.

- `multiply` 메소드는 배열 인자를 가진다. 이것은 배열 원소들을 변경한다.

- `printReversed` 메소드도 배열 인자를 가지나, 배열 원소들을 변경하지 않는다.

section_4/Reverse.java

```java
import java.util.Scanner;

/**
   This program reads, scales, and reverses a sequence of numbers.
*/
public class Reverse
{
   public static void main(String[] args)
   {
      double[] numbers = readInputs(5);
      multiply(numbers, 10);
      printReversed(numbers);
   }

   /**
      Reads a sequence of floating-point numbers.
      @param numberOfInputs the number of inputs to read
      @return an array containing the input values
   */
   public static double[] readInputs(int numberOfInputs)
   {
      System.out.println("Enter " + numberOfInputs + " numbers: ");
      Scanner in = new Scanner(System.in);
      double[] inputs = new double[numberOfInputs];
      for (int i = 0; i < inputs.length; i++)
      {
         inputs[i] = in.nextDouble();
      }
      return inputs;
   }

   /**
      Multiplies all elements of an array by a factor.
      @param values an array
      @param factor the value with which element is multiplied
   */
   public static void multiply(double[] values, double factor)
   {
      for (int i = 0; i < values.length; i++)
      {
         values[i] = values[i] * factor;
      }
   }

   /**
      Prints an array in reverse order.
      @param values an array of numbers
      @return an array that contains the elements of values in reverse order
   */
   public static void printReversed(double[] values)
   {
      // Traverse the array in reverse order, starting with the last element
      for (int i = values.length - 1; i >= 0; i--)
      {
         System.out.print(values[i] + " ");
      }
      System.out.println();
   }
}
```

```
Enter 5 numbers:
12 25 20 0 10
100.0 0.0 200.0 250.0 120.0
```

19. 처음 다섯 개의 제곱을 계산하고, 그 결과를 배열 numbers에 저장하는 squares 메소드는 어떻게 호출하는가?

20. 주어진 값으로 정수 배열의 모든 원소를 채우는 메소드 fill을 작성하라. 예를 들면 호출 fill(scores, 10)은 배열 scores의 모든 원소를 값 10으로 채운다.

21. 다음 메소드의 목적을 기술하라:

```java
public static int[] mystery(int length, int n)
{
   int[] result = new int[length];
   for (int i = 0; i < result.length; i++)
   {
      result[i] = (int) (n * Math.random());
   }
   return result;
}
```

22. 배열을 역순으로 바꾸는 다음 메소드를 고려하자:

```java
public static int[] reverse(int[] values)
{
   int[] result = new int[values.length];
   for (int i = 0; i < values.length; i++)
   {
      result[i] = values[values.length - 1 - i];
   }
   return result;
}
```

reverse 메소드가 수 1, 4, 9를 포함하는 배열 scores로 호출된다고 하자. 메소드 호출 후의 scores의 내용은?

23. 값 1, 4, 9를 포함하는 배열로 호출될 때, reverse 메소드의 추적 다이어그램을 제공하라.

Practice It 이제 다음 연습문제들에 대해 답할 수 있다: R6.25, P6.6, P6.7.

특강 6.3

파라미터 수가 가변적인 메소드

Java 버전 5.0부터는 파라미터 수를 가변적으로 받게 메소드를 선언하는 게 가능하다. 예를 들면, 임의의 수의 인자들의 합을 계산할 수 있는 sum 메소드를 작성할 수 있다:

```java
int a = sum(1, 3); // Sets a to 4
int b = sum(1, 7, 2, 9); // Sets b to 19
```

이 변경된 sum 메소드는 다음과 같이 선언되어야 한다:

```java
public static void sum(int... values)
```

기호 ...은 메소드가 임의의 개수의 인자를 받을 수 있음을 나타낸다. values 파라미터 변수는

실제로는 메소드에 전달된 모든 인자들을 포함하는 int [] 배열이다. 이 메소드 구현은
values 배열을 훑고 원소들을 처리한다:

```java
public void sum(int... values)
{
   int total = 0;
   for (int i = 0; i < values.length; i++) // values is an int[]
   {
      total = total + values[i];
   }
   return total;
}
```

6.5 문제 해결하기: 알고리듬 적용하기

6.3절에서 여러 가지 기본적인 알고리듬들이 소개되었다. 그 알고리듬들이 배열을 처리하는 많은 프로그램들을 위한 빌딩 블록들을 형성한다. 일반적으로, 자신이 결합하고 적응시킬 수 있는 다양한 알고리듬을 갖고 있는 것은 좋은 문제 해결 전략이다.

보기 문제를 고려해보자: 학생들의 퀴즈 점수가 주어졌다. 최저 점수를 제외한 점수들의 합으로 최종 퀴즈 점수를 계산해야 한다. 예를 들어, 점수가

   8   7   8.5   9.5   7   4   10

이면 최종 점수는 50이다.

우리는 이 경우를 위한 기존 알고리듬을 갖고 있지 않다. 그 대신에 어떤 알고리듬들이 결합될 수 있겠는지 고찰해보자. 다음과 같은 것들이 포함된다.

- 합을 계산하기(6.3.2절)
- 최소값 찾아내기(6.3.3절)
- 한 원소를 제거하기(6.3.6절)

이 알고리듬들을 결합하는 공략 작전을 세울 수 있다:

Find the minimum.
Remove it from the array.
Calculate the sum.

이를 우리 예제에 대해 시도해보자. 다음

	[0]	[1]	[2]	[3]	[4]	[5]	[6]
	8	7	8.5	9.5	7	4	10

의 최소는 4이다. 이것을 어떻게 제거하나?

이것이 문제이다. 6.3.6절의 제거 알고리듬은 제거될 원소를 원소의 값이 아닌 위치에 의해 파악한다.

그런데 우리는 그를 위한 또 다른 알고리듬을 갖고 있다:

- 선형 탐색(6.3.5절)

우리의 공략 작전을 고칠 필요가 있다:

```
Find the minimum value.
Find its position.
Remove that position from the array.
Calculate the sum.
```

이렇게 하면 될까? 우리의 보기에 대해 계속해보자.

최소값이 4임을 알아냈다. 선형 탐색은 값 4가 위치 5에 있음을 알려준다.

[0] [1] [2] [3] [4] [5] [6]
8 7 8.5 9.5 7 4 10

그것을 제거한다:

[0] [1] [2] [3] [4] [5]
8 7 8.5 9.5 7 10

끝으로, 합을 계산한다: $8 + 7 + 8.5 + 9.5 + 7 + 10 = 50$.

이 추적은 우리의 전략이 통함을 보여준다.

더 잘 할 수도 있을까? 최소값을 찾아내고, 그 위치를 얻기 위해 배열을 또 한번 훑어야 하는 것은 약간 비효율적이다.

최소값을 찾는 알고리듬을 최소값의 위치를 얻도록 바꿀 수 있다. 다음은 오리지널 알고리듬이다.


```java
double smallest = values[0];
for (int i = 1; i < values.length; i++)
{
   if (values[i] < smallest)
   {
      smallest = values[i];
   }
}
```

우리는 최소값을 찾을 때, 위치도 갱신하기를 원한다:

```java
if (values[i] < smallest)
{
   smallest = values[i];
   smallestPosition = i;
}
```

사실은, 그렇게 한다면 더 이상 최소값을 따로 추적해야 할 이유가 없다. 최소값은 단순히 values[smallestPosition]이다. 이것을 간파했으면, 알고리듬을 다음과 같이 적응시킬 수 있다:

```java
int smallestPosition = 0;
for (int i = 1; i < values.length; i++)
{
   if (values[i] < values[smallestPosition])
   {
      smallestPosition = i;
   }
}
```

이렇게 적응시키면, 우리의 문제는 다음 전략으로 해결된다:


```
Find the position of the minimum.
Remove it from the array.
Calculate the sum.
```

다음 절은 기본 알고리듬들 중 아무것도 작업에 적용될 수 없을 때, 새로운 알고리듬을 찾아내는 기술을 보여준다.

24. 6.3.6절에는 한 원소를 제거하는 두 알고리듬이 있다. 이 절에서 기술된 작업을 해결하기 위해 둘 중 어느 알고리듬을 사용해야 하는가?

25. 전체 점수를 계산하는 데 최소값을 제거하는 것은 사실상 필요하지 않다. 대안을 설명하라.

26. 4.7절의 알고리듬들 중 하나 또는 그 이상을 사용해서, 주어진 배열의 양과 음 값들의 개수를 출력하는 방법을 설명하라.

27. 배열의 모든 양 값들을 쉼표로 구분해서 출력하는 방법은?

28. 배열의 모든 매치를 모으기 위한 다음 알고리듬을 고려하자.

```
int matchesSize = 0;
for (int i = 0; i < values.length; i++)
{
    if (values[i] fulfills the condition)
    {
        matches[matchesSize] = values[i];
        matchesSize++;
    }
}
```

이 알고리듬이 자체검사 27에 어떻게 도움이 되는가?

Practice It 이제 다음 연습문제들에 대해 답할 수 있다: R6.26, R6.27.

프로그래밍 팁 6.2   예외 보고 읽기 ●

가끔 프로그램이 다음과 같이 "예외"를 보고하면서 종료될 때가 있다.

```
Exception in thread "main" java.lang.ArrayIndexOutOfBoundsException: 10
    at Homework1.processValues(Homework1.java:14)
    at Homework1.main(Homework1.java:36)
```

이걸 보면 많은 학생들이 에러 메시지를 읽어보려 하지도 않고, "동작 안 해" 또는 "프로그램이 죽었어"라며 포기해버린다. 인정하는데, 예외 보고 포맷은 별로 친절해 보이지 않다. 그렇지만 조금만 연습하면 해독하기가 쉬워진다.

두 가지 유용한 정보가 포함되어 있다:

1. 예외의 이름(예: ArrayIndexOutOfBoundsException)
2. 스택 트레이스, 즉, 예외를 일으킨 메소드 호출(예: 이 보기에서는 Homework1.java:14 와 Homework1.java:36).

예외의 이름은 항상 보고의 첫 줄에 있으며 Exception으로 끝난다. ArrayIndexOutOfBounds Exception이 발생하는 것은 배열 인덱스가 무효한 때문이다. 이는 유용한 정보이다.

문제가 되는 코드의 줄 번호를 알려면 파일 이름과 줄 번호를 본다. 스택 트레이스의 첫 줄은 실제 예외를 야기한 메소드이다. 스택 트레이스의 마지막 줄은 main에 있는 줄이다. 이 보기에서는 예외가 Homework1.java의 14번째 줄에 의해 야기되었다. 그 파일을 열고, 그 줄로 가서 들여다 보라! 또한 예외의 이름도 본다. 대부분의 경우에 이들 두 정보에 의해 무엇이 잘못되었는지 확실하게 드러나므로, 에러를 쉽게 고칠 수 있다.

가끔 예외가 표준 라이브러리에 있는 메소드에 의해 던져질 때가 있다. 다음은 대표적인 예이다:

```
Exception in thread "main" java.lang.StringIndexOutOfBoundsException:
    String index out of range: -4
  at java.lang.String.substring(String.java:1444)
  at Homework2.main(Homework2.java:29)
```

이 예외는 String 클래스의 substring 메소드에서 일어났으나, 진짜 범인은 작성된 파일에 있는 첫 번째 메소드이다. 이 보기에서는 Homework2.main이며, Homework2.java의 29번 줄을 봐야 한다.

How to 6.1

배열 다루기

데이타 처리할 때 종종 값 시퀀스를 처리해야 한다. 이 How To가 배열에 입력 값들을 저장하고 배열 원소들로 계산을 수행하기 위한 단계들로 이끈다.

6.5절의 문제를 다시 고찰하자: 최종 퀴즈 점수가 최저 점수를 제외한 모든 점수들을 더해서 계산된다. 예를 들어 만일 점수들이

8 7 8.5 9.5 7 5 10

이면, 최종 점수는 50이다.

단계 1 작업을 여러 단계로 분해한다.

대개 다음과 같은 여러 단계로 작업을 나누기를 원할 것이다.

- 배열로 데이타를 읽어오기
- 하나 또는 그 이상의 단계로 데이타를 처리하기
- 결과를 표시하기

데이타를 어떻게 처리할지를 결정하려면 6.3절의 배열 알고리듬들에 숙달해 있어야 한다. 대부분의 처리 작업들이 그 알고리듬들을 적용해서 해결될 수 있다.

이 샘플 문제에서 우리는 데이타를 읽으려 한다. 그런 다음, 최소값을 제거하고 합을 계산할 것이다. 예를 들어 입력이 8 7 8.5 9.5 7 5 10이면 최소값인 5가 제거되어 8 7 8.5 9.5 7 10이 된다. 이 값들의 합은 최종 점수인 50이다.

따라서, 우리는 세 단계를 확인했다:

Read inputs.
Remove the minimum.
Calculate the sum.

단계 2 필요한 알고리듬(들)을 결정한다.

때로는 6.3절의 기본 배열 알고리듬들과 정확하게 일치하는 단계가 있다. 즉, 합을 계산(6.3.2절)하고 입력을 읽는(6.3.10절) 경우이다. 그렇지 않은 때는 몇 개의 알고리듬을 결합해야 한다. 최소값을 제거하려면 최소값을 찾고(6.3.3절), 그 위치를 찾고(6.3.5절), 그 위치의 원소를 제거(6.3.6절)할 줄 알아야 한다.

이제 계획을 다음과 같이 다듬었다:

```
Read inputs.
Find the minimum.
Find its position.
Remove the minimum.
Calculate the sum.
```

이 계획은 통할 것이다—6.5절 참고. 그렇지만 대안도 있다. 합을 계산하고 최소값을 빼는 것이 쉽다. 그러면 그 위치를 찾지 않아도 된다. 변경된 계획이다:

```
Read inputs.
Find the minimum.
Calculate the sum.
Subtract the minimum.
```

단계 3 메소드들을 사용해서 프로그램을 구조화한다.

모든 단계를 main 메소드에 넣을 수 있지만, 그렇게 하는 것은 좋은 생각이 아니다. 각각의 처리 단계를 독립적 메소드로 나누는 것이 좋다. 우리의 보기에서는 세 개의 메소드를 구현할 것이다:

- readInputs
- sum
- minimum

main 메소드는 단순히 이들을 호출한다:

```java
double[] scores = readInputs();
double total = sum(scores) - minimum(scores);
System.out.println("Final score: " + total);
```

단계 4 프로그램을 조립하고 테스트한다.

우리의 메소드들을 클래스에 넣는다. 코드를 검사하고, 평범하고 예외적인 경우들을 모두 다루는지를 확인한다. 빈 배열에 대해서는 어떤 일이 일어나는가? 원소가 하나인 배열에 대해서는? 일치하는 게 없을 때는? 일치하는 게 여럿이 있을 때는? 이 경계 조건들을 고려하고, 내 프로그램이 바르게 돌아가는지 확인한다.

이 보기에서는 배열이 비어 있을 때 최소값을 계산하는 것이 불가능하다. 그 경우에 우리는 minimum 메소드에 대한 호출을 시도하기 전에 에러 메시지를 내보내고 프로그램을 종료시켜야 한다.

최소값이 두 번 이상 발생하면 어떻게 되는가? 이것은 어떤 학생이 둘 이상의 시험에서 똑같은 낮은 점수를 받았음을 의미한다. 우리는 이 최저점들 중 하나만을 빼는 것이 옳다.

다음의 표는 테스트 경우 및 예상 출력을 보여준다:

테스트 경우	예상 출력	설명
8 7 8.5 9.5 7 5 10	50	단계 1 참고
8 7 7 9	24	최저 점들 중 하나만 제거해야 한다.
8	0	최저점을 제거하고 나면 남는 점수가 없다.
(no inputs)	**Error**	적법한 입력이 아니다.

완성된 프로그램은 다음과 같다 (how_to_1/Scores.java):

```java
import java.util.Arrays;
import java.util.Scanner;
```

```java
/**
   This program computes a final score for a series of quiz scores: the sum after dropping
   the lowest score. The program uses arrays.
*/
public class Scores
{
   public static void main(String[] args)
   {
      double[] scores = readInputs();
      if (scores.length == 0)
      {
         System.out.println("At least one score is required.");
      }
      else
      {
         double total = sum(scores) - minimum(scores);
         System.out.println("Final score: " + total);
      }
   }

   /**
      Reads a sequence of floating-point numbers.
      @return an array containing the numbers
   */
   public static double[] readInputs()
   {
      // Read the input values into an array

      final int INITIAL_SIZE = 10;
      double[] inputs = new double[INITIAL_SIZE];
      System.out.println("Please enter values, Q to quit:");
      Scanner in = new Scanner(System.in);
      int currentSize = 0;
      while (in.hasNextDouble())
      {
         // Grow the array if it has been completely filled

         if (currentSize >= inputs.length)
         {
            inputs = Arrays.copyOf(inputs, 2 * inputs.length);
         }
         inputs[currentSize] = in.nextDouble();
         currentSize++;
      }

      return Arrays.copyOf(inputs, currentSize);
   }

   /**
      Computes the sum of the values in an array.
      @param values an array
      @return the sum of the values in values
   */
   public static double sum(double[] values)
   {
      double total = 0;
      for (double element : values)
      {
         total = total + element;
      }
      return total;
   }

   /**
      Gets the minimum value from an array.
      @param values an array of size >= 1
      @return the smallest element of values
   */
```

```java
public static double minimum(double[] values)
{
   double smallest = values[0];
   for (int i = 1; i < values.length; i++)
   {
      if (values[i] < smallest)
      {
         smallest = values[i];
      }
   }
   return smallest;
}
```


주사위 던지기

이 데모 예제는 주사위 던지기를 통해서 주사위가 '공정한 (fair)'지를 분석하는 방법을 보여준다.

6.6 문제 해결하기: 물체를 다뤄서 알고리듬을 발견하기

물체를 이용하면 알고리듬을 찾아내기 위한 아이디어를 얻을 수 있다.

알고 있는 알고리듬들을 결합 및 적용해서 문제를 해결하는 방법을 6.5절에서 봤다. 그러나 표준 알고리듬들 중에 내 작업을 위해 충분한 것이 없을 때는 어떻게 하는가? 이 절에서는 물체를 다뤄서 알고리듬을 찾아내는 기술을 배운다.

다음의 작업을 고려하자. 크기가 짝수인 배열이 주어졌으며, 전반과 후반을 서로 바꿔야 한다. 예를 들어, 배열이 여덟 개의 수

| 9 | 13 | 21 | 4 | 11 | 7 | 1 | 3 |

를 포함하고 있다면, 다음과 같이 바꿔야 한다.

| 11 | 7 | 1 | 3 | 9 | 13 | 21 | 4 |

많은 학생들이 이를 위한 알고리듬을 찾아내는 것을 매우 힘들어 한다. 그들은 루프가 필요하다는 것을 알고 있을 것이며, 원소들이 삽입(6.3.7절) 또는 교환(6.3.8절)되어야 한다는 것도 깨닫고 있겠지만, 그러나, 다이어그램을 그리거나, 알고리듬을 기술하거나, 또는 수도코드를 작성하기에 충분한 직관력을 갖고 있지는 않다.

WileyPLUS와 www.wiley.com/college/horstmann에서 온라인으로 볼 수 있다.

알고리듬을 찾아내기 위한 한 가지 유용한 기술은 물체들을 다루는 것이다. 배열을 나타내기 위해서 물체들을 일렬로 늘어놓는 것에서 시작한다. 동전, 카드, 또는 작은 장난감을 선택하면 좋다.

다음과 같이 여덟 개의 동전을 늘어놓는다.

한 걸음 물러서서 동전 순서를 바꾸기 위해서 무엇을 할 수 있는지 생각해보자.

동전 하나를 제거할 수 있다(6.3.6절):

동전 하나를 삽입할 수 있다(6.3.7절):

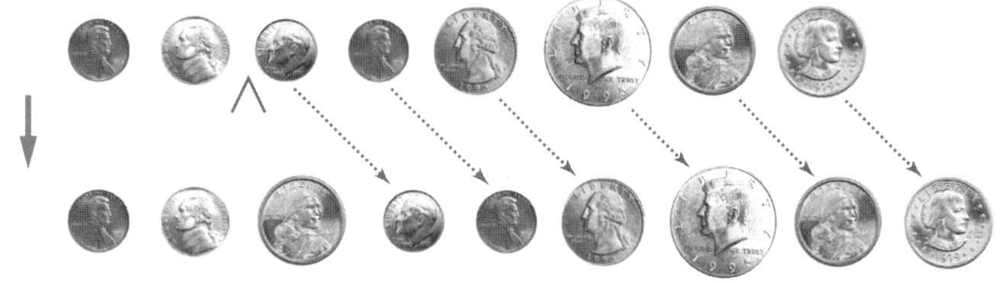

또는 두 개의 동전을 서로 교환할 수 있다(6.3.8절):

시작해보자—동전 몇 개를 일렬로 늘어놓고 위의 세 연산을 시도해서 감을 익힌다.

그렇게 하는 것이 배열의 전·후반을 교환하는 우리의 문제에 어떻게 도움이 되는가?

맨 앞과 다섯 번째 동전을 서로 자리를 바꾼다. 그러나 우리는 자바 프로그래머이므로 위치 0과 4의 동전들을 교환한다고 표현할 것이다:

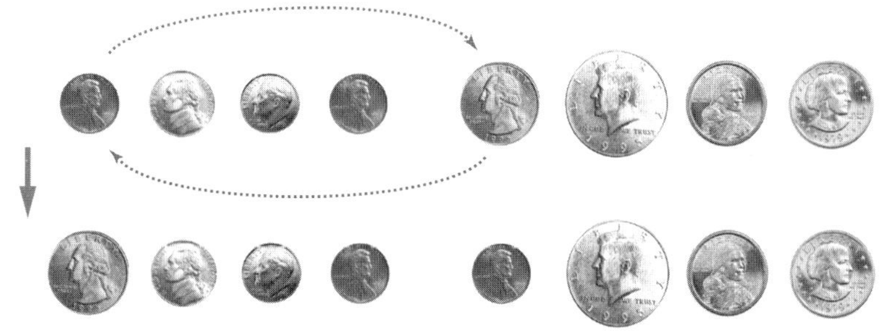

그 다음, 위치 1과 5의 동전들을 서로 교환한다:

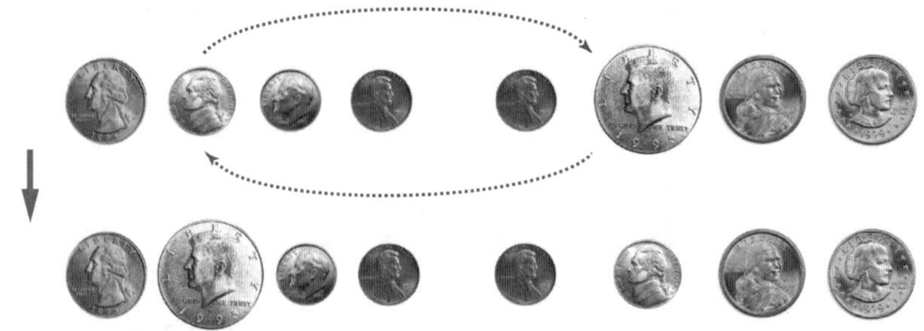

두 번 더 교환하면 끝난다:

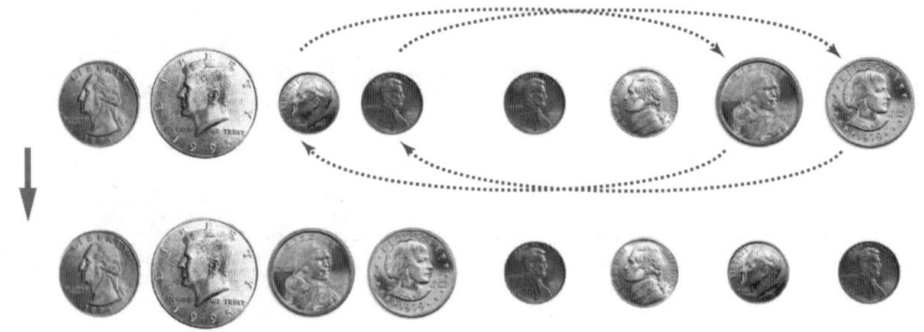

이제 알고리듬의 윤곽이 잡혀 간다:

```
i = 0
j = ... (we'll think about that in a minute)
While (don't know yet)
    Swap elements at positions i and j
    i++
    j++
```

변수 j는 얼마에서 시작하는가? 여덟 개의 동전이 있을 때 위치 0에 있는 동전이 위치 4로 옮겨진다. 일반적으로 배열의 중간, 또는 위치 **size/2**로 옮겨진다.

그리고 반복 횟수는? 전반의 모든 동전을 교환해야 한다. 즉, **size/2**개의 동전을 교환해야 한다. 수도코드는 다음과 같다.


```
i = 0
j = size / 2
While (i < size / 2)
    Swap elements at positions i and j
    i++
    j++
```

이 수도코드의 세부 단계를 검토(walkthrough)한다(4.2절 참고). 변수 i와 j의 위치들을 표시하기 위해 종이 클립을 사용할 수 있다. 만일 이 추적이 성공적이면, 이 수도코드에 'off-by-one' 오류가 없다는 것을 알게 된다. 자체검사 29에서 이 추적을 수행해야 하며, 연습문제 P6.8에서 이 수도코드를 자바로 번역해야 한다. 연습문제 R6.28은 동전을 반복적으로 제거 및 삽입해서 배열의 전·후반부를 교환하기 위한 다른 알고리듬을 제시한다.

종이 클립을 위치 마커나 카운터로 사용할 수 있다.

많은 사람들이 다이어그램을 그리거나 머리 속으로 알고리듬을 시각화하는 것보다 물체를 다루는 것을 덜 두려워한다. 새로운 알고리듬을 설계해야 할 때 이 기법을 시도하라!

29. 변수 i와 j의 위치를 표시하기 위해 두 개의 종이 클립을 사용해서, 이 절에서 우리가 개발한 알고리듬의 세부 단계를 검토하라. 그 수도코드에 경계 오류가 없는 이유를 설명하라.

30. 동전을 사용해서 다음의 수도코드를 시뮬레이션하라. 단, i와 j의 위치를 표시하기 위한 두 개의 종이 클립을 사용하라.

```
i = 0
j = size - 1
While (i < j)
    Swap elements at positions i and j
    i++
    j--
```

이 알고리듬이 하는 일은?

31. 짝수들이 앞에 오도록 배열 원소들을 재배치하는 작업을 고려하자. 순서는 문제되지 않는다. 예를 들어, 배열

```
1 4 14 2 1 3 5 6 23
```

은 다음과 같이 재배치될 수 있다.

```
4 2 14 6 1 5 3 23 1
```

동전과 종이 클립을 사용해서, 원소 교환(swapping)에 의해 이 작업을 해결하는 알고리듬을 찾아내고, 그를 수도코드로 기술하라.

32. 교환 대신에 제거와 삽입을 이용하는, 자체검사 31의 작업을 위한 알고리듬을 찾아내라.

33. 배열의 최대 원소가 아니라, 입력 시퀀스에서 가장 큰 원소를 찾아내는 4.7.4절의 알고리듬을 고려하자. 이 알고리듬은 장난감 병정들을 재배치하는 것보다, 카드 데크에서 카드를 뽑는 것으로 시각화하는 것이 더 유리한 이유는? 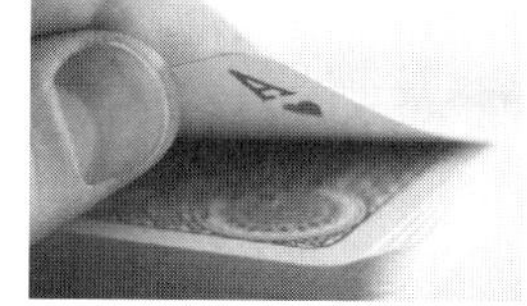

Practice It 이제 다음 연습문제들에 대해 답할 수 있다: R6.28, R6.29, P6.8.

비디오 보기 6.1   **배열에서 중복을 제거하기**

이 비디오 보기에서는 배열에서 중복을 제거하기 위한 알고리듬을 찾아낼 것이다.

6.7 2차원 배열

2차원 레이아웃을 갖는 값들의 집합을 저장해야 할 때가 자주 있다. 그러한 데이타 집합들은 금융이나 과학 분야 애플리케이션들에서 흔히 볼 수 있다. 값들의 행 및 열로 구성된 구조를 **2차원 배열** 또는 **매트릭스**(또는 행렬)라고 부른다.

➕ WileyPLUS와 www.wiley.com/college/horstmann에서 온라인으로 볼 수 있다.

그림 6.12의 보기 데이타—2010년도 동계 올림픽 피겨스케이팅의 메달 수—를 저장하는 방법을 연구해보자.

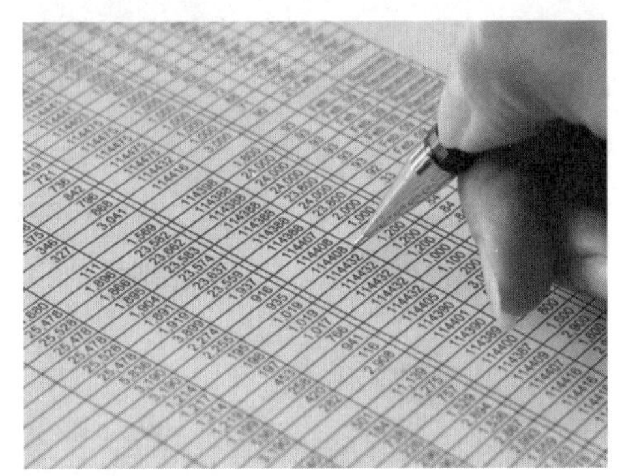

	금	은	동
캐나다	1	0	1
중국	1	1	0
독일	0	0	1
대한민국	1	0	0
일본	0	1	1
러시아	0	1	1
미국	1	1	0

그림 6.12 피겨 스케이팅 메달 수

6.7.1 2차원 배열 선언하기

2차원 배열을 사용해서 표 데이타를 저장하라.

자바에서는 행 수와 열 수를 제공해서 2차원 배열을 얻는다. 예를 들어 `new int[7][3]`은 일곱 개의 행과 세 개의 열을 갖는 배열이다.

이런 배열에 대한 참조를 `int[][]` 타입의 변수에 저장한다. 다음은 우리의 메달 수 데이타를 저장하기 적합한 2차원 배열에 대한 잘 갖춰진 선언이다:

```
final int COUNTRIES = 7;
final int MEDALS = 3;
int[][] counts = new int[COUNTRIES][MEDALS];
```

또는 한 행씩 묶어서 배열을 선언과 동시에 초기화할 수 있다:

```
int[][] counts =
   {
      { 1, 0, 1 },
      { 1, 1, 0 },
      { 0, 0, 1 },
      { 1, 0, 0 },
      { 0, 1, 1 },
      { 0, 1, 1 },
      { 1, 1, 0 }
   };
```

1차원 배열에서와 같이, 2차원 배열도 일단 정의하고 나면 크기를 바꿀 수 없다.

```
                     이름            원소 타입        행수
                                                    열수
        double[][] tableEntries = new double[7][3];

                                              모든 값이 0으로 초기화된다.

                  이름
                                              초기값 목록
        int[][] data = {
                          { 16, 3, 2, 13 },
                          { 5, 10, 11, 8 },
                          { 9, 6, 7, 12 },
                          { 4, 15, 14, 1 },
                        };
```

6.7.2 원소에 접근하기

2차원 배열의 특정 원소에 접근하기 위해서는, 두 개의 분리된 대괄호에 인덱스 값을 명시해서 행과 열을 선택한다(그림 6.13):

```
int medalCount = counts[3][1];
```

2차원 배열의 모든 원소들에 접근하려면 두 개의 둥지 루프(nested loops)를 사용한다. 예를 들면, 다음 루프는 counts의 모든 원소를 출력한다:

```
for (int i = 0; i < COUNTRIES; i++)
{
   // Process the ith row
   for (int j = 0; j < MEDALS; j++)
   {
      // Process the jth column in the ith row
      System.out.printf("%8d", counts[i][j]);
   }
   System.out.println(); // Start a new line at the end of the row
}
```

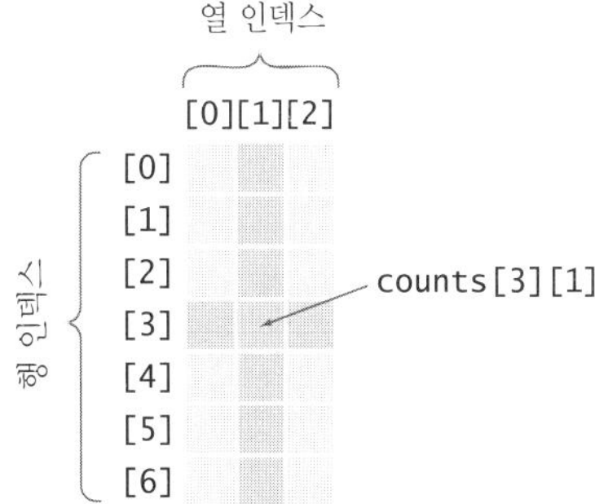

그림 6.13 2차원 배열의 원소를 액세스하기

6.7.3 이웃 원소 위치 지정하기

2차원 배열을 다루는 어떤 프로그램들은 한 원소에 인접한 원소들의 위치를 지정해야 한다. 이 작업은 특히 게임에서 많이 필요하다. 그림 6.14는 한 원소의 이웃들의 인덱스 값을 계산하는 방법을 보여준다.

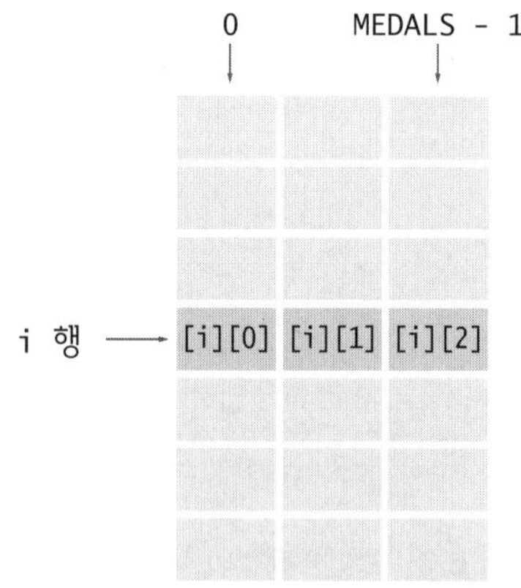

그림 6.14 2차원 배열에서의 이웃들의 위치

예를 들면, counts[3][1]의 좌우의 이웃들은 counts[3][0]와 counts[3][2]이다. 상하의 이웃들은 counts[2][1]과 counts[4][1]이다.

배열의 경계에 있는 이웃들을 계산할 때는 주의해야 한다. 예를 들면 counts[0][1]은 위에 이웃이 없다. 원소 counts[i][j]의 상하 이웃들의 합을 계산하는 작업을 고려하자. 이 원소가 배열의 맨 위 또는 아래에 있는지를 검사해야 한다:

```
int total = 0;
if (i > 0) { total = total + counts[i - 1][j]; }
if (i < ROWS - 1) { total = total + counts[i + 1][j];
```

6.7.4 행과 열 합계 계산하기

흔한 작업으로서, 행 또는 열의 합계를 계산하기가 있다. 우리의 예에서, 행 합계는 특정 국가가 획득한 전체 메달 수를 제공한다.

올바른 인덱스 값을 찾아내기는 약간 까다로우므로, 간단한 스케치를 해보는 게 좋다. i 행의 총계를 계산하려면, 다음 원소들을 방문해야 한다:

여기서 볼 수 있듯이, j가 0부터 MEDALS - 1의 범위인 counts[i][j]의 합을 계산해야 한다. 다음의 루프가 이 합계를 계산한다:

```
int total = 0;
for (int j = 0; j < MEDALS; j++)
{
    total = total + counts[i][j];
}
```

열 합계를 계산하는 것도 비슷하다. i가 0부터 COUNTRIES - 1 범위인 counts[i][j]의 합을 계산한다:

```java
int total = 0;
for (int i = 0; i < COUNTRIES; i++)
{
   total = total + counts[i][j];
}
```


6.7.5 2차원 배열 파라미터들

2차원 배열을 메소드에 전달할 때, 배열의 크기를 알고 싶을 것이다. values가 2차원 배열이라면,

- values.length는 행 수이다.
- values[0].length는 열 수이다(이 표현에 대한 설명은 특강 6.4를 참고하라).

예를 들면, 다음 메소드는 2차원 배열의 모든 원소들의 합을 계산한다:

```java
public static int sum(int[][] values)
{
   int total = 0;
   for (int i = 0; i < values.length; i++)
   {
      for (int j = 0; j < values[0].length; j++)
      {
         total = total + values[i][j];
      }
   }
   return total;
}
```

다음 프로그램이 2차원 배열을 다루는 방법을 보여준다. 이 프로그램은 메달 수와 행 별합을 출력한다.

section_7/Medals.java

```java
1    /**
2       This program prints a table of medal winner counts with row totals.
3    */
4    public class Medals
5    {
6       public static void main(String[] args)
7       {
```

```java
        final int COUNTRIES = 7;
        final int MEDALS = 3;

        String[] countries =
          {
             "Canada",
             "China",
             "Germany",
             "Korea",
             "Japan",
             "Russia",
             "United States"
          };

        int[][] counts =
          {
             { 1, 0, 1 },
             { 1, 1, 0 },
             { 0, 0, 1 },
             { 1, 0, 0 },
             { 0, 1, 1 },
             { 0, 1, 1 },
             { 1, 1, 0 }
          };

        System.out.println("        Country    Gold  Silver  Bronze   Total");

        // Print countries, counts, and row totals
        for (int i = 0; i < COUNTRIES; i++)
        {
           // Process the ith row
           System.out.printf("%15s", countries[i]);

           int total = 0;

           // Print each row element and update the row total
           for (int j = 0; j < MEDALS; j++)
           {
              System.out.printf("%8d", counts[i][j]);
              total = total + counts[i][j];
           }

           // Display the row total and print a new line
           System.out.printf("%8d\n", total);
        }
     }
}
```

실행 결과

Country	Gold	Silver	Bronze	Total
Canada	1	0	1	2
China	1	1	0	2
Germany	0	0	1	1
Korea	1	0	0	1
Japan	0	1	1	2
Russia	0	1	1	2
United States	1	1	0	2

34. 우리의 샘플 데이타에서 열들을 합해서 얻는 결과는 무엇인가?

35. 보드 게임을 위한 8 × 8 배열을 고려하자:

```java
int[][] board = new int[8][8];
```

두 개의 둥지 루프를 사용해서 장기판처럼 0과 1이 번갈아 나오도록 초기화하라:

```
0 1 0 1 0 1 0 1
1 0 1 0 1 0 1 0
0 1 0 1 0 1 0 1
. . .
1 0 1 0 1 0 1 0
```

힌트: i + j가 짝수인지 검사한다.

36. 틱-택-토(tic-tac-toe, 3목두기) 보드를 표현하기 위한 2차원 배열을 선언하라. 이 보드는 세 개의 행과 열을 가지며, 문자열 "x", "o", " "를 포함한다.

37. 자체검사 36의 틱-택-토 보드의 우상단 코너에 "x"를 두기 위한 할당문을 써라.

38. 어떤 원소들이 자체검사 36의 틱-택-토 보드의 좌상단과 우하단 코너들을 잇는 대각선 상에 있는가?

Practice It   이제 다음 연습문제들에 대해 답할 수 있다: R6.30, P6.18, P6.19.

데모 예제 6.2   **세계 인구 표**

이 데모 예제는 행 및 열 헤더가 있고, 각 데이타 열의 합계가 있는 표에 세계 인구 데이타를 출력하는 방법을 보여준다.

특강 6.4   **행 길이가 가변적인 2차원 배열**

다음 명령으로 2차원 배열을 선언할 때

```
int[][] a = new int[3][3];
```

9개의 원소를 저장할 수 있는 3x3 매트릭스를 얻는다:

```
a[0][0] a[0][1] a[0][2]
a[1][0] a[1][1] a[1][2]
a[2][0] a[2][1] a[2][2]
```

이 매트릭스에서는 모든 행의 길이가 같다.

자바에서는 행 길이가 다르게 배열을 선언할 수 있다. 예를 들면, 다음과 같은 삼각형 모양의 배열을 저장할 수 있다:

```
b[0][0]
b[1][0] b[1][1]
b[2][0] b[2][1] b[2][2]
```

이러한 배열을 할당하려면 노력을 많이 기울여야 한다. 우선 세 개의 행을 담을 수 있는 공간을 할당한다. 두 번째 배열 인덱스를 비워둠으로써 각 행을 수동으로 설정할 것임을 나타낸다:

```
double[][] b = new double[3][];
```

그런 다음, 각 행을 독립적으로 할당한다(그림 6.15):

➕ WileyPLUS와 www.wiley.com/college/horstmann에서 온라인으로 볼 수 있다.

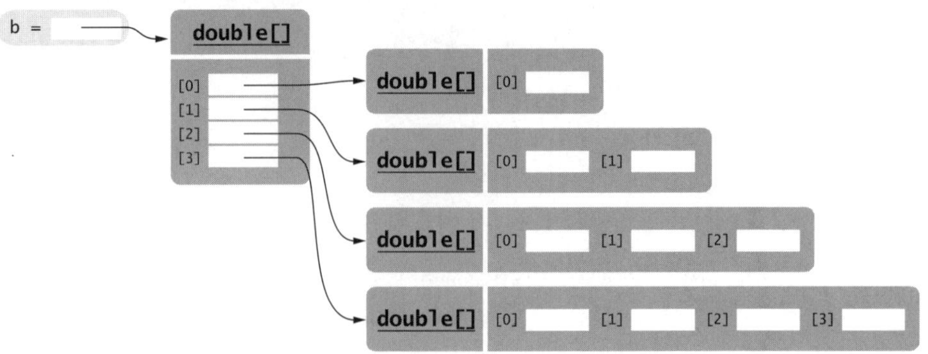

그림 6.15 삼각형 배열

```
for (int i = 0; i < b.length; i++)
{
    b[i] = new double[i + 1];
}
```

각 배열 원소를 b[i][j]와 같이 액세스할 수 있다. 표현 b[i]는 i번째 행을 선택하며 [j] 연산자는 그 행의 j 번째 원소를 선택한다.

행 수는 b.length이며, i번째 행의 길이는 b[i].length이다. 예를 들면, 다음의 루프 쌍은 들쑥날쑥한 배열을 출력한다:

```
for (int i = 0; i < b.length; i++)
{
    for (int j = 0; j < b[i].length; j++)
    {
        System.out.print(b[i][j]);
    }
    System.out.println();
}
```

또는 두 개의 개량형 for 루프를 사용할 수도 있다:

```
for (double[] row : b)
{
    for (double element : row)
    {
        System.out.print(element);
    }
    System.out.println();
}
```

물론 이런 "들쑥날쑥한" 배열은 흔하지는 않다.

자바는 보통 2차원 배열도 들쑥날쑥한 배열과 똑같은 방식으로 구현한다: 1차원 배열의 배열로서. 표현 new int[3][3]은 행이 세 개인 배열 하나와, 행들의 콘텐츠로 세 개의 배열을 자동으로 할당한다.

특강 6.5 — 다차원 배열

2차원이 넘는 배열도 선언할 수 있다. 예를 들면, 다음은 3차원 배열이다:

```
int[][][] rubiksCube = new int[3][3][3];
```

각 배열 원소는 세 개의 인덱스 값에 의해 지정된다:

```
rubiksCube[i][j][k]
```

6.8 배열 리스트

입력을 수집하는 프로그램을 작성할 때 입력이 몇 개나
될지를 항상 알지는 못 한다. 그런 경우에는 **배열 리스트**
가 두 가지 장점을 제공한다:

- 배열 리스트는 필요에 따라 커지기도 하고 줄어들기
  도 한다.
- ArrayList 클래스는 원소의 삽입과 제거 같은 공통
  작업들을 위한 메소드를 제공한다.

다음 절들에서는 배열 리스트를 다루는 방법을 배울 것
이다.

배열 리스트는 필요한 만큼의 원소들을
저장하도록 확장된다.

문법 6.4   배열 리스트

Syntax   To construct an array list: new ArrayList<*typeName*>()

             To access an element: *arraylistReference*.get(index)
                                             arraylistReference.set(index, value)

변수 타입   변수 이름   크기가 **0**인 배열 리스트 객체

```
ArrayList<String> friends = new ArrayList<String>();

                   friends.add("Cindy");
                   String name = friends.get(i);
                   friends.set(i, "Harry");
```

add 메소드는 배열
리스트에 원소를 덧붙이며,
크기를 증가시킨다.

get과 set 메소드
를 사용해서 원소를
액세스하라

인덱스는 ≥ **0** 그리고 < friends.size()이어야 한다.

6.8.1 배열 리스트 선언 및 사용하기

다음 명령문은 문자열들의 배열 리스트를 선언한다:

```
ArrayList<String> names = new ArrayList<String>();
```

ArrayList 클래스는 java.util 패키지에 들어있다. 프로그램에 배열 리스트를 사용하려
면, 명령문 import java.util.ArrayList를 사용해야 한다.

ArrayList<String> 타입은 String 원소들의 배열 리스트를 나타낸다. String 타입 주
위의 꺾쇠 괄호들은 String이 타입 파라미터임을 알려준다. String을 다른 아무 클래스로
든 바꿀 수 있으며, 그러면 다른 배열 리스트 타입을 얻을 수 있다. 그런 이유로,
ArrayList를 총칭 클래스라고 부른다. 그러나, 타입 파라미터로서 기본형을 사용할 수는
없다. 즉, ArrayList<int>나 ArrayList<double>은 존재하지 않는다. 6.8.5절에서 배열 리
스트에 수들을 모으는 방법을 보여준다.

흔히 초기화를 잊는 오류를 범한다:

```
ArrayList<String> names;
names.add("Harry"); // Error—names not initialized
```

제대로 된 초기화는 다음과 같다:

```
ArrayList<String> names = new ArrayList<String>();
```

이 초기화의 우변의 new ArrayList<String> 다음의 ()를 주목하라. 이것은 ArrayList<String> 클래스의 **생성자**가 호출됨을 나타낸다. 생성자에 관해서는 8장에서 설명할 것이다.

ArrayList<String>이 처음 생성될 때, 그 크기는 0이다. add 메소드를 이용해서 배열 리스트의 끝에 원소를 추가한다.

```
names.add("Emily"); // 이제 naems는 크기가 1이고, "Emily" 원소를 가진다.
names.add("Bob"); // 이제 names는 크기가 2이고, "Emily"와 "Bob" 원소들을 가진다.
names.add("Cindy"); // 이제 names는 크기가 3이고, "Emily", "Bob", "Cindy" 원소
                          들을 가진다.
```


add를 호출할 때마다 크기가 커진다(그림 6.16). size 메소드는 배열 리스트의 현재 크기를 제공한다.

배열 리스트의 원소를 얻으려면 [] 연산자 말고, get 메소드를 사용하라. 배열 때와 마찬가지로, 인덱스 값은 0에서 시작한다. 예를 들면 names.get(2)는 배열 리스트의 세 번째 원소인, 인덱스가 2인 이름을 가져온다:

```
String name = names.get(2);
```


배열 때와 마찬가지로, 존재하지 않는 원소를 액세스하려는 것은 에러이다. 다음은 아주 흔한 경계 오류이다:

```
int i = names.size();
name = names.get(i);   // Error
```

마지막 유효 인덱스는 names.size() - 1이다.

배열 리스트 원소를 새 값으로 설정하려면 set 메소드를 사용하라:

```
names.set(2, "Carolyn");
```

이 호출은 names 배열 리스트의 포지션 2를 오버라이트에 의해 "Carolyn"으로 설정한다.

set 메소드는 기존 값을 오버라이트한다. 배열 리스트에 새 값을 추가하는 add 메소드와는 다르다.

배열 리스트의 중간에 원소를 삽입할 수 있다. 예를 들면, names.add(1, "Ann") 호출

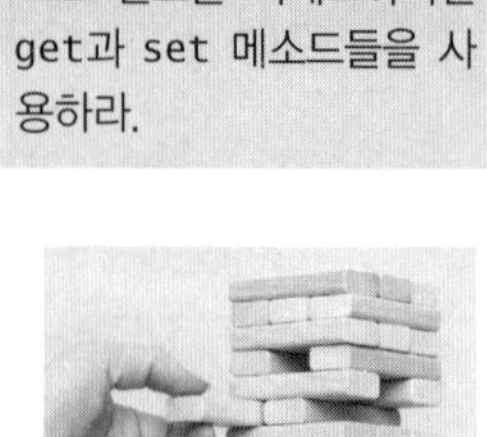

배열 리스트는 중간에서 원소들을 추가하거나 제거하는 메소드들을 갖고 있다.

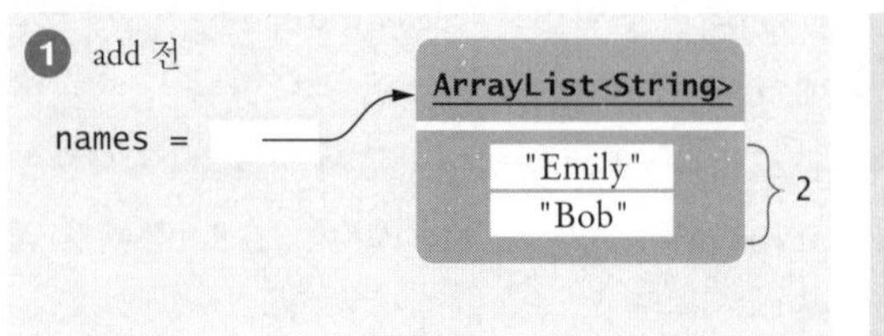

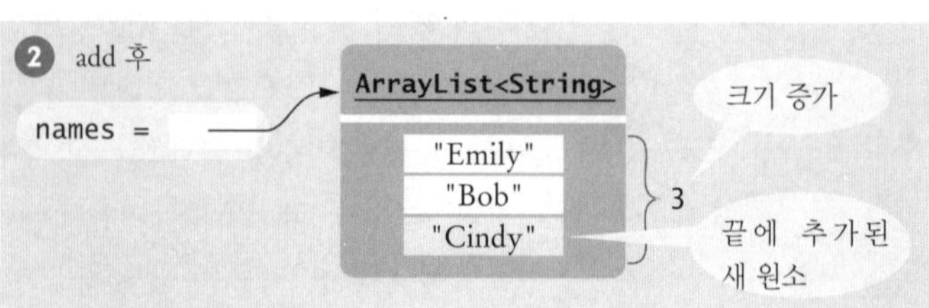

그림 6.16 add로 원소 추가하기

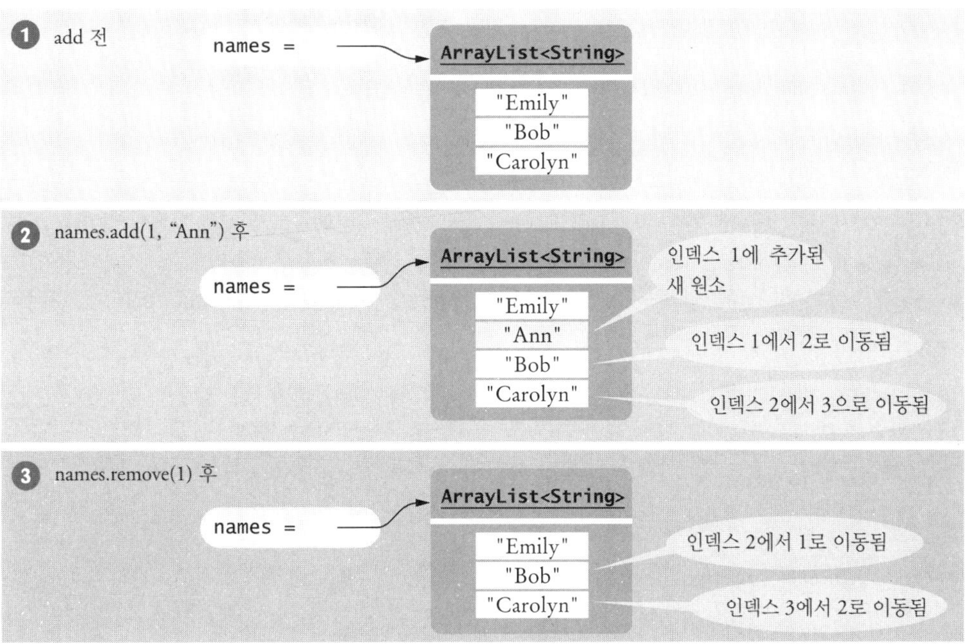

그림 6.17 ArrayList의 중간에서 원소들을 추가 또는 제거하기

은 포지션 1에 새 원소를 추가하고, 인덱스 1부터 원소들을 한 포지션씩 이동시킨다. add 메소드를 호출할 때마다, 배열 리스트의 크기는 1만큼 커진다(그림 6.17).

반대로, remove 메소드는 주어진 위치의 원소를 제거하고, 제거된 원소 다음의 원소들을 1 포지션만큼 아래로 이동시키고, 배열 리스트의 크기를 1만큼 줄인다. 그림 6.17의 셋째 파트가 names.remove(1)의 결과를 보여준다.

배열 리스트를 사용하면, 출력을 아주 쉽고 신속하게 얻을 수 있다. 단순히 배열 리스트를 println 메소드에 전달한다:

```
System.out.println(names); // Prints [Emily, Bob, Carolyn]
```

> 배열 리스트 원소들을 추가 또는 제거하려면 add 또는 remove 메소드를 사용하라.

6.8.2 개량형 for 루프에 배열 리스트를 사용하기

개량형 for 루프를 사용해서 배열 리스트의 모든 원소를 방문할 수 있다. 예를 들어, 다음 루프가 모든 이름을 출력한다:

```
ArrayList<String> names = . . . ;
for (String name : names)
{
   System.out.println(name);
}
```

이 루프는 다음의 기본 for 루프와 같다:

```
for (int i = 0; i < names.size(); i++)
{
   String name = names.get(i);
   System.out.println(name);
}
```

`ArrayList<String> names = new ArrayList<String>();`	문자열들을 저장할 수 있는 빈 배열을 만든다.
`names.add("Ann");` `names.add("Cindy");`	끝에 원소를 추가한다.
`System.out.println(names);`	`[Ann, Cindy]`를 출력한다.
`names.add(1, "Bob");`	인덱스 1에 원소 하나를 삽입한다. `names`는 이제 `[Ann, Bob, Cindy]`이다.
`names.remove(0);`	인덱스 0의 원소를 제거한다. `names`는 이제 `[Bob, Cindy]`이다.
`names.set(0, "Bill");`	한 원소를 다른 값으로 교체한다. `names`는 이제 `[Bill, Cindy]`이다.
`String name = names.get(i);`	원소 하나를 가져온다.
`String last = names.get(names.size() - 1);`	마지막 원소를 가져온다.

`ArrayList<Integer> squares = new ArrayList<Integer>();`
`for (int i = 0; i < 10; i++)`
`{`
`    squares.add(i * i);`
`}`
	처음 10개의 제곱을 저장하는 배열 리스트를 만든다.

6.8.3 배열 리스트 복사하기

배열 때와 마찬가지로, 배열 리스트 변수가 참조를 담고 있음을 명심하도록 한다. 참조를 복사하면 같은 배열 리스트에 대해 두 개의 참조가 생기게 되는 것이다(그림 6.18).

```
ArrayList<String> friends = names;
friends.add("Harry");
```

이제 `names`와 `friends` 모두 문자열 `"Harry"`가 추가된 똑 같은 배열 리스트를 참조한다.

만일 배열 리스트의 카피를 만들고 싶다면, 카피를 만들어서 생성자에 오리지널 리스트를 전달한다:

```
ArrayList<String> newNames = new ArrayList<String>(names);
```

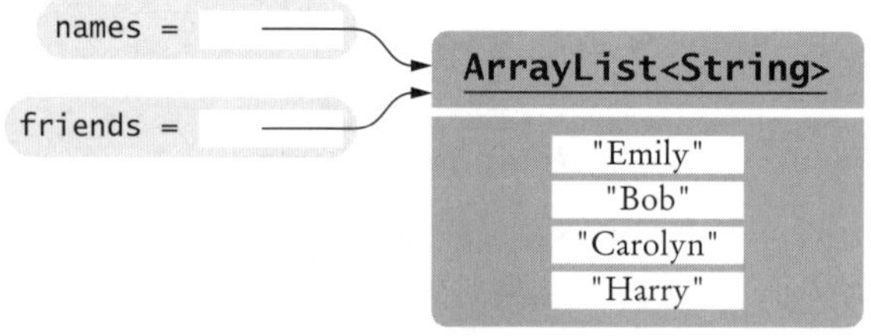

그림 6.18 배열 리스트 참조 복사하기

6.8.4 배열 리스트와 메소드

배열과 같이, 배열 리스트도 메소드 인자와 반환 값이 될 수 있다. 예: 문자열 리스트를 받아서 순서 반전된 리스트를 반환하는 메소드.

```java
public static ArrayList<String> reverse(ArrayList<String> names)
{
   // Allocate a list to hold the method result
   ArrayList<String> result = new ArrayList<String>();

   // Traverse the names list in reverse order, starting with the last element
   for (int i = names.size() - 1; i >= 0; i--)
   {
      // Add each name to the result
      result.add(names.get(i));
   }
   return result;
}
```

이 메소드가 Emily, Bob, Cindy 등의 이름들을 포함하는 배열 리스트를 갖고 호출되면, Cindy, Bob, Emily 등의 이름들을 갖는 새로운 배열을 반환한다.

6.8.5 래퍼와 오토-박싱

자바에서는 기본형 값—수, 글자, Boolean 값—을 배열 리스트에 직접 삽입할 수 없다. 예를 들어, ArrayList<double>을 만들 수 없다. 그 대신에 다음 표에 보인 **래퍼 클래스(wrapper class)**들 중 하나를 사용해야 한다.

기본형	래퍼 클래스
byte	Byte
boolean	Boolean
char	Character
double	Double
float	Float
int	Integer
long	Long
short	Short

예를 들어, double 값들을 배열 리스트에 모으려면, ArrayList<Double>을 이용한다. 래퍼 클래스 이름들이 대문자로 시작하며, 그들 중 둘(Interger와 Character)은 기본형의 이름과 다르다는 점을 주목한다.

기본형과 해당 래퍼 클래스 간의 전환은 자동적이다. 이 프로세스를 **오토-박싱(auto-boxing**. 오토-래핑(*auto-wrapping*)이 더 일관적이련만)이라고 부른다.

예를 들어, Double 변수에 double 값을 할당하면, 그 수가 자동으로 "박스에 넣어진다" (그림 6.19).

```java
Double wrapper = 29.95;
```

역으로, 래퍼 값은 자동으로 기본형으로 "상자에서 꺼내진다(unboxed)".

```java
double x = wrapper;
```

박싱과 언박싱이 자동이므로, 그에 관해 생각할 필요는 없다. 단지 수들의 배열 리스트를

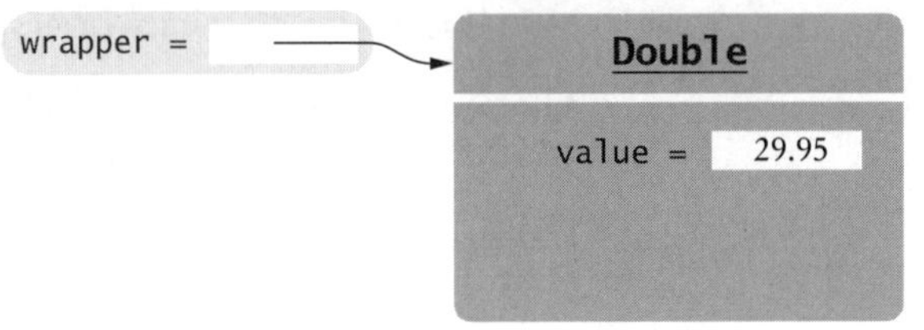

그림 6.19 래퍼 클래스 변수

판매를 위해 래퍼에 넣어야 하는 트뤼플처럼,
수는 배열 리스트에 저장되기 위해서 래퍼에 놓여져야 한다.

선언할 때 래퍼 타입을 사용하는 것을 명심하도록 한다. 그때부터는 기본형을 사용하고 오
토-박싱에 맡긴다.

```java
ArrayList<Double> values = new ArrayList<Double>();
values.add(29.95);
double x = values.get(0);
```

6.8.6 배열 알고리듬에 배열 리스트 사용하기

6.3절의 배열 알고리듬들을 단순히 배열 문법 대신 배열 리스트 메소드들을 사용해서 배
열 리스트로 전환할 수 있다(297쪽의 표 6.3을 참고). 예를 들면, 다음 코드 조각이 배열의
최대 원소를 찾아낸다:

```java
double largest = values[0];
for (int i = 1; i < values.length; i++)
{
   if (values[i] > largest)
   {
      largest = values[i];
   }
}
```

다음은 배열 리스트를 이용하는 같은 알고리듬이다:

```java
double largest = values.get(0);
for (int i = 1; i < values.size(); i++)
{
   if (values.get(i) > largest)
   {
      largest = values.get(i);
   }
}
```

6.8.7 배열 리스트의 입력 값들을 정렬하기

개수를 모르는 입력들을 모을 때는 배열 리스트가 배열보다 훨씬 더 사용하기가 쉽다. 단
순히 입력들을 읽어서 배열 리스트에 추가한다:

```java
ArrayList<Double> inputs = new ArrayList<Double>();
while (in.hasNextDouble())
{
   inputs.add(in.nextDouble());
}
```

연산	배열	배열 리스트
원소 가져오기	`x = values[4];`	`x = values.get(4)`
원소 교체하기	`values[4] = 35;`	`values.set(4, 35);`
원소 수	`values.length`	`values.size()`
채워진 원소 수	`currentSize` (짝 변수. 6.1.3절 참고)	`values.size()`
원소 제거하기	6.3.6절 참고	`values.remove(4);`
원소를 추가해서 콜렉션을 늘리기	6.3.7절 참고	`values.add(35);`
콜렉션을 초기화하기	`int[] values = { 1, 4, 9 };`	초기화기(initializer) 리스트 문법 존재하지 않음; add를 세 번 호출하라.

6.8.8 일치하는 것을 제거하기

배열 리스트에서 원소를 제거하는 것은 쉽다. `remove` 메소드를 호출하면 된다. 흔한 처리 작업 중에, 특정 조건을 만족하는 모든 원소를 제거하기가 있다. 예를 들어, 배열 리스트에서 길이가 4 미만인 문자열들을 제거하려 한다고 하자.

물론 배열 리스트를 훑어서 일치하는 원소를 찾는다:

```
ArrayList<String> words = ...;
for (int i = 0; i < words.size(); i++)
{
    String word = words.get(i);
    if (word.length() < 4)
    {
        Remove the element at index i.
    }
}
```

그런데 여기에는 교묘한 문제가 있다. 원소를 제거하고 나서, `for` 루프가 `i`를 증가시키기 때문에 그 다음 원소를 건너뛰게 된다.

`words`가 문자열 "Welcome", "to", "the", "island!"를 담고 있는 다음의 구체적인 보기를 고찰해보자. 우리는 `i`가 1일 때 인덱스 1에 있는 단어인 "to"를 제거한다. 그런 다음 `i`가 2로 증가되어 지금 포지션 1에 있는 단어 "the"는 건너뛰게 된다.

i	words
~~0~~	~~"Welcome", "to", "the", "island"~~
~~1~~	"Welcome", "the", "island"
2	

단어를 제거할 때는 인덱스를 증가시키면 안 된다. 적절한 수도코드는 다음과 같다:

```
If the element at index i matches the condition
    Remove the element.
Else
    Increment i.
```

그런데, 인덱스를 항상 증가시키지는 않으므로, 이 알고리듬에 **for** 루프가 적합하지 않다.
그 대신에 while 루프를 사용하라:

```java
int i = 0;
while (i < words.size())
{
   String word = words.get(i);
   if (word.length() < 4)
   {
      words.remove(i);
   }
}
```

6.8.9 배열 리스트와 배열 간에 선택하기

대부분의 프로그래밍 작업들에서 배열 리스트가 배열보다 사용하기 쉽다. 배열 리스트는 커
질 수도 있고 작아질 수도 있다. 그 반면에 배열은 원소 액세스와 초기화 때는 더 편리하다.

둘 중 어느 것을 선택해야 할까? 이를 위해 몇 가지를 추천한다:

- 만일 콜렉션의 크기가 바뀌지 않는다면 배열을 사용하라.
- 많은 수의 기본형 값들을 모아야 하고, 효율성이 문제가 된다면 배열을 사용하라.
- 그렇지 않으면 배열 리스트를 사용하라.

다음의 프로그램은 일련의 값들 중에서 최대 값을 표시하는 방법을 보여준다.

section_8/LargestInArrayList.java

```java
 1   import java.util.ArrayList;
 2   import java.util.Scanner;
 3
 4   /**
 5      This program reads a sequence of values and prints them, marking the largest value.
 6   */
 7   public class LargestInArrayList
 8   {
 9      public static void main(String[] args)
10      {
11         ArrayList<Double> values = new ArrayList<Double>();
12
13         // Read inputs
14
15         System.out.println("Please enter values, Q to quit:");
16         Scanner in = new Scanner(System.in);
17         while (in.hasNextDouble())
18         {
19            values.add(in.nextDouble());
20         }
21
22         // Find the largest value
23
24         double largest = values.get(0);
25         for (int i = 1; i < values.size(); i++)
26         {
27            if (values.get(i) > largest)
28            {
29               largest = values.get(i);
30            }
31         }
32
```

```
33          // Print all values, marking the largest
34
35          for (double element : values)
36          {
37             System.out.print(element);
38             if (element == largest)
39             {
40                System.out.print(" <== largest value");
41             }
42             System.out.println();
43          }
44       }
45 }
```

실행 결과

```
Please enter values, Q to quit:
35 80 115 44.5 Q
35
80
115 <== largest value
44.5
```

39. 맨 처음 다섯 개의 소수들(2, 3, 5, 7, 11)을 포함하는 정수들의 배열 리스트 primes를 선언하라.

40. 자체검사 39에서 선언된 배열 리스트 primes가 주어졌을 때, 그 원소들을 마지막 원소에서 시작해서 역순으로 출력하는 루프를 작성하라.

41. 다음 명령들 후에 배열 리스트 names는 무엇을 담고 있겠는가?

```
ArrayList<String> names = new ArrayList<String>;
names.add("Bob");
names.add(0, "Ann");
names.remove(1);
names.add("Cal");
```

42. 다음 코드 조각에서 잘못된 점은?

```
ArrayList<String> names;
names.add(Bob);
```

43. 한 배열 리스트의 원소들을 다른 배열 리스트에 이어 붙이는 다음 메소드를 고려하자.

```
public static void append(ArrayList<String> target, ArrayList<String> source)
{
   for (int i = 0; i < source.size(); i++)
   {
      target.add(source.get(i));
   }
}
```

다음 명령들 후의 names1과 names2의 콘텐츠는?

```
ArrayList<String> names1 = new ArrayList<String>();
names1.add("Emily");
names1.add("Bob");
names1.add("Cindy");
ArrayList<String> names2 = new ArrayList<String>();
names2.add("Dave");
append(names1, names2);
```

44. 요일 이름들을 저장하려고 한다고 하자. 배열 리스트와 일곱 개의 문자열들의 배열 중 어느 것을 사용하겠는가?

45. 소스 코드의 section_8 디렉터리에는 273쪽의 How To 6.1의 문제 솔루션의 또 다른 구현이 들어 있다. 배열 구현과 배열 리스트 구현을 비교하라. 후자의 주요 장점은 무엇인가?

Practice It 이제 다음 연습문제들에 대해 답할 수 있다: R6.10, R6.34, P6.21, P6.23.

빈번한 오류 6.4 길이와 크기

아쉽게도 배열, 배열 리스트, 그리고 문자열의 원소 수를 계산하는 자바 문법은 일관성이 없다.

데이타 타입	원소 수
Array	`a.length`
Array list	`a.size()`
String	`a.length()`

이들을 자주 혼동하는 오류를 범한다. 모든 데이타 타입에 대한 바른 문법을 기억해야 한다.

특강 6.6 자바 7의 다이아몬드 문법

자바 7에서는 배열 리스트 및 다른 총칭 클래스들을 선언하는 데 편리하게 문법이 개선되었다. 배열 리스트를 선언하고 만드는 명령문에서는 생성자의 타입 파라미터를 반복하지 않아도 된다. 즉,

```java
ArrayList<String> names = new ArrayList<String>();
```

이라고 쓰는 대신에

```java
ArrayList<String> names = new ArrayList<>();
```

이라고 쓸 수 있다. 빈 괄호 쌍 <>의 모양이 다이아몬드와 비슷해서 이 간편형을 "다이아몬드 문법(diamond syntax)"이라고 부른다.

비디오 보기 6.2 게임 오브 라이프

Conway의 *Game of Life*는 두 개의 간단한 규칙들만을 사용해서 인구 증가를 시뮬레이션 한다. 이 비디오 보기는 이 유명한 "게임"을 구현하는 방법을 보여준다.

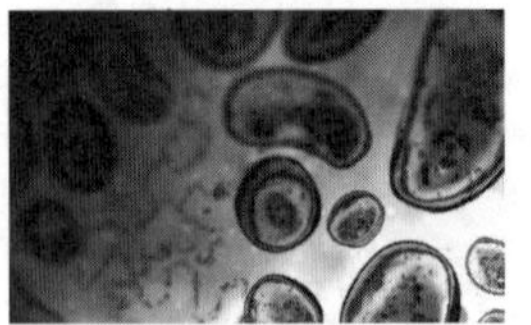

➕ WileyPLUS와 www.wiley.com/college/horstmann에서 온라인으로 볼 수 있다.

요약

값들을 모으기 위해서는 배열을 사용한다.

- 배열은 같은 타입의 값들을 모은다.
- 배열의 개별 원소들은 *array*[i] 표기를 사용하는 정수 인덱스 i에 의해 액세스된다.
- 배열 원소는 여느 변수처럼 사용될 수 있다.
- 무효한 배열 인덱스를 공급하면 경계 오류가 발생하며, 프로그램이 종료되어 버리게 할 수 있다.
- 배열 원소 수를 알려면 array.length를 사용하라.
- 배열 참조는 배열의 위치를 지정한다. 참조를 복사하면 같은 배열에 대한 두 번째 참조가 생긴다.
- 부분적으로 채워지는 배열이라면 현재 크기용 짝 변수를 함께 사용한다.

개량형 for 루프를 사용할 때를 알아야 한다.

- 개량형 for 루프를 사용해서 배열의 모든 원소를 방문할 수 있다.
- 루프 본체에서 인덱스 값이 필요하지 않다면 개량형 for 루프를 사용하라.

공통 배열 알고리듬들을 알고, 또한 사용한다.

- 원소들을 구분할 때, 첫 원소 앞에는 분리자를 넣지 않는다.
- 선형 탐색은 일치하는 것이 발견될 때까지 시퀀스에서 원소들을 검사한다.
- 원소를 삽입하기 전에, 마지막 것부터 시작해서 원소들을 배열의 끝 쪽으로 옮긴다.
- 두 원소를 교환할 때는 임시 변수를 사용한다.
- 배열의 원소들을 새 배열에 복사하려면 Arrays.copyOf 메소드를 사용한다.

배열을 처리하는 메소드를 구현한다.

- 배열은 메소드 인자와 반환 값이 될 수 있다.

프로그래밍 문제를 풀기 위해 알고리듬들을 결합 및 적용한다.

- 기본 알고리듬들을 결합해서 복잡한 프로그래밍 작업을 해결할 수 있다.
- 기본 알고리듬들을 적용할 수 있도록 그들의 구현을 숙달해야 한다.

물체를 다뤄서 알고리듬을 찾아낸다.

- 값들의 배열을 시각화하기 위해서 동전, 플레잉 카드, 장난감 등을 이용한다.
- 종이 클립을 위치 마커나 카운터로 이용할 수 있다.

행과 열로 배치된 데이타를 위해서는 2차원 배열을 사용한다.

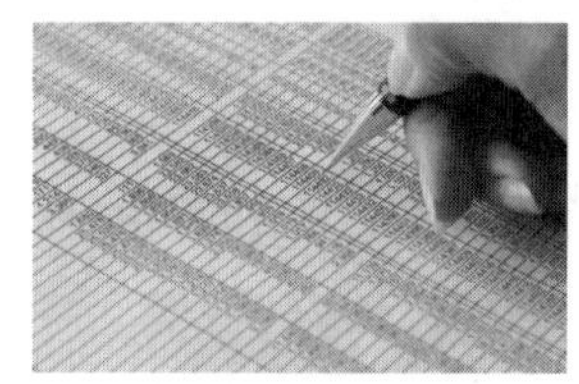

- 2차원 배열을 사용해서 표 데이타를 저장한다.
- 2차원 배열의 개별 원소들은 두 개의 인덱스 값들을 사용해서 접근된다: *array*[i][j].

크기가 바뀔 수 있는 콜렉션을 다루기 위해서는 배열 리스트를 사용한다.

- 배열 리스트는 크기가 바뀔 수 있는 값 시퀀스를 저장한다.
- ArrayList 클래스는 총칭 클래스이다: ArrayList<Type>은 지정된 타입의 원소들을 모은다.
- size 메소드를 사용해서 배열 리스트의 현재 크기를 얻는다.
- get과 set 메소드를 이용해서, 주어진 인덱스의 배열 리스트 원소를 액세스한다.
- add와 remove 메소드를 이용해서 배열 리스트 원소를 추가 또는 제거한다.
- 배열 리스트에 수들을 모으려면 래퍼 클래스를 사용해야 한다.

이 장에서 소개된 표준 라이브러리 항목들

```
java.lang.Boolean              java.util.ArrayList<
java.lang.Double                   add
java.lang.Integer                  get
java.util.Arrays                   remove
    copyOf                         set
    toString                       size
```

복습 연습 문제

■■ R6.1 아래의 각각의 수 집합들로 배열 values를 채우는 코드를 작성하라.

a. 1	2	3	4	5	6	7	8	9	10	
b. 0	2	4	6	8	10	12	14	16	18	20
c. 1	4	9	16	25	36	49	64	81	100	
d. 0	0	0	0	0	0	0	0	0	0	
e. 1	4	9	16	9	7	4	9	11		
f. 0	1	0	1	0	1	0	1	0	1	
g 0	1	2	3	4	0	1	2	3	4	

■■ R6.2 다음 배열을 고려하자.

a. `int[] a = { 1, 2, 3, 4, 5, 4, 3, 2, 1, 0 };`

다음의 루프들이 완료된 후에 total의 값은 얼마인가?

```
a.  int total = 0;
    for (int i = 0; i < 10; i++) { total = total + a[i]; }
b.  int total = 0;
    for (int i = 0; i < 10; i = i + 2) { total = total + a[i]; }
c.  int total = 0;
    for (int i = 1; i < 10; i = i + 2) { total = total + a[i]; }
d.  int total = 0;
    for (int i = 2; i <= 10; i++) { total = total + a[i]; }
e.  int total = 0;
    for (int i = 1; i < 10; i = 2 * i) { total = total + a[i]; }
f.  int total = 0;
    for (int i = 9; i >= 0; i--) { total = total + a[i]; }
g.  int total = 0;
    for (int i = 9; i >= 0; i = i - 2) { total = total + a[i]; }
h.  int total = 0;
    for (int i = 0; i < 10; i++) { total = a[i] - total; }
```

■■ R6.3   다음 배열을 고려하자.

```
int[] a = { 1, 2, 3, 4, 5, 4, 3, 2, 1, 0 };
```

다음 루프들이 완료된 후에 배열 a의 내용은 어떻게 되는가?

```
a.  for (int i = 1; i < 10; i++) { a[i] = a[i - 1]; }
b.  for (int i = 9; i > 0; i--) { a[i] = a[i - 1]; }
c.  for (int i = 0; i < 9; i++) { a[i] = a[i + 1]; }
d.  for (int i = 8; i >= 0; i--) { a[i] = a[i + 1]; }
e.  for (int i = 1; i < 10; i++) { a[i] = a[i] + a[i - 1]; }
f.  for (int i = 1; i < 10; i = i + 2) { a[i] = 0; }
g   for (int i = 0; i < 5; i++) { a[i + 5] = a[i]; }
h.  for (int i = 1; i < 5; i++) { a[i] = a[9 - i]; }
```

■■■ R6.4   1과 100 사이의 열 개의 랜덤 수들로 배열 values를 채우는 루프를 작성하라. 1과 100 사이의 열 개의 서로 다른 랜덤 수들로 values를 채우는 두 개의 둥지 루프에 대한 코드를 작성하라.

■■ R6.5   배열의 최대값과 최소값을 동시에 계산하는 루프를 위한 자바 코드를 작성하라.

■ R6.6   다음 코드들 각각의 문제점은?

```
a.  int[] values = new int[10];
    for (int i = 1; i <= 10; i++)
    {
        values[i] = i * i;
    }
b.  int[] values;
    for (int i = 0; i < values.length; i++)
    {
        values[i] = i * i;
    }
```

■■ R6.7   다음 작업들을 위한 개량형 for 루프들을 작성하라.

a. 배열의 모든 원소들을 공백으로 분리해서 한 행에 출력하기.

b. 배열의 모든 원소들의 곱을 계산하기.

c. 배열에 음수 원소들이 몇 개인지를 세기.

■■ R6.8　개량형 for 루프를 사용하지 않는 형태로 다음 루프들을 재작성하라. 여기서, values는 부동소수점 수들의 배열이다.

```
a. for (double x : values) { total = total + x; }
b. for (double x : values) { if (x == target) { return true; } }
c. int i = 0;
   for (double x : values) { values[i] = 2 * x; i++; }
```

■■ R6.9　개량형 for 루프 형태로 다음 for 루프들을 재작성하라. 여기서, values는 부동소수점 수들의 배열이다.

```
a. for (int i = 0; i < values.length; i++) { total = total + values[i]; }
b. for (int i = 1; i < values.length; i++) { total = total + values[i]; }
c. for (int i = 0; i < values.length; i++)
   {
       if (values[i] == target) { return i; }
   }
```

■ R6.10　다음 코드들 각각은 무엇이 잘못되었는가?

```
a. ArrayList<int> values = new ArrayList<int>();
b. ArrayList<Integer> values = new ArrayList();
c. ArrayList<Integer> values = new ArrayList<Integer>;
d. ArrayList<Integer> values = new ArrayList<Integer>();
   for (int i = 1; i <= 10; i++)
   {
       values.set(i - 1, i * i);
   }
e. ArrayList<Integer> values;
   for (int i = 1; i <= 10; i++)
   {
       values.add(i * i);
   }
```

■ R6.11　배열의 인덱스란? 적법한 인덱스 값들이란? 경계 오류란?

■ R6.12　경계 오류를 포함하는 프로그램을 작성하라. 프로그램을 실행하라. 컴퓨터에 어떤 현상이 발생하는가?

■ R6.13　열 개의 수를 읽는 루프와, 그들을 입력된 순서의 역순으로 표시하는 두 번째 루프를 작성하라.

■ R6.14　values가 80 90 100 120 110을 담고 있을 때 6.3.5절의 선형 탐색 루프의 흐름을 추적하라. pos 열과 found 열을 보여라. values가 80 90 100 70을 담고 있는 경우에 대해 추적을 반복하라.

■ R6.15　6.3.6절에 기술된 원소 제거 메커니즘들을 추적하라. 원소가 110 90 100 120 80인 배열 values를 사용해서, 인덱스 2의 원소를 제거하라.

■■ R6.16　아래의 부분적으로 채워진 배열에 대한 연산들을 위해, 메소드 헤더를 제공하라. 메소드들을 구현하지는 말라.

　　　　a. 원소들을 내림차순으로 정렬하라.

　　　　b. 주어진 문자열로 구분된 모든 원소들을 출력하라.

　　　　c. 주어진 값보다 작은 원소 수를 세어라.

　　　　d. 주어진 값보다 작은 모든 원소를 제거하라.

e. 주어진 값보다 작은 모든 원소들을 다른 배열에 옮겨라.

f. 이 메소드들을 구현하지는 말라.

- **R6.17** 주어진 보기로 6.3.4절의 루프의 흐름을 추적하라. 한 열은 i의 값, 또 한 열은 출력인 두 개의 열을 보여라.

- **R6.18** 어떤 조건과 일치하는 모든 원소들을 모으는 다음 루프를 고려하자; 여기서의 조건은 원소가 100보다 크다는 것이다.

```
ArrayList<Double> matches = new ArrayList<Double>();
for (double element : values)
{
   if (element > 100)
   {
      matches.add(element);
   }
}
```

values의 원소들이 110 90 100 120 80인 경우에 대해 이 루프의 흐름을 추적하라. element 열과 matches 열을 보여라.

- **R6.19** values의 원소들이 80 90 100 120 110인 경우에 대해 6.3.5절의 루프의 흐름을 추적하라. pos 열과 found 열을 보여라. values의 원소들이 80 90 120 70일 때에 대해 추적을 반복하라.

- ■■ **R6.20** 6.3.6절에 기술된 원소 제거 알고리듬을 추적하라. 원소들이 110 90 100 120 80인 values 배열을 사용하고, 인덱스 2의 원소를 제거하라.

- ■■ **R6.21** 다음과 같이 첫 원소는 배열의 끝 쪽으로 이동시키면서 배열의 원소들을 한 위치씩 회전시키는 알고리듬을 위한 수도코드를 제공하라.

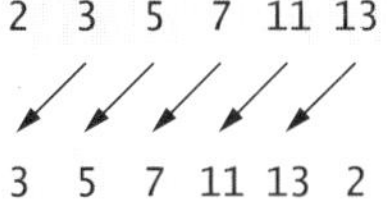

- ■■ **R6.22** 배열의 모든 음수 값들을 제거하는 알고리듬을 위한 수도코드를 제시하라. 단, 나머지 원소들의 순서는 유지하라.

- ■■ **R6.23** values가 정렬된 정수 배열이라고 하자. 결과 배열이 정렬되어 있도록 새 값을 적절한 위치에 삽입할 수 있는 방법을 묘사하는 수도코드를 제시하라.

- ■■■ **R6.24** 런(run)이란 일련의 인접한 반복 값들이다. 배열에서 가장 긴 런의 길이를 계산하기 위한 수도코드를 제시하라. 예를 들어, 아래 원소들의 배열에서 최장 런은 길이가 4이다.

```
1 2 5 5 3 1 2 4 3 2 2 2 2 3 6 5 5 5 6 3 1
```

- ■■■ **R6.25** 배열을 랜덤 수들로 채우는 목적의 다음 메소드는 무엇이 잘 못 되었는가?

```java
public static void fillWithRandomNumbers(double[] values)
{
   double[] numbers = new double[values.length];
   for (int i = 0; i < numbers.length; i++)
   {
      numbers[i] = Math.random();
   }
   values = numbers;
}
```

■■ **R6.26** 평면의 점들의 x 및 y 좌표를 나타내는 두 개의 배열이 주어졌다. 이 점 집합을 그리기 위해서는 이 점들을 포함하는 최소 직사각형의 x 및 y 좌표를 알아야 한다.

6.3절의 기본 알고리듬들로부터 이 값들을 얻을 수 있는 방법을 설명하라.

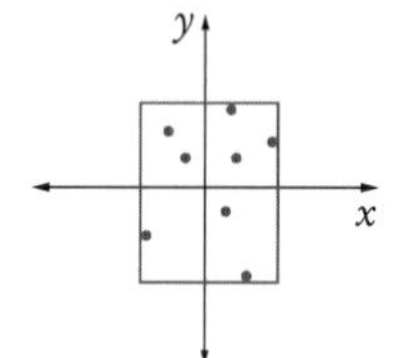

■ **R6.27** 먼저 배열을 정렬해서 6.5절에 기술된 문제를 풀어라. 총합을 계산하기 위한 알고리듬을 어떻게 변경해야 하는가?

■■ **R6.28** 원소들을 교환하지 않고, 제거 및 삽입하는 알고리듬을 사용해서 6.6절에 기술된 작업을 해결하라. 제거 및 삽입용 메소드들이 존재한다고 가정하고, 이 알고리듬을 위한 수도코드를 작성하라. 동전 시퀀스로 이 알고리듬을 실연해 보이고, 이것이 6.6절에서 개발된 교환 알고리듬보다 덜 효율적인 이유를 설명하라.

■■ **R6.29** 수 배열에서 가장 빈번하게 발생하는 값을 찾기 위한 알고리듬을 개발하라. 동전 시퀀스를 이용하라. 각각의 동전 밑에는 시퀀스에 있는 같은 값을 갖는 다른 동전들의 수만큼 종이 클립을 놓아라. 옳은 답을 산출하는 알고리듬을 위한 수도코드를 제시하고, 동전과 종이 클립을 사용하는 것이 알고리듬을 찾는 데 어떻게 도움이 되었는지를 설명하라.

■■ **R6.30** 아래와 같이 선언된 배열에 대해 다음 작업들을 수행하기 위한 자바 명령문들을 작성하라.

```
int[][] values = new int[ROWS][COLUMNS];
```

- 모든 엔트리들을 0으로 채워라.
- 서양 장기판 패턴의 원소들을 0과 1로 번갈아 채워라.
- 맨 위와 맨 아래 행의 원소들만 0으로 채워라.
- 모든 원소들의 합을 계산하라.
- 배열을 표 형태로 출력하라.

■■ **R6.31** 2차원 정수 배열의 처음과 마지막 행뿐만 아니라, 처음과 마지막 열도 −1로 채우는 알고리듬을 위한 수도코드를 작성하라.

■ **R6.32** 6.8.8절은 배열 리스트에서 원소를 제거할 때 인덱스 값 갱신에 주의해야 한다는 것을 보여준다. 배열 리스트를 거꾸로 훑어서 이 문제를 어떻게 피할 수 있는지를 보여라.

■■ **R6.33** 참 또는 거짓?

    a. 배열의 모든 원소의 타입은 같다.

    b. 배열은 원소로서 문자열을 포함할 수 없다.

    c. 2차원 배열은 항상 행과 열 수가 같다.

    d. 2차원 배열의 서로 다른 열들의 원소들은 서로 다른 타입을 가질 수 있다.

    e. 메소드는 2차원 배열을 반환할 수 없다.

    f. 메소드는 배열 인자의 길이를 바꿀 수 없다.

    g. 메소드는 2차원 배열인 인자의 열 수를 바꿀 수 없다.

■■ **R6.34** 자바의 배열 리스트로 다음 작업들을 수행하는 방법은?

    a. 두 배열 리스트가 같은 원소들을 같은 순서로 포함하는지를 검사.

    b. 한 배열 리스트를 다른 벡터에 복사.

    c. 배열 리스트의 모든 원소를 덮어써서 0으로 채우기.

    d. 배열 리스트의 모든 원소를 제거.

- **R6.35** 참 또는 거짓?

    a. 배열 리스트의 모든 원소는 타입이 같다.

    b. 배열 리스트의 인덱스 값은 정수이어야 한다.

    c. 배열 리스트는 문자열을 원소로 가질 수 없다.

    d. 배열 리스트는 커지거나 줄어들도록 크기를 바꿀 수 없다.

    e. 메소드는 배열 리스트를 반환할 수 없다.

    f. 메소드는 배열 리스트 인자의 크기를 바꿀 수 없다.

프로그래밍 훈련

- **P6.1** 배열을 1에서 100 사이의 열 개의 랜덤 정수들로 초기화하고, 다음을 포함하는 네 줄의 결과를 출력하는 프로그램을 작성하라.

    - 짝수 인덱스의 모든 원소들
    - 모든 짝수 원소
    - 역순의 모든 원소
    - 처음과 마지막 원소만

- **P6.2** 정수 배열에 대해 다음 작업들을 수행하는 배열 메소드들을 작성하라. 각 메소드에 대해 테스트 프로그램을 제공하라.

    a. 배열의 처음과 마지막 원소를 교환하라.

    b. 모든 원소를 오른쪽으로 하나 이동하고, 마지막 원소를 첫 위치로 옮겨라. 예를 들어 1 4 9 16 25는 25 1 4 9 16으로 바뀐다.

    c. 모든 짝수 원소들을 0으로 교체하라.

    d. 처음과 마지막 원소를 제외하고, 각 원소를 두 이웃의 더 큰 수로 교체하라.

    e. 배열의 길이가 홀수이면 중간 원소를, 짝수이면 중간의 두 원소를 제거하라.

    f. 모든 짝수 원소들을 앞으로 옮기되, 원소들의 순서는 유지하라(예: 38 82 54 15 42 72 45 97 13 23 ⇒ 38 82 54 42 72 15 45 97 13 23).

    g. 배열의 두 번째로 큰 수를 반환하라.

    h. 배열이 오름차순으로 정렬되어 있으면 true를 반환하라.

    i. 배열이 인접해 있는 중복된 두 원소들을 포함하면 true를 반환하라.

    j. 배열이 중복된 원소들(인접해 있지 않아도 됨)을 포함하면 true를 반환하라.

- **P6.3** 6.3절의 LargestInArray.java 프로그램을 수정해서 최소 원소와 최대 원소를 모두 표시하라.

- **P6.4** 한 루프로, 최소값을 제외하고, 값 배열의 합을 계산하는 sumWithoutSmallest 메소드를 작성하라. 이 루프에서 합과 최소값을 갱신하라. 루프가 끝난 후 차이를 반환하라.

- **P6.5** 다른 메소드를 호출하지 않고, 부분적으로 채워진 배열에서 최소 값을 제거하는 메소드 public static void removeMin을 작성하라.

- **P6.6** 배열의 모든 원소들의 교번 합을 계산하라. 예: 프로그램이 입력

$$1 \quad 4 \quad 9 \quad 16 \quad 9 \quad 7 \quad 4 \quad 9 \quad 11$$

을 읽으면, 다음을 계산한다:

$$1 - 4 + 9 - 16 + 9 - 7 + 4 - 9 + 11 = -2$$

■ **P6.7** 배열의 원소 시퀀스를 역순으로 만드는 메소드를 작성하라. 예: 이 메소드를 배열

$$1 \quad 4 \quad 9 \quad 16 \quad 9 \quad 7 \quad 4 \quad 9 \quad 11$$

로 호출하면, 배열은 다음으로 바뀐다:

$$11 \quad 9 \quad 4 \quad 7 \quad 9 \quad 16 \quad 9 \quad 4 \quad 1$$

■ **P6.8** 6.6절에서 개발된 알고리듬을 구현하는 메소드를 작성하라.

■■ **P6.9** 두 배열이 같은 원소들을 같은 순서로 갖고 있는지를 검사하는 다음 메소드를 작성하라.

```
public static boolean equals(int[] a, int[] b)
```

■■ **P6.10** 중복된 원소들을 무시하고, 두 배열이 어떤 순서로든 똑같은 원소들을 갖고 있는지를 검사하는 다음 메소드를 작성하라.

```
public static boolean sameSet(int[] a, int[] b)
```

예: 다음 두 배열

$$1 \quad 4 \quad 9 \quad 16 \quad 9 \quad 7 \quad 4 \quad 9 \quad 11$$

그리고

$$11 \quad 11 \quad 7 \quad 9 \quad 16 \quad 4 \quad 1$$

을 같은 것으로 간주한다. 아마도 하나 이상의 도우미 메소드들이 필요할 것이다.

■■■ **P6.11** 두 배열이 어떤 순서로든 같은 원소들을 같은 다양성으로 갖고 있는지를 검사하는 다음 메소드를 작성하라.

```
public static boolean sameElements(int[] a, int[] b)
```

예:

$$1 \quad 4 \quad 9 \quad 16 \quad 9 \quad 7 \quad 4 \quad 9 \quad 11$$

과

$$11 \quad 1 \quad 4 \quad 9 \quad 16 \quad 9 \quad 7 \quad 4 \quad 9$$

는 같다고 간주될 것이나,

$$1 \quad 4 \quad 9 \quad 16 \quad 9 \quad 7 \quad 4 \quad 9 \quad 11$$

과

$$11 \quad 11 \quad 7 \quad 9 \quad 16 \quad 4 \quad 1 \quad 4 \quad 9$$

는 그렇지 않을 것이다. 아마도 하나 이상의 도우미 메소드들이 필요할 것이다.

■■ **P6.12** 런은 인접한 반복 값들의 시퀀스이다. 배열에 20회의 랜덤한 주사위 던지기 시퀀스를 생성하고, 주사위 값들을 인쇄하는 프로그램을 작성하라. 단, 런들은 다음과 같이 소괄호로 묶어서 표시한다.

```
1 2 (5 5) 3 1 2 4 3 (2 2 2 2) 3 6 (5 5) 6 3 1
```

다음의 수도코드를 이용하라:

```
Set a boolean variable inRun to false.
For each valid index i in the array
    If inRun
        If values[i] is different from the preceding value
            Print ).
            inRun = false.
    If not inRun
        If values[i] is the same as the following value
            Print (.
            inRun = true.
    Print values[i].
If inRun, print ).
```

■■ P6.13 20번의 랜덤한 주사위 던지기 시퀀스를 배열에 생성하고, 주사위 값들을 출력하는 프로그램을 작성하라. 단, 다음과 같이 가장 긴 런만을 표시하라.

1 2 5 5 3 1 2 4 3 (2 2 2 2) 3 6 5 5 6 3 1

최대 길이 런이 둘 이상이면, 처음 것을 표시하라.

■■ P6.14 0과 99 사이의 20개의 랜덤한 값들의 시퀀스를 배열에 생성하고, 그 시퀀스를 출력하고, 정렬하고, 그 정렬된 시퀀스를 출력하는 프로그램을 작성하라. 표준 자바 라이브러리의 sort 메소드를 사용하라.

■■■ P6.15 1에서 10까지의 10개의 랜덤한 순열을 만드는 프로그램을 작성하라. 랜덤한 순열을 생성하기 위해서는 배열의 어느 두 엔트리들도 같은 콘텐츠를 갖지 않도록 1에서 10까지의 수들로 배열을 채워야 한다. 이를 위해서 아직 배열에 있지 않은 값을 가질 때까지 랜덤 값들을 생성하는 억지스런 방법을 사용할 수 있다. 그러나, 이 방법은 비효율적이다. 그 대신에 다음 알고리듬을 사용하라:

```
Make a second array and fill it with the numbers 1 to 10.
Repeat 10 times
    Pick a random element from the second array.
    Remove it and append it to the permutation array.
```

■■ P6.16 화장실에서 사람들은 이미 차 있는 칸으로부터 최대한 멀리 떨어져 있기를 원하며, 차 있지 않은 최장 공간 시퀀스의 중간을 고른다는 것은 잘 밝혀져 있는 사실이다.

예를 들어, 열 개의 칸이 비어 있는 상황을 고려하자:

_ _ _ _ _ _ _ _ _ _

맨 처음 들어온 사람은 중간 위치를 차지할 것이다:

_ _ _ _ _ X _ _ _ _

그 다음에 들어온 사람은 왼쪽의 빈 영역의 중간을 차지할 것이다:

_ _ X _ _ X _ _ _ _

칸 수를 읽고 칸이 하나씩 채워질 때마다 위에 제시된 방식으로 다이어그램을 출력하는 프로그램을 작성하라. 힌트: boolean 값의 배열을 사용해서 칸이 차 있는지 여부를 나타내라.

■■■ P6.17 이 과제에서는 불가리아 솔리테어 게임을 모델링한다. 이 게임은 45장의 카드를 갖고 시작한다(이들이 플레잉 카드일 필요는 없다. 표시되지 않은 인덱스 카드도 된다). 이들을 랜덤한 크기의 더미로 랜덤하게 나눈다. 예를 들어, 20, 5, 1, 9, 10의 더미 크기로 시작할 수 있

다. 각 라운드에서, 각 더미로부터 카드 하나를 취해서, 이 카드들로 새로운 더미를 만든다. 예를 들어, 위의 시작 구성 샘플이 19, 4, 8, 9, 5 크기의 더미들로 바뀔 수 있다. 이 솔리테어 게임은 더미들의 크기가 1, 2, 3, 4, 5, 6, 7, 8, 9가 될 때 끝난다(항상 이러한 구성으로 끝난다는 것을 보여줄 수 있다).

나의 프로그램에서 랜덤한 시작 구성을 만들고 그를 출력하라. 그런 다음 위의 솔리테어 단계를 적용하고 그 결과를 출력하라. 솔리테어의 최종 구성에 도달하면 중단하라.

■■■ **P6.18** 마방진. 수 $1, 2, 3, \ldots, n^2$으로 채워진 $n \times n$ 매트릭스가 각 행, 각 열, 각 대각선 원소들의 합들이 같으면 마방진이다.

16	3	2	13
5	10	11	8
9	6	7	12
4	15	14	1

키보드로부터 16개의 값을 읽고, 그들이 4×4 배열에 놓여질 때 마방진을 형성하는지 여부를 검사하는 프로그램을 작성하라. 두 가지 특징을 검사해야 한다:

1. 사용자 입력에 $1, 2, \ldots, 16$의 각각이 존재하는가?

2. 이 수들이 정사각형에 놓일 때, 행, 열, 대각선의 합들이 서로 같은가?

■■■ **P6.19** 다음 알고리듬을 구현해서 $n \times n$ 마방진을 만들라. n이 홀 수일 때만 동작한다.

```
For k = 1 ... n * n
    Place k at [row][column].
    Increment row and column.
    If the row or column is n, replace it with 0.
    If the element at [row][column] has already been filled
        Set row and column to their previous values.
        Decrement row.
```

다음은 이 방법을 따를 때 얻는 5×5 마방진이다.

11	18	25	2	9
10	12	19	21	3
4	6	13	20	22
23	5	7	14	16
17	24	1	8	15

입력은 수 n이고, 출력은 n이 홀수일 때 크기 n의 마방진인 프로그램을 작성하라.

■■ **P6.20** 그림 6.14에 보인 2차원 배열 원소의 여덟 방향의 이웃들의 평균을 계산하는 메소드를 작성하라.

```
public static double neighborAverage(int[][] values, int row, int column)
```

그런데, 원소가 배열의 경계에 놓여 있을 때는 배열에 있는 이웃들만을 포함시켜라. 예를 들면, row와 column이 둘 다 0이면, 세 개의 이웃만 존재한다.

■■ **P6.21** 일련의 입력 값들을 읽고, 그 값들을 별표를 사용해서 다음과 같이 막대 차트로 표시하는 프로그램을 작성하라:

```
*******************
*********************************
*****************************
************************
**************
```

모든 값이 양수라고 가정해도 좋다. 먼저 최대값을 확인하라. 그 값의 막대를 40개의 별표
로 그려야 한다. 더 짧은 막대는 그에 비례하는, 더 적은 수의 별표를 사용해야 한다.

■■■ **P6.22** 프로그래밍 훈련 P6.21의 프로그램을 데이타 집합이 음 값을 포함할 때도 제대로 동작하
도록 개선하라.

■■ **P6.23** 프로그래밍 훈련 P6.21의 프로그램을 각 막대에 캡션을 추가해서 개선하라. 사용자에게서
캡션과 데이타 값을 받게 하라. 출력은 다음과 같아야 한다:

```
      Egypt ************************
     France **********************************************
      Japan ****************************
    Uruguay ***************************
Switzerland ***************
```

■■ **P6.24** 극장의 좌석 배치도가 아래와 같이 티켓 가격의 2차원 배열로서 구현되어 있다.

```
10 10 10 10 10 10 10 10 10 10
10 10 10 10 10 10 10 10 10 10
10 10 10 10 10 10 10 10 10 10
10 10 20 20 20 20 20 20 10 10
10 10 20 20 20 20 20 20 10 10
10 10 20 20 20 20 20 20 10 10
20 20 30 30 40 40 30 30 20 20
20 30 30 40 50 50 40 30 30 20
30 40 50 50 50 50 50 50 40 30
```

사용자가 좌석 또는 가격을 선택해서 입
력하는 프로그램을 작성하라. 팔린 좌석
은 가격을 0으로 바꿔서 표시하라. 사용
자가 좌석을 지정할 때, 그 좌석이 남아
있는지 확인하라. 사용자가 가격을 지정할 때는, 그 가격의 모든 좌석을 찾아내어라.

■■■ **P6.25** 틱-택-토 게임을 하는 프로그램을 작성하라. 틱-택-토 게임
은 우측 그림과 같이 3 × 3 그리드 상에서 진행된다.
이 게임은 두 플레이어가 서로 교대로 둔다. 1번 플레이어는
수(move)를 원으로 표시하며, 2번 플레이어는 x로 표시한다.
수평 또는 수직 또는 대각선으로 세 개의 마크 시퀀스를 만
드는 플레이어가 이긴다. 나의 프로그램은 게임 보드를 그리
고, 사용자에게 다음 마크의 좌표들을 물으며, 성공적 수 후
에는 플레이어를 바꾸며, 승자를 발표해야 한다.

■ **P6.26** 한 배열 리스트를 다른 배열 리스트에 이어 붙이는 메소드

```
public static ArrayList<Integer> append(ArrayList<Integer> a, ArrayList<Integer> b)
```

를 작성하라. 예를 들어, a가

$$1 \quad 4 \quad 9 \quad 16$$

b가

$$9 \quad 7 \quad 4 \quad 9 \quad 11$$

이면, append는 다음 배열 리스트를 반환한다.

1 4 9 16 9 7 4 9 11

■■ **P6.27** 두 배열 리스트의 원소들을 교번으로 취해서 두 배열 리스트를 합치는 메소드

```
public static ArrayList<Integer> merge(ArrayList<Integer> a, ArrayList<Integer> b)
```

를 작성하라. 한 배열 리스트가 다른 배열 리스트 보다 짧을 때는, 더 긴 배열 리스트의 남는 원소들을 그대로 이어 붙인다. 예를 들어, a가

1 4 9 16

그리고 b가

9 7 4 9 11

이면, merge는 다음 배열 리스트를 반환한다.

1 9 4 7 9 4 16 9 11

■■ **P6.28** 두 개의 정렬된 배열 리스트를 합쳐서, 새로운 정렬된 배열 리스트를 만드는 메소드

```
public static ArrayList<Integer> mergeSorted(ArrayList<Integer> a,
    ArrayList<Integer> b)
```

를 작성하라. 각 배열 리스트에서 이미 얼마나 처리되었는지를 나타내는 인덱스를 사용하라. 매 회, 둘 중 한 배열 리스트로부터 가장 작은 미처리 원소를 이어 붙이고, 인덱스를 증가시킨다. 예를 들어, a와 b가 각각

1 4 9 16

그리고

4 7 9 9 11

이면, mergeSorted는 다음 배열 리스트를 반환한다.

1 4 4 7 9 9 9 11 16

■■ **비즈니스 P6.29** 어떤 애완동물 가게에서 고객이 한 마리 이상의 애완 동물과 다섯 가지 이상의 물품을 구매하면 할인해주려고 한다. 이 할인은 애완 동물이 아닌 품목들의 가격에 대한 20% 이다.

메소드

```
public static void discount(double[] prices, boolean[] isPet, int nItems)
```

를 구현하라. 이 메소드는 특정 매출에 관한 정보를 받는다. i 번째 물품에 대해 prices[i]는 할인 전 가격이며, isPet[i]는 그 품목이 애완동물이면 참이다.

점원으로부터 가격을 입력 받고, 애완동물이면 Y, 다른 품목이면 N를 입력 받는 프로그램을 작성하라. 입력을 배열에 보관하라. 구현한 메소드를 호출해서 할인액을 표시하라.

■■ **비즈니스 P6.30** 어떤 수퍼마켓에서 매일 최우수 고객을 위해 그의 이름을 수퍼마켓의 스크린에 표시해서 보답하려고 한다. 이를 위해 고객의 구매액은 ArrayList<Double>에, 이름은 해당 ArrayList<String>에 저장된다.

가장 많이 구매한 고객의 이름을 반환하는 메소드

```
public static String nameOfBestCustomer(ArrayList<Double> sales,
    ArrayList<String> customers)
```

를 구현하라.

점원에게서 모든 가격과 이름을 입력 받아서, 그들을 두 개의 배열 리스트에 추가하고, 내가 구현한 메소드를 호출하고, 그 결과를 표시하는 프로그램을 작성하라. 가격 0을 센티널로 사용하라.

■■■ 비즈니스 P6.31   비즈니스 P6.30의 프로그램이 가장 구매를 많이 한 topN 고객들을 표시하도록 개선시켜라. 여기서 topN의 값은 프로그램 사용자가 제공한다.

메소드

```
public static ArrayList<String> nameOfBestCustomers(ArrayList<Double> sales,
    ArrayList<String> customers, int topN)
```

를 구현하라. 만일 고객 수가 topN보다 적으면 모두 포함시켜라.

■■ 사이언스 P6.32   소리는 어떤 시점에서의 소리의 강도를 묘사하는 '샘플 값들'의 배열로 표현될 수 있다. ch06/sound/Sound Effect.java 프로그램은 소리 파일(WAV 포맷)을 읽고, 샘플 값들을 처리하기 위한 메소드 process를 호출하고, 소리 파일을 저장한다. 나의 임무는 메아리를 넣어서 process 메소드를 구현하는 것이다. 각 소리 값에 대해, 0.2초 전의 값을 더하라. 결과를 스케일링해서 32767을 넘는 값이 없도록 하라.

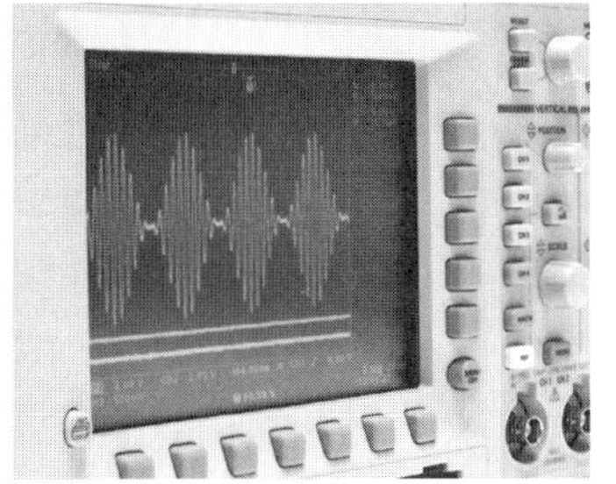

■■■ 사이언스 P6.33   정사각형의 서로 다른 점들에서의 지형의 높이 값들을 제공하는 2차원 배열이 주어졌다. 수위가 주어진 값일 때, 지형의 잠길 점들을 보여주는 홍수 지도를 출력하는 메소드

```
public static void floodMap(double[][] heights, double waterLevel)
```

을 작성하라. 홍수 지도에서 각 잠긴 점에 대해서는 *, 잠기지 않은 각 점에 대해서는 스페이스를 출력하라.

견본 지도는 다음과 같다.

```
* * * *           * *
* * * * *        * * *
* * * *           * *
* * *             * *
* * * *      *   * * *
* * * * * * * * * * *
* *        * * *
*         * * * * *
                * *
              * * *
```

그런 다음, 100개의 지형 고도 값들을 읽고, 수위가 지형의 최저 점으로부터 최고 점까지를 10 단계로 나누어 높아질 때 지형이 어떻게 잠기는지를 보여주는 프로그램을 작성하라.

■■ 사이언스 P6.34   어떤 실험에서 얻은 샘플 값들은 보통 부드럽게 만들어질 필요가 있다. 한 가지 간단한 접근법은 배열의 각 값을 그와 그의 두 이웃 값들(또는 배열의 양끝에 있는 경우에는 한 이웃의 값)의 평균으로 교체하는 것이다. 이 연산을 수행하는 메소드

```
public static void smooth(double[] values, int size)
```

를 구현하라. 답에서 다른 배열을 만들면 안 된다.

■■ **사이언스 P6.35**　ch06/animation/BlockAnimation.java 프로그램을 변경해서 애니메이션 정현파를 보여라. i 번째 프레임에서 정현파를 i 도만큼 이동시켜라.

■■■ **사이언스 P6.36**　진동하는 스프링에 달려있는, 질량이 m인 객체의 운동을 모델링하는 프로그램을 작성하라. 스프링이 평형 점으로부터 x 만큼 이동될 때, 후크의 법칙(Hooke's law)은 복원력을 다음과 같이 표현한다.

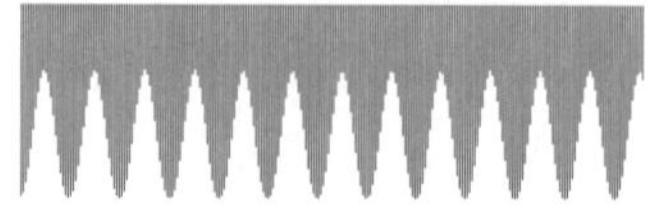

$$F = -kx$$

여기서 k는 스프링에 종속되는 상수이다(이 시뮬레이션에서는 10 N/m를 사용하라).

주어진 이동량 x(예: 0.5미터)에서 시작하라. 초기 속도 v는 0으로 설정하라. 질량 1 kg을 사용해서, 뉴튼의 법칙(Newton's law)($F = ma$)과 후크의 법칙으로부터 가속도 a를 계산하라. 작은 시간 구간 $\Delta t = 0.01$초를 사용하라. 속도를 갱신하라—속도는 $a\Delta t$만큼 변한다. 이동량을 갱신하라—$v\Delta t$만큼 변한다.

10회 반복할 때마다, 스프링 이동량을 한 화소가 1 cm를 나타내는 막대로 그려라. 영상을 생성하기 위해서 특강 4.3의 기법을 이용하라.

■■ **그래픽스 P6.37**　특강 4.3의 기법을 이용해서 서양 장기판의 영상을 만들라.

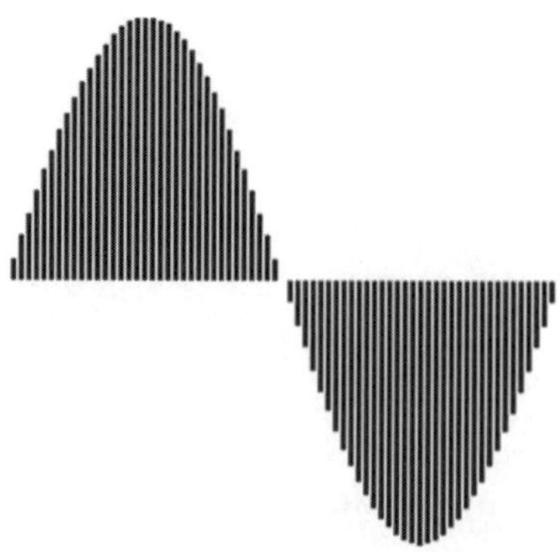

■ **그래픽스 P6.38**　특강 4.3의 기법을 이용해서 정현파 영상을 만들라. 매 5도마다 화소로 이루어진 줄을 그려라.

1. `int[] primes = { 2, 3, 5, 7, 11 };`

2. `3, 4, 5, 3, 2`

3. `3, 4, 6, 8, 12`

4. ```
values[0] = 10;
values[9] = 10;
```

   또는 권장: `values[values.length - 1] = 10;`

5. `String[] words = new String[10];`

6. `String[] words = { "Yes", "No" };`

7. No. 값을 저장하지 않으므로, 값을 읽을 때 출력해야 한다. 그러나, 값을 모두 보기 전까지는 `<=`를 어디에 추가할지는 알 수 없다.

8. Values의 원소들 중 0이 몇 개인지를 센다.

9. ```
for (double x : values)
{
    System.out.println(x);
}
```

10. ```
double product = 1;
for (double f : factors)
{
    product = product * f;
}
```

11. 이 루프는 `values[i]`에 값을 기록한다. 개량형 `for` 루프에는 인덱스 변수 `i`가 없다.

12. ```
20 <== largest value
10
20 <== largest value
```

13. ```
int count = 0;
for (double x : values)
{
    if (x == 0) { count++; }
}
```

14. 만일 `values`의 모든 원소들이 음수이면, 결과가 0으로 틀리게 계산된다.

15. ```
for (int i = 0; i < values.length; i++)
{
    System.out.print(values[i]);
    if (i < values.length - 1)
    {
        System.out.print(" | ");
    }
}
```

    이제 루프를 다른 방식으로 설정한 이유를 알 것이다.

16. 만일 시퀀스에 원소가 없다면 프로그램이 예외에 의해 종료된다.

17. 매치가 존재한다면, `pos`가 루프를 탈출하기 전에 증가된다.

18. 이 루프는 모든 원소들을 `values[pos]`로 설정한다.

19. `int[] numbers = squars(5);`

20. ```
int[] numbers = squares(5);
public static void fill(int[] values, int value)
{
    for (int i = 0; i < values.length; i++)
    {
        values[i] = value; }
}
```

21. 이 메소드는 첫 번째 인자로 길이가 주어진 배열을 반환한다. 이 배열은 0과 n-1 사이의 랜덤 정수로 채워진다.

22. `scores`의 콘텐츠가 바뀌지 않는다. `reverse` 메소드는 수들이 역순으로 된 새 배열을 반환한다.

23.

| values | result | i |
|--------|--------|---|
| [1, 4, 9] | [0, 0, 0] | 0 |
| | [9, 0, 0] | 1 |
| | [9, 4, 0] | 2 |
| | [9, 4, 1] | |

24. 첫 번째 알고리듬을 사용하라. 합을 계산할 때는 원소들의 순서가 문제되지 않는다.

25. **Find the minimum value.**
    **Calculate the sum.**
    **Subtract the minimum value.**

26. 매칭의 수를 세는 알고리듬(4.7.2절)을 두 번 사용한다: 한 번은 양 값을 세는 데, 또 한 번은 음 값을 세는 데.

27. 6.3.4절의 알고리듬을 수정해야 한다.
```
boolean first = true;
for (int i = 0; i < values.length; i++)
{
    if (values[i] > 0))
    {
        if (first) { first = false; }
        else { System.out.print(", "); }
    }
```
```

```java
System.out.print(values[i]);
}
```

분리자를 출력하기 위한 기준으로 더 이상 i > 0을 사용할 수 없음을 주목하라.

28. 이 알고리듬을 이용해서 배열의 모든 양수 원소들을 모으고, 6.3.4절의 알고리듬을 사용해서 매치 배열을 출력하라.

29. i에 대한 종이 클립은 위치 0, 1, 2, 3을 취한다. i가 4로 증가될 때, 조건 **i < size/2**가 **false**가 되어 루프가 끝난다. 마찬가지로 j에 대한 종이 클립은 위치 4, 5, 6, 7을 취하며, 이들은 배열의 후반부에 대한 유효한 위치들이다.

30. 배열 원소들의 순서를 역으로 바꾼다.

31. 한 가지 솔루션은 다음과 같다. 기본 아이디어는 모든 홀수를 한쪽으로 옮기는 것이다. 종이 클립 하나를 배열의 시작 위치에 놓고, 다른 하나를 끝에 놓는다. 첫 종이 클립의 원소가 홀수이면, 다른 종이 클립에 있는 원소와 교환하고, 그 종이 클립을 왼쪽으로 옮긴다. 그렇지 않으면, 첫 종이 클립을 우측으로 옮긴다. 두 종이 클립이 만날 때 중단한다. 수도코드는 다음과 같다.

```
i = 0
j = size - 1
While (i < j)
    If (a[i] is odd)
        Swap elements at positions i and j.
        j--
    Else
        i++
```

32. 한 가지 솔루션은 다음과 같다. 기본 아이디어는 모든 홀수 원소들을 제거하고, 그들을 끝으로 옮기는 것이다. 비결은 언제 중단할지를 아는 것이다. 이미 옮겨진 원소들이 있는 영역으로 홀수 원소들을 옮겨서 얻어지는 것이 없으므로, 그 영역을 다른 종이 클립으로 표시할 필요가 있다.

```
i = 0
moved = size
While (i < moved)
    If (a[i] is odd)
```
Remove the element at position i and add it
    at the end.
        moved--

33. 입력을 읽을 때 한 번에 하나씩 값을 보게 되며, 미리 들여다볼 수 없다. 카드 데크에서 한 번에 하나씩 카드를 뽑는 것이, 모두 노출된 아이템 시퀀스를 보는 것보다 이 프로세스를 더 제대로 시뮬레이션한다.

34. 대회의 금, 은, 동 메달 수 합계를 얻는다. 우리의 예에서는 각각 4개씩이다.

35.
```java
for (int i = 0; i < 8; i++)
{
    for (int j = 0; j < 8; j++)
    {
        board[i][j] = (i + j) % 2;
    }
}
```

36.
```java
String[][] board = new String[3][3];
```

37.
```java
board[0][2] = "x";
```

38.
```java
board[0][0], board[1][1], board[2][2]
```

39.
```java
ArrayList<Integer> primes =
    new ArrayList<Integer>();
primes.add(2);
primes.add(3);
primes.add(5);
primes.add(7);
primes.add(11);
```

40.
```java
for (int i = primes.size() - 1; i >= 0; i--)
{
    System.out.println(primes.get(i));
}
```

41. "Ann", "Cal"

42. names 변수가 초기화되지 않았다.

43. names1은 "Emily", "Bob", "Cindy", "Dave"를 담고 있다; names2는 "Dave"를 담고 있다.

44. 요일 수가 바뀌지 않으므로, 배열을 이용해도 불리하지 않으며, 초기화하기가 더 쉽다:
```java
String[] weekdayNames = { "Monday", "Tuesday",
    "Wednesday", "Thursday", "Friday",
    "Saturday", "Sunday" };
```

45. 배열 리스트에 입력을 읽어들이는 게 훨씬 더 쉽다.

CHAPTER 07

입력/출력과 예외 처리

Input/Output and Exception Handling

목표

텍스트 파일 읽기와 쓰기

명령줄 인수 처리하기

예외 던지기와 잡기

체크된 예외 전달 프로그램 구현하기

내용

이 장에서는 데이타를 처리하는 데 실제로 많이 사용되는 기술인 파일을 읽고 쓰는 방법을 배운다. 응용 사례로, 데이타를 암호화하는 방법도 배우게 된다. (왼쪽의 그림은 2차 세계대전에서 독일이 사용한 암호화 장치이다. 영국의 선구적인 컴퓨터 과학자들은 이러한 암호 코드를 해독하고 암호화된 메시지를 알아내어, 전쟁 승리에 큰 도움을 주었다.) 이 장의 나머지 부분에서는 자바 언어의 예외 처리(exception-handling) 방식을 사용하여, 누락된 파일이나 잘못된 콘텐츠와 같은 문제들을 보고하고 복구할 수 있는 방법을 알려준다.

7.1 텍스트 파일 읽기와 쓰기

이 장은 텍스트가 포함된 파일을 읽고 쓰는 일상적인 작업부터 시작한다. 텍스트 파일은 윈도우 노트 패드와 같은 문서편집기에 의해 만들어지고, 자바 소스 코드나 HTML 파일이 이에 포함된다.

텍스트 파일을 읽는 데 Scanner 클래스를 사용하라.

자바에서 텍스트를 읽기에 가장 편리한 메커니즘은 Scanner 클래스를 사용하는 것이다. 이미 Scanner 클래스를 사용하여 콘솔 입력을 읽는 방법을 알아보았다. 디스크 파일에서 입력을 읽기 위해서 Scanner 클래스는 디스크 파일이나 디렉토리를 설명하는 File 클래스에 의존한다(이 책에서 논의하지 않지만 File 클래스에는 파일을 삭제하거나 이름을 바꾸는 메소드와 같은 많은 메소드들이 있다).

먼저, inputFile 이름으로 File 객체를 생성하려면 다음과 같다.

```java
File inputFile = new File("input.txt");
```

다음에 File 객체를 사용하여 Scanner 객체를 생성한다.

```java
Scanner in = new Scanner(inputFile);
```

이러한 Scanner 객체는 파일 input.txt의 텍스트를 읽는다. 입력 파일에서 데이타를 읽으려면 Scanner 메소드(예: nextInt, nextDouble, next)를 사용할 수 있다.

예를 들어, 입력 파일의 수들을 처리하기 위해 다음과 같은 루프를 사용할 수 있다.

```java
while (in.hasNextDouble())
{
   double value = in.nextDouble();
   Process value.
}
```

텍스트 파일을 써넣을 때 PrintWriter 클래스와 print/println/printf 메소드를 사용하라.

파일에 텍스트를 출력하려면, 다음과 같이 원하는 파일 이름으로 PrintWriter 객체를 생성한다.

```java
PrintWriter out = new PrintWriter("output.txt");
```

출력 파일이 이미 존재하면 그 파일을 비운 후 새로운 데이타가 기록되고, 파일이 존재하지 않는 경우에는 빈 파일이 만들어진다.

이미 알고 있듯이 System.out은 PrintStream 객체이고, PrintWriter 클래스는 PrintStream 클래스를 개선한 것이다. PrintWriter 객체로 익숙한 print, println 및 printf 메소드를 사용할 수 있다:

```
out.println("Hello, World!");
out.printf("Total: %8.2f\n", total);
```


파일 처리를 완료하면, Scanner 또는 PrintWriter를 닫아야 한다.

```
in.close();
out.close();
```

PrintWriter를 닫지 않고 프로그램을 종료하면, 출력의 일부가 디스크 파일에 기록되지 않을 수도 있다.

다음 프로그램은 이러한 동작 개념을 설명한다. 숫자들이 포함된 파일을 읽고, 다른 파일에 세로 줄로 배열하여 숫자들을 기록하면서 마지막에 합을 계산한다.

예를 들어, 입력 파일 내용이 다음과 같다면

```
32 54 67.5 29 35 80
115 44.5 100 65
```

출력 파일은 다음과 같다.

```
        32.00
        54.00
        67.50
        29.00
        35.00
        80.00
       115.00
        44.50
       100.00
        65.00
Total:  622.00
```

해결해야 할 하나의 추가적인 문제는 예외(exception) 처리이다. Scanner를 위한 입력 또는 출력 파일이 존재하지 않으면, Scanner 객체가 생성될 때 FileNotFoundException이 발생한다. 그러면 컴파일러는 프로그램이 무엇을 할 것인지 지정하라고 요구한다. 마찬가지로, PrintWriter 생성자는 쓰기 위한 파일을 열 수 없는 경우에 이와 같은 예외를 생성한다(이름을 틀리게 사용하거나, 사용자가 지정한 위치에 파일을 생성 할 수 있는 권한이 없는 경우에 발생할 수 있다). 이 샘플 프로그램에서, 예외가 발생할 경우에 main 메소드를 종료시키고자 한다. 이를 위해 throws 선언을 main 메소드에 붙인다:

```
public static void main(String[] args) throws FileNotFoundException
```

보다 전문적인 방법으로 예외를 처리하는 방법을 7.4절에서 다루게 된다.

File, PrintWriter 및 FileNotFoundException 클래스들은 java.io 패키지에 포함되어 있다.

section_1/Total.java

```java
1  import java.io.File;
2  import java.io.FileNotFoundException;
3  import java.io.PrintWriter;
4  import java.util.Scanner;
5
6  /**
7     This program reads a file with numbers, and writes the numbers to another
8     file, lined up in a column and followed by their total.
9  */
10 public class Total
```

```java
11  {
12      public static void main(String[] args) throws FileNotFoundException
13      {
14          // Prompt for the input and output file names
15
16          Scanner console = new Scanner(System.in);
17          System.out.print("Input file: ");
18          String inputFileName = console.next();
19          System.out.print("Output file: ");
20          String outputFileName = console.next();
21
22          // Construct the Scanner and PrintWriter objects for reading and writing
23
24          File inputFile = new File(inputFileName);
25          Scanner in = new Scanner(inputFile);
26          PrintWriter out = new PrintWriter(outputFileName);
27
28          // Read the input and write the output
29
30          double total = 0;
31
32          while (in.hasNextDouble())
33          {
34              double value = in.nextDouble();
35              out.printf("%15.2f\n", value);
36              total = total + value;
37          }
38
39          out.printf("Total: %8.2f\n", total);
40
41          in.close();
42          out.close();
43      }
44  }
```

1. Total 프로그램에서 입력파일과 출력파일의 이름을 똑같게 한다면 어떻게 될까? 잘 모르겠으면 시도해보라.

2. Total 프로그램에서 존재하지 않는 입력 파일 이름을 사용하면 어떻게 될까? 잘 모르겠으면 시도해보라.

3. 합계를 새 파일에 쓰지 않고 기존 파일에 추가한다고 가정하자. 자체검사 1은 단순히 입력과 출력 파일을 같게 지정해서는 이를 달성할 수 없음을 보여준다. 어떻게 이 작업을 할 수 있을까? 작업을 수행할 수 있도록 수도코드(pseudocode)로 기술하라.

4. 입력 값들의 합계가 아닌 평균을 나타내려면 프로그램을 어떻게 수정해야 하는가?

5. 다음과 같이 두 열로 값들을 기록하려면 Total 프로그램을 어떻게 수정해야 하는가?

```
    32.00    54.00
    67.50    29.00
    35.00    80.00
   115.00    44.50
   100.00    65.00
Total:      622.00
```

Practice It   이제 다음 연습문제들에 대해 답할 수 있다: R7.1, R7.2, P7.1.

빈번한 오류 7.1 파일 이름에 백 슬래시

문자열 리터럴로 파일 이름을 지정할 때, 이름(Windows 파일 이름에서와 같이)이 백 슬래시 문자를 포함하는 경우에는, 백 슬래시를 두 번씩 써넣어야한다:

```java
File inputFile = new File("c:\\homework\\input.dat");
```

인용 문자열에 포함된 하나의 백 슬래시는 \n (줄 바꿈 문자)와 같은 특별한 의미를 갖는 **이스케이프 문자(escape character)**이다. \\조합은 하나의 백 슬래시를 나타낸다.

그러나, 사용자가 프로그램에 파일 이름을 제공할 경우에는 백 슬래시를 두 번 입력하면 안 된다.

빈번한 오류 7.2 String으로 Scanner를 구성하기

다음과 같이 문자열을 가지고 PrintWriter를 생성하면, 파일에 기록된다.

```java
PrintWriter out = new PrintWriter("output.txt");
```

그러나, Scanner의 경우 이런 식으로 작동하지 않는다. 다음 명령문은 파일을 열 수 없다.

```java
Scanner in = new Scanner("input.txt"); // Error?
```

대신에, 단순히 문자열을 읽는다: in.next()는 문자열 "input.txt"를 반환한다. (이것은 경우에 따라 쓸모가 있다—7.2.4절 참고.)

Scanner 생성자에는 File 객체를 사용한다는 것만 기억하면 된다.

```java
Scanner in = new Scanner(new File("input.txt")); // OK
```

특강 7.1 웹페이지 읽기

다음과 같은 순서의 명령문들로 웹 페이지의 내용을 읽을 수 있다.

```java
String address = "http://horstmann.com/index.html";
URL pageLocation = new URL(address);
Scanner in = new Scanner(pageLocation.openStream());
```

단순히 일반적인 방법으로 Scanner를 가지고 웹 페이지의 내용을 읽어본다. URL 생성자와 openStream 메소드는 IOException을 던질 수 있으므로, main 메소드에 throws IOException 태그를 붙여야 한다(throws 구문에 대한 자세한 내용은 7.4.3절을 참고).

URL 클래스는 java.net 패키지에 포함되어 있다.

ONLINE EXAMPLE

➕ 웹페이지에서 데이타 읽는 프로그램

그래픽 사용자 인터페이스 프로그램에서, 프로그램의 사용자가 파일을 선택해야 할 때마다 파일 대화상자(아래 그림에 보인 것 같은)를 사용하는 것이 편리하다. JFileChooser 클래스는 Swing 사용자-인터페이스 툴킷을 위한 파일 대화 상자를 구현한다.

JFileChooser 클래스는 대화 상자의 표시를 세부적으로 조정하는 많은 옵션들을 가지고 있지만, 가장 기본적인 형태는 매우 간단하다: 파일 선택기 객체를 생성한 후, showOpenDialog 또는 showSaveDialog 메소드를 호출한다. 두 메소드는 동일한 대화 상자를 표시하지만, 파일을 선택하기 위한 버튼은 호출한 메소드에 따라, '열기(Open)' 또는 '저장(Save)'으로 표시된다.

화면에 대화 상자를 좋은 위치에 표시하려면, 대화 상자가 팝업(pop up)될 사용자 인터페이스 컴포넌트를 지정하면 된다. 대화 상자의 팝업 위치가 문제되지 않으면, 단순히 null을 전달하면 된다. showOpenDialog와 showSaveDialog 메소드는 사용자가 파일 선택 시 JFileChooser.APPROVE_OPTION을 반환하고, 사용자가 선택 취소 시 JFileChooser.CANCEL_OPTION을 반환한다. 파일이 선택되면, getSelectedFile 메소드를 호출해서, 파일을 묘사하는 File 객체를 얻는다. 다음은 전체의 예제이다:

```java
JFileChooser chooser = new JFileChooser();
Scanner in = null;
if (chooser.showOpenDialog(null) == JFileChooser.APPROVE_OPTION)
{
    File selectedFile = chooser.getSelectedFile();
    in = new Scanner(selectedFile);
    . . .
}
```


JFileChooser 대화상자

텍스트 파일을 읽고 쓰는 데 Scanner와 PrintWriter 클래스를 사용한다. 텍스트 파일은 글자들로 구성된다. 이미지 파일은 문자들로 구성되지는 않고, 바이트(byte)로 구성된다. 바이트는 8개의 2진 숫자로 구성된 수로 컴퓨터의 기본 저장 단위이다(바이트 한 개는 0~255 사이의 부호 없는 정수 또는 −128~127 사이의 부호를 가지는 정수를 나타낼 수 있다). 자바 라이브러리는 2진 파일들을 처리하기 위한 스트림(stream)으로 불리는 여러 가지 클래스들을 가진다. 2진 파일을 수정하는 것은 매우 도전적이고 이 책의 범위를 넘지만, 웹 사이트에서 파일로 2진 데이타를 복사하는 간단한 예를 제시한다.

InputStream을 사용하여 2진 데이타를 읽는 예는 다음과 같다.

```
URL imageLocation = new URL("http://horstmann.com/java4everyone/duke.gif");
InputStream in = imageLocation.openStream();
```

2진 데이타를 파일에 기록하려면 FileOutputStream을 사용한다:

```
FileOutputStream out = new FileOutputStream("duke.gif");
```

입력 스트림의 read 메소드는 1개의 바이트를 읽고, 더 이상 입력이 없을 때 −1을 반환한다. 출력 스트림의 write 메소드는 1개의 바이트를 쓴다.

다음은 입력 스트림에서 출력 스트림으로 모든 바이트를 복사하는 루프이다.

```
boolean done = false;
while (!done)
{
    int input = in.read(); // -1 or a byte between 0 and 255
    if (input == -1) { done = true; }
    else { out.write(input); }
}
```

7.2 텍스트 입력과 출력

다음 절에서는 복잡한 내용의 텍스트를 처리하는 방법을 학습하며, 종종 실제 데이타에서 발생할 문제에 대응하는 방법을 배운다.

7.2.1 단어 읽기

next 메소드는 빈칸으로 분리된 문자열을 읽는다.

Scanner 클래스의 next 메소드는 다음 문자열을 읽는다. 다음의 루프를 살펴본다.

```
while (in.hasNext())
{
    String input = in.next();
    System.out.println(input);
}
```

사용자가 다음과 같은 입력을 준다면,

```
Mary had a little lamb
```

이 루프는 한 줄마다 하나의 단어를 쓴다:

```
Mary
had
a
little
lamb
```

단, 단어에는 구두점 및 기타 기호가 포함될 수 있다. next 메소드는 빈칸(*white space*)을 제외하고는 어떠한 문자열이라도 반환한다. 빈칸이란 스페이스, 탭 문자 및 줄바꿈 문자들이 포함된다. 예를 들어, 다음 문자열들은 next 메소드에서 '단어'로 간주된다.

```
snow.
1729
C++
```

(snow 다음의 마침표는 빈칸이 아니므로 단어의 일부로 간주된다.)

next 메소드가 실행될 때 벌어지는 상황은 다음과 같다. 입력 문자들이 빈칸이면 입력에서 제거되고, 단어의 일부가 되지 않는다. 빈칸이 아닌 첫 번째 문자가 단어의 첫 문자가 된다. 또 다른 빈칸 문자가 나타나거나, 입력 파일의 끝에 도달될 때까지 문자들이 추가된다. 그러나 한 문자도 단어에 추가되기 전에 입력 파일의 끝에 도달하면, "no such element exception"이 발생한다.

단어들만 읽고 문자가 아닌 것은 모두 버리고 싶다면 Scanner 객체의 useDelimiter 메소드를 호출하면 된다:

```
Scanner in = new Scanner(. . .);
in.useDelimiter("[^A-Za-z]+");
```

여기서는 "문자(letter)들 외의 모든 글자(chracter)시퀀스"를 단어와 구분하는 글자 패턴을 설정한다(특강 7.4 참고). 이 설정에 의해, next 메소드에 의해 반환되는 단어에 구두점과 숫자는 포함되지 않는다.

7.2.2 글자(character) 읽기

때로는, 파일에서 한 번에 한 글자씩을 읽어야 할 때가 있다. 7.3절에서는 파일의 글자들을 암호화하는 예제를 볼 것이다. 빈 문자열(empty string)을 갖는 Scanner 객체의 useDelimiter 메소드를 호출하여 이러한 작업을 수행한다:

```
Scanner in = new Scanner(. . .);
in.useDelimiter("");
```

이제 각 next 호출마다 단일 글자로 구성된 문자열(string)을 반환한다. 다음은 글자들을 처리하는 방법이다.

```
while (in.hasNext())
{
    char ch = in.next().charAt(0);
    Process ch.
}
```

7.2.3 글자 분류

글자를 읽을 때나, 한 단어나 한 줄에 포함된 글자를 분석할 때, 글자의 부류를 알아야 하는 경우가 있다. Character 클래스는 이 목적을 위한 몇 가지 유용한 메소드를 가진다. 각 메소드는 char 형 인수를 가지며 boolean 값을 반환한다(표 1).

호출 방법의 예는 다음과 같다.

```
Character.isDigit(ch)
```

표 7.1 글자 검사 메소드	
메소드	받아들인 글자의 예
isDigit	0, 1, 2
isLetter	A, B, C, a, b, c
isUpperCase	A, B, C
isLowerCase	a, b, c
isWhiteSpace	space, newline, tab

이 호출은 ch가 숫자('0'...'9' 또는 다른 쓰기 체계의 숫자—랜덤 팩트 2.2 참고)면 true를 반환하고, 아니면 false를 반환한다.

7.2.4 줄(line) 읽기

파일의 각 줄이 데이타 레코드일 경우에, 보통 nextLine 메소드를 사용하여 한 줄 전체를 읽는다:

```
String line = in.nextLine();
```

다음 입력 줄(줄 바꿈 문자 제외)이 문자열 line에 대입되어, 그 줄을 따로 취하여 원하는 처리를 할 수 있다.

hasNextLine 메소드는 입력에 최소 하나 이상의 줄이 있을 경우는 true를 반환하고, 모든 줄이 읽혀진 경우에는 false를 반환한다. 처리할 또다른 줄이 있는지 확인하기 위해 nextLine를 호출하기 전에 hasNextLine 메소드를 호출해야 한다.

다음은 파일의 줄 처리에 대한 전형적인 예이다. CIA의 월드 팩트북 사이트 (https://www.cia.gov/library/publications/the-worldfactbook/index.html)에서 나온 인구 데이타가 포함된 파일은 다음과 같은 줄들을 포함한다.

```
China  1330044605
India  1147995898
United States 303824646
. . .
```

일부 국가 이름은 둘 이상의 단어를 가지고 있기 때문에 next 메소드를 사용하여 이 파일을 읽는다면 답답한 작업이 될 것이다. 예를 들어, 프로그램이 United를 읽고 나서, 인구수를 읽기 전에 또 다른 단어를 읽을 필요가 있다는 것을 어떻게 알 것인가?

대신에 각 입력 줄을 읽어 문자열에 넣는다:

```
while (in.hasNextLine())
{
   String line = nextLine();
   Process line.
}
```

국가 이름이 끝나고 인구 숫자가 시작하는 위치를 찾기 위해 만들어진 isDigit와 isWhiteSpace 메소드를 사용한다.

첫 번째 숫자의 위치를 찾는다:

```java
int i = 0;
while (!Character.isDigit(line.charAt(i))) { i++; }
```

그런 다음 국가 이름과 인구를 추출한다:

```java
String countryName = line.substring(0, i);
String population = line.substring(i);
```

그러나, 국가 이름의 끝 부분에 하나 이상의 공백이 포함되어 있다. 이를 제거하는 데 `trim` 메소드를 사용한다:

```java
countryName = countryName.trim();
```

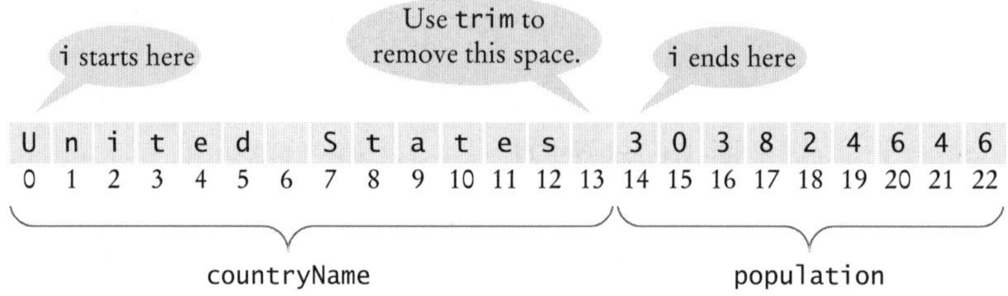

`trim` 메소드는 문자열의 시작과 끝의 모든 빈칸을 제거하고 문자열만 반환한다.

인구수가 숫자가 아닌 문자열에 저장되어 있으므로 추가 문제가 있다. 7.2.6절에서 문자열을 수로 변환하는 방법을 보게 된다.

7.2.5 문자열(string) 스캔

앞 절에서 개별 글자를 확인해서 문자열을 여러 부분으로 나누는 방법을 봤다. 때때로 더 쉬운 방법이 있는데, 문자열에서 글자들을 읽기 위해 Scanner 객체를 사용하는 것이다:

```java
Scanner lineScanner = new Scanner(line);
```

그런 다음에 단어와 수를 읽는데, 다른 Scanner 객체처럼 `lineScanner`를 사용할 수 있다.

```java
String countryName = lineScanner.next(); // Read first word
// Add more words to countryName until number encountered
while (!lineScanner.hasNextInt())
{
   countryName = countryName + " " + lineScanner.next();
}
int populationValue = lineScanner.nextInt();
```

7.2.6 문자열을 수로 변환

때때로 7.2.4절의 population 문자열처럼 숫자를 포함하는 문자열을 취급하게 된다. 예를 들어, 문자열 "303824646"이 있다고 가정할 때, 이 문자열로부터 정수값 303824646를 얻으려면, `Integer.parseInt` 메소드를 사용한다:

```java
int populationValue = Integer.parseInt(population);
   // populationValue is the integer 303824646
```

부동 소수점 숫자를 포함하는 문자열을 부동 소수점 값으로 변환하려면, Double.parse
Double 메소드를 사용한다. 예를 들어, 입력이 문자열 "3.95"라고 하자:

```
double price = Double.parseDouble(input);
   // price is the floating-point number 3.95
```

Integer.parseInt와 Double.parseDouble 메소드를 호출 할 때에는 주의를 해야 한다.
인수는 그 외의 글자들이 없는, 정수의 숫자들만을 포함하는 문자열이어야 한다. 빈칸조
차도 허용되지 않는다! 우리의 경우에는 문자열의 시작 부분에는 빈칸이 없을 것임을 알고
있지만, 끝에는 빈칸이 있을 수 있다. 따라서 우리는 trim 메소드를 사용한다:

```
int populationValue = Integer.parseInt(population.trim());
```

How To 7.1에서 이 예제는 계속된다.

7.2.7 수를 읽을 때 오류를 피하기

Scanner 클래스의 nextInt와 nextDouble 메소드를 여러 번 사용해 보았지만, 이 절에서
는 '비정상' 상황에서 무슨 일이 일어나는지를 살펴본다. 다음 호출을 가정한다.

```
int value = in.nextInt();
```

nextInt 메소드는 3 또는 −21과 같은 수들을 인식한다. 그러나 입력이 틀린 형식의 수라
면 'input mismatch exception' 이 발생한다. 예를 들어, 다음과 같이 글자들이 포함된 입력
을 고려하자.

<pre>
    2 1 s t   c e n t u r y
</pre>

맨 앞 빈칸은 소모되고 그 다음의 단어 '21st' 가 읽힌다. 그러나 이 단어는 적절치 않은
형식의 수이므로, nextInt 메소드에서 입력 불일치 예외를 발생시킨다.

nextInt 또는 nextDouble을 호출할 때 입력이 전혀 없다면, 'no such element
exception' 이 발생된다. 이러한 예외를 피하려면, 정수를 읽을 때 먼저 입력을 검색하는
hasNextInt 메소드를 사용한다. 예:

```
if (in.hasNextInt())
{
   int value = in.nextInt();
   . . .
}
```

마찬가지로, nextDouble 호출하기 전에 hasNextDouble 메소드를 호출해야 한다.

7.2.8 수, 단어 및 줄이 혼합된 입력

nextInt, nextDouble, next 메소드는 수나 단어 다음의 공백을 소모하지 않는다. 이것은
nextINT/nextDouble/next/nextLine을 번갈아 호출한다면, 문제가 될 수 있다. 파일이 다
음 형식으로 국가 이름과 인구 수를 포함한다고 하자.

```
China
1330044605
India
1147995898
United States
303824646
```

다음의 명령문들로 파일을 읽는다고 가정하자.

```java
while (in.hasNextLine())
{
   String countryName = in.nextLine();
   int population = in.nextInt();
   Process the country name and population.
}
```

처음에 입력은 다음과 같다.

C h i n a \n 1 3 3 0 0 4 4 6 0 5 \n I n d i a \n

nextLine 메소드의 첫 번째 호출 후에 입력은 다음과 같다.

1 3 3 0 0 4 4 6 0 5 \n I n d i a \n

nextInt 호출 후에 입력은 다음과 같다.

\n I n d i a \n

nextInt 호출이 줄 바꿈 글자를 소모하지 않았음을 유의한다. 따라서, 두 번째 nextLine 호출은 빈 문자열을 읽는다!

이에 대한 대책은 인구 수를 읽은 다음에 nextLine 호출을 추가하는 것이다.

```java
String countryName = in.nextLine();
int population = in.nextInt();
in.nextLine(); // Consume the newline
```

nextLine에 대한 호출은 남아있는 모든 공백 및 줄 바꿈 글자를 소모한다.

7.2.9 출력 포맷하기

수나 문자열을 쓸 때, 표시 형태를 제어해야할 때가 있다. 예를 들어, 달러는 일반적으로 소수점 아래 둘째자리까지 표시한다.

```
Cookies:        3.20
```

printf 메소드의 사용방법은 2.3.2절에서 살펴보았고, 본 절에서는 printf 메소드의 추가 옵션에 대해 설명한다.

배열에 저장된 품목과 가격의 표를, 다음과 같이 프린트 한다고 하자.

```
Cookies:        3.20
Linguine:       2.95
Clams:         17.29
```

품목 문자열들은 왼쪽으로 정렬되고, 가격들은 오른쪽 정렬된다. 디폴트로 printf 메소드는 오른쪽으로 정렬시킨다. 왼쪽 정렬로 지정하려면 필드 폭 앞에 하이픈(-)을 넣는다:

```java
System.out.printf("%-10s%10.2f", items[i] + ":", prices[i]);
```

다음에 두 가지 포맷 지정자에 대해 설명한다.

- %-10s 왼쪽 정렬 문자열로 포맷한다. 문자열 items[i] + ":" 이 스페이스로 패딩되어 폭이 10글자가 된다. -는 문자열이 왼쪽에 오게 하고, 10자 폭 내에서 나머지 오른쪽에 빈칸을 채운다.
- %10.2f 부동소수점 수로 포맷한다. 역시 필드 폭은 10글자이다. 그러나 왼쪽에 스페이스를 넣고 오른쪽에 값을 채운다.

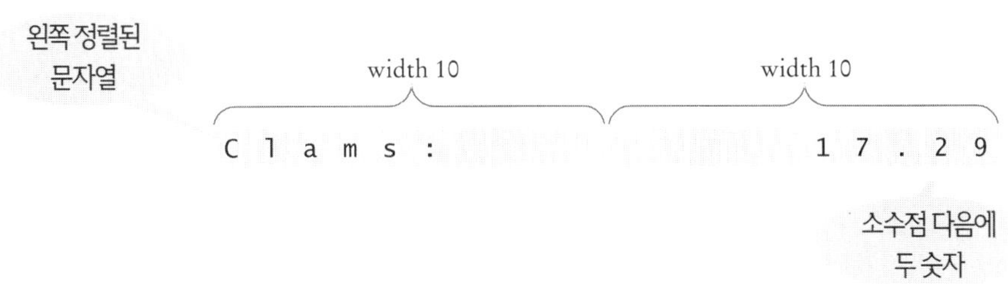

%-10s 또는 %10.2f와 같은 구조를 포맷 지정자(*format specifier*)라고 하며, 값들이 어떻게 포맷되어야 하는지를 설명한다.

표 7.2 포맷 플래그

플래그	의미	예
-	좌정렬	1.23 followed by spaces
0	앞의 빈자리들을 0으로 표시	001.23
+	양수에 + 부호 표시	+1.23
(	음수를 소괄호로 묶는다	(1.23)
,	십진 구분자를 표시	12,300
^	문자를 대문자로 전환	1.23E+1

표 7.3 포맷 타입

코드	타입	예
d	십진 정수	123
f	고정 소수점 수	12.30
e	지수형 소수점 수	1.23e+1
g	일반 소수점 수 (지수형 표기는 아주 크거나 아주 작은 값들에 사용된다)	12.3
s	문자열	Tax:

포맷지정자는 다음과 같은 구조를 가진다.

- %: 첫 번째 글자로 포맷지정자임을 나타낸다.
- 선택적 플래그(optional flags): 왼쪽 정렬을 나타내는 -와 같이 표시 포맷을 변경한다. 표 2의 포맷 플래그를 참고.
- 필드 폭(field width): 패딩에 사용된 스페이스를 포함한 필드의 전체 글자수. 뒤에 부동 소수점 수에 대한 선택적 정밀도가 올 수 있다.
- 포맷 유형(format type): 부동소수점 값을 나타내는 f 또는 문자열을 표시하는 s가 있다. 여러가지가 있으며, 중요한 것들은 표 7.3을 참고.

6. 입력이 Hello, World! 인 글자들을 포함할 때, 다음 코드 조각 다음에 word와 input의 값은 무엇인가?

7. 입력이 995.0 Fred인 글자들을 포함할 때, 다음 코드 조각 다음에 number와 input의 값은 무엇인가?

8. 입력이 6E6 6,995.00인 글자들을 포함할 때, 다음 코드 조각 다음에 x1과 x2의 값은 무엇인가?

9. 입력 파일이 일련의 수들을 포함하는데, 일부는 가용하지 않아 N/A로 표시된다. 이런 마커들은 건너뛰고 숫자들을 읽을 수 있는 방법은 무엇인가?

10. 7.2.4절의 국가 이름에서 trim 메소드를 사용하지 않고, 어떻게 빈칸을 제거할 수 있는가?

Practice It　이제 다음 연습문제들에 대해 답할 수 있다: P7.2, P7.4, P7.5.

특강 7.4　**정규 표현식**

정규 표현식(Regular Expressions)은 글자 패턴을 설명한다. 예를 들어, 하나 이상의 숫자들로 구성되는 수들은 단순한 형태를 가진다. 이들을 정규 표현식으로 나타내면 [0-9]+이다. 집합 [0-9]는 0과 9 사이의 임의의 숫자를 의미하며, +는 "하나 이상"을 의미한다.

전문 프로그래밍 편집기의 검색 명령에 정규 표현식이 사용된다. 이외에도, 여러 유틸리티 프로그램에서 일치하는 텍스트를 찾을 때 정규 표현식을 사용한다. 정규 표현식을 사용하는 일반적인 프로그램은 grep(global regular expression print)이다. 명령 줄이나 일부 컴파일 환경 내부에서 grep을 실행할 수 있다. grep은 UNIX 운영 체제의 일부이며, Windows용 버전도 사용할 수 있다. grep은 정규 표현식과 검색할 하나 이상의 파일이 필요하다. grep이 실행되면, 정규 표현식과 일치하는 줄들이 표시된다.

파일에 있는 모든 마법수를 찾는다고 하자(프로그래밍 팁 2.2 참고).

```
grep [0-9]+ Homework.java
```

는 파일 Homework.java에서 숫자열이 포함된 모든 행을 나열한다. 그러나 x1과 같은 변수명이 포함된 라인들도 표시되기 때문에, 그다지 편리하지는 않다. 문자 다음에 나오는 숫자열 검색을 배제하려면 다음과 같이 한다.

```
grep [^A-Za-z][0-9]+ Homework.java
```

집합[^A-Za-z]는 A~Z와 a~z 범위에 있지 않은 글자들을 나타낸다. 이것이 더 나은 결과를 제공하며, 수만을 포함하는 줄만 표시한다.

Scanner 클래스의 useDelimiter 메소드는 정규 표현식을 사용하여, 단어들을 구분하는 텍스트의 블록들인 구분자(delimiter)를 서술할 수 있다. 앞서 언급한 바와 같이 구분자 패턴을 [^A-Za-z]+로 설정하면 문자가 아닌 한 개 이상의 글자열이 구분자이다.

정규 표현식에 대한 자세한 내용은 인터넷에서 '정규 표현식 지침서(regular expression tutorial)'로 검색되는 지침서 중 하나를 참고하라.

문서의 가독성 계산하기

이 영상 예제에서는 문서의 Flesch식 가독성 지수(Flesch Readability Index)를 계산하는 프로그램을 개발한다.

7.3 명령줄 인수

사용하는 운영 체제나 자바 개발 환경에 따라 프로그램을 시작하는 방법이 다르다—예를 들어, 컴파일 환경에서 '실행(Run)'을 선택하거나, 아이콘을 클릭하거나, 명령 셸 창 (command shell window)의 프롬프트(prompt)에서 프로그램 이름을 입력하기도 한다. 후 자의 방법을 '명령 줄에서 프로그램을 호출'이라고 한다. 이 방법을 사용할 때, 물론 프로 그램 이름을 입력해야 하고, 그 프로그램이 사용할 수 있는 추가 정보를 입력할 수도 있다. 이러한 추가 문자열을 **명령줄 인수(command line arguments)**라고 한다. 예를 들어, 명령 줄에서 다음과 같이 프로그램을 시작하면,

```
java ProgramClass -v input.dat
```

프로그램은 문자열 "-v"와 "input. dat"인 두 개의 명령줄 인수들을 받는다. 이러한 문 자열들을 어떻게 처리하는가는 전적으로 프로그램에 달려있다. 하이픈(-)으로 시작하는 문자열은 프로그램 옵션으로 해석하는 것이 관례이다.

작성할 프로그램에서 명령줄 인수를 지원해야 할까? 또는 사용자들이 그래픽 사용자 인터페이스(GUI)를 사용하도록 해야 할까? 일시적이거나 드문 사용자에 대해서는 대화형 사용자 인터페이스가 훨씬 더 낫다. 사용자 인터페이스는 사용자를 안내하여 많은 지식 없 이 응용 프로그램을 항해할 수 있게 한다. 그러나 빈번한 사용자에 대해서는, 명령줄 인터 페이스가 큰 장점이 있다. 즉 자동화가 쉬워진다. 매일 수백 개의 파일을 처리하는 경우에, 파일 선택기 대화 상자에 파일 이름을 입력하는 데 대부분의 시간을 써버릴 수 있다. 그러 나 배치 파일이나 셸 스크립트(shell script, 컴퓨터의 운영 체제의 기능)를 사용하면, 자동 으로 여러 개의 명령줄 인수를 가지고 프로그램을 여러 번 호출 할 수 있다.

프로그램은 main 메소드의 args 파라미터로 명령줄 인수들을 받는다:

```
public static void main(String[] args)
```

➕ WileyPLUS와 www.wiley.com/college/horstmann에서 온라인으로 볼 수 있다.

이 예에서는 args는 다음 문자열들을 포함하는 길이가 2인 배열이다.

```
args[0]:    "-v"
args[1]:    "input.dat"
```


파일을 **암호화**하는 프로그램을 작성하자. 즉, 암호화된 파일을 해독하는 방법을 아는 사람을 제외하고는 읽을 수 없도록 뒤섞자. 우리는 2000년 전에 줄리어스 시저가 사용한 문자를 다른 문자로 대체하는 방법(A→D, B→E, ...)을 사용할 것이다(그림 5.1).

이 프로그램은 다음과 같은 명령줄 인수들을 가진다.

- 암호화된 것을 해독함을 의미하는 선택적 -d 플래그
- 입력 파일 이름
- 출력 파일 이름

예를 들면

```
java CaesarCipher input.txt encrypt.txt
```

은 input.txt 파일을 암호화하여 그 결과를 encrypt.txt 파일에 넣는다.

```
java CaesarCipher -d encrypt.txt output.txt
```

는 encrypt.txt 파일을 해독하여 결과를 output.txt 파일에 넣는다.

줄리어스 시저 황제는 메시지를 암호화하는 간단한 방식을 사용했다.

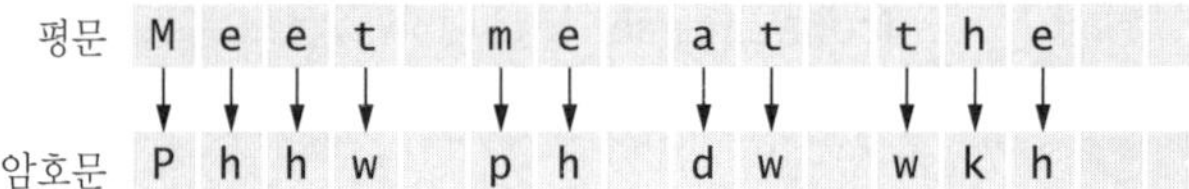

그림 5.1 시저의 암호기

section_3/CaesarCipher.java

```java
1   import java.io.File;
2   import java.io.FileNotFoundException;
3   import java.io.PrintWriter;
4   import java.util.Scanner;
5
6   /**
7      This program encrypts a file using the Caesar cipher.
8   */
9   public class CaesarCipher
10  {
11     public static void main(String[] args) throws FileNotFoundException
12     {
13        final int DEFAULT_KEY = 3;
14        int key = DEFAULT_KEY;
15        String inFile = "";
16        String outFile = "";
17        int files = 0; // Number of command line arguments that are files
18
19        for (int i = 0; i < args.length; i++)
20        {
21           String arg = args[i];
22           if (arg.charAt(0) == '-')
23           {
24              // It is a command line option
25
26              char option = arg.charAt(1);
```

```java
27            if (option == 'd') { key = -key; }
28            else { usage(); return; }
29         }
30         else
31         {
32            // It is a file name
33
34            files++;
35            if (files == 1) { inFile = arg; }
36            else if (files == 2) { outFile = arg; }
37         }
38      }
39      if (files != 2) { usage(); return; }
40
41      Scanner in = new Scanner(new File(inFile));
42      in.useDelimiter(""); // Process individual characters
43      PrintWriter out = new PrintWriter(outFile);
44
45      while (in.hasNext())
46      {
47         char from = in.next().charAt(0);
48         char to = encrypt(from, key);
49         out.print(to);
50      }
51      in.close();
52      out.close();
53   }
54
55   /**
56      Encrypts upper- and lowercase characters by shifting them
57      according to a key.
58      @param ch the letter to be encrypted
59      @param key the encryption key
60      @return the encrypted letter
61   */
62   public static char encrypt(char ch, int key)
63   {
64      int base = 0;
65      if ('A' <= ch && ch <= 'Z') { base = 'A'; }
66      else if ('a' <= ch && ch <= 'z') { base = 'a'; }
67      else { return ch; } // Not a letter
68      int offset = ch - base + key;
69      final int LETTERS = 26; // Number of letters in the Roman alphabet
70      if (offset > LETTERS) { offset = offset - LETTERS; }
71      else if (offset < 0) { offset = offset + LETTERS; }
72      return (char) (base + offset);
73   }
74
75   /**
76      Prints a message describing proper usage.
77   */
78   public static void usage()
79   {
80      System.out.println("Usage: java CaesarCipher [-d] infile outfile");
81   }
82 }
```

11. java CaesarCipher -d file1.txt로 프로그램이 호출되는 경우에 args의 요소는 무엇인가?

12. 자체검사 11번에서 호출되는 프로그램을 추적하라.

13. 그 프로그램이 java CaesarCipher file1.txt file2.txt -d로 호출되면 프로그램이 제대로 실행되는가? 된다면 왜 그런가? 안된다면 왜 그런가?

14. 시저 암호기를 사용하여 CAESAR를 암호화하라.

15. 다음 명령문과 같이 -k 옵션으로 사용자가 3이 아닌 다른 암호화 키를 지정할 수 있게
하려면 어떻게 프로그램을 수정해야 하는가?

```
java CaesarCipher -k15 input.txt output.txt
```

Practice It 이제 다음 연습문제들에 대해 답할 수 있다: R7.4, P7.8, P7.9.

How to 7.1

텍스트 파일 처리하기

실제 데이타를 포함하는 텍스트 파일을 처리하는
것은 굉장히 힘들 수 있다. 여기서 단계별로 해결
방법을 살펴본다.

예를 들어, 두 개의 데이타 파일 즉 `worldpop.txt`와 `worldarea.txt`(이 책의 컴패니언 코드로
제공됨)를 읽는다. 두 파일은 같은 순서로 같은 국
가가 포함되어 있다. 국가 이름과 인구 밀도(명
/km^2)가 포함된 `world_pop_den sity.txt` 파일
을 작성한다. 이때 국가 이름은 왼쪽 정렬로 하고,
인구 밀도의 숫자는 오른쪽 정렬로 한다:

싱가포르는 세계에서 가장 인구 밀도가 높은
나라 중 하나이다.

```
Afghanistan            50.56
Akrotiri              127.64
Albania               125.91
Algeria                14.18
American Samoa        288.92
. . .
```

단계 1 처리 작업을 이해하라.

항상 해결 방법을 설계하기 전에 작업에 대한 명확한 이해가 필요하다. (작은 입력파일을 가지고)
손으로 작업할 수 있는가를 확인하고, 그렇지 못하다면, 문제에 대한 더 많은 정보를 얻어라.

고려할 한 가지 중요한 측면은 데이타가 가용하게 될 때 데이타를 처리할 수 있는지, 또는 먼저
저장해야 하는가이다. 예를 들어, 정렬된 상태로 데이타를 기록해야 한다면, 먼저 모든 입력을 수집
(아마도 배열 리스트(array list)에 넣어서)해야 한다. 그러나, 경우에 따라서는 저장하지 않고, 그냥
"실행하면서" 데이타를 처리하는 것도 가능하다.

이 예제에서, 입력 파일들이 같은 순서로 인구와 면적을 저장하고 있으므로, 각각의 파일에서
한 번에 한 행을 읽고, 각각의 행에서 밀도를 계산할 수 있다.

처리 작업을 수도코드(pseudocode)로 서술하면 다음과 같다.

```
While there are more lines to be read
    Read a line from each file.
    Extract the country name.
    population = number following the country name in the line from the first file
    area = number following the country name in the line from the second file
    If area != 0
        density = population / area
    Print country name and density.
```

단계 2 읽고 기록할 파일들을 결정하라.

이것은 문제로부터 명확해야 한다.

이 예에서는 인구와 면적 데이타를 포함하는 두 개의 입력 파일과 한 개의 출력 파일이 있다.

단계 3 파일 이름을 얻기 위한 메커니즘을 선택하라.

3개의 옵션이 존재한다:

- 파일이름을 코드에 기입("worldpop.txt"같이)
- 사용자에게 요구:

```
Scanner in = new Scanner(System.in);
System.out.print("Enter filename: ");
String inFile = in.nextLine();
```

- 명령줄 인수를 파일 이름으로 사용.

이 예제에서는 단순화하기 위해 코드에 파일 이름을 기입(hard-coding)한다.

단계 4 줄, 단어, 글자 기반 입력 중 선택하라.

이 예제에서와 같이 표에 데이타가 있거나 줄 번호를 보고할 필요가 있는 경우 즉 입력 데이타가 줄들로 그룹화 되어 있을 때에는 경험상 줄들을 읽는다.

여러 줄에 걸쳐 분포된 데이타를 수집 할 때는 단어별로 읽는 것이 좋다. 단어별로 읽을 때에는 공백이 모두 없어지는 것을 명심해야 한다.

개별 글자를 액세스해야 할 때에는 글자별로 읽는 것이 좋다. 예를 들면 글자의 빈도를 분석하거나, 탭을 스페이스로 바꾸거나, 암호화가 포함된다.

단계 5 줄 중심 입력이라면 필요한 데이타를 추출하라.

`nextLine` 메소드를 사용해서 입력 행을 쉽게 읽고, 그 줄에서 데이타를 얻는다. 부문자열은 7.2.4절에서 설명된 대로 추출할 수 있다.

일반적으로, 부문자열의 경계를 찾기 위해 `Character.isWhitespace`와 `Character.isDigit`과 같은 메소드를 사용한다.

숫자를 표현한 문자열이 필요하면, `Integer.parseInt`나 `Double.parseDouble`를 사용하여 변환해야 한다.

단계 6 공통 작업을 끄집어내기 위해 메소드를 사용하라.

대개 입력 파일을 처리하는 것은 공백을 건너뛰거나, 문자열에서 수를 추출하는 등의 반복적인 작업을 포함한다. 이런 지루한 작업을 처리하는 메소드들을 개발해두면 진짜 좋다.

이 예에서는 국가 이름과 그 뒤의 값을 추출하는 두 가지 공통 작업에서 도우미 메소드들을 호출한다. 우리는 다음 메소드들을 구현할 것이다.

```
public static String extractCountry(String line)
public static double extractValue(String line)
```

이 메소드들을 구현하는 방법은 7.2.4.절에서 살펴보았다.

다음은 완성된 소스 코드(how_to_1/PopulationDensity.java)이다.

```
import java.io.File;
import java.io.FileNotFoundException;
import java.io.PrintWriter;
import java.util.Scanner;

/**
   This program reads data files of country populations and areas and prints the
   population density for each country.
*/
```

```java
public class PopulationDensity
{
   public static void main(String[] args) throws FileNotFoundException
   {
      // Construct Scanner objects for input files

      Scanner in1 = new Scanner(new File("worldpop.txt"));
      Scanner in2 = new Scanner(new File("worldarea.txt"));

      // Construct PrintWriter for the output file

      PrintWriter out = new PrintWriter("world_pop_density.txt");

      // Read lines from each file

      while (in1.hasNextLine() && in2.hasNextLine())
      {
         String line1 = in1.nextLine();
         String line2 = in2.nextLine();

         // Extract country and associated value
         String country = extractCountry(line1);
         double population = extractValue(line1);
         double area = extractValue(line2);

         // Compute and print the population density
         double density = 0;
         if (area != 0) // Protect against division by zero
         {
            density = population / area;
         }
         out.printf("%-40s%15.2f\n", country, density);
      }

      in1.close();
      in2.close();
      out.close();
   }

   /**
      Extracts the country from an input line.
      @param line a line containing a country name, followed by a number
      @return the country name
   */
   public static String extractCountry(String line)
   {
      int i = 0; // Locate the start of the first digit
      while (!Character.isDigit(line.charAt(i))) { i++; }
      return line.substring(0, i).trim(); // Extract the country name
   }

   /**
      Extracts the value from an input line.
      @param line a line containing a country name, followed by a value
      @return the value associated with the country
   */
   public static double extractValue(String line)
   {
      int i = 0; // Locate the start of the first digit
      while (!Character.isDigit(line.charAt(i))) { i++; }
      // Extract and convert the value
      return Double.parseDouble(line.substring(i).trim());
   }
}
```

랜덤 팩트 7.1 암호화 알고리듬

이 장의 끝에 있는 연습문제들은 텍스트를 암호화하기 위한 알고리듬들을 제공한다. 연인한테 비밀 메시지를 보낼 때 거기에 있는 방법들을 사용하지 마라. 숙련된 암호 전문가라면 그 방법들을 아주 빠른 시간 내에 풀 수 있다, 즉, 비밀 키워드를 몰라도 원래 텍스트를 복구할 수 있다.

1978년도에 Ron Rivest, Adi Shamir, Leonard Adleman이 훨씬 더 강력한 암호화 방법을 소개했다. 그 방법은 발명자들의 이름을 따라 RSA로 불린다. 자세한 방법은 여기에 소개하기에는 너무 복잡하지만, 실제로는 이해하기에 어렵지 않다. 자세한 내용은 `http://theory.lcs.mit.edu/~rivest/rsapaper.pdf` 에서 찾아 볼 수 있다.

RSA는 뛰어난 암호화 방법이다. 두 개의 키, 즉, 공개 키와 개인 키가 있다(그림 참고). 공개 키는 명함(또는 e-mail 서명 블록)에 인쇄해서 다른 이들에게 줄 수 있다. 그러면, 누구든 나만이 해독할 수 있는 메시지를 내게 보낼 수 있다. 비록 다른 모든 이들이 공개 키를 알고 있으며, 또한, 내게 오는 메시지를 가로챈다고 해도, 해독해서 메시지를 읽을 수 없다. 1994년에, 인터넷 상으로 공동 작업한 수백 명의 연구자들이 129개 숫자 키로 암호화된 메시지를 해독했다. 230개 또는 그 이상의 숫자로 암호화된 메시지는 안전한 것으로 기대된다.

이 알고리듬의 발명자들은 특허를 받았다. 특허는 사회와 발명자가 맺는 협약이다. 20년 동안, 발명자는 독점적인 상용화 권리를 가지며, 그 발명품을 제조하기를 원하는 이들로부터 로열티를 받을 수 있으며, 경쟁자가 그를 전혀 사용하지 못하게 막을 수도 있다. 그 대가로, 발명자는 다른 이들이 알 수 있도록 발명을 공개해야 하며, 독점 기간 종료 후에는 모든 청구권을 포기해야 한다. 특허법이 없다면 발명자는 발명하는 수고를 하지 않을 것이며, 그들의 장치를 복제하는 것을 막기 위해 그들의 기법을 은폐하려 할 것이다.

RSA 특허에 관해서는 일부 논란이 있어 왔다. 특허 보호가 없었다면, 이 발명자들이 방법을 공개해서, 그렇게 해서 20년 독점이라는 대가 없이 사회에 혜택을 제공했을까? 그 대답은 아마도 그렇다 이다. 발명자들은 판매 영수증보다는 월급으로 살아가고, 보통 그들의 발견에 대해 명성과 커리어가 높아짐으로써 보상을 받는 학문 연구자들이었다. 그들의 추종자들이 개선을 찾아내는 데(그리고 특허를 내는데) 적극적이었나? 물론 알 수 있는 방법은 없다. 이 알고리듬이 특허에 해당하는가, 또는 아무에게도 속하지 않는 수학적 사실인가? 특허국은 후자의 자세를 오랫동안 견지했다. RSA 발명자들 및 많은 다른 이들이 이러한 제한을 피해가기 위해, 알고리듬보다는, 가상적인 전자 장치에 의해 그들의 발명을 기술했다. 요즘이라면 특허국은 소프트웨어 특허를 수여할 것이다.

RSA 일화에는 또 다른 흥미로운 면이 있다. 프로그래머인 Phil Zimmermann이 RSA에 기반한 PGP(Pretty Good Privacy)라고 불리는 프로그램을 개발했다. 누구든 메시지를 암호화하기 위해서 이 프로그램을 사용할 수 있으며, 해독은 가장 강력한 컴퓨터로 조차도 불가능하다. GNU 프로젝트(`http://www.gnupg.org`)로부터 무료 PGP 복사본을 얻을 수 있다. 강력한 암호화 방법의 존재는 미국 정부를 끊임없이 괴롭히고 있다. 범죄자들과 외국 기관들이 경찰과 정보기관이 해독할 수 없는 통신을 보낼 수 있다. 정부는 Zimmermann의 프로그램이 인터넷에 올라갈 수 있음을 그가 알고 있었어야 했다고 주장하며, 무허가 군수품 수출 금지법을 위반했다는 이유로 Zimmermann의 고소를 고려하고 있다. 이러한 암호화 방법들을 시민들이 사용하는 것, 또는 법률 집행 시 키를 비밀로 하는 것은 불법이라는 것을 진지하게 고려되어 왔다.

공개 키 암호화

7.4 예외 처리

프로그램 오류를 다루는 데는 감지(*detection*)와 처리(*handling*)의 두 가지 측면이 있다. 예를 들어, Scanner 생성자는 존재하지 않는 파일로부터 읽으려는 시도를 감지할 수는 있으나, 그 오류를 처리할 수는 없다. 오류를 처리하는 만족스러운 방법으로는 프로그램을 종료시키거나, 사용자에게 다른 파일 이름을 요청하는 것이 있다. Scanner 클래스는 이러한 오류 처리 방안들 중에서 선택할 수 없으며, 프로그램의 다른 부분에 오류를 보고해야 한다.

자바에서 예외 처리(*exception handling*)는 제어권을 오류 감지 위치에서 그 오류를 처리할 수 있는 처리기로 넘기는 유연한 메커니즘을 제공한다. 다음 절에서 이 메커니즘을 자세히 살펴본다.

7.4.1 예외 던지기

예외적인 상태를 알리기 위해, 예외 객체를 던지는 throw 명령문을 사용한다.

오류 상태를 감지했을 때 해야 할 일은 정말 쉽다. 적절한 예외 객체를 던지기만 하면 된다. 예를 들어, 누군가가 은행 계좌에서 너무 많은 돈을 인출하려 한다고 하자.

```java
if (amount > balance)
{
   // Now what?
}
```

먼저 적절한 예외 클래스를 찾아라. 자바 라이브러리는 모든 종류의 예외 상태를 알려주기 위한 여러 클래스를 제공한다. 그림 7.2는 가장 유용한 클래스들을 보여준다. (클래스들은 트리 모양의 계층 구조로 배열되며, 아래 부분에 나타낸 것은 보다 특정적인 클래스들이다. 이러한 계층 구조에 대해서는 9장에서 자세히 다룬다.)

상황을 설명할 수 있는 예외 유형에 대해 살펴보자. ArithmeticException은 어떤가? 잔고가 마이너스이면 연산 오류인가? 아니다(자바는 음수를 처리할 수 있다). 인출할 금액이 잘못된 것인가? 그렇다. 인출 금액이 너무 크다. 따라서, IllegalArgumentException을 던져 보자:

```java
if (amount > balance)
{
   throw new IllegalArgumentException("Amount exceeds balance");
}
```

➕ WileyPLUS와 www.wiley.com/college/horstmann에서 온라인으로 볼 수 있다.

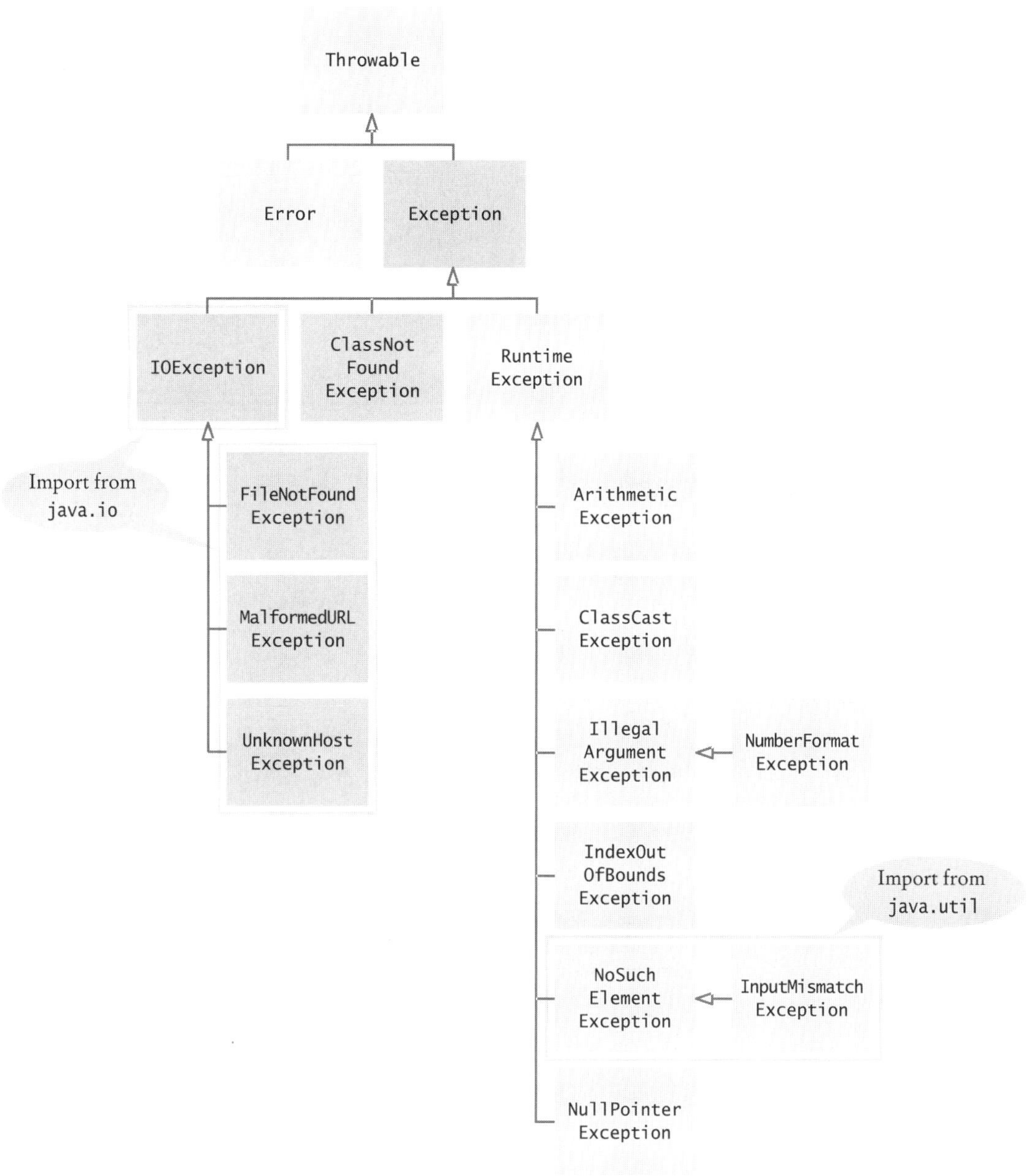

그림 7.2 예외 클래스 계층 구조의 일부

예외를 던지면, 예외처리기 (exception handler)에서 처리가 계속된다.

예외를 던질 때, 실행은 다음 명령문에서 수행되지 않고, **예외 처리기**에서 실행된다. 이것이 다음 절의 주제이다.

예외를 던질 때, 정상적인 제어 흐름은 종료된다. 이것은 위험한 상황에서 전기의 흐름을 차단하는 회로 차단기와 비슷하다.

```
Syntax        throw exceptionObject;

                    if (amount > balance)
    새로운          {
  예외객체가            throw new IllegalArgumentException("Amount exceeds balance");
   생성되고          }
   던져진다.        balance = balance - amount;
```

대부분의 예외 객체는 오류 메시지를 갖게 생성될 수 있다.

예외가 발생하면 이 줄은 실행되지 않는다.

7.4.2 예외 잡기

모든 예외는 프로그램의 어딘가에서 처리되어야 한다. 예외 처리기를 갖고 있지 않는 경우에는 오류 메시지가 인쇄되고, 프로그램이 종료된다. 물론, 그런 처리되지 않은 예외는 프로그램 사용자를 혼란스럽게 만든다.

try/catch 문장을 가지고 예외를 처리한다. 특정 예외를 처리하는 방법을 알고 있는 프로그램의 위치에 try/catch 문장을 배치한다. try 블록에는 우리가 처리하려는 예외를 발생시킬 수 있는 하나 이상의 문장을 포함한다. 각각의 catch 절에는 예외 유형에 대한 예외 처리기가 포함된다. 다음은 하나의 예이다:

```
try
{
   String filename = . . .;
   Scanner in = new Scanner(new File(filename));
   String input = in.next();
   int value = Integer.parseInt(input);
   . . .
}
catch (IOException exception)
{
   exception.printStackTrace();
}
catch (NumberFormatException exception)
{
   System.out.println(exception.getMessage());
}
```

이 try 블록에서 세 가지 예외가 던져질 수 있다:

• Scanner 생성자는 FileNotFoundException을 던질 수 있다.

• Scanner.next는 NoSuchElementException을 던질 수 있다.

• Integer.parseInt는 NumberFormatException을 던질 수 있다.

이러한 예외 중에 어떤 것이라도 던져진다면, try 블록의 나머지 부분들을 모두 건너뛴다. 다음은 여러 가지 예외 유형에 따라 일어나는 것들이다:

• FileNotFoundException이 던져지면, IOException을 위한 catch 절이 실행된다. (그림 7.2에서 FileNotFoundException이 IOException의 하위계층이다.) FileNotFound Exception을 위한 다른 메시지를 표시하려면, IOException을 위한 catch절 이전에 catch 절을 배치해야 한다.

- NumberFormatException이 발생하면 두 번째 catch 절이 실행된다.
- NoSuchElementException은 어떠한 catch 절에 의해서도 잡히지 않는다. 이 예외는 다른 try 블록에 의해 잡힐 때까지 던져진 상태로 있게 된다.

각 catch 절은 처리기가 포함한다. catch (IOException exception) 블록이 실행되면, try 블록에 있는 일부 메소드가 IOException(또는 그의 자손 중 하나)가 실패한 것이다. 이 처리기에서는 아래를 호출하여 예외를 일으키게 한 일련의 메소드 호출들을 인쇄한다.

```
exception.printStackTrace()
```

두 번째 예외 처리기에서 예외와 관련된 메시지를 가져오기 위해 exception.getMessage() 를 호출한다. parseInt 메소드가 NumberFormatException을 던질 때, 메시지는 형식화하지 못한 문자열을 포함한다. 예외를 던질 때, 원하는 메시지 문자열을 제공할 수 있다. 예를 들어, 다음과 같이 호출하면

```
throw new IllegalArgumentException("Amount exceeds balance");
```

예외 메시지는 생성자에서 제공된 문자열이다.

이 샘플 catch 절들에서 우리는 단순히 사용자에게 문제의 원인을 알려준다. 종종, 사용자에게 올바른 입력을 제공할 기회를 다시 준다면 더 좋다 — 한 가지 해결 방법은 7.5절 참고.

문법 7.2   예외 잡기

Syntax

```
try
{
    statement
    statement
    . . .
}
catch (ExceptionClass exceptionObject)
{
    statement
    statement
    . . .
}
```

```
try
{
    Scanner in = new Scanner(new File("input.txt"));
    String input = in.next();
    process(input);
}
catch (IOException exception)
{
    System.out.println("Could not open input file");
}
catch (Exception except)
{
    System.out.println(except.getMessage);
}
```

7.4.3　체크된 예외

자바에서 던지고 잡을 수 있는 예외의 종류는 다음 세 가지 중의 하나이다.

- 내부 에러들은 `Error` 유형의 자손(descendant)들이 보고한다. `OutOfMemoryError`가 하나의 예이며, 이용 가능한 모든 컴퓨터 메모리가 사용되었을 때 던져진다. 이러한 치명적인 오류는 거의 발생하지 않으며, 이 책에서도 다루지 않겠다.
- `IndexOutOfBoundsException` 또는 `IllegalArgumentException`과 같은 `RuntimeException`의 자손은 프로그램 코드의 오류를 나타낸다. 이러한 것들을 **체크되지 않은 예외(unchecked exception)**라고 한다.
- 다른 모든 예외는 **체크된 예외(checked exception)**이다. 이러한 예외는 내가 통제할 수 없는 어떤 외부 이유로 뭔가가 잘못되었음을 나타낸다. 그림 2에서 컴파일러로 체크된 예외는 진한 색으로 음영 처리되어 있다.

예외에 왜 두 종류가 있는가? 체크된(checked) 예외는 내가 아무리 조심해도 발생할 수 있는 문제이다. 예를 들어, `IOException`은 디스크 오류나 네트워크 연결이 끊어진 상태처럼 내가 통제할 수 없는 상황에서 발생한다. 컴파일러는 체크된 예외를 매우 심각하게 여기고, 그들이 처리되도록 보장한다. 체크된 예외를 처리할 방법을 내가 지시하지 않는다면, 프로그램은 컴파일되지 않는다.

반면에, 체크되지 않은(unchecked) 예외는 프로그래머의 잘못이다. 컴파일러는 프로그래머가 `IndexOutOfBoundsException`과 같은 체크되지 않은 예외를 처리하는지 여부를 검사하지 않는다. 결국, 체크되지 않은 예외를 위한 예외처리기를 설치하는 것보다는 인덱스 값을 확인해야한다.

예외를 던지는 메소드 내부에 체크된 예외를 위한 예외처리기를 가지고 있다면, 컴파일러는 만족할 것이다. 예를 들면 다음과 같다.

```
try
{
   File inFile = new File(filename);
   Scanner in = new Scanner(inFile); // Throws FileNotFoundException
   . . .
}
catch (FileNotFoundException exception) // Exception caught here
{
   . . .
}
```


그러나, 흔히 현재의 메소드가 예외를 처리하지 못하는 일이 발생한다. 이 경우에는, 내가 그 예외를 인지하고 있고 그 예외가 발생하면 메소드가 종료되길 원한다는 것을 컴파일러에게 알려줄 필요가 있다. 다음과 같이 `throws`절을 가지는 메소드를 제공해야 한다.

```
public static String readData(String filename) throws FileNotFoundException
{
   File inFile = new File(filename);
   Scanner in = new Scanner(inFile);
   . . .
}
```

`throws`절은 메소드 호출자에게 `FileNotFoundException`이 발생할 수 있다고 신호를 보낸다. 그러면, 호출자는 예외를 처리하거나 또는 예외가 던져질 수 있다고 선언할 것인지를 판단해야한다.

```
Syntax        modifiers returnType methodName(parameterType parameterName, . . .)
                    throws ExceptionClass, ExceptionClass, . . .


        public static String readData(String filename)
              throws FileNotFoundException, NumberFormatException
```

이 메소드가 던질 수 있는 모든   체크되지 않은 예외를 나열 할 수도 있다.
체크된 예외를 지정해야한다.

예외가 발생했다는 것을 알고 있으면서, 예외를 처리하지 않는 것은 어쨌든 무책임하게 보인다. 그러나 사실은 반대이다. 자바는 예외가 적절한 처리기로 전달될 수 있도록 예외 처리 기능을 제공한다. 어떤 메소드는 오류를 감지하고, 어떤 메소드는 예외를 처리하며, 또 다른 메소드는 그냥 예외를 전달한다. throws절은 단순히 어떠한 예외도 도중에 손실되지 않도록 보장한다.

크고 위험한 짐을 실은 트럭이 경고 표지판을 달고 다니는 것처럼,
throws절은 호출자에게 예외가 발생할 수 있음을 경고한다.

7.4.4 finally 절

때때로, 예외가 던져지는 여부에 상관없이 몇 가지 실행이 필요할 때가 있다. finally 구문은 이러한 상황을 해결하는 데 사용된다. 다음은 전형적인 상황이다.

try 블록이 일단 실행되면 finally 절의 명령문들은 예외가 던져지는지 여부에 상관없이 실행이 보장된다.

모든 출력이 파일에 기록되는 것을 확실히 하기 위해 PrintWriter를 닫는 것이 중요하다. 다음의 프로그램 코드에서 스트림을 열고, 하나 이상의 메소드를 호출한 다음에 스트림을 닫는다:

```java
PrintWriter out = new PrintWriter(filename);
writeData(out);
out.close(); // May never get here
```

마지막 줄 전의 메소드들 중 하나가 예외를 던진다고 가정하자. 그러면 close 호출이 결코 실행되지 않는다! 이러한 문제는 finally절 내부에 close 호출을 위치시키면 해결된다:

```java
PrintWriter out = new PrintWriter(filename);
try
{
   writeData(out);
}
finally
{
   out.close();
}
```

정상적인 경우에는 문제될 것이 없다. try 블록이 완료될 때, finally절이 실행되고, 쓰기

```
Syntax    try
          {
          statement
          statement
          ...
          }
          finally
          {
          statement
          statement
          ...
          }
```



```
PrintWriter out = new PrintWriter(filename);
try
{
    writeData(out);
}
finally
{
    out.close();
}
```

객체가 닫힌다. 그러나 예외가 발생하더라도, 예외가 예외처리기로 전달되기 전에 finally절이 역시 실행된다.

아무리 메소드가 종료되었더라도 완료 동작을 확실히 발생시키기 위해, 파일 닫기와 같은 완료 동작이 필요할 때 마다 finally절을 사용하라.

외국을 방문하는 모든 방문자는 어떤 일이 있어도 여권심사대를 통과해야 한다. 마찬가지로, 예외가 발생되더라도 finally 절의 코드는 항상 실행된다.

16. balance가 100이고 amount가 200일 때, 다음 명령문들이 실행되면 balance의 값은 어떻게 되는가?

```
if (amount > balance)
{
    throw new IllegalArgumentException("Amount exceeds balance");
}
balance = balance - amount;
```

17. 은행 계좌에 입금할 때는, 금액이 마이너스인 경우를 제외하고는 초과 인출에 대해 걱정할 필요가 없다. 이 경우에 적절한 예외를 던지는 명령문을 작성하라.

18. 다음 메소드를 고려하자.

```java
public static void main(String[] args)
{
   try
   {
      Scanner in = new Scanner(new File("input.txt"));
      int value = in.nextInt();
      System.out.println(value);
   }
   catch (IOException exception)
   {
      System.out.println("Error opening file.");
   }
}
```

주어진 파일 이름의 파일은 존재하지만 그 파일에 콘텐츠가 없다고 할 때, 실행의 흐름을 추적하라.

19. `ArrayIndexOutOfBoundsException`이 체크된 예외가 아닌 이유는?

20. 체크된 예외와 체크되지 않은 예외를 잡는데 차이가 있는가?

21. 다음 프로그램은 어디가 틀렸고, 어떻게 고칠 수 있는가?

Practice It   이제 다음 연습문제들에 대해 답할 수 있다: R7.7, R7.8, R7.9.

프로그래밍 팁 7.1   **일찍 던지고, 늦게 잡기** ————————————————————————●

메소드가 해결할 수 없는 문제점을 검출할 때, 불완전하게 문제를 해결하는 것보다는 예외를 던지는 것이 좋다. 예를 들어, 메소드가 파일에서 숫자를 읽을 것으로 기대하는데, 파일에 숫자가 포함되어 있지 않다고 하자. 단순하게 0값을 사용하는 것은 나쁜 선택이 된다. 왜냐하면 그렇게 하면 실제 문제를 덮어 버려서, 다른 곳에서 또 다른 문제를 야기할 수 있기 때문이다.

역으로, 메소드가 상황을 해결할 수 있다면, 메소드는 예외를 잡아야 한다. 그러지 않는다면, 최선의 해결책은 적당한 예외처리기에 의해 잡힐 수 있도록 예외를 단순히 호출자에게 전달하는 것이다.

이러한 원칙은 '일찍 던지고, 늦게 잡기'로 요약할 수 있다.

문제가 감지되자마자 빨리 예외를 던지고, 문제가 처리될 수 있을 때에만 그 예외를 잡아라.

프로그래밍 팁 7.2   **예외를 억누르지 말라.** ————————————————————————●

체크된 예외를 던지는 메소드를 호출하면서, 예외처리기를 지정하지 않은 경우, 컴파일러는 경고 메시지를 준다. 작업을 계속하고야 말겠다는 욕구에서 예외를 억누름으로써 컴파일러가 입을 다물고 있게 만들려는 충돌은 이해가 간다:

```java
try
{
    Scanner in = new Scanner(new File(filename));
    // Compiler complained about FileNotFoundException
    . . .
}
catch (FileNotFoundException e) {} // So there!
```

아무것도 하지 않는 예외처리기는 컴파일러로 하여금 예외가 처리된 것으로 오해하게 한다. 길게 볼 때 이것은 분명히 나쁜 생각이다. 예외는 적절한 예외처리기에게 문제 보고를 전송하도록 설계되어 있다. 부적합한 예외처리기를 설치하는 것은 심각할 수도 있는 오류 상태를 숨기기만 할 뿐이다.

프로그래밍 팁 7.3 · 동일한 try 문에 catch와 finally를 사용하지 말라

finally 절이 하나 이상의 catch 절에 따라 올 수 있다. 그러면 try 블록에서 빠져나올 때 다음 세 가지 방법 중 하나로 finally 절에 있는 코드가 실행된다:

1. try 블록의 마지막 명령을 완료한 후
2. 이 try 블록이 예외를 잡았다면, catch 절의 마지막 명령을 완료한 후
3. 예외가 try 블록에서 던져졌는데 잡히지 않았을 때

catch 절과 finally 절을 결합하고 싶겠지만, 그 결과 코드는 이해하기 어렵고, 종종 잘못된다. 대신에 다음과 같은 두 가지 명령문을 사용하라:

- 리소스를 닫기 위한 try/finally 문
- 오류를 처리하기 위한 분리된 try/catch 문

예를 들면,

```java
try
{
    PrintWriter out = new PrintWriter(filename);
    try
    {
        Write output.
    }
    finally
    {
        out.close();
    }
}
catch (IOException exception)
{
    Handle exception.
}
```

PrintWriter 생성자가 예외를 던져도 둥지 튼 명령문들이 올바르게 동작한다는 것에 주목하라.

자바 7의 자동 리소스 관리

자바 7에서는 자동으로 PrintWriter 또는 Scanner 객체를 닫는 새로운 형식의 try 블록을 사용할 수 있다. 문법은 다음과 같다:

```
try (PrintWriter out = new PrintWriter(filename))
{
    Write output to out.
}
```

try 블록이 종료될 때, 예외의 발생 여부와 관계없이 close 메소드는 자동으로 out 객체에 대해 호출된다. finally 문은 필요하지 않다.

랜덤 팩트 7.2 아리안 로켓 사고

미국의 NASA에 해당되는 유럽의 ESA는 아리안 로켓 모델을 개발하여, 우주공간으로 위성을 발사하고 과학 실험용으로 여러 차례 성공적으로 사용한 바 있다. 그러나 1996년 6월 4일에 프랑스 령 기아나의 쿠루(Kourou) 발사기지에서 새로운 형태의 아리안 5는 발사된 후, 약 40초 뒤에 진행경로가 수직경로보다 20도 이상 기울어졌다. 이로 인해 기체에 엄청난 공기 역학적인 부하가 작용되었고, 추진 부스터들이 분리되면서, 결국 자폭장치가 작동되어 폭발하였다.

이 사고의 궁극적인 원인은 발생된 에러(예외, exception)를 처리하지 못한 데 있었다. 로켓에는 동일한 2대의 SRI(Inertial Reference System) 모듈이 탑재되어, 측정 장비들로부터 얻어진 비행데이타를 처리하고 로켓 위치에 대한 정보를 조절하게 되어있었다. 탑재된 컴퓨터는 이러한 위치정보를 사용하여 부스터들을 제어하고, 만일의 사태를 대비해서 두 대가 중복으로 구성되었다. SRI 모듈과 탑재된 컴퓨터는 모두 아리안 4에서 정상 동작을 하던 동일한 시스템이었다.

그러나, 로켓의 설계변경으로 인해, 센서들 중의 하나가 아리안 4에서 발생되었던 것보다 더 큰 가속력을 감지하였다. 부동소수로 표현되는 이 값은 16 비트 정수로 저장되었고(자바에서 short 변수에 해당), 장비에 사용되는 프로그램 언어인 에이다(Ada)는 자바와 달리, 부동소수가 정수로 변환하기에 너무 큰 경우에는 예외를 생성한다. 불행히도, 프로그래머들은 이러한 상황이 발생되지 않을 것이라고 판단하여, 예외처리기(exception handler)를 제공하지 않았다.

오버플로우가 발생했을 때, 예외가 발생되었고, 예외처리기는 없었으므로, 장비는 스스로 꺼지게 되었다. 탑재된 컴퓨터가 오류를 감지하고 백업 장치로 전환하였으나, 백업장비도 로켓 설계자가 예상하지 못했던 똑같은 이유로 동작을 멈추었다. 설계자들은 기계적인 원인 때문에 실패할 수도 있다고 생각했다. 그리고 동일한 기계적 결함을 가진 두 장치는 있을 수 없다고 생각했다. 그 때 로켓은 확실한 위치 정보가 없어서 코스를 이탈했다.

소프트웨어가 그렇게 철저하지 않았다면, 아마도 결과는 더 나았을 것이다. 오버플로우를 무시했다면 장치는 종료되지 않고, 잘못된 데이타로 계산했을 것이고, 장치는 치명적일 수 있는 잘못된 위치 데이타를 보고했을 것이다. 그러면, 올바른 구현을 통해 오버플로우 예외를 잡아서, 비행 데이타를 재계산하는 전략이 마련되었을 것이다. 이 내용에서 보듯이 포기하는 것은 분명 적절한 선택이 아니었다. 이 예외 처리 메커니즘의 장점은 자바 컴파일러가 예외를 잡지 못하는 것에 불평할 때 프로그래머가 생각해야 하는 바를 확실하게 보여준다.

아리안 로켓 폭발

7.5 응용: 입력 오류 처리

이 절에서는 예외 처리에 대한 예제 프로그램을 다루어 본다. 프로그램 `DataAnalyzer.java`은 사용자에게 파일의 이름을 요청하며, 이 파일이 데이타 값을 포함하고 있을 것으로 기대한다. 파일의 첫 번째 줄에는 데이타의 전체 개수를 나타내고, 나머지 줄에는 데이타가 포함된다. 입력 파일의 형식은 다음과 같다:

```
3
1.45
-2.1
0.05
```

무엇이 잘못될 수 있을까? 두 가지 주요 위험 요소가 있다.

> 프로그램을 설계할 때, 스스로에게 발생할 수 있는 예외의 종류를 물어보라.

- 파일이 존재하지 않을 수도 있다.
- 파일에 잘못된 형식의 데이타가 존재할 수 있다.

누가 이 오류를 감지할 수 있을까? 파일이 존재하지 않으면, Scanner 생성자가 예외를 던질 것이다. 데이타 형식에 오류가 있으면, 입력 값들을 처리하는 메소드가 예외를 던져야 한다.

어떤 예외가 던져질 수 있는가? 파일이 존재하지 않을 때, scanner 생성자는 `FileNotFoundException`을 던지며, 이는 우리 상황에 적절하다. 데이타 개수가 예상보다 적거나, 첫 번째 값이 개수를 나타내지 않는 경우에 프로그램은 `NoSuchElementException`을 던진다. 마지막으로, 예상보다 더 많은 입력이 있을 때, `IOException`이 던져져야 한다.

> 각각의 예외에 대하여 프로그램의 어느 부분에서 적절하게 다룰 수 있는지를 판단해야 한다.

누가 그 예외들이 보고한 오류를 해결하는가? `DataAnalyzer` 프로그램의 main 메소드만이 사용자와 상호작용하므로, main 메소드가 예외를 잡고, 적절한 오류 메시지를 출력하며, 사용자가 올바른 파일을 입력할 기회를 다시 제공한다:

```java
// Keep trying until there are no more exceptions
boolean done = false;
while (!done)
{
   try
   {
      Prompt user for file name.

      double[] data = readFile(filename);

      Process data.

      done = true;
   }
   catch (FileNotFoundException exception)
   {
      System.out.println("File not found.");
   }
   catch (NoSuchElementException exception)
   {
      System.out.println("File contents invalid.");
   }
   catch (IOException exception)
   {
      exception.printStackTrace();
   }
}
```

잘못된 데이타를 발견했거나 또는 파일을 찾을 수 없을 때, main 메소드에 있는 처음 두 개의 catch 절은 사람이 읽을 수 있는 오류 보고를 제공한다. 그러나 `IOException`이 발생하면, 스택 추적(stack trace)을 인쇄해서 프로그래머가 문제를 진단할 수 있게 한다.

다음의 readFile 메소드는 Scanner 객체를 생성하고 readData 메소드를 호출한다. 이것은 어떠한 예외도 처리하지 않는다. 입력 파일에 문제가 있을 경우에는 단순히 호출자에게 예외를 전달한다.

```java
public static double[] readFile(String filename) throws IOException
{
    File inFile = new File(filename);
    Scanner in = new Scanner(inFile);
    try
    {
        return readData(in);
    }
    finally
    {
        in.close();
    }
}
```

finally 절이 예외가 발생할 경우에도 파일이 반드시 닫히게 해줌을 주목하라.

또한 readFile 메소드의 throws 절은 FileNotFoundException 클래스를 포함할 필요가 없다. 그 이유는 이것이 IOException의 특별한 경우이기 때문이다.

readData 메소드는 값의 개수를 읽고, 배열을 생성하며, 배열에 데이타 값들을 채운다:

```java
public static double[] readData(Scanner in) throws IOException
{
    int numberOfValues = in.nextInt(); // May throw NoSuchElementException
    double[] data = new double[numberOfValues];

    for (int i = 0; i < numberOfValues; i++)
    {
        data[i] = in.nextDouble(); // May throw NoSuchElementException
    }

    if (in.hasNext())
    {
        throw new IOException("End of file expected");
    }
    return data;
}
```

7.2.7절에서 살펴본 바와 같이, nextInt와 nextDouble 메소드 호출은 입력이 전혀 없으면 NoSuchElementException을 던지고, 입력이 숫자가 아니면 InputMismatchException을 던질 수 있다. 그림 7.2에서 볼 수 있듯이, InputMismatchException은 NoSuchElement Exception의 특별한 경우이다.

NoSuchElementException은 체크된 예외가 아니기 때문에, throws절에 선언할 필요는 없다. 그러나 더 명확하게 하려면 인클루드시킬 수도 있다.

다음과 같은 세 가지 잠재적인 오류가 있다:

- 파일이 정수로 시작되지 않을 수 있다.
- 데이타 개수가 충분하지 않을 수 있다.
- 데이타 값을 모두 읽은 후에 추가 입력이 있을 수 있다.

처음 두 가지 경우에는 Scanner가 NoSuchElementException을 던진다. 또 다시 이 예외는 체크된 예외가 아니라는 것에 주의하라. 처음에 hasNextInt 또는 hasNextDouble을 호출하면 피할 수도 있었다. 그러나, 이 경우에 이 메소드는 무엇을 해야할지 알지 못하므로,

그 예외가 다른 곳에 있는 예외처리기로 전송되는 것을 허용한다.

예상치 않은 추가 입력이 발견되면, IOException을 던진다. 예외 처리 동작을 확인하기 위해서, 특정 오류 시나리오를 보자.

1. main은 readFile을 호출한다.

2. readFile은 readData를 호출한다.

3. readData는 Scanner.nextInt를 호출한다.

4. 입력에는 정수가 없으며, Scanner.nextInt는 NoSuchElementException를 던진다.

5. readData에는 catch 절이 없으며, 즉시 종료된다.

6. readFile에는 catch 절이 없으며, finally 절을 실행하고 파일을 닫은 후에 즉시 종료된다.

7. main에 있는 첫번째 catch 절은 FileNotFoundException을 위한 것이다. 현재 던져지고 있는 예외는 NoSuchElementException이며, 이 예외처리기는 적용되지 않는다.

8. 그 다음 catch 절은 NoSuchElementException을 위한 것이고, 실행은 여기서 다시 시작한다. 그 예외처리기는 사용자에게 메시지를 인쇄하고 나서, 사용자가 다시 파일 이름을 입력할 기회를 준다. 데이타를 처리하는 명령문들은 생략되어 있다.

이 예제에는 오류 검출(readData 메소드의)과 오류 처리(main 메소드의)가 분리되어 있다. 둘 사이에 readFile 메소드가 있고, 단순히 예외를 전달한다.

section_5/DataAnalyzer.java

```java
import java.io.File;
import java.io.FileNotFoundException;
import java.io.IOException;
import java.util.Scanner;
import java.util.NoSuchElementException;

/**
   This program processes a file containing a count followed by data values.
   If the file doesn't exist or the format is incorrect, you can specify another file.
*/
public class DataAnalyzer
{
   public static void main(String[] args)
   {
      Scanner in = new Scanner(System.in);

      // Keep trying until there are no more exceptions

      boolean done = false;
      while (!done)
      {
         try
         {
            System.out.print("Please enter the file name: ");
            String filename = in.next();

            double[] data = readFile(filename);

            // As an example for processing the data, we compute the sum

            double sum = 0;
            for (double d : data) { sum = sum + d; }
            System.out.println("The sum is " + sum);

```

```java
35             done = true;
36          }
37          catch (FileNotFoundException exception)
38          {
39             System.out.println("File not found.");
40          }
41          catch (NoSuchElementException exception)
42          {
43             System.out.println("File contents invalid.");
44          }
45          catch (IOException exception)
46          {
47             exception.printStackTrace();
48          }
49       }
50    }
51
52    /**
53       Opens a file and reads a data set.
54       @param filename the name of the file holding the data
55       @return the data in the file
56    */
57    public static double[] readFile(String filename) throws IOException
58    {
59       File inFile = new File(filename);
60       Scanner in = new Scanner(inFile);
61       try
62       {
63          return readData(in);
64       }
65       finally
66       {
67          in.close();
68       }
69    }
70
71    /**
72       Reads a data set.
73       @param in the scanner that scans the data
74       @return the data set
75    */
76    public static double[] readData(Scanner in) throws IOException
77    {
78       int numberOfValues = in.nextInt(); // May throw NoSuchElementException
79       double[] data = new double[numberOfValues];
80
81       for (int i = 0; i < numberOfValues; i++)
82       {
83          data[i] = in.nextDouble(); // May throw NoSuchElementException
84       }
85
86       if (in.hasNext())
87       {
88          throw new IOException("End of file expected");
89       }
90       return data;
91    }
92 }
```

22. 왜 readFile 메소드는 예외를 전혀 잡지 않는가?

23. readFile 메소드의 try/finally 문장에서, in 변수가 try 블록의 외부에 선언되어 있는 이유는 무엇인가?

24. 존재하지만 비어있는 파일을 사용자가 지정할 때, DataAnalyzer 프로그램의 실행 흐름을 추적하라.

25. readData 메소드가 NoSuchElementException가 절대로 던져지지 않게 하기 위해, hasNextInt/hasNextDouble 호출을 하지 않은 이유는 무엇인가?

Practice It 이제 다음 연습문제들에 대해 답할 수 있다: R7.15, R7.16, P7.13.

비디오 보기 7.1   **회계 부정 감지하기**

이 비디오 보기에서는 숫자 분포를 분석하여 회계 부정을 감지하는 방법을 보게 된다. 인터넷에서 데이타를 읽는 방법과 예외 상황을 처리하는 방법을 배운다.

요약

파일을 읽고 쓰는 프로그램을 개발한다.

- 텍스트 파일을 읽기 위해 Scanner 클래스를 사용하라.
- 텍스트 파일을 작성할 때, PrintWriter 클래스와 print/println/printf 메소드를 사용하라.
- 파일 처리가 끝났으면, 모든 파일을 닫아라.

파일의 텍스트를 처리할 수 있다.

- next 메소드는 공백(white space)으로 구분된 문자열을 읽는다.
- Character 클래스는 글자를 분류하기위한 메소드를 가진다..
- nextLine 메소드는 한줄 전체를 읽는다.
- 숫자로 구성된 문자열은 Integer.parseInt나 Double.parseDouble 메소드를 사용하여 수치값을 얻는다.

프로그램의 명령줄 인수를 처리한다.

- 명령줄에서 시작하는 프로그램은 main 메소드에서 명령줄 인수를 받는다.

➕ WileyPLUS와 www.wiley.com/college/horstmann에서 온라인으로 볼 수 있다.

예외 처리를 이용해서 제어권을 에러 위치에서부터 에러 처리기(error handler)로 옮긴다.

- 예외적인 상태를 알리기 위해, throw문을 사용해서 예외 객체를 던진다.
- 예외를 던지면, 예외처리기에서 처리가 계속된다.
- 예외를 발생시킬 수 있는 명령문들은 try 블록 내부에, 예외처리기는 catch절 내부에 배치하라.

- 체크된 예외(checked exception)는 프로그래머가 막을 수 없는 외부 상황으로 인해 발생한다. 컴파일러는 프로그램이 이러한 예외들을 처리하는지를 체크한다.
- 체크된 예외를 던질 수 있는 메소드에 throws절을 추가하라.
- 일단 try 블록에 들어가면, 예외가 던져지는 것과 상관없이 finally 절의 명령문들의 실행이 보장된다.
- 문제가 감지되는 즉시 예외를 던지고, 문제가 처리될 수 있을 때만 예외를 잡아라.

입력을 처리하는 프로그램에서 예외 처리를 사용한다.

- 프로그램을 설계할 때, 발생할 수 있는 예외들의 종류를 스스로에게 묻는다.
- 각각의 예외에 대해 프로그램의 어느 부분에서 적절히 처리할 수 있는지를 판단해야 한다.

이 장에서 소개된 표준 라이브러리 항목들

```
java.io.File                          java.lang.NumberFormatException
java.io.FileNotFoundException         java.lang.RuntimeException
java.io.IOException                   java.lang.Throwable
java.io.PrintWriter                      getMessage
   close                                 printStackTrace
java.lang.Character                   java.net.URL
   isDigit                               openStream
   isLetter                           java.util.InputMismatchException
   isLowerCase                        java.util.NoSuchElementException
   isUpperCase                        java.util.Scanner
   isWhiteSpace                          close
java.lang.Double                         hasNextLine
   parseDouble                           nextLine
java.lang.Error                          useDelimiter
java.lang.Integer                     javax.swing.JFileChooser
   parseInt                              getSelectedFile
java.lang.IllegalArgumentException       showOpenDialog
java.lang.NullPointerException           showSaveDialog
```

복습 연습 문제

■■ R7.1 존재하지 않는 파일을 읽기 위해 열려고 시도하면 어떻게 되는가? 존재하지 않는 파일에 쓰기 위해 열려고 시도하면 어떻게 되는가?

■■ R7.2   쓰기 금지된(때로는 읽기 전용(read-only)으로 불림) 파일 또는 장치에 써넣으려고 파일을 열려고 시도하면 어떻게 되는가? 짧은 테스트 프로그램을 사용해서 직접해보라.

■ R7.3   c:temp\output.dat와 같이 백 슬래시를 포함하는 파일을 어떻게 열어야 하는가?

■ R7.4   프로그램 Woozle이 다음과 같은 명령으로 시작된다면, args[0], args[1] 등의 값들은 무엇인가?

```
java Woozle -Dname=piglet -I\eeyore -v heff.txt a.txt lump.txt
```

■ R7.5   예외를 던지는 것과 잡는 것 사이의 차이점은 무엇인가?

■ R7.6   체크된(checked) 예외는 무엇이고, 체크되지 않는(uncheked) 예외는 무엇인가? 각각의 예를 들어보라. 예약어 throws를 가지고 선언해야 하는 예외는 어떤 것인가?

■■ R7.7   왜 우리가 작성한 메소드가 IndexOutOfBoundsException을 던질 수 있다고 선언할 필요가 없는가?

■■ R7.8   프로그램에서 throw 문이 실행될 때, 그 다음에는 어떤 문장이 실행되는가?

■■ R7.9   어떤 예외가 매치되는 catch 절이 없다면 어떤 일이 일어나는가?

■■ R7.10   catch 절이 받는 예외 객체를 가지고 프로그램이 무엇을 할 수 있는가?

■■ R7.11   예외 객체의 유형이 그 예외를 잡는 catch 절에 선언된 유형과 항상 같은가? 그렇지 않다면, 그 이유는 무엇인가?

■ R7.12   finally 절의 목적은 무엇인가? 사용 방법의 예를 제시하라.

■■ R7.13   예외가 던져지고, finally 절의 코드가 수행되는데, 그 코드가 원래의 것과는 다른 종류의 예외를 던진다면 어떤 일이 발생하는가? 주변의 catch 절에 의해 어떤 것이 잡히는가? 이를 시도해보기 위한 샘플 프로그램을 작성해보라.

■■ R7.14   Scanner 클래스의 next나 nextInt 메소드는 어떤 예외를 던질 수 있는가? 그들은 체크된 예외와 체크되지 않은 예외 중 어느 것인가?

■■ R7.15   7.5절의 프로그램이 다음 값들을 포함하는 파일을 읽는다고 하자:

```
1
2
3
4
```

결과는 무엇인가? 좀 더 정확한 오류 보고를 제공하려면 어떻게 프로그램을 개선해야 하는가?

■■ R7.16   7.5절의 readFile 메소드는 NullPointerException을 던질 수 있는가? 그렇다면, 어떻게 던지는가?

프로그래밍 훈련

■ P7.1   다음 작업들을 수행하는 프로그램을 작성하라:
이름이 **hello.txt**인 파일 열기
파일에 "**Hello, World!**" 메시지 저장하기

파일 닫기
같은 파일을 다시 열기
문자열 변수로 메시지를 읽고 그것을 인쇄하기

■ **P7.2** 텍스트를 포함하는 파일을 읽는 프로그램을 작성하라. 각 줄을 읽고 맨 앞에 줄 번호를 붙여서 출력 파일로 내보내라. 입력 파일이 다음과 같다면

```
Mary had a little lamb
Whose fleece was white as snow.
And everywhere that Mary went,
The lamb was sure to go!
```

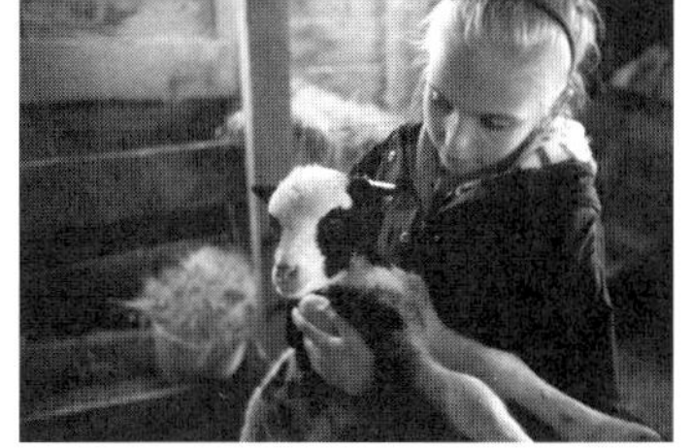

프로그램은 다음과 같은 출력 파일을 만들어야 한다.

```
/* 1 */ Mary had a little lamb
/* 2 */ Whose fleece was white as snow.
/* 3 */ And everywhere that Mary went,
/* 4 */ The lamb was sure to go!
```

줄 번호가 구분자 /* */로 싸여 있기 때문에, 프로그램이 Java 소스 파일에 번호를 매기는 데 사용될 수 있다.

사용자에게서 입력 파일 이름과 출력 파일 이름을 받아라.

■ **P7.3** 연습문제 P7.2를 반복하라. 그러나 사용자가 명령줄에 파일 이름을 지정할 수 있게 하라. 사용자가 파일 이름을 지정하지 않으면, 프롬프트로 사용자에게 이름을 입력하게 하라.

■ **P7.4** 부동 소수점 수 두 열(column)을 포함하는 파일을 읽는 프로그램을 작성하라. 사용자가 파일 이름을 입력하도록 프롬프트를 내보내고, 각 열의 평균을 인쇄하라.

■■ **P7.5** 파일 이름을 사용자에게 묻고, 그 파일에 포함된 글자, 단어, 행의 개수를 출력하는 프로그램을 작성하라.

■■ **P7.6** 명령줄에서 지정한 모든 파일들을 검색하여 특정 단어가 포함된 모든 줄을 인쇄하는 Find 프로그램을 작성하라. 예를 들어 아래와 같이 호출하면

```
java Find ring report.txt address.txt Homework.java
```

프로그램은 다음을 인쇄할 것이다.

```
report.txt: has broken up an international ring of DVD bootleggers that
address.txt: Kris Kringle, North Pole
address.txt: Homer Simpson, Springfield
Homework.java: String filename;
```

지정되는 단어는 항상 명령줄의 첫 번째 인수로 주어진다.

■■ **P7.7** 파일 안에 있는 모든 단어의 맞춤법을 검사하는 프로그램을 작성하라. 파일에 포함된 모든 단어를 읽고 단어 목록에 포함되어 있는지를 확인해야 한다. 단어 목록은 대부분 리눅스 시스템의 /usr/share/dict/words에서 찾을 수 있다(리눅스 시스템에 액세스 할 수 없는 경우에는 교수가 제공할 것이다). 이 프로그램은 단어 목록에서 찾을 수 없는 모든 단어를 인쇄해야 한다.

■■ **P7.8** 파일의 각 줄을 거꾸로 바꾸는 Reverse 프로그램을 작성하라. 다음과 같이 실행하면

```
java Reverse HelloPrinter.java
```

HelloPrinter.java의 내용들은 다음과 같이 바뀌게 된다.

```
retnirPolleH ssalc cilbup
{
)sgra ][gnirtS(niam diov citats cilbup
{
wodniw elosnoc eht ni gniteerg a yalpsiD //

;)"!dlroW ,olleH"(nltnirp.tuo.metsyS
}
}
```

물론, 같은 파일에 대해 Reverse 프로그램을 두 번 실행하면 원래의 파일을 얻게 된다.

■■ **P7.9** 파일의 각 줄을 읽고, 그 줄들을 역순으로 바꾸고, 다른 파일에 쓰는 프로그램을 작성하라. 예를 들어 input.txt가 다음 줄들을 포함한다고 하자:

```
Mary had a little lamb
Its fleece was white as snow
And everywhere that Mary went
The lamb was sure to go.
```

다음과 같이 실행시키면

```
reverse input.txt output.txt
```

output.txt는 다음과 같게 된다.

```
The lamb was sure to go.
And everywhere that Mary went
Its fleece was white as snow
Mary had a little lamb
```

■■ **P7.10** 미연방 사회보장국으로부터 과거 십년 단위로 이름에 관한 데이타를 얻어라. 그 표 데이타를 babynames80s.txt와 같은 이름의 파일에 붙여넣기 하라. 파일 이름을 사용자로부터 받게 worked_example_1/BabyNames.java 프로그램을 변경하라. 파일에 있는 수들은 쉼표로 구분되므로, 이를 처리하도록 프로그램을 변경하라. 빈도의 동향을 찾아낼 수 있는가?

■■ **P7.11** worked_example_1/babynames.txt를 읽고, 남아들과 여아들의 데이타를 분리해서 두 파일 boynames.txt와 girlnames.txt를 만드는 프로그램을 작성하라.

■■■ **P7.12** worked_example_1/babynames.txt와 같은 양식의 파일을 읽고, 남녀 공통인 이름들(예: Alexis나 Morgan 같은)을 모두 출력하는 프로그램을 작성하라.

■■ **P7.13** 사용자에게 부동 소수점 값들을 입력하게 하는 프로그램을 작성하라. 사용자가 수가 아닌 값을 입력하면 사용자에게 다시 입력 할 수 있는 기회를 제공한다. 두 번의 기회가 지나면, 입력 읽기를 종료한다. 올바르게 입력된 값들을 모두 더하고 사용자가 데이타 입력을 완료하면 합계를 인쇄하라. 부적절한 입력을 감지하기 위한 예외 처리를 사용하라.

■■ **P7.14** 특강 7.1에 설명된 방식을 사용하여, 웹 페이지에서 모든 데이타를 읽어서 파일에 기록하는 프로그램을 작성하라. 웹 페이지 URL과 파일에 대해서는 사용자에게 입력을 받아라.

■■ **P7.15** 특강 7.1에 설명된 방식을 사용하여, 웹 페이지에서 모든 데이타를 읽고, 다음과 같은 형식의 모든 하이퍼 링크를 출력하는 프로그램을 작성하라.

```
<a href="link">link text</a>
```

프로그램이 찾은 링크들을 따라가기도 하고, 따라간 해당 웹 페이지에서도 링크들을 찾을 수 있다면 보너스 점수를 주겠다.(이것은 Google과 같은 검색 엔진이 웹 사이트를 찾기 위해 사용하는 방법이다).

 호텔 영업 사원이 텍스트 파일에 판매 상황을 입력한다. 각 줄에는 세미콜론으로 구분된 고객의 성명, 판매된 서비스(식사, 회의, 숙박 등), 판매 금액, 행사 일자들이 포함된다. 이렇게 작성된 파일을 읽고, 서비스 부류별 총액을 표시하는 프로그램을 작성하라. 파일이 존재하지 않거나 형식이 잘못된 경우에는 오류를 표시하라.

 비즈니스 P7.16에서 설명한 텍스트 파일을 읽고, 서비스 부류별로 파일을 분리하여 해당 부류의 항목들을 써넣는 프로그램을 작성하라. 출력 파일의 이름은 `Dinner.txt`, `Conference.txt` 등으로 붙여라.

 가게 주인은 매일 현금 거래를 텍스트 파일에 기록한다. 하나의 행마다 세 가지 항목이 포함된다: 송장 번호, 현금 금액, 문자 P(지불) 또는 R(수령). 각각의 항목은 스페이스로 구분된다. 매일 시작과 끝나는 시점의 현금, 파일이름을 가게 주인이 입력하게 하는 프로그램을 작성하라. 프로그램은 매일 끝나는 시점에서 실제 현금 금액과 예상 금액이 일치하는지도 검사해야 한다.

 아래 그림의 스위치가 닫힌 후, 커패시터의 전압(단위는 [V], 볼트)은 다음 공식으로 표현된다:

$$v(t) = B\left(1 - e^{-t/(RC)}\right)$$

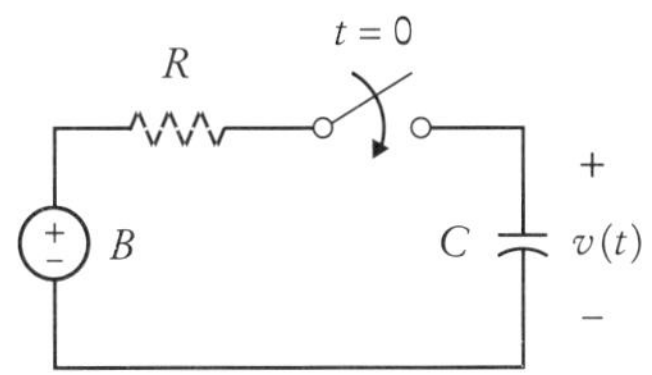

이 전기 회로의 파라미터 $B = 12$ V, $R = 500\ \Omega$, $C = 0.25\ \mu$F라고 하자. 따라서,

$$v(t) = 12\left(1 - e^{-0.008t}\right)$$

이며, 여기서 t의 단위는 μs이다. B, R, C와 t의 시작 및 종료 값을 포함하는 파일 `params.txt`를 읽어라. 시각 t와 해당 커패시터 전압 $v(t)$의 값들의 파일 `rc.txt`를 작성하라. 여기서 t는 주어진 시작 값에서부터 주어진 끝 값까지 100 단계로 변한다. 우리의 예제에서 t가 0에서 1000 μs까지 변하면, 출력 파일의 12번째 엔트리는 다음과 같이 될 것이다:

```
110   7.02261
```

 아래 그림은 사이언스 P7.19에서 보인 회로의 커패시터 전압을 보여준다. 이 커패시터 전압은 0 V에서 B V까지 증가한다. '상승 시간(rise time)'은 커패시터 전압이 $v_1 = 0.05 \times B$에서 $v_2 = 0.95 \times B$까지 변하는 데 걸리는 시간으로 정의된다.

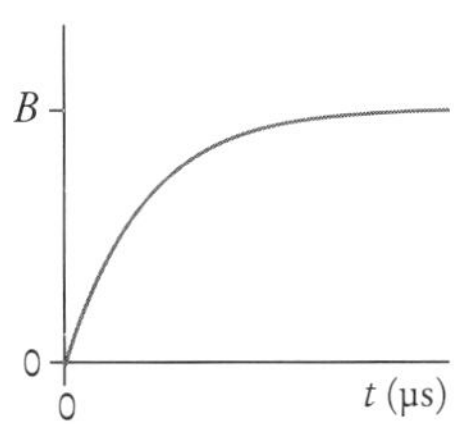

파일 rc.txt는 시각 t와 해당 커패시터 전압 $v(t)$의 값들의 목록을 담고 있다. μs 단위의 시각과 V 단위의 해당 전압이 같은 줄에 출력된다. 예를 들면, 다음 줄은 시간이 110 μs일 때 커패시터 전압이 7.02261 V임을 나타낸다. 이 데이타 파일에서 시간은 증가한다.

```
110   7.02261
```

파일 rc.txt를 읽고 그 데이타를 이용해서 상승 시간을 계산하는 프로그램을 작성하라. 파일의 끝 줄에 있는 전압에 의해 B를 근사화 하고, $0.05 \times B$와 $0.95 \times B$에 가장 가까운 데이타 점들을 찾아내라.

■■ **사이언스 P7.21** 다음 형식의 공유 결합에 대한 결합 에너지와 결합 길이를 담고 있는 파일을 가정하자:

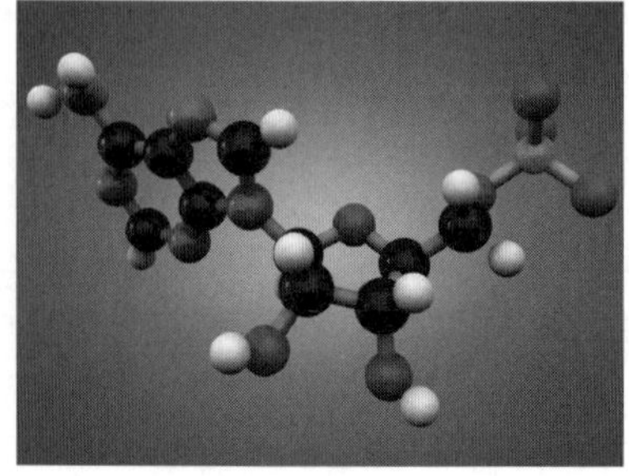

단일, 이중, 삼중 결합	결합 에너지 (kJ/mol)	결합 길이 (nm)
C|C	370	0.154
C||C	680	0.13
C|||C	890	0.12
C|H	435	0.11
C|N	305	0.15
C|O	360	0.14
C|F	450	0.14
C|Cl	340	0.18
O|H	500	0.10
O|O	220	0.15
O|Si	375	0.16
N|H	430	0.10
N|O	250	0.12
F|F	160	0.14
H|H	435	0.074

저장된 파일의 한 열의 데이타를 받아들여서, 나머지 열들의 해당 데이타를 반환하는 프로그램을 작성하라. 입력 데이타가 서로 다른 행들과 일치하면, 일치하는 모든 행 데이타를 반환하라. 예를 들면, 결합 길이 입력 0.12는 삼중 결합 C\|\|\|C와 결합 에너지 890[kJ/mol], 그리고 단일 결합 N\|O와 결합 에너지 250[kJ/mol]을 반환해야 한다.

자체 검사 질문에 대한 답

1. PrintWriter 객체가 생성될 때, 출력 파일은 비워진다. 불행히도, 그 파일이 입력 파일과 동일한 파일이다. 입력 파일은 비어 있는 상태가 되고, while 루프는 즉시 종료된다.

2. 프로그램은 FileNotFoundException을 던지고, 종료한다.

3. Open a scanner for the file.
   For each number in the scanner
       Add the number to an array.
   Close the scanner.
   Set total to 0.
   Open a print writer for the file.
   For each number in the array
       Write the number to the print writ
       Add the number to total.
   Write total to the print writer.
   Close the print writer.

4. 수가 읽힐 때마다 증가되는 변수 count를 추가하라.
   마지막에 합계가 아닌 평균을 다음으로 인쇄하라.

   ```
   out.printf("Average: %8.2fn", total / count);
   ```

   "Average"가 "Total"보다 3글자 만큼 길기 때문에,
   다른 출력은 다음과 같이 바꿔라.

   ```
   out.printf("%18.2fn", value).
   ```

5. 수를 읽을 때마다 증가되는 변수 count를 추가하라.
   이 변수값이 짝수일 때만 새 줄을 바꿔라.

   ```
   count++;
   out.printf("%8.2f", value);
   if (count % 2 == 0) { out.println(); }
   ```

   루프 끝에서 count값이 홀수이면 줄을 바꾸고 합계
   를 써넣어라:

   ```
   if (count % 2 == 1) { out.println(); }
   out.printf("Total: %10.2f\n", total);
   ```

6. word는 "Hello,"이고 input는 "World!"이다.

7. 995.0이 정수가 아니므로, in.hasNextInt()의 호출
   은 false를 리턴하고, in.nextInt()호출은 건너뛴
   다. number값은 0을 유지하고, input은 문자열
   "995.0"으로 설정된다.

8. x1은 6000000로 설정된다. 쉼표는 자바에서 부동
   소수점 수의 일부로 간주되지 않기 때문에,
   nextDouble의 두 번째 호출은 입력 불일치 예외를
   일으켜, X2는 설정되지 않는다.

9. 그들을 문자열로 읽고, N/A가 아닌 문자열들을 수로
   바꿔라:

   ```
   String input = in.next();
   if (!input.equals("N/A"))
   {
       double value = Double.parseDouble(input);
       Process value.
   }
   ```

10. 국가 이름의 마지막 글자를 찾는다:

    ```
    int j = i - 1;
    while (!Character.isWhiteSpace(line.charAt(j)))
    {
        j--;
    }
    ```

    그런 다음에 국가이름을 추출한다:

    ```
    String countryName = line.substring(0, j + 1);
    ```

11. args[0]는 "-d"이고, args[1]은 "file1.txt"이다.

12.

key	inFile	outFile	i	arg
3	null	null	0	-d
-3	file1.txt		1	file1.txt
			2	

그 다음에 프로그램은 다음의 메시지를 인쇄한다.

```
Usage: java CaesarCipher [-d] infile outfile
```

13. 프로그램이 제대로 실행될 것이다. 옵션을 파싱하는
    루프는 옵션이 표시되는 위치에 의존하지 않는다.

14. FDHVDU

15. 27번째 줄 이후에 다음을 추가하고, 사용 정보를 업
    데이트하라.

    ```
    else if (option == 'k')
    {
        key = Integer.parseInt(
            args[i].substring(2));
    }
    ```

16. 여전히 100이다. 예외가 던져졌기 때문에 마지막 명
    령문은 실행되지 않는다.

17.
    ```
    if (amount < 0)
    {
        throw new IllegalArgumentException(
            "Negative amount");
    }
    ```

18. 파일이 존재하기 때문에 Scanner 생성자는 성공한
    다. nextInt 메소드는 NoSuchElementException를
    던진다. 이것은 IOException이 아니다. 따라서 오류
    가 잡히지 않는다. 다른 예외처리기가 없기 때문에
    오류 메시지가 인쇄되고 프로그램이 종료된다.

19. 프로그래머가 ArrayIndexOutOfBoundsException을
    처리하기 위해 노력하기보다는 단지 배열 인덱스 값
    이 유효한지 확인하면 되기 때문이다.

20. 없다. 336쪽의 코드 예에서 볼 수 있듯이, 두 가지 예외 모두를 같은 방법으로 잡을 수 있다.

21. 두 가지 잘못이 있다. `PrintWriter` 생성자는 `FileNotFoundException`을 던질 수 있다. 우리가 throws 절을 제공해야 한다. 배열 요소 중에 하나가 `null`이면, `NullPointerException`이 던져지고, 이 경우 `out.close()` 문이 실행되지 않으므로, try/finally 문장을 사용해야 한다.

22. 예외는 `main` 메소드에서 더 잘 처리된다.

23. try 블록 내부에서 변수가 선언되었다면, 변수 범위는 try 블록 끝까지만 확장되었을 것이고, `finally` 절에서는 액세스할 수 없었을 것이다.

24. `main`은 `readFile`을 호출하고, `readFile`은 `readData`를 호출한다. `in.nextInt()`의 호출은 `NoSuchElementException`을 던진다. `readFile` 메소드가 그것을 잡지 않으므로, `main`으로 도로 전달되고, 거기에서 잡힌다. 오류 메시지가 인쇄되고, 사용자는 다른 파일을 지정할 수 있다.

25. 나쁜 데이타 파일의 문제를 다른 누군가가 처리할 수 있도록, 우리는 그 예외를 던지기를 원한다.

CHAPTER 08

객체와 클래스

Objects and Classes

목표

클래스, 객체, 캡슐화의 개념을 이해하기

인스턴스 변수, 메소드, 생성자를 구현하기

자신의 클래스를 설계, 구현, 테스트하기

객체 참조, 정적 변수 및 정적 메소드의 속성을 이해하기

내용

이 장은 복잡한 프로그램을 작성하기 위한 중요한 기법인 객체 지향 프로그래밍을 소개한다. 객체 지향 프로그램에서는 단순히 수와 문자열을 다루지 않고, 자신의 애플리케이션에 의미가 있는 객체를 사용한다. 같은 속성의 객체들(왼쪽의 풍차 같은)은 클래스로 그룹 지어진다. 프로그래머는 이 클래스들을 위한 메소드를 구체적으로 명시하고 구현해서 원하는 속성을 제공한다. 이 장에서는 우리 자신의 클래스들을 찾아내고, 구체적으로 명시하고, 구현하는 방법과 우리 자신의 프로그램에서 그들을 이용하는 방법을 배운다.

8.1 객체 지향 프로그래밍

작업을 메소드로 분해해서 프로그램을 구조화하는 방법을 배웠다. 그렇게 하는 것은 훌륭한 습관이지만, 경험에 의하면 그것만으로는 충분하지 않다. 무지하게 많은 메소드들로 구성된 프로그램을 이해하고 업데이트하는 것은 어렵다.

이러한 문제를 극복하기 위해서, 컴퓨터 과학자들은 서로 협력하는 객체들에 의해 작업이 해결되는 프로그래밍 스타일인 **객체 지향 프로그래밍**을 발명했다. 각 객체는 자신의 데이타 집합과 그 데이타에 대해 작용하는 메소드 집합을 가진다.

우리는 문자열들, System.out 객체 또는 scanner 객체를 사용했을 때 이미 이 프로그래밍 스타일을 경험했다. 이 객체들 각각은 메소드 집합을 가진다. 예를 들면, String 객체를 사용하기 위해서 length와 substring 멤버 메소드들을 사용할 수 있다.

객체지향 프로그램을 개발할 때 우리는 자신의 애플리케이션에서 무엇이 중요한지를 설명해주는 자신의 객체를 생성한다. 예를 들면, 학생 데이터베이스에서는 Student 및 Course 객체들로 작업할 수 있을 것이다. 물론, 그러면 이 객체들을 위한 메소드들도 제공해야 한다.

자바에서 프로그래머는 단일 객체를 구현하지 않는다. 그 대신에 **클래스**를 제공한다. 클래스는 같은 속성의 객체들을 묘사한다. 예를 들면, String 클래스는 모든 문자열의 속성을 묘사한다. 이 클래스는 문자열이 그의 글자들을 저장하는 방식, 문자열과 함께 사용될 수 있는 메소드들, 그리고 메소드들이 어떻게 구현되어 있는지를 명시한다.

대조적으로, PrintStream 클래스는 출력을 만드는 데 사용될 수 있는 객체들의 속성을 묘사한다. 이런 객체 중 하나가 System.out이며, 7장에서 출력을 파일로 보내는 PrintStream 객체들을 생성하는 방법을 봤다.

클래스는 같은 속성을 갖는 객체들의 집합을 묘사한다.

Car 클래스는 4~5명의 사람과 소량의 짐을 나를 수 있는 승용차를 묘사한다.

각 클래스는 자신의 객체와 함께 사용할 수 있는 특정 메소드들의 집합을 정의한다. 예를 들면 String 객체를 가지고 있을 때 length 메소드를 호출할 수 있다:

```
"Hello,World". length()
```

여기서 length 메소드는 String 클래스의 메소드라고 말한다. PrintStream 클래스는 다른 메소드 집합을 가지고 있다. 예를 들면, 호출

```
System.out.length()
```

는 불법이다―PrintStream 클래스는 length 메소드를 가지고 있지 않다. 그러나 PrintStream은 println 메소드를 가지고 있다. 그래서 호출

```
out.println("Hello, World!")
```

는 적법하다.

메소드 속성 설명과 함께 클래스에 의해 제공되는 모든 메소드들의 집합을 그 클래스의 **퍼블릭 인터페이스라**고 부른다.

어떤 클래스의 객체를 가지고 작업을 할 때, 우리는 객체가 데이타를 어떻게 저장하는지, 메소드가 어떻게 구현되었는지 모른다. String이 글자 시퀀스를 구조화하는 방법이나, PrintWriter 객체가 파일에 데이타를 전송하는 방법을 알 필요가 없다. 우리는 퍼블릭 인터페이스만 알면 된다. 즉, 어떤 메소드를 적용시킬 수 있는지, 이 메소드들이 어떠한 일을 하는지만 알면 충분하다. 구현 세부 사항은 숨기면서 퍼블릭 인터페이스를 제공하는 과정을 **캡슐화(encapsulation)**라고 한다.

우리 자신의 클래스를 디자인할 때 이 캡슐화를 사용할 것이다. 즉, 퍼블릭 메소드들의 집합을 지정하고 구현 세부사항을 숨길 것이다. 그러면 팀의 다른 프로그래머는 세부 구현을 알 필요 없이 우리가 String과 PrintStream 클래스들을 사용하는 것과 똑같이 그 클래스를 사용할 수 있다.

오랜 기간 동안 개발 진행 중인 프로그램으로 작업하는 경우, 객체를 좀 더 효율적이고, 좀 더 쓸모 있게 하기 위해 구현 세부사항이 변경되는 것은 일반적이다. 구현이 감춰져 있으면, 개선된 사항이 객체를 사용하는 프로그래머에게 영향을 주지 않는다.

엔진이 어떻게 동작하는지 알 필요 없이 당신은 핸들과 페달을 작동시켜서 자동차를 운전할 수 있다. 마찬가지로 객체의 메소드를 통해 객체를 사용한다. 구현은 감춰져 있다.

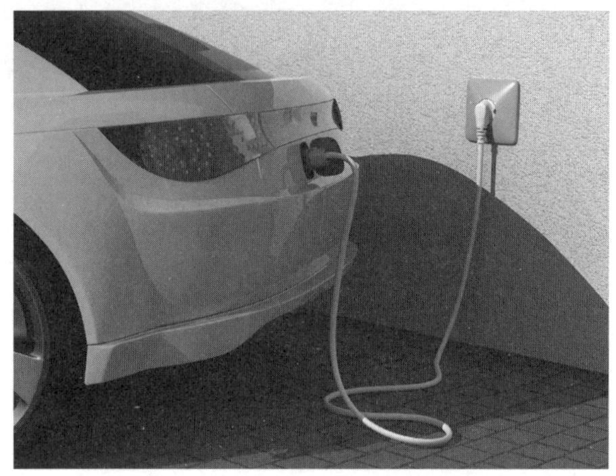

전기차의 운전자는 차의 엔진이 매우 다름에
도 불구하고 새로운 작동법을 익힐 필요가
없다. 같은 메소드가 사용되는 한, 구현이 개
선된 객체를 사용하는 프로그래머 또한 마찬
가지이다.

1. "Hello,World".println()과 같은 메소드 호출은 적법한가? 그 이유는?

2. String 객체를 사용할 때 우리는 객체가 어떻게 글자들을 저장하는지 모른다. 글자들
   에 어떻게 액세스할 수 있나?

3. String 객체가 글자들을 어떻게 저장하겠는지 설명하라.

4. 자바 컴파일러 제공자가 String 객체가 글자들을 저장하는 방식을 변경하기로 하고,
   그에 따라 String 메소드 구현을 업데이트 한다고 하자. 새 컴파일러를 받으면 우리
   코드의 어느 부분을 변경해야 하겠는가?

Practice It   이제 다음 연습문제에 대해 답할 수 있다: R8.1, R8.4.

8.2 간단한 클래스 구현하기

이 절에서는 매우 간단한 클래스의 구현을 살펴본
다. 객체들이 데이타를 저장하는 방법과, 메소드가
객체의 데이타를 액세스하는 방법을 알아볼 것이
다. 매우 간단한 클래스가 동작하는 방법을 알게 되
면 나중에 이 장에서 더 복잡한 클래스를 디자인하
고 구현하는 데 도움이 될 것이다.

첫 번째 예는 사람을 세는 데 사용되는 기계 장
치(예를 들면 콘서트에 사람이 얼마나 많이 참석했
는지 또는 버스에 얼마나 많이 탑승하였는지를 세
는)인 **집계 카운터**(그림 8.1)를 모델링하는 클래스
이다.

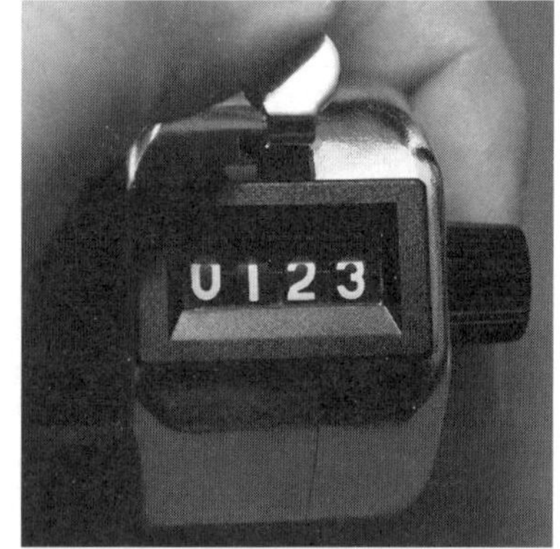

그림 8.1 집계 카운터

작동자가 버튼을 누를 때마다 카운터 값이 하나씩 증가한다. 우리는 이 동작을 count
메소드로 모델링한다. 실물 카운터에는 현재 값을 보여주는 디스플레이가 있다. 이 시뮬레
이션에서는 getValue 메소드를 대신 사용한다.

다음은 Counter 클래스를 사용하는 예이다. 첫 번째로 이 클래스의 객체를 생성한다:

```
Counter tally = new Counter();
```

자바에서는 객체를 생성하기 위해 new 연산자를 사용한다. 객체 생성에 대해서는 8.6절에서 좀 더 자세히 알아볼 것이다.

다음으로, 생성된 객체로 메소드를 호출한다. 우선 count 메소드를 두 번 호출해서, 버튼을 두 번 누름을 시뮬레이션한다. 그리고 나서 버튼이 몇 번 눌렸는지 체크하기 위해 getValue 메소드를 호출한다.

```java
tally.count();
tally.count();
int result = tally.getValue(); // result의 값은 2가 된다.
```

이 메소드들을 한 번 더 호출할 수 있으며, 그 결과는 달라질 것이다.

```java
tally.count();
tally.count();
result = tally.getValue(); // result의 값은 4가 된다.
```

여기서 볼 수 있듯이, tally 객체는 이전 메소드 호출의 결과를 기억한다.

Counter 클래스를 구현할 때, 각 카운터 객체가 어떻게 데이타를 저장하는지 지정해 주어야 한다. 이 간단한 예제에서, 이것은 매우 쉽다. 각각의 카운터에는 계수 값이 얼마나 증가했는지를 추적하는 변수가 필요하다.

객체는 **인스턴스 변수**에 데이타를 저장한다. 어떤 클래스의 인스턴스란 그 클래스의 객체다. 따라서 인스턴스 변수란 그 클래스의 각 객체에 존재하는 저장 위치이다.

클래스 선언에 인스턴스 변수를 명시한다:

```java
public class Counter
{
    private int value;
    . . .
}
```

인스턴스 변수 선언은 다음과 같은 부분으로 구성되어 있다:

- **수식자**(private)
- 인스턴스 변수 **타입**(int)
- 인스턴스 변수의 이름(value)

객체의 인스턴스 변수들은 메소드를 실행하는 데 필요한 데이타를 저장한다.

클래스의 각 객체는 자신의 인스턴스 변수 집합을 가진다.

문법 8.1   인스턴스 변수 선언

```
Syntax      public class ClassName
            {
                private typeName variableName;
                . . .
            }
```

```
                                          public class Counter
                                          {
    인스턴스 변수는 항상                        private int value;
    private이어야 한다.                         . . .
                                          }
```

한 클래스의 각각의 객체는 고유의 인스턴스 변수 집합을 가지고 있다.

클래스의 각 객체는 자신의 인스턴스 변수 집합을 가진다. 예를 들어, concertCounter와 boardingCounter가 Counter 클래스의 객체라고 하면, 각 객체는 자신의 value 변수를 가진다(그림 8.2).

8.6절에서 볼 수 있듯이, Counter 객체가 생성될 때 인스턴스 변수 value의 값이 0으로 설정된다.

다음으로, Counter 클래스의 메소드 구현을 잠깐 둘러보자. count 메소드는 카운터 값을 1씩 증가시킨다.

```
public void count()
{
   value = value + 1;
}
```

메소드 헤더의 문법은 8.3절에서 알아보기로 하고, 지금은 중괄호 안에 있는 메소드 몸체에 초점을 맞춘다.

인스턴스 메소드는 자신이 작용하는 객체의 인스턴스 변수들을 액세스할 수 있다.

count 메소드가 어떻게 인스턴스 변수 value 값을 증가시키는지 유의하라. 어느 인스턴스 변수일까? 바로 메소드를 호출한 객체에 속하는 것이다. 예를 들면 다음 호출을 고려하자.

```
concertCounter.count();
```

이 호출은 concertCounter 객체의 value 변수 값을 증가시킨다.

5장의 static 메소드와 구별하여, 우리가 객체에 대해 호출하는(또는 객체가 호출하는) 메소드를 **인스턴스 메소드**라고 한다.

마지막으로, Counter 클래스의 다른 인스턴스 메소드를 살펴보자. getValue 메소드는 현재 값을 반환한다:

```
public int getValue()
{
   return value;
}
```

private 인스턴스 변수는 자신의 클래스의 메소드에 의해서만 액세스될 수 있다.

이 메소드는 Counter 클래스 사용자가 특정한 카운터가 얼마나 자주 클릭되었는지 알아낼 수 있게 하기 위해서 필요하다. 사용자는 단순하게 인스턴스 변수 value를 액세스할 수 없다. 그 변수는 접근 지정자가 private으로 선언되어 있다.

private 지정자는 액세스를 같은 클래스의 메소드들로 제한한다. 예를 들면 value 변수는 Counter 클래스의 count와 getValue 메소드로 액세스할 수 있으나, 다른 클래스의

ONLINE EXAMPLE
완성된 Counter 클래스와 CounterTester 프로그램

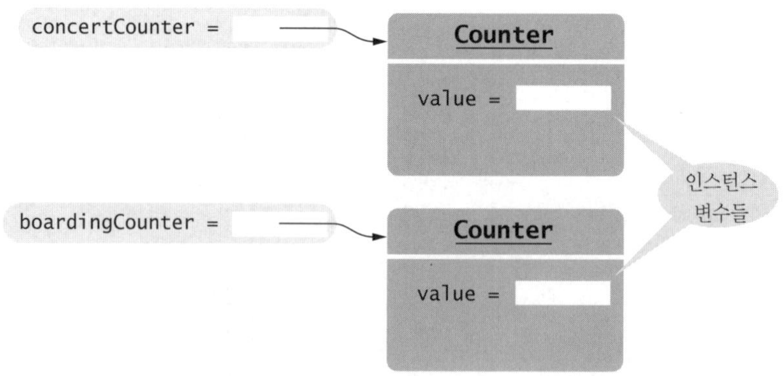

그림 8.2 인스턴스 변수들

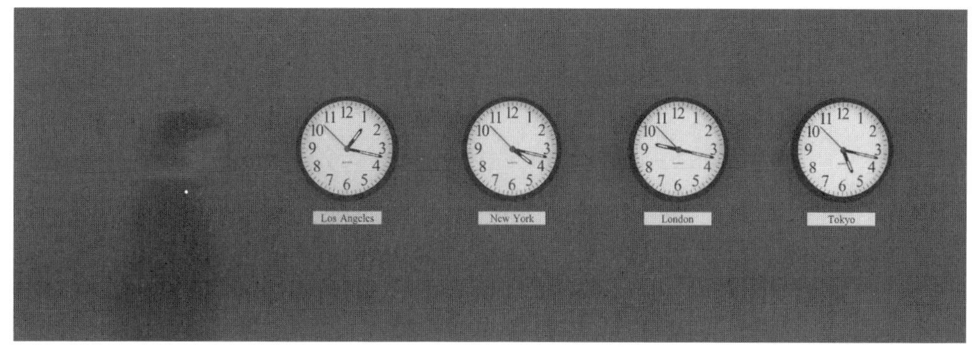

이 시계들은 공통적인 속성을 가지고 있으나, 각각은 서로 다른 시각을 가리키고 있다. 마찬가지로, 한 클래스의 객체들은 그들의 인스턴스 변수들이 서로 다른 값으로 설정되게 할 수 있다.

메소드로는 액세스할 수 없다. 다른 클래스 메소드들이 카운터의 value를 알아내려면 getValue 메소드를 사용하고 그 값을 변경하려면 count 메소드를 사용해야 한다.

private 인스턴스 변수는 캡슐화의 핵심적인 부분이다. 이것으로 인해 프로그래머는 클래스 사용자로부터 클래스 구현을 숨길 수 있다.

5. 카운터를 다시 0으로 리셋시키는 public void reset() 메소드의 몸체를 제공하라.

6. 카운터의 구현을 바꾸는 것을 고려하자. 정수 카운터를 사용하는 대신에, 우리는 클릭을 추적하기 위하여 사람이 하듯이 '|' 글자들의 문자열을 사용한다.

```java
public class Counter
{
   private String strokes = "";
   public void count()
   {
      strokes = strokes + "|";
   }
   . . .
}
```

이 데이타 표현으로 getValue 메소드를 어떻게 구현하는가?

7. 다른 프로그래머가 원래의 Counter 클래스를 사용했다고 하자. 변경된 Counter 클래스를 사용하기 위해서 프로그래머는 무엇을 바꿔야 하는가?

8. private 인스턴스 변수인 hours와 minutes를 가진 Clock 클래스를 사용한다고 하자. 우리 프로그램에서 이 인스턴스 변수들에 어떻게 액세스할 것인가?

Practice It 이제 다음 연습문제들에 대해 답할 수 있다: P8.1, P8.2.

8.3 클래스의 퍼블릭 인터페이스 지정하기

클래스를 설계할 때, **퍼블릭 인터페이스**를 명시하는 것으로 시작한다. 클래스의 퍼블릭 인터페이스는 클래스의 사용자가 객체에 적용하길 원하는 모든 메소드로 구성된다.

간단한 예를 고려하자. 금전 등록기를 시뮬레이션하는 객체들을 사용하고 싶다고 하

자. 판매를 담당하는 점원이 어떤 키를 눌러서 거래를 시작하고, 각 품목을 입력한다. 표시기는 지불할 금액과 구매한 총 품목 수를 보여준다.

이 시뮬레이션에서는 cash register 객체에 대해 다음 메소드들을 호출하려고 한다:

- 품목의 가격을 더한다.
- 지불할 총액과 구매한 품목 수를 가져온다.
- 새로운 판매를 위해 금전 등록기를 클리어시킨다.

다음은 CashRegister 클래스의 개요이다. 메소드들의 목적을 문서화하기 위해 모든 메소드들에 주석을 달아 놓는다.

```java
/**
    A simulated cash register that tracks the item
    count and the total amount due.
*/
public class CashRegister
{
    private data — 8.4절 참고

    /**
        Adds an item to this cash register.
        @param price the price of this item
    */
    public void addItem(double price)
    {
        implementation — 8.5절 참고
    }

    /**
        Gets the price of all items in the current sale.
        @return the total price
    */
    public double getTotal()
    {
        implementation — 8.5절 참고
    }

    /**
        Gets the number of items in the current sale.
        @return the item count
    */
    public int getCount()
    {
        implementation — 8.5절 참고
    }

    /**
        Clears the item count and the total.
    */
    public void clear()
    {
        implementation — 8.5절 참고
    }
}
```


메소드 선언과 주석이 클래스의 퍼블릭 인터페이스를 구성한다. 데이타와 메소드 몸체는 클래스의 private 구현을 구성한다.

CashRegister 클래스의 메소드들이 인스턴스 메소드임을 주목하라. 이들은 static으로 선언되지 않았다. 우리는 이들을 CashRegister 클래스의 객체(혹은 인스턴스)에 대해 호출해야 한다.

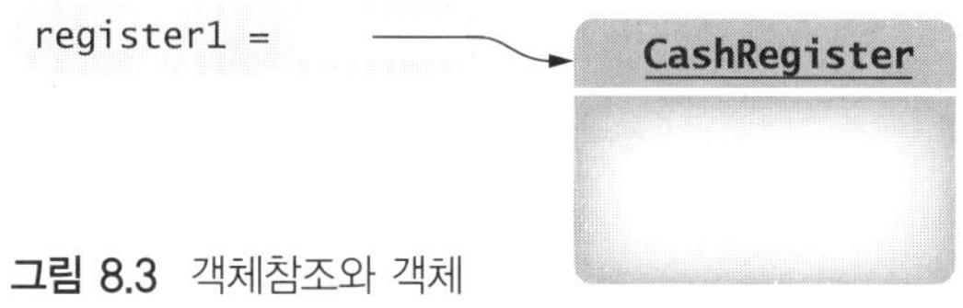

그림 8.3 객체참조와 객체

인스턴스 메소드를 동작하게 하려면 먼저 객체를 생성해야 한다.:

```
CashRegister register1 = new CashRegister();
    // Constructs a CashRegister object
```

이 명령문은 register1 변수를 새로운 CashRegister 객체에 대한 참조로 초기화한다—그림 8.3 참고. (객체 생성은 8.6절에서, 객체 참조는 8.10절에서 살펴볼 것이다.)

일단 객체가 생성되고 나면 이제 메소드를 호출할 준비가 되었다:

```
register1.addItem(1.95); // Invokes a method
```

클래스의 퍼블릭 인터페이스를 볼 때는 메소드들을 mutator(뮤테이터)와 accessor(접근자)로 구분해 놓으면 유용하다. **mutator** 메소드는 그 메소드가 작용하는 객체를 변경한다. CashRegister 클래스는 두 개의 mutator를 가지고 있다: addItem과 clear. 이 두 메소드 중 하나라도 호출하면 그 후에 객체가 바뀐다. 그 변화는 getTotal이나 gerCount 메소드를 호출해서 관찰할 수 있다.

accessor 메소드는 객체를 바꾸지 않고 객체의 정보를 묻는다. CashRegister 클래스에는 두 개의 accessor가 있다: getTotal과 getCount. CashRegister 객체에 이 메소드들 중 어느 하나를 적용하면 객체를 변경하지 않고 단지 값을 반환한다. 예를 들면 다음 명령문은 현재 총액과 카운트를 출력한다:

```
System.out.println(register1.getTotal()) + " " + register1.getCount());
```

이제 CashRegister 객체가 무엇을 할 수 있는지 알게 되었지만, 어떻게 하는지는 모른다. 물론 프로그램에 CashRegister 객체를 사용하기 위해서 그것을 알 필요는 없다.

다음 절들에서는 CashRegister 클래스를 어떻게 구현하는지 알아볼 것이다.

mutator 메소드는 그 메소드가 작용하는 객체를 변경한다.

accessor 메소드는 그 메소드가 동작하는 객체를 변경시키지 않는다.

9. 다음 코드 조각은 무엇을 출력하는가?

```
CashRegister reg = new CashRegister();
reg.clear();
reg.addItem(0.95);
reg.addItem(0.95);
System.out.println(reg.getCount() + " " + reg.getTotal());
```

10. 다음 코드 조각은 무엇이 잘못되었는가?

```
CashRegister reg = new CashRegister();
reg.clear();
reg.addItem(0.95);
System.out.println(reg.getAmountDue());
```

11. 센트 없이 달러 값으로 전체 판매액을 산출하는 CashRegister 클래스의 getDollars
    메소드를 선언하라.

12. String 클래스의 두 accessor 메소드의 이름은 무엇인가?

13. Scanner 클래스의 nextInt 메소드는 accessor인가, 아니면 mutator인가?

14. 8.2절의 Counter 클래스에 문서화 주석(documentation comments)을 제공하라.

Practice It　　이제 다음 연습문제들에 대해 답할 수 있다: R8.2, R8.8.

---

javadoc 유틸리티

javadoc 유틸리티는 문서화 주석(/**.....*/)을 웹 브라우저에서 볼 수 있는 깔끔한 문서형
태로 포맷한다. javadoc 유틸리티는 외관상 반복적인 구절을 사용한다. 각 메소드 주석의 첫
번째 문장은 클래스별 모든 메소드의 요약 표로 사용된다(그림 8.4). @param과 @return 주석들
은 각 메소드의 자세한 설명에 깔끔하게 포맷되어 있다(그림 8.5). 만약 이 주석들 중 어느 것
이라도 빠진다면, javadoc은 이상하게 비어보이는 문서를 만들어낸다.

　　이 문서화 양식이 친숙하게 보일 것이다. 공식적인 자바 문서에서 사용된 양식과 같은 것이
다. 자바 라이브러리를 구현하는 프로그래머들은 javadoc 그대로를 사용한다.

　　그들도 모든 클래스, 모든 메소드, 모든 매개 변수, 모든 반환 값을 문서화하며, 그러고 나서
문서화를 추출하기 위해 javadoc을 사용한다.

　　대부분의 통합 프로그래밍 환경은 javadoc을 실행시킬 수 있다. 또는 다음 명령을 실행하
여 쉘 창에서 javadoc 유틸리티를 호출할 수 있다.

```
javadoc MyClass.java
```

javadoc 유틸리티는 브라우저에서 볼 수 있는 HTML 양식의 MyClass.html과 같은 파일을
만들어낸다. 하이퍼링크를 사용해서 다른 클래스와 메소드로 이동할 수 있다.

　　메소드들을 구현하기 전에 javadoc을 실행할 수 있다. 그냥 메소드의 몸체를 비워놓고, 컴
파일러를 실행시키지 마라. 실행하면 컴파일러는 반환 값이 없다고 불평할 것이다. 단순히 자

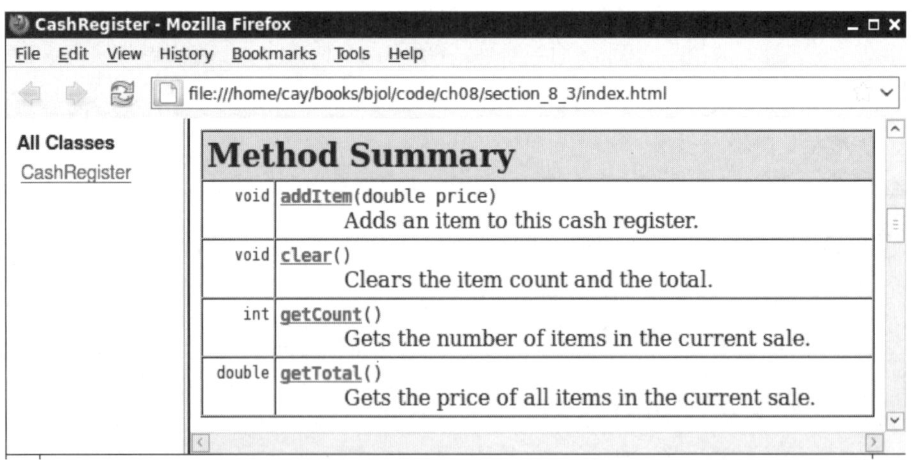

그림 8.4 javadoc으로 생성된 메소드 요약

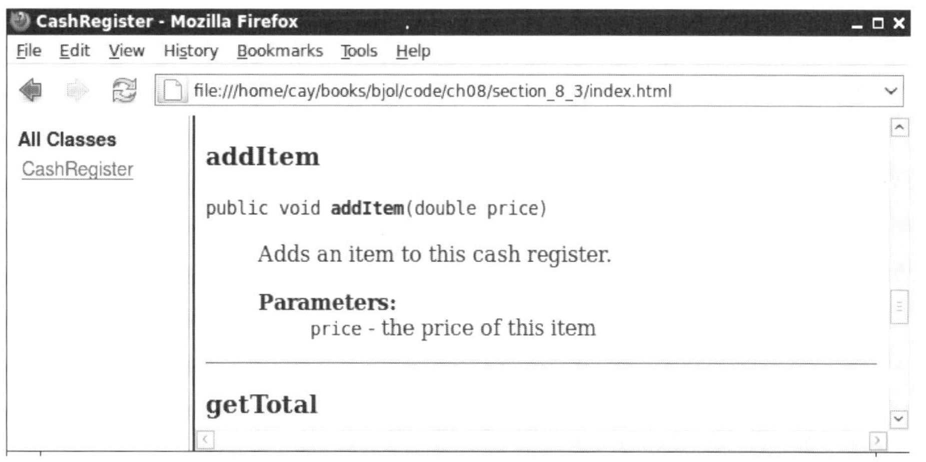

그림 8.5 javadoc으로 생성된 메소드 세부사항

신의 파일에 대해 javadoc을 실행시켜서, 자신이 구현하려는 퍼블릭 인터페이스를 위한 문서화를 생성하라.

javadoc 툴은 한 가지를 제대로 해주기 때문에 아주 멋지다: 설명서(문서화)를 **코드**와 함께 넣을 수 있게 해준다. 즉 프로그램을 업데이트 할 때, 어떤 문서가 업데이트 되어야 하는지 바로 알 수 있다. 그 자리에서 바로 업데이트 할 수 있다. 그 후 javadoc을 다시 실행시켜서 제때에 멋지게 포맷된 업데이트된 정보를 얻는다.

8.4 데이타 표현 설계하기

객체는 그 데이타를 **인스턴스 변수**들에 저장한다. 이들은 클래스 안에 선언된 변수들이다 (문법 8.1 참고)).

클래스를 구현할 때 각각의 객체가 어떠한 데이타를 저장해야 하는지 결정해야 한다. 객체는 메소드 호출을 수행하는 데 필요한 모든 정보를 갖고 있어야 한다.

모든 메소드를 조사하고, 그들의 데이타 요구사항을 찾아내라. accessor 메소드들로 시작하는 것이 좋다. 예를 들면 CashRegister 객체는 getTotal 메소드에 대해 올바른 값을 반환할 수 있어야 한다. 즉 모든 입력된 가격을 저장해서 메소드 호출 때 총액을 계산하거나, 아니면 총액을 저장해야 한다.

이제 getCount 메소드에 동일한 추론을 적용해보자. 만약 금전 등록기가 입력된 모든 가격들을 저장한다면, 금전등록기는 getCount 메소드에서 그들을 셀 수 있다. 그렇지 않으면 우리는 이 카운트를 위한 변수를 갖춰야 한다.

addItem 메소드는 한 가격을 파라미터로 받으며, 그 가격을 기록해야 한다. 만약 CashRegister 객체가 입력된 가격들을 배열

각각의 accessor 메소드를 위해 객체는 결과를 저장하거나 아니면 계산해야 한다.

필요할 수도 있는 모든 물건들을 가지고 다녀야 하는 야생탐험가처럼 객체는 모든 메소드 호출에 필요한 데이타를 저장해야 한다.

로 저장하고 있다면, `addItem` 메소드는 이 가격을 추가한다. 한편 우리가 품목 총액과 개수만을 저장하기로 결정한다면 `addItem` 메소드는 이들 두 변수를 업데이트한다.

마지막으로, `clear` 메소드는 가격 배열을 비우거나, 아니면 총액과 `count`를 0으로 설정해서 다음 판매를 위해 금전 등록기를 준비시켜야 한다.

객체가 필요로 하는 데이타를 표현하는 두 가지 방법을 알아냈다. 둘 중 어느 방법이든 좋으며, 우리는 하나를 골라야 한다. 우리는 전체 가격과 품목 수를 위한 변수들을 사용하는 더 간단한 방법을 선택하겠다(다른 옵션은 연습문제 P8.16과 P8.17에서 살펴보기로 한다).

```java
int itemCount;
double totalPrice;
```

인스턴스 변수들은 클래스 안에 선언되나, 모든 메소드 외부에 private 수식자로 선언된다:

```java
public class CashRegister
{
    private int itemCount;
    private double totalPrice;
    . . .
}
```


메소드들의 호출 순서가 정해져 있지 않다는 것에 주의하라. 예를 들어 CashRegister 클래스를 고려하자. 다음 호출

```java
register1.gerTotal()
```

후에, 프로그램은 다음 호출을 할 수 있다.

```java
register1.addItem(1.95)
```


getTotal의 호출에서 합계를 클리어할 수 있다고 가정하면 안 된다. 데이타 표현은 자동차 탑승자들이 다양한 버튼과 레버들을 임의의 순서로 선택해서 누를 수 있듯이, 메소드들이 임의의 순서로 호출될 수 있게 해줘야 한다.

15. 다음 코드 조각은 무엇이 잘못되었는가?

```java
CashRegister register2 = new CashRegister();
register2.clear();
register2.addItem(0.95);
System.out.println(register2.totalPrice);
```

16. 9AM, 3:30PM과 같은 시각을 표현하는 Time 클래스에 대해 생각해보라. Time 클래스를 구현하는 데 사용될 수 있는 두 개의 인스턴스 변수 잡합을 제시하라(두 번째 집합을 위한 **힌트**: 군대 시각).

17. Time class의 구현자가 퍼블릭 인터페이스는 바꾸지 않은 채로 한 구현 전략에서 다른 전략으로 바꾼다고 하자. Time 클래스를 사용하는 프로그래머는 무엇을 해야 하는가?

18. A+나 B처럼 문자 등급을 나타내는 Grade 클래스를 생각해보자. Grade 클래스를 구현하는 데 사용될 수 있는 두 개의 다른 인스턴스 변수 집합을 제시하라.

Practice It   이제 다음 연습문제들에 대해 답할 수 있다: R8.6, R8.16.

8.5 인스턴스 메소드 구현하기

클래스를 구현할 때, 모든 메소드에 대한 몸체를 제공해야 한다. 인스턴스(instance) 메소드를 구현하는 것은, 메소드 몸체에서 클래스의 인스턴스 변수를 액세스할 수 있다는 본질적인 차이 하나를 제외하곤 정적 메소드를 구현하는 것과 매우 유사하다.

예를 들면 다음은 CashRegister 클래스의 addItem 메소드의 구현이다(나머지 메소드들은 다음 절의 끝부분에서 찾아볼 수 있다).

```java
public void addItem(double price)
{
   itemCount++;
   totalPrice = totalPrice + price;
}
```


메소드 안에서 itemCount나 totalPrice 같은 인스턴스 변수를 사용할 때, 메소드가 적용된 객체의 인스턴스 변수를 사용하는 것이다. 예를 들어 다음 호출을 고려하자.

```java
register1.addItem(1.95);
```

addItem 메소드의 첫 명령문은

```java
itemCount++;
```

이다. 어느 itemCount가 증가되는가? 이 호출에서는 register1 객체의 itemCount이다(그림 8.6).

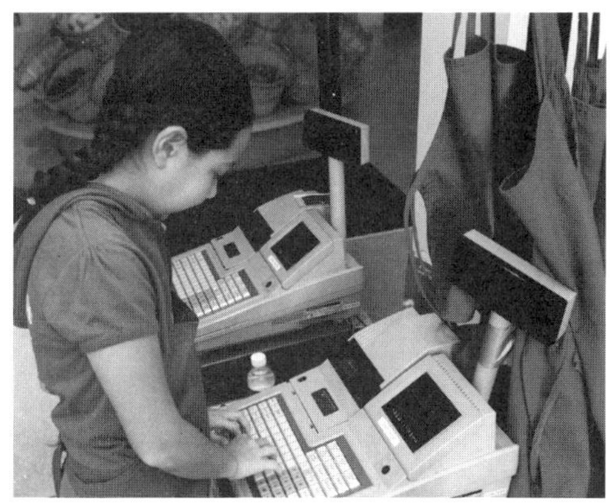

항목이 추가될 때 메소드가 적용되는 금전등록기 객체의 인스턴스 변수에 영향을 준다.

문법 8.2   인스턴스 메소드

Syntax   *modifiers returnType methodName (parameterType parameterName, . . .)*
{
    method body
}

```java
public class CashRegister
{
   . . .
   public void addItem(double price)
   {
      itemCount++;
      totalPrice = totalPrice + price;
   }
   . . .
}
```

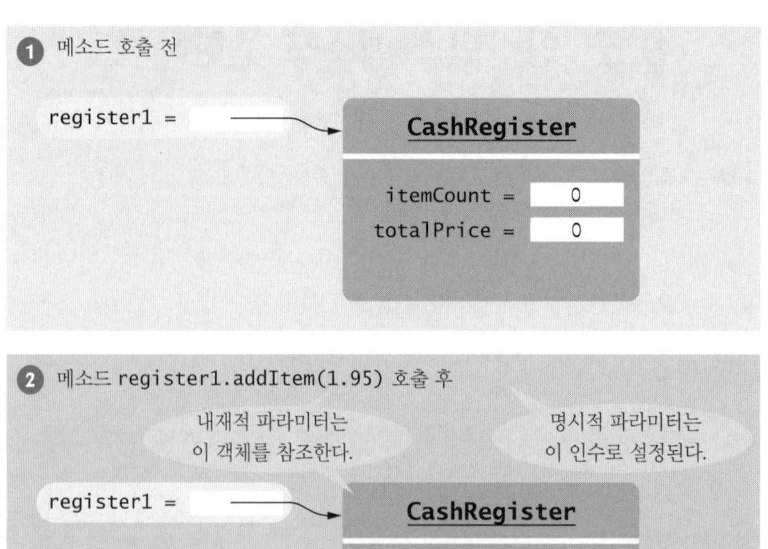

그림 8.6 내재적 파라미터와 명시적 파라미터

메소드가 적용되는 객체를 그 메소드의 **내재적 파라미터**라고 부른다. 자바에서는 실제로 메소드 선언에 내재적 파라미터를 쓰지 않는다. 그러한 이유로 그 파라미터를 내재적 (implicit. 또는 암시적 또는 내연적)' 이라고 부른다.

메소드의 명시적 파라미터들은 메소드 선언에 열거된다.

대조적으로, totalPrice 파라미터 변수와 같이 메소드 선언에 명확히 언급된 파라미터를 **명시적 파라미터**라고 부른다. 모든 메소드는 딱 하나의 내재적 파라미터와 0개 이상의 명시적 파라미터를 가진다.

19. 다음 명령문들 후에 register1.itemCount, register1.totalPrice, register2.itemCount, register2.totalPrice의 값은 얼마인가?

```
CashRegister register1 = new CashRegister();
register1.addItem(0.90);
register1.addItem(0.95);
CashRegister register2 = new CashRegister();
register2.addItem(1.90);
```

20. 총 판매액을 센트 없이 달러의 값으로 산출하는 CashRegister 클래스의 getDollars 메소드를 구현하라.

21. 2.5.6절에서 설명한 String 클래스의 substring 메소드를 고려하자. 이것은 몇 개의 파라미터를 가지며, 그리고 그들의 타입(유형)은 무엇인가?

22. String 클래스의 length 메소드를 고려하자. 이것은 몇 개의 파라미터를 가지며, 그리고 그들의 타입(유형)은 무엇인가?

Practice It 이제 다음 연습문제들에 대해 답할 수 있다: R8.10, P8.16, P8.17, P8.18.

8.6 생성자

생성자(constructor)는 객체의 인스턴스 변수들을 초기화한다. 생성자는 new 연산자로 객체가 생성될 때마다 자동으로 호출된다.

2장에서 new 연산자를 봤다. 새로운 객체가 필요할 때마다 new 연산자가 사용된다. 예를 들면 아래 명령문에서 new Scanner(System.in) 표현은 Scanner 클래스의 새로운 객체를 생성한다.

```
Scanner in = new Scanner(System.in);
```

구체적으로 Scanner 클래스의 생성자가 System.in 인수와 함께 호출되고 있다. 이 생성자는 Scanner 객체를 초기화시킨다.

생성자의 이름은 그의 클래스 이름과 같다. 예:

```
public class CashRegister
{
   . . .

   /**
      Constructs a cash register with cleared item count and total.
   */
   public CashRegister() // A constructor
   {
      itemCount = 0;
      totalPrice = 0;
   }
}
```

생성자는 절대로 값을 반환하지 않지만, 생성자를 선언할 때 void 예약어를 사용하지 않는다.

많은 클래스들이 한 개 이상의 생성자를 가지고 있다. 이것은 서로 다른 방법으로 객체를 선언할 수 있게 해준다. 두 개의 생성자를 가지는 BankAccount 클래스를 예로 고려하자.

```
public class BankAccount
{
   . . .

   /**
      Constructs a bank account with a zero balance.
   */
   public BankAccount() { . . . }

   /**
```

```
    Constructs a bank account with a given balance.
    @param initialBalance the initial balance
    */
    public BankAccount(double initialBalance) { . . . }
}
```

두 생성자 모두 클래스 이름과 같은 BankAccount라는 이름을 가지고 있다. 첫 번째 생성자는 파라미터 변수가 없는 반면 두 번째 생성자는 double 형의 파라미터 변수를 가지고 있다.

객체를 생성할 때 컴파일러는 우리가 공급하는 인자와 일치하는 생성자를 선택한다. 예:

```
BankAccount joesAccount = new BankAccount();
    // Uses BankAccount() constructor
BankAccount lisasAccount = new BankAccount(499.95);
    // Uses BankAccount(double) constructor
```


만약 우리가 생성자에서 인스턴스 변수를 초기화하지 않으면, 자동으로 디폴트 값으로 초기화된다:

- 수는 0으로 설정된다.
- 부울 변수는 false로 초기화된다.
- 객체 및 배열 참조들은 아무 객체도 그 변수와 관련이 없음을 나타내는 특별한 값인 'null'로 설정된다(8.10절 참고). 이것은 일반적으로 바람직하지 않으며, 객체 참조들은 생성자에서 초기화해야 한다(375 페이지의 빈번한 오류 8.1 참고).

이러한 관점에서, 인스턴스 변수는 메소드 안에 선언된 지역 변수와 다르다. 만약 우리가 명시적으로 초기화되지 않은 지역 변수를 사용한다면 컴퓨터는 에러를 보고한다.

만약 클래스에 생성자를 공급하지 않는다면 컴파일러는 자동으로 생성자를 만든다. 그 생성자는 인수가 없으며, 모든 인스턴스 변수들을 그들의 디폴트 값으로 초기화한다. 그러므로 모든 클래스는 적어도 한 개의 생성자를 갖는다.

이제 CashRegister 클래스를 구현하는 데 필요한 모든 개념을 알아보았다.

문법 8.3   생성자

```
                          public class BankAccount
                          {
  생성자는 반환형이             private double balance;                  생성자는 클래스와 같은
  없고 void로 선언                                                      이름을 가진다.
  하지도 않는다.              public BankAccount()
                          {
                              balance = 0;
                          }

      두 생성자는
   balance 인스턴스         public BankAccount(double initialBalance)
   변수를 초기화한다.         {
                              balance = initialBalance;
                          }                                          이 생성자는 new
                          . . .                                       BankAccount(499.95)
                          }                                           표현을 위해 선택된다.
```

생성자는 객체를 위한 조립 지침과 같다.

이 클래스를 위한 완성된 코드가 여기 있다. 다음 절에서는 이 클래스를 테스트하는 방법을 알아볼 것이다.

section_6/CashRegister.java

```java
/**
   A simulated cash register that tracks the item count and
   the total amount due.
*/
public class CashRegister
{
   private int itemCount;
   private double totalPrice;

   /**
      Constructs a cash register with cleared item count and total.
   */
   public CashRegister()
   {
      itemCount = 0;
      totalPrice = 0;
   }

   /**
      Adds an item to this cash register.
      @param price the price of this item
   */
   public void addItem(double price)
   {
      itemCount++;
      totalPrice = totalPrice + price;
   }

   /**
      Gets the price of all items in the current sale.
      @return the total amount
   */
   public double getTotal()
   {
      return totalPrice;
   }

   /**
      Gets the number of items in the current sale.
      @return the item count
   */
   public int getCount()
   {
      return itemCount;
   }
```

```
46
47    /**
48       Clears the item count and the total.
49    */
50    public void clear()
51    {
52       itemCount = 0;
53       totalPrice = 0;
54    }
55 }
```

23. 다음 클래스를 고려하자:

```
public class Person
{
   private String name;

   public Person(String firstName, String lastName)
   {
      name = lastName + ", " + firstName;
   }
   . . .
}
```

만약 객체가 다음에 의해 생성된다면 그의 인스턴스 변수 name은 무엇이 되나?

```
Person harry = new Person("Harry", "Morgan");
```

24. 다음 호출 후에 p의 인스턴스 변수 name이 'unknown'이 되도록 Person 생성자를 구현하라.

```
Person p = new Person();
```

25. CashRegister 클래스에 아무런 생성자도 제공하지 않는다면 어떤 일이 발생하는가?

26. 다음 클래스를 고려하자:

```
public class Item
{
   private String description;
   private double price;

   public Item() { . . . }
   // Additional methods omitted
}
```

생성자를 구현하라. 어떠한 인스턴스 변수도 null로 설정되지 않게 하라.

27. 다음 선언문들의 각각이 컴파일되게 하려면 Item 클래스에 어느 생성자들이 제공되어야 하나?

a. `Item item2 = new Item("Cornflakes");`

b. `Item item3 = new Item(3.95);`

c. `Item item4 = new Item("Cornflakes",3.95);`

d. `Item item1 = new Item();`

e. `Item item5;`

Practice It　　이제 다음 연습문제들에 대해 답할 수 있다: R8.12, P8.4, P8.5.

생성자에서 객체 참조의 초기화 잊어버리기

흔히 지역 변수를 초기화하는 것을 잊어버리는 것처럼, 인스턴스 변수를 초기화하는 것을 잊기 쉽다. 모든 생성자는 모든 인스턴스 변수들이 적당한 값으로 설정되게 해야 한다.

만약 인스턴스 변수를 초기화하지 않는다면 자바 컴파일러가 대신 초기화할 것이다. 수는 0으로 초기화되나, 문자열 변수 같은 객체 참조는 null 참조로 설정된다.

물론 종종 0은 수들을 위한 편리한 디폴트 값이다. 그렇지만 객체의 경우 null은 거의 편리한 디폴트 값이 아니다. 수정된 버전의 BankAccount 클래스의 다음의 "게으른" 생성자를 고려하자:

```java
public class BankAccount
{
   private double balance;
   private String owner;
   . . .
   public BankAccount(double initialBalance)
   {
      balance = initialBalance;
   }
}
```

이 경우에 balance는 초기화되지만 owner 변수는 null 참조로 설정된다. 이것은 문제가 될 수 있다—null 참조로 메소드를 호출하는 것은 불법이다.

이 문제를 피하려면 모든 인스턴스 변수를 초기화하는 것이 좋다:

```java
public BankAccount(double initialBalance)
{
   balance = initialBalance;
   owner = "None";
}
```

생성자 호출 시도

생성자는 메소드가 아니다. 생성자는 new 예약어와 함께 사용해야 한다:

```java
CashRegister register1 = new CashRegister();
```

객체가 생성된 후에는 그 객체에 생성자를 다시 적용할 수 없다. 예를 들면 객체를 클리어시키기 위해 생성자를 호출할 수 없다:

```java
. . .
register1.CashRegister(); // Error
```

생성자가 새로운 CashRegister 객체를 클리어된 상태로 설정할 수 있는 것은 사실이나, 이미 존재하는 객체에 대해 생성자를 호출할 수는 없다. 하지만 객체를 새로운 객체로 대체할 수는 있다:

```java
register1 = new CashRegister(); // OK
```

생성자를 void로 선언하기

생성자를 선언할 때 void 예약어를 사용하지 말라:

```java
public void BankAccount()   // Error—don't use void!
```

이것은 생성자가 아니라 반환형이 void인 메소드를 선언한 것이 된다. 불행히도 자바 컴파일러는 이것을 문법 오류로 간주하지 않는다.

오버로딩

둘 이상의 메소드에 같은 이름이 사용되면 메소드의 이름이 **오버로딩(Overloading)**되었다고 한다. 자바에서는 파라미터 타입들이 다르다면 메소드 이름을 오버로드할 수 있다. 예를 들면 print라는 이름을 가진 두 개의 메소드를 선언할 수 있다:

```java
public void print(CashRegister register)
public void print(BankAccount account)
```

print 메소드가 호출되면,

```java
print(x);
```

컴파일러는 x의 타입을 살펴보게 된다. 만약 x가 CashRegister 객체라면 첫 번째 메소드가 호출된다. 만약 x가 BankAccount 객체라면 두 번째 객체가 호출된다. 만약 x가 둘 중 어느 것도 아니라면 컴파일러는 오류를 발생시킨다.

이 책에서는 오버로딩 특징을 사용하지 않았다. 그 대신에, 각 메소드에 printRegister나 printAccount와 같은 고유한 이름을 주었다. 하지만 생성자에 대해서는 선택의 여지가 없다. 자바는 클래스의 이름과 생성자의 이름이 같을 것을 요구한다. 만약 클래스에 둘 이상의 생성자가 있다면 그 이름이 오버로드되어야 한다.

8.7 클래스를 테스트하기

앞 절에서 CashRegister 클래스의 구현을 완성하였다. 이제 그것으로 무엇을 할 수 있을까? 물론 CashRegister.java 파일을 컴파일 할 수는 있다. 그렇지만 CashRegitster 클래스를 실행시킬 수는 없다. 이 클래스는 메인 메소드를 포함하고 있지 않다. 이것은 정상이다—대부분의 클래스들은 메인 메소드를 포함하고 있지 않다. 이들은 메인 메소드가 있는 클래스와 결합되어야 한다.

길게 볼 때, 내가 만든 클래스는 파일에 데이타를 저장하거나, 사용자와 상호작용하는 등등을 하는 더 큰 프로그램의 일부가 될 것이다. 하지만 클래스를 프로그램에 통합하기 전에 항상 분리해서 테스트 해보는 것이 좋다. 프로그램 외부로 분리해서 테스트하는 것을 **유닛 테스트**라고 부른다.

유닛 테스트는 완성된 프로그램 밖으로 분리해서, 클래스가 올바르게 작동하는지 확인하는 것이다.

엔지니어는 한 부속품을 독립적으로 테스트한다. 이것이 유닛 테스트의 예이다.

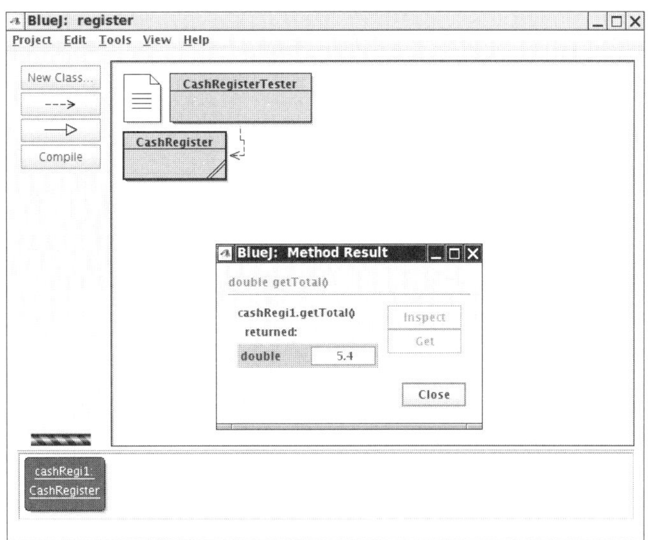

그림 8.7 BlueJ에서 getTotal 메소드의 반환값

클래스를 테스트하기 위해서는 두 가지 방법이 있다. BlueJ(http://bluej.org)와 Dr. Java(http://drjava.org)와 같은 몇몇의 양방향 개발환경들에는 객체를 생성하고 메소드를 호출하기 위한 명령들이 있다. 그래서 객체를 생성하고 메소드를 호출하고 예상 반환값을 받는지 확인함으로써 클래스를 간단하게 테스트할 수 있다. 그림 8.7은 BlueJ에서 CashRegister 객체에 대해 getTotal 메소드를 호출한 결과를 보여준다.

대안으로, 우리가 테스터 클래스를 작성할 수 있다. 테스터 클래스란 다른 클래스의 메소드들을 실행하기 위한 명령문들을 포함하고 있는 main 메소드를 갖는 클래스이다. 테스터 클래스는 일반적으로 다음 단계들을 수행한다:

1. 테스트 중인 클래스의 객체를 한 개 이상 생성한다.
2. 한 개 이상의 메소드를 호출한다.
3. 한 개 이상의 결과를 출력한다.
4. 예상 결과를 출력한다.

다음은 CashRegister 클래스의 메소드를 실행시키기 위한 클래스이다. main 메소드는 CashRegister 타입의 객체를 하나 생성하고, addItem 메소드를 세 번 호출하고, getCount와 getTotal 메소드들의 결과를 표시한다.

section_7/CashRegisterTester.java

```java
/**
    This program tests the CashRegister class.
*/
public class CashRegisterTester
{
   public static void main(String[] args)
   {
      CashRegister register1 = new CashRegister();
      register1.addItem(1.95);
      register1.addItem(0.95);
      register1.addItem(2.50);
      System.out.println(register1.getCount());
      System.out.println("Expected: 3");
      System.out.printf("%.2f\n", register1.getTotal());
```

```
15        System.out.println("Expected: 5.40");
16    }
17 }
```

프로그램 실행

```
3
Expected: 3
5.40
Expected: 5.40
```

우리의 샘플 프로그램에서 세 개의 품목을 더해서 합이 $5.40가 된다. 메소드 결과를 보여줄 때 우리가 보기를 기대하는 값들을 설명해주는 메시지도 같이 표시한다.

이 단계는 매우 중요하다. 우리는 테스트 프로그램을 실행하기 전에 예상 결과가 무엇이 될지에 대해서 생각하는 데에 얼마 간의 시간을 투자하기를 원한다. 이러한 사고 과정은 프로그램이 어떻게 동작하는지 이해하도록 도와줄 것이다. 그리고 에러를 초기 단계에 집어내는 데 도움을 줄 수 있다.

프로그램을 만들기 위해선 CashRegister 클래스와 CashRegisterTester 클래스를 결합해야 한다. 프로그램을 작성하기 위한 세부사항은 컴파일러와 개발환경에 달려있다. 대부분의 환경에서는 다음 단계들을 수행해야 한다:

1. 프로그램을 위한 새로운 하위 폴더를 만든다.
2. 각 클래스 당 한 개씩, 두 개의 파일을 만든다.
3. 두 파일 모두를 컴파일한다.
4. 테스트 프로그램을 돌린다.

많은 학생들은 이렇게 간단한 프로그램이 두 개의 클래스를 가지고 있는 것에 대해서 놀란다. 그렇지만 이것은 정상이다. 두 클래스는 완전히 다른 목적을 가진다. CashRegister 클래스는 금전등록기를 모델링하는 객체를 묘사한다. CashRegisterTester 클래스는 CashRegister 객체를 제대로 동작시키는 테스트를 실행한다.

28. clear 메소드를 테스트하기 위해서 테스터 클래스를 어떻게 향상시킬 것인가?

29. CashRegisterTester 프로그램을 실행할 때, 몇 개의 CashRegister 클래스 객체가 생성되는가? CashRegisterTester 타입의 객체는 몇 개인가?

30. BlueJ와 같이 양방향 테스트가 가능한 개발 환경에서는 왜 CashRegisterTester가 불필요한가?

Practice It   이제 다음 연습문제들에 대해 답할 수 있다: P8.10, P8.11, P8.21.

지정된 동작들을 수행할 수 있는 객체들의 클래스를 구현하는 것은 매우 일반적인 작업이다. 이 How To가 필요한 단계들을 자세히 안내한다.

예로서 Menu 클래스를 고려하자. 이 클래스의 객체는 다음과 같은 메뉴를 표시할 수 있다:

```
1) Open new account
2) Log into existing account
3) Help
4) Quit
```

그 다음, 메뉴는 사용자가 값을 제공하기를 기다린다. 사용자가 유효한 값을 제공하지 않으면 메뉴가 다시 표시되며, 사용자는 다시 시도할 수 있다.

단계 1 나의 객체들에 대한 비형식적 임무 목록을 얻는다.

나 자신을 문제에서 실제로 필요한 기능들로 제한하도록 주의하자. 금전등록기나 은행계좌 같은 실세계의 항목이 있다면, 구현할 만한 수십 가지 기능들이 잠재하고 있다. 그러나 나의 임무는 현실 세계를 충실히 모델링하는 것이 아니다. 나는 나의 특정 문제를 해결하는 데 필요한 임무들만을 결정하면 된다.

이 메뉴의 경우, 다음을 해야 한다:

Display the menu.
Get user input.

이제 문제 설명의 일부가 아닌 감춰진 임무들을 찾아보라. 객체들은 어떻게 생성되는가? 각 판매를 시작할 때마다 금전등록기를 클리어시키기와 같은 어떤 일상적인 동작이 일어나야 하는가?

이 메뉴 예제에서는 메뉴가 어떻게 만들어지는지를 고찰하라. 프로그래머는 빈 메뉴 객체를 만들고, "Open new account", "Help" 등의 옵션을 추가한다. 이것이 또 다른 임무이다.

Add an option.

단계 2 퍼블릭 인터페이스를 명시한다.

단계 1의 목록을 파라미터 변수들과 반환 값들이 특정 타입들을 갖는 일련의 메소드들로 바꿔라. 많은 프로그래머들이 샘플 객체에 적용되는 메소드 호출을 아래와 같이 쓰면, 이 단계가 더 간단해진다는 것을 알게 된다:

```java
Menu mainMenu = new Menu();
mainMenu.addOption("Open new account");
// Add more options
int input = mainMenu.getInput();
```

이제 특정 메소드 목록을 갖게 되었다.

- `void addOption(Stringoption)`
- `int getInput()`

메뉴를 표시하는 것은 어떤가? 사용자에게 입력을 요구하지 않고 메뉴를 표시하는 것은 무의미하다. 그렇지만, `getInput`은 사용자가 잘못 입력하면 메뉴를 한 번 이상 표시할 필요가 있다. 따라서 `display`는 `private` 메소드가 될 훌륭한 후보이다.

퍼블릭 인터페이스를 완성시키기 위해, 생성자를 명시해야 한다. 내 클래스의 객체를 생성하기 위해서 어떤 정보가 필요한지 스스로에게 물어보라. 때로는 두 개의 생성자가 필요할 것이다: 모든 인스턴스 변수를 디폴트 값으로 설정하는 것 하나, 그리고 그들을 사용자 제공 값들로 설정하는 것 하나.

이 메뉴 예의 경우에는 빈 메뉴를 만드는 단일 생성자만으로도 괜찮다.

다음은 퍼블릭 인터페이스이다:

```java
public class Menu
{
    public Menu() { . . . }
    public void addOption(String option) { . . . }
    public int getInput() { . . . }
}
```

단계 3 퍼블릭 인터페이스를 문서화한다

클래스를 위한 문서화 주석을 제공하고, 그런 다음에 각 메소드에 주석을 붙여라.

```java
/**
    A menu that is displayed on a console.
*/
public class Menu
{
    /**
        Constructs a menu with no options.
    */
    public Menu() { . . . }

    /**
        Adds an option to the end of this menu.
        @param option the option to add
    */
    public void addOption(String option) { . . . }

    /**
        Displays the menu, with options numbered starting with 1,
        and prompts the user for input. Repeats until a valid input
        is supplied.
        @return the number that the user supplied
    */
    public int getInput() { . . . }
}
```

단계 4 인스턴스 변수들을 결정하라.

이 일을 하기 위해 객체가 어떤 정보를 저장할 필요가 있는지 자신에게 물어보라. 객체는 객체의 인스턴스 변수와 메소드 인수만을 사용하여 모든 메소드를 처리할 수 있어야 한다.

각각의 메소드를 살펴보라. 예를 들어, 간단하거나 흥미로운 메소드로 먼저 시작한다. 그리고 그 객체가 그 메소드의 작업을 수행하기 위해 무엇을 필요로 하는지 스스로에게 물어 보라. 메소드 인수들 외에 어떤 데이타 항목들이 필요한가? 그러한 데이타 항목들을 위한 인스턴스 변수들을 만들라.

이 예제에서는 addOption 메소드로 시작해보자. 분명히 우리는 메뉴가 나중에 디스플레이 될 수 있도록 추가된 메뉴 옵션을 확실하게 저장해야 한다. 어떻게 옵션들을 저장해야 하는가? 문자열 배열 리스트로? 하나의 긴 문자열로? 이 두 가지 방법 모두 가능하다. 여기서는 배열 리스트를 사용할 것이다. 연습문제 8.3에서 나머지 접근법으로 구현한다.

```java
public class Menu
{
    private ArrayList<String> options;
    . . .
}
```

이제 getInput 메소드를 살펴보자. 이 메소드는 저장된 옵션을 보여주고 정수를 읽는다. 그 입력이 유효하다는 것을 확인할 때, 우리는 메뉴 항목의 개수를 알아야 한다. 메뉴 항목들을 배열 리스트에 저장했기 때문에 메뉴 항목의 개수는 배열의 크기로서 간단하게 얻어진다. 만약 메뉴 항목들을 하나의 긴 문자열에 저장한다면, 항목 수를 저장하는 또 다른 인스턴스 변수를 필요로 할 것이다.

우리는 또한 사용자의 입력을 읽기 위해 스캐너가 필요할 것이며, 우리는 이 스캐너를 또 다른 인스턴스 변수로 추가할 것이다:

```java
private Scanner in;
```

단계 5 생성자와 메소드를 구현한다.

클래스 안에 생성자와 메소드를 구현하라—한 번에 하나씩, 쉬운 것부터. 예를 들어 다음은 addOption 메소드의 구현이다:

```java
public void addOption(String option)
{
   options.add(option);
}
```

다음은 getInput 메소드이다. 이 메소드는 조금 더 복잡하다. 입력을 읽기 전에 메뉴 옵션을 표시하면서, 유효한 입력이 얻어질 때까지 루프를 돈다.

```java
public int getInput()
{
   int input;
   do
   {
      for (int i = 0; i < options.size(); i++)
      {
         int choice = i + 1;
         System.out.println(choice + ") " + options.get(i));
      }
      input = in.nextInt();
   }
   while (input < 1 || input > options.size());
   return input;
}
```

마지막으로 인스턴스 변수들을 초기화하기 위한 생성자를 제공해야 한다:

```java
public Menu()
{
   options = new ArrayList<String>();
   in = new Scanner(System.in);
}
```

메소드들 중 일부를 구현하는 것이 곤란하다는 것을 알게되면, 인스턴스 변수들의 선정에 대해서 재고해보아야 한다. 초보자의 경우 객체의 상태를 정확하게 묘사할 수 없는 인스턴스 변수들로 시작하는 것이 보통이다. 다시 돌아가서 구현 전략을 재고하기를 망설이지 말라.

일단 구현을 완성하고 나면 클래스를 컴파일하고 컴파일 에러를 해결하라.

단계 6 클래스를 테스트 한다.

짧은 테스터 프로그램을 작성해서 실행하라. 테스터 프로그램은 단계 2에서 찾아낸 메소드 호출들을 수행해야 한다.

```java
public class MenuTester
{
   public static void main(String[] args)
   {
      Menu mainMenu = new Menu();
      mainMenu.addOption("Open new account");
      mainMenu.addOption("Log into existing account");
      mainMenu.addOption("Help");
      mainMenu.addOption("Quit");
```

```java
            int input = mainMenu.getInput();
            System.out.println("Input: " + input);
        }
    }
```

프로그램 실행

```
1) Open new account
2) Log into existing account
3) Help
4) Quit
5
1) Open new account
2) Log into existing account
3) Help
4) Quit
3
Input: 3
```

데모 예제 8.1

은행 계좌 클래스 구현하기

이 데모 예제는 은행 계좌를 시뮬레이션하는 클래스를 개발하는 방법을 보여준다.

비디오 보기 8.1

대출금 갚기

대출을 받을 때 은행은 대출 금액과 대출기간을 말해준다. 이러
한 수들은 어디서 오는 것인가? 이 비디오 보기는 대출상환 과정
을 설명하기 위해 Loan 객체를 사용한다.

8.8 문제 해결하기: 객체 추적하기

프로그램이 어떻게 동작하는지를 이해하는 데 핸드 트레이싱 기법이 얼마나 유용한지를
봐왔다. 프로그램에 객체가 포함되어 있을 때, 이 기법을 적용하면 객체 데이타와 갭슐화
에 관해서 더욱 잘 이해하는 데 도움이 된다.

각 객체에 대해 인덱스 카드 또는 접착력 있는 쪽지를 사용하라. 앞 면에는 객체가 실
행할 수 있는 메소드들을 적고, 뒷면에는 인스턴스 변수들의 값들을 위한 표를 작성하라.

다음은 CashRegister 객체를 위한 카드 예이다:

> 카드의 앞면에 메소드를
> 적고 인스턴스 변수를 뒷
> 면에 적어라.

WileyPLUS와 www.wiley.com/college/horstmann에서 온라인으로 제공된다.

대단하지는 않지만, 이렇게 해서 캡슐화에 대한 감을 제공할 수 있다. 객체는 그의 퍼블릭 인터페이스(카드의 앞면)에 의해 다뤄지며, 인스턴스 변수들은 뒷면에 숨겨져 있다.

객체가 생성될 때, 인스턴스 변수들의 초기 값들을 채운다:

mutator 메소드가 호출될 때, 기존 값을 긋고, 그 밑에 새 값을 써라. 다음은 add_item 메소드의 호출 후의 상태를 보여준다:

프로그램에 둘 이상의 객체가 있다면, 각 객체에 대해 하나씩 여러 장의 카드가 있을 것이다:

이 다이어그램들은 클래스를 설계할 때도 도움이 된다. 판매세를 계산하기 위해서 CashRegister 클래스를 개선하도록 요구 받았다고 하자. 카드의 앞면에 메소드 get_sales_tax를 추가한다. 이제 카드를 뒤집고, 인스턴스 변수들을 살펴보고, 답을 계산하기 위한 충분한 정보를 객체가 갖고 있는지를 스스로에게 물어보자. 각 객체가 자율적인 유닛(autonomous unit)임을 기억하자. 계산에 사용될 수 있는 모든 데이타 값은 다음 중 하나이다:

- 인스턴수 변수
- 메소드 인수
- 정적 변수(일반적이지는 않다; 8.11절 참고)

판매세를 계산하기 위해서는 세율과 과세 대상 품목들의 합계를 알아야 한다(식료품은 일 반적으로 과세 대상이 아니다). 우리에게 그 정보가 없다. 세율과 과세 합계액을 위한 인스 턴스 변수들을 추가하자. 세율은 생성자에서 설정될 수 있다(객체의 라이프타임 동안 고 정된 체로 있다고 가정하고). 품목을 추가할 때, 그 품목이 과세 대상인지에 관한 정보가 주어져야 한다. 만일 그렇다면, 그의 가격을 과세대상 합계에 더한다.

예를 들어, 다음 명령들을 고려하자.

```
CashRegister reg2(7.5); // 7.5 percent sales tax
reg2.addItem(3.95, false); // Not taxable
reg2.addItem(19.95, true); // Taxable
```


카드에 결과를 기록하면 다음과 같다.

itemCount	totalPrice	taxableTotal	taxRate
0̶	0̶	0̶	7.5
1̶	3̶.̶9̶5̶		
2	23.90	19.95	

이런 정보를 가지고 세금을 계산하기 쉬워질 것이다(**taxableTotal * taxRate / 100**이다). 객체 추적이 추가적인 인스턴스 변수들의 필요성을 이해하는 데 도움을 줬다.

31. 자동차의 연료 소모를 시뮬레이션하는 Car 클래스를 고려하자. 우리는 생성자에서 제 공된 고정된 효율(갤런 당 마일)을 가정할 것이다. 휘발유를 추가하고, 주어진 거리를 주행하고, 통에 남은 휘발유량을 검사하는 메소드들이 있다. 적절한 인스턴스 변수들 을 선정해서 객체가 생성된 후에 그 값들을 보여주는, Car 객체를 위한 카드를 만들라.

32. 다음 메소드 호출들을 추적하라:

```
Car myCar(25);
myCar.addGas(20);
myCar.drive(100);
myCar.drive(200);
myCar.addGas(5);
```

33. 메소드 getMilesDriven를 추가해서 자동차의 주행기록계를 시뮬레이션하도록 주문을 받았다고 하자. 이 메소드를 계산하기에 적합한 인스턴스 변수를 객체의 카드에 추가하라.

34. 자체 검사 33에서 추가한 인스턴스 변수를 갱신하면서, 자체 검사 32의 메소드들을 추적하라.

Practice It 이제 다음 연습문제들에 대해 답할 수 있다: R8.13, R8.14, R8.15.

8.9 문제 해결하기: 객체 데이타 패턴

클래스를 디자인 할 때 먼저 그 클래스를 사용하는 프로그래머들의 요구사항을 고려하라. 내가 만든 클래스의 사용자들이 객체들을 다룰 때 호출할 메소드를 제공하라. 클래스를 구현할 때 그 클래스를 위한 인스턴스 변수들을 찾아내야 한다. 이것을 하기가 항상 분명하지는 않다. 다행히 내 자신의 클래스를 설계할 때 적용할 수 있는 반복되는 약간의 패턴들이 있다. 다음 절들에서 그런 패턴들을 소개한다.

8.9.1 총액 추적하기

많은 클래스들은 특정 메소드가 호출됨에 따라 늘어나거나 줄어들 수 있는 양을 추적할 필요가 있다. 예:

- 은행 계좌에는 입금에 의해 증가하고 인출에 의해 감소하는 잔고가 있다.
- 금전 등록기에는 판매 시 품목이 추가될 때 증가하고, 판매 종료 후에 클리어되는 총액이 있다.
- 자동차 연료 탱크에는 자동차가 주행을 하면 줄어들고 연료를 주입하면 증가되는 연료가 있다.

이 모든 경우에 구현전략은 비슷하다. 현재 총액을 나타내는 인스턴스 변수를 갖춰라. 금전 등록기의 예는 다음과 같다:

```java
private double totalPrice;
```

총액에 영향을 주는 메소드들을 찾아내라. 보통 주어진 양 만큼 총액을 증가시키는 메소드가 있다.

```java
public void addItem(double price)
{
   totalPrice = totalPrice + price;
}
```

클래스의 특성에 따라, 총액을 클리어 또는 감소시키는 메소드가 있을 수 있다. 금전등록기의 경우에는 clear 메소드가 있다:

```java
public void clear()
{
   total = 0;
}
```

현재 총액을 제공하는 메소드가 있다. 그것은 구현하기 쉽다:

```java
public double getTotal()
{
    return totalPrice;
}
```

총액을 관리하는 모든 클래스는 똑 같은 기본 패턴을 따른다. 총액에 영향을 주는 메소드들을 찾아내고, 총액을 감소 또는 증가시키기 위한 적당한 코드를 제공하라. 총액을 이용하거나 보고하는 메소드를 찾아내고, 그 메소드들이 현재 총액을 읽게 하라.

8.9.2 이벤트 카운트

종종 객체의 수명 동안 특정 이벤트가 얼마나 자주 발생했는지를 셀 필요가 있다. 예:

- 금전등록기에서, 우리는 판매 시 몇 개의 품목이 추가되었는지 알고 싶다.
- 은행계좌는 각 거래에 대해 수수료를 청구한다; 거래 횟수를 셀 필요가 있다.

다음과 같은 카운터를 갖춰라.

```java
private int itemCount;
```

세려는 이벤트들에 해당하는 메소드들에서 카운터를 증가시켜라.

```java
public void addItem(double price)
{
    totalPrice = totalPrice + price;
    itemCount++;
}
```

예를 들어, 판매 또는 명세서 기간 종료 때 카운터를 클리어 해야 할 필요가 있을 수 있다.

```java
public void clear()
{
    total = 0;
    itemCount = 0;
}
```

클래스 사용자에게 카운트를 보고하는 메소드는 있을 수도 있고 없을 수도 있다. 이 카운트는 요금이나 평균을 계산하는 데에만 사용된다. 내 클래스에서는 어떤 메소드들이 이 카운트를 이용하는지 찾아내고, 그 메소드들에서 현재 값을 읽어라.

8.9.3 값 수집하기

어떤 객체는 수, 문자열 또는 다른 객체를 수집한다. 예를 들면 각 다지선다형 질문에는 여러 개의 선택 대상이 있다. 금전등록기는 현재 판매의 모든 가격을 저장할 필요가 있을 수 있다.

값들을 저장하기 위해 배열 또는 배열 리스트를 사용하라 (배열 리스트는 보통 값의 개수를 추적할 필요가 없기 때문에 더 간편하다). 예:

```java
public class Question
{
```

쇼핑 카트 객체는 품목 더미를 다뤄야 한다.

```java
    private ArrayList<String> choices;
    . . .
}
```

생성자에서 이 인스턴스 변수를 빈 집합(empty collection)을 가리키게 초기화하라:

```java
public Question()
{
    choices = new ArrayList<String>();
}
```

값들을 추가하는 몇 가지 메커니즘을 제공해야 한다. 컬렉션에 값을 추가하기 위한 메소드를 제공하는 것이 일반적이다:

```java
public void add(String question)
{
    choices.add(question);
}
```

Question 객체의 사용자는 다양한 품목들을 추가하기 위해 이 메소드를 여러 번 호출할 수 있다.

8.9.4 객체의 속성 다루기

속성이란 객체 사용자가 설정하고 읽을 수 있는 객체의 값이다. 예를 들면 Student 객체는 이름과 ID를 가질수 있다.

속성 값을 저장하기 위한 인스턴스 변수와 그 변수를 설정하고 읽는 메소드들을 제공하라.

```java
public class Student
{
    private String name;
    . . .
    public String getName() { return name; }
    public void setName(String newName) { name = newName; }
    . . .
}
```

setter 메소드에 에러 검사 기능을 추가하는 것이 일반적이다. 예를 들면, 우리는 빈 이름을 거부하고 싶을 수 있다:

```java
public void setName(String newName)
{
    if (newName.length() > 0) { name = newName; }
}
```

어떤 속성은 생성자에서 설정된 이후에 바뀌어서는 안 된다. 예를 들면 학생의 ID는 고정되어야 한다(학생의 이름은 바뀔 수 있다). 이러한 경우 setter 메소드를 제공하지 마라.

```java
public class Student
{
    private int id;
    . . .
    public Student(int anId) { id = anId; }
    public String getId() { return id; }
    // No setId method
    . . .
}
```

어떤 객체는 과거에 발생한 것에 의존하여 변하는 동작을 가진다. 예를 들면 Fish 객체는 배고플 때 먹이를 찾고, 먹은 후에는 먹이를 무시할 것이다. 이런 객체는 최근에 먹었는지를 기억해야 할 것이다.

이 상태를 모델링하는 인스턴스 변수와 상태 값용 상수들을 제공하라:

```java
public class Fish
{
   private int hungry;

   public static final int NOT_HUNGRY = 0;
   public static final int SOMEWHAT_HUNGRY = 1;
   public static final int VERY_HUNGRY = 2;
   . . .
}
```

(대안으로, 열거형(enumeration)을 사용할 수 있다—특강 3.4 참고)

어느 메소드들이 상태를 바꾸는지 결정하라. 이 보기에서는 방금 먹이를 먹은 물고기는 배고프지 않을 것이다. 하지만 물고기가 움직임에 따라 배가 고프게 될 것이다.

```java
public void eat()
{
   hungry = NOT_HUNGRY;
   . . .
}

public void move()
{
   . . .
   if (hungry < VERY_HUNGRY) { hungry++; }
}
```

마지막으로 상태가 동작에 영향을 주는 위치를 결정하라. 배가 많이 고픈 물고기는 무엇보다도 먼저 음식을 찾으려 할 것이다.

```java
public void move()
{
   if (hungry == VERY_HUNGRY)
   {
      Look for food.
   }
   . . .
}
```

만약 물고기가 배가 고픈 상태라면
물고기의 행동은 변한다.

8.9.6 객체의 위치 설명하기

어떤 객체는 객체의 수명 동안 돌아다니며, 그리고 그들은 현재 위치를 기억한다. 예:

- 기차는 트랙을 따라 움직이며, 터미널로부터 거리를 추적한다.
- 격자에서 살고 있는 가상의 벌레는 한 격자 위치에서 다른 격자 위치로 기어가거나, 또는 90도 우회전하거나 좌회전한다.
- 포탄은 공중에 쏘아진 후, 중력에 의해 다시 내려온다.

이러한 객체들은 그들의 위치를 저장해야 한다. 그들의 움직임 특성에 따라, 방향이나 속도를 저장해야 할 수도 있다.

만약 객체가 선을 따라 움직인다면, 고정된 한 점으로부터의 거리로 위치를 나타낼 수 있다.

```
private double distanceFromTerminus;
```

만약 객체가 격자 안에서 움직인다면 격자에서의 현재 위치와 방향을 기억하라:

```
private int row;
private int column;
private int direction; // 0 = North, 1 = East, 2 = South, 3 = West
```

포탄 같은 물리적 객체를 모델링할 때, 아마도 2차원이나 3차원에서, 위치와 속도 모두를 추적해야 한다. 여기서 우리는 공중으로 쏘아진 포탄을 모델링한다:

```
private double zPosition;
private double zVelocity;
```

위치를 업데이트하는 메소드들이 있을 것이다. 가장 간단한 경우에, 우리는 객체가 얼마나 움직였는지의 정보를 받을 수 있다:

```
public void move(double distanceMoved)
{
    distanceFromTerminus = distanceFromTerminus + distanceMoved;
}
```

만약 움직임이 격자에서 일어난다면 현재 방향에 따라 행 또는 열을 업데이트해야 한다:

```
public void moveOneUnit()
{
    if (direction == NORTH) { row--; }
    else if (direction == EAST) { column++; }
    . . .
}
```

프로그래밍 훈련 P8.25는 속도를 알고 있는 물리적 객체의 위치를 업데이트하는 방법을 보여준다.

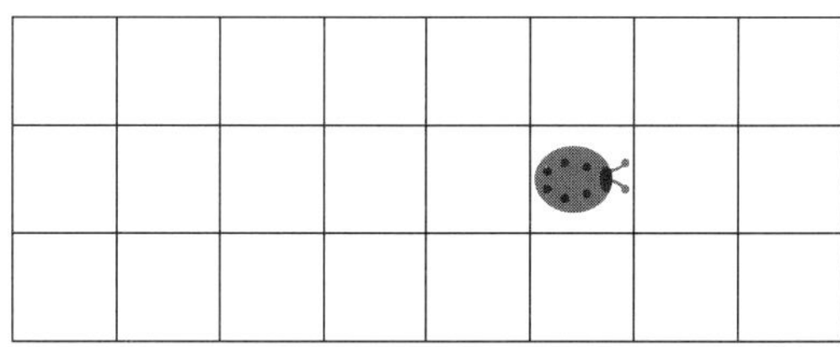

격자 속 벌레는 행, 열, 방향을 저장해야 한다.

움직이는 객체가 있을 때는 항상 프로그램이 어떤 식으로든 실제 움직임을 **시뮬레이션** 해야 한다는 것을 명심하라. 선을 따라서 또는 정수 좌표 격자에서의 이동 같은, 시뮬레이션 규칙을 찾아내라. 그 규칙들이 현재 위치를 어떻게 나타낼지를 결정한다. 그 다음, 객체를 움직이는 메소드를 찾아내고, 시뮬레이션의 규칙에 따라 위치를 업데이트하라.

35. 명세서 기간 동안의 은행 계좌 거래 횟수를 카운트 한다고 하자. 그리고 BankAccount 클래스에 카운터를 추가한다:

```
public void moveOneUnit()
{
    if (direction == NORTH) { row--; }
    else if (direction == EAST) { column++; }
    . . .
}
```

이 카운터는 어떤 메소드들에서 업데이트 되어야 하는가?

36. 8.9.3절의 예시에서 add 메소드는 왜 필요한가? 즉 Question 객체의 사용자는 왜 ArrayList<String> 클래스의 add 메소드를 그냥 호출할 수 없는가?

37. 영수증을 인쇄하기 위해 모든 구매 품목들의 가격을 추적하도록 8.6절의 CashRegister 클래스를 개선시키고 싶다고 하자. 어떤 인스턴스 변수를 제공해야 하는가? 어떤 메소드들을 수정해야 하는가?

38. 세금 ID 번호와 급여를 위한 속성을 가진 Employee 클래스를 고려하라. 이들 중 어느 속성이 getter 메소드만을 가져야 하고, 어느 속성이 getter와 setter 메소드를 가져야 하는가?

39. 8.9.6절의 bug 예제에서의 direction 인스턴스 변수를 보라. 이것은 어느 패턴의 예인가?

Practice It   이제 다음 연습문제들에 대해 답할 수 있다: P8.6, P8.7, P8.12.

비디오 보기 8.2   **미로 탈출 로봇 모델링** ────────────────────────●

이 비디오 보기에서는 미로를 빠져나오는 로봇을 모델링하는 클래스들을 만들 것이다.

➕ WileyPLUS와 www.wiley.com/college/horstmann에서 온라인으로 제공된다.

랜덤 팩트 8.1 전자 투표기

미국의 2000년도 대통령 선거에서 투표가 다양한 기계에 의해 집계되었다. 어떤 집계기들은 투표자들이 그들의 선택을 표시하기 위해 구멍을 뚫는 판지 무기명 투표를 처리했다(아래 그림 참고). 투표자들이 조심하지 않으면 오늘날 그 악명 높은 "chad (computer confetti, keypunch droppings)"라는 종이 찌꺼기가 펀치 카드에 붙어 있어서 표를 잘못 세게 만든다. 수작업 재개표가 필요했으나, 시간 제한과 절차 논쟁으로 인해 전부 그렇게 할 수는 없었다. 선거는 매우 치열했으며, 투표 집계기가 투표자들의 의도를 정확하게 세었다면 선거 결과가 달라졌을 것인지는 많은 사람들의 마음 속에 의문으로 남아있다.

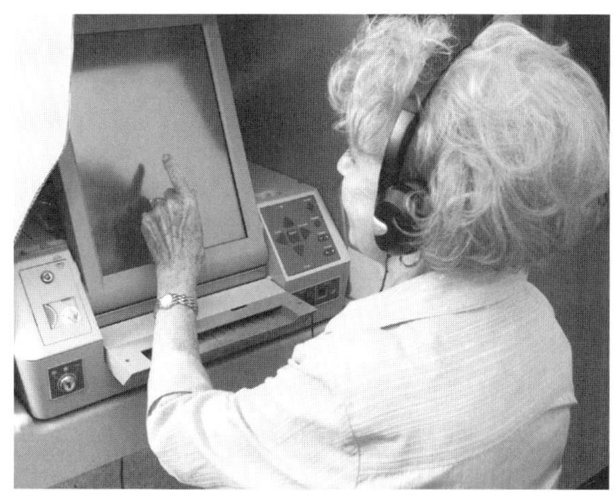

펀치 카드 무기명 투표

그 뒤에, 투표 집계기 제조사들은 전자 투표 집계기가 펀치 카드나 광학적으로 스캐닝된 형태에 의해 야기되는 문제를 피할 것이라고 주장해왔다. 전자 투표 집계기에서는 투표자가 버튼이나 컴퓨터 스크린 상의 아이콘을 눌러서 투표를 한다. 일반적으로 각 투표자는 투표하기 전에 검토를 위해 요약 화면을 보게 된다. 이 과정은 자동 은행 입출금기를 사용하는 것과 아주 비슷하다.

이 집계기들이 투표자가 의도한 것과 같게 집계될 가능성을 높여줄 것으로 보인다. 그렇지만, 일부 전자 투표 집계기 유형을 둘러싸고 의미있는 논란이 있어왔다. 만일 집계기가 단순히 투표를 기록하고 선거가 끝난 후 합계를 출력한다면, 기계가 제대로 동작했는지를 어떻게 알겠는가? 기계 내부의 컴퓨터가 프로그램을 실행하는데, 우리가 경험을 통해 알고 있듯이, 프로그램에는 버그가 있을 수 있다.

사실상, 일부 전자 투표 집계기들에 버그가 있다. 집계기들이 불가능한 합계를 보고한 경우들이 있었다. 집계기가 투표자보다 훨씬 많거나 적은 투표수를 보고할 때는 장비가 오동작했다는 것이 분명해진다. 유감스럽게도, 그렇다고 해도 실제 투표수를 알아내기가 불가능하다. 시간이 흐르면서 이 버그들이 해결될 것으로 기대하고 있다. 더욱 나쁜 것은, 결과가 그럴 듯 하면, 아무도 조사하려 들지 않을 것이란 것이다.

많은 컴퓨터 과학자들이 이 이슈에 관해서 토론했으며, 현재의 기술로는 소프트웨어가 오류가 없고, 변경되지 않았다고 얘기하기란 불가능하다는 것을 확인해줬다. 그들 중 여럿이 전자 투표기가 **투표자 검증 가능 감사 추적법**(voter verifiable audit trail. 정보를 얻을 수 있는 좋은 자료: http://verifiedvoting.org)을 채용할 것을 추천한다. 보통, 투표자 검증 가능 기계는 무기명 투표를 출력한다. 각 투표자는 출력을 검토할 기회를 가지며, 그를 구식 투표함에 넣는다. 만일 전자 장치에 문제가 있다면 출력이 스캔되거나 수작업으로 셀 수 있다.

이 책이 저술될 즈음, 이 개념은 전자 투표기 제조사들과 그들의 고객인 선거 관리 시들과 카운티(county)들 모두에 의한 강력한 저항을 받았다. 제조사들은 일반적으로 예산이 빠듯한 고객들에게 비용 증가를 전가할 수 없기 때문에 기계 비용을 높이는 것을 주저한다. 선관위 공무원들은 프린터 오동작 문제를 우려하며, 그들 중 일부는 공개적으로 성가신 재검표를 없애는 장비를 실질적으로 선호한다고 천명했다.

당신의 생각은 어떤가? 아마도 당신은 은행 계좌에서 현금을 찾기 위해 현금 자동 입출금기를 사용할 것이다. 당신은 그 기계에서 나오는 종이 기록을 검토하는가? 당신의 은행 입출금 내역서를 확인하는가? 비록 당신은 하지 않더라도, 은행이 교묘하게 광범위한 부정을 저지르지 않도록 잔고를 재확인하는 사람들을 신뢰하는가?

은행 거래 장비의 완전성이 투표기의 완전성보다 더 중요한가, 덜 중요한가? 어쨌든 모든 투표 과정에는 오류와 사기의 여지가 있지 않은가? 잠재적인 약간의 오동작과 사기 위험을 방지하기 위한 장비, 종이, 스태프 시간을 위한 추가 비용은 합당한가? 컴퓨터 과학자들은 이 질문에 답할 수 없다—정통한 위원회가 이를 절충해야 한다. 그러나, 모든 전문가들처럼, 그들도 계산 장비의 능력과 한계에 관한 정확한 증언을 공개적으로 밝히고 제공할 의무가 있다.

터치 스크린 투표기

8.10 객체 참조

자바에서 클래스 타입의 변수는 실제로 객체를 보유하고 있지 않다. 단지 객체의 메모리 위치를 담고 있다. 객체 자체는 다른 곳에 저장된다(그림 8.8)

객체의 메모리 위치를 나타내기 위해 **객체 참조(object reference)**라는 기술 용어를 사용한다. 어떤 변수가 객체의 메모리 위치를 담고 있을 때, 그 변수가 객체를 참조한다고 말한다. 예를 들면 명령문

```
CashRegister reg1 = new CashRegister();
```

후에 reg1 변수는 new 연산자가 생성한 CashRegister 객체를 참조한다. 기술적으로 말하자면, new 연산자가 새로운 객체에 대한 참조를 반환했으며, 그 참조가 reg1 변수에 저장된다.

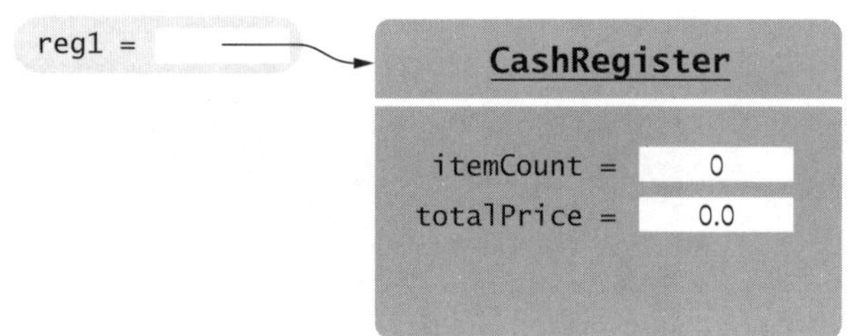

그림 8.8 객체 참조를 담는 객체 변수

8.10.1 공유 참조

예를 들어, 한 객체 변수를 다른 객체 변수에 할당함으로써, 같은 객체에 대한 참조를 저장하는 두 개(또는 그 보다 많은 수)의 객체 변수들을 가질 수 있다.

```
CashRegister reg2 = reg1;
```

이제 그림 8.9에 보인 것 같이 reg1과 reg2 둘 다로서 같은 CashRegister 객체를 액세스할 수 있다.

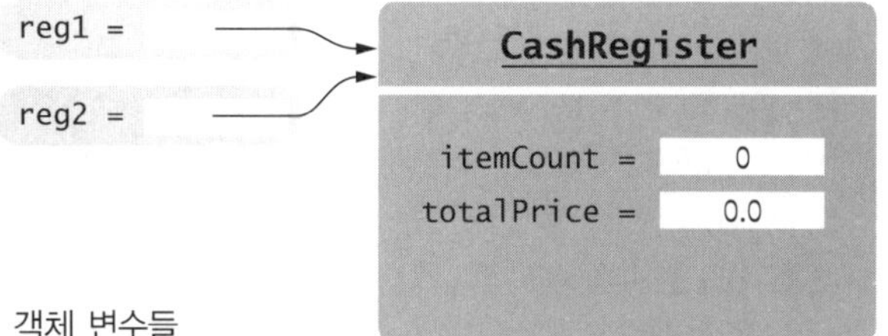

그림 8.9 같은 객체를 가리키는 두 개의 객체 변수들

이러한 점에서 객체 변수는 기본 자료형(수, 글자, 부울 값) 변수들과 차이가 있다. 다음과 같이


```
int num1 = 0;
```

라고 선언하면 num1 변수는 수에 대한 참조가 아닌 수 0을 저장한다(그림 8.10).

그림 8.10 int 형 변수는 수를 저장한다.

변수를 복사할 때, 기본자료형 변수와 객체 변수의 차이를 확인할 수 있다. 수를 복사할 때는 수의 원본과 복사본은 독립된 값들이다. 하지만 객체 참조를 복사할 때는 원본과 복사본 둘 다 같은 객체에 대한 참조이다.

수를 복사하고 그 복사본을 변경하는 다음 코드를 고찰하자(그림 8.11):

```
int num1 = 0; ①
int num2 = num1; ②
num2++; ③
```

이제 num1 변수는 0을 담고 있고 num2는 1을 담고 있다.

이제 CashRegister 객체(그림 8.12)로 비슷해 보이는 코드를 고찰하자:

```
CashRegister reg1 = new CashRegister(); ①
CashRegister reg2 = reg1; ②
reg2.addItem(2.95); ③
```

객체 참조를 복사하면 같은 객체에 대한 두 개의 참조를 갖게 된다.

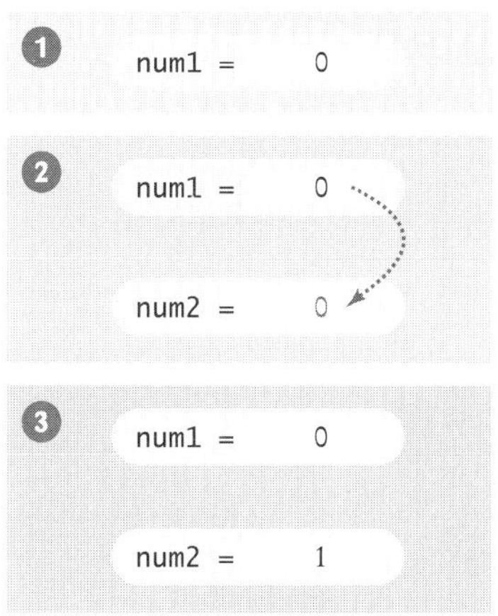

그림 8.11 수를 복사하기

reg1과 reg2가 step ② 후에 같은 금전등록기를 가리키기 때문에, 이제 두 변수 모두 품목 수는 1, 총 가격은 2.95인 금전등록기를 참조한다.

수와 객체 간에 다른 데에는 이유가 있다. 컴퓨터에서 각각의 수는 적은 양의 메모리를 필요로 한다. 하지만 객체는 매우 클 수 있다. 메모리 위치만 취급하는 것이 훨씬 효율적이다.

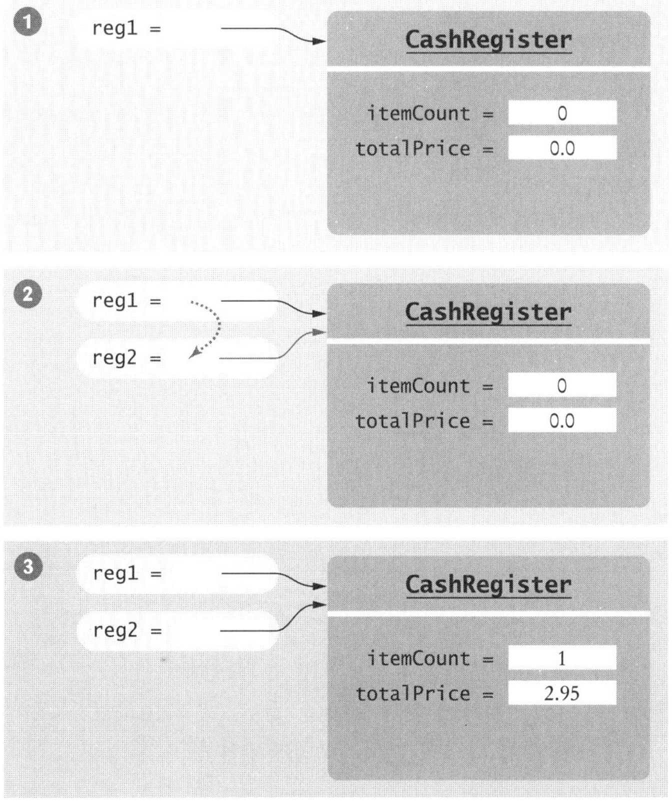

그림 8.12 객체참조 복사하기

만약 객체 참조가 아무 객체도 가리키지 않는다면 특별한 값인 null을 가질 수 있다. 흔히 값이 설정된 적이 없다는 것을 나타내기 위해 null 값을 사용한다. 예:

```
String middleInitial = null; // No middle initial
```

객체 참조가 null 참조인지 아닌지를 테스트하기 위해서는 == 연산자(equals는 안 된다)를 사용한다:

```
if (middleInitial == null)
{
    System.out.println(firstName + " " + lastName);
}
else
{
    System.out.println(firstName + " " + middleInitial + ". " + lastName);
}
```

null 참조가 빈 문자열 ""와 같지 않음을 주의하라. 빈 문자열은 길이가 0인 유효한 문자열인 반면, null은 String 변수가 아무런 문자열도 참조하지 않는다는 것을 나타낸다.

null 참조에 대해 메소드를 호출하는 것은 오류이다. 예:

```
CashRegister reg = null;
System.out.println(reg.getTotal()); // Error—cannot invoke a method on null
```

이 코드는 런타임에서 "null 포인터 예외(null pointer exception)"를 야기한다.

null 참조는 다른 객체나 객체 배열 안에 포함된 객체 참조를 위한 디폴트 값이다. 런타임 오류를 피하기 위해서는 이러한 null 참조를 실제 객체에 대한 참조로 교체해야 한다.

예를 들어, 은행 계좌들의 배열을 생성한다고 하자:

```
BankAccount[] accounts = new BankAccount[NACCOUNTS];
```

이제 null 참조로 채워진 배열을 갖게 되었다. 만약 실제 은행 계좌들의 배열을 원한다면 그들을 생성해야 한다:

```
for (int i = 0; i < accounts.length; i++)
{
    accounts[i] = new BankAccount();
}
```

8.10.3 this 참조

모든 인스턴스 메소드는 this라고 불리는 변수에 내재적 파라미터를 받는다.

예를 들어 다음 메소드 호출을 고려하자.

```
reg1.addItem(2.95);
```

메소드가 호출되면 this 파라미터 변수는 reg1과 같은 객체를 참조한다(그림 8.13).

보통 this 참조를 사용할 필요는 없지만, 사용할 수는 있다. 예를 들어 addItem 메소드를 다음과 같이 작성할 수 있다:

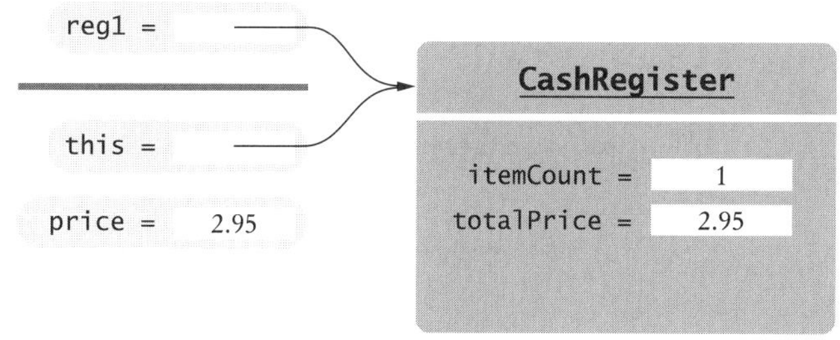

그림 8.13 메소드 호출의 내재적 파라미터

```java
void addItem(double price)
{
   this.itemCount++;
   this.totalPrice = this.totalPrice + price;
}
```

어떤 프로그래머들은 `itemCount`와 `totalPrice`가 지역 변수가 아닌 인스턴스 변수라는 것을 확실히 하기 위해 `this` 참조를 사용하는 것을 좋아한다. 여러분도 이 스타일을 시도하고, 좋아하는지 확인해 볼 수 있다.

`this` 참조가 프로그램을 좀 더 읽기 쉽게 만들어주는 또 하나의 경우가 있다. 같은 객체에 대해 또 다른 인스턴스 메소드를 호출하는 생성자나 인스턴스 메소드를 고려하자. 예를 들면 `CashRegister` 생성자는 `clear` 메소드의 코드를 복사하는 대신에 `clear` 메소드를 호출할 수 있다:

```java
public CashRegister()
{
   clear();
}
```

이러한 호출은 `this` 참조를 사용하면 더 이해하기 쉽다:

```java
public CashRegister()
{
   this.clear();
}
```

생성중인 객체에 대해 메소드가 호출된다는 것이 이제 더 분명해졌다.

마지막으로 어떤 사람들은 생성자 안에 `this` 참조를 사용하기를 좋아한다. 여기 전형적인 예가 있다:

```java
public class Student
{
   private int id;
   private String name;

   public Student(int id, String name)
   {
      this.id = id;
      this.name = name;
   }
}
```

`id`는 파라미터 변수를 가리키며, `this.id`는 인스턴스 변수를 가리킨다. 일반적으로 지역 변수와 인스턴스 변수가 이름이 같다면 지역 변수를 그 이름으로 액세스 하고, 인스턴스 변수를 `this` 참조로 액세스 할 수 있다.

this 참조를 사용하지 않고 이 생성자를 구현할 수 있다. 단순히 파라미터 변수에 다른 이름을 고른다:

```java
public Student(int anId, String aName)
{
   id = anId;
   name = aName;
}
```

40. 다음의 변수가 있다고 하자.

```java
String greeting = "Hello";
```

다음 명령문의 결과가 무엇인가?

```java
String greeting2 = greeting;
```

41. 다음 문장을 호출한 후 greeting과 greeting2의 내용은 무엇인가? ;

```java
String greeting3 = greeting2.toUpperCase();
```

42. 만약 s가 다음과 같다면 s.length()의 값은?

a. 빈 문자열 ""

b. null

43. greeting.substring(1, 4) 호출에서 this의 타입이 무엇인가?

44. 같은 품목의 여러 인스턴스를 추가하기 위해 CashRegister 클래스에 addItems (intquantity, doubleprice) 메소드를 제공하라. 구현은 반복적으로 addItem 메소드를 호출해야 한다. this 참조를 사용하라.

Practice It   이제 다음 연습문제들에 대해 답할 수 있다: R8.19, R8.20.

특강 8.3      **생성자에서 다른 생성자 호출하기**

8.6절에서 설명된 BankAccount 클래스를 고려하자. 이 클래스는 두 개의 생성자를 가지고 있다: 하나는 잔고를 0으로 초기화하는, 인수 없는 생성자이고, 다른 하나는 초기 잔고를 제공한다. 잔고를 명시적으로 0으로 설정하기보다, 그 대신에 한 생성자가 같은 클래스의 다른 생성자를 호출해도 된다. 이 결과를 달성하기 위한 속기 표기가 있다:

```java
public class BankAccount
{
   public BankAccount (double initialBalance)
   {
      balance = initialBalance;
   }

   public BankAccount()
   {
      this(0);
   }
   . . .
}
```

this(0); 명령은 "이 클래스의 다른 생성자를 호출하고 값 0을 제공하라"를 의미한다. 다른 생성자들에 대한 이러한 호출은 **생성자의 첫 번째 줄**에만 올 수 있다.

이 문법이 제공하는 편리성은 사소한 정도이다. 이 책에서는 사용하지 않을 것이다. 사실 this 예약어의 사용은 조금 혼란스럽다. 일반적으로 this가 내재적 파라미터에 대한 참조를 나타내지만, 만약 this 뒤에 괄호가 오면 그것은 이 클래스의 다른 생성자에 대한 호출을 나타낸다.

8.11 정적 변수와 메소드

정적 변수는 클래스의 객체가 아니라 클래스에 속한다.

가끔 값이 클래스의 객체가 아닌 클래스에 속한다. 이러한 목적으로 **정적 변수(static variable)**를 사용한다. 다음은 전형적인 예이다: 은행 계좌번호를 순차적으로 할당하려고 한다. 즉 은행 계좌 생성자로 첫 번째 계좌 번호는 1001로, 다음 계좌 번호는 1002 등으로 생성하고 싶다.

이 문제를 해결하기 위해서 우리는 그 **클래스의 객체**가 아닌 클래스 고유 속성인 lastAssignedNumber라는 한 값을 가져야 한다. 이러한 변수는 static 예약어를 사용하여 선언하기 때문에 정적 변수라고 불린다.

static 예약어는 C++ 언어에서 온 것이다. 자바에서 사용될 때는 이 용어의 일반적인 용도와 아무런 관계가 없다.

```java
public class BankAccount
{
   private double balance;
   private int accountNumber;
   private static int lastAssignedNumber = 1000;

   public BankAccount()
   {
      lastAssignedNumber++;
      accountNumber = lastAssignedNumber;
   }
   . . .
}
```

모든 BankAccount 객체가 자신의 balance와 accountNumber라는 인스턴스 변수를 갖고 있으나, lastAssignedNumber변수는 단 하나의 복사본만 있다(그림 8.14). 그 변수는 BankAccount 객체 밖의 별도의 위치에 저장된다.

인스턴스 변수와 같이 정적 변수도 다른 클래스들의 메소드가 값을 변경시키지 않게 하기 위하여 항상 private으로 선언되어야 한다. 그러나 정적 상수는 private일 수도 있고 public일 수도 있다. 예를 들면 BankAccount 클래스는 다음과 같이 퍼블릭 상수 값을 정의할 수 있다.

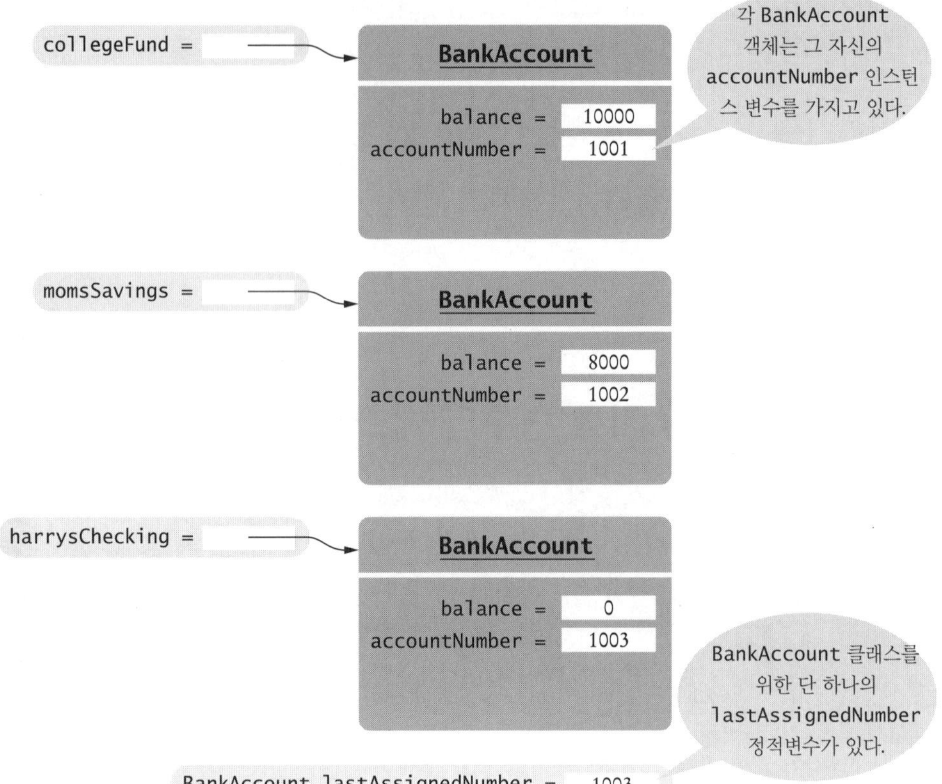

그림 8.14 정적 변수와 인스턴스 변수

```java
public class BankAccount
{
   public static final double OVERDRAFT_FEE = 29.95;
   . . .
}
```

어떤 클래스의 메소드라도 이런 상수를 BankAccount.OVERDRAFT_FEE와 같이 참조할 수 있다.

가끔 클래스는 객체에 대해 호출되지 않는 메소드를 정의한다. 이러한 메소드를 **정적 메소드**라고 부른다. 정적 메소드의 전형적인 예는 Math 클래스의 sqrt 메소드이다. 수는 객체가 아니기 때문에 수에 대해 메소드를 호출할 수 없다. 예를 들어, x가 수라면 x.sqrt() 호출은 자바에서 불법이다.

그러므로 Math 클래스는 Math.sqrt(x)로 호출되는 정적 메소드를 제공한다. Math 클래스의 객체는 생성되지 않는다. Math 수식자는 단순히 sqrt 메소드를 어디서 찾을 수 있는지를 컴파일러에게 알려준다.

다른 클래스 안에서 사용하기 위한 자신의 정적 메소드를 정의할 수 있다. 다음은 그 예이다:

> 정적 메소드는 객체에 대해 호출되지 않는다.

```java
public class Financial
{
   /**
      Computes a percentage of an amount.
      @param percentage the percentage to apply
      @param amount the amount to which the percentage is applied
      @return the requested percentage of the amount
```

```java
*/
public static double percentOf(double percentage, double amount)
{
    return (percentage / 100) * amount;
}
}
```

이 메소드를 호출할 때는 이 메소드를 포함하고 있는 클래스의 이름을 제공하라:

```java
double tax = Financial.percentOf(taxRate, total);
```


자신의 객체를 구현하는 방법을 알기 전까진 5장의 정적 메소드를 사용해야 했었다. 그렇지만 객체 지향 프로그래밍에서 정적 메소드는 별로 보편적이지 않다.

그럼에도 불구하고 main 메소드는 항상 정적이다. 프로그램이 시작될 때는 아무런 객체도 존재하지 않는다. 그러므로 프로그램의 첫 번째 메소드는 반드시 정적 메소드이어야 한다.

자체검사

45. System 클래스의 정적 변수 이름 두 개를 말해보라.

46. Math 클래스의 정적 상수의 이름을 말해보라.

47. 다음 메소드는 수 배열의 평균을 계산한다:

```java
public static double average(double[] values)
```

왜 이것이 인스턴스 메소드로 정의되면 안 되는가?

48. 해리는 그가 귀찮은 객체를 피할 수 있는 훌륭한 방법을 발견했다고 말했다: "모든 코드를 하나의 클래스에 넣고 모든 메소드와 변수를 정적으로 선언하면, main은 나머지 정적 메소드를 호출할 수 있으며, 그들 모두는 정적 변수를 액세스 할 수 있습니다." 이러한 해리의 계획은 통하겠는가? 좋은 생각인가?

Practice It 이제 다음 연습문제들에 대해 답할 수 있다: P8.14, P8.15.

랜덤 팩트 8.2   오픈 소스와 프리 소프트웨어

소프트웨어를 만드는 대부분의 회사들은 소스 코드를 기업 비밀로 여긴다. 어쨌든, 사용자나 경쟁자가 소스 코드에 접근할 수 있다면, 그를 연구해서 원래 판매자에게 지불하는 게 없이 비슷한 프로그램을 만들 수 있다. 같은 이유로, 사용자들은 비밀 소스 코드를 싫어한다. 만일 회사가 문을 닫거나 컴퓨터 프로그램에 대한 지원을 중단하기로 결정한다면, 사용자들이 골탕을 먹게 된다. 그들은 버그를 고칠 수 없거나, 새 운영체제에서 그 프로그램을 사용할 수 없게 된다. 오늘날, 일부 소프트웨어 패키지들은 '오픈 소스' 또는 '프리 소프트웨어' 라이선스로 배포된다. 여기서의 '프리'는 가격을 의미하지 않으며, 소스 코드를 들여다 보고 변경할 자유를 의미한다. 유명한 컴퓨터 과학자이자 맥아더 '천재' 지원금을 받은 리처드 스톨먼이 프리 소프트웨어의 개념을 개척했다. 그는 Emacs 텍스트 편집기의 발명자이며, 유닉스 호환 운영 체제의 완전 프리 버전을 만드는 것을 목표로 하는 GNU 프로젝트의 창시자이다. GNU 프로젝트의 모든 프로그램은 일반 공중 라이선스(GPL, General Public License) 또는 GPL에 의거해 허가를 받는다. GPL은 아무것도 받지 않거나 시장이 감내할 정도만 받고, 우리가 원하는 만큼의 카피를 만들고, 소스를 임의로 변경하고, 원본 및 수정본 프로그램을 재배포할 수 있게 해준다. 그 보답으로, 우리는 우리가 변경한 사항들도 GPL의 관할 아래 들어간다는 데 대해 동의해야 한다. 내가 바꾼 소스 코드를 공개해야 하며, 누구든지 같은 조건 하에서 배포할 수 있다. GPL 및 유사 오픈 소스 라이선스는 일종의 사회 계약을 형성한다. 소프트웨어 사용자는 소프트웨어를 사용하고 변경할 자유를 누리며, 그 보답으로 그들이 개선한 것을 공유할 의무를 진다. 리눅스 운영 체제와 GNU 자바 컴파일러 같은 많은 프로그램들이 GPL의 관할 하에 배포된다.

일부 상용 소프트웨어 판매 회사들이 GPL을 '바이러스'이고 '상용 소프트웨어 부문을 약화시키는 것'이라고 공격해왔다. 다른 회사들은 독점적 소프트웨어를 만들면서 오픈 소스 프로젝트에 기부도 하는, 더 미묘한 전략을 취하고 있다.

솔직히, 오픈 소스는 만병통치약이 아니며, 상용 소프트웨어 부문을 위한 충분한 공간이 있다. 오픈 소스 소프트웨어는 그 프로그래머들 중 다수가 다른 이들이 사용하기에 쉬운 제품을 만드는 데 관심이 있지 않고, 자신들의 문제를 해결하는 데 관심이 있기 때문에, 흔히 상용 소프트웨어처럼 세련되지 않다. 사업성이 없으면 개발 작업에 관심들을 갖지 않기 때문에, 일부 제품 부류는 오픈 소스 소프트웨어가 전혀 나오질 않는다. 오픈 소스 소프트웨어는 리눅스 운영 체제, 웹 서버, 프로그래밍 도구들 같이 프로그래머들이 관심을 갖는 분야에서 가장 성공적이었다. 긍정적인 면에서, 오픈 소프트웨어 커뮤니티는 매우 경쟁력이 있고 창조적이다. 서로 상대로부터 아이디어를 얻는 경쟁 프로젝트들이, 같이 급속도로 강력해지는 것을 보는 경우가 매우 흔하다.

모두들 소스 코드를 읽고 있는 많은 프로그래머들이 참여한다는 것은, 흔히 버그가 신속하게 잡히는 경향이 있음을 의미한다. 에릭 레이몬드가 그의 유명한 글인 '성당과 바자회' (http://catb.org/~esr/writings/cathedral-bazaar /cathedral-bazaar/index.html)에서 오픈 소스 개발을 묘사했다. 그는 '들여다 보는 눈이 많으면, 버그는 쉽게 잡힌다.'라고 썼다.

프리 소스 운동의 개척자, 리처드 스톨먼

요약

클래스, 객체, 캡슐화의 개념을 이해한다.

- 클래스는 같은 속성의 객체들의 집합을 묘사한다.
- 모든 클래스는 퍼블릭 인터페이스—그 클래스의 객체를 다룰 수 있는 메소드들의 집합—가 있다.
- 캡슐화는 퍼블릭 인터페이스를 제공하고 구현 디테일을 숨기는 행위이다.
- 캡슐화는 클래스 사용자에게 영향을 주지 않고 구현의 변경을 가능하게 해준다.

간단한 클래스의 인스턴스 변수와 메소드 구현을 이해한다.

- 객체의 인스턴스 변수들은 그의 메소드들을 실행하는 데 필요한 데이타를 저장한다.
- 클래스의 각 객체는 자신의 인스턴스 변수 집합을 가지고 있다.
- 인스턴스 메소드는 자신이 작용하는 객체의 인스턴스 변수들을 액세스 할 수 있다.
- private 인스턴스 변수는 오직 자기 클래스의 메소드에 의해서만 액세스 될 수 있다.

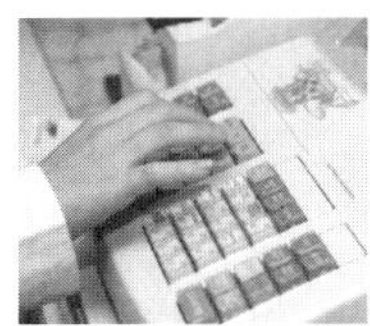

클래스의 퍼블릭 인터페이스를 묘사하는 메소드 헤더를 작성한다.

- 클래스의 퍼블릭 인터페이스를 명시하기 위해 메소드 헤더와 메소드 주석을 사용할 수 있다.
- `mutator` 메소드는 그가 작용하는 객체를 수정한다.
- `accessor` 메소드는 그가 작용하는 객체를 변화시키지 않는다.

클래스를 위한 적절한 데이타 표현을 선택한다.

- 각 `accessor` 메소드를 위해 객체는 결과를 저장하거나 계산해야 한다.
- 일반적으로 객체의 데이타를 나타내는 데에는 둘 이상의 방법이 있으므로 선택을 해야 한다.
- 데이타 표현은 메소드가 어떠한 순서로 호출될지라도 확실히 지원할 수 있어야 한다.

클래스를 위한 인스턴스 메소드의 구현을 제공하라.

- 메소드가 적용되는 객체는 내재적 파라미터이다.
- 메소드의 명시적 파라미터는 메소드 선언에 나열되어 있다.

생성자를 구현하고 디자인한다.

- 생성자는 객체의 인스턴스 변수들을 초기화한다.
- 생성자는 `new` 연산자로 객체가 생성될 때 호출된다.
- 생성자의 이름은 클래스의 이름과 같다.
- 클래스는 여러 개의 생성자를 가질 수 있다.
- 컴파일러는 생성자 인수가 일치하는 생성자를 선택한다.
- 디폴트로, 수는 0, 부울은 `false`, 객체 참조는 `null`로 초기화된다.
- 만약 우리가 생성자를 제공하지 않는다면, 인수가 없는 생성자가 만들어진다.

클래스가 올바르게 작동하는지 확인하는 테스트를 작성한다.

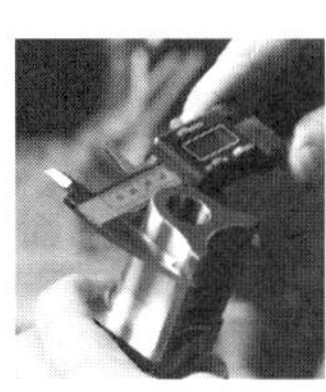

- 유닛 테스트는 클래스가 완성된 프로그램 밖에서 분리된 상태로 올바르게 작동하는지 확인하는 것이다.
- 클래스를 테스트하기 위해서는 양방향 테스트 환경을 이용하거나, 테스트 명령을 실행하기 위한 테스터 클래스를 작성하라.
- 예상 결과를 미리 계산하는 것은 테스트의 중요한 부분이다.

객체의 동작을 시각화하기 위한 객체 추적 기술을 사용한다.

- 카드의 앞면에 메소드를 작성하고, 뒷면에는 인스턴스 변수를 적어라.
- `mutator` 메소드가 호출되면 인스턴스 변수의 값을 업데이트하라.

클래스의 데이타 표현을 설계하기 위해 패턴을 사용한다.

- 총액 인스턴스 변수는 전체 금액을 증가 또는 감소시키는 메소드에서 업데이트된다.
- 이벤트를 세는 카운터는 그 이벤트에 해당되는 메소드에서 증가된다.

- 객체는 배열 혹은 배열 리스트 안에 다른 객체를 모을 수 있다.
- 객체의 속성은 getter 메소드에 의해 액세스될 수 있으며 setter 메소드에 의해 변경될 수 있다.
- 만약 객체가 동작에 영향을 미치는 여러 상태 중 하나를 가질 수 있다면 현재 상태를 위한 인스턴스 변수를 제공하라.
- 움직이는 객체를 모델링하기 위해서는 그 위치를 저장하고 업데이트해야 한다.

객체 참조의 동작을 설명한다.

- 객체 참조는 객체의 위치(location)를 지정한다.
- 여러 객체 변수들이 같은 객체 참조를 포함할 수 있다.
- 기본자료형 변수는 값을 저장한다. 객체 변수는 참조를 저장한다.
- 객체 참조를 복사하면 같은 객체에 대해 두 개의 참조가 있게 된다.
- null 참조는 아무런 객체도 참조하지 않는다.
- 메소드에서 this 참조는 내재적 파라미터를 참조한다.

정적 변수와 메소드의 동작을 이해한다.

- 정적 변수는 객체가 아닌 클래스에 속한다.
- 정적 메소드는 객체에 대해 호출되지 않는다.

복습 연습 문제

- **R8.1** 캡슐화는 무엇인가? 그것은 왜 유용한가?

- **R8.2** 다음 명령들 후에 reg1.getCount(), reg1.getTotal(), reg2.getCount(), reg2.getTotal() 호출에 의해 어떤 값들이 반환되는가?

  ```
  CashRegister reg1 = new CashRegister();
  reg1.addItem(3.25);
  reg1.addItem(1.95);
  CashRegister reg2 = new CashRegister();
  reg2.addItem(3.25);
  reg2.clear();
  ```

- **R8.3** How To 8.1의 Menu 클래스를 고려하자. 다음과 같은 호출이 실행될 때 무엇이 표시되는가?

  ```
  Menu simpleMenu = new Menu();
  simpleMenu.addOption("Ok");
  simpleMenu.addOption("Cancel");
  int response = simpleMenu.getInput();
  ```

- **R8.4** 클래스의 퍼블릭 인터페이스는 무엇인가? 클래스의 구현과 무엇이 다른가?

- ■■ **R8.5** 8.8절의 판매세를 추적하는 금전 등록기의 데이타 표현을 고려하자. 과세 총액을 추적하는 대신에, 총 판매 세금을 추적하라. 이러한 변경에 따라 연습을 다시 실행하라.

- ■■■ **R8.6** CashRegister가 이전 품목 추가를 취소하는 void undo() 메소드를 지원해야 한다고 하자. 이것은 점원이 실수를 신속하게 취소할 수 있게 해준다. 이 수정을 지원하려면 CashRegister 클래스에 어떤 인스턴스 변수들을 추가해야 하는가?

- ■ **R8.7** 인스턴스 메소드는 무엇인가? 정적 메소드와는 어떻게 다른가?

- ■ **R8.8** mutator 메소드는 무엇인가? accessor 메소드는 무엇인가?

- ■ **R8.9** 내재적 파라미터는 무엇인가? 명시적 파라미터와는 어떻게 다른가?

- ■ **R8.10** 인스턴스 메소드는 몇 개의 내재적 파라미터를 가질 수 있는가? 정적 메소드는 몇 개의 내재적 파라미터를 가질 수 있는가? 인스턴스 메소드는 몇 개의 명시적 파라미터를 가질 수 있는가?

- ■ **R8.11** 생성자란 무엇인가?

- ■ **R8.12** 클래스는 생성자를 몇 개나 가질 수 있는가? 생성자가 하나도 없는 클래스를 만들 수 있는가? 만약 클래스가 둘 이상의 생성자를 가진다면 어느 것이 호출되는가?

- ■ **R8.13** 8.8절에서 설명된 객체 추적기술을 사용하여 8.7절 끝의 프로그램을 추적하라.

- ■■ **R8.14** 8.8절에서 설명된 객체 추적기술을 사용하여 데모 예제 8.1의 프로그램을 추적하라.

- ■■■ **R8.15** 데모 예제 8.1의 BankAccount 클래스의 변형을 디자인하라. 매달 첫 다섯 번의 거래는 수수료가 무료이며 그 이후는 거래 당 $1의 수수료가 붙게 하라. 월말에 수수료를 공제하는 메소드를 제공하라. 어떤 인스턴스 변수가 추가로 필요한가? 8.8절의 객체 추적 기술을 사용하여 두 달에 거쳐 수수료가 어떻게 계산되는지를 보여주는 시나리오를 추적하라.

- ■■■ **R8.16** 인스턴스 변수를 private으로 선언함으로써 '숨기게' 할 수 있다. 하지만 그들은 전혀 숨겨지지 않는다. 어느 누구라도 클래스 선언을 읽을 수 있다. private 예약어가 클래스의 private 구현을 어느 수준으로 숨기는지 설명하라.

- ■■■ **R8.17** getCount accessor 메소드로 CashRegister 클래스의 itemCount 인스턴스 변수를 읽을 수 있다. 그 변수를 변경시키려면 setCount mutator 메소드가 있어야 하나? 있어야 하는, 또는 없어도 되는 이유를 설명하라.

- ■■■ **R8.18** 정적 메소드에서, 인스턴스 메소드의 호출과 정적 메소드의 호출을 구별하는 것은 쉽다. 어떻게 그들을 구별하는가? 인스턴스 메소드로부터 호출된 메소드들에 대해서는 그만큼 쉽지 않은이유는?

- ■■ **R8.19** this 참조란 무엇인가? 왜 그것을 사용하는가?

- ■■ **R8.20** 수 0, null 참조, false 값, 빈 문자열은 서로 어떻게 다른가?

프로그래밍 훈련

- ■ **P8.1** 8.2절의 집계 카운터에 사용자가 버튼 클릭 실수를 취소하도록 허용하는 버튼을 추가하려고 한다. 이러한 버튼을 시뮬레이션 해주는 public void undo() 메소드를 제공하라. 추가 예방조치로 사용자가 카운트 버튼보다 취소 버튼을 더 자주 누르지 못하게 하라.

■ **P8.2**　제한된 수의 사람들을 입장시키는 데 사용될 수 있는 집계 카운터를 시뮬레이션하라. 이 한계는 `public void setLimit(int maximum)`의 호출로 설정된다. 만약 카운트 버튼이 이 한계보다 더 많이 클릭되면 'Limit exceeded' 라는 메시지를 프린트해서 경고를 시뮬레이션하라.

■■■ **P8.3**　하나의 기다란 문자열에 모든 메뉴 항목을 저장하도록 Menu 클래스를 다시 구현하라.
힌트: 옵션 수를 위한 별도의 카운터를 갖춰라. 새로운 옵션이 추가될 때 옵션 카운트, 옵션, 줄바꿈 문자(\n)를 추가하라.

■■ **P8.4**　Address 클래스를 구현하라. 주소는 집 번지, 거리, 옵션인 아파트 호수, 도시, 주, 우편 번호를 가진다. 두 개의 생성자를 제공하라: 하나는 아파트 호수가 있는 생성자, 다른 하나는 아파트 호수가 없는 생성자. 첫째 줄에는 거리(street), 그리고 도시(city), 주(state), 우편번호가 그 다음 줄에 나타나도록 주소를 출력하는 print 메소드를 제공하라. 주소를 우편번호로 비교했을 때 이 주소가 다른 주소보다 먼저 나오는지를 테스트하는 `public boolean comesBefore(Address other)` 메소드를 제공하라.

■ **P8.5**　`getSurfaceArea()`와 `getVolume()` 메소드를 갖는 SodaCan 클래스를 구현하라. 생성자에서 캔의 반지름과 높이를 제공하라.

■■ **P8.6**　다음 속성을 갖는 Car 클래스를 구현하라. 자동차는 특정 연비(miles/gallon으로 측정된)와 연료량을 가진다. 연비는 생성자에서 지정되고, 초기 연료 레벨은 0이다. 자동차를 특정 거리를 주행시키고 그에 따라 휘발유 탱크의 연료 레벨을 낮추는 것을 시뮬레이션하는 drive 메소드, 그리고 현재 연료 레벨을 반환하는 getGasLevel 메소드와 연료 탱크를 채우는(tank up) addGas 메소드를 제공하라. 사용법 예::

```
Car myHybrid = new Car(50); // 50 miles per gallon
myHybrid.addGas(20); // Tank 20 gallons
myHybrid.drive(100); // Drive 100 miles
System.out.println(myHybrid.getGasLevel()); // Print fuel remaining
```

■■ **P8.7**　Student 클래스를 구현하라. 이 연습문제에서 학생은 이름과 퀴즈 총점을 가진다. 적절한 생성자와 `getName()`, `addQuiz(int score)`, `getTotalScore()`, `getAverageScore()` 메소드들을 제공하라.
퀴즈 총점을 계산하기 위해 학생이 치룬 퀴즈 횟수를 저장해야 한다.

■■ **P8.8**　학점평균(GPA)을 계산하도록 프로그래밍 훈련 P8.7의 Student 클래스를 수정하라. 성적(grade)을 추가하고 현재 GPA를 얻기 위해 메소드들이 필요하다. grade들을 Grade 클래스의 요소로 명시하라. 문자열로부터 'B+'와 같은 성적을 생성해내는 생성자를 제공하라. 또한 성적을 수치 값으로 변환(예를 들면 B+는 3.3이 된다)하는 메소드도 필요할 것이다.

■■■ **P8.9**　여기에 보인 것 같은 체육관 사물함의 조합 자물쇠처럼 작동하는 ComboLock 클래스를 선언하라. 이 자물쇠는 0과 39 사이의 세 개의 수를 갖고 생성된다. reset 메소드는 다이얼이 0을 가리키도록 리셋한다. turnLeft와 turnRight 메소드는 주어진 눈금 수만큼 왼쪽으로 또는 오른쪽으로 다이얼을 돌린다. open 메소드는 자물쇠를 열려고 시도한다. 이 자물쇠는 처음에 사용자가 오른쪽으로 콤비네이션의 첫 번째 번호까지 돌리고, 그 다음 두 번째 번호까지 왼쪽으로 돌리고, 그러고 나서 세 번째 번호까지 오른쪽으로 돌리면 열린다.

```
public class ComboLock
{
    . . .
    public ComboLock(int secret1, int secret2, int secret3) { . . . }
    public void reset() { . . . }
    public void turnLeft(int ticks) { . . . }
    public void turnRight(int ticks) { . . . }
    public boolean open() { . . . }
}
```

■■ P8.10 간단한 선거에 사용될 수 있는 VotingMachine 클래스를 구현하라. 기계의 상태를 클리어
시키는 메소드, 민주당에 투표하는 메소드, 공화당에 투표하는 메소드, 그리고 두 당의 집
계를 얻는 메소드를 만들라.

■■ P8.11 간단한 편지를 작성하는 클래스를 제공하라. 생성자에서 발신자와 수신자의 이름을 제공
하라:

```
public Letter(String from, String to)
```

편지 본문에 한 줄의 텍스트를 추가하기 위해 다음 메소드를 제공하라:

```
public void addLine(String line)
```

편지의 전체 텍스트를 반환하는 다음 메소드를 제공하라:

```
public String getText()
```

텍스트 형식은 다음과 같다:

친애하는 수신자 이름:
빈 줄
본문의 첫 번째 줄
본문의 두 번째 줄
. . .
본문의 마지막 줄
빈 줄
진심을 담아...
빈 줄
발신자 이름:

또한 아래 편지를 프린트하는 main 메소드를 제공하라.

```
DearJohn:

Iamsorrywemustpart.
Iwishyouallthebest.

Sincerely,

Mary
```

Letter 클래스의 객체를 생성하고 addLine을 두 번 호출하라.

■■ P8.12 수평 선을 따라 움직이는 벌레를 모델링하는 Bug 클래스를 작성하라. 벌레는 오른쪽으로
움직일 수도 있고 왼쪽으로 움직일 수도 있다. 처음에 벌레는 오른쪽으로 움직이지만 방향
을 바꾸기 위해 돌 수 있다. 각각의 움직임에서 벌레의 위치는 현재 방향으로 한 단위 만
큼씩 변한다. 생성자

```
public Bug(int initialPosition)
```

그리고 다음 메소드들을 제공하라.

- public void turn()

- public void move()

- public int getPosition()

견본 사용법:

```
Bug bugsy = new Bug(10);
bugsy.move(); // Now the position is 11
bugsy.turn();
bugsy.move(); // Now the position is 10
```

메인 메소드는 벌레를 생성하고, 그 벌레가 움직이게 하고 방향을 몇 번 바꾸게 하고, 실제 위치와 예상 위치를 출력해야 한다.

■■ **P8.13** 직선으로 날아가는 나방을 모델링하는 Moth 클래스를 구현하라. 나방은 고정된 원점으로 부터의 거리인 위치를 가진다. 나방이 광원을 향해 움직이면, 새 위치는 이전 위치와 광원 의 위치 사이의 중간 지점이다. 다음과 같은 생성자를 제공하라.

```
public Moth(double initalPosition)
```

그리고 다음과 같은 메소드들을 제공하라.

- public void moveToLight(double lightPosition)

- public void getPosition()

main 메소드는 나방을 생성하고, 그 나방을 두어 개의 광원을 향해 이동하게 하고, 나방의 위치가 예상 위치와 같은지 체크해야 한다.

■■■ **P8.14** 반지름이 r인 구, 반지름이 r이고 높이가 h인 원기둥, 밑면의 반지름이 r이고 높이 h인 원 뿔의 부피와 표면적을 계산하는 다음의 정적 메소드들을 작성하라.

- public static double sphereVolume(doubler)

- public static double sphereSurface(doubler)

- public static double cylinderVolume(doubler, doubleh)

- public static double cylinderSurface(doubler, doubleh)

- public static double coneVolume(doubler, doubleh)

- public static double coneSurface(doubler, doubleh)

이들을 Geometry 클래스에 넣어라. 그런 다음, 사용자가 r과 h 값을 입력하게 하고, 여섯 메소드를 호출하고, 그 결과를 출력하는 프로그램을 작성하라.

■■ **P8.15** Sphere, Cylinder, Cone 클래스들을 구현하여 프로그래밍 훈련 P8.14를 해결하라. 어느 접근법이 더 객체지향적인가?

■■ 비즈니스 **P8.16** ArrayList<Double>에 추가된 각 품목의 가격을 추적하도록 CashRegister 클래스를 다시 구현하라. itemCount와 totalPrice 인스턴스 변수들을 제거하라. clear, addItem, getTotal, getCount 메소드들을 다시 구현하라. 현재 판매하는 모든 품목의 가격을 표시하는 displayAll 메소드를 추가하라.

■■ 비즈니스 **P8.17** 전체 가격을 정수(센트로 나타낸 총 가격)로 추적하도록 CashRegister 클래스를 다시 구현하라. 예를 들면 17.29 달러 대신에 정수 1729를 저장하라. 이러한 구현이 반올림 오차 의 누적을 피하기 때문에 흔히 사용된다. 이 클래스의 퍼블릭 인터페이스는 바꾸지 말라.

■■ 비즈니스 P8.18　폐점 시간 후, 매장 관리자는 하루 동안 얼마나 많은 거래가 이루어졌는지 알고 싶어 한다. 이 기능이 가능하도록 CashRegister 클래스를 수정하라. 총 판매 횟수와 총 판매액을 얻기 위해 getSalesTotal와 getSalesCount 메소드를 제공하라. 다음날의 판매가 0에서 시작하도록 모든 카운터와 총액을 리셋하는 resetSales 메소드를 제공하라.

■■ 비즈니스 P8.19　Portfolio 클래스를 구현하라. 이 클래스는 데모 예제 8.1에서 개발된 BankAccount 형의 두 객체, 즉, checking과 saving을 가진다(ch08/worked_example_1/BankAccount.java 코드 파일에 있다.) 네 개의 메소드를 구현하라:

- public void deposit(double amount, String account)
- public void withdraw(double amount, String account)
- public void transfer(double amount, String account)
- public double getBalance(String account)

여기의 문자열 account는 "S" 또는 "C" 이다. 이 문자열은 예금이나 인출 때 영향을 받는 계좌를 나타낸다. 이체 때는 돈이 인출되는 계좌를 나타낸다; 인출한 돈은 자동으로 다른 계좌에 송금된다.

■■ 비즈니스 P8.20　국가의 이름, 인구, 면적을 저장하는 Country 클래스를 디자인하고 구현하라. 그런 다음 국가들을 읽어 들이고 다음을 출력하는 프로그램을 작성하라.

- 영토가 가장 넓은 나라
- 인구가 가장 많은 나라
- 인구밀도가 가장 높은 나라(평방 킬로미터(또는 평방 마일) 당 인구수)

■■ 비즈니스 P8.21　e-mail 메시지를 모델링하는 Message 클래스를 디자인하라. 메시지는 수신자, 발신자, 메시지 텍스트를 가진다. 다음 메소드들을 지원하라:

- 발신자와 수신자를 받는 생성자
- 메시지 본문에 텍스트 한 줄을 추가하는 append 메소드
- 다음과 같이 메시지를 하나의 긴 문자열로 만드는 toString 메소드: "From:Harry Morgan\nTo:RudolfReindeer\n..."

메시지를 만들고 프린트하는데 이 클래스를 사용하는 프로그램을 작성하라.

■■ 비즈니스 P8.22　프로그래밍 훈련 P8.21의 Message 클래스를 사용해서 e-mail 메시지들을 저장하는 Mailbox 클래스를 설계하라. 다음 메소드들을 구현하라:

- public void addMessage(Messagem)
- public Message getMessage(int i)
- public void removeMessage(int i)

■■ 비즈니스 P8.23　고객 충성 마케팅 캠페인을 다루기 위한 Customer 클래스를 설계하라. 구매 누적 금액이 $100에 달하면, 고객은 다음 구매에서 $10을 할인받는다. 다음 메소드들을 제공하라.

- void makePurchase(double amount)
- boolean discountReached()

테스트 프로그램을 제공하고, 고객이 할인을 받았고, 그러고 나서 구매액이 $90은 초과했으나 $100보다는 적은 시나리오를 테스트하라. 이것은 두 반째 할인을 받게 하면 안 된다. 그러고 나서, 두 번째 할인을 받게 하는 다른 구매를 추가하라.

다운타운 마케팅 협회는 프로그래밍 훈련 P8.23에 있는 것과 유사한 충성도 프로그램으로 시내 쇼핑을 증진시키고자 한다. 가게는 1과 20 사이의 수로 식별된다. 가게를 나타내는 새로운 파라미터 변수를 makePurchase 메소드에 추가하라. 고객이 적어도 세 가게에서, 총액 $100 이상을 구매하면 할인을 보상받는다.

공중에 쏜 대포알을 모델링하는 Cannonball 클래스를 설계하라. 대포알은 다음 값들을 갖고 있다.

- x와 y의 위치
- x와 y성분 속도

다음과 같은 메소드를 제공하라:

- x 위치를 가지는 생성자(y 위치는 초기에 0이다)
- 대포알을 다음 위치로 움직여주는 move(double sec) 메소드 (먼저 현재 속도를 이용하여 sec 초 동안 이동한 거리를 계산하고, 그 다음에 x와 y의 위치를 업데이트 하고; 그러고 나서 중력가속도 -9.81 m/s^{2}를 감안해서 y-속도를 업데이트하라; x-속도는 변하지 않는다.)
- 대포알의 현재 위치를 얻는 getX 와 getY 메소드
- 각도 α, 초기 속도 v 가 인수인 shoot 메소드(x-속도를 $v \cos \alpha$로, y-속도를 $v \sin \alpha$로 계산하라; 그런 다음 y-위치가 0이 될 때까지 0.1초 간격으로 move를 계속 호출하라; 매 이동 후에 getX와 getY를 호출하고 위치를 표시하라.)

사용자에게 처음 각도와 초기 속도를 입력하게 하는 프로그램에 이 클래스를 사용하라. 그리고 shoot를 호출하라.

아래 사진의 맨 위쪽 저항기의 색 띠들은 6.2 kΩ ±5%의 저항을 표시한다. 저항기 허용 오차 ±5%는 수용 가능한 저항 변화를 나타낸다. 6.2 kΩ ±5% 저항기는 작게는 5.89 kΩ, 크게는 6.51 kΩ의 저항을 가질 수 있다. 우리는 6.2 kΩ를 공칭 저항값이라고 부르며, 저항의 실제 값은 5.89 kΩ과 6.51 kΩ 사이의 임의의 값이 될 수 있다.

저항기를 클래스로 표현하는 프로그램을 작성하라. 공칭 저항 및 허용 오차 값을 받아서, 실제 값을 랜덤하게 결정하는 생성자를 하나 제공하라. 이 클래스는 공칭 저항, 허용 오차, 실제 저항을 얻기 위한 퍼블릭 메소드들을 제공해야 한다. 10개의 330 Ω ±10% 저항기들의 실제 저항들을 표시함으로써 클래스가 적절하게 동작한다는 것을 보여주는 프로그램을 위한 main 메소드를 작성하라.

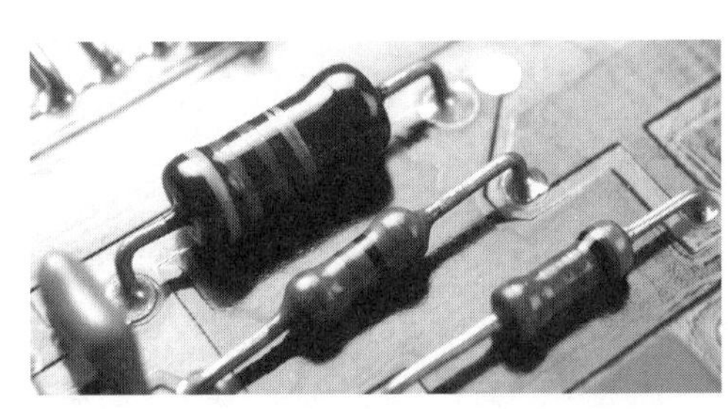

사이언스 P8.26의 Resistor 클래스에서, 저항과 허용 오차의 '색 띠'들의 표현을 반환하는 메소드를 제공하라. 저항기에는 네 개의 색깔 띠가 있다.

- 첫 번째 띠는 저항 값의 첫 번째 유효 숫자이다.

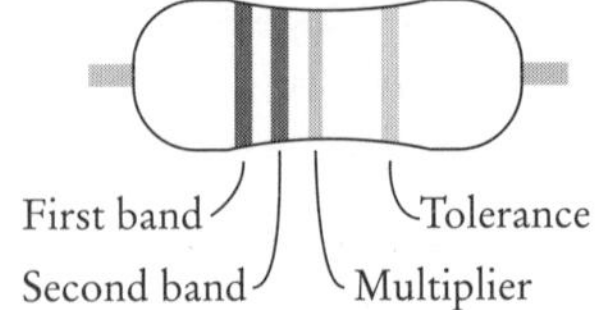

- 두 번째 띠는 저항 값의 두 번째 유효 숫자이다.
- 세 번째 띠는 저항 값의 십진 승수이다.
- 네 번째 띠는 저항 값의 허용오차를 나타낸다.

Color	Digit	Multiplier	Tolerance
Black	0	$\times 10^0$	—
Brown	1	$\times 10^1$	±1%
Red	2	$\times 10^2$	±2%
Orange	3	$\times 10^3$	—
Yellow	4	$\times 10^4$	—
Green	5	$\times 10^5$	±0.5%
Blue	6	$\times 10^6$	±0.25%
Violet	7	$\times 10^7$	±0.1%
Gray	8	$\times 10^8$	±0.05%
White	9	$\times 10^9$	—
Gold	—	$\times 10^{-1}$	±5%
Silver	—	$\times 10^{-2}$	±10%
None	—	—	±20%

예를 들면(표의 값들을 키로 사용해서), 적색, 보라색, 녹색, 황금색 띠가 있는 저항기는 2,700 kΩ ±5%의 저항을 위해 첫째 디지트로 2, 둘째 디지트로 7, 승수로 10^5, 허용 오차로 ±5%를 가진다.

■■■ **사이언스 P8.28** 아래 그림은 '전압 분배기'로 불리는, 자주 사용되는 전기 회로를 보여준다. 이 회로의 입력은 전압 v_i이다. 출력은 전압 v_o이다. 전압 분배기의 출력은 입력에 비례하며, 비례 상수는 회로의 '이득'이라고 불린다. 전압 분배기는 공식

$$G = \frac{v_o}{v_i} = \frac{R_2}{R_1 + R_2}$$

으로 표현되며, 여기서 G가 이득, R_1과 R_2가 전압 분배기를 구성하는 두 저항기의 저항이다.

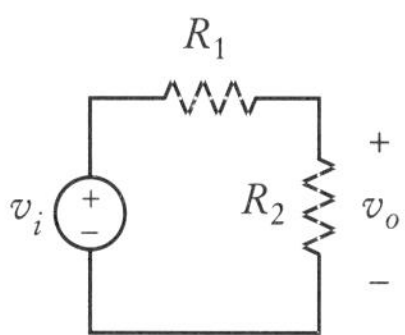

사이언스 P8.26에서 언급되었듯이, 제조상의 차이가 실제 저항 값을 공칭 값에서 벗어나게 만든다. 그 결과, 이 저항 값의 변화가 전압 분배기의 이득 값의 차이를 야기한다. 우리는 공칭 저항 값을 사용해서 공칭 이득 값을 계산하고, 실제 저항 값을 사용해서 실제 이득 값을 계산한다.

두 클래스 VoltageDivider와 Resistor를 포함하는 자바 프로그램을 작성하라. Resistor 클래스는 사이언스 P8.26에 기술되어 있다. VoltageDivider 클래스는 Resistor 클래스의

객체들인 두 개의 인스턴스 변수를 가져야 한다. 두 개의 Resistor 객체, 그들의 공칭 저항 값, 저항기 허용 오차를 받는 생성자 하나를 제공하라. 이 클래스는 전압 분배기의 이득의 공칭 및 실제 값들을 얻기 위해서 퍼블릭 메소드들을 공급해야 한다.

각각이 공칭 값 $R_1 = 250\,\Omega$과 $R_2 = 750\,\Omega$을 갖는 5% 저항기들로 구성된 열 개의 전압 분배기에 대한 공칭 및 실제 이득을 표시함으로써, 이 클래스가 적절히 동작한다는 것을 보여주는 프로그램을 위한 main 메소드를 작성하라.

자체검사 질문에 대한 답

1. 아니오. "'Hello,World" 객체는 String 클래스에 속한다. 그리고 String 클래스는 println 메소드를 가지고 있지 않다.

2. substring과 charAt 메소드를 통해서.

3. ArrayList<Character>로서, char 배열로서.

4. 어떠한 부분도 변경할 필요가 없다. 메소드들은 같은 결과를 낼 것이며, 나의 코드는 다른 어떤 방법으로든 String 객체를 다룰 수 없다.

5.
```java
public void reset()
{
    value = 0;
}
```

6.
```java
public int getValue()
{
    return strokes.length();
}
```

7. 아무런 변화를 주지 않아도 된다. 퍼블릭 인터페이스가 변하지 않았다.

8. 인스턴스 변수에 직접 액세스 할 수 없다. Clock 클래스에 의해 제공되는 메소드를 사용해야 한다.

9. 21.90

10. getAmountDue라는 이름의 메소드는 없다.

11. public int getDollars();

12. length, substring. 사실 String 클래스의 모든 메소드는 accessor이다.

13. mutator이다. 다음 수를 얻으면 입력으로부터 그 수가 제거되며, 그래서 수정한다. 확신이 안 드는가? nextInt 메소드를 두 번 호출하면 어떤 일이 일어나는지 생각해보라. 보통 두 개의 다른 수를 얻을 것이다. 하지만 객체에 대해 accessor를 두 번 호출하면 (두 호출 사이에 mutator 호출이 없이) 틀림없이 같은 결과를 얻게 된다.

14.
```java
/**
    This class models a tally counter.
*/
public class Counter
{
    private int value;

    /**
        Gets the current value of this counter.
        @return the current value
    */
    public int getValue()
    {
        return value;
    }

    /**
        Advances the value of this counter by 1.
    */
    public void count()
    {
        value = value + 1;
    }
}
```

15. 코드가 private 인스턴스 변수를 액세스하려고 한다.

16. (1) int hours; // 1과 12 사이에 있어야 한다.
int minutes; // 0과 59 사이에 있어야 한다.
boolean pm; // p.m은 참이고, a.m은 거짓이다.

(2) int hours; // 군대시간은 0과 23 사이이다.
int minutes; // 0과 59 사이이다.

(3) int totalMinutes // 0과 (60* 24)-1 사이이다.

17. 프로그램을 전혀 바꿀 필요가 없다. 왜냐하면 퍼블릭 인터페이스가 바뀌지 않았기 때문이다. 그들은 새로운 버전의 Time 클래스로 다시 컴파일해야 한다.

18. (1) String letterGrade; // "A+","B"
(2) double numberGrade; // 4.3, 3.0

19. 2 1.85 1 1.90

20.
```java
public int getDollars()
{
   int dollars = (int) totalPrice;
      // Truncates cents
   return dollars;
}
```

21. 세 개의 파라미터: int형 명시적 파라미터 두 개와 String형 내재적 파라미터 하나.

22. 하나의 파라미터: String형 내재적 파라미터. 이 메소드에는 명시적 파라미터가 없다.

23. `"Morgan, Harry"`

24. `public Person() {name="unknown";}`

25. 이 절에서 제공된 생성자와 같은 결과를 내는 생성자가 만들어진다. 이 생성자는 두 인스턴스 변수를 모두 0으로 설정한다.

26.
```java
public Item()
{
   price = 0;
   description = "";
}
```
`price` 인스턴스 변수는 초기화될 필요가 없다. 왜냐하면 디폴트로 0으로 초기화되기 때문이다. 하지만 명시적으로 초기화하는 것이 더 명확하다.

27. (a) `Item(String)` (b) `Item(double)`
(c) `Item(String,double)` (d) `Item()`
(e) 아무런 생성자도 호출되지 않는다.

28. 다음 줄들을 추가하라:
```java
register1.clear();
System.out.println(register1.getCount());
System.out.println("Expected: 0");
System.out.printf("%.2f\n",
   register1.getTotal());
System.out.println("Expected: 0.00");
```

29. 1, 0

30. 이러한 환경은 `main` 메소드의 생성 없이 객체에 대해 메소드를 호출할 수 있게 한다.

31.

Car myCar
Car(mpg)
addGas(amount)
drive(distance)
getGasLeft

front

gasLeft	milesPerGallon
0	25

back

32.

gasLeft	milesPerGallon
~~0~~ 20 ~~16~~ ~~8~~ 13	25

33.

gasLeft	milesPerGallon	totalMiles
0	25	0

34.

gasLeft	milesPerGallon	totalMiles
~~0~~ 20 ~~16~~ ~~8~~ 13	25	0 100 300

35. `deposit`과 `withdraw` 메소드에서 증가되어야 한다. 명세서 기간 후에 카운트를 리셋할 메소드가 있어야 한다.

36. `ArrayList<String>` 인스턴스 변수는 `private`이므로, 클래스 사용자는 액세스할 수 없다.

37. `ArrayList<Double>prices`를 추가하라. `addItem` 메소드에서 현재 가격을 추가하라. `reset` 메소드에서는 배열 리스트를 빈 것으로 교체하라. 또한 가격들을 출력하는 `printReceipt` 메소드를 제공하라.

38. 직원의 tax ID는 변경되지 않는다. 그래서 아무런 setter 메소드도 제공될 필요가 없다. 직원의 급여는 변경될 수 있으므로 getter 메소드와 setter 메소드를 모두 제공해야 한다.

39. 8.9.5절에서 설명된 'state pattern'의 예이다. 방향은 벌레가 회전할 때 변경되는 상태이며 그것은 벌레가 어떻게 움직이는지에 영향을 미친다.

40. greeting 과 greeting2 둘 다 같은 문자열 "Hello"를 참조한다.

41. 둘 다 여전히 문자열 "Hello"를 참조한다. toUpperCase 메소드는 문자열 "HELLO"를 계산하지만 mutator는 아니다-원본 문자열은 변하지 않는다.

42. (a) 0
(b) null 포인터 예외가 던져진다.

43. String형 참조이다.

44.
```java
public void addItems(int quantity, double price)
{
    for (int i = 1; i <= quantity; i++)
    {
        this.addItem(price);
    }
}
```

45. System.in과 System.out

46. Math.PI

47. 이 메소드는 어느 객체의 데이타도 필요하지 않다. 유일한 필요한 입력은 인수 values다.

48. 맞다. 동작한다. 정적 메소드는 서로를 호출할 수 있고 정적 변수를 액세스 할 수 있다?어떤 메소드든 할 수 있다. 하지만 이것은 끔찍한 아이디어이다. 많은 메소드를 가진 단일 클래스로 구성된 프로그램은 이해하기 힘들다.

CHAPTER **09**

상속과 인터페이스

Inheritance and Interfaces

목표

상속의 개념을 이해하기

상위클래스의 메소드를 상속받고 오버라이딩(overriding) 해서 하위클래스를 구현하기

다형성(polymorphism)의 개념을 이해하기

공통 상위클래스인 Object와 그 메소드들을 익히기

인터페이스 유형 이해하기

내용

서로 관련된 클래스들로부터의 객체들은 대개 공통 특성을 공유한다. 예를 들면, 삽, 갈퀴, 클리퍼는 모두 원예 작업을 수행한다. 이 장에서는 상속 표기가 특화된 클래스와 일반 클래스 간의 관계를 어떻게 표현하는지를 배운다. 상속을 이용하면, 클래스들 간에 코드를 공유할 수 있고, 여러 클래스들에 의해 사용될 수 있는 서비스를 제공할 수 있다

9.1 상속 계층 구조

객체 지향 설계에서 **상속**이란 더 일반적인 클래스(**상위클래스**라고 부름)와 더 특화된 클래스(**하위클래스**라고 부름) 사이의 관계이다. 하위클래스는 상위클래스의 데이타와 동작을 상속받는다. 예를 들어, 그림 9.1에 묘사된 서로 다른 종류의 차량(vehicle)들 간의 관계를 고려해보자.

모든 승용차(car)는(is a) 차량이다. 승용차는 사람들을 한 곳에서 다른 곳으로 운송하는 능력 같은 모든 차량의 공통적인 특성을 공유한다. 우리는 차량 클래스(Vehicle)로부터 승용차 클래스(Car)를 상속받는다고 말한다. 이 관계에서 Vehicle 클래스는 상위클래스이고 Car 클래스는 하위클래스다. 그림 9.2에서 상위클래스와 하위클래스는 상위클래스로 향하는 화살표로 연결되어 있다.

Vehicle 객체를 다루는 알고리듬을 가지고 있다고 하자. 승용차는 특별한 종류의 차량이므로, 그 알고리듬에서 Car 객체를 사용할 수 있고, 그것은 제대로 동작할 것이다. 이 **대체 원칙(substitution principle)**은 상위클래스 객체가 필요할 때 항상 하위클래스 객체를 사용할 수 있다는 것을 의미한다. 예를 들어, Vehicle 타입의 인수를 갖는 메소드를 고려해보자:

```
void processVehicle(Vehicle v)
```

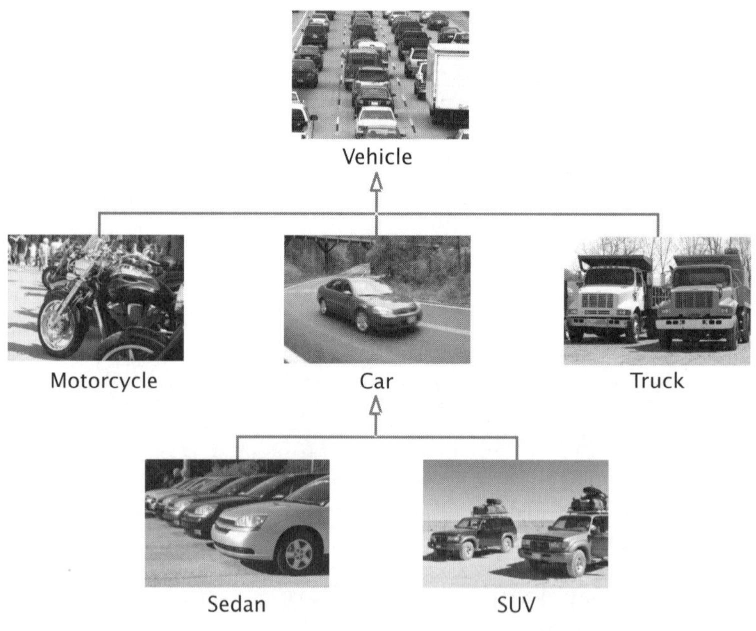

그림 9.1 Vehicle 클래스의 상속 계층구조

그림 9.2 상속 다이어그램

Car는 Vehicle의 하위클래스이므로 Car 객체로 그 메소드를 호출할 수 있다:

```
Car myCar = new Car(. . .);
processVehicle(myCar);
```

Car 객체 대신 Vehicle 객체를 처리하는 메소드를 제공하는 이유는? 이 메소드는 어떠한 종류의 차량(Truck과 Motorcycle 객체를 포함해서)이든지 처리할 수 있기 때문에 더 유용하다. 일반적으로 클래스들을 상속 계층 구조로 묶어놓았을 때, 클래스들 간 공통 코드를 공유할 수 있다.

이 장에서 우리는 간단한 계층의 클래스를 고려할 것이다. 우리는 대부분 컴퓨터가 채점하는 퀴즈를 치른 적이 있다. 한 퀴즈는 질문들로 구성되어 있고 질문 종류는 다양하다:

- 빈칸 채우기
- 선택(한 개 또는 여러 개)
- 수치(여기서는 실제 답이 예를 들어 4/3일 때 1.33 같이 대략적으로만 맞아도 된다.)
- 자유 답안

상속의 예를 보여주기 위해서 우리는 간단하지만 유연한 퀴즈 시험 프로그램을 개발할 것이다.

그림 9.3이 이 질문 유형들에 대한 상속 계층구조를 보여준다.

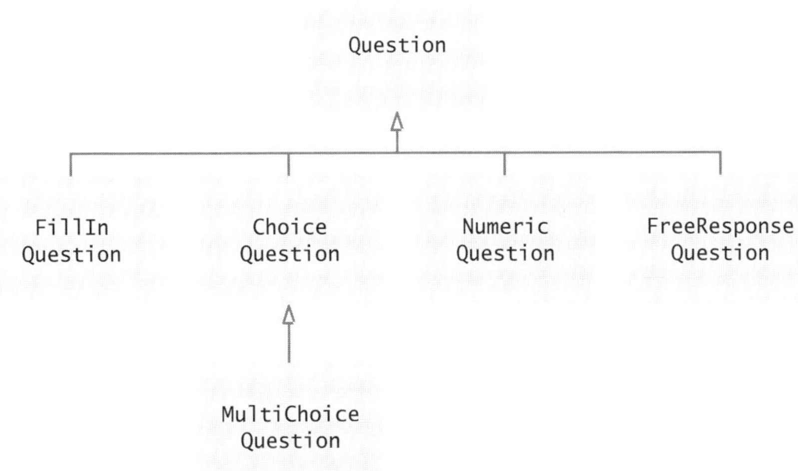

그림 9.3 Question 유형의 상속 계층구조

이 계층구조의 루트에는 Question 타입이 있다. 질문은 텍스트를 표시할 수 있고, 주어진 답안이 올바른 답인지를 확인할 수 있다.

section_1/Question.java

```java
1   /**
2       A question with a text and an answer.
3   */
4   public class Question
5   {
6      private String text;
7      private String answer;
8
9      /**
10          Constructs a question with empty question and answer.
11      */
12      public Question()
13      {
14         text = "";
15         answer = "";
16      }
17
18      /**
19          Sets the question text.
20          @param questionText the text of this question
21      */
22      public void setText(String questionText)
23      {
24         text = questionText;
25      }
26
27      /**
28          Sets the answer for this question.
29          @param correctResponse the answer
30      */
31      public void setAnswer(String correctResponse)
32      {
33         answer = correctResponse;
34      }
35
36      /**
37          Checks a given response for correctness.
38          @param response the response to check
39          @return true if the response was correct, false otherwise
40      */
41      public boolean checkAnswer(String response)
42      {
43         return response.equals(answer);
44      }
45
46      /**
47          Displays this question.
48      */
49      public void display()
50      {
51         System.out.println(text);
52      }
53   }
```

이 Question 클래스는 매우 기본적이다. 이 클래스는 다지선다형 질문, 수치 질문 등은 다루지 않는다. 다음 절에서는 Question 클래스의 하위클래스를 어떻게 만드는지를 알게 될 것이다.

다음은 Question 클래스에 대한 간단한 테스트 프로그램이다:

section_1/QuestionDemo1.java

```java
1   import java.util.ArrayList;
2   import java.util.Scanner;
3
4   /**
5      This program shows a simple quiz with one question.
6   */
7   public class QuestionDemo1
8   {
9      public static void main(String[] args)
10     {
11        Scanner in = new Scanner(System.in);
12
13        Question q = new Question();
14        q.setText("Who was the inventor of Java?");
15        q.setAnswer("James Gosling");
16
17        q.display();
18        System.out.print("Your answer: ");
19        String response = in.nextLine();
20        System.out.println(q.checkAnswer(response));
21     }
22  }
```

실행결과

```
Who was the inventor of Java?
Your answer: James Gosling
true
```

1. Manager와 Employee 클래스를 고려하자. 어느 것이 상위클래스가 되고, 어느 것이 하위클래스가 되어야 하는가?

2. BankAccount, CheckingAccount 그리고 SavingsAccount 클래스 사이의 상속 관계는 어떻게 되나?

3. 그림 7.2는 자바의 예외(exception) 클래스들의 상속 다이어그램을 보여준다. 클래스 RuntimeException의 상위클래스들을 모두 나열하라.

4. 메소드 doSomething(Car c)을 고려하자. 그림 9.1에서 그 객체들이 이 메소드에 전달될 수 없는 모든 차량 클래스들을 나열하라.

5. 클래스 Quiz는 클래스 Question으로부터 상속받아야 하나? 그 이유는?

Practice It 이제 다음 연습문제들에 대해 답할 수 있다: R9.1, R9.7, R9.9

프로그래밍 팁 9.1 **값의 변화에는 단일 클래스를 사용하고, 동작 변화에는 상속을 사용하라**

상속의 목적은 다른 동작을 갖는 객체를 모델링하는 것이다. 학생들이 처음 상속에 관해서 배울 때, 간단한 인스턴스 변수로 그 차이가 표현될 수 있을 때조차도 여러 클래스를 만들어서, 상속을 남용하는 경향이 있다.

주행 거리와 재급유량을 기록해서 승용차군의 연비를 추적하는 프로그램을 고려하자. 무리의 일부 차들은 하이브리드이다. 하위 클래스 HybridCar를 만들어야 하는가? 이 응용에서는 아니다. 하이브리드는 주행과 재급유에 관한 한 다른 차들과 전혀 다를 게 없다. 단지 연비가 낮다는 것뿐이다. 인스턴스 변수

```
double milesPerGallon;
```

을 갖는 Car 클래스 하나면 충분하다. 그렇지만, 서로 다른 종류의 차량을 수리하는 방법을 보여주는 프로그램을 작성하는 것이라면, 독립된 클래스 HybridCar를 갖는 것이 합리적이다. 수리에 관한 한, 하이브리드 차량은 다른 차들과 다르게 다뤄진다.

9.2 하위클래스 구현하기

이 절에서는 하위클래스(subclass)를 어떻게 만들고, 하위클래스가 어떻게 자동으로 상위클래스의 기능을 상속받는지를 알게 될 것이다.

다음과 같은 질문을 처리하는 프로그램을 작성하려 한다고 하자:

자바 창시자는 어느 나라에서 태어났나?

1. 호주

2. 캐나다

3. 덴마크

4. 미국

당신은 위 질문을 만들고, 표시하고, 질문의 답을 검사하는 메소드들을 갖는 Choice Question 클래스를 무에서부터 작성할 수 있을 것이다. 그러나 그렇게 할 필요가 없다. 대신에 상속을 사용해서 Question 클래스의 하위클래스로 ChoiceQuestion을 구현하라(그림 9.4).

자바에서 우리는 상위클래스와 다른 점들을 명시해서 하위클래스를 만든다.

하위클래스 객체는 자동으로 상위클래스에 선언된 인스턴스 변수를 가진다. 우리는 상위클래스 객체의 일부가 아닌 인스턴스 변수들만 선언한다.

하위클래스는 상위클래스의 모든 public 메소드를 상속받는다. 우리는 하위클래스에 새롭게 등장하는 모든 메소드를 선언하고, 만약 상속받은 동작이 적합하지 않으면 상속받은 메소드의 구현을 변경한다. 상속받은 메소드를 새로 구현해서 공급할 때, 그 메소드를 **오버라이드**하게 된다.

ChoiceQuestion 객체는 Question 객체와 세 가지 면에서 다르다:

하위클래스는 자신이 오버라이드하지 않는 모든 메소드를 상속받는다.

하위클래스는 새로운 구현을 제공해서 상위클래스 메소드를 오버라이드 할 수 있다.

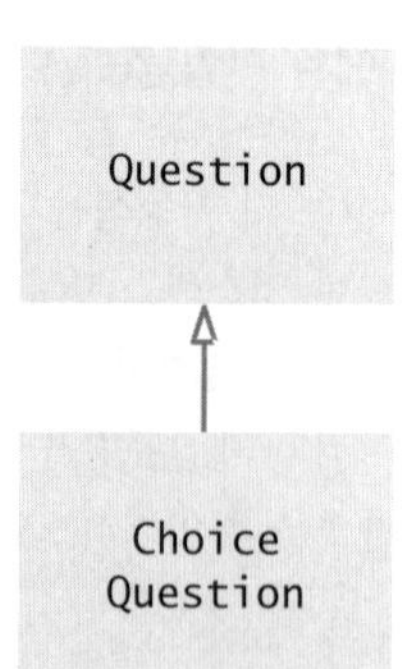

그림 9.4 ChoiceQuestion 클래스는 Question 클래스의 하위클래스다.

- 객체들은 답안을 위한 다양한 선택 대상 항목들을 저장한다.
- 답안 선택 대상 항목들을 추가하는 메소드가 있다.
- ChoiceQuestion 클래스의 display 메소드는 응답자가 여러 개 중 하나를 선택할 수 있도록 이 선택대상 항목들을 보여준다.

ChoiceQuestion 클래스는 Question 클래스로부터 상속받을 때 이들 세 가지 차이를 명시해야 한다:

```java
public class ChoiceQuestion extends Question
{
    // This instance variable is added to the subclass
    private ArrayList<String> choices;

    // This method is added to the subclass
    public void addChoice(String choice, boolean correct) { . . . }

    // This method overrides a method from the superclass
    public void display() { . . . }
}
```

예약어 extends는 상속을 의미한다.

extends 예약어는 클래스가 상위클래스에서 상속받음을 나타낸다.

그림 9.5는 ChoiceQuestion 객체의 레이아웃을 보여준다. 여기엔 상위클래스에 선언되어 있는 text와 answer 인스턴스 변수들이 있고, 추가적 인스턴스 변수인 choices가 추가된다.

addChoice 메소드는 특별히 ChoiceQuestion 클래스만을 위한 것이다. 우리는 이 메소드를 일반적인 Question 객체가 아닌, ChoiceQuestion 객체에만 적용할 수 있다.

그 반면에, display 메소드는 이미 상위클래스에 존재하고 있는 메소드이다. 하위클래스는 선택 대상 항목들이 적절히 표시될 수 있도록 이 메소드를 오버라이드한다.

Question 클래스의 다른 모든 메소드들은 자동으로 ChoiceQuestion 클래스로 상속된다. 우리는 상속받은 메소드들을 하위클래스 객체에 대해 호출할 수 있다:

```java
choiceQuestion.setAnswer("2");
```

그러나, 상위클래스의 private 인스턴스 변수들에는 접근할 수 없다. 이 변수들은 상위클래

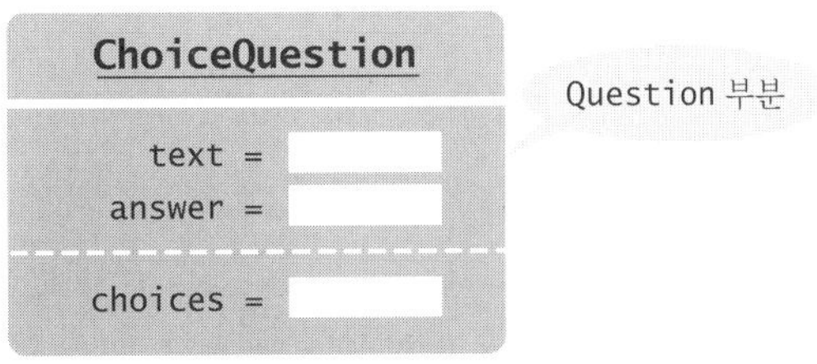

그림 9.5 하위클래스 객체의 데이타 레이아웃

<table>
<tr><td>Syntax</td><td><code>public class SubclassName extends SuperclassName</code>
<code>{</code>
       instance variables
       methods
<code>{</code></td></tr>
</table>

스의 private한 데이터이므로, 상위클래스만 이들에 접근할 수 있다. 하위 클래스는 다른 클래스들 이상의 접근 권한을 가지지 않는다.

특히, ChoiceQuestion 메소드들은 직접 answer 인스턴스 변수에 접근할 수 없다. 이 메소드들이 이 Question 클래스의 private 데이타에 접근하려면, 다른 모든 메소드처럼 Question 클래스의 public 인터페이스를 사용해야 한다.

이 점을 예를 들어 보여주기 위해서, addChoice 메소드를 구현해보자. 이 메소드는 두 개의 인수를 가진다: 추가될 선택 대상 항목(선택 대상 목록에 추가될), 그리고 이 선택이 맞는지 여부를 나타낼 부울 값. 예:

```java
question.addChoice("Canada", true);
```

첫 번째 인수가 choices 변수에 추가된다. 만약 두 번째 인수가 true라면, answer 인스턴스 변수는 현재 선택 항목의 번호가 된다. 예를 들어, choices.size()가 2라면, answer는 문자열 "2"로 설정된다.

```java
public void addChoice(String choice, boolean correct)
{
   choices.add(choice);
   if (correct)
   {
      // Convert choices.size() to string
      String choiceString = "" + choices.size();
      setAnswer(choiceString);
   }
}
```


우리는 상위클래스의 answer 변수에 접근할 수 없다. 다행히 Question 클래스는 setAnswer 메소드를 가지고 있다. 우리는 이 메소드는 호출할 수 있다. 어떤 객체에 대해? 현재 우리가 수정하고 있는 질문, 즉, ChoiceQuestion.addChoice 메소드의 내재적 파라

미터. 8장에서 봤듯이 내재적 파라미터에 대해 메소드를 호출할 때는 내재적 파라미터를
명시할 필요가 없으며, 메소드 이름만 쓰면 된다:

```
setAnswer(choiceString);
```

원한다면, 메소드가 내재적 파라미터에 대해 실행된다는 것을 확실히 해 줄 수 있다:

```
this.setAnswer(choiceString);
```

6. q를 클래스 Question의 객체, cq를 클래스 ChoiceQuestion의 객체라고 하자. 다음 중
어느 호출이 적법한가?

  a. q.setAnswer(response)

  b. cq.setAnswer(response)

  c. q.addChoice(choice, true)

  d. cq.addChoice(choice, true)

7. 클래스 Employee를 다음과 같이 선언했다고 하자:

```java
public class Employee
{
    private String name;
    private double baseSalary;

    public void setName(String newName) { . . . }
    public void setBaseSalary(double newSalary) { . . . }
    public String getName() { . . . }
    public double getSalary() { . . . }
}
```

클래스 Employee에서 상속받는 Manager 클래스를 선언하고, 급여 보너스를 저장하기
위한 인스턴스 변수 bonus를 추가하라. 생성자와 메소드들은 생략하라.

8. 자체검사 7의 Manager 클래스는 어떤 인스턴스 변수들 갖는가?

9. Employee 클래스의 getSalary 메소드를 오버라이드하는 메소드를 위한 헤더(구현은
빼고)를 Manager 클래스에 제공하라.

10. 자체검사 9의 Manager 클래스는 어떤 메소드들을 상속받는가?

Practice It   이제 다음 연습문제들에 대해 답할 수 있다: R9.3, P9.6, P9.10

빈번한 오류 9.1   **상위클래스의 인스턴스 변수를 복제하기** ———————————————•

하위클래스는 상위클래스의 private 인스턴스 변수에 접근할 수 없다.

```java
public ChoiceQuestion(String questionText)
{
    text = questionText; // Error—tries to access private superclass variable
}
```

이런 컴파일러 오류에 직면하면 초보자들은 흔히 하위클래스에 같은 이름의 다른 인스턴스 변
수를 추가해서 이 문제를 "해결"한다.

```java
public class ChoiceQuestion extends Question
{
   private ArrayList<String> choices;
   private String text; // Don't!
   . . .
}
```

물론, 이제 이 생성자는 컴파일 되지만, 올바른 텍스트로 설정하지 않는다! 이 Choice
Question 객체는 text라는 같은 이름의 두 개의 인스턴스 변수를 가지고 있다. 생성자는 둘 중
하나를 초기화 하고, display 메소드는 나머지 하나를 표시한다.

상위클래스와 하위클래스의 혼동

ChoiceQuestion 유형 객체를 Question 유형 객체과 비교해보면, 다음을 알 수 있다.

- extends 예약어는 ChoiceQuestion 객체가 Question의 확장 버전임을 암시한다.
- ChoiceQuestion객체가 더 크다; 추가된 인스턴스 변수 choices를 가지고 있다.
- ChoiceQuestion객체가 기능이 더 많다; addChoice 메소드를 가지고 있다.

ChoiceQuestion 유형 객체는 모든 면에서 우월한 객체로 보인다. 그러면 왜 ChoiceQuestion
을 하위(sub) 클래스라고 부르고 Question을 상위(*super*) 클래스라고 부르는 것일까?

super/sub라는 용어는 집합 이론에서 비롯된 것이다. 모든 질문들의 집합을 보라. 그 모두
가 ChoiceQuestion 객체는 아니다; 그들 중 일부는 다른 종류의 질문이다. 따라서
ChoiceQuestion 객체 집합은 모든 Question 객체 집합의 **부분집합**(*subset*)이며, Question 객
체 집합은 ChoiceQuestion 객체 집합의 **확대집합**(*superset*)이다. 부분집합의 더 특화된 객체는
더 많은 상태와 더 많은 기능을 가진다.

9.3 메소드 오버라이딩

메소드를 오버라이드(재정
의)하여 상위클래스 메소
드의 기능을 확장하거나
대체할 수 있다.

하위클래스는 상위클래스의 메소드들을 상속받는다. 만약 우리가 상속받은 메소드의 동작
에 만족하지 않는다면, 하위클래스에 새로운 구현을 명기해서 **오버라이드**하면 된다.

ChoiceQuestion 클래스의 display 메소드를 고려하자. 이 메소드는 답변을 위한 선택
대상 항목들을 표시해주기 위해서 상위클래스 display 메소드를 오버라이드한다. 이 메소
드는 상위클래스 버전의 기능을 확장한다. 이는 하위클래스 메소드가 상위클래스 메소드
동작(우리의 경우 질문 텍스트를 표시하는 것)을 수행하고, 또한 몇 가지 추가 작업(우리

의 경우 선택 항목들을 표시하는 것)을 한다는 것을 의미한다. 다른 경우들에서는, 하위클래스 메소드가 상위클래스 메소드의 기능을 대체해서 전혀 다른 동작을 구현한다.

ChoiceQuestion 클래스의 display 메소드의 구현으로 돌아가 보자. 이 메소드는 다음과 같은 것들을 해야한다.

- 질문 텍스트를 표시한다.
- 답변 선택 항목들을 표시한다.

답변 선택 항목들이 하위클래스의 인스턴스 변수이므로 두 번째 것은 쉽다.

```java
public class ChoiceQuestion
{
   . . .
   public void display()
   {
      // Display the question text
      . . .
      // Display the answer choices
      for (int i = 0; i < choices.size(); i++)
      {
         int choiceNumber = i + 1;
         System.out.println(choiceNumber + ": " + choices.get(i));
      }
   }
}
```

그런데 질문 텍스트는 어떻게 가져오나? 상위클래스의 text 변수는 private이기 때문에 직접 접근할 수 없다.

그 대신에, 예약어 super를 사용해서 상위클래스의 display 메소드를 호출할 수 있다:

```java
public void display()
{
   // Display the question text
   super.display(); // OK
   // Display the answer choices
   . . .
}
```


예약어 super를 생략하면 그 메소드는 의도한대로 동작하지 않을 것이다.

```java
public void display()
{
   // Display the question text
   display(); // Error—invokes this.display()
   . . .
}
```

내재적 파라미터 this가 ChoiceQuestion 타입이고, ChoiceQuestion 클래스에 display라는 이름의 메소드가 있기 때문에, 이 메소드가 호출될 것이다—하지만 이 메소드는 우리가 현재 작성 중이지 않은가! 이 메소드는 자기 자신을 계속해서 반복 호출할 것이다.

다음은 두 개의 ChoiceQuestion 객체로 구성된 퀴즈를 치르게 하는 완성 프로그램이 있다. 우리는 두 객체를 생성하고 두 객체를 메소드 presentQuestion에 전달한다. 이 메소드는 사용자에게 질문을 보여주고 사용자 답변이 맞는지 여부를 검사한다.

section_3/QuestionDemo2.java

```java
import java.util.Scanner;

/**
   This program shows a simple quiz with two choice questions.
*/
public class QuestionDemo2
{
   public static void main(String[] args)
   {
      ChoiceQuestion first = new ChoiceQuestion();
      first.setText("What was the original name of the Java language?");
      first.addChoice("*7", false);
      first.addChoice("Duke", false);
      first.addChoice("Oak", true);
      first.addChoice("Gosling", false);

      ChoiceQuestion second = new ChoiceQuestion();
      second.setText("In which country was the inventor of Java born?");
      second.addChoice("Australia", false);
      second.addChoice("Canada", true);
      second.addChoice("Denmark", false);
      second.addChoice("United States", false);

      presentQuestion(first);
      presentQuestion(second);
   }

   /**
      Presents a question to the user and checks the response.
      @param q the question
   */
   public static void presentQuestion(ChoiceQuestion q)
   {
      q.display();
      System.out.print("Your answer: ");
      Scanner in = new Scanner(System.in);
      String response = in.nextLine();
      System.out.println(q.checkAnswer(response));
   }
}
```

section_3/ChoiceQuestion.java

```java
import java.util.ArrayList;

/**
   A question with multiple choices.
*/
public class ChoiceQuestion extends Question
{
   private ArrayList<String> choices;

   /**
      Constructs a choice question with no choices.
   */
   public ChoiceQuestion()
   {
      choices = new ArrayList<String>();
   }

   /**
      Adds an answer choice to this question.
      @param choice the choice to add
      @param correct true if this is the correct choice, false otherwise
   */
```

```java
23      public void addChoice(String choice, boolean correct)
24      {
25         choices.add(choice);
26         if (correct)
27         {
28            // Convert choices.size() to string
29            String choiceString = "" + choices.size();
30            setAnswer(choiceString);
31         }
32      }
33
34      public void display()
35      {
36         // Display the question text
37         super.display();
38         // Display the answer choices
39         for (int i = 0; i < choices.size(); i++)
40         {
41            int choiceNumber = i + 1;
42            System.out.println(choiceNumber + ": " + choices.get(i));
43         }
44      }
45   }
```

실행 결과

```
What was the original name of the Java language?
1: *7
2: Duke
3: Oak
4: Gosling
Your answer: *7
false
In which country was the inventor of Java born?
1: Australia
2: Canada
3: Denmark
4: United States
Your answer: 2
true
```

11. 다음 display 메소드의 구현은 무엇이 잘못되었는가?

```java
public class ChoiceQuestion
{
   . . .
   public void display()
   {
      System.out.println(text);
      for (int i = 0; i < choices.size(); i++)
      {
         int choiceNumber = i + 1;
         System.out.println(choiceNumber + ": " + choices.get(i));
      }
   }
}
```

12. 다음 display 메소드의 구현은 무엇이 잘못되었는가?

```java
public class ChoiceQuestion
{
   . . .
```

```java
public void display()
{
   this.display();
   for (int i = 0; i < choices.size(); i++)
   {
      int choiceNumber = i + 1;
      System.out.println(choiceNumber + ": " + choices.get(i));
   }
}
```

13. 상위클래스의 setAnswer 메소드를 호출하는 addChoice 메소드의 구현을 다시 살펴보자. 왜 super.setAnswer를 호출할 필요가 없나?

14. 자체검사 7의 클래스 Manager에서 관리자들의 이름 앞에 *(*Lin, Sally 처럼)를 붙이도록 getName 메소드를 오버라이드하라.

15. 자체검사 9의 Manager 클래스의 getSalary 메소드가 급여(salary)와 보너스(bonus)의 합을 반환하도록 를 오버라이드하라.

Practice It 이제 다음 연습문제들에 대해 답할 수 있다: P9.1, P9.2, P9.11

빈번한 오류 9.3   **잘못된 오버로딩**

자바에서 파라미터 유형이 다르다면 여러 메소드들이 같은 같은이름을 가질 수 있다. 예를 들어, PrintStream 클래스에는 헤더가 다음과 같은 println이라는 메소드들이 있다.

```java
void println(int x)
```

와

```java
void println(String x)
```

이들은 각각 별도로 구현된 서로 다른 메소드들이다. 자바 컴파일러는 이 둘을 완전히 무관한 것으로 간주한다. 우리는 println이란 이름이 **오버로드(overload)** 되었다고 말한다. 이것은 하위 클래스 메소드가 같은 타입의 파라미터 변수들을 가지는 메소드 구현을 제공하는 오버라이딩(overidding)과 다르다. 같은

만약 다른 타입의 파라미터를 사용해서 메소드를 오버라이드하고자 했다면, 의도와는 달리 오버로드된 메소드를 추가한 것이 된다. 예:

```java
public class ChoiceQuestion extends Question
{
   . . .
   public void display(PrintStream out)
   // Does not override void display()
   {
      . . .
   }
}
```

컴파일러는 이를 불평하지 않을 것이다. 컴파일러는 당신이 PrintStream형 인수를 갖는 메소드를 제공하고 있으며, 동시에 또 다른 메소드인 void display()는 상속받는다고 생각한다.

메소드를 오버라이드할 때는 반드시 파라미터들의 유형들을 정확히 일치시켜라.

상위클래스 메소드를 호출 할 때 super 사용 잊기

상위클래스 메소드의 기능을 확장할 때의 흔히 예약어 super를 잊는 오류를 범한다. 예를 들어, 관리자의 급여를 계산하기 위해 Employee 객체의 급여를 불러와 보너스를 더하려고 한다:

```java
public class Manager
{
    . . .
    public double getSalary()
    {
        double baseSalary = getSalary();
            // 오류: super.getSalary()로 해야한다.
        return baseSalary + bonus;
    }
}
```

여기서 getSalary()는 이 메소드의 내재적 파라미터에 적용된 getSalary 메소드를 참조한다. 이 내재적 파라미터의 유형은 Manager인데, Manager 클래스 안에 getSalary 메소드가 있다. 따라서 이 메소드를 호출하는 것은 결코 멈추지 않는 재귀호출이다. 그렇게 하는 대신에, 상위 클래스 메소드를 호출하라고 컴파일러에게 알려주어야 한다.

하위클래스 메소드에서 같은 이름의 상위클래스 메소드를 호출할 때마다, 반드시 예약어 super를 사용하라.

상위클래스 생성자 호출하기

하위클래스 객체를 생성하는 과정을 생각해보자. 하위클래스 생성자는 단지 하위클래스의 인스턴스 변수들만 초기화 할 수 있다. 그러나 상위클래스 인스턴스 변수들 또한 초기화 되어야 한다. 우리가 특별히 지정하지 않는 한, 상위클래스 인스턴스 변수들은 인수가 없는 상위클래스의 생성자로 초기화된다.

특별히 명시되지 않은 한, 하위클래스의 생성자는 인수가 없는 상위클래스 생성자를 호출한다.

다른 생성자를 지정하려면, 하위클래스 생성자의 첫 번째 명령문으로서 상위클래스 생성자의 인수들과 함께, super 예약어를 사용한다.

예를 들어, 상위클래스 Question이 질문 텍스트를 설정하는 생성자를 가졌다고 하자. 다음은 하위클래스 생성자가 그 상위클래스 생성자를 호출할 수 방법이다:

상위클래스 생성자를 호출하려면, 하위클래스 생성자의 첫 명령문에 super 예약어를 사용하라.

```java
public ChoiceQuestion(String questionText)
{
    super(questionText);
    choices = new ArrayList<String>();
}
```

이 예제 프로그램에서, 우리는 인수가 없는 상위클래스 생성자를 사용했다. 그러나 만약 모든 상위클래스 생성자들이 인수를 가지고 있다면, 우리는 super 구문을 사용해서 상위클래스 생성자를 위한 인수들을 제공해야 한다.

하위클래스의 생성자는 예약어 super를 사용해서 상위클래스 생성자에 인수를 전달할 수 있다.

예약어 super 뒤에 괄호가 나오면 상위클래스 생성자에 대한 호출을 나타낸다. 이런 방식으로 사용될 때, 생성자 호출은 하위클래스 생성자의 첫 번째 명령문이어야 한다. 반면에 만일 **super** 뒤에 점과 메소드 이름이 온다면 이것은 앞 절에서 보았듯이 상위클래스 메소드 호출을 나타낸다. 이러한 호출은 모든 하위클래스 메소드의 어느 곳에서든 할 수 있다.

문법 9.2 상위클래스 초기화기를 갖는 생성자

```
Syntax        public ClassName(parameterType parameterName, . . .)
              {
                    super(arguments);
                    . . .
              {
```

처음에 상위클래스
생성자가 호출된다.

```
public ChoiceQuestion(String questionText)
{
   super(questionText);
   choices = new ArrayList<String>;
}
```

생성자 몸체는
추가적인 명령문들을
포함할수 있다.

9.4 다형성

이 절에서는, 같은 프로그램 안에서 여러 유형의 객체를 처리하기 위해 상속을 이용하는 방법을 배울 것이다.

우리의 첫 번째 예제 프로그램을 생각해보자. 그 예제에서 사용자에게 두 개의 Question 객체를 제시했다. 두 번째 예제 프로그램에서는 두 개의 ChoiceQuestion 객체를 제시했다. 두 질문 유형을 섞어서 보여주는 프로그램을 작성할 수 있을까?

상속을 이용하면, 이 목표를 실현하기가 매우 쉽다. 우리는 사용자에게 질문을 제시하기 위해서 질문의 정확한 유형을 알 필요는 없다. 우리는 단지 질문을 보여주고 사용자가 정확한 답변을 했는지만 확인하면 된다. Question 상위클래스는 이 목적을 위한 메소드를 가지고 있다. 따라서, 우리는 간단하게 presentQuestion 메소드의 파라미터를 Question 유형으로 선언할 수 있다.

```
public static void presentQuestion(Question q)
{
   q.display();
   System.out.print("Your answer: ");
   Scanner in = new Scanner(System.in);
   String response = in.nextLine();
   System.out.println(q.checkAnswer(response));
}
```

9.1절에서 설명한대로, 상위클래스 객체가 필요할 때마다, 우리는 하위클래스 객체로 대체할 수 있다:

```
ChoiceQuestion second = new ChoiceQuestion();
. . .
presentQuestion(second); // OK to pass a ChoiceQuestion
```

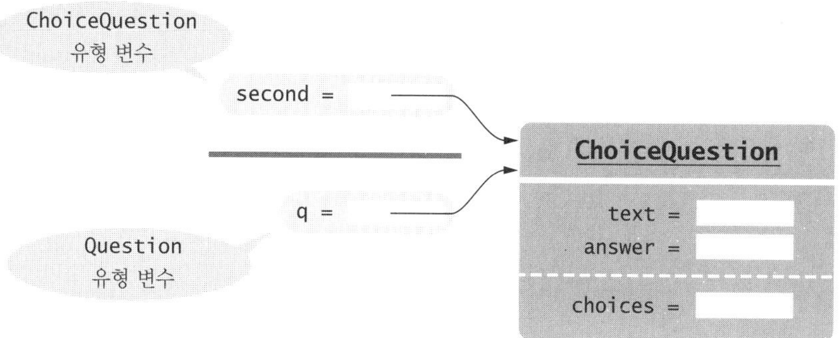

그림 9.6 같은 객체를 참조하는 다른 유형의 변수들

`presentQuestion` 메소드가 실행될 때, `second` 및 `q`에 저장된 객체 참조는 둘다 `ChoiceQuestion` 유형의 같은 객체를 참조한다(그림 9.6).

그러나, 변수 q는 참조할 객체에 관한 전체 스토리를 알지 못한다(그림 9.7).

q는 `Question` 유형의 변수이기 때문에, 우리는 `display` 및 `checkAnswer` 메소드를 호출할 수 있다. 그렇지만 `addChoice` 메소드를 호출할 수는 없다?이것은 `Question` 상위클래스의 메소드가 아니다.

이것은 훌륭하다. 결국 이 메소드 호출에서 q는 `ChoiceQuestion`을 참조하게 된다. 또 다른 메소드 호출에서, q는 일반 `Question`이나 완전히 다른 `Question`의 하위클래스를 참조하게 될 수도 있다.

이제 `presentQuestion` 메소드 안을 자세히 살펴보자. 이 메소드는 다음 호출로 시작한다.

```
q.display(); // Does it call Question.display or ChoiceQuestion.display?
```

어떤 `display` 메소드가 호출된 걸까? 431쪽의 프로그램 결과를 보면, 호출되는 메소드가 파라미터 q의 내용에 따라 달라짐을 알 수 있을 것이다. 첫 번째 경우 q가 `Question` 객체를 참조하므로, `Question.display`의 메소드가 호출된다. 그러나 두 번째 경우에 q는 `ChoiceQuestion`을 참조하므로 `ChoiceQuestion.display` 메소드가 호출되어 선택목록을 보여준다.

자바에서 메소드 호출은 항상 객체 참조를 담고 있는 변수의 유형이 아닌, 실제 객체의 유형에 의해 결정된다. 이것을 **동적 메소드 검색(dynamic method lookup)**이라고 한다.

동적 메소드 검색은 서로 다른 클래스의 객체들을 일관된 방식으로 다룰 수 있게 해준다. 이런 특징을 **다형성(polymorphism)**이라고 부른다. 우리는 한 작업을 여러 객체들에게 수행할 것을 요청하고, 각 객체는 각자의 방식으로 수행한다. 다형성은 프로그램을 쉽게 확장할 수 있게 만든다. 대략적인 답변도 기꺼이 인정해주는, 새로운 종류의 계산 문제

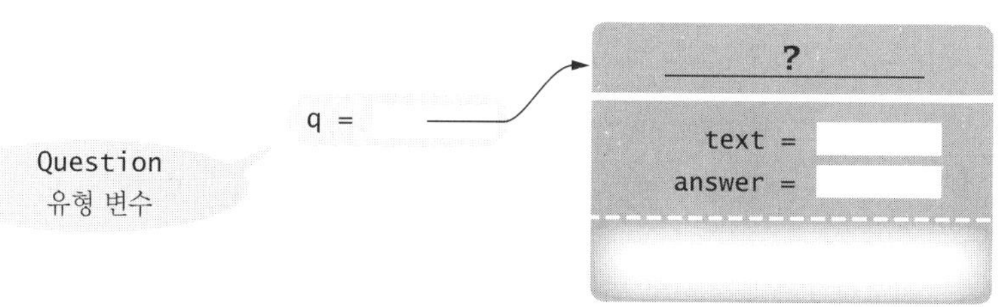

그림 9.7 `Question` 참조는 `Question`의 어떠한 하위클래스의 객체라도 참조할 수 있다

를 만들고 싶다고 하자. 우리는 Question을 확장하며 자신의 checkAnswer 메소드를 갖는 새로운 클래스 NumericQuestion을 선언하기만 하면 된다. 그러면 우리는 일반 질문, 선택 질문, 수치 질문을 섞어서 presentQuestion 메소드를 호출할 수 있다. presentQuestion 메소드는 전혀 변경될 필요가 없다! 동적 메소드 검색 덕분에 display나 checkAnswer 메소드 호출은 자동으로 새로 선언되는 클래스들의 올바른 메소드를 선택한다.

차량들의 구동 방법이 각각 다른 것과 마찬가지로, 다형성 객체들은 각각 다른 방식으로 작업들을 수행한다.

section_4/QuestionDemo3.java

```java
import java.util.Scanner;

/**
   This program shows a simple quiz with two question types.
*/
public class QuestionDemo3
{
   public static void main(String[] args)
   {
      Question first = new Question();
      first.setText("Who was the inventor of Java?");
      first.setAnswer("James Gosling");

      ChoiceQuestion second = new ChoiceQuestion();
      second.setText("In which country was the inventor of Java born?");
      second.addChoice("Australia", false);
      second.addChoice("Canada", true);
      second.addChoice("Denmark", false);
      second.addChoice("United States", false);

      presentQuestion(first);
      presentQuestion(second);
   }

   /**
      Presents a question to the user and checks the response.
      @param q the question
   */
   public static void presentQuestion(Question q)
   {
      q.display();
      System.out.print("Your answer: ");
      Scanner in = new Scanner(System.in);
      String response = in.nextLine();
      System.out.println(q.checkAnswer(response));
   }
}
```

```
Who was the inventor of Java?
Your answer: Bjarne Stroustrup
false
In which country was the inventor of Java born?
1: Australia
2: Canada
3: Denmark
4: United States
Your answer: 2
true
```

16. SavingsAccount가 BankAccount의 하위클래스라 가정할 때, 다음 중 어느 것이 자바에서 사용할 수 있는 코드인가?

    a. `BankAccount account = new SavingsAccount();`

    b. `SavingsAccount account2 = new BankAccount();`

    c. `BankAccount account = null;`

    d. `SavingsAccount account2 = account;`

17. account가 null이 아닌 참조를 갖고 있는 BankAccount 유형의 변수라면, account가 참조하는 객체에 대해 우리는 무엇을 아는가?

18. Question 객체와 ChoiceQuestion 객체의 혼합을 저장할 수 있는 배열 quiz를 선언하라.

19. 다음 코드 조각을 고려하자. 실제로 어떤 메소드가 호출되나 ?

```
ChoiceQuestion cq = . . .; // A non-null value
cq.display();
```

20. `Math.sqrt(2)` 메소드 호출이 동적 메소드 검색을 통해 해결되는가?

Practice It   이제 다음 연습문제들에 대해 답할 수 있다: R9.6, P9.4, P9.20

특강 9.2   **동적 메소드 검색 및 내재적 파라미터** ───────────────────

Question 클래스 자체에 presentQuestion 메소드를 추가했다고 하자:

```
void presentQuestion()
{
   display();
   System.out.print("Your answer: ");
   Scanner in = new Scanner(System.in);
   String response = in.nextLine();
   System.out.println(checkAnswer(response));
}
```

이제 다음을 생각해보자.

```
ChoiceQuestion cq = new ChoiceQuestion();
cq.setText("In which country was the inventor of Java born?");
. . .
cq.presentQuestion();
```

presentQuestion 메소드는 어느 display와 checkAnswer 메소드를 호출할까? present
Question 메소드의 코드 내부를 들여다보면, 이 메소드들이 내재적 파라미터에 대해 실행된다
는 것을 알 수 있다.

```java
public class Question
{
   public void presentQuestion()
   {
      this.display();
      System.out.print("Your answer: ");
      Scanner in = new Scanner(System.in);
      String response = in.nextLine();
      System.out.println(this.checkAnswer(response));
   }
}
```

이 호출의 내재적 파라미터 this는 ChoiceQuestion 유형의 객체에 대한 참조이다. 동적 메소
드 검색 때문에, display와 checkAnswer 메소드의 ChoiceQuestion 버전이 자동으로 호출된
다. 이것은 presentQuestion 메소드가 ChoiceQuestion 클래스에 대해 아는 게 없는
Question 클래스에 선언되어도 일어난다.

알다시피, 다형성은 매우 강력한 메커니즘이다. Question 클래스는, 질문을 제시하는 공통
적 특성을 규정하는, 즉, 질문을 표시하고 답변을 확인하기 위한 presentQuestion 메소드를
공급한다. 어떻게 표시하고 확인하는지는 하위클래스에 넘겨진다.

추상 클래스

기존 클래스를 확장할 때, 우리는 상위클래스의 메소드를 오버라이드 할 것인지 여부를 선택할
수 있다. 때로는 강제로 프로그래머가 메소드를 오버라이드하게 만드는 것이 바람직하다. 이런
일은 상위클래스에 적절한 디폴트가 없고, 하위클래스 프로그래머만이 그 메소드를 적절히 구
현하는 방법을 알 수 있을 때 일어난다.

여기 그 예가 있다: 자바 퍼스트 내셔널 은행(First National Bank of Java)이 모든 계좌에 월
이용료를 부과하기로 결정한다고 하자. 그러면, deductFees 메소드를 Account 클래스에 추가
해야 한다:

```java
public class Account
{
   public void deductFees() { . . . }
   . . .
}
```

그런데 이 메소드는 무엇을 해야 할까? 물론, 우리는 이 메소드가 아무것도 하지 않게 할 수도
있다. 하지만 그러면 새로운 하위클래스를 구현하는 프로그래머는 단순히 deductFees 메소드
를 구현하는 것을 잊어먹을 수도 있고, 그러면 새로운 계좌는 상위클래스의 do-nothing 메소
드를 상속받을 것이다. 더 나은 길이 있다—deductFees 메소드를 **추상 메소드**로 선언하라:

```java
public abstract void deductFees();
```

추상 메소드에는 구현이 없다. 이것은 강제로 하위클래스의 구현자
가 이 메소드의 구체적인 구현을 명시하게 만든다. (물론, 일부 하위
클래스는 do-nothing 메소드로 구현하기로 결정할 수도 있으나, 그
것은 그들의 선택이다?묵시적으로 상속된 디폴트가 아니다.)

우리는 추상 메소드를 가진 클래스의 객체를 생성할 수 없다. 예
를 들어, Account 클래스가 추상 메소드를 가지면, new Account()
를 시도하면 컴파일러는 에러를 발생시킬 것이다.

추상 메소드는 구현
이 정해지지 않은 메
소드이다.

추상 클래스는 구체
화(instantiate) 될
수 없는 클래스다.

객체를 생성할 수 없는 클래스를 **추상 클래스**라고 부른다. 객체가 만들어질 수 있는 클래스를 **구체(적) 클래스**라고 부르기도 한다. 자바에서는 모든 추상 클래스는 예약어 abstract을 사용해서 선언되어야 한다:

```java
public abstract class Account
{
   public abstract void deductFees();
   . . .
}

public class SavingsAccount extends Account // Not abstract
{
   . . .
   public void deductFees() // Provides an implementation
   {
      . . .
   }
}
```

추상 클래스의 **객체**를 생성 할 수 없으나, 여전히 타입이 추상 클래스인 객체 참조는 여전히 가질 수는 있에 유의하라. 물론, 그가 참조할 실제 객체는 구체 하위클래스의 인스턴스이어야 한다:

```java
Account anAccount; // OK
anAccount = new Account(); // Error—Account is abstract
anAccount = new SavingsAccount(); // OK
anAccount = null; // OK
```

추상 클래스를 사용하는 이유는 프로그래머가 하위클래스를 생성하게 강제하는 것이다. 특정 메소드를 추상 메소드로 지정해서, 다른 사람이 실수로 상속받을 수도 있는 쓸모없는 디폴트 메소드를 갖게 되는 문제를 피한다.

특강 9.4 · final 메소드와 클래스 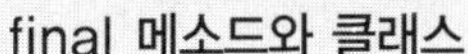

특강 9.3에서 추상 클래스의 하위클래스들을 생성하고 추상 메소드를 오버라이드하게 다른 프로그래머들을 강제할 수 있는 방법을 보았다. 때로는 그 반대로 다른 프로그래머들이 하위클래스를 생성하거나 특정 메소드를 오버라이드하는 것을 막을 필요가 있다. 이런 경우에 final 예약어를 사용한다. 예를 들어, 표준 자바 라이브러리의 String 클래스는 다음과 같이 final로 선언되어 있다.

```java
public final class String { . . . }
```

이것은 아무도 String 클래스를 확장할 수 없음을 의미한다. String형 참조는 하위클래스의 객체가 아닌 String 객체를 포함해야 한다.

개별 메소드를 final로 선언할 수도 있다:

```java
public class SecureAccount extends BankAccount
{
   . . .
   public final boolean checkPassword(String password)
   {
      . . .
   }
}
```

이렇게 하면 아무도 checkPassword 메소드를 단순히 true를 반환하는 다른 메소드로 오버라이드할 수 없다.

protected된 액세스

우리는 ChoiceQuestion 클래스의 display 메소드를 구현하는 데 어려움이 있었다. 그 메소드는 상위클래스의 인스턴스 변수 text에 액세스하길 원했다. 우리의 해결방법은 상위클래스의 적절한 메소드를 사용해서 텍스트를 표시하는 것이었다.

자바는 이 문제에 대한 다른 솔루션을 제공한다. 상위클래스는 인스턴스 변수를 protected로 선언할 수 있다:

```java
public class Question
{
    protected String text;
    . . .
}
```

객체의 protected 데이타는 그 객체의 클래스의 메소드 및 모든 하위클래스에서 액세스할 수 있다. 예를 들어, ChoiceQuestion이 Question에서 상속받으므로, 그의 메소드들은 상위클래스 Question의 protected 인스턴스 변수들을 액세스할 수 있다.

어떤 프로그래머는 protected 액세스 특징을 좋아하는데, 그 이유는 절대 보호(인스턴스 변수를 private로 만드는) 와 무 보호(인스턴스 변수를 public으로 만드는) 사이에서 절충하기 때문이다. 그러나, 경험상 protected 인스턴스 변수는 public 인스턴스 변수와 같은 종류의 문제에 노출될 수 있음이 확인되었다. 상위클래스의 설계자는 하위클래스 작성자를 제어할 수 없다. 하위클래스의 메소드가 상위클래스 데이타를 얼마든지 손상시킬 수 있다. 또한 protected 변수를 갖는 클래스는 수정하기 어렵다. 상위클래스 작성자가 데이타 구현을 변경하길 원해도, 어딘가의 누군가가 protected 변수에 코드가 의존하는 하위클래스를 작성했을 수도 있으므로, protected 변수는 변경될 수 없다.

자바에서 protected 변수는 또 다른 단점을 가지고 있다—하위클래스 뿐만 아니라 같은 패키지(패키지에 대한 자세한 내용은 12.4절을 참고)의 다른 클래스들도 액세스할 수 있다.

모든 데이타를 private로 두는 것이 최선이다. 만약 하위클래스 메소드에만 데이타 액세스를 허용하고 싶다면, 접근자 메소드를 protected로 하는 것을 고려하라.

상속 계층구조 확장시키기

어떤 것들은 더 일반적이고, 또 어떤 것들은 더 특화된 여러 클래스들로 작업할 때, 우리는 그들을 상속 계층구조로 조직화하기를 원한다. 이것은 서로 다른 클래스의 객체들을 획일적으로 처리할 수 있게 해준다.

예로서, 고객들에게 다음과 같은 종류의 계좌들을 제공하는 은행을 고려하자.

- 이자를 받는 세이빙스 어카운트(저축계좌). 이자는 매월 복리로 지불되며, 월간 최저 잔고에 대해 계산된다.
- 이자가 없고, 월 3회의 무료 인출을 제공하고, 추가 인출에 대해서는 $1의 거래 수수료를 부과하는 체킹 어카운트(당좌계좌).

프로그램은 두 종류 모두에 해당하는 계좌들을 관리할 것이며, 다른 종류의 계좌가 주요 처리 루프에 영향을 주지 않고 추가될 수 있도록 구조화되어야 한다. 다음 메뉴를 제공한다.

```
D)eposit  W)ithdraw  M)onth end  Q)uit
```

저금과 인출 때, 계좌 번호와 금액을 질문하고, 각 거래 후에 계좌 잔고를 출력한다.

"Month end" 명령에서는 은행 계좌 종류에 따라, 이자를 누적하거나 거래 카운터를 클리어시켜라. 그리고 나서 모든 계좌의 잔고를 출력하라.

단계 1   계층 구조를 구성하는 클래스들을 나열하라.

우리의 경우 문제 설명에 따르면 두 종류의 클래스—저축계좌(SavingsAccount) 및 당좌계좌(CheckingAccount)—가 필요하다. 물론, 두 클래스를 각각 따로 구현할 수 있다. 그러나 두 클래스가 각각 계좌 잔고 업데이트 같은 공통적인 기능을 반복해야 할 것이기 때문에, 별도로 구현하는 것은 좋은 생각이 아니다. 우리는 이 공통 기능을 담당할 수 있는 다른 클래스가 필요하다. 문제 설명에서는 이러한 클래스를 명시적으로 언급하지 않았다. 따라서, 우리가 찾아내야 한다. 물론, 이 경우 해결 방법은 간단하다. 저축 계좌와 당좌 계좌는 은행 계좌의 특별한 경우들이다. 따라서, 우리는 공통 상위클래스 BankAccount을 도입할 것이다.

단계 2   클래스들을 상속 계층 구조에 조직화하라.

상위 및 하위클래스들을 보여주는 상속 다이어그램을 그려라. 다음은 우리 예제의 상속 다이어그램이다.

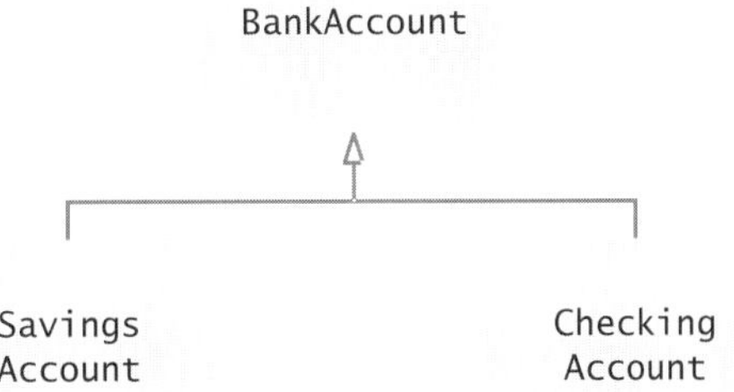

단계 3   공통 역할들을 결정하라.

2 단계에서 이 계층구조의 상위 클래스를 식별했을 것이다. 그 클래스는 주어진 작업을 수행할 충분한 역할을 지녀야 한다. 그 작업들이 어떤 것들인지를 알아내기 위해서, 객체들을 처리하기 위한 수도코드를 작성하라:

```
For each user command
    If it is a deposit or withdrawal
        Deposit or withdraw the amount from the specified account.
        Print the balance.
    If it is month end processing
        For each account
            Call month end processing.
            Print the balance.
```

이 수도코드로부터, 우리는 다음과 같은 모든 은행 계좌가 수행해야하는 공통 역할들의 목록을 얻을 수 있다:

```
Deposit money.
Withdraw money.
Get the balance.
Carry out month end processing.
```

단계 4   하위클래스에서 어느 메소드들이 오버라이드되는지를 판단하라.

각 하위클래스와 통 역할들 각각을 위해 동작을 상속받을 수 있는지 아니면 동작이 오버라이드될 필요가 있는지를 판단하라. 상속되거나 오버라이드되는 메소드들은 반드시 모두 계층구조의 루트에 선언하라.

```java
public class BankAccount
{
    . . .
```

```java
/**
    Makes a deposit into this account.
    @param amount the amount of the deposit
*/
public void deposit(double amount) { . . . }

/**
    Makes a withdrawal from this account, or charges a penalty if
    sufficient funds are not available.
    @param amount the amount of the withdrawal
*/
public void withdraw(double amount) { . . . }

/**
    Carries out the end of month processing that is appropriate
    for this account.
*/
public void monthEnd() { . . . }

/**
    Gets the current balance of this bank account.
    @return the current balance
*/
public double getBalance() { . . . }
}
```

SavingsAccount와 CheckingAccount 클래스는 둘 다 monthEnd 메소드를 오버라이드한다.
SavingsAccount 클래스는 최소 잔고를 추적하기 위해 withdraw 메소드도 오버라이드해야 한다.
CheckingAccount 클래스는 withdraw 메소드에서 거래 횟수를 업데이트해야 한다.

단계 5 각 하위클래스의 public 인터페이스를 선언하라.

일반적으로 하위 클래스들은 상위 클래스와 다른 역할들을 맡는다. 오버라이드될 메소드들뿐만 아
니라, 그것들도 나열하라. 또한 하위 클래스들의 객체들이 어떻게 생성되어야 하는지도 지정할 필요
가 있다.

이 보기에서 우리는 세이빙스 어카운트의 이율을 설정하는 방법이 필요하다. 그 밖에, 생성자
및 오버라이드되는 메소드들도 지정해야 한다:

```java
public class SavingsAccount extends BankAccount
{
    . . .
    /**
        Constructs a savings account with a zero balance.
    */
    public SavingsAccount() { . . . }

    /**
        Sets the interest rate for this account.
        @param rate the monthly interest rate in percent
    */
    public void setInterestRate(double rate) { . . . }

    // These methods override superclass methods
    public void withdraw(double amount) { . . . }
    public void monthEnd() { . . . }
}

public class CheckingAccount extends BankAccount
{
    . . .
    /**
        Constructs a checking account with a zero balance.
    */
    public CheckingAccount() { . . . }

    // These methods override superclass methods
```

```java
        public void withdraw(double amount) { . . . }
        public void monthEnd() { . . . }
    }
```

단계 6 인스턴스 변수들을 식별하라.

각 클래스의 인스턴스 변수들을 열거하라. 모든 클래스에 공통적인 인스턴스 변수를 발견하면, 필히 계층구조의 베이스에 놓아라. 모든 계좌는 잔고를 가진다. 우리는 그 값을 BankAccount 상위 클래스에 저장한다:

```java
    public class BankAccount
    {
        private double balance;
        . . .
    }
```

SavingsAccount 클래스는 이율을 저장할 필요가 있다. 또한 인출할 때마다 갱신되어야 하는 월간 최저 잔고도 저장할 필요가 있다:

```java
    public class SavingsAccount extends BankAccount
    {
        private double interestRate;
        private double minBalance;
        . . .
    }
```

CheckingAccount 클래스는 무료 인출 한도를 넘을 때부터 수수료가 적용될 수 있도록 인출 횟수를 세어야 한다:

```java
    public class CheckingAccount extends BankAccount
    {
        private int withdrawals;
        . . .
    }
```

단계 7 생성자와 메소드들을 구현하라.

BankAccount 클래스의 메소드들은 잔고를 갱신 또는 반환한다:

```java
    public void deposit(double amount)
    {
        balance = balance + amount;
    }

    public void withdraw(double amount)
    {
        balance = balance - amount;
    }

    public double getBalance()
    {
        return balance;
    }
```

BankAccount 상위 클래스 레벨에서는 월말 처리(end of month processing)에 관해서는 아무것도 말할 수 있는 게 없다. 우리는 그 메소드가 아무것도 하지 않게 만들기로 한다:

```java
    public void monthEnd()
    {
    }
```

SavingsAccount 클래스의 withdraw 메소드에서는 최저 잔고가 갱신된다. 상위 클래스 메소드에 대한 호출에 주목하라:

```java
public void withdraw(double amount)
{
   super.withdraw(amount);
   double balance = getBalance();
   if (balance < minBalance)
   {
      minBalance = balance;
   }
}
```

SavingsAccount 클래스의 `monthEnd` 메소드에서는 이자가 계좌에 입금된다. 우리는 `balance` 인스턴스 변수에 대해 직접 접근할 권한이 없으므로, `deposit` 메소드를 호출해야 한다. 최저 잔고는 다음 달을 위해 리셋된다:

```java
public void monthEnd()
{
   double interest = minBalance * interestRate / 100;
   deposit(interest);
   minBalance = getBalance();
}
```

CheckingAccount 클래스의 `withdraw` 메소드는 인출 횟수를 세어야 한다. 너무 여러 번 인출하면, 수수료가 부과된다. 다시 한 번, 이 메소드가 상위 클래스 메소드를 부르는 방법을 주목하라:

```java
public void withdraw(double amount)
{
   final int FREE_WITHDRAWALS = 3;
   final int WITHDRAWAL_FEE = 1;

   super.withdraw(amount);
   withdrawals++;
   if (withdrawals > FREE_WITHDRAWALS)
   {
      super.withdraw(WITHDRAWAL_FEE);
   }
}
```

당좌계좌에 대한 월말 처리는 단순히 인출 횟수를 리셋한다:

```java
public void monthEnd()
{
   withdrawals = 0;
}
```

단계 8 하위클래스들의 객체들을 생성하고 그들을 처리하라.

이 샘플 프로그램에서, 우리는 5개의 당좌계좌와 5개의 저축계좌를 할당해서, 은행계좌 배열에 그 주소들을 저장한다. 그런 다음, 사용자 명령을 받아 입금, 출금 및 월간 처리를 실행한다.

```java
BankAccount[] accounts = . . .;
. . .
Scanner in = new Scanner(System.in);
boolean done = false;
while (!done)
{
   System.out.print("D)eposit  W)ithdraw  M)onth end  Q)uit: ");
   String input = in.next();
   if (input.equals("D") || input.equals("W")) // Deposit or withdrawal
   {
      System.out.print("Enter account number and amount: ");
      int num = in.nextInt();
      double amount = in.nextDouble();

      if (input.equals("D")) { accounts[num].deposit(amount); }
      else { accounts[num].withdraw(amount); }
```

```java
            System.out.println("Balance: " + accounts[num].getBalance());
         }
         else if (input.equals("M")) // Month end processing
         {
            for (int n = 0; n < accounts.length; n++)
            {
               accounts[n].monthEnd();
               System.out.println(n + " " + accounts[n].getBalance());
            }
         }
         else if (input == "Q")
         {
            done = true;
         }
      }
   }
```

데모 예제 9.1

급여 처리를 위한 직원 계급구조 구현하기

이 데모 예제는 여러 부류의 직원들의 급여 처리를 구현하는
방법을 보여준다.

비디오 보기 9.1

토론 게시판 만들기

이 비디오 보기에서, 우리는 학생들과 강사를 위한
토론 게시판을 만들 것이다.

9.5 Object: 최상위클래스

자바에서는 명시적인 extends 절이 없이 선언되는 모든 클래스는 자동으로 Object 클래스
로부터 상속받는다. 즉, Object 클래스는 자바의 모든 클래스의 직접적 또는 간접적 상위
클래스이다(그림 9.8). Object 클래스는 다음을 포함해서, 몇 개의 매우 일반적인 메소드
들을 정의한다.

- toString: 객체를 설명하는 문자열을 만든다(9.5.1절)
- equals: 객체들을 서로 비교한다(9.5.2절)
- hashCode: 집합에 객체를 저장하기 위한 숫자 코드를 만든다(특강 15.1 참고).

WileyPLUS와 www.wiley.com/college/horstmann에서 온라인으로 볼 수 있다.

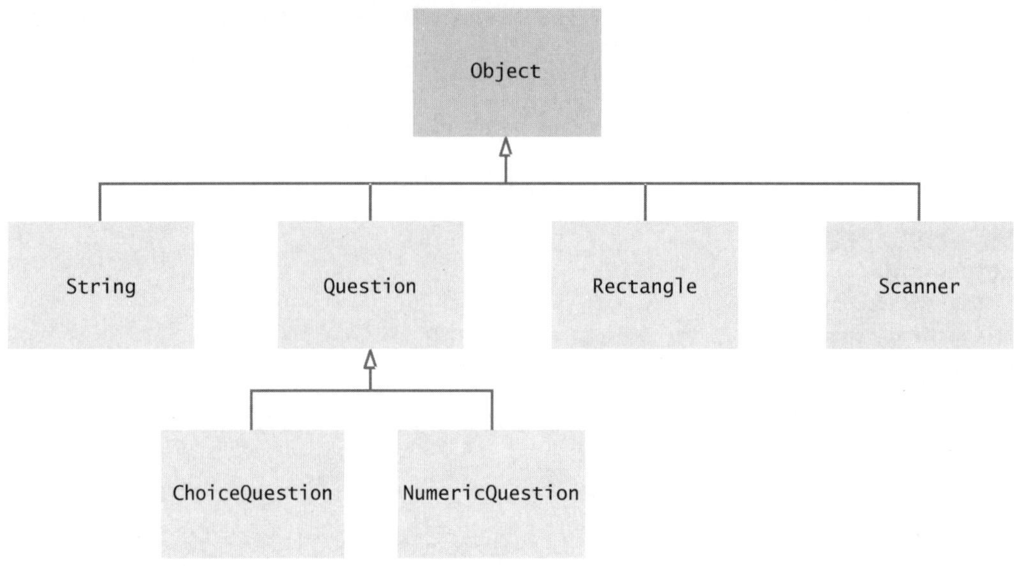

그림 9.8 Object 클래스는 모든 자바 클래스의 상위클래스다

9.5.1 toString 메소드 오버라이딩

toString 메소드는 각 객체에 대한 문자열 표현을 반환한다. 이것은 종종 디버깅을 위해 사용된다. 예를 들어, 표준 자바 라이브러리의 Rectangle 클래스를 고려해보자. 이 클래스의 toString 메소드는 다음과 같이 직사각형의 상태를 보여준다:

```
Rectangle box = new Rectangle(5, 10, 20, 30);
String s = box.toString();
    // Sets s to "java.awt.Rectangle[x=5,y=10,width=20,height=30]"
```

문자열에 객체를 연결할 때마다 toString 메소드가 자동으로 호출된다. 다음은 그 예이다.

```
"box=" + box;
```

연결 연산자 +의 한쪽에는 문자열이 있으나, 다른 쪽에는 객체 참조가 있다. 자바 컴파일러는 자동으로 toString 메소드를 호출해서 객체를 문자열로 바꾼다. 그런 다음 두 문자열은 연결된다. 이 경우, 결과는 문자열

```
"box=java.awt.Rectangle[x=5,y=10,width=20,height=30]"
```

이다. 모든 객체는 toString 메소드를 가지고 있다는 것을 컴파일러가 알고 있기 때문에 컴파일러는 toString 메소드를 호출할 수 있다: 모든 클래스는 Object 클래스를 상속받고, 그 클래스는 toString 메소드를 선언한다.

알다시피 수치도 문자열과 연결될 때 문자열로 변환된다. 예:

```
int age = 18;
String s = "Harry's age is " + age;
    // Sets s to "Harry's age is 18"
```

이 경우 toString 메소드가 관련되어 있지 않다. 수치는 객체가 아니고 수치를 위한 toString 메소드는 없다. 다행히, primitive 유형이 몇 개 안 되며, 컴파일러는 수치를 문자열로 변환하는 방법을 알고 있다.

BankAccount 클래스에 대해 toString 메소드를 사용해보자:

```java
BankAccount momsSavings = new BankAccount(5000);
String s = momsSavings.toString(); // Sets s to something like "BankAccount@d24606bf"
```

결과가 실망스럽다—인쇄된 거라곤 클래스의 이름과 그 뒤의 랜덤해 보이는 **해쉬코드**가 전부다. 해쉬코드는 객체를 구별하는 데 사용될 수 있다—서로 다른 객체들은 서로 다른 해쉬코드를 가질 가능성이 있다(자세한 내용은 특강 15.1을 참고).

우리는 해쉬코드에는 관심이 없다. 객체 내부에 무엇이 있는지 알고 싶다. 그러나 물론, Object 클래스의 toString 메소드는 BankAccount 클래스 안에 무엇이 있는지 모른다. 따라서, 우리는 메소드를 오버라이드해서 BankAccount 클래스에 우리 자신의 버전을 제공해야 한다. 우리는 Rectangle 클래스의 toString 메소드가 사용한 것과 똑같은 양식을 따를 것이다: 우선 클래스의 이름을 출력하고, 그러고 나서 대괄호 안에 인스턴스 변수의 값을 출력하라.

```java
public class BankAccount
{
   . . .
   public String toString()
   {
      return "BankAccount[balance=" + balance + "]";
   }
}
```

이게 더 낫다:

```java
BankAccount momsSavings = new BankAccount(5000);
String s = momsSavings.toString(); // Sets s to "BankAccount[balance=5000]"
```

9.5.2 equals 메소드

Object 클래스는 toString 메소드뿐만 아니라, equals 메소드도 제공하는데, 이 메소드의 목적은 두 객체의 내용이 같은지 확인하는 것이다:

```java
if (stamp1.equals(stamp2)) . . .    // 내용이 같다(그림 9.9)
```

이것은 == 연산자로 비교하는 것과는 다르다. == 연산자는 두 참조가 같은 것인지, 즉 같은 객체를 참조하는 것인지를 검사한다.

```java
if (stamp1 == stamp2) . . .    // 두 객체가 같다(그림 9.10)
```

Stamp 클래스를 위한 equals 메소드를 구현해보자. 우리는 Object 클래스의 equals 메소드를 오버라이드해야 한다.

```java
public class Stamp
{
   private String color;
   private int value;
   . . .
   public boolean equals(Object otherObject)
   {
      . . .
   }
   . . .
}
```

equals 메소드는 두 객체의 내용이 같은지를 검사한다.

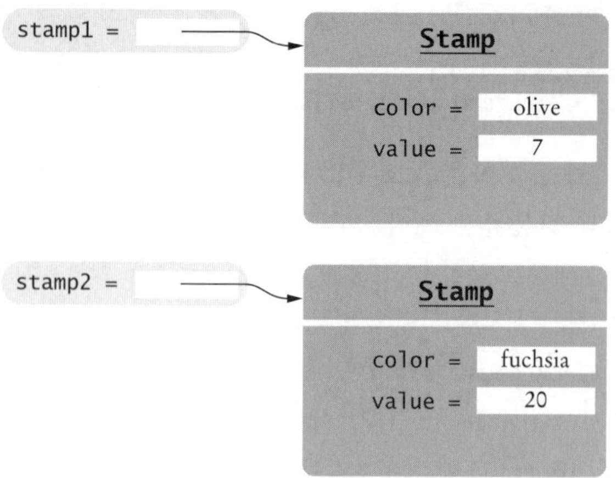

그림 9.9 동등한(equal) 객체에 대한 두 참조

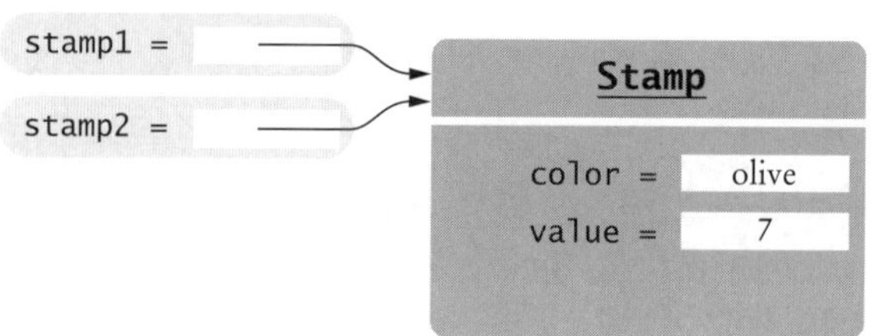

그림 9.10 같은(same) 객체에 대한 두 참조

지금 작은 문제가 있다. Object 클래스는 우표에 대해 아는 것이 하나도 없다. 그래서 equals 메소드의 otherObject 파라미터가 Object 유형을 가지도록 선언한다. 메소드를 오버라이드할 때 파라미터의 유형을 변경해서는 안 된다. 파라미터를 Stamp 클래스형으로 강제 형변환(cast)하라:

```java
Stamp other = (Stamp) otherObject;
```

그러면 두 우표를 비교할 수 있다:

```java
public boolean equals(Object otherObject)
{
   Stamp other = (Stamp) otherObject;
   return color.equals(other.color)
         && value == other.value;
}
```

이 equals 메소드가 모든 Stamp 객체의 인스턴스 변수를 액세스할 수 있음을 주목하라: other.color 액세스는 완벽하게 적법하다.

9.5.3 instanceof 연산자

앞에서 보았듯이, 상위클래스 변수에 하위클래스 참조를 저장하는 것은 합법적이다:

```java
ChoiceQuestion cq = new ChoiceQuestion();
Question q = cq; // OK
Object obj = cq; // OK
```

아주 가끔, 반대로 상위클래스 참조를 하위클래스 참조로 변환해야 할 때가 있다.

예를 들어, Object 유형의 변수를 가지고 있는데, 그 변수가 실제로는 Question 참조를 가지고 있다는 것을 알게 되었다고 하자. 이 경우, 유형을 변환하기 위해 강제 형변환을 사용할 수 있다:

```java
Question q = (Question) obj;
```

> 어떤 객체가 특정 클래스에 속한다는 것을 알고 있는 경우라면 강제 형변환으로 유형을 변환하라.

그러나 이 캐스트는 다소 위험하다. 만약 내가 잘못 알고 있고, obj가 실제로는 관련이 없는 유형의 객체를 참조하고 있다면, "class cast"라는 예외가 던져진다(thrown).

```
Syntax        object instanceof TypeName
```

만약 anObject가 null이면
instanceof는 false를 반환한다.

anObject가 Question으로
강제 형변환 가능하면 true를 반환한다.

이 객체는 Question의
하위클래스에 속할 수도 있다.

```
if (anObject instanceof Question)
{
    Question q = (Question) anObject;
    . . .
}
```

이 변수에 대해 Question
메소드들을 호출할 수 있다.

같은 객체에
대한 두 참조

---

instanceof 연산자는 객체가 특정 유형에 속하는지 여부를 검사한다.

잘못된 캐스트를 방지하기 위해 instanceof 연산자를 사용할 수 있다. 이 연산자는 객체가 특정 유형에 속하는지 여부를 검사한다. 예를 들어,

```
obj instanceof Question
```

은 obj의 유형이 Question으로 변환될 수 있는 경우 true를 반환한다. 이것은 obj가 실제 Question을 참조하거나 또는 ChoiceQuestion 같은 하위클래스를 참조하는 경우 일어난다. instanceof 연산자를 사용해서 다음과 같이 안전한 형 변환 프로그래밍을 할 수 있다:

```
if (obj instanceof Question)
{
    Question q = (Question) obj;
}
```

instanceof는 메소드가 아니다. 단지 + 또는 < 같은 연산자이다. 그러나 수치에 대해서는 작동하지 않는다. 왼쪽에는 객체가 오고, 오른쪽에는 유형 이름이 온다.

다형성을 우회하려고 instanceof 연산자를 사용하지 마라:

```
if (q instanceof ChoiceQuestion) // 이렇게 하지 마라—빈번한 오류 9.5 참조
{
    // Do the task the ChoiceQuestion way
}
else if (q instanceof Question)
{
    // Do the task the Question way
}
```


이 경우, Question 클래스에 doTheTask 메소드를 구현하고, ChoiceQuestion에서 그 메소드를 오버라이드하고, 다음을 호출해야 한다:

```
q.doTheTask();
```

21. 왜 아래 호출은 java.io.PrintStream@7a84e4와 같은 결과를 내는가?

```
System.out.println(System.out);
```

22. 다음 코드 조각은 컴파일이 될까? 실행은 될까? 안 된다면, 어떤 오류가 보고될까?

```
Object obj = "Hello";
System.out.println(obj.length());
```

23. 다음 코드 조각은 컴파일이 될까? 실행은 될까? 안 된다면, 어떤 오류가 보고될까?

```
Object obj = "Who was the inventor of Java?";
Question q = (Question) obj;
q.display();
```

24. 왜 우리는 단순히 모든 객체를 Object유형 변수에 저장하지 않을까?

25. x를 객체 참조라고 가정할 때, x instanceof Object의 값은 무엇인가?

Practice It   이제 다음 연습문제들에 대해 답할 수 있다: P9.7, P9.8, P9.12

빈번한 오류 9.5

유형 검사를 사용하지 말라

어떤 프로그래머는 각 클래스마다 달라지는 동작을 구현하기 위해 특정 유형 검사를 사용한다:

```
if (q instanceof ChoiceQuestion) // Don't do this
{
    // Do the task the ChoiceQuestion way
}
else if (q instanceof Question)
{
    // Do the task the Question way
}
```

이 방법은 허술한 전략이다. NumericQuestion 같은 새로운 클래스가 추가되면, 다음과 같은 또 다른 케이스를 추가하면서, 유형 검사를 하는 모든 부분을 수정해야 한다:

```
else if (q instanceof NumericQuestion)
{
    // Do the task the NumericQuestion way
}
```

대조적으로, 우리의 퀴즈 프로그램에 대한 NumericQuestion 클래스의 추가를 고찰해보라. 그 프로그램은 유형 검사가 아닌 다형성을 사용하기 때문에 아무것도 바뀔 필요가 없다.

클래스의 계층 구조에서 유형 검사를 사용하려 시도하고 있다면, 재고하고, 대신 다형성을 사용하라. 상위클래스에 doTheTask 메소드를 선언하고, 하위클래스에서 그 메소드를 오버라이드하고, 다음을 호출하라:

```
q.doTheTask();
```

특강 9.6

상속과 toString 메소드

방금 toString 메소드를 작성하는 방법을 알아보았다: 클래스 이름과 인스턴스 변수들의 이름과 값으로 구성된 문자열을 만들라. 그러나 만약 나의 toString 메소드가 하위클래스에서 사용 가능하길 원한다면, 좀 더 노력해야 한다. 클래스 이름을 하드코딩하는 대신에, getClass 메소드(모든 클래스가 Object 클래스에서 상속받는)를 호출해서 클래스와 그의 속성을 묘사하는 객체를 얻어라. 그런 다음 getName 메소드를 호출해서 클래스의 이름을 얻어라:

```java
public String toString()
{
    return getClass().getName() + "[balance=" + balance + "]";
}
```

그러면, `toString` 메소드는, 예를 들어 `SavingsAccount` 같은 하위 클래스에 적용될 때 올바른 클래스 이름을 출력한다:

```java
SavingsAccount momsSavings = . . . ;
System.out.println(momsSavings);
// Prints "SavingsAccount[balance=10000]"
```

물론 하위클래스에서는, `toString`을 오버라이드하고 하위클래스 인스턴스 변수들의 값을 더해야 한다. 상위클래스의 인스턴스 변수들을 얻기 위해 `super.toString`를 호출해야 한다는 것을 유의하라 — 하위클래스는 이들을 직접 액세스할 수 없다.

```java
public class SavingsAccount extends BankAccount
{
    . . .
    public String toString()
    {
        return super.toString() + "[interestRate=" + interestRate + "]";
    }
}
```

이제 저축계좌는 `SavingsAccount[balance = 10000][interestRate = 5]` 같은 문자열로 변환된다. 대괄호는 어느 변수들이 상위클래스에 속하는지를 보여준다.

특강 9.7　　상속과 equals 메소드

방금 `equals` 메소드를 작성하는 방법을 보았다: `otherObject` 파라미터를 나의 클래스 유형으로 강제 형변환한 다음, 내재적 파라미터와 명시적 파라미터의 인스턴스 변수들을 비교하라.

그러나 누군가가 `Stamp` 객체가 아닌 x로 `stamp1.equals(x)`를 호출한다면 어떻게 되겠는가? 그러면 이 나쁜 캐스트는 예외를 발생시킬 것이다. `otherObject`가 정말 `Stamp` 클래스의 인스턴스인지 검사하는 것이 좋다. 가장 쉬운 검사방법은 `instanceof` 연산자를 이용하는 것일 것이다. 그러나, 이 검사는 충분히 특정적이지 않다. `otherObject`가 `Stamp`의 어떤 하위클래스에 속할 가능성이 있다. 이 가능성을 배제하려면 두 객체가 같은 클래스에 속하는지 여부를 검사해야 한다. 같은 클래스가 아니면 false를 반환하라.

```java
if (getClass() != otherObject.getClass()) { return false; }
```

또한, 자바 언어 스펙에는 `otherObject`가 `null`인 경우 `equals` 메소드가 `false`를 반환하기로 되어 있다.

여기 이 두 가지 점을 고려한 `equals` 메소드의 개선된 버전이 있다:

```java
public boolean equals(Object otherObject)
{
    if (otherObject == null) { return false; }
    if (getClass() != otherObject.getClass()) { return false; }
    Stamp other = (Stamp) otherObject;
    return color.equals(other.color) && value == other.value;
}
```

하위클래스에 `equals` 메소드를 구현할 때, 상위클래스 인스턴스 변수들이 일치하는지 확인하기 위해 상위클래스의 `equals`를 먼저 호출해야 한다. 여기 한 예가 있다:

```java
public CollectibleStamp extends Stamp
{
   private int year;
   . . .
   public boolean equals(Object otherObject)
   {

      if (!super.equals(otherObject)) { return false; }
      CollectibleStamp other = (CollectibleStamp) otherObject;
      return year == other.year;
   }
}
```

9.6 인터페이스 유형

알고리듬이 필요로 하는 필수적인 동작에 초점을 맞춤으로써 객체를 처리하기 위한 범용적이고 재사용 가능한 메커니즘을 설계하는 것이 가능하다. 이런 동작을 표현하기 위해 인터페이스 유형을 사용한다.

9.6.1 인터페이스 정의하기

BankAccount 객체들의 배열에서 평균 잔고를 계산하는 다음 메소드를 고려하자:

```java
public static double average(BankAccount[] objects)
{
   if (objects.length == 0) { return 0; }
   double sum = 0;
   for (BankAccount obj : objects)
   {
      sum = sum + obj.getBalance();
   }
   return sum / objects.length;
}
```

이제 Country 객체 배열을 가지고 있고 평균면적을 계산하려 한다고 하자:

```java
public static double average(Country[] objects)
{
   if (objects.length == 0) { return 0; }
   double sum = 0;
   for (Country obj : objects)
   {
      sum = sum + obj.getArea();
   }
   return sum / objects.length;
}
```

분명히, 결과를 계산하는 알고리듬은 두 경우 모두 동일하지만, 측정 디테일은 다르다. 어떻게 하면 은행 계좌와 국가 두 경우의 평균을 계산하는 하나의 메소드를 작성할 수 있나?

이 믹서기는 공통 인터페이스를 따르는 모든 부착물에 대해 '회전' 서비스를 제공한다.
마찬가지로, 이 절 끝의 average 메소드는 공통 인터페이스를 구현한 모든 클래스에 사용된다.

Syntax   선언부:
```
public interface InterfaceName
{
        method declarations
}
```
구현부:
```
public class ClassName implements InterfaceName, InterfaceName, . . .
{
        instance variables
        methods
}
```

```
public interface Measurable
{
        double getMeasure();
}
```



```
public class BankAccount implements Measurable
{
        . . .

        public double getMeasure()
        {
                return balance;
        }
}
```

클래스들이 데이타 분석에 사용되는 측정치를 얻는 단 하나의 getMeasure 메소드에 동의했다고 하자. 은행계좌의 경우 getMeasure는 잔고를 반환한다. 국가의 경우, getMeasure는 면적을 반환한다. 다른 클래스들도 그들의 getMeasure 메소드가 적절한 값을 반환하기만 한다면 역시 참여할 수 있다.

그러면 우리는 다음을 계산하는 단 하나의 메소드를 구현할 수 있다:

```
sum = sum + obj.getMeasure();
```

변수 obj의 유형은 무엇일까? getMeasure 메소드를 가지는 어떠한 클래스라도 될 수 있다.

자바에서 **인터페이스 유형**은 필요한 동작을 명기하는 데 사용된다. Measurable이라는 인터페이스 유형을 선언해보자:

> 자바 인터페이스 유형은 메소드 집합의 반환형, 이름, 파라미터들 포함한다.

```
public interface Measurable
{
    double getMeasure();
}
```

인터페이스 선언은 인터페이스 유형이 필요로 하는 모든 메소드를 나열한다. Measurable 인터페이스 유형은 하나의 메소드만 필요로 하지만, 일반적으로 인터페이스 유형은 여러 개의 메소드를 필요로 한다(Measurable 유형은 표준 라이브러리에 수록된 유형이 아니라 이 책에서 특별히 만든 유형이라는 점에 유의하라).

인터페이스 유형은 클래스와 비슷하지만 몇 가지 중요한 차이점이 있다:

> 클래스와 달리 인터페이스 유형은 구현을 제공하지 않는다.

- 인터페이스 유형의 모든 메소드는 추상적이다; 즉 이름, 파라미터 및 반환형을 가지고 있지만 구현은 가지고 있지 않다.
- 인터페이스 유형의 모든 메소드는 자동으로 public이다.

- 인터페이스 유형은 인스턴스 변수를 가질 수 없다.
- 인터페이스 유형은 정적 메소드를 가질 수 없다.

Measurable 인터페이스 유형을 사용해서, 평균계산을 위한 "범용" 메소드를 구현할 수 있다. 할 수 있다:

```java
public static double average(Measurable[] objects)
{
    if (objects.length == 0) { return 0; }
    double sum = 0;
    for (Measurable obj : objects)
    {
        sum = sum + obj.getMeasure();
    }
    return sum / objects.length;
}
```

9.6.2 인터페이스 구현하기

위 average 메소드는 Measurable 인터페이스를 **구현**한 모든 클래스의 객체에 사용될 수 있다. 만약 클래스가 implements 절에 인터페이스를 선언하고, 인터페이스가 요구하는 메소드 또는 메소드들을 구현하면, 클래스는 인터페이스 유형을 구현하게 된다. Measurable 인터페이스를 구현하기 위해 BankAccount 클래스를 수정해보자:

```java
public class BankAccount implements Measurable
{
    public double getMeasure()
    {
        return balance;
    }
    . . .
}
```

이 클래스가 메소드를 public으로 선언해야 하는 반면, 인터페이스 유형에서는 그럴 필요가 없다—인터페이스 타입의 모든 메소드는 public이다—는 점에 유의하라.

마찬가지로, Measurable 인터페이스를 구현하는 Country 클래스를 구현하는 것은 쉬운 일이다.

```java
public class Country implements Measurable
{
    public double getMeasure()
    {
        return area;
    }
    . . .
}
```

BankAccount 또는 Country에 대한 참조는 Measurable 참조로 변환될 수 있다. 이 절 끝 부분의 샘플 프로그램은 같은 average 메소드가 어떻게 은행 계좌 또는 국가 집합의 평균을 계산하는지를 보여준다.

요약하면 Measurable 인터페이스는, 측정 가능한 모든 객체들이 공통으로 가지는 것을 표현한다. 이 공통성이, 여러 클래스에서 사용 가능한 average 같은 메소드를 작성하는 것을 가능하게 만든다.

그림 9.11은 이 프로그램의 클래스들과 인터페이스들의 다이어그램을 보여준다. 뾰족한 점선 화살표는 "implements" 관계를 나타낸다.

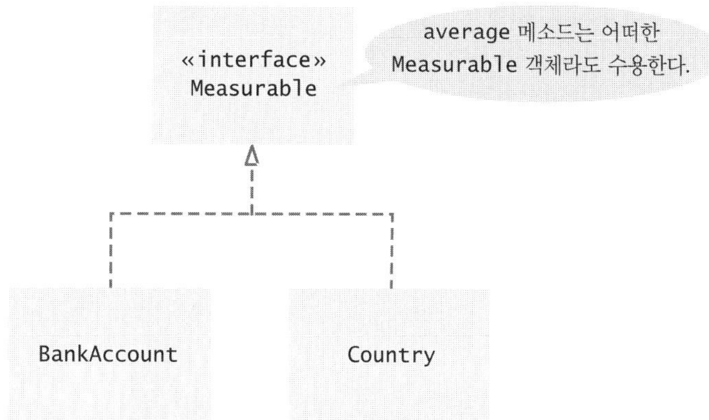

그림 9.11 Measurable 인터페이스를 구현하는 클래스들

section_6/MeasurableDemo.java

```java
/**
   This program demonstrates the measurable BankAccount and Country classes.
*/
public class MeasurableDemo
{
   public static void main(String[] args)
   {
      Measurable[] accounts = new Measurable[3];
      accounts[0] = new BankAccount(0);
      accounts[1] = new BankAccount(10000);
      accounts[2] = new BankAccount(2000);

      System.out.println("Average balance: "
         + average(accounts));

      Measurable[] countries = new Measurable[3];
      countries[0] = new Country("Uruguay", 176220);
      countries[1] = new Country("Thailand", 514000);
      countries[2] = new Country("Belgium", 30510);

      System.out.println("Average area: "
         + average(countries));
   }

   /**
      Computes the average of the measures of the given objects.
      @param objects an array of Measurable objects
      @return the average of the measures
   */
   public static double average(Measurable[] objects)
   {
      if (objects.length == 0) { return 0; }
      double sum = 0;
      for (Measurable obj : objects)
      {
         sum = sum + obj.getMeasure();
      }
      return sum / objects.length;
   }
}
```

실행결과

```
Average balance: 4000.0
Average area: 240243.33333333334
```

내 클래스의 객체들이, 예를 들어, 정렬 메소드에서 비교될 수 있도록 Comparable 인터페이스를 구현하라.

앞 절들에서, 우리는 Measurable 인터페이스를 정의하고, 그 인터페이스를 구현하는 모든 클래스에 대해 동작하는 average 메소드를 제공했다. 이 절에서는, 표준 자바 라이브러리의 Comparable 인터페이스에 관해 배울 것이다.

Measurable 인터페이스는 하나의 객체를 측정하는 데 사용된다. 비교에는 두 개의 객체가 필요하므로 Comparable 인터페이스는 더 복잡하다. 인터페이스는 compareTo 메소드를 선언한다. 호출

```
a.compareTo(b)
```

는 a가 b보다 앞서면 음수를 반환하고, 같으면 0을, 그렇지 않으면 양수를 반환한다.

Comparable 인터페이스는 다음과 같은 하나의 메소드를 가진다:

```java
public interface Comparable
{
    int compareTo(Object otherObject);
}
```

예를 들어, BankAccount 클래스는 다음과 같이 Comparable 인터페이스를 구현할 수 있다:

```java
public class BankAccount implements Comparable
{
    . . .
    public int compareTo(Object otherObject)
    {
        BankAccount other = (BankAccount) otherObject;
        if (balance < other.balance) { return -1; }
        if (balance > other.balance) { return 1; }
        return 0;
    }
    . . .
}
```

이 compareTo 메소드는 은행 계좌들을 잔고에 의해 비교한다. compareTo 메소드가 Object 형 파라미터를 가짐을 주목하라. BankAccount 참조로 바꾸기 위해 캐스트를 사용한다:

```java
BankAccount other = (BankAccount) otherObject;
```

일단 BankAccount 클래스가 Comparable 인터페이스를 구현하고 나면, Arrays.sort의 메소드로 은행계좌 배열을 정렬 할 수 있다:

```java
BankAccount[] accounts = new BankAccount[3];
accounts[0] = new BankAccount(10000);
accounts[1] = new BankAccount(0);
accounts[2] = new BankAccount(2000);
Arrays.sort(accounts);
```

이제 accounts 배열은 잔고가 커지는 순서로 정렬된다.

compareTo 메소드는 다른 객체가 더 큰지 또는 더 작은지를 검사한다.

26. Employee 객체들의 평균 급여를 구하기 위해 average 메소드를 사용한다고 하자. Employee 클래스는 어떤 조건을 충족해야 하나?

27. 왜 average 메소드는 Object[] 유형의 파라미터를 가질 수 없는가?

28. String 객체들의 평균 길이를 구하기 위해 average 메소드를 사용할 수 없는 이유는 무엇일까?

29. 이 코드는 어디가 잘못된 것일까?

```
Measurable meas = new Measurable();
System.out.println(meas.getMeasure());
```

30. 어떻게 Country 객체 배열을 면적 크기 오름차순으로 정렬할 수 있는가?

31. String 객체 배열을 정렬하기 위해 Arrays.sort 메소드를 사용할 수 있는가? String 클래스에 대한 API 설명서를 참고하라.

Practice It   이제 다음 연습문제들에 대해 답할 수 있다: R9.14, P9.15, P9.16

빈번한 오류 9.6

구현 메소드를 public으로 선언하는 것을 잊어버림

인터페이스의 메소드들은 디폴트로 public이기 때문에, public으로 선언되지 않는다. 그러나, 클래스의 메소드들은 디폴트로 public이 아니다. 흔히 인터페이스로부터의 메소드를 선언할 때 예약어 public을 잊어버리는 오류를 범한다:

```
public class BankAccount implements Measurable
{
   double getMeasure() // Oops—should be public
   {
      return balance;
   }
   . . .
}
```

그러면 컴파일러는 메소드가 public 엑세스(12.4절 참고) 대신 패키지 접근 같은 더 약한 접근 수준을 가진다고 불평한다. 해결방법은 이 메소드를 public으로 선언하는 것이다.

특강 9.8

인터페이스의 상수

인터페이스는 인스턴스 변수를 가질 수 없으나, **상수**를 지정할 수는 있다.

인터페이스에 상수를 선언할 때는 예약어 public static final을 생략할 수 있다(그래야 한다). 왜냐하면 인터페이스의 모든 변수는 자동으로 public static final이기 때문이다. 예:

```
public interface Measurable
{
   double OUNCES_PER_LITER = 33.814;
   . . .
}
```

프로그램에서 이 상수를 사용하려면 다음과 같이 인터페이스 이름을 추가한다:

```
Measurable.OUNCES_PER_LITER
```

앞의 절에서, 어떻게 Measurable 인터페이스 유형이 여러 클래스에 대해 동작하는 서비스를 제공하는 것을 가능하게 해주는지를 보았다—클래스들이 기꺼이 인터페이스 타입을 구현한다고 가정할 때. 그러나 어떤 클래스가 그러게 하지 않는다면 어떻게 할 것인가? 예를 들어, 문자열 집합의 평균 길이를 계산하길 원하지만, String은 Measurable을 구현하지 않는다.

우리의 접근 방식을 다시 생각해보자. average 메소드는 각 객체를 측정해야 한다. 객체들이 Measurable 유형이어야 한다고 할 때, 측정에 대한 책임은 객체들 자체에 있으며, 이것이 우리가 주목했던 한계의 원인이다. 만약 다른 객체가 측정을 수행할 수 있다면 더 좋을 것이다. 측정 메소드를 다른 인터페이스로 이동시키자:

```java
public interface Measurer
{
    double measure(Object anObject);
}
```

measure 메소드는 객체를 측정하고 측정치를 반환한다. 측정될 수 있는 클래스를 제한하길 원하지 않으므로, 우리는 자바의 모든 클래스의 '가장 작은 공통분모'인 Object 유형 파라미터를 사용한다.

우리는 average 메소드에 Measurer 유형의 파라미터를 추가한다:

```java
public static double average(Object[] objects, Measurer meas)
{
    if (objects.length == 0) { return 0; }
    double sum = 0;
    for (Object obj : objects)
    {
        sum = sum + meas.measure(obj);
    }
    return sum / objects.length;
}
```

이 메소드를 호출할 때 Measurer 객체를 제공해야 한다. 즉, 우리는 measure 메소드를 가진 클래스를 구현하고 그 클래스의 객체를 생성해야 한다. 문자열 측정을 위해 그걸 해보자:

```java
public class StringMeasurer implements Measurer
{
    public double measure(Object obj)
    {
        String str = (String) obj; // Cast obj to String type
        return str.length();
    }
}
```

이 특정 측정자가 단지 문자열들을 측정하기를 원한다고 할지라도, 이 measure 메소드는 Object 유형의 인수를 받아야 한다는 것을 유념하라. 파라미터는 Measurer 인터페이스에서와 같은 유형이어야 한다. 따라서, Object형 파라미터가 String형으로 강제 형변환된다.

끝으로, 우리는 문자열 배열의 평균 길이를 계산할 준비가 되었다:

```java
String[] words = { "Mary", "had", "a", "little", "lamb" };
Measurer lengthMeasurer = new StringMeasurer();
double result = average(words, lengthMeasurer); // result is set to 3.6
```


lengthMeasurer와 같은 객체를 함수 객체(*function object*)라고 부른다. 이 객체의 유일한 목적은 단일 메소드를 실행하는 것이다. 우리의 경우 measure이다. (다른 많은 프로그래밍 언어뿐만 아니라 수학에서는 Java에서는 '메소드' 대신에 'function' 이란 용어를 사용한다.)

특강 14.5에서 설명한 Comparator 인터페이스는, 함수 객체를 위한 인터페이스의 또 다른 예이다.

이 비디오 보기에서는 여러 기하 도형을 묘사하고 그리기 위해 상속을 사용하는 방법을 볼 수 있다.

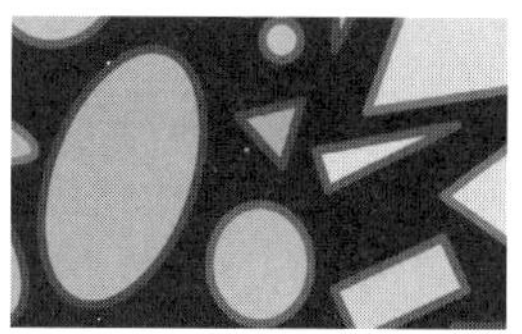

요약

상속, 상위클래스, 하위클래스의 개념을 설명.

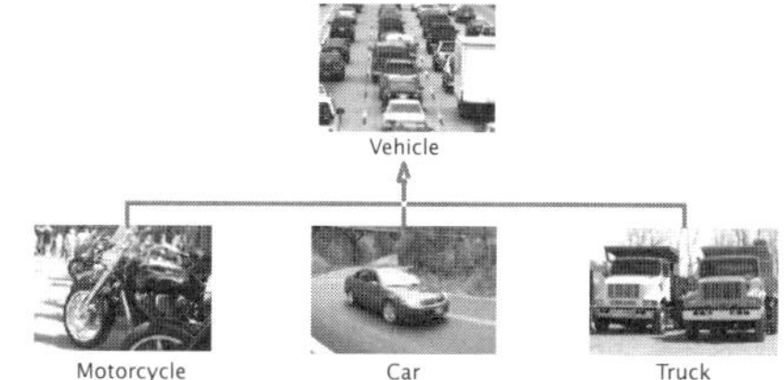

- 하위클래스는 상위클래스에서 데이타와 동작을 상속받는다.
- 항상 상위클래스 객체 대신에 하위클래스 객체를 사용할 수 있다.

자바에서 하위클래스를 구현.

- 하위클래스는 오버라이드하지 않은 모든 메소드를 상속받는다.
- 하위클래스는 새로운 구현을 제공함으로써 상위클래스 메소드를 오버라이드할 수 있다.
- extends 예약어는 클래스가 상위클래스에서 상속받음을 나타낸다.

상위클래스의 메소드를 오버라이드하는 메소드를 구현.

- 오버라이드하는 메소드는 상위클래스 메소드의 기능을 확장하거나 대체할 수 있다.
- 상위클래스 메소드를 호출하기 위해 예약어 super를 사용한다.
- 달리 명시하지 않는 한, 하위클래스 생성자는 인수가 없는 상위클래스 생성자를 호출한다.
- 상위클래스 생성자를 호출하기 위해서는 하위클래스 생성자의 첫 명령문에 예약어 super를 사용한다.
- 하위클래스의 생성자는 예약어 super를 사용해서 상위클래스 생성자에게 인수를 전달할 수 있다.

관련있는 유형들의 객체들 을 처리하기 위해 다형성을 사용

- 상위클래스 참조가 기대될 때 하위클래스 참조를 사용할 수 있다.
- 다형성("여러 모양을 갖는")은 작업들이 서로 다른 방법으로 실행될지라도, 작업들을 공유하는 객체들을 다룰 수 있게 해준다.

✚ WileyPLUS와 www.wiley.com/college/horstmann에서 온라인으로 볼 수 있다.

- 추상 메소드는 구현이 명기되어 있지 않은 메소드이다.
- 추상 클래스는 구체화 될 수 없는 클래스이다.

객체에 toString 메소드와 instanceof 연산자를 사용.

- 객체의 상태를 묘사하는 문자열을 만들기 위해 toString 메소드를 오버라이드한다.
- equals 메소드는 두 객체의 내용이 같은지를 검사한다.
- 어떤 객체가 특정 클래스에 속한다는 것을 안다면 유형을 변환시키는 캐스트를 사용한다.
- instanceof 연산자는 객체가 특정 유형에 속하는지를 검사한다.

여러 클래스들의 객체를 처리하는 알고리듬에 인터페이스 유형을 사용.

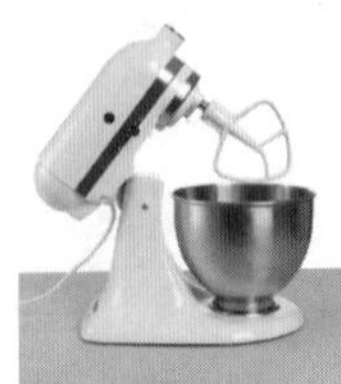

- 자바 인터페이스 타입은 반환형, 이름 및 메소드의 파라미터들을 포함한다.
- 클래스와 달리 인터페이스 타입은 구현을 제공하지 않는다.
- 파라미터 변수로 인터페이스 유형을 사용하면, 메소드는 여러 클래스들의 객체를 받을 수 있다.
- implements 예약어는 클래스가 어느 인터페이스를 구현하는지를 나타낸다.
- 예를 들어 sort 메소드에서처럼, 클래스의 객체들을 비교할 수 있도록 Comparable 인터페이스를 구현한다.

복습 연습 문제

- **R9.1** 다음 클래스 쌍들 각각에서 상위클래스와 하위클래스를 식별하라.

  a. Employee, Manager
  b. GraduateStudent, Student
  c. Person, Student
  d. Employee, Professor
  e. BankAccount, CheckingAccount
  f. Vehicle, Car
  g. Vehicle, Minivan
  h. Car, Minivan
  i. Truck, Vehicle

- **R9.2** 작은 기기 가게의 재고 관리 프로그램을 고려하자. SmallAppliance 상위클래스와 Toaster, CarVacuum, TravelIron 등의 하위클래스를 갖는 것이 유용하지 않은 이유는 무엇인가?

- **R9.3** ChoiceQuestion 클래스는 상위클래스에서 어떤 메소드들을 상속받는가? 어떤 메소드들을 오버라이드하나? 어떤 메소드들을 추가하나?

- **R9.4** How To 9.1에서 SavingsAccount 클래스는 상위클래스에서 어떤 메소드들을 상속받나? 어떤 메소드들을 오버라이드하나? 어떤 메소드들을 추가하나?

- **R9.5** How To 9.1의 CheckingAccount 객체의 인스턴스 변수들을 열거하라.

- ■ **R9.6** Sandwich 클래스로부터 Sub 클래스를 상속받았다고 하자. 다음 중 어느 것이 적법한가?

  ```
  Sandwich x = new Sandwich();
  Sub y = new Sub();
  ```
  a. x = y;
  b. y = x;

```
c. y = new Sandwich();
d. x = new Sub();
```

■ **R9.7** 아래 클래스들 간의 상속관계를 보여주는 상속 다이어그램을 그려라.

- Person
- Employee
- Student
- Instructor
- Classroom
- Object

■ **R9.8** 객체 지향 교통 시뮬레이션 시스템에, 아래와 같은 클래스들이 있다. 이 클래스들 간의 상속관계를 보여주는 상속 다이어그램을 그려라.

- Vehicle
- Car
- Truck
- Sedan
- Coupe
- PickupTruck
- SportUtilityVehicle
- Minivan
- Bicycle
- Motorcycle

■ **R9.9** 다음 클래스들 간에 상속 관계를 설정해보아라.

- Student
- Professor
- TeachingAssistant
- Employee
- Secretary
- DepartmentChair
- Janitor
- SeminarSpeaker
- Person
- Course
- Seminar
- Lecture
- ComputerLab

■■ **R9.10** (BankAccount) x와 같은 캐스트는 (int) x와 같은 수치 값 캐스트와 어떻게다른가?

■■■ **R9.11** 다음 조건문들 중 어느 것이 true를 반환하는가? 상속 패턴을 위해 자바 설명서를 참고하라. System.out은 PrintStream 클래스의 객체임을 기억하라.

```
a. System.out instanceof PrintStream
b. System.out instanceof OutputStream
c. System.out instanceof LogStream
d. System.out instanceof Object
e. System.out instanceof Closeable
f. System.out instanceof Writer
```

■■ **R9.12** C가 인터페이스 I와 J를 구현한 클래스라고 하자. 다음 중 캐스트가 필요한 할당문(들)은?

```
C c = . . .;
I i = . . .;
J j = . . .;
a. c = i;
b. j = c;
c. i = j;
```

■■ **R9.13** C는 인터페이스 I와 J를 구현한 클래스이고, i를 다음과 같이 선언했을 때, 다음 중 어느 것이 예외를 던지겠는가?

```
I i = new C();
a. C c = (C) i;
b. J j = (J) i;
c. i = (I) null;
```

■■ **R9.14** 클래스 Sandwich는 Edible 인터페이스를 구현하고 있고, 다음과 같이 변수를 선언했을 때, 다음 할당문들 중 적법한 것(들)은?

> **a.** e = sub;
> **b.** sub = e;
> **c.** sub = (Sandwich) e;
> **d.** sub = (Sandwich) cerealBox;
> **e.** e = cerealBox;
> **f.** e = (Edible) cerealBox;
> **g.** e = (Rectangle) cerealBox;
> **h.** e = (Rectangle) null;

프로그래밍 훈련

■■ **P9.1** 9.1절의 질문 계층구조에 NumericQuestion 클래스를 추가하라. 응답과 예상 답이 0.01 이하로 차이가 나면, 응답을 옳은 것으로 수용하라.

■■ **P9.2** 9.1절의 질문 계층구조에 FillInQuestion 클래스를 추가하라. 이 부류의 질문은 _ _로 둘러싸인 답을 포함하는 문자열로 구성된다. 예: "The inventor of Java was _James Gosling_". 질문은 다음과 같이 표시되어야 한다.

   The inventor of Java was ______

■ **P9.3** Question 클래스의 checkAnswer 메소드를 변경해서 빈칸 또는 대소문자를 구분하지 않게 하라. 예를 들면, 응답 "JAMES gosling"은 정답 "James Gosling"과 일치해야 한다.

■■ **P9.4** 절의 질문 계층구조에 여러 개의 정답 선택(correct choices)을 가능하게 하는 AnyCorrect ChoiceQuestion 클래스를 추가하라. 응답자는 올바른 선택들 중 어느 하나(any one of the correct choices)를 제공해야 한다. 답 문자열은 빈칸으로 분리된 모든 올바른 선택들을 포함해야 한다. 질문 텍스트에 지침을 제공하라.

■■ **P9.5** 절의 질문 계층구조에 여러 개의 정답 선택을 가능하게 만드는 MultiChoiceQuestion 클래스를 추가하라. 응답자는 빈칸으로 분리된 모든 올바른 선택들을 제공해야 한다. 질문 텍스트에 지침을 제공하라.

■■ **P9.6** Question 상위클래스에 메소드 addText를 추가하고, 선택 항목들의 배열 리스트를 저장하는 대신에 addText를 호출하는 ChoiceQuestion의 다른 구현을 제공하라.

■ **P9.7** Question과 ChoiceQuestion 클래스를 위한 toString 메소드를 제공하라.

■■ **P9.8** 상위클래스 Person을 구현하라. Person에서 상속받는 두 클래스, Student와 Instructor를 만들어라. 개인(person)은 이름과 출생 연도를 가진다. 학생(student)은 전공을 가지고, 강사(instructor)는 급여를 가진다. 클래스 선언, 생성자 그리고 모든 클래스의 toString 메소드들을 작성하라. 이 클래스들과 메소드들을 테스트하는 테스트 프로그램을 제공하라.

■■ **P9.9** 이름과 급여를 갖는 Employee 클래스를 만들어라. Employee에서 상속받는 Manager 클래스를 만들어라. String 형의 department라는 이름의 인스턴스 변수를 추가하라. 관리자의 이름, 부서 및 급여를 출력하는 toString 메소드를 제공하라. Manager에서 상속받는 Executive 클래스를 만들어라. 모든 클래스에 적절한 toString 메소드를 제공하라. 이 클래스들과 메소드들을 테스트하는 테스트 프로그램을 제공하라.

■■ **P9.10** 표준 자바 라이브러리의 `Rectangle` 클래스는 사각형의 둘레나 면적을 계산하는 메소드를 제공하지 않는다. `getPerimeter`와 `getArea` 메소드를 갖는, `Rectangle` 클래스의 하위클래스 `BetterRectangle`를 제공하라. 인스턴스 변수는 추가하지 마라. 생성자에서 `Rectangle` 클래스의 `setLocation` 및 `setSize` 메소드를 호출하라. 제공한 메소드들을 테스트 하는 프로그램을 제공하라.

■■■ **P9.11** 연습 문제 P9.10를 반복하라. 단, `BetterRectangle` 생성자에서 상위클래스 생성자를 호출하라.

■■ **P9.12** 레이블링된 점은 x, y 좌표와 문자열 레이블(label. 주의: 라벨이 아님)을 가진다. 생성자 `LabeledPoint(int x, INT y, String label)`와 x, y 및 레이블을 표시하는 `toString` 메소드를 갖는 `LabeledPoint` 클래스를 제공하라.

■■ **P9.13** 연습문제 P9.12의 `LabeledPoint` 클래스를 `java.awt.Point` 객체에 위치를 저장하도록 재구현하라. 구현한 `toString` 메소드는 `Point` 클래스의 `toString` 메소드를 호출해야 한다.

■■ **P9.14** `Measurable` 인터페이스를 구현하기 위해 연습문제 P8.5의 `SodaCan` 클래스를 수정하라. 소다 캔의 측정치는 표면적이어야 한다. 소다 캔 배열의 평균 면적을 계산하는 프로그램을 작성하라.

■■ **P9.15** 개인(person)은 이름과 센티미터 단위의 키를 가진다. `Person` 객체 집합을 처리하기 위해 9.6절의 `average` 메소드을 사용하라.

■■■ **P9.16** 가장 큰 측정치를 갖는 객체를 반환하는 다음 메소드를 작성하라.

```
public static Measurable maximum(Measurable[] objects)
```

국가 배열에서 가장 큰 면적을 가진 국가를 결정하기 위해 이 메소드를 사용하라.

■■■ **P9.17** 다음과 같은 `Filter` 인터페이스를 선언하라.

```
public interface Filter
{
    boolean accept(Object x);
}
```

주어진 필터가 받아들인 `objects` 배열에 있는 모든 객체를 반환하는 아래 메소드를 작성하라.

```
public static ArrayList<Object> collectAll(ArrayList<Object> objects, Filter f)
```

길이가 5 미만인 모든 문자열을 받아들이는 `filter` 메소드를 가진 `ShortWordFilter` 클래스를 제공하라. 그런 다음, `System.in`에서 모든 단어를 읽고, 그 단어들을 `ArrayList<Object>`에 넣고, `collectAll`을 호출하고, 짧은 단어들의 목록을 출력하는 프로그램을 작성하라.

■■■ **P9.18** `System.out.printf` 메소드는 정수, 부동 소수점 수 및 기타 데이타 유형을 출력하기 위해 미리 정의된 형식을 가지고 있다. 그러나 더 확장할 수 있다. S 형식(format)을 사용한다면, 우리는 `Formattable` 인터페이스를 구현한 어떤 클래스라도 출력할 수 있다. 그 인터페이스는 하나의 메소드를 가진다:

```
void formatTo(Formatter formatter, int flags, int width, int precision)
```

이 연습에서는 `Formattable` 인터페이스를 구현하는 `BankAccount` 클래스를 만들어야 한다. 플래그(flags)와 정밀도(precision)를 무시하고, 단순히 주어진 너비를 사용해서 은행 잔고를 포맷하라. 이 작업을 달성하기 위해, 다음과 같이 Appendable 참조를 얻어야 한다:

```
Appendable a = formatter.out();
```

Appendable은 메소드

```
void append(CharSequence sequence)
```

를 가진 또 다른 인터페이스이다. CharSequence도 (특히) String 클래스에 의해 구현된 또 다른 인터페이스이다. 먼저 은행 잔고를 문자열로 변환한 다음 원하는 너비에 맞게 빈 공간을 덧붙인 문자열을 생성하라. 그 문자열을 append 메소드에 전달하라.

■■■ P9.19　정밀도를 고려해서 프로그래밍 훈련 P9.18의 formatTo 메소드를 개선하라.

■■ 비즈니스 P9.20　월 3회의 무수수료 거래를 초과하는 예금이나 인출에 대해 수수료 $1가 부과되도록 How To 9.1의 CheckingAccount 클래스를 변경하라. 수수료를 계산하는 코드를 deposit 및 withdraw 메소드로부터 호출하는 별도의 메소드에 넣어라.

■■ 비즈니스 P9.21　상위클래스 Appointment와 하위클래스 Onetime, Daily, Monthly를 구현하라. 약속(appointment)은 설명(예: "치과 예약")과 날짜를 가진다. 그 날짜에 약속이 있는지 여부를 검사하는 메소드 occurs_on (int year, int month, int day)를 작성하라. 예를 들면, 매월의(monthly) 약속에 대해서, 그 월의 날짜가 일치하는지를 검사해야 한다. 그런 다음

Appointment 객체 배열을 약속들로 채워라. 사용자가 날짜를 입력하게 하고, 그 날짜에 발생하는 모든 약속을 출력하라.

■■ 비즈니스 P9.22　비즈니스 P9.21의 다이어리 프로그램을 개선하라. 사용자에게 새 약속을 추가하는 옵션을 제공하라. 사용자는 약속 유형, 설명, 날짜를 명시해야 한다.

■■■ 비즈니스 P9.23　사용자가 약속 데이타를 파일에 저장하고, 파일로부터 데이타를 다시 불러오도록 비즈니스 P9.21와 P9.22의 다이어리 프로그램을 개선하라. 저장부는 간단하다: 메소드 save를 만들어라. 파일에 유형, 설명, 날짜를 저장하라. 로딩부는 쉽지 않다. 우선 불러올 약속의 유형을 결정하고, 그 유형의 객체를 생성하고, 그런 다음, 데이타를 불러오기 위해 load 메소드를 호출한다.

■■■ 사이언스 P9.24　이 문제에서는 임의의 저항기 배치로 구성된 회로를 모델링한다. 인스턴스 메소드 getResistance를 갖는 상위 클래스 Circuit을 제공하라. 한 저항기를 나타내는 하위 클래스 Resistor를 제공하라. 각각이 ArrayList<Circuit>을 포함하는 하위 클래스 Serial과 Parallel을 제공하라. Serial 회로는 각각이 단일 저항기나 다른 회로일 수 있는, 일련의 회로들을 모델링한다. 비슷하게, Parallel 회로는 병렬 회로들을 모델링한다. 예를 들

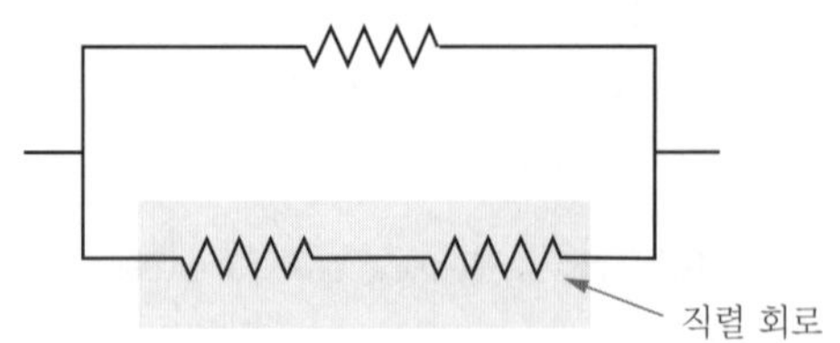

면, 다음 회로는 단일 저항기와 하나의 `Serial` 회로를 포함하는 `Parallel` 회로이다.
결합 저항을 계산하기 위해서 Ohm의 법칙을 이용하라.

■■ **사이언스 P9.25** 아래 그림의 (a)는 **증폭기**라고 불리는 전기 회로의 기호 표현을 보여준다. 증폭기의 입력은 전압 v_i이며, 출력은 전압 v_o이다. 증폭기의 출력은 입력에 비례한다. 이 비례 상수를 증폭기의 '이득'이라고 부른다.

(b), (c), (d)는 세 개의 특정 증폭기 유형들의 개략도를 보여준다: 반전 증폭기, 비반전 증폭기, 전압 분배 증폭기. 이들 세 증폭기 각각은 두 개의 저항기와 하나의 op 앰프로 구성된다. 각 증폭기의 이득 값은 저항 값들에 따라 달라진다. 특히, 반전 증폭기의 이득은
$g = -\dfrac{R_2}{R_1}$로 주어진다. 비슷하게, 비반전 증폭기와 전압 분배기의 이득들은 각각
$g = 1 + \dfrac{R_2}{R_1}$ 그리고 $g = \dfrac{R_2}{R_1 + R_2}$로 주어진다.

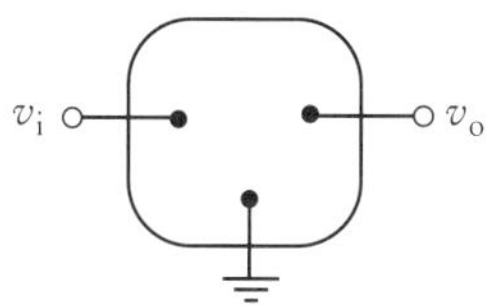

(a) 증폭기

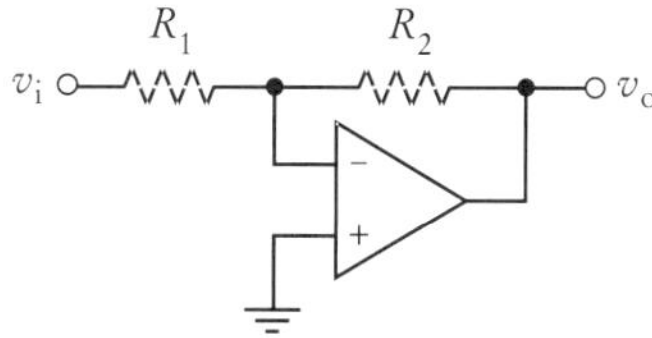

(b) 반전 증폭기

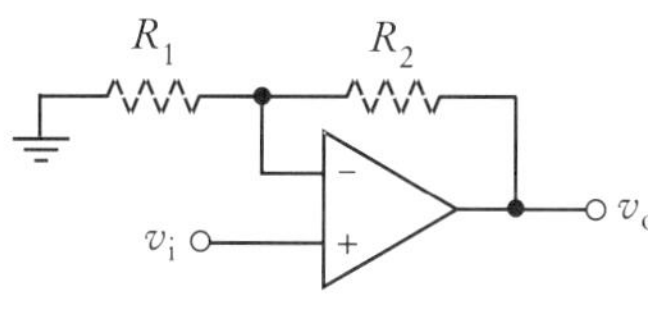

(c) 비반전 증폭기

(d) 전압 분배 증폭기

증폭기를 상위클래스로 표현하고, 반전 증폭기, 비반전 증폭기, 전압분배 증폭기들을 하위클래스들로 표현하는 자바 프로그램을 작성하라. 상위클래스에 두 개의 메소드, 즉 `getGain`과 증폭기를 식별하는 문자열을 반환하는 `getDescription`을 제공하라. 각 하위클래스는 증폭기의 저항들인 두 개의 인수를 갖는 생성자를 가져야 한다.

하위클래스들은 상위클래스의 `getGain`과 `getDescription`을 오버라이드해야 한다.

샘플 저항 값들에 대해 하위클래스들이 모두 적절하게 동작하는 것을 입증하는 클래스를 작성하라.

■■ **사이언스 P9.26** 공진 회로는 섞여있는 신호들 중에서 한 신호(예: 라디오 방송 또는 TV 채널)를 선택하기 위해서 사용된다. 공진 회로는 아래 그림에 보인 주파수 응답에 의해 특징지어진다. 공진 주파수 응답은 세 개의 파라미터에 의해 완벽하게 기술된다: 공진 주파수 ω_o, 대역 폭 B, 공진 주파수에서의 이득 k.

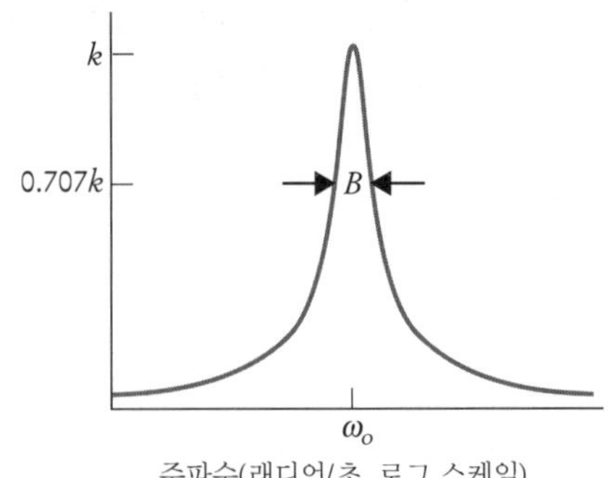

두 개의 간단한 공진 회로를 아래 그림에 나타냈다. (a) 회로를 **병렬 공진 회로**라고 한다. (b) 회로를 **직렬 공진 회로**라고 한다. 두 공진 회로는 저항 R, 커패시턴스(정전 용량)가 C인 커패시터, 인덕턴스(유도 용량)가 L인 인덕터로 구성된다.

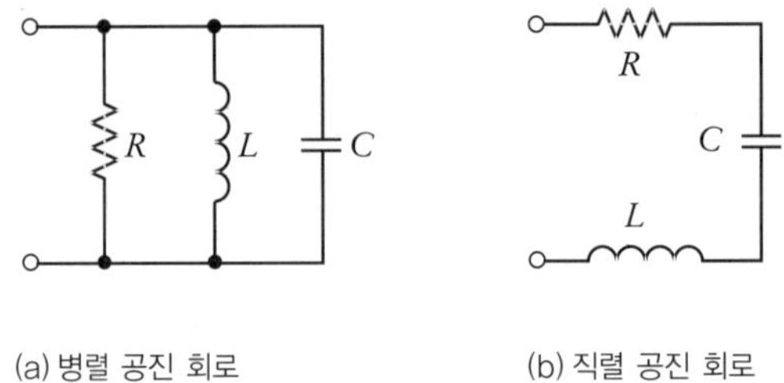

이 회로들은 명시된 ω_o, B, k 값들에 의해 공진 주파수 응답을 일으키게 하는 R, C, L 값들을 계산해서 설계된다. 병렬 공진 회로의 설계 공식들:

$$R = k, \quad C = \frac{1}{BR}, \text{ and } \quad L = \frac{1}{\omega_o^2 C}$$

직렬 공진 회로의 설계 공식들:

$$R = \frac{1}{k}, \quad L = \frac{R}{B}, \text{ and } \quad C = \frac{1}{\omega_o^2 L}$$

`ResonantCircuit`를 상위클래스로 표현하고, `SeriesResonantCircuit`와 `ParallelResonantCircuit`를 하위클래스로 표현하는 자바 프로그램을 작성하라. 상위클래스에 공진 주파수 응답의 파라미터들인 ω_o, B, k를 나타내는 세 개의 private 인스턴스변수들을 부여하라. 상위클래스는 이 변수들을 얻고 설정하기 위한 public 인스턴스 메소드들을 제공해야 한다. 상위클래스는 또한 공진 주파수 응답의 설명을 출력하는 `display` 메소드도 제공해야 한다.

각 하위클래스는 해당 공진 회로를 설계하는 메소드를 제공해야 한다. 하위클래스들은 또한 주파수 응답(ω_o, B, k의 값들)과 회로(R, C, L의 값들) 모두의 설명을 출력하는 상위클래스의 `display` 메소드를 오버라이드해야 한다.

모든 클래스는 적절한 생성자를 제공해야 한다.

하위클래스들 모두가 적절하게 동작한다는 것을 입증하는 클래스를 작성하라.

1. 모든 관리자(manager)가 직원(employee)이지만 그 반대는 아니므로, Manager 클래스는 더 특화된 것이다. 그래서 Manager는 하위클래스이고, Employee는 상위클래스이다.

2. CheckingAccount와 SavingsAccount 둘 다 더 일반적인 클래스 BankAccountdpt로부터 상속받는다.

3. Exception, Throwable

4. Vehicle, truck, motorcycle

5. 아니다. 퀴즈(quiz)는 문제(question)가 아니다(is not a); 퀴즈는 문제(question)들을 가진다(has).

6. a, b, d

7.
```
public class Manager extends Employee
{
    private double bonus;
    // Constructors and methods omitted
}
```

8. name, baseSalary, bonus

9.
```
public class Manager extends Employee
{
    . . .
    public double getSalary() { . . . }
}
```

10. getName, setName, setBaseSalary

11. 그 메소드는 상위클래스의 인스턴스 변수 text에 엑세스할 수 없다.

12. this 참조의 유형은 ChoiceQuestion이다. 그러므로 ChoiceQuestion의 display 메소드가 선택된다. 이 메소드는 자기 자신을 호출한다.

13. 모호성(ambiguity)이 없기 때문이다. 하위클래스는 setAnswer 메소드를 가지고 있지 않다.

14.
```
public String getName()
{
    return "*" + super.getName();
}
```

15.
```
public double getSalary()
{
    return super.getSalary() + bonus;
}
```

16. a만 사용할 수 있다.

17. 그것은 BankAccount 클래스 또는 그 하위클래스들 중 하나에 속한다.

18. Question[] quiz = new Question[SIZE];

19. 주어진 코드로는 알 수 없다―cq는 ChoiceQuestion의 하위클래스 객체로 초기화될 수도 있다. cq 참조 객체가 무엇이든지 그 객체의 display 메소드가 호출된다.

20. 아니다. 이것은 Math 클래스의 정적 메소드이다. 메소드를 동적으로 검색하기 위해 사용될 수 있는 내재적 파라미터 객체는 없다.

21. 왜냐하면 PrintStream 클래스의 구현자가 toString 메소드를 제공하지 않았기 때문이다.

22. 두 번째 줄이 컴파일 되지 않는다. Object 클래스는 length 메소드를 가지고 있지 않다.

23. 코드는 컴파일 되지만, Question이 String의 하위클래스가 아니므로 두 번째 줄이 class cast exception을 던질 것이다.

24. Object 형 변수에 대해 호출될 수 있는 메소드는 단 몇 개뿐이다.

25. x가 null이면 그 값은 false이고 그렇지 않으면 true이다.

26. Measurable 인터페이스를 구현하고, 급여를 반환하는 getMeasure 메소드를 제공해야 한다.

27. Object 클래스는 getMeasure 메소드를 가지고 있지 않다.

28. Measurable을 구현도록 String 클래스를 수정할 수는 없다―String 클래스는 라이브러리 클래스다. 솔루션은 특강 9.9를 참고.

29. Measurable은 class가 아니다. Measurable형 객체를 생성할 수 없다.

30. 아래와 같이 Country 클래스가 Comparable 인터페이스를 구현하게 하고, Arrays.sort를 호출하라.

```
public class Country implements Comparable
{
    . . .
```

```java
public int compareTo(Object otherObject)
{
   Country other = (Country) otherObject;
   if (area < other.area) return -1;
   if (area > other.area) return 1;

   if (area < other.area) return -1;
   if (area > other.area) return 1;
   return 0;
}
}
```

31. 그렇다. String이 Comparable 인터페이스를 구현하
고 있기 때문에 할 수 있다.

CHAPTER **10**

그래픽 사용자 인터페이스(GUI)

Graphical User Interfaces

목표

간단한 그래픽 사용자 인터페이스(GUI)를 구현하기

프레임 윈도우에 버튼, 텍스트 필드, 그리고 기타 컴포넌트들을 추가하기

버튼에 의해 발생한 이벤트 처리하기

간단한 그림을 표시하는 프로그램 작성하기

내용

이 장에서는 버튼, 텍스트 컴포넌트 그리고 차트 같은 그래픽 컴포넌트를 포함하는 GUI(Graphical User-Interface) 애플리케이션을 어떻게 작성하는지를 배울 것이다. 버튼 클릭에 의해 발생되는 이벤트와 사용자 입력을 처리할 수 있게 되고, 텍스트와 그래픽 출력을 업데이트 할 수 있게 된다.

10.1 프레임 윈도우

그래픽 응용프로그램은 그림 10.1에서 보듯이 타이틀 바(제목표시줄)가 있는 윈도우, 즉 프레임 안에 정보를 보여준다. 다음 절들에서는 프레임을 표시하는 방법과 프레임 안에 사용자 인터페이스 컴포넌트들을 위치시키는 방법을 배울 것이다.

GUI(그래픽 사용자 인터페이스)는 프레임 내부에 표시된다.

10.1.1 프레임 표시하기

프레임을 보여주기 위해서는 다음과 같은 과정을 수행해야 한다:

1. JFrame 클래스의 객체를 생성한다.

```java
JFrame frame = new JFrame();
```

2. 프레임 크기를 설정한다.

```java
final int FRAME_WIDTH = 300;
final int FRAME_HEIGHT = 400;
frame.setSize(FRAME_WIDTH, FRAME_HEIGHT);
```

그림 10.1 프레임 윈도우

이 프레임은 가로 300화소에 세로 400화소가 된다. 만약 이 과정을 생략하면 프레임은 가로 0화소, 세로 0화소가 되어서 볼 수 없게 될 것이다(화소는 디지털 이미지를 구성하는 작은 점이다).

3. 원하는 경우 프레임의 제목을 설정한다:

```java
frame.setTitle("An empty frame");
```

만약 이 단계를 생략하면 타이틀 바는 공백으로 남는다.

4. "디폴트 닫기 연산"을 설정한다.

```java
frame.setDefaultCloseOperation(JFrame.EXIT_ON_CLOSE);
```

사용자가 프레임을 닫을 때 프로그램이 자동으로 종료된다. 이 단계를 생략하면 안된다. 이것을 생략하면 프레임이 닫힌 후에도 프로그램은 계속 돌아간다.

5. 프레임을 눈에 보이게 만든다:

```java
frame.setVisible(true);
```

아래 간단한 프로그램은 이 모든 단계들을 보여준다. 이 프로그램은 그림 10.1과 같은 빈 프레임을 만든다.

JFrame 클래스는 javax.swing 패키지의 일부이다. Swing은 자바의 GUI 라이브러리에 대한 별명이다. javax의 "x"는 Swing이 표준 라이브러리에 추가되기 전에 자바 **확장자**로서 시작한 사실을 나타낸다.

section_1_1/EmptyFrameViewer.java

```java
 1  import javax.swing.JFrame;
 2
 3  /**
 4     This program displays an empty frame.
 5  */
 6  public class EmptyFrameViewer
 7  {
 8     public static void main(String[] args)
 9     {
10        JFrame frame = new JFrame();
11
12        final int FRAME_WIDTH = 300;
13        final int FRAME_HEIGHT = 400;
14        frame.setSize(FRAME_WIDTH, FRAME_HEIGHT);
15        frame.setTitle("An empty frame");
16        frame.setDefaultCloseOperation(JFrame.EXIT_ON_CLOSE);
17
18        frame.setVisible(true);
19     }
20  }
```

10.1.2 프레임에 사용자 인터페이스(UI) 컴포넌트 추가하기

빈 프레임은 별로 재미가 없다. 그 안에 버튼, 텍스트 레이블과 같은 UI 컴포넌트를 넣고 싶을 것이다. 그러나 만약 프레임에 직접 컴포넌트들을 추가하면 그들은 서로의 위에 놓이게 된다.

만약 둘 이상의 컴포넌트들이 있다면 그들을 **패널**(다른 UI 컴
포넌트들의 컨테이너) 안에 넣고 그 패널을 프레임에 추가한다:

```java
JPanel panel = new JPanel();
panel.add(button);
panel.add(label);
frame.add(panel);
```

먼저 컴포넌트 위에 보여질 텍스트를 제공하면서 컴포넌트들을
생성한다:

```java
JButton button = new JButton("Click me!");
JLabel label = new JLabel("Hello, World!");
```

그리고 위에서 보듯이 컴포넌트들을 프레임에 추가한다. 그림 10.2가 그 결과를 보여준다.
프로그램을 실행할 때 버튼을 클릭해도 아무 동작도 일어나지 않을 것이다. 버튼에 동작을
추가하는 방법은 10.2절에서 알게 될 것이다.

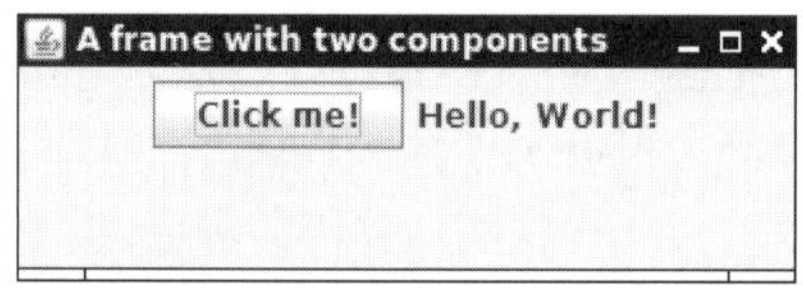

그림 10.2 버튼과 레이블이 있는 프레임

section_1_2/FIlledFrameViewer.java

```java
1  import javax.swing.JButton;
2  import javax.swing.JFrame;
3  import javax.swing.JLabel;
4  import javax.swing.JPanel;
5
6  /**
7     This program shows a frame that is filled with two components.
8  */
9  public class FilledFrameViewer
10 {
11    public static void main(String[] args)
12    {
13       JFrame frame = new JFrame();
14
15       JButton button = new JButton("Click me!");
16       JLabel label = new JLabel("Hello, World!");
17
18       JPanel panel = new JPanel();
19       panel.add(button);
20       panel.add(label);
21       frame.add(panel);
22
23       final int FRAME_WIDTH = 300;
24       final int FRAME_HEIGHT = 100;
25       frame.setSize(FRAME_WIDTH, FRAME_HEIGHT);
26       frame.setTitle("A frame with two components");
27       frame.setDefaultCloseOperation(JFrame.EXIT_ON_CLOSE);
28
29       frame.setVisible(true);
30    }
31 }
```

복잡한 프레임을 위해서는 JFrame 서브클래스를 선언하라.

프레임에 UI 컴포넌트들을 추가함에 따라 프레임이 매우 복잡해질 수 있다. 복잡한 프레임들을 위해 상속(inheritance)을 사용하면 프로그램을 이해하기가 쉬워진다.

그렇게 하기 위해서 Jframe의 서브클래스를 만들라. 그리고 컴포넌트들을 인스턴스 변수로 저장하라. 서브클래스의 생성자에서 이 컴포넌트들을 초기화시켜라. 코드를 체계화하기 위한 도우미 메소드들을 추가하는 것을 쉽게 만들어준다.

프레임 생성자에서 프레임 크기를 설정하는 것도 좋다. 프레임은 대개 그를 표시하는 프로그램보다 선호하는 크기를 더 잘 알고 있다.

자바에서는 원하는 프레임을 커스터 마이즈하기 위해 상속을 사용할 수 있다.

```java
public class FilledFrame extends JFrame
{
   // Use instance variables for components
   private JButton button;
   private JLabel label;

   private static final int FRAME_WIDTH = 300;
   private static final int FRAME_HEIGHT = 100;

   public FilledFrame()
   {
      // Now we can use a helper method
      createComponents();

      // It is a good idea to set the size in the frame constructor
      setSize(FRAME_WIDTH, FRAME_HEIGHT);
   }

   private void createComponents()
   {
      button = new JButton("Click me!");
      label = new JLabel("Hello, World!");
      JPanel panel = new JPanel();
      panel.add(button);
      panel.add(label);
      add(panel);
   }
}
```

물론 우리는 여전히 메인 메소드가 있는 클래스가 필요하다:

```java
public class FilledFrameViewer2
{
   public static void main(String[] args)
   {
      JFrame frame = new FilledFrame();
      frame.setTitle("A frame with two components");
      frame.setDefaultCloseOperation(JFrame.EXIT_ON_CLOSE);
      frame.setVisible(true);
   }
}
```

1. "Hello, World!" 라고 쓰여있는 타이틀 바가 있는 정사각형 프레임을 표시하는 방법은?

2. 프로그램이 어떻게 두 프레임을 한 번에 표시할 수 있는가?

3. 프로그램이 어떻게 Yes와 No 두 개의 버튼이 있는 프레임을 보여줄 수 있는가?

4. 왜 FilledFrameViewer2 클래스가 프레임 변수가 FilledFrame 클래스가 아닌 JFrame 클래스를 갖도록 선언하는가?

5. 프레임 클래스를 선언하기 위해 상속을 사용할 때 10.1.3절의 애플리케이션은 얼마나 많은 자바 소스 파일들을 필요로 하는가?

6. 왜 FilledFrame의 createComponents 메소드는 add(panel)을 호출하는 반면, FilledFrameViewer의 메인 메소드는 frame.add(panel)을 호출하는가?

Practice It   이제 다음 연습문제들에 대해 답할 수 있다: R10.1, R10.4, P10.1.

특강 10.1   **프레임 클래스에 main 메소드 추가하기**

FilledFrame과 FilledFrameViewer2 메소드를 다시 살펴보자. 어떤 프로그래머들은 메인 메소드를 프레임 클래스에 추가함으로써 이 두 클래스들을 결합하는 것을 선호한다:

```java
public class FilledFrame extends JFrame
{
   . . .
   public static void main(String[] args)
   {
      JFrame frame = new FilledFrame();
      frame.setTitle("A frame with two components");
      frame.setDefaultCloseOperation(JFrame.EXIT_ON_CLOSE);
      frame.setVisible(true);
   }

   public FilledFrame()
   {
       createComponents();
       setSize(FRAME_WIDTH, FRAME_HEIGHT);
   }
   . . .
}
```

이것은 여러 프로그램들에서도 찾아볼 수 있는 편리한 지름길이지만, 이것은 프레임 클래스와 프로그램 간의 책임을 분리하지 않는다.

10.2   이벤트와 이벤트 처리하기

콘솔 윈도우를 통하여 사용자와 상호 작용하는 응용 프로그램에서 사용자 입력은 프로그램의 제어 하에 있다. 프로그램은 사용자에게 특정 순서로 입력을 요청한다. 예를 들면 프로그램은 사용자에게 먼저 이름을 물어보고 다음에 금액을 물어볼 수 있다. 하지만 컴퓨터에서 우리가 매일 사용하는 프로그램은 그렇게 작동하지 않는다. 현대 **GUI**를 사용하는 프로그램에서는 사용자가 제어권을 가진다. 사용자는 마우스와 키보드 둘 다 사용할 수 있고, 원하는 순서로 UI의 많은 부분들을 다룰 수 있다. 예를 들면 사용자는 임의의 순서로 텍스트 필드에 정보를 입력하고, 메뉴를 당겨 내리고, 버튼을 클릭하고, 스크롤바를 드래그 할 수 있다. 프로그램은 이러한 사용자 명령이 어떤 순서로 오더라도 반응해야 한다. 무작위로 오는 많은 입력들을 다루는 것은 단순히 사용자가 정해진 순서대로 입력을 하게 만드는 것보다 훨씬 더 힘들다.

다음 절들에서는 UI 이벤트들에 반응할 수 있는 자바 프로그램을 작성하는 방법을 배울 것이다.

10.2.1 이벤트 듣기

그래픽 프로그램의 사용자가 글자를 타이핑 하거나 프로그램의 한 윈도우 안에서 마우스를 사용할 때마다, 프로그램은 이벤트가 발생했다는 통지를 받는다. 예를 들면 마우스가 윈도우 위에서 작은 구간을 이동할 때마다 "mouse move"라는 이벤트가 발생한다. 버튼을 클릭하거나 메뉴 항목을 선택하면 "action" 이벤트가 발생한다.

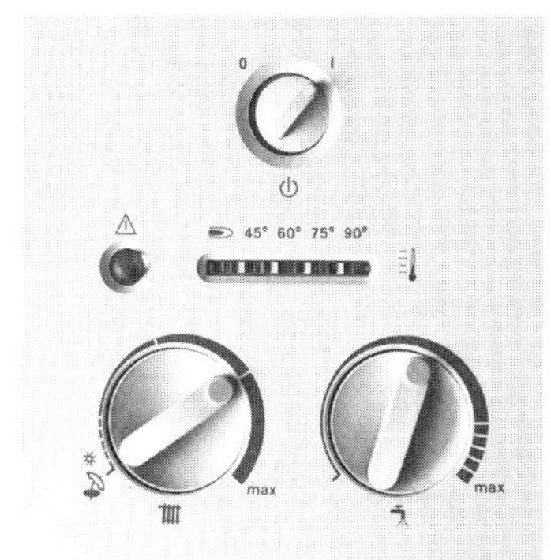

이벤트-구동 UI에서 사용자가 입력 컴포넌트를 조작할 때마다 프로그램은 이벤트를 수신한다.

대부분의 프로그램은 관계없는 이벤트 홍수에 빠지는 것을 원하지 않는다. 예를 들면 마우스로 버튼을 클릭할 때, 마우스는 버튼 위로 이동하고, 마우스 버튼이 눌리고, 끝으로 버튼이 놓아진다. 프로그램은 이런 마우스의 모든 이벤트를 받는 것보다, 버튼 클릭에만 신경쓰도록 명시할 수 있다. 반면, 만약에 마우스 입력이 가상의 캔버스에 도형을 그리는 데 사용된다면, 프로그램은 마우스의 이벤트를 밀접하게 추적할 필요가 있다.

모든 프로그램은 어떤 이벤트를 받을 필요가 있는지 명시해야 한다. **이벤트 리스너** 객체를 설치함으로써 그렇게 한다. 이 객체는 우리가 제공해야 하는 클래스의 인스턴스이다. 이벤트 리스너 클래스의 메소드는 이벤트가 발생할 때 실행되게 할 명령들을 포함한다.

이벤트 리스너를 설치하기 위해서는 **이벤트 소스**를 알아야 한다. 이벤트 소스는 특정 이벤트를 발생시키는 버튼과 같은 UI 컴포넌트이다. 적당한 이벤트 소스에 이벤트 리스너 객체를 추가한다. 이벤트가 발생할 때마다 이벤트 소스는 모든 관련 이벤트 리스너들의 적당한 메소드들을 호출한다.

이 말은 좀 추상적으로 들릴 수 있다. 따라서 버튼이 클릭될 때마다 메시지를 출력하는 매우 간단한 프로그램을 통해 알아보자. 버튼 리스너는 반드시 ActionListener 인터페이스를 구현하는 클래스에 속해야 한다:

```java
public interface ActionListener
{
    void actionPerformed(ActionEvent event);
}
```

이 특정 인터페이스는 actionPerformed라는 하나의 메소드를 가지고 있다. 버튼이 클릭될 때마다 실행시키고 싶은 명령을 actionPerformed 메소드가 포함하는 클래스를 제공하는 것은 프로그래머의 몫이다. 여기 그런 리스너 클래스의 매우 단순한 예가 있다: actionPerformed 메소드의 파라미터 변수 event는 무시하자. 이 파라미터 변수는 이벤

section_2_1/ClickListener.java

```java
1  import java.awt.event.ActionEvent;
2  import java.awt.event.ActionListener;
3
4  /**
5     An action listener that prints a message.
6  */
7  public class ClickListener implements ActionListener
8  {
9     public void actionPerformed(ActionEvent event)
10    {
11       System.out.println("I was clicked.");
12    }
13 }
```

트가 발생한 시각 등과 같은 이벤트에 대한 추가적인 세부사항을 포함한다. 이벤트 핸들링 클래스들은 java.awt.event 패키지(awt는 Abstract Window Toolkit의 약어로, 윈도우와 이벤트를 처리하는 자바 라이브러리이다)에 정의되어 있음을 주목하라.

일단 리스너 클래스가 선언되고 나면 그 클래스의 객체를 생성해서 버튼에 추가해야 한다:


```java
ActionListener listener = new ClickListener();
button.addActionListener(listener);
```

버튼이 클릭될 때마다, 자바 이벤트 핸들링 라이브러리가 다음을 호출한다.

```java
listener.actionPerformed(event);
```

그 결과 메시지가 프린트된다.

콘솔 윈도우를 열어서 이 프로그램을 테스트 해볼 수 있다. 콘솔 윈도우에서 ButtonViewer1 프로그램을 실행하고, 버튼을 클릭하고, 콘솔 윈도우에서 메시지를 확인한다(그림 10.3).

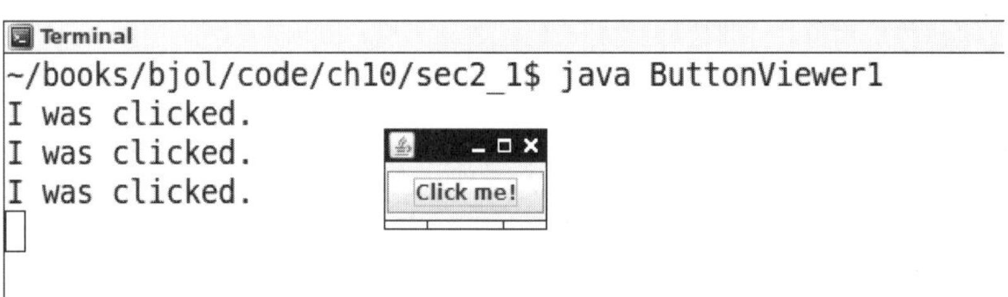

그림 10.3 액션 리스너 구현하기

section_2_1/ButtonFrame1.java

```java
1  import java.awt.event.ActionListener;
2  import javax.swing.JButton;
3  import javax.swing.JFrame;
4  import javax.swing.JPanel;
5
6  /**
7     This frame demonstrates how to install an action listener.
8  */
9  public class ButtonFrame1 extends JFrame
10 {
11    private static final int FRAME_WIDTH = 100;
12    private static final int FRAME_HEIGHT = 60;
```

```java
13
14    public ButtonFrame1()
15    {
16       createComponents();
17       setSize(FRAME_WIDTH, FRAME_HEIGHT);
18    }
19
20    private void createComponents()
21    {
22       JButton button = new JButton("Click me!");
23       JPanel panel = new JPanel();
24       panel.add(button);
25       add(panel);
26
27       ActionListener listener = new ClickListener();
28       button.addActionListener(listener);
29    }
30 }
```

section_2_1/ButtonViewer1.java

```java
 1  import javax.swing.JFrame;
 2
 3  /**
 4     This program demonstrates how to install an action listener.
 5  */
 6  public class ButtonViewer1
 7  {
 8     public static void main(String[] args)
 9     {
10        JFrame frame = new ButtonFrame1();
11        frame.setDefaultCloseOperation(JFrame.EXIT_ON_CLOSE);
12        frame.setVisible(true);
13     }
14  }
```

10.2.2 리스너를 위한 내부클래스 사용하기

앞 절에서 어떻게 버튼 액션을 구체화하는지 알아보았다. 버튼 액션을 위한 코드는 리스너 클래스에 놓인다. 리스너 클래스는 다음과 같이 **내부클래스(inner class)**로 구현하는 것이 일반적이다.

```java
public class ButtonFrame2 extends JFrame
{
   . . .
   // This inner class is declared inside the frame class
   class ClickListener implements ActionListener
   {
      . . .
   }

   private void createComponents()
   {
      button = new JButton("Click me!");
      ActionListener listener = new ClickListener();
      button.addActionListener(listener);
      . . .
   }
}
```

내부클래스는 단순히 다른 클래스 내부에 선언된 클래스이다.

리스너 클래스를 내부 클래스로 만들면 두 가지 장점이 있다. 첫째로 리스너 클래스들은 대체로 매우 짧은 경향이 있다. 프로젝트의 나머지 부분들을 어수선하게 만들지 않고도 내부클래스를 필요한 곳 근처에 놓을 수 있다. 또한 내부클래스들은 매우 매력적인 특징이 있다: 내부클래스의 메소드는 둘러싼 클래스의 인스턴스 변수들과 메소드들을 엑세스할 수 있다.

이 특징은 이벤트 핸들러를 구현할 때 특히 유용하다. 즉, 생성자나 메소드 인수로 받을 필요 없이 내부클래스가 엑세스할 수 있게 한다.

예를 한번 들어 보자. "I was clicked" 라는 메시지를 프린트하지 않고 대신 변수들을 레이블에 보여주게 해보자. 만약 액션 리스너를 프레임 클래스의 내부클래스에 넣는다면, 액션 리스너의 actionPerformed 메소드는 label 인스턴스 변수에 접근해서 레이블 텍스트를 바꿔주는 setText 메소드를 호출할 수 있다:

```java
public class ButtonFrame2 extends JFrame
{
   private JButton button;
   private JLabel label;
   . . .
   class ClickListener implements ActionListener
   {
      public void actionPerformed(ActionEvent event)
      {
         // Accesses label variable from surrounding class
         label.setText("I was clicked");
      }
   }
   . . .
}
```

리스너를 일반 클래스로 만들게 되면 리스너가 레이블 필드에 대한 참조를 가지고 생성되어야 하므로 별 매력이 없다(프로그래밍 훈련 P10.5 참고).

section_2_2/ButtonFrame2.java

```java
1   import java.awt.event.ActionEvent;
2   import java.awt.event.ActionListener;
3   import javax.swing.JButton;
4   import javax.swing.JFrame;
5   import javax.swing.JLabel;
6   import javax.swing.JPanel;
7
8   public class ButtonFrame2 extends JFrame
9   {
10     private JButton button;
11     private JLabel label;
12
13     private static final int FRAME_WIDTH = 300;
14     private static final int FRAME_HEIGHT = 100;
15
16     public ButtonFrame2()
17     {
18        createComponents();
19        setSize(FRAME_WIDTH, FRAME_HEIGHT);
20     }
21
22     /**
23        An action listener that changes the label text.
24     */
25     class ClickListener implements ActionListener
26     {
27        public void actionPerformed(ActionEvent event)
28        {
29           label.setText("I was clicked.");
30        }
31     }
```

```
32
33    private void createComponents()
34    {
35       button = new JButton("Click me!");
36       ActionListener listener = new ClickListener();
37       button.addActionListener(listener);
38
39       label = new JLabel("Hello, World!");
40
41       JPanel panel = new JPanel();
42       panel.add(button);
43       panel.add(label);
44       add(panel);
45    }
46 }
```

10.2.3 응용 프로그램: 투자의 성장률을 보여주기

이번 절에서는 GUI를 사용하여 실질적인 응용프로그램을 만들 것이다. 프레임으로 은행 계좌 잔액을 보여준다. 사용자가 버튼을 클릭할 때마다 5%의 이자가 더해지며, 새로운 잔고가 표시된다(그림 10.4).

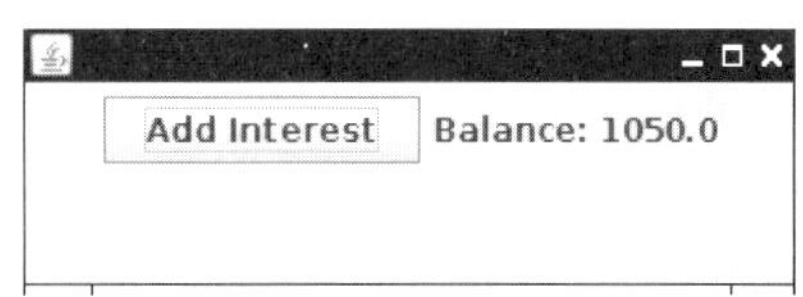

그림 10.4 버튼을 클릭하면 투자액이 불어난다.

UI를 위한 버튼과 레이블이 필요하다. 또한 현재 잔고를 저장할 필요가 있다:

```
public class InvestmentFrame extends JFrame
{
   private JButton button;
   private JLabel resultLabel;
   private double balance;

   private static final double INTEREST_RATE = 5;
   private static final double INITIAL_BALANCE = 1000;
   . . .
}
```

프레임이 생성될 때 잔액을 초기화한다. 그리고 버튼과 레이블을 패널에 추가하고 패널을 프레임에 추가한다:

```
public InvestmentFrame()
{
   balance = INITIAL_BALANCE;

   createComponents();
   setSize(FRAME_WIDTH, FRAME_HEIGHT);
}
```

이제 버튼 클릭을 처리하는 이벤트 리스너라는 어려운 부분을 시작할 준비가 되었다. 앞 절에서처럼 `ActionListener` 인터페이스를 구현하는 클래스를 선언하고, `actionPerformed` 메소드 안에 버튼 액션을 놓는 것이 필요하다. 우리의 리스너 클래스는 이자를 더하여 새로운 잔고를 표시한다.

```java
class AddInterestListener implements ActionListener
{
   public void actionPerformed(ActionEvent event)
   {
      double interest = balance * INTEREST_RATE / 100;
      balance = balance + interest;
      resultLabel.setText("Balance: " + balance);
   }
}
```

balance와 resultLabel 인스턴스 변수들을 엑세스할 수 있도록 이 클래스를 내부클래스로 만든다.

마지막으로 리스너 클래스의 인스턴스를 버튼에 추가해야 한다:

```java
private void createComponents()
{
   button = new JButton("Add Interest");
   ActionListener listener = new AddInterestListener();
   button.addActionListener(listener);
   . . .
}
```

여기 완성된 프로그램이 있다. 이 프로그램은 패널을 사용하여 여러 개의 컴포넌트들을 프레임에 추가하는 방법과, 어떻게 리스너를 내부클래스로 구현하는지 보여준다.

section_2_3/InvestmentFrame.java

```java
 1  import java.awt.event.ActionEvent;
 2  import java.awt.event.ActionListener;
 3  import javax.swing.JButton;
 4  import javax.swing.JFrame;
 5  import javax.swing.JLabel;
 6  import javax.swing.JPanel;
 7
 8  public class InvestmentFrame extends JFrame
 9  {
10     private JButton button;
11     private JLabel resultLabel;
12     private double balance;
13
14     private static final int FRAME_WIDTH = 300;
15     private static final int FRAME_HEIGHT = 100;
16
17     private static final double INTEREST_RATE = 5;
18     private static final double INITIAL_BALANCE = 1000;
19
20     public InvestmentFrame()
21     {
22        balance = INITIAL_BALANCE;
23
24        createComponents();
25        setSize(FRAME_WIDTH, FRAME_HEIGHT);
26     }
27
28     /**
29        Adds interest to the balance and updates the display.
30     */
31     class AddInterestListener implements ActionListener
32     {
33        public void actionPerformed(ActionEvent event)
34        {
35           double interest = balance * INTEREST_RATE / 100;
36           balance = balance + interest;
37           resultLabel.setText("Balance: " + balance);
```

```java
38         }
39      }
40
41     private void createComponents()
42     {
43        button = new JButton("Add Interest");
44        ActionListener listener = new AddInterestListener();
45        button.addActionListener(listener);
46
47        resultLabel = new JLabel("Balance: " + balance);
48
49        JPanel panel = new JPanel();
50        panel.add(button);
51        panel.add(resultLabel);
52        add(panel);
53     }
54  }
```

section_2_3/InvestmentViewer.java

```java
 1  import javax.swing.JFrame;
 2
 3  /**
 4     This program shows the growth of an investment.
 5  */
 6  public class InvestmentViewer
 7  {
 8     public static void main(String[] args)
 9     {
10        JFrame frame = new InvestmentFrame();
11        frame.setDefaultCloseOperation(JFrame.EXIT_ON_CLOSE);
12        frame.setVisible(true);
13     }
14  }
```

7. ButtonViewer 프로그램에서 어느 객체가 이벤트 소스이고 어느 객체가 이벤트 리스너인가?

8. 왜 ActionListener 타입의 변수에 ClickListener 객체를 할당하는 것이 문제가 되지 않는가?

9. 언제 actionPerformed 메소드를 호출하는가?

10. 내부클래스 메소드는 왜 둘러싼 외부의 변수에 엑세스 하려고 하는가?

11. 어떻게 하면 "Add Interest" 버튼 왼쪽에 "Balance: . . ."라는 메시지를 놓을 수 있는가?

Practice It　이제 다음 연습문제들에 대해 답할 수 있다: R10.7, P10.2, P10.5.

빈번한 오류 10.1　**구현 메소드의 파라미터 유형 변경** ───────────●

인터페이스를 구현할 때, 각각의 메소드를 정확하게 인터페이스에 지정된 대로 선언해야 한다. 뜻하지 않게 흔히들 파라미터 변수 유형을 조금씩 변경하는 오류를 범하고는 한다. 여기 고전적인 예가 있다:

```java
class MyListener implements ActionListener
{
   public void actionPerformed()
   // Oops . . . forgot ActionEvent parameter variable
   {
      . . .
   }
}
```

컴파일러에 관한 한, 이 클래스는 다음 메소드를 제공하는 데 실패한다.

```java
public void actionPerformed(ActionEvent event)
```

오류를 찾아내기 위해서는 오류 메시지를 주의해서 읽고, 파라미터 변수와 반환형에 주의를 기울여야 한다.

빈번한 오류 10.2　리스너 붙이기를 잊기

만약 프로그램을 실행시켰는데 버튼이 동작하지 않는다면, 버튼 리스너를 부착하였는지 다시한 번 확인하라. 다른 UI 컴포넌트들에 대해서도 마찬가지이다. 이벤트 소스에 리스너를 부착하지 않고 리스너 클래스와 이벤트 핸들러 액션을 프로그래밍하는 오류가 놀라울 정도로 빈번하다.

프로그래밍 팁 10.1　프레임을 리스너로 사용하지 마라.

이 책에서 이벤트 리스너를 위해 내부클래스를 사용하였다. 이러한 접근은 다른 많은 이벤트 타입들에도 적용된다. 한번 이 기술을 마스터하고 나면 더 이상 생각할 필요도 없다. 많은 개발 환경이 자동적으로 내부클래스를 가지는 코드를 생성하므로 내부클래스에 익숙해지는 것이 좋다.

그러나 어떤 프로그래머들은 이벤트 리스너 클래스들을 우회하고 프레임을 다음과 같이 리스너로 바꾼다:

```java
public class InvestmentFrame extends JFrame
      implements ActionListener   // This approach is not recommended
{
   . . .
   public InvestmentFrame()
   {
      button = new JButton("Add Interest");
      button.addActionListener(this);
      . . .
   }

   public void actionPerformed(ActionEvent event)
   {
   }
   . . .
}
```

이제 actionPerformed 메소드는 독립된 리스너 클래스의 일부라기보다는 InvestmentFrame 클래스의 일부이다. 리스너는 this 인수로 호출된다.

이 방법을 추천하지 않는다. 만약 뷰어 클래스가 각각이 액션 이벤트를 발생시키는 두 개의 버튼을 포함하고 있다면, actionPerformed 메소드는 이벤트 소스를 조사해야 하는데, 이것은 코드를 따분하고 오류가 발생하기 쉽게 만든다.

내부클래스는 메소드 안에 완전하게 선언될 수 있다. 예:

An inner class can be declared completely inside a method. For example,

```java
public static void main(String[] args)
{
   . . .
   class ClickListener implements ActionListener
   {
      public void actionPerformed(ActionEvent event)
      {
         . . .
      }
   }

   JButton button = new JButton("Click me");
   button.addActionListener(new ClickListener());
   . . .
}
```

이렇게 하면 내부클래스가 버튼 옆에 정확히 원하는 위치에 놓인다.

메소드 내부에 정의된 클래스의 메소드는 둘러싼 메소드의 변수가 final로 선언되었다면 엑세스할 수 있다. 예:

```java
public static void main(String[] args)
{
   final JLabel label = new JLabel("Hello, World!");
   . . .
   class ClickListener implements ActionListener
   {
      public void actionPerformed(ActionEvent event)
      {
         label.setText("I was clicked");
         // Accesses label variable from enclosing method
      }
   }
   . . .
   button.addActionListener(new ClickListener());
}
```

이것은 매우 제한적으로 들릴 수 있다. 하지만 만약 그 변수가 객체 참조인 경우에는 보통 문제가 되지 않는다. 변수가 항상 같은 객체를 참조할 때 객체 변수가 final이라는 것을 명심하라. 객체의 상태는 변할 수 있지만 변수는 다른 객체를 참조할 수 없다. 예를 들면 이 프로그램에서 우리는 변수 label은 결코 여러 개의 레이블을 참조하도록 의도하지 않았다. 그래서 그 변수를 final로 선언해도 아무런 지장이 없다.

그렇지만 수치 또는 부울 지역변수를 내부클래스에서 변경할 수 없다. 예를 들면 다음 프로그램은 작동하지 않는다:

```java
public static void main(String[] args)
{
   final double balance = INITIAL_BALANCE;
   . . .
   class AddInterestListener implements ActionListener
   {
      public void actionPerformed(ActionEvent event)
      {
         double interest = balance * (1 + INTEREST_RATE);
         balance = balance + interest;
            // Error: Can't modify a final numeric variable
      }
   }
   . . .
}
```

대책은 대신 객체를 사용하는 것이다:

```java
public static void main(String[] args)
{
   final BankAccount account = new BankAccount();
   account.deposit(INITIAL_BALANCE);
   . . .
   class AddInterestListener implements ActionListener
   {
      public void actionPerformed(ActionEvent event)
      {
         double interest = balance * (1 + INTEREST_RATE);
         account.deposit(interest);
            // Ok—we don't change the reference, just the object's state
      }
   }
   . . .
}
```

익명 내부클래스

개체가 이름이 없다면 익명이다. 프로그램에서 한 번밖에 사용되지 않는 것들은 대개 이름이 필요 없다. 예를 들면

```java
String buttonLabel = "Add Interest";
JButton button = new JButton(buttonLabel);
```

를

```java
JButton button = new JButton("Add Interest");
```

로 대체할 수 있다. 여기서 "Add Interest" 문자열은 익명 객체이다. 프로그래머들은 이름을 지어주는 수고를 겪지 않아도 되기 때문에 익명 객체를 좋아한다. 만약 레이블 1, label, 또는 buttonLabel로 할지를 고민해본 적이 있다면, 프로그래머들의 이러한 정서를 이해할 것이다.

이벤트 리스너는 종종 비슷한 상황을 야기한다. 이벤트 리스너 클래스의 객체 한 개를 생성하고 나서, 그 클래스가 다시 사용되지 않는다. 자바에서는 그 클래스의 객체 하나만 필요한 게 다라면 익명 클래스로 선언하는 것이 가능하다. 여기 예시가 있다:

```java
button = new JButton("Add Interest");
button.addActionListener(new ActionListener()
   {
      public void actionPerformed(ActionEvent event)
      {
         double interest = balance * (1 + INTEREST_RATE);
         account.deposit(interest);
      }
   });
```

이것은 다음을 의미한다: 주어진 actionPerformed 메소드를 가지고 ActionListener 인터페이스를 구현하는 클래스를 정의하라. 그 클래스의 객체를 생성해서 addActionListener 메소드에 전달하라.

이렇게 하면 매우 간결하기 때문에 많은 프로그래머들이 이 스타일을 좋아한다. 또한 통합 개발 환경의 GUI 빌더들은 흔히 이 형태의 코드를 생성한다.

10.3 텍스트 입력 처리하기

텍스트 입력을 받아들이는 GUI에 관한 논의를 계속해보자. 물론 그래픽 응용 프로그램은
JOptionPane 클래스의 showInputDialog 메소드를 호출함으로써 텍스트 입력을 받을 수
있다. 하지만 각 입력마다 독립된 대화 상자를 팝업시키는 것은 자연스러운 UI가 아니다.

대부분의 그래픽 프로그램들은 **텍스트 컴포넌트**(그림 10.5와 10.7 참고)를 통하여 텍
스트 입력을 수집한다. 다음 두 절에서는 그래픽 응용 프로그램에 텍스트 컴포넌트를 추가
하고 그 안에 사용자가 입력한 것을 읽는 방법을 배울 것이다.

10.3.1 텍스트 필드

JTextField 클래스는 한 줄의 텍스트를 읽을 수 있는 텍스트 필드를 제공한다. 텍스트 필
드를 생성할 때 그 너비—사용자가 타이핑할 대략적인 글자 수—를 지정해야 한다.

```
final int FIELD_WIDTH = 10;
rateField = new JTextField(FIELD_WIDTH);
```

사용자는 그 너비 이상으로 글자를 타이핑 할 수 있다. 하지만 그렇게 하면 그 필드의 콘
텐츠 일부를 볼 수 없게 된다.

사용자가 텍스트 필드 안에 무엇을 타이핑할지 알려주기 위해서 각 텍스트 필드에 레
이블을 붙이는 것이 필요하다. 각각의 레이블을 위한 JLabel 객체를 생성하라:

```
JLabel rateLabel = new JLabel("Interest Rate: ");
```

정보를 처리하기 전에 사용자에게 텍스트 필드 안에 정보를 모두 입력할 기회를 주어야
한다. 그러므로 입력이 처리될 준비가 되었음을 알려주기 위해 사용자가 누를 수 있는 버
튼을 제공해야 한다.

버튼이 클릭되면 버튼의 actionPerformed 메소드는 JTextField 클래스의 getText 메
소드를 사용하여 각 텍스트 필드로부터 사용자 입력을 읽어야 한다. getText 메소드는
string 객체를 반환한다. 우리의 샘플 프로그램에서는 Double.parseDouble 메소드를 사용
하여 문자열을 수로 바꾸어준다. 계좌를 업데이트 한 후 다른 레이블에 잔액(balance)을
보여준다.

```
class AddInterestListener implements ActionListener
{
   public void actionPerformed(ActionEvent event)
   {
      double rate = Double.parseDouble(rateField.getText());
      double interest = balance * rate / 100;
      balance = balance + interest;
      resultLabel.setText("Balance: " + balance);
   }
}
```

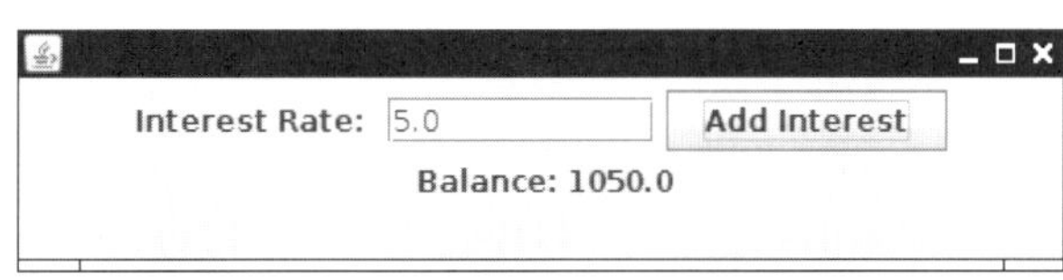

그림 10.5 TextField를 가진 애플리케이션

다음의 응용 프로그램은 임의의 계산을 위한 GUI에 유용한 프로토타입이다. 이 응용 프로그램을 필요에 따라 쉽게 수정할 수 있다. 입력 컴포넌트들을 프레임에 넣어라. actionPerformed 메소드에서 필요한 계산을 수행하고 결과를 레이블에 표시하라.

section_3_1/InvestmentFrame2.java

```java
import java.awt.event.ActionEvent;
import java.awt.event.ActionListener;
import javax.swing.JButton;
import javax.swing.JFrame;
import javax.swing.JLabel;
import javax.swing.JPanel;
import javax.swing.JTextField;

/**
   A frame that shows the growth of an investment with variable interest.
*/
public class InvestmentFrame2 extends JFrame
{
   private static final int FRAME_WIDTH = 450;
   private static final int FRAME_HEIGHT = 100;

   private static final double DEFAULT_RATE = 5;
   private static final double INITIAL_BALANCE = 1000;

   private JLabel rateLabel;
   private JTextField rateField;
   private JButton button;
   private JLabel resultLabel;
   private double balance;

   public InvestmentFrame2()
   {
      balance = INITIAL_BALANCE;

      resultLabel = new JLabel("Balance: " + balance);

      createTextField();
      createButton();
      createPanel();

      setSize(FRAME_WIDTH, FRAME_HEIGHT);
   }

   private void createTextField()
   {
      rateLabel = new JLabel("Interest Rate: ");

      final int FIELD_WIDTH = 10;
      rateField = new JTextField(FIELD_WIDTH);
      rateField.setText("" + DEFAULT_RATE);
   }

   /**
      Adds interest to the balance and updates the display.
   */
   class AddInterestListener implements ActionListener
   {
      public void actionPerformed(ActionEvent event)
      {
         double rate = Double.parseDouble(rateField.getText());
         double interest = balance * rate / 100;
         balance = balance + interest;
         resultLabel.setText("Balance: " + balance);
      }
   }
```

```java
61
62     private void createButton()
63     {
64         button = new JButton("Add Interest");
65
66         ActionListener listener = new AddInterestListener();
67         button.addActionListener(listener);
68     }
69
70     private void createPanel()
71     {
72         panel = new JPanel();
73         panel.add(rateLabel);
74         panel.add(rateField);
75         panel.add(button);
76         panel.add(resultLabel);
77         add(panel);
78     }
79 }
```

10.3.2 텍스트 영역(Text Area)

앞 절에서 텍스트 필드를 생성하는 방법을 보았다. 하나
의 텍스트 필드는 한 줄의 텍스트를 수용한다. 여러 줄의
텍스트를 표시하려면 JTextArea 클래스를 사용하라.

여러 줄의 텍스트를 읽거나 표시할
때 텍스트 영역을 사용할 수 있다.

텍스트 영역을 생성할 때 행과 열의 수를 지정할 수 있다:

```java
final int ROWS = 10; // Lines of text
final int COLUMNS = 30; // Characters in each row
JTextArea textArea = new JTextArea(ROWS, COLUMNS);
```

텍스트 필드 또는 텍스트 영역의 텍스트를 설정하기 위해서 setText 메소드를 사용하라.
append 메소드는 텍스트 영역 끝에 텍스트를 추가해준다. 줄을 분리하기 위하여 newline
글자를 다음과 같이 사용한다:

```java
textArea.append(balance + "\n");
```

만약 텍스트 필드나 텍스트 영역을 디스플레이 목적으로만 사용하고 싶다면 setEditable
메소드를 다음과 같이 호출하라.

```java
textArea.setEditable(false);
```

이제 사용자는 더 이상 필드의 내용을 편집할 수 없다. 하지만 프로그램은 여전히 내용 변
경을 위해 setText와 append를 호출할 수 있다.

그림 10.6에서 보듯이 JTextField와 JTextArea 클래스들은 JTextComponent 클래스
의 하위클래스이다. setText와 setEditable 메소드는 JTextComponent 클래스에 선언되
어 있고 JTextField와 JTextArea로 상속된다. 그렇지만 append 메소드는 JTextArea 클래
스에 선언되어 있다.

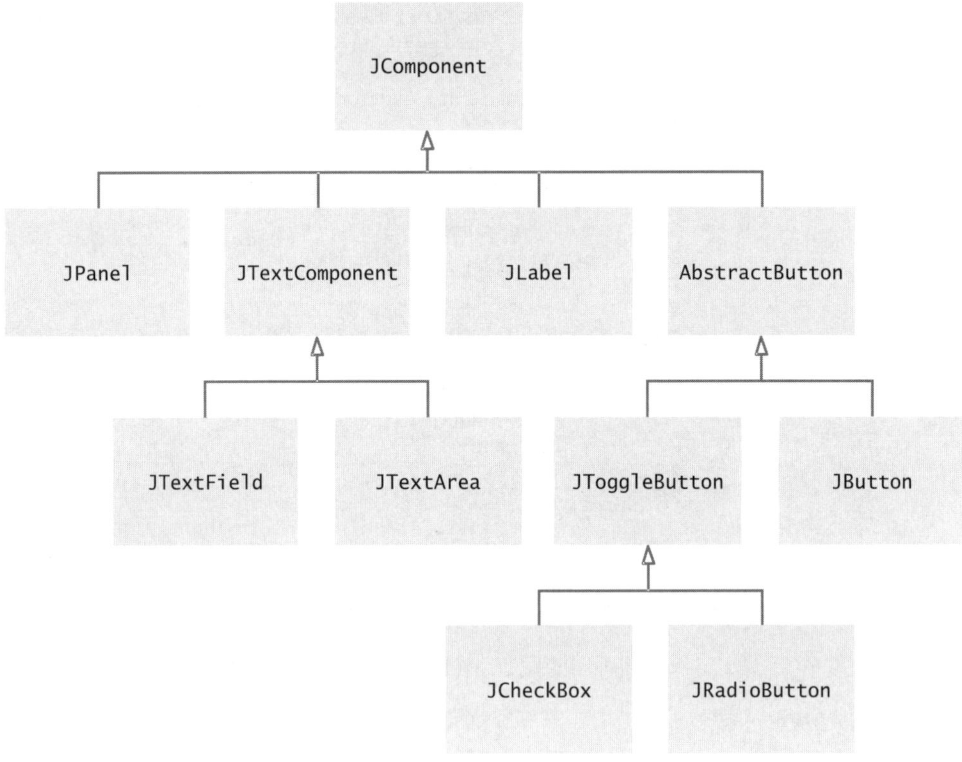

그림 10.6 Swing 사용자 인터페이스 컴포넌트의 계층도의 일부

텍스트 영역에 스크롤바를 추가하려면 JScrollPane을 아래와 같이 사용한다:

```
JTextArea textArea = new JTextArea(ROWS, COLUMNS);
JScrollPane scrollPane = new JScrollPane(textArea);
```

그리고 나서 패널에 스크롤 페인을 추가한다. 그림 10.7이 결과를 보여준다.

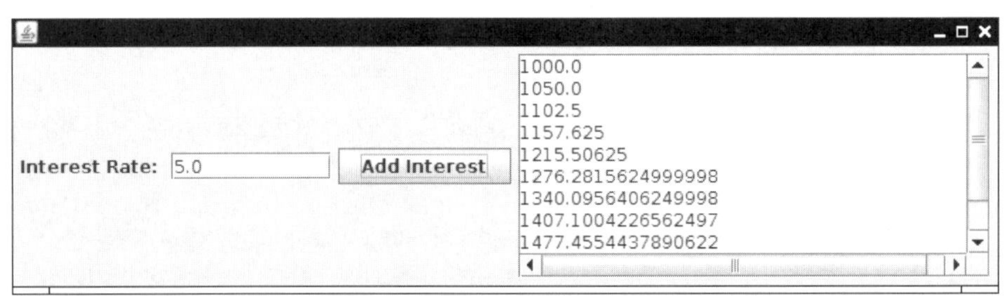

그림 10.7 스크롤바를 가진 텍스트 영역이 있는 투자 애플리케이션

다음 샘플 프로그램은 이러한 개념들을 모두 보여준다. 사용자는 이율 텍스트 필드에 수를 입력하고 "Add Interest" 버튼을 클릭할 수 있다. 이자율이 적용되고 업데이트된 잔고가 텍스트 영역에 추가된다. 텍스트 영역엔 스크롤바가 있고 편집은 할 수 없다.

이 프로그램은 앞의 투자 뷰어 프로그램과 유사하다. 하지만 가장 최근 잔고만 아니라 모든 은행 잔고를 기록한다.

section_3_2/InvestmentFrame3.java

```java
1   import java.awt.event.ActionEvent;
2   import java.awt.event.ActionListener;
3   import javax.swing.JButton;
4   import javax.swing.JFrame;
5   import javax.swing.JLabel;
6   import javax.swing.JPanel;
7   import javax.swing.JScrollPane;
8   import javax.swing.JTextArea;
9   import javax.swing.JTextField;
10
11  /**
12     A frame that shows the growth of an investment with variable interest,
13     using a text area.
14  */
15  public class InvestmentFrame3 extends JFrame
16  {
17     private static final int FRAME_WIDTH = 400;
18     private static final int FRAME_HEIGHT = 250;
19
20     private static final int AREA_ROWS = 10;
21     private static final int AREA_COLUMNS = 30;
22
23     private static final double DEFAULT_RATE = 5;
24     private static final double INITIAL_BALANCE = 1000;
25
26     private JLabel rateLabel;
27     private JTextField rateField;
28     private JButton button;
29     private JTextArea resultArea;
30     private double balance;
31
32     public InvestmentFrame3()
33     {
34        balance = INITIAL_BALANCE;
35        resultArea = new JTextArea(AREA_ROWS, AREA_COLUMNS);
36        resultArea.setText(balance + "\n");
37        resultArea.setEditable(false);
38
39        createTextField();
40        createButton();
41        createPanel();
42
43        setSize(FRAME_WIDTH, FRAME_HEIGHT);
44     }
45
46     private void createTextField()
47     {
48        rateLabel = new JLabel("Interest Rate: ");
49
50        final int FIELD_WIDTH = 10;
51        rateField = new JTextField(FIELD_WIDTH);
52        rateField.setText("" + DEFAULT_RATE);
53     }
54
55     class AddInterestListener implements ActionListener
56     {
57        public void actionPerformed(ActionEvent event)
58        {
59           double rate = Double.parseDouble(rateField.getText());
60           double interest = balance * rate / 100;
61           balance = balance + interest;
62           resultArea.append(balance + "\n");
63        }
64     }
65
66     private void createButton()
67     {
```

```java
68        button = new JButton("Add Interest");
69
70        ActionListener listener = new AddInterestListener();
71        button.addActionListener(listener);
72    }
73
74    private void createPanel()
75    {
76        JPanel = new JPanel();
77        panel.add(rateLabel);
78        panel.add(rateField);
79        panel.add(button);
80        JScrollPane scrollPane = new JScrollPane(resultArea);
81        panel.add(scrollPane);
82        add(panel);
83    }
84 }
```

12. 10.3.1절 프로그램에서 첫 번째 JLabel 객체를 빠뜨리면 어떤 일이 일어나는가?

13. 만약 텍스트 필드가 정수를 가지고 있다면, 그 내용을 읽으려면 어떤 표현을 사용해야 하나?

14. 텍스트 필드와 텍스트 영역의 차이는 무엇인가?

15. InvestmentFrame3 프로그램은 왜 `resultArea.setEditable(false)`를 호출했는가?

16. 만약 스크롤바를 사용하고 싶지 않다면 InvestmentFrame3 프로그램을 어떻게 수정할 것인가?

Practice It   이제 다음 연습문제들에 대해 답할 수 있다: R10.13, P10.9, P10.10.

10.4 그림 그리기

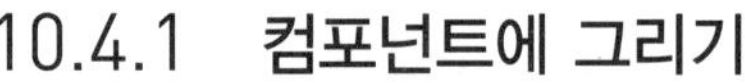

종종 프로그램에 차트나 그래프 같은 간단한 그림을 넣길 원할 때가 있다. 자바 라이브러리는 이 목적을 위한 어떠한 표준 컴포 넌트도 가지고 있지 않지만 직접 그림을 그리는 것은 꽤 쉽다. 다음 절들은 그 방법을 보여준다.

10.4.1 컴포넌트에 그리기

직사각형 세 개로 이루어진 간단한 막대 차트(그림 10.8)로 시작 해보자.

선, 직사각형, 원으로 간단 한 도형을 그릴 수 있다.

프레임 위에 직접 그릴 수는 없다. 대신에 프레임에 컴포넌트 를 추가하고, 그 컴포넌트 위에 그림을 그린다. 그렇게 하기 위해서는 JComponent 클래스 를 확장하고(상속받고) 그 클래스의 paintComponent 메소드를 오버라이드 한다.

그림을 디스플레이 하기 위해서는 JComponent 클래스를 확장하는 클래스를 제공하라.

```java
public class ChartComponent extends JComponent
{
    public void paintComponent(Graphics g)
    {
```

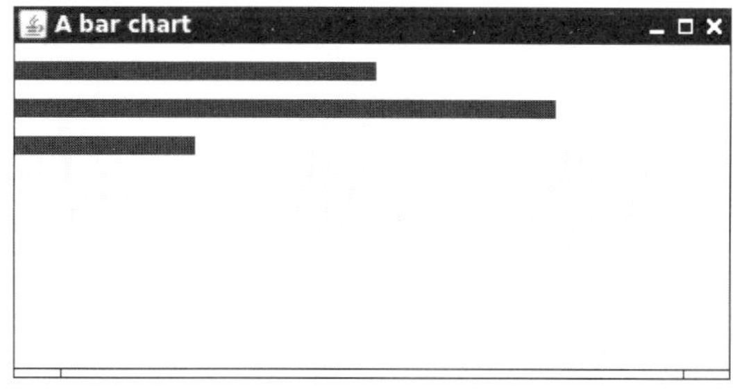

그림 10.8 막대 차트 그리기


```
    }
}
```

컴포넌트가 처음으로 보여질 때 그 컴포넌트의 paintComponent 메소드가 자동으로 호출된다. 그 메소드는 윈도우 크기가 재조정 되었을 때, 숨겨진 후 다시 보여질 때에도 역시 호출된다.

paintComponent 메소드는 Graphics 유형의 객체를 받는다. Graphics 객체는 그림을 그리는 데 사용되는 현재 색, 폰트 등의 그래픽 상태를 저장한다. Graphics 클래스는 기하학적인 도형을 그릴 수 있는 메소드들을 가지고 있다. 호출

```
g.fillRect(x, y, width, height)
```

은 좌측 상단 모서리 좌표 (x, y)와 주어진 너비(width)와 높이(height)를 갖고 채워진 직사각형을 그린다.

세 개의 직사각형을 그려보자. 이들은 모두 $x = 0$이기 때문에 왼쪽에 정렬된다. 이 직사각형들은 또한 높이가 같다.

```
public class ChartComponent extends JComponent
{
   public void paintComponent(Graphics g)
   {
      g.fillRect(0, 10, 200, 10);
      g.fillRect(0, 30, 300, 10);
      g.fillRect(0, 50, 100, 10);
   }
}
```

이 좌표 체계가 수학에서 사용하는 것과 다르다는 점에 주의하라. 원점 (0,0)이 컴포넌트의 좌측상단에 있으며, y축이 아래로 향한다.

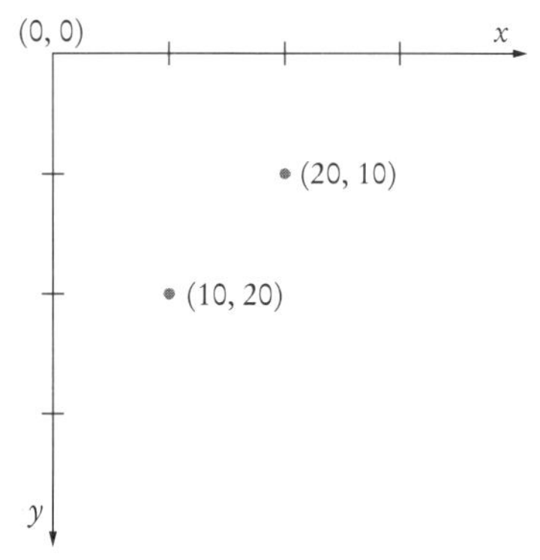

다음은 ChartComponent 클래스의 소스 코드이다. import 문에서 볼 수 있듯이 Graphics
클래스는 java.awt 패키지의 일부이다.

section_4_1/ChartComponent.java

```java
 1  import java.awt.Graphics;
 2  import javax.swing.JComponent;
 3
 4  /**
 5     A component that draws a bar chart.
 6  */
 7  public class ChartComponent extends JComponent
 8  {
 9     public void paintComponent(Graphics g)
10     {
11        g.fillRect(0, 10, 200, 10);
12        g.fillRect(0, 30, 300, 10);
13        g.fillRect(0, 50, 100, 10);
14     }
15  }
```

이제 컴포넌트를 프레임에 추가하고 그 프레임을 보이게 해야 한다. 프레임이 매우 단순하
기 때문에 프레임 서브클래스를 만들지 않아도 된다. 여기 뷰어 클래스가 있다:

section_4_1/ChartViewer.java

```java
 1  import javax.swing.JComponent;
 2  import javax.swing.JFrame;
 3
 4  public class ChartViewer
 5  {
 6     public static void main(String[] args)
 7     {
 8        JFrame frame = new JFrame();
 9
10        frame.setSize(400, 200);
11        frame.setTitle("A bar chart");
12        frame.setDefaultCloseOperation(JFrame.EXIT_ON_CLOSE);
13
14        JComponent component = new ChartComponent();
15        frame.add(component);
16
17        frame.setVisible(true);
18     }
19  }
```

10.4.2 타원, 선, 텍스트 그리고 색

앞 절에서 직사각형을 그리는 프로그램을 작성하는 법을 배웠다. 이제 우리는 다양한 흥미
로운 그림들을 그릴 수 있게 해주는 그 밖의 그래픽 요소들에 대해 알아보자.

타원을 그리기 위해서는 직사각형을 지정할 때 좌측 상단의 x축, y축 좌표 값과 너비,
높이 값을 지정해 준 것처럼 타원을 꽉 차게 포함하는 직사각형(바운딩 박스 그림 10.9 참
고)을 지정한다. 호출

```java
g.drawOval(x, y, width, height);
```

는 타원의 윤곽선을 그려준다. 원을 그리기 위해서는 단순히 너비와 높이 값을 같게 설정
해 주면 된다:

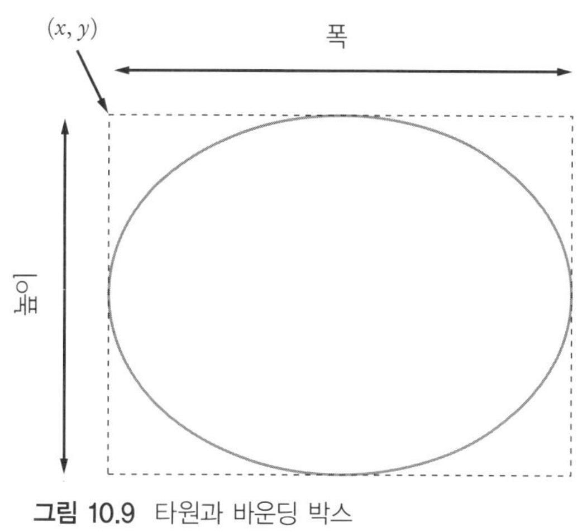

그림 10.9 타원과 바운딩 박스

```
g.drawOval(x, y, diameter, diameter);
```

(x, y)가 타원의 중심이 아니라 타원을 꽉 차게 둘러싸는 직사각형의 좌측 상단 모서리라는 것에 주의하라.

만약 타원 내부를 채우고 싶다면 `fillOval` 메소드를 사용하라. 반대로 만약 채워지지 않은 직사각형 윤곽만을 원한다면 `drawRect` 메소드를 사용하면 된다.

선을 그리기 위해선 양쪽 끝점의 x, y 좌표로 `drawLine` 메소드를 호출하라:

```
g.drawLine(x1, y1, x2, y2);
```

종종 그림 안에 텍스트를 넣기를 원할 때가 있다. 예를 들면 어떤 부분에 레이블을 붙이기를 원한다. 윈도우 내부 임의의 위치에 문자열을 그리길 원한다면 Graphics 클래스의 `drawString` 메소드를 사용하면 된다. 이 경우 문자열과 문자열의 첫 글자의 기준점 좌표 (x, y)를 지정해주어야 한다(그림 10.10). 예:

```
g.drawString("Message", 50, 100);
```

처음 그리기를 시작할 때 모든 도형과 문자열은 검은 펜으로 그려진다. 색상을 바꾸기 위해서는 Color 타입의 객체를 공급해주어야 한다. 자바는 RGB 색상 모델을 사용한다. 즉 색을 만들어주는 삼원색인 빨강, 초록, 파랑의 양을 지정해주어야 한다. 삼원색의 양은 정수로 0부터(삼원색이 없음) 255(존재하는 최대량)까지 주어진다. 예를 들면,

```
Color magenta = new Color(255, 0, 255);
```

는 빨강은 최대, 초록은 없고, 파랑도 최대인 Color 객체를 생성하여 마젠타라는 밝은 보랏빛 색을 만들어낸다.

편의를 위해서 다양한 색깔들이 Color 클래스에 미리 정의되어 있다. 표 10.1은 이러한 사전 정의된 색상과 그 RGB 값을 보여준다. 예를 들면 Color.PINK는 New Color(255,175,175)와 같은 색으로 미리 정의되어 있다.

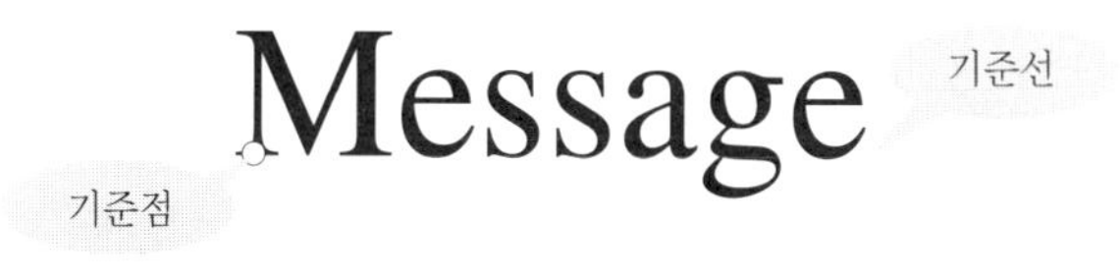

Message

그림 10.10 기준점과 기준선

표 10.1 미리 정의된 색상들		
색상		값
Color.BLACK		0, 0, 0
Color.BLUE		0, 0, 255
Color.CYAN		0, 255, 255
Color.GRAY		128, 128, 128
Color.DARKGRAY		64, 64, 64
Color.LIGHTGRAY		192, 192, 192
Color.GREEN		0, 255, 0
Color.MAGENTA		255, 0, 255
Color.ORANGE		255, 200, 0
Color.PINK		255, 175, 175
Color.RED		255, 0, 0
Color.WHITE		255, 255, 255
Color.YELLOW		255, 255, 0

다른 색으로 도형을 그리기 위해서는 Graphics 객체의 색상을 먼저 설정한 다음 드로잉 메소드를 호출한다:


```
g.setColor(Color.YELLOW);
g.fillOval(350, 25, 35, 20); // Fills the oval in yellow
```

다음의 프로그램은 이 도형들을 모두 넣어서 간단한 차트(그림 10.11)를 만든다.

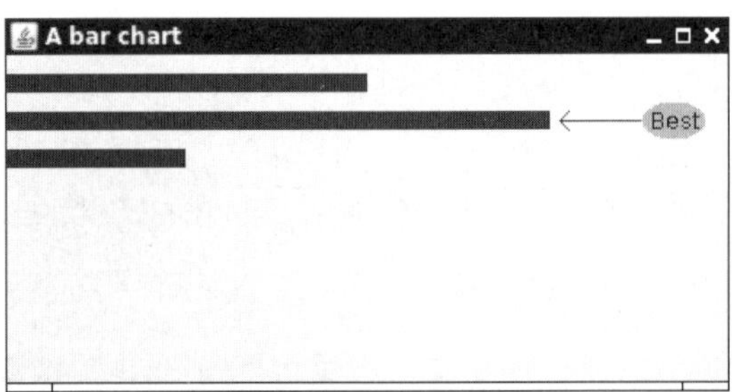

그림 10.11 레이블이 있는 막대 차트

section_4_2/ChartComponent2.java

```
1  import java.awt.Color;
2  import java.awt.Graphics;
3  import javax.swing.JComponent;
4
5  /**
6     A component that draws a demo chart.
7  */
8  public class ChartComponent2 extends JComponent
9  {
```

```
10    public void paintComponent(Graphics g)
11    {
12       // Draw the bars
13       g.fillRect(0, 10, 200, 10);
14       g.fillRect(0, 30, 300, 10);
15       g.fillRect(0, 50, 100, 10);
16
17       // Draw the arrow
18       g.drawLine(350, 35, 305, 35);
19       g.drawLine(305, 35, 310, 30);
20       g.drawLine(305, 35, 310, 40);
21
22       // Draw the highlight and the text
23       g.setColor(Color.YELLOW);
24       g.fillOval(350, 25, 35, 20);
25       g.setColor(Color.BLACK);
26       g.drawString("Best", 355, 40);
27    }
28 }
```

section_4_2/ChartViewer2.java

```
1  import javax.swing.JComponent;
2  import javax.swing.JFrame;
3
4  public class ChartViewer2
5  {
6     public static void main(String[] args)
7     {
8        JFrame frame = new JFrame();
9
10       frame.setSize(400, 200);
11       frame.setTitle("A bar chart");
12       frame.setDefaultCloseOperation(JFrame.EXIT_ON_CLOSE);
13
14       JComponent component = new ChartComponent2();
15       frame.add(component);
16
17       frame.setVisible(true);
18    }
19 }
```

10.4.3 투자 성장을 보여주는 응용 프로그램

이 절에서는 10.3절의 투자 프로그램에 막대 차트를 추가할 것이다. 사용자가 "Add Interest" 버튼을 클릭할 때마다 막대 차트에 다른 막대가 추가된다(그림 10.12).

앞 절의 차트 클래스는 고정된 막대 차트를 만들었다. 이번에는 임의의 값으로 차트를 그릴 수 있는 향상된 버전을 개발할 것이다. 이 차트는 값들의 배열 리스트를 가진다:

```
public class ChartComponent extends JComponent
{
   private ArrayList<Double> values;
   private double maxValue;
   . . .
}
```

막대를 그릴 때에는 차트 크기에 맞게 값들을 스케일링할 필요가 있다. 예를 들면 만약 투자 프로그램이 차트에 10050과 같은 값을 추가할 경우, 우리는 10050 화소 길이의 막대

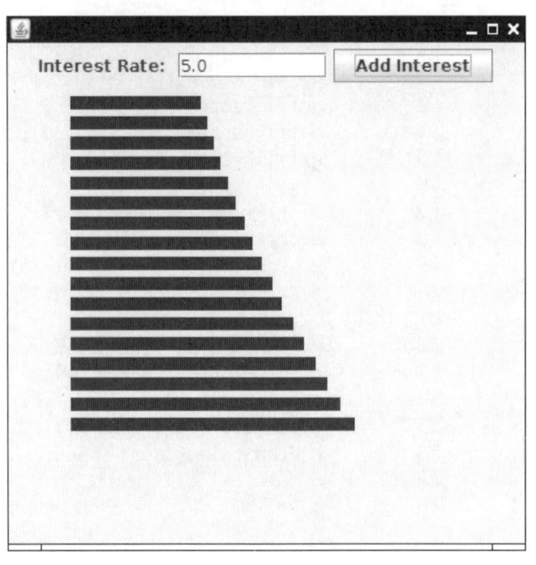

그림 10.12 "Add Interest" 버튼을 클릭하면 차트에 막대를 추가한다

를 그리길 원하지 않는다. 값을 스케일링하기 위해서는 차트 안에 맞춰야 할 최대값을 알아야 한다. 우리는 차트 컴포넌트의 사용자에게 생성자에 최대값을 제공하라고 요구할 것이다:

```java
public ChartComponent(double max)
{
   values = new ArrayList<Double>();
   maxValue = max;
}
```

막대의 너비를 다음과 같이 계산한다.

```java
int barWidth = (int) (getWidth() * value / maxValue);
```

getWidth 메소드는 컴포넌트의 너비를 화소 단위로 반환한다. 만약 그려질 값이 maxValue와 같다면, 막대는 컴포넌트 너비의 전체 길이만큼 뻗게 된다.

다음은 완성된 paintComponent 메소드이다. 막대들을 수평으로 쌓고 그 사이에 좁은 간격을 둔다:

```java
public void paintComponent(Graphics g)
{
   final int GAP = 5;
   final int BAR_HEIGHT = 10;

   int y = GAP;
   for (double value : values)
   {
      int barWidth = (int) (getWidth() * value / maxValue);
      g.fillRect(0, y, barWidth, BAR_HEIGHT);
      y = y + BAR_HEIGHT + GAP;
   }
}
```

사용자가 "Add Interest" 버튼을 누를 때마다, 어떤 값이 배열 리스트에 추가된다. 그리고 repaint 메소드를 꼭 호출한다:

```
public void append(double value)
{
   values.add(value);
   repaint();
}
```

repaint의 호출은 강제로 paintComponent 메소드를 호출하게 한다. paintComponent 메소드는 컴포넌트를 다시 그린다. 그러면 그래프는 다시 그려려서 추가된 값을 보여주게 된다.

왜 paintComponent를 직접 호출하지 않는가? 간단하게 답하자면 인수로 전달할 Graphics 객체를 가지고 있지 않기 때문에 호출을 할 수 없다. 대신 최대한 일찍 Swing 라이브러리에게 paintComponent를 호출하도록 요청해야 한다. 그것이 repaint 메소드가 하는 일이다.

그려지는 컴포넌트의 또 다른 문제를 처리해야 한다. 만약 그려지는 컴포넌트를 패널에 위치시킨다면 그 원하는 크기를 지정해주어야 한다. 그렇지 않으면 패널은 크기가 0 × 0 화소라고 가정하므로 컴포넌트를 볼 수 없을 것이다. 그려지는 컴포넌트의 원하는 크기를 지정하는 것은 개념적으로 텍스트 영역의 행과 열 수를 지정하는 것과 유사하다.

Dimension 객체를 인수로 하여 setPreferredSize 메소드를 호출하라. Dimension 인수는 폭과 높이를 한 객체에 묶는다. 그 호출 형태는 아래와 같다.

```
chart.setPreferredSize(new Dimension(CHART_WIDTH, CHART_HEIGHT));
```

이것이 응용 프로그램에 다이어그램을 추가하기 위해서 필요한 전부이다. 다음은 차트와 프레임 클래스들을 위한 코드이다; 뷰어 클래스는 이 책의 컴패니언 코드로 제공된다.

section_4_3/ChartComponent.java

```java
1   import java.awt.Color;
2   import java.awt.Graphics;
3   import java.util.ArrayList;
4   import javax.swing.JComponent;
5
6   /**
7      A component that draws a chart.
8   */
9   public class ChartComponent extends JComponent
10  {
11     private ArrayList<Double> values;
12     private double maxValue;
13
14     public ChartComponent(double max)
15     {
16        values = new ArrayList<Double>();
17        maxValue = max;
18     }
19
20     public void append(double value)
21     {
22        values.add(value);
23        repaint();
24     }
25
26     public void paintComponent(Graphics g)
27     {
28        final int GAP = 5;
29        final int BAR_HEIGHT = 10;
30
```

```java
31      int y = GAP;
32      for (double value : values)
33      {
34         int barWidth = (int) (getWidth() * value / maxValue);
35         g.fillRect(0, y, barWidth, BAR_HEIGHT);
36         y = y + BAR_HEIGHT + GAP;
37      }
38   }
39 }
```

section_4_3/InvestmentFrame4.java

```java
 1 import java.awt.Dimension;
 2 import java.awt.event.ActionEvent;
 3 import java.awt.event.ActionListener;
 4 import javax.swing.JButton;
 5 import javax.swing.JFrame;
 6 import javax.swing.JLabel;
 7 import javax.swing.JPanel;
 8 import javax.swing.JTextField;
 9
10 /**
11    A frame that shows the growth of an investment with variable interest,
12    using a bar chart.
13 */
14 public class InvestmentFrame4 extends JFrame
15 {
16    private static final int FRAME_WIDTH = 400;
17    private static final int FRAME_HEIGHT = 400;
18
19    private static final int CHART_WIDTH = 300;
20    private static final int CHART_HEIGHT = 300;
21
22    private static final double DEFAULT_RATE = 5;
23    private static final double INITIAL_BALANCE = 1000;
24
25    private JLabel rateLabel;
26    private JTextField rateField;
27    private JButton button;
28    private ChartComponent chart;
29    private double balance;
30
31    public InvestmentFrame4()
32    {
33       balance = INITIAL_BALANCE;
34       chart = new ChartComponent(3 * INITIAL_BALANCE);
35       chart.setPreferredSize(new Dimension(CHART_WIDTH, CHART_HEIGHT));
36       chart.append(INITIAL_BALANCE);
37
38       createTextField();
39       createButton();
40       createPanel();
41
42       setSize(FRAME_WIDTH, FRAME_HEIGHT);
43    }
44
45    private void createTextField()
46    {
47       rateLabel = new JLabel("Interest Rate: ");
48
49       final int FIELD_WIDTH = 10;
50       rateField = new JTextField(FIELD_WIDTH);
51       rateField.setText("" + DEFAULT_RATE);
52    }
53
54    class AddInterestListener implements ActionListener
55    {
```

```java
56        public void actionPerformed(ActionEvent event)
57        {
58           double rate = Double.parseDouble(rateField.getText());
59           double interest = balance * rate / 100;
60           balance = balance + interest;
61           chart.append(balance);
62        }
63     }
64
65     private void createButton()
66     {
67        button = new JButton("Add Interest");
68
69        ActionListener listener = new AddInterestListener();
70        button.addActionListener(listener);
71     }
72
73     private void createPanel()
74     {
75        JPanel panel = new JPanel();
76        panel.add(rateLabel);
77        panel.add(rateField);
78        panel.add(button);
79        panel.add(chart);
80        add(panel);
81     }
82  }
```

17. 두 개의 정사각형을 그리려면 10.4.1절의 프로그램을 어떻게 수정해야 하는가?

18. 10.4.1절의 프로그램에서 fillRect 대신에 fillOval을 호출한다면 어떤 일이 일어나는가?

19. 중심이 (100,100)이고 반지름이 25인 원을 그리기 위한 명령들을 제공하라.

20. 두 개의 선분을 그려서 "V" 문자를 그리기 위한 명령들을 제공하라.

21. 문자 "V"로 구성된 문자열을 그리기 위한 명령들을 제공하라.

22. Color.BLUE의 RGB값이 얼마인가?

23. 어떻게 빨간색 바탕에 노란색 정사각형을 그리는가?

24. ChartComponent 클래스의 paintComponent 메소드에서 각 막대를 단순히 다음으로 그리면 투자 뷰어 프로그램에 어떤 일이 일어나겠는가?

```java
g.fillRect(0, y, value, BAR_HEIGHT);
```

25. 만약 ChartComponent 클래스의 append 메소드에서 repaint 호출을 빠뜨리면 어떤 일이 일어나겠는가?

26. InvestmentFrame4 생성자의 chart.setPreferredSize 호출을 빠뜨리면 어떤 일이 일어나겠는가?

Practice It 이제 다음 연습문제들에 대해 답할 수 있다: R10.18, P10.17, P10.18.

repaint 잊기

그려지는 컴포넌트의 데이타를 변경할 때, 컴포넌트는 새로운 데이타로 자동으로 그려지지 않는다. 그 컴포넌트의 repaint 메소드를 호출해야 한다. 그러면 그 컴포넌트의 paintComponent 메소드가 호출된다. paintComponent 메소드를 직접 호출해서는 안 된다는 것을 명심하라.

repaint를 호출하기 위한 최적의 위치는 데이타 값을 변경하는 그 컴포넌트의 메소드 안이다:

```
void changeData(. . .)
{
    Update data values
    repaint();
}
```

이것은 우리의 그려지는 컴포넌트에만 해당된다. JLabel과 같은 표준 Swing 컴포넌트를 변경할 때는, 컴포넌트가 자동으로 다시 그려진다.

컴포넌트의 너비와 높이의 기본 값은 0이다.

패널에 차트를 보여주는 컴포넌트와 같은 그려지는 컴포넌트를 추가할 때는 조심해야 한다. JComponent의 기본 크기는 0 × 0 화소여서 컴포넌트가 보이지 않는다. setPreferredSize 메소드를 호출하여 이를 해결할 수 있다:

```
chart.setPreferredSize(new Dimension(CHART_WIDTH, CHART_HEIGHT));
```

이것은 우리가 그려지는 컴포넌트에만 해당되는 문제이다. 버튼, 레이블 등은 선호되는 자신의 크기를 어떻게 계산하는지 알고 있다.

그래픽 도형 그리기

직사각형, 선, 타원들로부터 얻어질 수 있는 자동차, 외계인, 차트와 같은 그래픽 도형을 표시하는 프로그램을 작성하고 싶다고 가정하자. 다음 지침들은 그림을 부분으로 분해하여 그림을 그리는 프로그램을 구현하는 단계적 절차를 제공한다.

이 How To에서는 국기를 그리는 프로그램을 만들 것이다.

단계 1 그림에 필요한 도형들을 선택하라.

다음과 같은 도형들을 사용할 수 있다:

- 정사각형과 직사각형
- 원과 타원
- 선

이러한 도형들의 윤곽선은 원하는 색상으로 그릴 수 있다. 그리고 그 내부를 원하는 색상으로 채울 수 있다. 또한 그림의 일부를 레이블링하기 위해 텍스트를 사용할 수 있다.

어떤 국기들의 디자인은 아래의 이탈리아 국기에서 볼 수 있듯이 색상이 다르고 폭은 같은, 나란히 배치된 세개의 섹션들로 구성되어 있다.

세 개의 직사각형을 사용하여 이러한 국기를 그릴 수 있다. 하지만 예를 들어 이탈리아 국기처럼 가운데 직사각형이 하얀색(초록, 하양, 빨강)이라면 가운데 직사각형의 위, 아래 부분에 두 개의 선을 그리는 것이 더 쉽고, 더 보기 좋다:

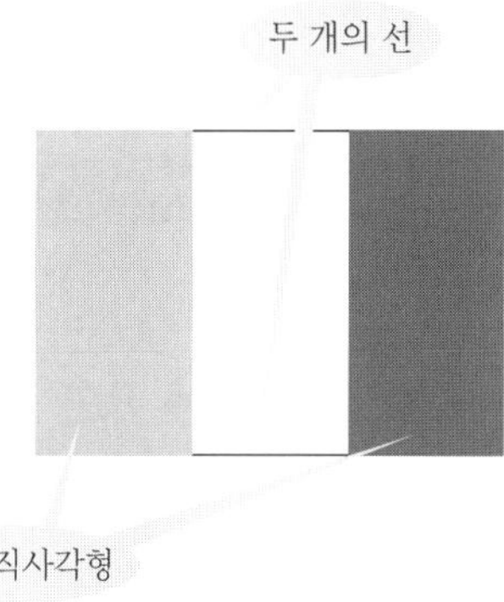

단계 2 도형들의 좌표를 찾아라.

이제 기하 도형의 정확한 위치를 찾아내야 한다.

- 직사각형의 경우, 좌측 상단 모서리의 x, y 위치, 너비와 높이가 필요하다.
- 타원의 경우, 바운딩 박스의 좌측 상단 모서리 위치, 너비, 높이가 필요하다.
- 선의 경우, 시작점과 끝점의 x, y 위치가 필요하다.
- 텍스트의 경우, 기준점의 x, y 위치가 필요하다.

윈도우에서 일반적으로 사용되는 크기는 300 × 300 화소이다. 국기가 위쪽 끝에 쳐박히는 걸 원하지 않을 것이므로 국기의 좌측 상단 지점은 (100, 100)에 위치해야 할 것이다.

이탈리아 국기와 같이 많은 국기들은 가로:세로의 비율이 3:2(세계 국기에 관한 인터넷 검색을 통해 특정한 국기의 정확한 비율을 찾을 수 있다.)이다. 예를 들면 국기를 가로 90화소로 만든다면 세로는 60화소가 되어야 한다(가로를 100화소로 만들지 않는 이유는? 그렇게 하면 세로가 $100 \cdot 2 / 3 \approx 67$이므로, 더 어색해 보인다).

이제 도형의 모든 중요한 점의 좌표를 계산할 수 있다:

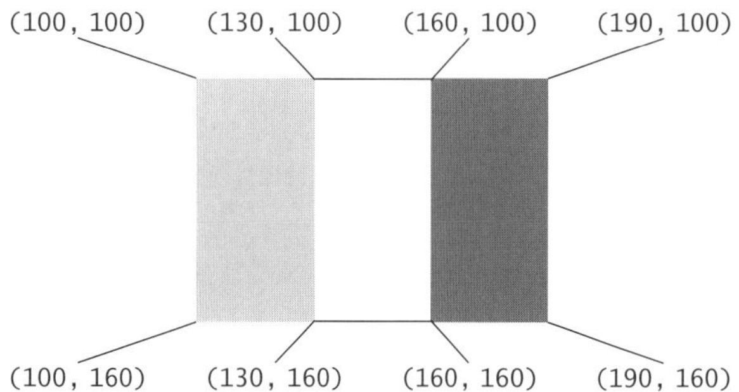

단계 3   도형을 그리기 위한 자바 명령문들을 작성하라.

이 보기에서는 두 개의 직사각형과 두 개의 선이 있다:

```java
g.setColor(Color.GREEN);
g.fillRect(100, 100, 30, 60);

g.setColor(Color.RED);
g.fillRect(160, 100, 30, 60);

g.setColor(Color.BLACK);
g.drawLine(130, 100, 160, 100);
g.drawLine(130, 160, 160, 160);
```

조금 더 야심을 드러낸다면, 몇 개의 변수를 사용하여 좌표를 표현할 수 있다. 국기의 경우, 우리는 임의로 왼쪽 상단 모서리와 너비를 선택하였다. 다른 모든 좌표들은 이 선택 값으로부터 계산된다. 야심찬 접근법을 따르기로 결정한다면, 직사각형과 선들은 다음과 같이 결정 된다:

```java
g.fillRect(xLeft, yTop, width / 3, width * 2 / 3);
. . .
g.fillRect(xLeft + 2 * width / 3, yTop, width / 3, width * 2 / 3);
. . .
g.drawLine(xLeft + width / 3, yTop, xLeft + width * 2 / 3, yTop);
g.drawLine(xLeft + width / 3, yTop + width * 2 / 3,
   xLeft + width * 2 / 3, yTop + width * 2 / 3);
```

단계 4   반복적인 단계들에 메소드나 클래스들을 사용하는 것을 고려하라.

한 개 이상의 국기를 그려야 하는가? 아마도 크기가 다른? 그렇다면 똑같은 그리기 명령을 반복하지 않도록 메소드나 클래스를 설계하는 것이 좋다.

예를 들면 다음 메소드를 작성할 수 있다.

```java
void drawItalianFlag(Graphics g, int xLeft, int yTop, int width)
{
   Draw a flag at the given location and size
}
```

전 단계의 명령들을 이 메소드에 넣어라. 그러면 두 개의 국기를 그리기 위해 paintComponent 메소드에서

```java
drawItalianFlag(g, 10, 10, 100);
drawItalianFlag(g, 10, 125, 150);
```

을 호출할 수 있다.

단계 5   paintComponent 메소드에 그리기 명령들을 넣어라.

```java
public class ItalianFlagComponent extends JComponent
{
   public void paintComponent(Graphics g)
   {
      Drawing instructions
   }
}
```

만약 간단한 드로잉이라면 단순히, 모든 그리기 명령문을 여기에 두면 된다. 그렇지 않으면 단계 4 에서 만든 메소드를 호출하라.

단계 6   뷰어 클래스를 작성하라.

프레임을 생성하고 컴포넌트를 추가하고 프레임을 보이게 하는 메인 메소드가 있는 viewer 클래스를 제공하라. 뷰어 클래스는 틀에 박힌 일이다; 단지 다른 컴포넌트를 보여주기 위해 한 줄만 변경하면 된다.

```java
public class ItalianFlagViewer
{
   public static void main(String[] args)
   {
      JFrame frame = new JFrame();

      frame.setSize(300, 400);
      frame.setDefaultCloseOperation(JFrame.EXIT_ON_CLOSE);

      JComponent component = new ItalianFlagComponent();
      frame.add(component);
      frame.setVisible(true);
   }
}
```

 완성된 국기 그리기
프로그램

데모 예제 10.1

막대 차트 생성기 코딩하기

이 데모 예제에서는 막대차트를 작성하는 간단한 프로그램을 개발한다. 사용자가 막대의 레이블과 값을 입력하면 프로그램은 차트를 표시한다.

비디오 보기 10.1

십자 낱말 퍼즐 풀기

이 비디오 보기에서는 십자 낱말 퍼즐을 풀기 위해 단어를 찾아주는
프로그램을 개발한다.

요약

프레임을 보여주고 프레임 내부에 컴포넌트들을 추가한다.

- 프레임을 보여주기 위해서는 JFrame 객체를 만들고, 크기를 설정하고, 눈에 보이게 해야 한다.
- 여러 개의 UI 컴포넌트들을 그룹화하기 위해서는 JPanel을 사용한다.
- 복잡한 프레임을 위해서는 JFrame 서브클래스를 선언한다.

이벤트의 개념을 설명하고 버튼 이벤트를 처리한다.

- UI 이벤트에는 키누름, 마우스 움직임, 버튼 클릭, 메뉴 선택 등이 포함된다.
- 이벤트 리스너는 애플리케이션 프로그래머가 만든 클래스에 속해 있다. 그의 메소드는 이벤트가 발생할 때 취해야 할 액션들을 기술한다.

WileyPLUS와 www.wiley.com/college/horstmann에서 온라인으로 볼 수 있다.

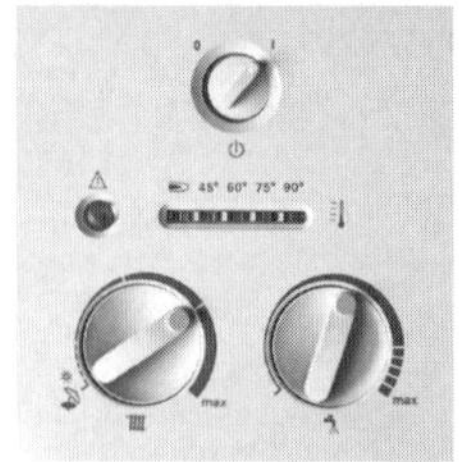

- 이벤트 소스는 이벤트를 보고한다. 이벤트가 발생하면 이벤트 소스는 모든 이벤트 리스너들에게 통지한다.
- 프로그램이 버튼 클릭에 반응할 수 있도록 각각의 버튼에 ActionL istener를 부착하라.
- 내부클래스의 메소드는 둘러싼 클래스의 변수들을 엑세스할 수 있다.

텍스트 입력을 읽기 위해 텍스트 컴포넌트를 사용한다.

- 한 줄의 입력을 읽을 땐 JTextField 컴포넌트를 사용하라. JLabel을 각각의 텍스트 필드 옆에 위치시켜라.
- 여러 줄의 텍스트를 보여주려면 JTextArea를 사용하라.
- JScrollPane을 사용하여 어느 컴포넌트에는 스크롤바를 추가할 수 있다.

직사각형, 타원, 선, 그리고 텍스트를 가지고 간단한 그림을 생성한다.

- 그린 것을 보여주려면 JComponent 클래스를 상속한(확장시키는) 클래스를 제공하라.
- 그리기 명령들을 paintComponent 메소드 안에 넣어라. 이 메소드는 컴포넌트가 다시 그려져야 할 필요가 있을 때마다 호출된다.
- Graphics 클래스는 직사각형 및 다른 도형들을 그리는 메소드를 가지고 있다.
- 기하 도형을 그리기 위해 drawRect, drawOval, drawLine을 사용하라.
- drawString 메소드는 기준점에서부터 문자열을 그리기 시작한다.
- 그래픽 콘텍스트에 새로운 색을 설정하면 그 후의 드로잉 동작에 사용된다.
- 그려지는 컴포넌트의 상태가 변할 때마다 repaint 메소드를 호출하라.
- 그려지는 컴포넌트를 패널 안에 위치시킬 때, 그 원하는 크기를 지정해야 한다.

이 장에서 소개된 표준 라이브러리 항목들

java.awt.Color
java.awt.Component
  addMouseListener
  getHeight
  getWidth
  repaint
  setPreferredSize
  setSize
  setVisible
java.awt.Container
  add
java.awt.Dimension
java.awt.Frame
  setTitle

java.awt.Graphics
  setColor
  drawLine
  drawOval
  drawRect
  drawString
  fillOval
  fillRect
java.awt.event.ActionEvent
java.awt.event.ActionListener
  actionPerformed
javax.swing.AbstractButton
  addActionListener
javax.swing.JComponent
  paintComponent

javax.swing.JFrame
  setDefaultCloseOperation
javax.swing.JButton
javax.swing.JLabel
javax.swing.JPanel
javax.swing.JScrollPane
javax.swing.JTextArea
  append
javax.swing.JTextField
javax.swing.text.JTextComponent
  getText
  isEditable
  setEditable
  setText

- **R10.1** 프레임과 패널의 차이는 무엇인가?

- **R10.2** 프로그래머의 관점에서 볼 때, 콘솔 응용프로그램과 그래픽 응용프로그램의 UI 사이에 가장 중요한 차이는 무엇인가?

- **R10.3** 그래픽 응용프로그램에서는 왜 별도의 뷰어 클래스와 프레임 클래스가 사용되는가?

- **R10.4** JPanel을 사용하지 않고 JFrame에 직접 버튼과 레이블을 추가하면 어떤 일이 발생하는가? 레이블을 먼저 추가하면 어떤 일이 발생하는가? 10.1.2절에 있는 프로그램을 수정해서 시도해보고, 관찰한 것을 보고하라.

- **R10.5** 이벤트 객체, 이벤트소스, 이벤트 리스너란?

- **R10.6** 이벤트 리스너의 actionPerformed 메소드는 누가 호출하는가? 언제 actionPerformed 메소드 호출이 발생하는가?

- ■■ **R10.7** System.exit(0)을 호출해서 그래픽 프로그램을 종료할 수 있다. 윈도우를 닫는 것과 같은 방식으로 기능하는 종료(Exit)버튼을 만드는 법을 설명하라. 프레임에서 여전히 setDefault CloseOperation를 호출해야 하는가?

- **R10.8** 얼마나 자주 버튼이 클릭되었는지를 프린트해주는 10.2.1절 프로그램에 어떻게 카운터를 추가할 것인가? 카운터는 어디서 업데이트 되는가?

- ■■ **R10.9** 얼마나 자주 버튼이 클릭되었는지를 보여주는 10.2.2절 프로그램에 어떻게 카운터를 추가할 것인가? 카운터는 어디서 업데이트 되는가? 어디에 표시되는가?

- ■■■ **R10.10** 만약 AddInterestListener를 최상위클래스(즉 내부클래스가 아니라)로 만들고 싶다면, 10.2.3절의 InvestmentViewer 프로그램을 어떻게 재구성하겠는가?

- ■■■ **R10.11** 왜 이벤트 리스너를 위해 내부클래스를 사용하는가? 만약 자바에 내부클래스가 없다면 우리는 그대로 이벤트 리스너를 구현할 수 있을까? 어떻게?

- ■■■ **R10.12** 10.1.3절에 설명 되었듯이 프레임에 상속을 사용하는 것이 필요조건인가?
  (힌트: 특강 10.1을 참고하라.)

- **R10.13** 레이블, 텍스트 필드, 텍스트 영역의 차이는 무엇인가?

- ■■ **R10.14** JTextArea에 선언된 메소드, JTextComponent에서 JTextArea로 상속된 메소드, JTextComponent에서 JTextArea로 상속된 메소드의 이름을 열거하라.

- ■■ **R10.15** 10.3.2절의 프로그램에서 이자가 축적되는 것을 보여주기 위해 왜 레이블을 사용하지 않고 텍스트 영역을 사용하였는가? 레이블 배열을 사용하여 어떻게 비슷한 결과를 얻을 수 있었겠는가?

- ■■ **R10.16** 누가 컴포넌트의 paintComponent 메소드를 호출하는가? 언제 paintComponent 메소드의 호출이 발생하는가?

- **R10.17** 10.4.2절의 프로그램에서 왜 문자열보다 타원이 먼저 그려졌는가?

- ■■ **R10.18** 세로막대 차트를 그리려면 10.4.3절의 차트 컴포넌트를 어떻게 수정해야 하나?
  (주의: y축의 값들은 아래로 갈수록 커진다.)

■■ R10.19 텍스트 색은 어떻게 지정하는가?

■■ R10.20 paintComponent 메소드와 repaint 메소드의 차이는 무엇인가?

■■ R10.21 ChartComponent 클래스의 getWidth 메소드 호출이 명시적 파라미터를 가지고 있지 않는 이유를 설명하라.

■ R10.22 오른쪽과 왼쪽에는 임의의 색깔, 가운데에는 하얀색 세로 줄무늬가 있는 국기를 그리려면 How To 10.1의 drawItalianFlag 메소드를 어떻게 수정할 것인가?

프로그래밍 훈련

■ P10.1 1부터 100으로 레이블이 붙은 100개의 버튼으로 차있는 정사각형 프레임을 보여주는 프로그램을 작성하라. 버튼을 눌렀을 때 이벤트가 발생되게 할 필요는 없다.

■ P10.2 버튼이 눌릴 때마다 "I was clicked *n* times!"라는 메시지가 프린트 되도록 10.2.1절의 ButtonViewer1 프로그램을 개선하라. *n* 값은 매 클릭마다 하나씩 증가되어야 한다.

■■ P10.3 두 개의 버튼을 가지고, 각각의 버튼이 클릭될 때마다 "I was clicked *n* times!"라는 메시지를 프린트 하도록 10.2.1절의 ButtonViewer1 프로그램을 개선하라. 각각의 버튼은 별도의 클릭 카운트를 가진다.

■■ P10.4 A, B 레이블이 붙은 두 개의 버튼을 가지고, 각 버튼이 "Button *x* was clicked!"라는 메시지를 출력하도록 10.2.1절의 ButtonViewer1 프로그램을 개선하라. 여기서 x는 A 또는 B 이다.

■■ P10.5 한 개 리스너 클래스만을 사용하여 프로그래밍 훈련 P10.3에서와 같은 ButtonViewer1 프로그램을 구현하라. 힌트: 리스너 생성자에게 버튼 레이블을 전달하라.

■ P10.6 버튼이 클릭된 날짜와 시각을 프린트 하도록 ButtonViewer1 프로그램을 개선하라. 힌트: System.out.println(new java.util.Date())가 현재 날짜와 시각을 프린트 한다.

■■■ P10.7 10.2.2절의 ButtonViewer2 프로그램의 ClickListener를 일반적인 클래스(즉, 내부클래스가 아닌)로 구현하라. 힌트: 레이블에 대한 참조를 저장하라. 레이블 참조를 설정하는 리스너 클래스에 생성자를 추가하라.

■■ P10.8 10.3.2절의 프로그램에 에러 핸들링을 추가하라. 이자율이 부동 소수점 수가 아니거나 0보다 작은 경우 JOptionPane를 사용하여 오류 메시지를 표시하라(특강 2.5 참고).

■ P10.9 은행 계좌를 시뮬레이션 하는 그래픽 응용 프로그램을 작성하라. 입금과 출금, 그리고 레이블에 현 잔고를 표시하기 위한 버튼들과 텍스트 필드들을 제공하라.

■ P10.10 3.3절과 같이 지진을 묘사하는 그래픽 응용프로그램을 작성하라. 지진의 강도를 입력하기 위한 버튼과 텍스트 필드를 제공하라. 지진에 관한 설명을 레이블에 표시하라.

■ P10.11 데이타 집합의 통계를 계산 해주는 그래픽 응용 프로그램을 작성하라. 부동 소수점 값들을 더하기 위한 텍스트 필드와 버튼을 제공하고, 레이블에 현재의 최소값, 최대값, 평균값을 표시하라.

■ P10.12 레이블이 붙은 세 개의 텍스트 필드가 있는 응용프로그램을 작성하라. 각각은 저축 계좌의

초기 잔고, 연이율, 연수를 위한 것이다. 매년 말 이후에 계좌의 잔액을 보여주기 위해 "Calculate" 버튼과 읽기 전용의 텍스트 영역을 추가하라.

■■ **P10.13** 프로그래밍 훈련 P10.12의 응용 프로그램에서 텍스트 영역을 매년 말 이후 잔고를 보여주는 막대 차트로 대체하라.

■ **P10.14** 파란색 직사각형 안에 자신의 이름을 빨간색으로 그리는 그래픽 프로그램을 작성하라. NameViewer 클래스와 NameComponent 클래스를 제공하라.

■■ **P10.15** 12개의 문자열을 그려주는 그래픽 프로그램을 작성하라. 각각은 Color.WHITE을 제외한 12개의 표준색상이며, 문자열에 해당 색상을 사용하라. ColorNameViewer 클래스와 ColorName Component 클래스를 제공하라.

■■ **P10.16** 채워진 두 개의 정사각형을 그리는 프로그램을 작성하라: 하나는 핑크색이고 하나는 보라색이다. 그 중 하나는 표준 색상을 사용하고 나머지 하나는 사용자 정의 색상을 사용하라. TwoSquareViewer 클래스와 TwoSquareComponent 클래스를 제공하라.

■■ **P10.17** 다음과 같은 얼굴을 그리는 프로그램을 작성하라. FaceViewer 클래스와 FaceComponent 클래스를 제공하라.

■■ **P10.18** 검은색과 하얀색 동심원 링이 번갈아 있는 'bull's eye'를 그려라. 힌트: 검은색 원을 채우고, 그 위에 그것보다 작은 하얀색 원을 채우고, 기타 등등. 프로그램은 BullsEyeComponent 클래스와 BullsEyeViewer 클래스로 구성되어야 한다.

■■ **P10.19** 집 그림을 그려주는 프로그램을 작성하라. 아래 그림처럼 간단해도 된다. 또는 원하는 경우 더 정교하게 만들어도 된다(3-D, 고층빌딩, 현관의 대리석 기둥 등).

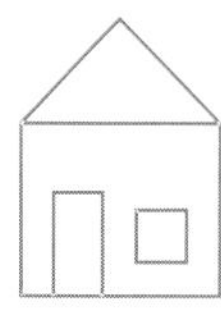

■■ **P10.20** 위치와 크기를 지정할 수 있는 drawHouse 메소드를 제공해서 프로그래밍 훈련 P10.19를 확장시켜라. 그리고 나서 프레임에 크기가 다른 집 몇 개를 올려라.

■■ **P10.21** 프로그래밍 훈련 P10.20을 확장하여 집들이 다양한 색으로 보이게 만들라. 색상은 drawHouse 메소드의 인수로 전달되어야 한다. 다양한 색상의 집들로 프레임을 채워라.

■■ **P10.22** 10.3.2절 투자프로그램의 출력의 질을 개선하라. String.format 메소드를 사용하여 수들을 두 자리의 십진수로 포맷하라. 아래 호출을 사용하여 텍스트 영역의 글꼴을 고정 폭 글꼴로 설정하라.

```
textArea.setFont(new Font(Font.MONOSPACED, Font.PLAIN, 12));
```

■■ **P10.23** 원기둥의 3차원 뷰를 그리는 프로그램을 작성하라.

■■ **P10.24** 원과 선만을 사용하여 "Hello" 문자열을 그리는 프로그램을 작성하라. `drawString`을 호출하지 말고, `System.out`을 사용하지 말라. `LetterH`, `LetterE`, `LetterL`, `LetterO` 클래스를 만들라.

■■ **P10.25** 색상이 있는 세개의 수평 줄무늬가 있는 국기들을 그릴 수 있도록 How To 10.1의 `drawItalianFlag` 메소드를 수정하라. 독일과 헝가리의 국기를 표시하는 프로그램을 작성하라.

■■ **P10.26** 올림픽 오륜기를 표시하는 프로그램을 작성하라. 링들을 올림픽 색에 맞게 칠하라. 주어진 위치와 색상의 링을 그리는 `drawRing` 메소드를 제공하라.

■■■ **P10.27** 사용자에게 텍스트 필드 안에 정수를 입력하도록 하는 프로그램을 작성하라. Draw 버튼이 클릭될 때, 컴포넌트의 랜덤한 위치에 사용자가 요청한 개수의 직사각형을 그려라.

■■ **P10.28** 사용자에게 텍스트 필드 안에 정수 n을 입력하도록 요청하는 프로그램을 작성하라. Draw 버튼이 클릭되면 컴포넌트 안에 $n \times n$ 격자가 그려지게 하라.

■■ **P10.29** Draw 버튼이 클릭될 때마다 직사각형, 타원, 선이 랜덤한 위치에 무작위로 섞여서 표시되는 컴포넌트와 Draw 버튼이 있는 프로그램을 작성하라. 버튼이 클릭될 때마다 임의 위치에 그 임의의 도형이 보이게 하라.

■■ **P10.30** 다음의 데이타로 막대 차트를 만들어라. 각각의 막대에 레이블을 표시하라. `BarChartViewer` 클래스와 `BarChartComponent` 클래스를 제공하라.

Bridge Name	Longest Span (ft)
Golden Gate	4,200
Brooklyn	1,595
Delaware Memorial	2,150
Mackinac	3,800

■■■ **P10.31** 두 개의 텍스트 필드(하나는 시, 다른 하나는 분) 안에 사용자가 입력한 시각을 받아서 시계 면을 그리는 프로그램을 작성하라.

힌트: 시침과 분침의 각도를 계산해야 한다. 분침은 60분 동안 360도를 움직이므로 분침의 각도는 쉽다; 시침은 12 × 60분에 360도를 움직이므로 더 어렵다.

■■■ P10.32 　검은색 테두리에, 원하는 색깔로 채워진 큰 타원으로 윈도우를 채우는 프로그램을 작성하라. 타원은 윈도우 크기가 조정되더라도 윈도우 경계에 꽉 차야한다.

■■ 비즈니스 P10.33 　금전 등록기를 시뮬레이션 하는 그래픽 응용프로그램을 구현하라. 품목의 가격을 위한 텍스트 필드와, 품목을 판매에 추가할 두 개의 버튼을 제공하라: 하나는 과세 품목을 위한 버튼이고, 다른 하나는 면세 품목을 위한 버튼이다. 텍스트 영역에 모든 항목(과세 품목은 "*" 로 표시)과 청구액을 나열하는 등록 테이프를 표시하라. 새로운 판매를 시작하기 위한 또 다른 버튼을 제공하라.

■■ 비즈니스 P10.34 　유로와 미국 달러 간 환율 변환기를 구현하는 그래픽 응용 프로그램을 작성하라. 유로와 달러 금액을 위한 두 개의 텍스트 필드를 마련하라. 두 텍스트 필드 사이에 왼쪽이나 오른쪽의 필드를 업데이트하기 위한 ">", "<" 레이블이 표시된 두 개의 버튼을 두어라. 이 문제에서는 1유로=1.42달러 환율을 적용하라.

■■ 비즈니스 P10.35 　레스토랑의 계산서를 만드는 그래픽 응용프로그램을 작성하라. 열 개의 인기 있는 요리나 음료 품목을 위한 버튼들을 마련하라.(품목과 가격은 직접 결정한다.) 덜 인기 있는 품목과 가격을 입력하는 텍스트 필드를 마련하라. 텍스트 영역에는 세금과 권장 팁을 포함한 계산서를 보여줘라.

자체 검사 질문에 대한 답

1. EmptyFrameViewer 프로그램을 다음과 같이 변경한다:

```
final int FRAME_WIDTH = 300;
final int FRAME_HEIGHT = 300;
. . .
frame.setTitle("Hello, World!");
```

2. 두 개의 JFrame 객체를 생성해서, 각각의 크기를 설정하고, 각각에 대해 setVisible(true)를 호출한다.

3. 프레임에 다음 패널을 추가한다:

```
JButton button1 = new JButton("Yes");
JButton button2 = new JButton("No");
JPanel panel = new JPanel();
panel.add(button1);
panel.add(button2);
```

4. FilledFrame에 특정적인 어떤 메소드라도 호출할 필요가 없다. 변수를 선언할 때에는 항상 가장 일반적인 타입으로 사용하는 것이 좋다.

5. 두 개: FilledFrameViewer2, FilledFrame.

6. FilledFrame의 인스턴스 메소드이므로, 프레임은 묵시적(또는 내연적)인 파라미터이다.

7. button 객체는 이벤트 소스이다. Listener 객체는 이벤트 리스너이다.

8. ClickListener 클래스는 ActionListener 인터페이스를 구현한다.

9. 우리는 호출하지 않는다. 버튼이 클릭될 때 Swing 라이브러리가 그 메소드를 호출한다.

10. 직접적으로 엑세스 하는 것이 생성자나 메소드의 인수로 변수를 전달하는 것보다 더 간단하다.

11. 먼저 panel에 label을 추가하고, 그 다음에 button을 추가한다.

12. 그러면 텍스트 필드가 레이블링되지 않으며, 사용자는 그 용도를 모르게 될 것이다.

13. Integer.parseInt(textField.getText())

14. 텍스트 필드는 한 줄의 텍스트를 담는다; 텍스트 영역은 여러 줄을 담는다.

15. 텍스트 영역은 프로그램의 출력을 보여주는 것이 목적이다. 사용자 입력을 수집하지 않는다.

16. `JScrollPane`을 생성하지 말고 `resultArea`객체를 직접 패널에 추가하라.

17. 여기 가능한 솔루션이 하나 있다:

    ```
    g.fillRect(0, 0, 50, 50);
    g.fillRect(0, 100, 50, 50);
    ```

18. 프로그램은 직사각형 대신에 세 개의 아주 길쭉한 타원을 보여준다.

19. `g.drawOval(75, 75, 50, 50);`

20. ```
    g.drawline(0, 0, 10, 30);
    g.drawline(10, 30, 20, 0);
    ```

21. `g.drawString("V", 0, 30);`

22. `0, 0, 255`

23. 먼저, 빨간색 큰 정사각형을 채우고, 다음에 노란색 작은 정사각형을 채우면 된다:

    ```
    g.setColor(Color.RED);
    g.fillRect(0, 0, 200, 200);
    g.setColor(Color.YELLOW);
    g.fillRect(50, 50, 100, 100);
    ```

24. 막대가 컴포넌트의 너비보다 훨씬 길기 때문에 모든 막대들은 컴포넌트의 오른쪽까지 뻗을 것이다.

25. 사용자가 "Add Interest" 버튼을 누를 때, 차트가 다시 그려지지 않을 것이다.

26. 차트가 0 × 0의 크기로 보여질 것이다. 즉 보이지 않게 될 것이다.
    ```

APPENDIX **A**

유니코드의 기본 라틴어와 라틴어-1 하위집합

The Basic Latin and Latin-1 Subsets of Unicode

이 부록에서는 서부 유럽 언어를 처리하는 데 일반적으로 사용되는 유니코드(Unicode) 문자를 수록한다. 유니코드 문자의 전체 목록은 http://unicode.org에서 찾을 수 있다.

표 A.1 제어 문자

문자	코드	10진수	이스케이프 시퀀스
Tab	'\u0009'	9	'\t'
Newline	'\u000A'	10	'\n'
Return	'\u000D'	13	'\r'
Space	'\u0020'	32	

문자	코드	10진수	문자	코드	10진수	문자	코드	10진수
			@	'\u0040'	64	`	'\u0060'	96
!	'\u0021'	33	A	'\u0041'	65	a	'\u0061'	97
''	'\u0022'	34	B	'\u0042'	66	b	'\u0062'	98
#	'\u0023'	35	C	'\u0043'	67	c	'\u0063'	99
$	'\u0024'	36	D	'\u0044'	68	d	'\u0064'	100
%	'\u0025'	37	E	'\u0045'	69	e	'\u0065'	101
&	'\u0026'	38	F	'\u0046'	70	f	'\u0066'	102
'	'\u0027'	39	G	'\u0047'	71	g	'\u0067'	103
(	'\u0028'	40	H	'\u0048'	72	h	'\u0068'	104
)	'\u0029'	41	I	'\u0049'	73	i	'\u0069'	105
*	'\u002A'	42	J	'\u004A'	74	j	'\u006A'	106
+	'\u002B'	43	K	'\u004B'	75	k	'\u006B'	107
,	'\u002C'	44	L	'\u004C'	76	l	'\u006C'	108
-	'\u002D'	45	M	'\u004D'	77	m	'\u006D'	109
.	'\u002E'	46	N	'\u004E'	78	n	'\u006E'	110
/	'\u002F'	47	O	'\u004F'	79	o	'\u006F'	111
0	'\u0030'	48	P	'\u0050'	80	p	'\u0070'	112
1	'\u0031'	49	Q	'\u0051'	81	q	'\u0071'	113
2	'\u0032'	50	R	'\u0052'	82	r	'\u0072'	114
3	'\u0033'	51	S	'\u0053'	83	s	'\u0073'	115
4	'\u0034'	52	T	'\u0054'	84	t	'\u0074'	116
5	'\u0035'	53	U	'\u0055'	85	u	'\u0075'	117
6	'\u0036'	54	V	'\u0056'	86	v	'\u0076'	118
7	'\u0037'	55	W	'\u0057'	87	w	'\u0077'	119
8	'\u0038'	56	X	'\u0058'	88	x	'\u0078'	120
9	'\u0039'	57	Y	'\u0059'	89	y	'\u0079'	121
:	'\u003A'	58	Z	'\u005A'	90	z	'\u007A'	122
;	'\u003B'	59	[	'\u005B'	91	{	'\u007B'	123
<	'\u003C'	60	\'	'\u005C'	92			'\u007C'	124
=	'\u003D'	61	]	'\u005D'	93	}	'\u007D'	125
>	'\u003E'	62	^	'\u005E'	94	~	'\u007E'	126
?	'\u003F'	63	_	'\u005F'	95			

문자	코드	10진수	문자	코드	10진수	문자	코드	10진수
			À	'\u00C0'	192	à	'\u00E0'	224
¡	'\u00A1'	161	Á	'\u00C1'	193	á	'\u00E1'	225
¢	'\u00A2'	162	Â	'\u00C2'	194	â	'\u00E2'	226
£	'\u00A3'	163	Ã	'\u00C3'	195	ã	'\u00E3'	227
	'\u00A4'	164	Ä	'\u00C4'	196	ä	'\u00E4'	228
¥	'\u00A5'	165	Å	'\u00C5'	197	å	'\u00E5'	229
¦	'\u00A6'	166	Æ	'\u00C6'	198	æ	'\u00E6'	230
§	'\u00A7'	167	Ç	'\u00C7'	199	ç	'\u00E7'	231
¨	'\u00A8'	168	È	'\u00C8'	200	è	'\u00E8'	232
©	'\u00A9'	169	É	'\u00C9'	201	é	'\u00E9'	233
ª	'\u00AA'	170	Ê	'\u00CA'	202	ê	'\u00EA'	234
«	'\u00AB'	171	Ë	'\u00CB'	203	ë	'\u00EB'	235
¬	'\u00AC'	172	Ì	'\u00CC'	204	ì	'\u00EC'	236
	'\u00AD'	173	Í	'\u00CD'	205	í	'\u00ED'	237
®	'\u00AE'	174	Î	'\u00CE'	206	î	'\u00EE'	238
¯	'\u00AF'	175	Ï	'\u00CF'	207	ï	'\u00EF'	239
°	'\u00B0'	176	Ð	'\u00D0'	208	ð	'\u00F0'	240
±	'\u00B1'	177	Ñ	'\u00D1'	209	ñ	'\u00F1'	241
²	'\u00B2'	178	Ò	'\u00D2'	210	ò	'\u00F2'	242
³	'\u00B3'	179	Ó	'\u00D3'	211	ó	'\u00F3'	243
´	'\u00B4'	180	Ô	'\u00D4'	212	ô	'\u00F4'	244
µ	'\u00B5'	181	Õ	'\u00D5'	213	õ	'\u00F5'	245
¶	'\u00B6'	182	Ö	'\u00D6'	214	ö	'\u00F6'	246
·	'\u00B7'	183	×	'\u00D7'	215	÷	'\u00F7'	247
¸	'\u00B8'	184	Ø	'\u00D8'	216	ø	'\u00F8'	248
¹	'\u00B9'	185	Ù	'\u00D9'	217	ù	'\u00F9'	249
º	'\u00BA'	186	Ú	'\u00DA'	218	ú	'\u00FA'	250
»	'\u00BB'	187	Û	'\u00DB'	219	û	'\u00FB'	251
¼	'\u00BC'	188	Ü	'\u00DC'	220	ü	'\u00FC'	252
½	'\u00BD'	189	Ý	'\u00DD'	221	ý	'\u00FD'	253
¾	'\u00BE'	190	Þ	'\u00DE'	222	þ	'\u00FE'	254
¿	'\u00BF'	191	ß	'\u00DF'	223	ÿ	'\u00FF'	255

APPENDIX B

자바 연산자 요약

J ava Operator Summary

아래 표에서 자바 연산자들이 우선 순위 순서대로 나열된다. 표에서 가로선은 연산자의 우선 순위 변경을 나타낸다. 먼저 나오는 연산자가 나중에 나오는 연산자보다 연산 순서에서 우선 순위를 가진다. 예를 들어, x + y*z는 x + (y*z)가 되는데, * 연산자가 + 연산자보다 연산 순위가 높기 때문이며, 마찬가지로 x && y || z는 (x && y) || z가 된다.

연산자의 **결합 순서**(*associativity*)는 연산 방향이 왼쪽에서 오른쪽으로 이루어지는지, 오른쪽에서 왼쪽으로 이루어지는지를 나타낸다. 예를 들어, - 연산자는 왼쪽에서 오른쪽으로 결합되어, x - y - z는 (x - y) - z가 되지만, = 연산자는 반대가 되어, x = y = z 는 x = (y = z)가 된다.

연산자	설명	결합 순서
.	Access class feature	
[ ]	Array subscript	Left to right
()	Function call	
++	Increment	
--	Decrement	
!	Boolean not	
~	Bitwise not	
+ *(unary)*	(Has no effect)	Right to left
- *(unary)*	Negative	
(TypeName)	Cast	
new	Object allocation	
*	Multiplication	
/	Division or integer division	Left to right
%	Integer remainder	

연산자	설명	결합 순서
+ -	Addition, string concatenation Subtraction	Left to right
<< >> >>> < <= > >= `instanceof`	Shift left Right shift with sign extension Right shift with zero extension Less than Less than or equal Greater than Greater than or equal Tests whether an object's type is a given type or a subtype thereof	Left to right
== !=	Equal Not equal	Left to right
&	Bitwise *and*	Left to right
^	Bitwise exclusive *or*	Left to right
|	Bitwise *or*	Left to right
&&	Boolean "short circuit" *and*	Left to right
||	Boolean "short circuit" *or*	Left to right
? :	Conditional	Right to left
= *op*=	Assignment Assignment with binary operator (*op* is one of +, -, *, /, &, |, ^, <<, >>, >>>)	Right to left

APPENDIX C

자바 예약어 요약

Java Reseverved Word Summary

예약어	설명
abstract	An abstract class or method
assert	An assertion that a condition is fulfilled
boolean	The Boolean type
break	Breaks out of the current loop or labeled statement
byte	The 8-bit signed integer type
case	A label in a switch statement
catch	The handler for an exception in a try block
char	The 16-bit Unicode character type
class	Defines a class
const	Not used
continue	Skip the remainder of a loop body
default	The default label in a switch statement
do	A loop whose body is executed at least once
double	The 64-bit double-precision floating-point type
else	The alternative clause in an ifstatement
enum	An enumeration type
extends	Indicates that a class is a subclass of another class
final	A value that cannot be changed after it has been initialized, a method that cannot be overridden, or a class that cannot be extended
finally	A clause of a try block that is always executed
float	The 32-bit single-precision floating-point type

예약어	설명
`for`	A loop with initialization, condition, and update expressions
`goto`	Not used
`if`	A conditional branch statement
`implements`	Indicates that a class realizes an interface
`import`	Allows the use of class names without the package name
`instanceof`	Tests whether an object's type is a given type or a subtype thereof
`int`	The 32-bit integer type
`interface`	An abstract type with only abstract methods and constants
`long`	The 64-bit integer type
`native`	A method implemented in non-Java code
`new`	Allocates an object
`package`	A collection of related classes
`private`	A feature that is accessible only by methods of the same class
`protected`	A feature that is accessible only by methods of the same class, a subclass, or another class in the same package
`public`	A feature that is accessible by all methods
`return`	Returns from a method
`short`	The 16-bit integer type
`static`	A feature that is defined for a class, not for individual instances
`strictfp`	Use strict rules for floating-point computations
`super`	Invoke the superclass constructor or a superclass method
`switch`	A selection statement
`synchronized`	A block of code that is accessible to only one thread at a time
`this`	The implicit parameter of a method; or invocation of another constructor of the same class
`throw`	Throws an exception
`throws`	The exceptions that a method may throw
`transient`	Instance variables that should not be serialized
`try`	A block of code with exception handlers or a finally handler
`void`	Tags a method that doesn't return a value
`volatile`	A variable that may be accessed by multiple threads without synchronization
`while`	A loop statement

APPENDIX **D**

자바 라이브러리

The Java Library

이 부록에서는 이 책에서 사용되는 표준 자바 라이브러리에 포함된 모든 클래스와 메소드들을 수록한다.

다음의 상속 계층 구조에서 이 책에 사용되지않는 슈퍼클래스들은 회색 글씨로 표시한다. 이 책에서 다루지 않는 인터페이스를 구현하는 일부 클래스들은 생략되어 있다. 클래스는 패키지별로 분류되며, 같은 패키지 내에서는 알파벳순으로 정렬되어 있다.

```
java.lang.Object
   java.awt.BorderLayout
   java.awt.Color
   java.awt.Component
      java.awt.Container
         javax.swing.JComponent
            javax.swing.AbstractButton
               javax.swing.JButton
               javax.swing.JMenuItem
                  javax.swing.JMenu
               javax.swing.JToggleButton
                  javax.swing.JCheckBox
                  javax.swing.JRadioButton
            javax.swing.JComboBox
            javax.swing.JFileChooser
            javax.swing.JLabel
            javax.swing.JMenuBar
            javax.swing.JPanel
            javax.swing.JOptionPane
            javax.swing.JScrollPane
            javax.swing.JSlider
            javax.swing.text.JTextComponent
               javax.swing.JTextArea
               javax.swing.JTextField
         java.awt.Window
            java.awt.Frame
               javax.swing.JFrame
      java.awt.Dimension2D
         java.awt.Dimension
   java.awt.FlowLayout
   java.awt.Font
   java.awt.Graphics
   java.awt.GridLayout
   java.awt.event.MouseAdapter implements MouseListener
   java.io.File implements Comparable<File>
```

java.io.InputStream
    java.io.FileInputStream
  java.io.OutputStream
    java.io.FileOutputStream
      java.io.FilterOutputStream
        java.io.PrintStream
  java.io.Writer
    java.io.PrintWriter
java.lang.Boolean *implements Comparable<Boolean>*
java.lang.Character *implements Comparable<Character>*
java.lang.Class
java.lang.Math
java.lang.Number
  java.math.BigDecimal *implements Comparable<BigDecimal>*
  java.math.BigInteger *implements Comparable<BigInteger>*
  java.lang.Double *implements Comparable<Double>*
  java.lang.Integer *implements Comparable<Integer>*
java.lang.String *implements Comparable<String>*
java.lang.System
java.lang.Throwable
  java.lang.Error
  java.lang.Exception
    java.lang.InterruptedException
    java.io.IOException
      java.io.EOFException
      java.io.FileNotFoundException
    java.lang.RuntimeException
      java.lang.IllegalArgumentException
        java.lang.NumberFormatException
      java.lang.IllegalStateException
      java.util.NoSuchElementException
        java.util.InputMismatchException
      java.lang.NullPointerException
java.text.Format
  java.text.DateFormat
java.util.AbstractCollection<E>
  java.util.AbstractList<E>
    java.util.AbstractSequentialList<E>
      java.util.LinkedList<E> *implements List<E>, Queue<E>*
    java.util.ArrayList<E> *implements List<E>*
  java.util.AbstractQueue<E>
    java.util.PriorityQueue<E>
  java.util.AbstractSet<E>
    java.util.HashSet<E> *implements Set<E>*
    java.util.TreeSet<E> *implements SortedSet<E>*
java.util.AbstractMap<K, V>
  java.util.HashMap<K, V> *implements Map<K, V>*
  java.util.TreeMap<K, V>, *Map<K, V>*
java.util.Arrays
java.util.Collections
java.util.Calendar
  java.util.GregorianCalendar
java.util.Dictionary<K, V>
  java.util.Hashtable<K, V>
    java.util.Properties
java.util.EventObject
  java.awt.AWTEvent
    java.awt.event.ActionEvent
    java.awt.event.ComponentEvent
      java.awt.event.InputEvent
        java.awt.event.KeyEvent
        java.awt.event.MouseEvent
  javax.swing.event.ChangeEvent
java.util.Random
java.util.Scanner
java.util.logging.Level

```
                java.util.logging.Logger
                javax.swing.ButtonGroup
                javax.swing.ImageIcon
                javax.swing.Keystroke
                javax.swing.Timer
                javax.swing.border.AbstractBorder
                    javax.swing.border.EtchedBorder
                    javax.swing.border.TitledBorder
        java.lang.Comparable<T>
        java.util.Collection<E>
            java.util.List<E>
            java.util.Set<E>
                java.util.SortedSet<E>
        java.util.Comparator<T>
        java.util.EventListener
            java.awt.event.ActionListener
            java.awt.event.KeyListener
            java.awt.event.MouseListener
            javax.swing.event.ChangeListener
        java.util.Iterator<E>
            java.util.ListIterator<E>
        java.util.Map<K, V>
        java.util.Queue<E> extends Collection<E>
```

다음에 주어지는 설명에서 "this object"("this component", "this container" 등등) 구문은 메소드가 호출되는(묵시적 파라미터, this) 객체(구성요소(component), 콘테이너(container), 등등)를 의미한다.

패키지 java.awt

클래스 java.awt.BorderLayout

- **BorderLayout**()
  테두리 레이아웃을 구성한다. 테두리 레이아웃의 구성 요소로는 "NORTH", "EAST", "SOUTH", "WEST", "CENTER"의 5개 구역이 추가될 수 있다.

- static final int CENTER
  이 값은 테두리 레이아웃의 중심 위치를 식별한다.

- static final int EAST
  이 값은 테두리 레이아웃의 오른쪽 위치를 식별한다.

- static final int NORTH
  이 값은 테두리 레이아웃의 위쪽 위치를 식별한다.

- static final int SOUTH
  이 값은 테두리 레이아웃의 아래쪽 위치를 식별한다.

- static final int WEST
  이 값은 테두리 레이아웃의 왼쪽 위치를 식별한다.

클래스 java.awt.Color

- **Color**(int red, int green, int blue)
  빨강, 초록, 파랑을 0에서 255 사이의 값으로 지정하여, 색을 만든다.
  파라미터:　　red 빨강 성분

  　　　　　　　　green 초록 성분

  　　　　　　　　blue 파랑 성분

클래스 `java.awt.Component`

- void **addKeyListener**(KeyListener listener)

  이 메소드는 구성요소(component)에 키 리스너를 추가한다.

  파라미터:　listener 추가되는 키 리스너

- void **addMouseListener**(MouseListener listener)

  이 메소드는 구성요소(component)에 마우스 리스너를 추가한다.

  파라미터:　listener 추가되는 마우스 리스너

- int **getHeight**()

  이 메소드는 해당(this) 구성요소(component)의 높이를 가져온다.

  반환값:　픽셀들로 표시되는 높이

- int **getWidth**()

  이 메소드는 해당(this) 구성요소(component)의 폭을 가져온다.

  반환값:　픽셀들로 표시되는 폭

- void **repaint**()

  이 메소드는 paint 메소드에 대한 호출을 예약하여 해당(this) 구성요소(component)를 다시 그린다.

- void **setFocusable**(boolean focusable)

  이 메소드는 구성요소(component)가 입력 포커스를 받을 수 있는지 여부를 제어한다.

  파라미터:　focusable true 포커스를 받음, 또는 false 포커스를 잃음

- void **setPreferredSize**(Dimension preferredSize)

  이 메소드는 해당(this) 구성요소(component)의 선언된 사이즈를 설정한다.

- void **setSize**(int width, int height)

  이 메소드는 해당(this) 구성요소(component)의 사이즈를 설정한다.

  파라미터:　width the component width

  　　　　　　　height the component height

- void **setVisible**(boolean visible)

  이 메소드는 구성요소(component)를 표시하거나 숨긴다.

  파라미터:　visible true 구성요소(component) 표시, 또는 false 구성요소(component)를 숨김

클래스 `java.awt.Container`

- void **add**(Component c)

- void **add**(Component c, Object position)

  이러한 메소드들은 해당(this) 컨테이너의 끝에 구성요소(component)를 추가한다. 위치가 주어지면, 레이아웃 매니저가 구성요소(component)를 배치하기 위해 호출된다.

  파라미터:　c 추가될 구성요소(component)

  　　　　　　　position 레이아웃 매니저의 오브젝트 표현 위치 정보

- void **setLayout**(LayoutManager manager)

  이 메소드는 해당(this) 컨테이너의 레이아웃 매니저를 설정한다.

  파라미터:　manager 레이아웃 매니저

클래스 java.awt.Dimension

- **Dimension**(int width, int height)

  지정된 폭과 높이 값을 가지는 Dimension 객체를 구성한다.

  파라미터:　width 폭

  　　　　　　height 높이

클래스 java.awt.FlowLayout

- **FlowLayout**()

  새로운 플로우 레이아웃을 구성한다. 플로우 레이아웃은 한행에 가능한 한 많은 구성요소(component)들이 배치하는데, 필요한 경우에는 자신의 크기를 변경하지 않고, 새로운 행을 시작한다.

클래스 java.awt.Font

- **Font**(String name, int style, int size)

  지정된 이름, 스타일 및 포인트 크기를 갖는 글꼴 오브젝트를 구성한다.

  파라미터:　name "Dialog", "DialogInput", "Monospaced", "Serif", 또는 "Sans Serif" 중의 하나로 글꼴 이름, 글꼴 모양 이름 또는 논리적 글꼴 이름

  　　　　　　style Font.PLAIN, Font.ITALIC, Font.BOLD, 또는 Font.ITALIC+Font.BOLD 중 하나

  　　　　　　size 글꼴의 포인트 크기

클래스 java.awt.Frame

- void **setTitle**(String title)

  이 메소드는 프레임의 제목을 설정한다.

  파라미터:　title 프레임의 테두리에 표시될 제목

클래스 java.awt.Graphics

- void **drawLine**(int x1, int y1, int x2, int y2)

  두 점 사이에 선을 그린다.

  파라미터:　x1, y1 시작점

  　　　　　　x2, y2 끝점

- void **drawOval**(int x, int y, int width, int height)
- void **fillOval**(int x, int y, int width, int height)

  파라미터:　x1, y1 경계 사각형의 왼쪽 위 모서리

  　　　　　　width, height 경계 사각형의 폭과 높이

- void **drawRect**(int x, int y, int width, int height)
- void **fillRect**(int x, int y, int width, int height)

  파라미터:　x1, y1 사각형의 왼쪽 위 모서리

  　　　　　　width, height 사각형의 폭과 높이

- void **drawString**(String s, int x, int y)

  이 메소드는 현재의 글꼴과 색으로 문자열을 그린다.

  파라미터:　s 그릴 문자열

  　　　　　　x, y 문자열의 첫 번째 문자의 기준점

- void **setColor**(Color c)

  이 메소드는 현재의 색을 설정한다. 메소드 호출 후, 모든 그래픽 작업은 이 색을 사용한다.

  파라미터: c 새로 그릴 색

클래스 `java.awt.GridLayout`

- **GridLayout**(int rows, int cols)

  그리드 레이아웃의 구성요소(component)들은 동일한 폭과 높이를 갖는 그리드 안에 정렬된다. rows 와 cols 중에 둘다는 아니지만 하나는 0이 될 수 있으며, 이 경우에 객체의 수는 각각 행 또는 열에 배치될 수 있다.

  파라미터: rows 그리드 안에 있는 행의 수

             cols 그리드 안에 있는 열의 수

클래스 `java.awt.Rectangle`

- **Rectangle**()

  왼쪽 위의 모서리가 (0, 0)에 있고, 폭과 높이가 0으로 설정된 사각형을 생성한다.

- **Rectangle**(int x, int y, int width, int height)

  주어진 왼쪽 위 모서리 위치와 크기에 해당하는 사각형을 생성한다.

  파라미터: x, y 왼쪽 위 모서리 위치

             width 폭

             height 높이

- double **getHeight**()

- double **getWidth**()

  이 메소드들은 사각형의 폭과 높이를 얻는다.

- double **getX**()

- double **getY**()

  이 메소드들은 사각형의 왼쪽 위 모서리의 x와 y 좌표를 얻는다.

- void **grow**(int dw, int dh)

  이 메소드는 해당(this) 사각형의 폭과 높이를 조정한다.

  파라미터: dw 폭에 더해지는 양(음수가능)

             dh 높이에 더해지는 양(음수가능)

- Rectangle **intersection**(Rectangle other)

  이 메소드는 지정된 사각형과 해당(this) 사각형의 교점을 계산한다.

  파라미터: other 하나의 사각형

  반환값: this 와 other를 포함하는 가장 큰 사각형

- void **setLocation**(int x, int y)

  이 메소드는 해당(this) 사각형을 새로운 위치로 이동한다.

  파라미터: x, y 새로운 왼쪽 위 모서리

- void **setSize**(int width, int height)

  이 메소드는 해당(this) 사각형의 폭과 높이를 새로운 값으로 설정한다.

  파라미터: width 새로운 폭

             height 새로운 높이

- void **translate**(int dx, int dy)

이 메소드는 해당(this) 사각형을 이동한다.

파라미터: dx x축을 따라 이동하는 거리

                dy y축을 따라 이동하는 거리

- `Rectangle` **`union`**`(Rectangle other)`

  이 메소드는 지정된 사각형과 해당(this) 사각형의 합집합을 계산한다. 집합이론의 합집합이 아니지만, `this` 와 `other` 모두를 포함하는 가장 작은 사각형이 된다.

  파라미터: other 하나의 사각형

  반환값: this와 other 모두를 포함하는 가장 작은 사각형

패키지 `java.awt.event`

인터페이스 `java.awt.event.ActionListener`

- `void` **`actionPerformed`**`(ActionEvent e)`

  하나의 액션이 발생할 때 이벤트 소스는 this 메소드를 호출한다.

클래스 `java.awt.event.KeyEvent`

이 이벤트는 KeyListener 메소드에 전달된다. 키 이벤트에서 키 정보를 얻기 위해 KeyStroke 클래스를 사용하라.

인터페이스 `java.awt.event.KeyListener`

- `void` **`keyPressed`**`(KeyEvent e)`
- `void` **`keyReleased`**`(KeyEvent e)`

  이러한 메소드들은 키를 누르거나 해제한 경우에 호출된다.

- `void` **`keyTyped`**`(KeyEvent e)`

  하나 이상의 키들이 눌려지거나 해제되었을 때 이 메소드가 호출된다.

클래스 `java.awt.event.MouseEvent`

- `int` **`getX`**`()`

  이 메소드는 이벤트가 발생한 시간을 기준으로 마우스의 수평 위치를 반환한다.

  반환값: 마우스의 x-위치

- `int` **`getY`**`()`

  이 메소드는 이벤트가 발생한 시간을 기준으로 마우스의 수직 위치를 반환한다.

  반환값: 마우스의 y-위치

인터페이스 `java.awt.event.MouseListener`

- `void` **`mouseClicked`**`(MouseEvent e)`

  이 메소드는 마우스를 클릭(연속으로 누르고 해제)했을 때 호출된다.

- `void` **`mouseEntered`**`(MouseEvent e)`

  리스너가 추가된 구성요소(component)로 마우스가 들어가면 이 메소드가 호출된다.

- `void` **`mouseExited`**`(MouseEvent e)`

  리스너가 추가된 구성요소(component)에서 마우스가 나올 때 이 메소드가 호출된다.

- `void` **`mousePressed`**`(MouseEvent e)`

  이 메소드는 마우스 버튼을 누를 때 호출된다.

패키지 java.io

클래스 java.io.EOFException

- **EOFException**(String message)

  "end of file"의 익셉션 오브젝트을 생성한다.

  파라미터: message 자세한 메세지

클래스 java.io.File

- **File**(String name)

  특정 이름을 가진 파일(있을 수도 없을 수도 있는)로 설명되는 File 객체를 생성한다.

  파라미터: name 파일의 이름

- static final String pathSeparator

  시스템에 따라 결정되는 경로 이름 사이의 구분자. 리눅스 또는 Mac OS X에서는 콜론 (:) ; Windows에서는 세미콜론(;).

클래스 java.io.FileInputStream

- **FileInputStream**(File f)

  파일 입력 스트림을 생성하고 선택한 파일을 연다. 파일을 읽기 위해 열 수 없는 경우, FileNot FoundException이 발생한다.

  파라미터: f 읽기 위해 열려는 파일

- **FileInputStream**(String name)

  파일 입력 스트림을 생성하고 이름이 지정된 파일을 연다. 파일을 읽기 위해 열 수 없는 경우, FileNot FoundException이 발생한다.

  파라미터: name 읽기 위해 열려는 파일의 이름

클래스 java.io.FileNotFoundException

파일을 열 수 없는 경우에 이 익셉션이 발생한다.

클래스 java.io.FileOutputStream

- **FileOutputStream**(File f)

  파일 출력 스트림을 생성하고 선택한 파일을 연다. 파일을 쓰기 위해 열 수 없는 경우, FileNot FoundException이 발생한다.

  파라미터: f 쓰기 위해 열려는 파일

- **FileOutputStream**(String name)

  파일 출력 스트림을 생성하고 이름이 지정된 파일을 연다. 파일을 쓰기 위해 열 수 없는 경우, FileNot FoundException이 발생한다.

  파라미터: name 쓰기 위해 열려는 파일의 이름

클래스 java.io.InputStream

- void **close**()

  이 메소드는 입력 스트림(예 FileInputStream)을 닫고 스트림과 연관된 시스템 자원을 해제한다.

- int **read**()

이 메소드는 입력 스트림으로부터 다음 바이트의 데이터를 읽어들인다.

반환값:　　데이터의 다음 바이트이거나, 스트림의 마지막에 이르렀을 경우는 -1

클래스 `java.io.InputStreamReader`

* **InputStreamReader**`(InputStream in)`

지정된 입력 스트림에서 리더(reader)를 생성한다.

파라미터:　　`in` 읽어들일 스트림

클래스 `java.io.IOException`

입력/출력 에러가 발생할 때 던져지는 익셉션 형태이다.

클래스 `java.io.OutputStream`

* void **close**`()`

이 메소드는 해당(this) 출력 스트림(예: `FileOutputStream`)을 닫고, 해당 스트림에 관련된 모든 시스템 자원을 해제한다. 닫힌 스트림은 출력 작업을 수행할 수 없으며, 다시 열 수도 없다.

* void **write**`(int b)`

이 메소드는 해당(this) 출력 스트림에 b개의 최하위 바이트를 쓴다.

파라미터:　　`b` 쓰여지는 최하위 바이트 정수값

클래스 `java.io.PrintStream` / 클래스 `java.io.PrintWriter`

* **PrintStream**`(String name)`
* **PrintWriter**`(String name)`

`PrintStream` 또는 `PrintWriter`를 생성하고 지정된 파일을 연다. 파일을 쓰기 위해 열 수 없으면, `FileNotFoundException`가 발생된다.

파라미터:　　`name` 쓰기 위해 열려고 하는 파일 이름

* void **close**`()`

이 메소드는 해당(this) 스트림 또는 `writer`를 닫고 연관된 시스템 자원을 해제한다.

* void **print**`(int x)`
* void **print**`(double x)`
* void **print**`(Object x)`
* void **print**`(String x)`
* void **println**`()`
* void **println**`(int x)`
* void **println**`(double x)`
* void **println**`(Object x)`
* void **println**`(String x)`

이러한 메소드들은 해당(this) `PrintStream` 또는 `PrintWriter`에 값을 인쇄한다. `println` 메소드는 값 뒤에 개행 문자를 인쇄한다. 객체들은 `toString` 메소드들에 의해 문자열로 변환되어 인쇄된다.

파라미터:　　`x` 인쇄될 값

* PrintStream **printf**`(String format, Object... values)`

- Printwriter **printf**(String format, Object... values)

  이러한 메소드들은 %로 시작하는 자리 표시자(place holder)에 대해 주어진 값을 대체하고, 해당(this) PrintStream 또는 PrintWriter에 형식 문자열을 인쇄한다.

  파라미터: format 형식 문자열

                  values 인쇄될 값. 어떠한 수의 값들도 주어질 수 있다.

  반환값: 암시적(implicit) 파라미터

패키지 java.lang

클래스 java.lang.Boolean

- **Boolean**(boolean value)

  부울 값(boolean value)에 대한 래퍼(wrapper) 객체를 생성한다.

  파라미터: value 해당(this) 개체에 저장되는 값

- boolean **booleanValue**()

  이 메소드는 해당(this) Boolean 객체에 저장된 값을 반환한다.

  반환값: 해당(this) 객체의 부울 값

클래스 java.lang.Character

- static boolean **isDigit**(ch)

  이 메소드는 주어진 문자가 유니 코드 숫자임을 테스트한다.

  파라미터: ch 테스트하려는 문자

  반환값: true 문자가 숫자인 경우

- static boolean **isLetter**(ch)

  이 메소드는 주어진 문자가 유니 코드 글자임을 테스트한다.

  파라미터: ch 테스트하려는 문자

  반환값: true 문자가 글자인 경우

- static boolean **isLowerCase**(ch)

  이 메소드는 주어진 문자가 소문자 유니 코드 글자임을 테스트한다.

  파라미터: ch 테스트하려는 문자

  반환값: true 문자가 소문자 글자인 경우

- static boolean **isUpperCase**(ch)

  이 메소드는 주어진 문자가 대문자 유니 코드 글자임을 테스트한다.

  파라미터: ch 테스트하려는 문자

  반환값: true 문자가 대문자 글자인 경우

클래스 java.lang.Class

- static Class **forName**(String className)

  이 메소드는 주어진 이름의 클래스를 로드한다. 클래스를 로드하면 그의 정적 필드가 초기화된다.

  파라미터: className 로드할 클래스의 이름

  반환값: 클래스의 형식 설명자(type descriptor)

인터페이스 java.lang.Comparable<T>

* int **compareTo**(T other)

  이 메소드는 other 객체와 해당(this) 객체를 비교한다.

  파라미터:　　other　비교될 객체

  반환값:　　해당(this) 객체가 other 객체보다 작으면 음의 정수이고, 같으면 0이며, 그외에는 양의 정수

클래스 java.lang.Double

* **Double**(double value)

  배정밀도 부동 소수점 숫자에 대한 래퍼(wrapper) 객체를 생성한다.

  파라미터:　　value　해당(this) 개체에 저장되는 값

* double **doubleValue**()

  이 메소드는 이 Double 래퍼(wrapper) 객체에 저장된 부동 소수점 값을 반환한다.

  반환값:　　객체에 저장된 값

* static double **parseDouble**(String s)

  이 메소드는 문자열이 나타내는 부동 소수점 수를 반환한다. 문자열을 수로 해석 할 수 없는 경우는 NumberFormatException가 던져진다.

  파라미터:　　s　구문 분석할 문자열

  반환값:　　문자열 인수(argument)로 표시되는 값

클래스 java.lang.Error

  모든 확인되지 않은(unchecked) 시스템 오류를 위한 슈퍼 클래스이다.

클래스 java.lang.IllegalArgumentException

* **IllegalArgumentException**()

  상세 메세지 없이 IllegalArgumentException이 생성된다.

클래스 java.lang.IllegalStateException

  객체의 상태가 메소드가 현재 적용될 수 없음을 나타내면, 이 익셉션(exception)이 던져진다.

클래스 java.lang.Integer

* **Integer**(int value)

  정수에 하나에 대한 하나의 래퍼 객체(wrapper object)를 생성한다.

  파라미터:　　value　해당(this) 객체에 저장되는 값

* int **intValue**()

  이 메소드는 해당(this) 래퍼 객체에 저장된 정수 값을 반환한다.

  반환값:　　객체에 저장된 값

* static int **parseInt**(String s)

  이 메소드는 문자열을 나타내는 정수를 반환한다. 문자열을 정수로 해석 할 수 없는 경우에는 NumberFormatException이 던져진다.

  파라미터:　　s　구문 분석할 문자열

  반환값:　　문자열 인수로 표현되는 값

- static Integer **parseInt**(String s, int base)

  이 메소드는 문자열이 지정된 수의 체계에서 표현되는 정수 값을 반환한다. 문자열을 정수로 해석 할 수 없는 경우에는 NumberFormatException이 던져진다.

  파라미터:　　s 구문 분석할 문자열

  　　　　　　　　base 수 체계의 기저(base, 예로 2 또는 16)

  반환값:　　　문자열 인수로 표현되는 값

- static String **toString**(int i)

- static String **toString**(int i, int base)

  이 메소드는 주어진 수 체계로 정수의 문자열 표현을 만든다. 기저(base)가 주어지지 않으면 10진법으로 생성된다

  파라미터:　　i 하나의 정수

  　　　　　　　　base 수 체계의 기저(base, 예로 2 또는 16)

  반환값:　　　지정된 수의 체계에서 인수(argument)의 문자열(string) 표현

- static final int MAX_VALuE

  이 상수는 int 타입의 가장 큰 값이 된다.

- static final int MIN_VALuE

  이 상수는 int 타입의 가장 작은(음의) 값이 된다.

클래스 java.lang.InterruptedException

이 익셉션은 일반적으로 스레드(thread)를 종료하려는 의도로 스레드에 인터럽트를 걸기하기 위해 던져진다.

클래스 java.lang.Math

- static double **abs**(double x)

  이 메소드는 절대값 $|x|$를 반환한다.

  파라미터:　　x 부동소수값

  반환값:　　　인수의 절대값

- static double **acos**(double x)

  이 메소드는 주어진 cosine값을 나타내는 각($\cos^{-1} x \in [0, \pi]$)을 반환한다.

  파라미터:　　x −1과 1사이의 부동소수값

  반환값:　　　라디안값으로 표시되는 인수의 아크 코사인

- static double **asin**(double x)

  이 메소드는 주어진 sine 값에 나타내는 각($\sin^{-1} x \in [-\pi/2, \pi/2]$)을 반환한다.

  파라미터:　　x −1과 1사이의 부동소수값

  반환값:　　　라디안값으로 표시되는 인수의 아크 사인

- static double **atan**(double x)

  이 메소드는 주어진 tan 값에 나타내는 각($\tan^{-1} x \, (-\pi/2, \pi/2)$)을 반환한다.

  파라미터:　　x 하나의 부동소수값

  반환값:　　　라디안값으로 표시되는 인수의 아크 탄젠트

- static double **atan2**(double y, double x)

  이 메소드는 아크 탄젠트 값($\tan^{-1} (y/x) \in (-\pi, \pi)$)을 반환한다. x가 0이거나, "북서쪽"을 "남동쪽"과 구별하고 "북동쪽"을 "남서쪽"과 구별할 필요가 있다면, atan(y/x) 대신에 이 메소드를 사용하라.

파라미터: y, x 두개의 부동소수값

반환값: 라디안 값으로 표시된 (0,0)과 (x,y)사이의 각

- static double **ceil**(double x)

  이 메소드는 최소 정수 $\geq x$ (double로 표시)를 반환한다.

  파라미터: x 하나의 부동소수값

  반환값: 인수값 이상의 가장 작은 정수

- static double **cos**(double radians)

  이 메소드는 라디안으로 주어진 각의 코사인 값을 반환한다.

  파라미터: radians 라디안으로 주어진 각

  반환값: 인수의 코사인 값

- static double **exp**(double x)

  이 메소드는 ex 값을 반환하며, 여기서 e 는 자연로그의 밑이다.

  파라미터: x 하나의 부동소수값

  반환값: ex

- static double **floor**(double x)

  이 메소드는 최대 정수 $\leq x$ (double로 표시)를 반환한다.

  파라미터: x 하나의 부동소수값

  반환값: 인수값 이하의 가장 큰 정수

- static double **log**(double x)

- static double **log**10(double x)

  이 메소드는 자연 로그(밑이 e) $\ln x$ 또는 10진 로그(밑이 10) 값을 반환한다.

  파라미터: x 0.0보다 큰 수

  반환값: 인수의 자연 로그

- static int **max**(int x, int y)

- static double **max**(double x, double y)

  이러한 메소드들은 주어진 인수들 중에서 큰 것을 반환한다.

  파라미터: x, y 2개의 정수값 또는 부동소수값

  반환값: 인수들 중에서 최대값

- static int **min**(int x, int y)

- static double **min**(double x, double y)

  이러한 메소드들은 주어진 인수들 중에서 작은 것을 반환한다.

  파라미터: x, y 2개의 정수값 또는 부동소수값

  반환값: 인수들 중에서 최소값

- static double **pow**(double x, double y)

  이 메소드는 x^y 값을 반환한다. $x > 0$, 또는 $x = 0$와 $y > 0$, 또는 $x < 0$와 y는 정수이다.

  파라미터: x, y 2개의 부동 소수값들

  반환값: 첫 번째 인수는 밑이고, 두 번째 인수의 지수

- static long **round**(double x)

  이 메소드는 인수에 가장 가까운 long형의 정수를 반환한다.

  파라미터: x 하나의 부동소수값

  반환값: 가장 가까운 long 형 정수값의 인수

- static double **sin**(double radians)

  이 메소드는 라디안으로 주어진 각의 사인 값을 반환한다.

  파라미터:　　radians　라디안으로 주어진 각

  반환값:　　인수의 사인 값

- static double **sqrt**(double x)

  이 메소드는 x의 제곱근인 $\sqrt{x}$를 반환한다.

  파라미터:　　x　하나의 음수 아닌 부동소수값

  반환값:　　인수의 제곱근

- static double **tan**(double radians)

  이 메소드는 라디안으로 주어진 각의 탄젠트 값을 반환한다.

  파라미터:　　radians　라디안으로 주어진 각

  반환값:　　인수의 탄젠트 값

- static double **toDegrees**(double radians)

  이 메소드는 라디안을 각도로 변환한다.

  파라미터:　　radians　라디안으로 주어진 각

  반환값:　　'도(degree)'로 나타낸 각

- static double **toRadians**(double degrees)

  이 메소드는 각도를 라디안으로 변환한다.

  파라미터:　　degrees　'도(degree)'로 나타낸 각

  반환값:　　라디안으로 나타낸 각

- static final double E

  This constant is the value of e, the base of the natural logarithms.

  이 상수는 자연로그 밑인 e의 값이다.

- static final double PI

  이 상수는 π의 값이다.

클래스 `java.lang.NullPointerException`

이 익셉션은 프로그램이 null 참조를 통해 객체를 사용하려고 할 때 던져진다.

클래스 `java.lang.NumberFormatException`

이 익셉션은 프로그램이 수가 아닌 문자열의 숫자 값을 구문 분석하려고 할 때 던져진다.

클래스 `java.lang.Object`

- boolean **equals**(Object other)

  이 메소드는 해당(this) 객체와 other 객체가 같은지를 검사한다. 이 메소드는 객체 레퍼런스들이 동일한 객체인지만 검사한다. 인스턴스 변수들을 비교하려면 서브 클래스는 이 메소드를 재정의해야 한다.

  파라미터:　　other　비교되는 객체

  반환값:　　True　객체들이 같을 경우, false 그 이외

- String **toString**()

  이 메소드는 해당(this) 객체의 문자열 표현을 반환한다. 이 메소드는 그 객체들의 클래스 이름과 위치만을 생성한다. 인스턴스 변수들을 출력하려면 서브 클래스들이 이 메소

드를 재정의해야 한다.

반환값: 해당 객체를 설명하는 문자열

클래스 `java.lang.RuntimeException`

모든 체크되지 않은(unchecked) 익셉션의 슈퍼 클래스이다.

클래스 `java.lang.String`

- int **compareTo**(String other)

  이 메소드는 해당(this) 문자열과 other 문자열을 사전적으로 비교한다.

  파라미터: other   비교되는 다른 문자열

  반환값: 해당 문자열이 other 문자열보다 작다면 0보다 작은값, 같으면 0, 그 외에는 0보다 큰 값

- boolean **equals**(String other)

- boolean **equalsIgnoreCase**(String other)

  이 메소드는 두개의 문자열이 같은지 여부, 또는 대소 문자는 무시될 때 같은지의 여부를 테스트한다.

  파라미터: other 비교되는 다른 문자열

  반환값: true 문자열들이 같을 때

- static String **format**(String format, Object... values)

  이 메소드는 %로 시작하는 수들 만큼의 자리표시자들을 주어진 문자열로 대체하여 배열한다.

  파라미터: format 자리 표시자들을 포함하는 문자열

  values 자리 표시자들이 대체되어야 될 값들

  반환값: 주어진 값으로 대체되는 자리 표시자들로 서식이 지정된 문자열

- int **length**()

  이 메소드는 해당(this) 문자열의 길이를 반환한다.

  반환값: 해당 문자열에 있는 문자의 수

- String **replace**(String match, String replacement)

  이 메소드는 일치하는 조건의 부분 문자열을 지정된 값(replacement)으로 대체한다.

  파라미터: match 대체될 조건의 문자열

  replacement 조건에 맞는 부분 문자열을 대체할 문자열

  반환값: 해당 문자열과 동일한 문자열이며, 일치하는 모든 부분 문자열들이 지정된 값으로 대체된다.

- String **substring**(int begin)

- String **substring**(int begin, int pastEnd)

  이 메소드들은 해당(this) 문자열의 부분 문자열(substring)이 되는 새로운 문자열을 반환한다.

  부분 문자열은 begin 위치에서 시작하고, 주어진 경우는 pastEnd -1 위치이거나 문자열 끝나는 위치까지로 구성된다.

  파라미터: begin 시작 인덱스, 이 값을 포함

  pastEnd 끝 인덱스, 이 값은 제외

  반환값: 지정된 문자열

- String **toLowerCase**()

  이 메소드는 해당(this) 문자열의 모든 문자들을 소문자로 변환시킨 새로운 문자열을 반환한다.

  반환값:　　　해당(this) 문자열의 모든 문자들이 소문자로 변환된 하나의 문자열

- String **toUpperCase**()

  이 메소드는 해당(this) 문자열의 모든 문자들을 대문자로 변환시킨 새로운 문자열을 반환한다.

  반환값:　　　해당(this) 문자열의 모든 문자들이 대문자로 변환된 하나의 문자열

클래스 java.lang.System

- static long **currentTimeMillis**()

  이 메소드는 표준시 1970년 1월 1일 자정부터 현재까지의 시간 차이를 밀리초(millisecond) 단위로 반환한다.

  반환값:　　　1970년 1월 1일 자정부터 밀리초 단위로 현재까지의 시간차

- static void **exit**(int status)

  이 메소드는 프로그램을 종료한다.

  파라미터:　　status 종료 상태. 0이 아닌 코드는 비정상 종료를 나타낸다.

- static final InputStream in

  이 개체는 "표준 입력" 스트림(stream)이다. 이 스트림에서 읽기는 일반적으로 키보드(keyboard) 입력을 읽는다.

- static final PrintStream out

  이 개체는 "표준 출력" 스트림(stream)이다. 이 스트림에 인쇄하면 일반적으로 콘솔(console) 창으로 출력된다.

클래스 java.lang.Throwable

  이것은 익셉션(exception)들과 오류들의 슈퍼 클래스이다.

- **Throwable**()

  이것은 상세 메세지 없이 Throwable를 생성한다.

- String **getMessage**()

  이 메소드는 익셉션(exception) 또는 오류를 설명하는 메시지(message)를 가져온다.

  반환값:　　　메시지(message)

- void printStackTrace()

  이 메소드는 "표준 오류" 스트림(stream)으로 스택(stack) 추적을 인쇄한다. 스택 추적은 그것이 발생된 시점에서 보류중인 모든 호출들과 해당(this) 객체의 출력을 포함한다.

패키지 java.math

클래스 java.math.BigDecimal

- **BigDecimal**(String value)

이것은 주어진 문자열의 숫자에서 임의 정밀도 부동 소수점 수를 생성한다.

파라미터: value 부동 소수점 수를 나타내는 문자열

- BigDecimal **add**(BigDecimal other)
- BigDecimal **multiply**(BigDecimal other)
- BigDecimal **subtract**(BigDecimal other)

이러한 메소드들은 해당(this) 수와 other와의 합, 차, 곱 또는 몫에 해당되는 BigDecimal 값을 반환한다.

파라미터: other 다른 수

반환값: 산술 연산의 결과

클래스 java.math.BigInteger

- **BigInteger**(String value)

이것은 주어진 문자열의 숫자에서 임의 정밀도의 정수를 생성한다.

파라미터: value 임의 정밀도의 정수를 나타내는 하나의 문자열

- BigInteger **add**(BigInteger other)
- BigInteger **divide**(BigInteger other)
- BigInteger **mod**(BigInteger other)
- BigInteger **multiply**(BigInteger other)
- BigInteger **subtract**(BigInteger other)

이러한 메소드들은 해당(this) 수와 other와의 합, 몫, 나머지, 곱 또는 차에 해당되는 BigInteger 값을 반환한다.

파라미터: other 다른 수

반환값: 산술 연산의 결과

패키지 java.text

클래스 java.text.DateFormat

- String **format**(Date aDate)

이 메소드는 날짜를 형식에 따라 배열한다.

파라미터: aDate 표시할 날짜

반환값: 형식화된 날짜를 포함하는 문자열

- static DateFormat **getTimeInstance**()

이 메소드는 날짜 중에서 시간 부분만을 형식화하는 하나의 포맷터(formatter)를 반환한다.

반환값: 포맷터 객체

- void **setTimeZone**(TimeZone zone)

이 메소드는 날짜를 포맷할 때 사용할 표준 시간대를 설정한다.

파라미터: zone 사용할 표준 시간대

패키지 java.util

클래스 java.util.ArrayList<E>

- **ArrayList**()

  이것은 빈 배열 리스트(array list)를 생성한다.

- boolean **add**(E element)

  이 메소드는 배열 리스트(array list)의 마지막에 하나의 요소(element)를 추가한다.

  파라미터: element 추가될 요소

  반환값: true (List 인터페이스 내부에서 메소드를 재정의(override)하기 때문에, 이 메소드는 하나의 값을 반환한다.)

- void **add**(int index, E element)

  이 메소드는 지정된 위치에서 해당(this) 배열 리스트(array list)에 하나의 요소(element)를 삽입한다.

  파라미터: index 삽입 위치

               element 삽입할 요소

- E **get**(int index)

  이 메소드는 해당(this) 배열 리스트(array list) 내부의 지정된 위치에 있는 요소를 가져온다.

  파라미터: index 반환되는 요소의 위치

  반환값: 요청된 요소

- E **remove**(int index)

  이 메소드는 배열리스트 내의 지정된 위치에 있는 요소를 제거하고 그것을 반환한다.

  파라미터: index 제거할 요소의 위치

  반환값: 제거된 요소

- E **set**(int index, E element)

  이 메소드는 해당(this) 배열 리스트(array list) 내부의 지정된 위치에 있는 요소를 대체한다.

  파라미터: index 대체될 요소의 위치

               element 지정된 위치에서 저장될 요소

  반환값: 지정된 위치에 이전 있던 요소

- int **size**()

  이 메소드는 해당(this) 배열 리스트(array list) 내부의 요소들의 수를 반환한다.

  반환값: 해당 배열 리스트 내부의 요소들의 수

클래스 java.util.Arrays

- static int **binarySearch**(Object[] a, Object key)

  이 메소드는 이진 검색(binary search) 알고리즘을 사용해 지정된 배열로부터 지정된 객체를 검색한다. 배열 요소들은 Comparable 인터페이스를 구현해야한다. 배열은 오름차순으로 정렬되어야 한다.

  파라미터: a 검색되어질 배열

               key 검색되어질 값

반환값: 배열에 포함되어 있으면 검색 키의 위치가 반환되고, 그렇지 않으면 -*index*-1이 반환되는데, 여기서 *index*는 요소가 삽입 될 수 있는 위치이다.

- `T[]` **copyOf**`(T[] a, int newLength)`

  이 메소드는 길이 `newLength`인 배열에 배열 a의 요소들을 복사하고 그 배열을 반환한다. 만약에 `a.length > newLength`이면 첫번째 `newLength` 요소들을 복사한다. T는 원시형(primitive type), 클래스 또는 인터페이스 유형이 될 수 있다.

  파라미터: a 복사되어질 배열

  key 검색되어질 값

  반환값: 배열에 포함되어 있으면 검색 키의 위치가 반환되고, 그렇지 않으면 -*index*-1이 반환되는데, 여기서 *index*는 요소가 삽입 될 수 있는 위치이다.

- `static void` **sort**`(Object[] a)`

  이 메소드는 오름차순 순서로 객체들을 지정된 배열로 분류한다. 그 요소들은 `Comparable` 인터페이스를 구현해야한다.

  파라미터: a 분류될 배열

- `static String` **toString**`(T[] a)`

  이 메소드는 배열 요소들을 포함하는 하나의 문자열을 생성하고 반환한다. T는 원시형, 클래스 또는 인터페이스 유형이 될 수 있다.

  파라미터: a 하나의 배열

  반환값: 대괄호로 둘러쌓이고, 배열 요소들의 문자열로 표시되며 쉼표로 분리된 리스트(list)에 포함된 하나의 문자열.

클래스 `java.util.Calendar`

- `int` **get**`(int field)`

  이 메소드는 지정된 필드(field)의 값을 반환한다.

  파라미터: field `Calendar.YEAR, Calendar.MONTH,`

  `Calendar.DAY_OF_MONTH, Calendar.HOuR, Calendar.MINuTE,`

  `Calendar.SECOND,` 또는 `Calendar.MILLISECOND` 중에 하나.

인터페이스 `java.util.Collection<E>`

- `boolean` **add**`(E element)`

  이 메소드는 해당(this) 컬렉션에 하나의 요소를 추가한다.

  파라미터: element 추가되는 요소

  반환값: true 요소를 추가하여 컬렉션을 변경하는 경우

- `boolean` **contains**`(E element)`

  이 메소드는 하나의 요소(element)가 해당(this) 컬렉션(collection)에 있는지 여부를 테스트한다.

  파라미터: element 찾으려는 요소

  반환값: true 요소가 컬렉션에 포함되어있는 경우

- `Iterator` **iterator**`()`

  이 메소드는 해당(this) 컬렉션(collection)의 요소들을 탐색하는 데 사용할 수 있는 반복자(iterator)를 반환한다.

  반환값: 반복자(Iterator) 인터페이스를 구현하는 클래스의 객체

- boolean **remove**(E element)

  이 메소드는 해당(this) 컬렉션에서 하나의 요소를 제거한다.

  파라미터: element 제거하려는 요소

  반환값: true 요소를 제거하여 컬렉션을 변경하는 경우

- int **size**()

  이 메소드는 해당(this) 컬렉션의 요소들의 수를 반환한다.

  반환값: 해당 컬렉션 중의 요소들의 수

클래스 java.util.Collections

- static <T> int **binarySearch**(List<T> a, T key)

  이 메소드는 이진 탐색 알고리즘을 사용해서 지정된 리스트로부터 지정된 객체를 검색한다. 리스트 요소들(list elements)은 Comparable 인터페이스를 구현해야한다. 리스트는 오름차순으로 정렬되어야 한다.

  파라미터: a 검색할 리스트

              key 검색할 값

  반환값: 리스트 안에 검색 키가 포함되어 있으면 검색 키의 위치가 반환되고, 그렇지 않으면 $-index-1$이 반환되는데, 여기서 $index$는 요소가 삽입 될 수 있는 위치이다.

- static <T> void **sort**(List<T> a)

  이 메소드는 오름차순 순서로 개체들의 지정된 리스트를 정렬한다. 그 요소들은 Comparable 인터페이스를 구현해야한다.

  파라미터: a 정렬할 리스트

인터페이스 java.util.Comparator<T>

- int **compare**(T first, T second)

  이 메소드는 지정된 객체들을 비교한다.

  파라미터: first, second 비교될 객체들

  반환값: 첫 번째 객체가 두 번째보다 작으면 음의 정수, 같으면 0, 그 외에는 양의 정수

클래스 java.util.EventObject

- Object **getSource**()

  이 메소드는 해당(this) 이벤트가 처음 발생한 객체에 대한 참조(reference)를 반환한다.

  반환값: 해당(this) 이벤트의 소스

클래스 java.util.GregorianCalendar

- **GregorianCalendar**()

  이것은 현재 날짜와 시간을 나타내는 달력(calendar) 객체를 생성한다.

- **GregorianCalendar**(int year, int month, int day)

  이것은 주어진 날짜에서 시작하는 달력(calendar) 객체를 생성한다.

  파라미터: year, month, day 주어진 날짜

클래스 java.util.HashMap<K, V>

* **HashMap**<K, V>()

  이것은 빈 해쉬 맵(hash map)을 생성한다.

클래스 java.util.HashSet<E>

* **HashSet**<E>()

  이것은 빈 해쉬 집합(hash set)을 생성한다.

클래스 java.util.InputMismatchException

이 익셉션은 다음 입력 항목이 요청 항목의 유형과 일치하지 않는 경우에 던져집니다.

클래스 java.util.Iterator<E>

* boolean **hasNext**()

  이 메소드는 반복자(iterator)가 리스트의 끝을 지났는지의 여부를 확인한다.

  반환값:　　true 반복자가 리스트의 끝을 아직 지나지 않았을 경우

* E **next**()

  이 메소드는 연결 리스트에 있는 다음 요소(element)로 반복자(iterator)를 이동한다. 반복자가 리스트의 끝을 지나는 경우, 이 메소드는 익셉션을 던집니다.

  반환값:　　그냥 생략된 객체

* void **remove**()

  이 메소드는 next 또는 previous에 대한 마지막 호출에 의해 반환된 요소를 제거한다. 이 메소드는 next 또는 previous에 대한 마지막 호출 후, add 또는 remove 작업이 이루어지면 익셉션을 던진다.

인터페이스 java.util.LinkedList<E>

* void **addFirst**(E element)
* void **addLast**(E element)

  이러한 메소드들은 리스트의 첫 번째 이전 또는 리스트의 마지막 뒤에다 하나의 요소를 추가한다.

  파라미터:　　element 추가될 요소

* E **getFirst**()
* E **getLast**()

  이러한 메소드들은 해당(this) 리스트에서 지정된 요소(element)에 대한 참조(reference)를 반환한다.

  반환값:　　첫 번째 또는 마지막 요소

* E **removeFirst**()
* E **removeLast**()

  이러한 메소드들은 해당(this) 리스트에서 지정된 요소(element)를 제거한다.

  반환값:　　제거된 요소에 대한 참조(reference)

인터페이스 java.util.List<E>

* ListIterator<E> **listIterator**()

이 메소드는 해당(this) 리스트(list)에서 요소들을 참조하는 반복자(iterator)를 가져온다.

반환값: 해당 리스트의 첫 번째 요소 앞의 위치를 가리키는 반복자

인터페이스 java.util.ListIterator<E>

이 인터페이스를 구현하는 객체들은 리스트 클래스들의 listIterator 메소드들에 의해 만들어진다.

- void **add**(E element)

이 메소드는 반복자의 위치 다음에 하나의 요소를 추가하고 새로운 요소 다음으로 반복자를 이동한다.

파라미터: element 추가될 요소

- boolean **hasPrevious**()

이 메소드는 리스트의 첫 번째 요소 앞에 반복자가 있는지 여부를 확인한다.

반환값: true 반복자가 리스트의 첫 번째 요소 앞에 있지 않는 경우

- E **previous**()

이 메소드는 링크된 리스트에서 이전 요소로 반복자를 이동한다. 이 메소드는 반복자가 리스트의 첫 번째 요소 앞에 있으면 익셉션을 던진다.

반환값: 그냥 생략된 객체

- void **set**(E element)

이 메소드는 next 또는 previous로의 마지막 호출에 의해 반환된 요소를 대체한다. 이 메소드는 next 또는 previous로의 마지막 호출 후에 add 또는 remove 작업이 진행되면 익셉션을 던진다.

파라미터: element 이전 리스트 요소를 대체할 요소

인터페이스 java.util.Map<K, V>

- V **get**(K key)

해당(this) 맵(map)의 키(key)와 관련된 값을 가져온다.

파라미터: key 관련된 값을 찾기 위한 키

반환값: 키와 관련된 값 또는 맵에 키가 없는 경우는 null

- Set<K> **keySet**()

이 메소드는 해당(this) 맵의 모든 키들을 반환한다.

반환값: 해당 맵에 있는 모든 키들의 집합

- V **put**(K key, V value)

이 메소드는 해당(this) 맵의 하나의 키(key)와 하나의 값(value)을 연관시킨다.

파라미터: key 조회 키

value 키와 연관된 값

반환값: 키와 연관된 이전 값, 키가 맵에 존재하지 않았다면 null

- V **remove**(K key)

이 메소드는 해당(this) 맵으로부터 하나의 키와 그에 관련된 값을 제거한다.

파라미터: key 조회 키

반환값: 키와 연관된 이전 값, 키가 맵에 존재하지 않았다면 null

클래스 `java.util.NoSuchElementException`

이 익셉션은 존재하지 않는 값을 검색하려는 시도가 있는 경우에 던져진다.

클래스 `java.util.PriorityQueue<E>`

- **`PriorityQueue`**`<E>()`

  이것은 비어있는 우선 순위 큐(queue)를 생성한다. 요소 유형 E는 Comparable 인터페이스를 구현해야 한다.

- `E `**`remove`**`()`

  이 메소드는 우선 순위 큐에서 가장 작은 요소를 제거한다.

  반환값: 제거된 값

클래스 `java.util.Properties`

- `String getProperty(String key)`

  이 메소드는 해당(this) 속성 맵(properties map)의 키와 관련된 값을 가져온다.

  파라미터: key 관련된 값을 찾기 위한 키

  반환값: 값이거나, 맵 내부에 키가 존재하지 않으면, null

- `void `**`load`**`(InputStream in)`

  이 메소드는 스트림에서 해당(this) 속성 맵에 키(key)/값(value) 쌍들의 집합을 로드(load)한다.

  파라미터: in 키/값 쌍들을 읽을 수 있는 스트림(key=value 형태로 라인들이 일련의 순서여야 한다)

인터페이스 `java.util.Queue<E>`

- `E `**`peek`**`()`

  큐의 헤드에 있는 요소를 제거하지 않고 가져온다.

  반환값: 헤드에 있는 요소 또는 큐가 빈 경우에는 null

클래스 `java.util.Random`

- **`Random`**`()`

  이것은 새로운 난수 발생기를 생성한다.

- `double `**`nextDouble`**`()`

  이 메소드는 다음(next) 난수를 반환하는데, 해당(this) 난수 발생기의 시퀀스(sequence)로부터 0.0(포함)과 1.0(제외) 사이의 균등 분포하는 부동 소수점 수가 된다.

  반환값: 다음(next) 부동 소수점 난수

- `int `**`nextInt`**`(int n)`

  이 메소드는 다음(next) 난수를 반환하는데, 해당(this) 난수 발생기의 시퀀스(sequence)로부터 0(포함)과 지정된 수(제외) 사이의 균등 분포하는 정수가 된다.

  파라미터: n 발생시키는 값의 수

  반환값: 다음(next) 정수 난수

클래스 `java.util.Scanner`

- **`Scanner`**`(File in)`

- **`Scanner`**`(InputStream in)`

- **Scanner**(Reader in)

  이것들은 주어진 파일, 입력 스트림 또는 리더(reader)에서 읽는 스캐너(scanner)를 생성한다.

  파라미터: in 읽을 수 있는 파일, 입력 스트림 또는 리더

- void **close**()

  이 메소드는 해당(this) 스캐너를 닫고 연관된 시스템 자원을 해제한다.

- boolean **hasNext**()

- boolean **hasNextDouble**()

- boolean **hasNextInt**()

- boolean **hasNextLine**()

  이러한 메소드들은 그 다음 항목으로, 공백이 아닌 문자열, 부동 소수점 값, 정수 또는 라인을 읽을 수 있는지 여부를 테스트한다.

  반환값: true 요청된 유형의 항목을 읽을 수 있는 경우

  　　　　 false 그 이외 (파일의 끝에 도달했던지, 또는 수의 타입이 테스트되었고 다음 항목이 수가 아님)

- String **next**()

- double **nextDouble**()

- int **nextInt**()

- String **nextLine**()

  이러한 메소드들은 다음 공백 문자로 구분 된 문자열, 부동 소수점 값, 정수 또는 라인(line)을 읽는다.

  반환값: 읽혀진 값

- Scanner **useDelimiter**(String pattern)

  입력 토큰(token)들 사이의 구분 기호(delimiter)들의 패턴을 설정한다.

  파라미터: pattern 구분 기호 패턴을 위한 정규 표현식

  반환값: 해당 스캐너

인터페이스 java.util.Set<E>

이 인터페이스는 중복 요소들이 없는 컬렉션(collection)을 설명한다.

클래스 java.util.TreeMap<K, V>

- **TreeMap**<K, V>()

  이것은 빈 상태(empty)의 트리 맵(tree map)을 생성한다. TreeMap의 반복자는 정렬된 순서로 항목을 방문한다.

클래스 java.util.TreeSet<E>

- **TreeSet**<E>()

  이것은 빈 상태(empty)의 트리 세트(tree set)를 생성한다.

클래스 java.util.logging.Level

- static final int INFO

  이 값은 정보 로깅(informational logging)을 나타낸다.

- static final int OFF

  이 값은 메시지 없는 로깅을 나타낸다.

클래스 `java.util.logging.Logger`

- static Logger **getGlobal**()

  이 메소드는 글로벌 로거(global logger)를 가져온다. 자바 5와 6의 경우에 getLogger("global")가 대신 사용된다.

  반환값: 이 글로벌 로거는 기본적으로 레벨 INFO 또는 콘솔에서 더 높은 심각도 메시지를 표시한다.

- void **info**(String message)

  이 메소드는 정보 메시지를 기록합니다.

  파라미터: message 기록할 메시지

- void **setLevel**(Level aLevel)

  이 메소드는 로깅(logging) 수준을 설정한다. 현재 수준보다 낮은 심각도를 갖는 로깅 메시지들은 무시된다.

  파라미터: aLevel 로깅 메시지에 대한 최소 수준

패키지 `javax.swing`

클래스 `javax.swing.AbstractButton`

- void **addActionListener**(ActionListener listener)

  이 메소드는 버튼(button)에 액션 리스너(action listener)를 추가합니다.

  파라미터: listener 추가될 액션 리스너

- boolean **isSelected**()

  이 메소드는 버튼의 선택 상태를 반환한다.

  반환값: true 버튼이 선택된 경우

- void **setSelected**(boolean state)

  이 메소드는 버튼의 선택 상태를 설정한다. 이 메소드는 버튼을 업데이트하지만 액션 이벤트가 트리거(trigger)되지 않는다.

  파라미터: state true 선택하는 경우, false 선택을 해제하는 경우

클래스 `javax.swing.ButtonGroup`

- void **add**(AbstractButton button)

  이 메소드는 그룹(group)에 버튼(button)을 추가한다.

  파라미터: button 추가될 버튼(button)

클래스 `javax.swing.ImageIcon`

- **ImageIcon**(String filename)

  이것은 지정된 그래픽 파일에서 이미지 아이콘(image icon)을 생성한다.

  파라미터: filename 파일 이름을 지정하는 문자열

클래스 `javax.swing.JButton`

- `JButton(String label)`

  이것은 지정된 라벨(label)을 가지는 버튼을 생성한다.

  파라미터:　label 버튼 라벨

클래스 `javax.swing.JCheckBox`

- **`JCheckBox`**`(String text)`

  이것은 초기에 선택 해제된 상태로 지정된 텍스트(text)를 갖는 체크 박스(check box)를 생성한다. (그 박스가 선택되려면 `set Selected` 메소드를 사용 ; `javax.swing.Abstract Button` 클래스를 참조.)

  파라미터:　text 체크 박스 옆에 표시되는 텍스트

클래스 `javax.swing.JComboBox`

- `JComboBox()`

  이것은 항목이 없는 콤보(combo) 상자를 생성한다.

- `void `**`addItem`**`(Object item)`

  이 메소드는 해당(this) 콤보 상자의 항목 리스트에 하나의 항목을 추가한다.

  파라미터:　item 추가할 항목

- `Object `**`getSelectedItem`**`()`

  이 메소드는 해당(this) 콤보 상자의 현재 선택된 항목을 가져온다.

  반환값:　현재 선택된 항목

- `boolean `**`isEditable`**`()`

  이 메소드는 콤보 상자가 편집 가능한지의 여부를 확인한다. 편집 가능한 콤보 상자는 사용자가 콤보 상자의 텍스트 필드에 입력 할 수 있다.

  반환값:　true 콤보 상자가 편집 가능한 경우

- `void `**`setEditable`**`(boolean state)`

  이 메소드는 콤보 상자를 편집가능하게 또는 그렇지 않게 만드는 데 사용된다.

  파라미터:　state true 편집 가능하게 만들 경우, **false** 편집 불가능하게 만들 경우

- `void `**`setSelectedItem`**`(Object item)`

  이 메소드는 선택에 따라 콤보 상자의 표시 영역에 나타내는 항목을 설정한다.

  파라미터:　item 선택된 것으로 표시될 항목

클래스 `javax.swing.JComponent`

- `protected void `**`paintComponent`**`(Graphics g)`

  구성요소(component)의 표면을 칠하려면 이 메소드를 재정의(override)한다. 메소드는 `super.paintComponent(g)`를 호출해야 한다.

  파라미터:　g 그리기에 사용되는 그래픽 컨텍스트(graphics context)

- `void `**`setBorder`**`(Border b)`

  이 메소드는 해당(this) 구성요소(component)의 경계를 설정한다.

  파라미터:　b 해당 구성요소(component)를 둘러싸는 경계

- `void `**`setFont`**`(Font f)`

해당(this) 구성요소(component)의 텍스트에 사용되는 글꼴(font)을 설정한다.

파라미터:　　f 글꼴

클래스 `javax.swing.JFileChooser`

- **`JFileChooser`**`()`

  이것은 파일 선택기를 생성한다.

- `File `**`getSelectedFile`**`()`

  이 메소드는 해당(this) 파일 선택기에서 선택한 파일을 가져온다.

  반환값:　　선택한 파일

- `int `**`showOpenDialog`**`(Component parent)`

  이 메소드는 "Open File" 파일 선택기 대화 상자를 표시한다.

  파라미터:　　parent 부모 구성요소(component) 또는 null

  반환값:　　사용자에 의해 닫혀진 후에 해당(this) 파일 선택기의 반환 상태: `APPROVE_OPTION` 또는 `CANCEL_OPTION` 중의 하나. `APPROVE_OPTION`가 반환되면, 파일을 가져오기 위해 해당 파일 선택기에서 getSelectedFile() 호출하라.

- `int `**`showSaveDialog`**`(Component parent)`

  이 메소드는 "Save File" 파일 선택기 대화 상자를 표시한다.

  파라미터:　　parent 부모 구성요소(component) 또는 null

  반환값:　　사용자에 의해 닫혀진 후에 해당 파일 선택기의 반환 상태: `APPROVE_OPTION` 또는 `CANCEL_OPTION` 중의 하나.

클래스 `javax.swing.JFrame`

- `void `**`setDefaultCloseOperation`**`(int operation)`

  이 메소드는 프레임(frame)을 닫는 기본(default) 동작을 설정한다.

  파라미터:　　operation 원하는 닫기 작업. `DO_NOTHING_ON_CLOSE`, `HIDE_ON_CLOSE` (기본값), `DISPOSE_ON_CLOSE` 또는 `EXIT_ON_CLOSE` 중 하나를 선택

- `void `**`setJMenuBar`**`(JMenuBar mb)`

  이 메소드는 해당(this) 프레임의 메뉴 막대(bar)를 설정한다.

  파라미터:　　mb 메뉴 막대. `mb`가 `null`인 경우, 현재 메뉴 막대는 제거된다.

- `static final int EXIT_ON_CLOSE`

  이 값은 사용자가 해당(this) 프레임을 종료 할 때 응용 프로그램이 종료된다는 것을 나타낸다.

클래스 `javax.swing.JLabel`

- **`JLabel`**`(String text)`

- **`JLabel`**`(String text, int alignment)`

  이러한 컨테이너(container)들은 지정된 텍스트와 수평 정렬을 갖는 JLabel 인스턴스(instance)를 만든다.

  파라미터:　　text 라벨(label)로 표시될 라벨(label)텍스트(label text)

  　　　　　　alignment `SwingConstants.LEFT`, `SwingConstants.CENTER` 또는 `SwingConstants.RIGHT` 중의 하나

클래스 javax.swing.JMenu

- **JMenu**()

  이것은 항목이 없는 메뉴(menu)를 생성한다.

- JMenuItem add(JMenuItem menuItem)

  이 메소드는 해당(this) 메뉴의 마지막에 하나의 메뉴 항목을 추가한다.

  파라미터: menuItem 추가될 메뉴 항목

  반환값: 추가되었던 메뉴 항목

클래스 javax.swing.JMenuBar

- **JMenuBar**()

  이것은 메뉴들이 없는 메뉴 막대(menu bar)를 생성한다.

- JMenu **add**(JMenu menu)

  이 메소드는 해당(this) 메뉴 막대의 끝에 하나의 메뉴를 추가한다.

  파라미터: menu 추가될 메뉴

  반환값: 추가되었던 메뉴

클래스 javax.swing.JMenuItem

- **JMenuItem**(String text)

  이것은 메뉴 항목을 생성한다.

  파라미터: text The text to appear in the menu item

클래스 javax.swing.JOptionPane

- static String **showInputDialog**(Object prompt)

  이 메소드는 해당(this) 프로그램에서 사용자가 다른 일 하는 것을 방지하는 모달(modal) 입력 대화 상자를 나타낸다. 이 대화 상자는 프롬프트(prompt)를 표시하고 텍스트 필드에 입력하는 사용자를 기다린다.

  파라미터: prompt 표시할 프롬프트

  반환값: 사용자가 입력한 문자열

- static void **showMessageDialog**(Component parent, Object message)

  이 메소드는 메시지를 표시하고 그것을 확인하는 사용자를 위해 대기 확인(confirmation) 대화 상자가 나타낸다.

  파라미터: parent 부모 구성요소(component) 또는 null

                message 표시할 메시지

클래스 javax.swing.JPanel

이 클래스는 장식이 없는 구성요소(component)이다. 그것은 다른 구성 요소들을 위해 보이지 않는 컨테이너(container)로 사용할 수 있다.

클래스 javax.swing.JRadioButton

- **JRadioButton**(String text)

  이것은 초기 선택해제로 지정된 텍스트를 가지는 라디오 버튼(radio button)을 생성한다. (그것을 선택하려면 setSelected 메소드를 사용하라; javax.swing.AbstractButton 클래스를 참조.)

파라미터:　　text 라디오 버튼 옆에 표시되는 문자열

클래스 javax.swing.JScrollPane

* **JScrollPane**(Component c)

  이것은 특정 구성 요소 주위에 스크롤 창(scroll pane)을 생성한다.

  파라미터:　　c 스크롤 막대(scroll bar)들로 장식된 구성 요소

클래스 javax.swing.JSlider

* **JSlider**(int min, int max, int value)

  이 생성자는 지정된 최소값, 최대값 및 초기값을 사용하여 가로 슬라이더(slider)를 만든다.

  파라미터:　　min 가능한 가장 작은 슬라이더 값

  　　　　　　　　max 가능한 가장 큰 슬라이더 값

  　　　　　　　　value 슬라이더의 초기값

* void **addChangeListener**(ChangeListener listener)

  이 메소드는 슬라이더에 변경 리스너(listener)를 추가한다.

  파라미터:　　listener 추가할 변경 리스너

* int getValue()

  이 메소드는 슬라이더(slider)의 값을 반환한다.

  반환값:　　슬라이더의 현재 값

클래스 javax.swing.JTextArea

* JTextArea()

  이것은 빈 텍스트(text) 영역을 생성한다.

* **JTextArea**(int rows, int columns)

  이것은 지정된 수의 행과 열을 갖는 빈 텍스트(text) 영역을 생성한다.

  파라미터:　　rows 행들의 수 columns 열들의 수

* **void append**(String text)

  이 메소드는 해당(this) 텍스트 영역에 텍스트를 추가한다.

  파라미터:　　text 추가할 텍스트

클래스 avax.swing.JTextField

* **JTextField**()

  이것은 빈 텍스트 필드(text field)를 생성한다.

* **JTextField**(int columns)

  이것은 지정된 수의 열들을 갖는 빈 텍스트 필드를 생성한다.

  파라미터:　　columns 열들의 수

클래스 avax.swing.KeyStroke

* static KeyStroke **getKeyStrokeForEvent**(KeyEvent event)

  이벤트(event)를 발생시킨 키 스트로크(key stroke)를 설명하는 KeyStroke 객체를 가져온다.

  파라미터:　　event 분석될 키 이벤트4

  반환값:　　하나의 KeyStroke 객체. "pressed LEFT"와 같은 문자열 표현을 가져오기 위한 해당 개체에서 toString을 호출하라.

클래스 javax.swing.Timer

- **Timer**(int millis, ActionListener listener)

  이것은 시간 간격이 경과할 때마다 액션 리스너(action listener)를 알려주는 타이머
  (timer)를 생성한다.

  파라미터:　　millis 타이머 알림 사이의 밀리 초 단위의 수

  　　　　　　　　listener 시간 간격이 경과 할 때 통지 받는 객체

- void **start**()

  이 메소드는 타이머(timer)를 시작한다. 타이머가 시작되면, 리스너(listener)에게 알리기
  시작한다.

- void **stop**()

  이 메소드는 타이머(timer)를 중지한다. 타이머가 중지되면, 그것은 더 이상 리스너
  (listener)에게 알리지 않는다.

패키지 javax.swing.border ⎯⎯⎯⎯⎯⎯⎯⎯⎯⎯⎯⎯⎯⎯●

클래스 javax.swing.border.EtchedBorder

- **EtchedBorder**()

  이 생성자는 아래에 그려진 경계를 만든다.

클래스 javax.swing.border.TitledBorder

- **TitledBorder**(Border b, String title)

  이 생성자는 지정된 경계에 제목을 추가하는 제목 경계(titled border)를 만든다.

  파라미터:　　b 제목이 추가되는 경계

  　　　　　　　　title 경계에 표시되는 제목

패키지 javax.swing.event ⎯⎯⎯⎯⎯⎯⎯⎯⎯⎯⎯⎯⎯⎯●

클래스 javax.swing.event.ChangeEvent

  사용자가 슬라이더와 같은 구성 요소(Component)들을 조작 할 때에 그들은 변경 이벤
  트(event)들을 보낸다.

인터페이스 javax.swing.event.ChangeListener

- void **stateChanged**(ChangeEvent e)

  이 이벤트(event)는 이벤트 소스(source)가 상태를 변경할 때 호출된다.

  파라미터:　　e 변경 이벤트

패키지 javax.swing.text

클래스 javax.swing.text.JTextComponent

- String **getText**()

  이 메소드는 해당(this) 텍스트 구성요소(text component)에 포함된 텍스트를 반환한다.

  반환값:　　The text

- boolean **isEditable**()

  이 메소드는 해당(this) 텍스트 구성요소(text component)가 편집 가능한지의 여부를 확인한다.

  반환값:　　true 구성 요소가 편집 가능한 경우

- void **setEditable**(boolean state)

  이 메소드는 해당(this) 텍스트 구성 요소를 편집 가능하거나 또는 가능하지 않게 만드는 데 사용된다.

  파라미터:　　state true 편집 가능한 경우, false 편집 불가능한 경우

- **void setText**(String text)

  이 메소드는 지정된 텍스트를 텍스트 구성 요소의 텍스트로 설정한다. 인수(argument)가 빈 문자열(string)이면, 이전 텍스트(text)가 삭제된다.

  파라미터:　　text 설정될 새로운 텍스트

용어 사전

Glossary

가비지 컬렉션(GC, Garbage Collection) 더 이상 참조되지 않는 객체들에 의해 점유되는 메모리를 자동으로 수거하는 기능.

가상기계(Virtual machine) 실제 기계의 다양성을 효율적으로 구현시킬 수 있도록 CPU를 시뮬레이션 하는 프로그램. 가상기계를 동작시키는 CPU에 관계없이, 자바 바이트 코드로 주어진 프로그램은 모든 Java 가상기계에서 실행될 수 있다.

객체(object) 클래스 형식의 값. 클래스는 객체의 설계도 또는 틀. 클래스는 객체를 정의하며 객체를 만들 때 사용.

객체 지향 프로그래밍(Object-oriented programming) 객체를 찾고, 객체의 속성과 관계에 의해 프로그램을 설계.

객체 참조(Object reference) 메모리에서 객체의 위치를 나타내는 값. 자바에서 유형이 클래스인 변수는 그 클래스의 객체에 대한 참조를 포함한다.

경계 오류(bounds error) 적법한 범위 바깥의 배열 요소에 접근하려고 시도하는 것.

경계 테스트 케이스(boundary test case) 적법한 값들의 집합의 바깥 경계에 있는 값들을 포함하는 테스트 케이스. 예를 들어서, 만일 어떤 함수가 음이 아닌 모든 정수들에 대해 동작할 것으로 기대된다면, 0이 경계 테스트 케이스이다.

공백(White space) 빈칸, 탭 그리고 줄바꿈 문자들로 구성되는 시퀀스.

균형 잡힌 트리(balanced tree) 각 하위 트리의 구성에 있어, 왼쪽에 있는 자식 트리의 수와 오른쪽에 있는 자식 트리의 수가 비슷한 속성을 가지는 트리.

고급 프로그래밍 언어(High-level programming language) 컴퓨터의 축약된 추상적인 면을 제공하고, 프로그래머가 자신의 문제 영역에 초점을 맞출 수 있도록 하는 프로그래밍 언어.

관계 연산자(Relational operator) 두 값을 비교하는 연산자. 부울 결과를 산출한다.

그래픽 사용자 인터페이스(GUI, Graphical User Interface) 버튼, 메뉴, 텍스트 필드 등과 같은 그래픽 구성 요소(component)를 통해 입력을 제공하는 사용자 인터페이스.

그래픽 컨텍스트 (Graphics context) 프로그래머가 윈도우에 모양을 표시하거나 오프 스크린 비트 맵(off screen bit map)에 표시될 수 있도록 사용하는 클래스.

그리드 레이아웃(Grid layout) 행과 열을 가진 2차원 격자에 배치되는 구성요소(component)를 관리하는 배치관리자.

글꼴(Font) 특정 스타일과 크기에 따른 문자 모양의 집합.

기계 코드(Machine code) CPU에 의해 직접 실행될 수 있는 명령어들.

내부 클래스(Inner Class) 클래스 내부에 존재하는(nested) 클래스로 스스로는 인스턴스화 되지 못함.

내재적 파라미터(Implicit parameter) 메소드가 호출되는 객체. 예를 들면, 호출 x.f(y)에서 객체 x는 메소드 f의 내재적 파라미터이다.

널 참조(null reference) 어떠한 객체도 참조되지 않는 상태로 레퍼런스 변수가 참조해야 하는 메모리상의 위치값을 가지고 있지 않은 상태.

네트웍(Network) 컴퓨터들을 포함한 여러 장비들로 서로 연결된 시스템.

논리 연산자(Logical operator) 부울 연산자(Boolean operator) 참조.

논리 오류(Logic error) 문법적으로 옳은 프로그램의 오류로서, 프로그램이 그 규격과 다르게 동작하게 만든다(실행 오류의 한 종류).

다형성(Polymorphism) 내재된 파라미터의 실제 타입을 비교해서, 같은 이름을 갖는 여러 메소드들 중에서 하나를 선택하는 것.

단계적 정제(Stepwise refinement) 문제를 더 작은 문제들로 나누고, 그들을 또 다시 더욱 분해해서 문제를 해결하는 것.

단락 회로 평가(Short-circuit evaluation) 모든 피연산자와 연산자를 평가하지 않고 결과를 결정하는 것으로, 나머지 연산이 전체 결과를 변경할 수 없는 경우에 표현식의 일부만으로 전체를 평가.

단항 연산자(Unary operator) 인수가 하나인 연산자.

대소문자 구분(case sensitive) 대문자와 소문자를 구분.

대체 원칙(Substitution principle) 슈퍼 클래스 객체가 필요할 때 항상 서브 클래스 객체를 사용할 수 있음을 명시하는 규칙.

대칭적 한계(Symmetric bounds) 경계 범위의 시작 인덱스(index)와 끝 인덱스가 포함되는 한계.

동적 메소드 검색(Dynamic method lookup) 런타임에 호출할 메소드를 선택하는 것. 자바에서 동적 메소드 검색은 적절한 메소드를 선택하기 위해 내부 파라미터 객체의 클래스를 고려한다.

드 모건 법칙(De Morgan's laws) and와 or 연산으로 구성된 표현식의 부정 논리 연산에 대한 법칙.

디렉터리(Directory) 파일이나 다른 디렉터리들을 담을 수 있는 디스크 상의 구조체. 폴더라고도 불림.

디버거(Debugger) 오류가 있는지 프로그램을 분석하기 위해서, 프로그램을 사용자가 한 번에 하나 또는 두어 단계씩 실행하고, 실행을 중단시키고, 변수를 조사할 수 있는 프로그램.

라디오 버튼(Radio button) 여러 가지 옵션 중 하나를 선택하는 데 사용할 수 있는 사용자 인터페이스 구성 요소.

라이브러리(Library) 프로그램에 포함될 수 있는, 미리 컴파일된 함수들의 집합.

랜덤 액세스(Random access) 앞의 값들을 읽을 필요가 없이 모든 값에 직접 접근하는 능력.

램(RAM; random-access memory) 프로그램을 실행하는 데 필요한 명령어와 데이타를 저장할 수 있는 컴퓨터 내부의 전자 회로.

레이아웃 관리자(Layout manager) 컨테이너 내부의 사용자 인터페이스 구성 요소를 관리하는 클래스.

래퍼 클래스(Wrapper class) 정수와 같은 기본형(primitive type) 값을 포함하는 클래스. 기본형과 관련된 여러 기능을 묶어 놓은 클래스.

로깅(Logging) 파일이나 창에 프로그램의 진행 상황을 나타내는 메시지를 보내는 것.

루프(Loop) 반복적으로 실행되는 명령어 시퀀스.

루프 중간 탈출(Loop and a half) 종료 판정이 시작에도, 끝에도 없는 루프.

리디렉션(Redirection) 프로그램의 입력 또는 출력의 대상이 되는 키보드 또는 화면 대신에 파일로 연결하는 것(linking).

리터럴(literal) -2 또는 6.02214115E23와 같은 숫자나 "Harry"와 같은 문자열로 확실하게 표시되는 프로그램에서 지정하는 상수값. 소스코드 내에 데이타 값 그대로 쓴 상수.

마법수(Magic number) 설명이 없이 프로그램에 등장하는 수.

맵(Map) 키(key)와 값(value) 객체 사이의 연결이 유지되는 자료 구조.

메모리 위치(Memory location) 컴퓨터 기억장치에서 데이타의 위치를 지정하는 값.

메소드(Method) 일련의 명령문들의 모음으로, 지정된 이름을 가지며, 파라미터 변수가 존재할 수 있으며, 값을 반환할 수도 있다. 메소드는 서로 다른 파라미터 변수 값으로, 여러 번 호출할 수 있다.

명령문(Statement) 프로그램을 구성하는 구문 단위. 자바에서는 간단한 명령문이나 복합적인 명령문 또는 하나의 블록 형태가 된다.

명령줄(command line) DOS나 UNIX 또는 Window의 명령창에서 프로그램을 시작할 때 타이핑 하는 줄. 프로그램 이름과 명령줄 인자로 구성된다.

명시적 파라미터(Explicit parameter) 메소드가 호출된 객체가 아닌, 다른 쪽 메소드의 파라미터.

모듈러스 연산자(Modulus) 정수 나눗셈의 나머지를 산출하는 % 연산자.

문법(Syntax) 특정 프로그래밍 언어에서 명령을 형성하는 방법을 정의하는 규칙들.

문법 다이어그램(Syntax diagram) 문법 규칙의 그래픽 형태의 표현.

문법 에러(Syntax error) 프로그래밍 언어 규칙을 따르지 않아, 컴파일러에 의해 거부된 명령(컴파일 시 발생하는 에러 형태).

문자(character) 단일 글자, 숫자 또는 기호.

문자열(String) 글자 시퀀스.

바이트(byte) 0에서 255 사이의 수(8 비트). 기본적으로 오늘날 제작되는 모든 컴퓨터는 바이트를 메모리의 최소 저장 단위로 사용한다.

바이트 코드(bytecode) 자바 가상머신에 보내는 실제 명령어들.

반복자(Iterator) 연결 리스트(linked list)와 같은 컨테이너 내부의 모든 요소를 검색할 수 있는 객체.

반올림 오차(Roundoff error) 컴퓨터가 유한한 자릿수의 부동소수점 수만을 저장할 수 있다는 사실로 인한 오차.

반환값(Return value) 반환 명령문을 통해서 메소드가 반환하는 값.

배열(array) 연속된 메모리 위치에 저장된 같은 종류인 값들의 모음. 각각은 정수 인덱스에 의해 접근될 수 있다.

배열 리스트(array list) 객체들이 동적으로 가변되는 배열로 구현되는 자바 클래스.

버그(bug) 프로그램상의 오류.

변수(Variable) 다른 값들을 담을 수 있는 저장 공간.

병렬 배열(Parallel arrays) 같은 길이의 배열들로서, 해당되는 요소들이 논리적으로 관련된다.

병합 정렬(merge sort) 두 조각으로 계속 나누다가 마지막에 하나가 남으면, 다시 위로 정렬하면서 병합해 나가는 분류 방식.

보조 기억장치(Secondary storage) 하드 디스크와 같이 전기에너지 없이 계속 저장하는 기억장치.

부동소수점 수(Floating-point number) 소수부가 있는 실수.

부분 채움 배열 (Partially filled array) 실제로 저장된 원소(element)들의 개수를 나타내는 규모 변수(companion variable)를 유지하며, 전체가 채워지지 않고 부분적으로 채워진 배열.

부울 연산자(boolean operator) 부울 값들에 적용될 수 있는 연산자. C++에는 세 개의 논리 연산자(&&, ||, !)가 있다.

부호 비트(Sign bit) 숫자를 표시하는 데 양수 또는 음수의 부호를 나타내는 이진수의 비트.

불리안 유형(boolean type) TRUE와 FALSE의 두 가지 값을 가지는 유형.

블랙 박스 테스팅(black-box testing) 구현(Implementation) 상태를 모르면서 메소드를 테스트 하는 것.

블록(Block) { }로 묶인 명령문 그룹.

비대칭 경계(asymmetric bounds) 시작 인덱스(index)는 포함되지만 끝 인덱스는 포함되지 않는 경계.

비초기화 변수(Uninitialized variable) 특정 값으로 설정되지 않은 변수. 자바에서 비초기화된 local 변수를 사용하면 문법오류가 발생.

비트(bit; binary digit) 정보의 최소 단위로서, 0과 1의 두 값을 가질 수 있다. n개의 비트로 구성된 데이타 요소는 2^n개의 가능한 값들을 가진다.

사용자 인터페이스 구성 요소(User-interface component) 버튼 또는 텍스트 필드처럼 그래픽 사용자 인터페이스를 위한 집짓기 블록(building block). 사용자에게 정보를 제공하고 사용자가 프로그램 실행 중에 정보를 입력하는 데 사용된다.

사용자 인터페이스 이벤트(User-interface event) 사용자 작업 동작의 발생(키 입력, 마우스 이동, 또는 메뉴 선택 등)을 프로그램에게 알림.

사전식 순서(Lexicographic ordering) 두 문자열에 대해서 모든 매칭 글자들은 건너뛰고, 맨 처음 매칭하지 않는 글자들을 비교해서, 문자열들을 사전에서와 같은 순서로 정렬하는 것. 예를 들면, 사전식 순서에서 "orbit"은 "orchid" 앞에 온다. C++에서는 사전과 달리 정렬 때 대/소문자를 구별함을 주의: Z가 a의 앞에 온다.

삼항 연산자(ternary operators) 세 개의 인수(argument)를 갖는 연산자. 자바에는 a ? b : c인 삼항 연산자가 한 개 있다.

상속(Inheritance) 일반적인 슈퍼 클래스와 특화된 서브 클래스 간의 "is-a" 관계.

상수(Constant) 프로그램에 의해 바뀔 수 없는 값. 자바에서 상수는 예약어 final로 표시된다.

상태(State) 호출된 모든 메소드의 누적 동작에 의해 결정되는 개체의 현재 값.

상태도(State diagram) 상태(state)의 변화 원인과 천이를 묘사하는 다이어그램.

상호 참조 (Mutual Recursion) 서로를 호출하는 협력 메소드들.

생성자(Constructor) 새로 할당된 객체를 초기화 하는 일련의 명령문들.

섀도잉(Shadowing) 같은 이름의 또 다른 하나를 정의하여 변수를 숨기는 것.

서브 클래스(Subclass) 슈퍼 클래스의 변수와 메소드를 상속하지만, 인스턴스 변수들과 메소드들을 추가하고, 메소드들을 재정의하는 클래스.

선택 정렬(Selection sort) 요소가 남아있지 않을 때까지 최소 요소가 반복적으로 발견 및 제거되는 정렬 알고리듬.

선형 검색(linear search) 차례대로 각 요소를 검사하여, 객체에 대한 컨테이너(예 : 배열 또는 목록 등)를 검색하는 것.

센티널(Sentinel) 실질적인 입력 값으로서가 아니라 입력의 끝을 표시하기 위해서 사용되는 입력의 값.

소프트웨어(Software) 컴퓨터나 다른 장치들을 동작시키는 데 필요한 무형의 명령들과 데이타.

소스 코드(Source code) 프로그래밍 언어로 서술한 명령어들로 컴퓨터에서 실행되기 전에 번역할 필요가 있음.

소스 파일(Source file) 프로그래밍 언어의 명령들을 포함하는 파일.

속성(attribute) 객체가 유지할 책임이 있는 명명된 등록정보(property).

순열(Permutation) 값들의 집합을 재정렬.

순차 검색(Sequential search) 선형 검색(Linear search) 참조.

순차적 접근(Sequential access) 값을 건너뛰지 않고 하나씩 접근하기.

숫자 리터럴(Number literal) -2 또는 6.02214115E23와 같이 프로그램 상에서 확실하게 숫자로 써진 상수값.

쉘 스크립트(Shell script) 프로그램들을 실행하거나 파일들을 처리하는 명령들이 들어있는 파일. 명령 줄에서 쉘 스크립트 파일의 이름을 입력하면 그 명령들이 실행된다.

쉘 창(Shell window) 텍스트 명령들을 통해 운영 체제와 상호 작용을 하기 위한 창.

슈퍼 클래스(Superclass) 보다 전문적인 클래스(서브 클래스)가 상속받게 되는 일반적인 클래스.

스윙(Swing) GUI를 구현하기 위해 기본적으로 제공하는 자바 개발 툴킷(toolkit).

스코프(Scope) 변수가 정의된 프로그램 부분 범위.

스택(Stack) 나중에 넣은 값이 먼저 나오는 데이타 구조이며, 원소들을 한쪽 끝(top)에서만 자료를 넣거나 뺄 수 있는 형태.

스택 추적(Stack trace) 실행 시의 문제 추적 방식으로 현재 대기 중인 메소드 호출들을 모두 나열하고 호출 스택을 출력.

스터브(stub) 기능이 없거나 최소 상태인 메소드.

실행 오류(Run-time error) 문법적으로 옳은 프로그램의 오류로서, 프로그램이 그 규격과 다르게 동작하게 만든다.

실행시간 스택(Run-Time Stack) 프로그램이 실행 시에 호출되는 모든 메소드들의 지역 변수들이 저장되는 데이타 구조.

알고리듬(algorithm) 문제를 풀기 위한 분명하고, 실행 가능하며, 종료하는 사양.

애플릿(applet) ; 웹 브라우저(web browser) 또는 애플릿 뷰어(applet viewer) 내에서 실행되는 그래픽 자바 프로그램.

에디터(Editor) 텍스트 파일을 읽고 쓰는 프로그램.

역폴란드 표기법(RPN; reverse Polish notation) 연산자(operator)를 연산 대상(operand)의 뒤에 쓰는 연산 표기법. 예를 들어, "2+3*4" 는 "2 3 4 * +"로 쓴다.

연결 리스트(linked list) 임의 개수의 객체를 가지는 데이타 구조이며, 각각의 객체들은 다음 연결을 지정하는 포인터를 가지고 연결된 형태로 저장.

연관(association) 뒤따르는 객체 참조(object reference)에 의해서 한 클래스의 객체들로부터 다른 클래스의 객체들로 연결되는 클래스 사이의 방향 관계.

연산자(Operator) +나 && 같은, 수학 또는 논리 연산을 나타내는 기호.

연산자 결합순서(Operator associativity) 똑같은 우선순위를 갖는 연산자들이 실행되는 순서를 결정하는 규칙. 예를 들어, 자바에서 - 연산자는 왼쪽 결합순서를 가져 a-b-c는 (a-b)-c로 해석되고, = 연산자는 오른쪽 결합순서를 가져 a=b=c는 a=(b=c)로 해석.

연산자 우선순위(Operator precedence) 어느 연산자가 먼저 실행되는지를 결정하는 규칙. 예를 들어, 자바에서 && 연산자는 || 연산자보다 더 높은 우선순위를 가지므로, a || b && c 는 a || (b && c)로 해석된다(부록 B 참조).

연쇄(concatenation) 새로운 문자열을 형성하기 위해 하나의 문자열 다음에 다른 문자열을 배치하는 것.

열거 유형(Enumeration type) 값들의 개수가 유한하고, 값들은 각각 고유한 이름을 가진다.

예약어(Reserved word) 프로그래밍 언어에서 특별한 의미를 갖는 단어이며, 프로그래머가 그 이름을 사용할 수 없다.

오버라이딩(Overriding) 서브클래스에서 메소드를 재정의하는 것.

오버로딩(Overloading) 메소드 이름에 둘 이상의 의미를 부여하는 것.

오토박싱(AutoBoxing) 프리미티브 유형을 자동으로 컴파일러가 wrapper 유형의 객체로 변환.

완전 클래스(Concrete class) 인스턴스화 될 수 있는 클래스.

우선순위 큐(Priority queue) 요소에 우선순위를 부여해 넣고, 우선순위에 의해 꺼내지므로, 요소들을 효율적으로 삽입하고 가장 작게 효율적으로 제거 가능한 추상적 데이타 유형.

운영체제(Operating system) 시스템 하드웨어를 관리하며, 응용 프로그램들이 실행되고 실행되는 프로그램들에게 파일 시스템과 같은 서비스를 제공하는 시스템 소프트웨어.

유니코드(Unicode) 세계 각국의 문자에 사용되는 글자들에 두 바이트로 구성된 값을 할당하는 표준 코드. 자바는 모든 문자를 유니코드 값으로 저장한다.

유닛 테스트(Unit test) 프로그램의 나머지 부분과 분리되어, 메소드 자체만에 대해 수행되는 테스트.

의사랜덤 숫자(Pseudorandom number) 겉보기에는 랜덤하게 보이나, 어떤 공식에 의해 생성되는 수.

의사코드(Pseudocode, 수도코드) 프로그램을 위한 코드를 개발할 때 사용되는 영어와 완벽하지 않은 프로그램 언어와의 혼합체로 구성하여, 프로그램이나 알고리듬을 나타내는 고급 레벨의 설계.

의존관계(dependency) 하나의 클래스가 다른 클래스에서 제공하는 서비스를 필요로 하는 클래스들 사이의 사용 관계.

이름 충돌(Name clash) 다른 프로그램에 똑같은 이름이 잘못 사용되어, 컴파일러에 의해 해결될 수 없는 상태.

이벤트(Event) 사용자 인터페이스 이벤트(User-interface event) 참조.

이벤트 리스너(Event listener) 이벤트가 발생할 때 해당 이벤트 소스에 의해 통지를 받는 객체.

이벤트 소스(Event source) 이벤트들의 다른 클래스에게 알릴 수 있는 객체. 이벤트를 발생시키는 근원지인 컴포넌트나 컨테이너.

이벤트 어댑터(Event adapter) 각 리스너의 모든 메소드를 내용이 없어도 모두 구현해야 하는 불편을 없애기 위해, 필요한 메소드만 구현하면 되도록 각 이벤트 리스너 인터페이스 별로 제공하는 클래스.

이벤트 클래스(Event class) 이벤트 소스와 같이 이벤트에 대한 정보를 포함한 클래스.

이벤트 핸들러(Event handler) 이벤트가 발생할 때 실행되는 메소드. 이벤트를 처리해주는 클래스를 의미하며, 프로그래머가 직접 구현.

이스케이프 문자(Escape character) 보이는 그대로 취급되지 않고, 그를 따르는 글자 또는 글자들과 결합될 때 특별한 의미를 갖는, 텍스트의 문자. \ 글자가 자바 문자열의 이스케이프 문자이다.

이스케이프 문자열(Escape sequence) \n 또는 \"와 같은 문자로 시작되는 문자열.

이중 연결 리스트(Doubly-linked list) 이전 노드(predecessor)와 다음 노드(successor) 링크들에 대해 모두 참조(reference)를 가지고 있는 연결 리스트.

이진 탐색(binary search) 정렬된 배열에서 어떤 값을 찾기 위한 고속 알고리듬. 매 단계에서 탐색을 배열의 반으로 좁힌다.

이진 탐색 트리(binary search tree) 하위 트리에 속하는 모든 왼쪽 자식들은 루트(root)에 저장된 값보다 작고, 모든 오른쪽 자식들은 큰 특징을 가지는 이진 트리.

이진 파일(binary file) 값들이 이진 표현으로 저장된 파일로서, 텍스트로 읽혀질 수 없다.

이항 연산자(binary operator) 두 개의 인수를 필요로 하는 연산자. 예를 들어, +in x+y.

익명 클래스(anonymous class) 이름이 없는 클래스.

익명 객체(anonymous object) 이름이 붙여진 변수에 저장되지 않는 객체.

익셉션(예외, Exception) 프로그램이 정상적으로 지속되는 것을 막는 것을 나타내는 클래스. 이러한 조건이 발생될 때, 익셉션 클래스의 객체가 던져진다.

익셉션 던지기(Throwing an exception) 프로그램의 정상적인 제어 흐름을 종료하고, 해당되는 catch 절로 제어를 전송하는 비정상적인 상태를 표시.

익셉션 핸들러(Exception handler) 특정 유형의 익셉션이 발생하여 던져지고 잡힐 때, 주어진 제어가 이루어지도록 하는 일련의 명령문.

인수(argument) 함수 호출 때의 파라미터 값 또는 연산자에 의해 결합된 값들 중 하나.

인스턴스 메소드(Instance method) 묵시적 매개변수(implicit parameter)를 가지는 메소드, 즉 클래스의 인스턴스를 호출하는 메소드.

인스턴스 변수(instance variable) 클래스 내부에서 정의되는 변수로 클래스의 모든 객체는 고유 값이 있다.

인터넷(Internet) 전 세계적인 네트워크들과 라우팅 장비 및 컴퓨터들의 집합체이며, 이들이 서로 상호 작용하는 방법을 정의하는 프로토콜들의 공통 집합체이다.

인터페이스(Interface) 인스턴스 변수가 없는 형태로 추상 메소드와 상수만을 갖는 형태.

인터페이스 구현(implementing an interface) 인터페이스에 지정된 모든 메소드를 정의하는 클래스의 구현.

자바독(Javadoc) 자바 SDK의 문서 생성기. 자바 소스 파일에서 문서 주석을 추출하고 연결된 HTML 파일들의 집합을 구성.

재귀 메소드(Recursive method) 더 간단한 값들로 자신을 호출할 수 있는 메소드. 가장 간단한 값은 자신을 호출하지 않고 처리해야 한다.

재귀호출(Recursion) 간단한 값으로 입력을 분해하고, 그들에게 동일한 메소드를 적용하여 결과를 계산하는 메소드.

전위 연산자(prefix operator) 인수(argument) 앞의 왼쪽에 위치하는 단항 연산자(unary operator).

점 표기(Dot notation) 메소드를 부르거나 변수에 액세스 할 때, object.method(arguments) 또는 object.variable로 표기.

접근자 메소드(accessor method) 객체에 접근하나, 바꾸지는 않는 메소드.

정규 표현식(grep, global regular expression print) 파일들에서 원하는 문자들을 찾는 도구로 일련의 파일들의 집합 안에서 일치하는 모든 문자열을 찾는 데 사용되는 검색 프로그램.

정규 표현식(Regular expression) 자신의 형식에 따라 일치되는 문자열 집합을 정의하는 문자열이다. 정규 표현식의 각 부분은 특정하게 지정된 문자가 된다. [abc]는 세 개 문자 (a,b,c) 중 하나이고, [a-z]는 영문 소문자에 포함된 하나의 문자이다; [^0-9]는 숫자를 포함하지 않는 한 개의 문자이다; [0-9]+는 한 개 이상의 여러 자리 숫자이다; and|et|und는 3개 선택 항목(and, et, und)중의 하나이다; 예를 들어, "[A-Za-z][0-9]+"는 "Cloud9" 또는 "007"가 포함되지만, "Jack"은 포함되지 않는다.

정수(Integer) 소수부가 없는 수.

정수 나눗셈(Integer division) 두 정수의 몫은 취하고 나머지는 버리는 것. 자바에서 / 기호는 두 인자 모두 정수이면 정수 나눗셈을 나타낸다. 예를 들어, 11 / 4는 2.75가 아니라 2이다.

정적 메소드(Static method) 묵시적 파라미터(implicit parameter)를 갖지 않는 메소드.

정적 변수(Static variable) 클래스마다 하나만 생성되는 변수, 객체 생성 초기에 한 번만 생성되고 공유하여 사용 가능하며, 클래스의 메소드에 의해 액세스되고 변경될 수 있다.

제네릭 클래스(Generic class) 하나 이상의 형식 파라미터(parameter)가 있는 클래스.

제네릭 프로그래밍(Generic Programming) 상황에 따라 다양하게 재사용 할 수 있는 프로그램 구성 요소(component)를 제공하는 것. 데이타 형식에 의존하지 않고, 하나의 값이 여러 다른 데이타 타입들을 가질 수 있도록 재사용성을 높이는 프로그래밍 방식.

제어자(Modifier) 전용(private) 또는 공용(public) 등과 같은 접근성을 나타내는 예약어 (reserved word).

주석(comment) 프로그램을 읽는 이가 이해할 수 있게 하는 설명. 컴파일러는 무시한다.

중첩 루프(Nested loop) 다른 루프 안에 포함된 루프.

지역 변수(Local variable) 범위가 단일 블록인 변수.

지연 평가(lazy evaluation, short-circuit evaluation) 메소드로 넘겨질 때 값이 평가되지 않고, 메소드 내부에서 실제 필요로 할 때 평가.

집합(Set) 효율적으로 원소들을 부가하고, 위치시키고 또는 제거를 허용하는 정렬되지 않은 자료 모음.

집합 연관(aggregation) 클래스 간의 "has-a" 관계.

참조(Reference); 객체 참조(Object reference)를 참고.

체크 박스(check box) 이진 선택에 사용할 수 있는 사용자 인터페이스 구성 요소.

체크되지 않은 익셉션(Unchecked exception) 컴파일러가 검사하지 않는 익셉션.

체크된 익셉션(checked exception) 컴파일러가 확인하는 익셉션. 체크된 익셉션은 반드시 catch 되거나 throws로 선언해야 한다.

초기화(Initialization) 변수가 생성될 때 잘 정의된 값으로 설정하는 것.

추상 클래스(abstract class) 인스턴스화 할 수 없는 클래스.

추상 메소드(abstract method) 구현없이 이름, 파라미터 변수 유형, 반환 형식을 갖는 메소드.

추적 메시지(Trace message) 디버깅 목적으로 하는 프로그램 실행되는 동안에 인쇄되는 메시지.

캐스트(cast) 값을 한 타입에서 다른 타입으로 전환하는 것. 예를 들면, 부동소수점 수 x로부터 정수로의 캐스트는 자바에서는 (int) x로 표현된다.

캡슐화(Encapsulation) 구현 디테일을 숨기는 것.

커플링(Coupling) 클래스들이 의존관계(dependency)에 의해 서로 관련된 정도.

컨테이너(Container) 여러 개의 구성요소들을 배치하고 사용자에게 함께 표시해주는 사용자 인터페이스 콤포넌트(component). 또, 리스트(list)와 같은 데이타 구조도 객체들의 모음을 배치하고, 프로그램에 의해 그들 각각을 개별적으로 표시할 수 있다.

컴파일러(compiler) 고수준 언어 코드(예를 들어 자바)를 기계 명령어들(자바 가상 기계를 위한 바이트 코드)로 번역하는 프로그램.

컴파일 오류(compile-time error) 컴파일러에 의해 검출되는 오류.

컴포넌트(component) 사용자 인터페이스 구성요소 참조.

컴퓨터 프로그램(Computer program) 컴퓨터에서 실행되는 일련의 명령어.

콘솔(console) 프로그램 그래픽 윈도우가 없는 자바 프로그램. 키보드로부터 입력을 읽고, 터미널 화면에 출력을 쓴다.

콘텐츠 분할창(content pane) 프레임의 사용자 인터페이스 구성 요소를 가지는 Swing 프레임의 일부.

콜렉션(collection) 성분들의 추가, 제거 및 위치를 위한 메커니즘이 제공되는 데이타 구조.

콤보 박스(combo box) 선택을 위한 드롭 다운 목록을 사용하여 텍스트 필드를 결합시키는 사용자 인터페이스 구성 요소.

큐(Queue) 먼저 넣은 것이 먼저 나오는 자료 항목(item)들의 모음.

퀵 정렬(quickSort) 다른 원소(element)와의 비교만으로 정렬하는 방식으로, 하나의 원소를 고르고(이 원소를 피벗(pivot)이라고 함), 피벗 앞에는 피벗보다 값이 작은 모든 원소들이 오고, 피벗 뒤에는 피벗보다 값이 큰 모든 원소들이 오도록 원소들을 둘로 분할한다. 분할된 조각들 내에서 재귀적으로 비교 정렬 과정을 반복한다.

클래스(class) 프로그래머 정의 데이타 타입.

클래스나 패키지의 임포팅(importing a class or package); 경로를 포함한 이름(qualified name)보다는 단순한 이름으로 패키지 내부에 있는 하나 또는 모든 클래스를 참조하려는 의도를 나타냄.

클래스의 인스턴스(Instance of a class) 유형이 클래스인 객체.

클래스의 인스턴스화(instantiation of a class) 클래스의 객체를 생성.

타입(Type) 이름이 붙은 값들의 집합과 그들과 함께 수행될 수 있는 연산들.

탭 문자(Tab character) 해당되는 문자를 탭 스톱(tab stop)으로 알려져 있는 고정된 위치들 중에서 바로 다음 것으로 보내는 '\t' 문자.

테두리 레이아웃(border layout) 컨테이너(container)가 배치되는 네 개 테두리 중 하나 또는 중앙의 구성 요소를 나타내는 레이아웃 관리 체계.

텍스트 파일(Text file) 값들이 텍스트 표현으로 저장되어 있는 파일.

텍스트 필드(Text field) 사용자가 텍스트를 입력하도록 허용하는 사용자 인터페이스 구성 요소.

토큰(Token) 입력을 분석하려는 목적으로 입력 소스를 분할한 연속적인 문자열. 예를 들어, 토큰은 공백(white space)이 아닌 문자열이 될 수 있다.

통합 개발 환경(IDE, Integrated Development Environment) 편집기, 컴파일러, 디버거를 포함하는 프로그래밍 환경.

통합 모델링 언어(UML: Unified Modeling Language) 소프트웨어 시스템의 객체(artifacts)를 구체화, 시각화, 구조화, 문서화하는 언어. 컴퓨터 애플리케이션을 모델링 할 수 있는 통합 언어. 건축가들이 빌딩의 청사진을 사용하듯이, UML을 사용하여 IT 전문가들은 시스템 구조와 디자인 계획을 읽고 분산시킴.

튜링 기계(Turing machine) 컴퓨터 과학 분야에서 이론적으로 문제의 계산 가능성을 탐색하기 위해 사용하는 매우 간단한 계산 모델. 컴퓨터 CPU의 기능을 설명하는 데 상당히 유용.

트리(Tree) 노드(node)들로 구성된 데이타 구조이며, 루트(root) 노드가 한 개 존재하고, 각각의 노드는 자식(child) 노드의 목록을 가진다.

파라미터(Parameter) 메소드가 호출될 때, 메소드에 지정되는 정보의 항목. 예를 들어, `System.out.println("Hello, World!")`인 호출에서, 암시적(implicit) 파라미터는 `System.out`이고 명시적(explicit) 파라미터는 `"Hello, World!"`이다.

파라미터 변수(Parameter variable) 메소드가 호출될 때 인수 값으로 초기화 되는 메소드의 변수.

파라미터 전달(Parameter passing) 호출되는 메소드에 대한 인수(argument)가 되도록 표현식을 지정하는 것.

파일(File) 디스크에 저장된 일련의 바이트 열.

패널(Panel) 시각적인 성분을 갖지 않는 사용자 인터페이스 구성 요소. 다른 구성 요소들을 그룹으로 묶어서 사용할 수 있다.

패키지(Package) 관련 클래스들의 모음. 패키지 안에 있는 하나 이상의 클래스들을 액세스 하는 데는 import 명령문이 사용된다.

퍼블릭 인터페이스(Public interface) 모든 클라이언트가 접근 가능한 클래스 특징들(메소드, 변수, 중첩된 형태들).

폴더(Folder) 디렉터리(Directory) 참조.

표현(Expression) 상수, 변수, 메소드 호출 그리고 그들을 결합하는 연산자들로 구성된 문법 구성.

프레임(Frame) 테두리(border)와 제목 표시줄(title bar)이 있는 창.

프로그래밍(Programming) 컴퓨터 프로그램을 설계하고 구현하는 일련의 동작.

프로젝트(Project) 소스 파일과 그에 관련된 자료들의 모음.

프롬프트(Prompt) 프로그램 사용자가 입력을 제공하도록 안내하는 문자열.

프리미티브 유형(Primitive type) 자바의 데이타 유형으로 숫자나 boolean의 형태.

플래그(Flag) 부울 데이타 유형(Boolean type) 참조.

플로우 레이아웃(Flow layout) 구성 요소(component)가 왼쪽에서 오른쪽으로 배치되는 레이아웃 관리 구조.

피보나치(Fibonacci) 수열 숫자 1, 1, 2, 3, 5, 8, 13 . . . , 의 순서로, 앞선 두 개 숫자의 합이 다음 숫자로 결정되는 수열.

하드 디스크(Hard disk) 자기 물질로 코팅된 회전 원판 내부에 정보를 저장하는 장치.

하드웨어(Hardware) 컴퓨터와 같은 물리적인 부피를 가지는 장비.

할당(assignment) 새 값을 변수에 넣는 것.

합성 연관(Composition) 구성된 객체들이 포함하는 객체의 존재독립성을 가지지 않는 연관 관계. 전체와 부분이 강력한 연관 관계를 맺고, 전체와 부분이 같은 생명 주기를 가짐.

해쉬 적용(Hashing) 객체들의 집합에 해쉬 함수를 적용하는 것.

해쉬 충돌(Hash collision) 두 개의 서로 다른 객체에 대해 해쉬 함수가 동일한 값을 계산하는 상태.

해쉬 코드(Hash code) 해쉬 함수에 의해 계산된 값.

해쉬 함수(Hash function) 임의의 길이를 가지는 메시지를 받아들여 고정된 길이의 출력으로 바꾸는 함수이며, 하나의 객체로부터 정수 값을 계산하는 함수로, 다른 객체들에 대해서는 서로 다른 값들이 계산된다.

협력자(collaborator) 또 다른 클래스가 의존하는 클래스.

형식 파라미터(type parameter) 실제 유형(actual type)으로 대체할 수 있는 제네릭(generic) 클래스와 메소드의 파라미터.

호출 스택(call stack) 현재 메소드에서 시작하여 main 메소드로 끝나는 순서로 정렬된 집합이며, 호출되었지만 종료되지 않은 모든 메소드들의 실행 순서의 집합.

확장자(Extension) 파일 이름의 끝 부분으로서, 파일 타입을 규정한다. 예를 들면, 확장자 .java는 자바 파일임을 나타낸다.

후위 연산자(postfix operator) 인수(argument) 다음의 오른쪽에 위치하는 단항 연산자(unary operator)

힙정렬 알고리듬(Heapsort algorithm) 정렬이 안 된 데이타를 힙(heap)이라는 자료 구조로 만들고, root의 값을 하나 꺼내고 힙 구조를 재정렬하는 방법을 반복하면서 정렬된 데이타를 생성하는 알고리즘.

2차원 배열(Two-dimensional array) 표모양을 가지는 원소(element)들의 배열로 하나의 원소는 행과 열의 인덱스로 지정된다.

API(application Programming Interface) 프로그램 구성을 위한 코드 라이브러리(code library).

API 문서(documentation) 자바 라이브러리에서 각 클래스에 대한 정보.

Big-Oh 표기법 (Big-Oh notation) 두 개의 함수 $g(n)$과 $f(n)$이 주어졌을 때, $g(n) = O(f(n))$으로 표시하는 것은 n에 대하여 함수 $g()$의 증가율이 함수 $f()$의 증가율 범위 내에 있음을 나타낸다. 예를 들면 다음과 같이 표기된다: $10n^2 + 100n - 1000 = O(n^2)$.

break 문(statement) 루프나 swich 문을 종료시키는 명령.

catch 절(clause) try 블록 내부의 명령문에 의해 해당되는 익셉션이 던져질 때, 실행되는 try 블록의 일부.

CPU(Central Processing Unit) 컴퓨터에서 기계 명령어들을 실행하는 부분.

CRC(Class Responsibility Collaborator) 카드 책임(responsibility)과 협력 (collaboration) 클래스들을 나열하는 클래스를 나타내는 색인 카드.

finally 절 try 블록이 종료되는 것과는 상관없이 실행되는 try 블록의 일부.

HTML(Hypertext Markup Language) 웹 페이지를 설명하는 언어.

HTTP(Hypertext Transfer Protocol) 웹 브라우저와 웹 서버 사이의 통신을 정의하는 프로토콜.

JDK(Java software development kit) 자바 소프트웨어 개발 도구이며, 자바 컴파일러와 관련 개발 도구들이 포함.

JVM(Java Virtual Machine) 자바 가상 머신.

main 메소드(method) 자바 프로그램이 실행할 때 맨 처음으로 호출되는 메소드.

mutator 메소드(method) 객체의 상태를 바꾸는 메소드.

new 연산자(operator) 새로운 객체들을 할당하는 연산자.

Newline 한 줄의 끝을 나타내는 '\n' 글자.

Off-by-one 오류(error) 값이 정상보다 1만큼 더 크거나 작아지는 흔한 프로그래밍 오류.

throws 지정자(specifier) 메소드가 던지게 되는 체크된(checked) 익셉션의 타입(type)을 지시한다.

try 블록(block) 익셉션을 처리하는 절을 포함하는 명령문들의 블록. try 블록에는 적어도 하나의 catch나 finally 절이 포함된다.

URL(uniform resource locator) WWW에서 정보 자원에 대한 포인터(예 : 웹 페이지 또는 이미지). 네트워크 상에서 자원이 어디 있는지를 알려주기 위한 규약. 웹 사이트 주소뿐만 아니라 컴퓨터 네트워크 상의 자원을 모두 표시.

void 타입이 없거나 알려져 있지 않음을 나타내는 예약어.

Walkthrough 올바로 동작하는지를 테스트 하기 위해서 손으로 프로그램 또는 프로그램의 일부를 시뮬레이션 하는 것.

찾아보기

Index

국문 찾아보기

역자 소개

유현중 | 상명대학교 공과대학 정보통신공학과 교수
yoohj@smu.ac.kr

장은영 | 공주대학교 공과대학 전기전자제어공학부 교수
ceyng@kongju.ac.kr

자바 에브리원 제2판

JAVA FOR EVERYONE second edition

2판 1쇄 발행 2013년 9월 9일

지 은 이   Cay Horstmann
옮 긴 이   유현중 장은영
발 행 인   최규학

진   행   고광노
표   지   김남우
본   문   (주)우일미디어디지텍

발 행 처   도서출판 ITC
등 록 번 호   제8-399호
등 록 일 자   2003년 4월 15일
주   소   경기도 파주시 문발동 파주출판도시 535-7 307호
전   화   031-955-4353(대표)
팩   스   031-955-4355
이 메 일   itc@itcpub.co.kr

인   쇄   해외문화사
용   지   신승지류유통

ISBN-13 :   978-89-6351-047-7 (93560)
ISBN-10 :   89-6351-047-6

값 30,000원

www.itcpub.co.kr